护肤化妆品
原料及配方实例

余丽丽 主　编

姚　琳　刘少静　副主编

李仲谨 主　审

化学工业出版社

·北京·

内容简介

本书从护肤化妆品的发展趋势、分类、相关法规政策出发，深入、细致地阐述了护肤类化妆品中基质原料的分类、性质；表面活性剂的基本性质、分类、应用、功能和发展趋势；化妆品着色剂的概念、分类、性质等；香料的种类、常用香料的性质、香型的分类；常用的防腐剂、防腐剂的选取原则、无添加化妆品防腐剂体系；化妆品保湿功能和皮肤之间的关系，常用保湿剂的分类、性质等；紫外线和皮肤之间的关系，防晒添加剂的分类和性质；皮肤色素与祛斑、美白添加剂的种类、性质和应用情况，皮肤衰老的机制、对抗衰老添加剂的分类；常用的天然提取物等内容。在第 12 章，对各类护肤化妆品的 500 余种常用配方和生产工艺进行了详细介绍。

本书可供护肤化妆品行业的生产和销售人员、精细化工等专业的师生学习参考。

图书在版编目（CIP）数据

护肤化妆品原料及配方实例 / 余丽丽主编；姚琳，刘少静副主编. —北京：化学工业出版社，2023.2
ISBN 978-7-122-42343-6

Ⅰ.①护… Ⅱ.①余… ②姚… ③刘… Ⅲ.①皮肤用化妆品-原料②皮肤用化妆品-配方 Ⅳ.①TQ658.2

中国版本图书馆 CIP 数据核字（2022）第 190226 号

责任编辑：张 艳　　　　　　　　　　文字编辑：姚子丽　师明远
责任校对：王 静　　　　　　　　　　装帧设计：王晓宇

出版发行：化学工业出版社（北京市东城区青年湖南街 13 号　邮政编码 100011）
印　　装：北京建宏印刷有限公司
787mm×1092mm　1/16　印张 35¾　字数 968 千字　2023 年 6 月北京第 1 版第 1 次印刷

购书咨询：010-64518888　　　　　　　　售后服务：010-64518899
网　　址：http://www.cip.com.cn
凡购买本书，如有缺损质量问题，本社销售中心负责调换。

定　　价：198.00 元

前　言

护肤（类）化妆品是一类能补充皮肤养分、保湿锁水、调节皮肤油水平衡、促使皮肤健康润泽、达到美颜目的的日用化妆品，同时它还具有抗皱、防衰老、祛痘、美白、抗炎舒敏、防晒等多方面功效。本书编写主要是从护肤化妆品中的主要基础原料、功效性原料、护肤品的配方组成和护肤化妆品的配方精选等方面出发，介绍护肤品的基础原料、有效组分及其功效性等，以满足护肤化妆品行业的生产、销售人员对护肤品的原料以及配方组成的学习需求，同时帮助消费者解读日常使用的护肤品中功效型成分。本书主要面向于护肤化妆品行业的生产和销售人员，对相关专业的在校学生、教师也具有参考价值。

全书共 12 章。第 1 章主要对护肤类化妆品的发展趋势、分类、相关法规政策进行概述；第 2 章阐述护肤类化妆品中基质原料的分类、性质；第 3 章详细阐述护肤类化妆品中表面活性剂的基本性质、分类、应用、功能和发展趋势；第 4 章详细阐述护肤类化妆品着色剂的概念、分类、性质等；第 5 章详细阐述护肤类化妆品中香料的种类、常用香料的性质、香型的分类；第 6 章详细阐述护肤化妆品中常用的防腐剂、防腐剂的选取原则、无添加化妆品防腐剂体系；第 7 章重点介绍化妆品保湿功能和皮肤之间的关系，阐述护肤类化妆品中常用保湿剂的分类、性质等；第 8 章详细阐述紫外线和皮肤之间的关系，并介绍防晒添加剂的分类和性质；第 9 章详细介绍皮肤色素与祛斑，美白添加剂的种类、性质和应用情况；第 10 章重点介绍皮肤衰老的机制，对抗衰老添加剂进行了分类阐述；第 11 章对护肤类化妆品中常用的天然提取物进行了分类阐述；第 12 章详细总结了各类护肤类化妆品的 500 余种常用配方和生产工艺。

本书由余丽丽任主编，姚琳、刘少静任副主编，李仲谨任主审，参与单位有西安医学院、陕西科技大学、西安市北轻铭硕环保新材料有限公司等。参编作者均为高校或企业中具有多年生产和研究经历的中青年一线专家和学者。

本书各章编写人员分工：邓文婷负责第 1 章、第 2 章、第 4 章；余丽丽负责编写第 3 章、第 10 章、第 12 章；王荣、余丽丽负责第 5 章、第 6 章；姚琳负责编写第 7 章、第 11 章；刘少静负责第 8 章、第 9 章；全书最后由余丽丽、李仲谨（陕西科技大学）统稿和审阅定稿。

本书在产品配方筛选、审核、编排过程中得到了西安医学院药学院各位老师的帮助，在本书的编写过程中，西安医学院药学院的任悦、赵鹏娟、冯文智、郝士军、李佳、赵炳楠、董子旖等在书稿的电子化和文字校核中做了大量的工作，在此一并表示诚挚的感谢。

需要请读者们注意的是，我们没有也不可能对每个配方逐一进行验证，本书中所列配方仅供参考。读者在参考本书进行试验时，应根据自己的实际情况本着先小试后中试再放大的原则，小试产品合格后才能往下一步进行，以免造成不必要的损失。

由于作者水平所限，书中难免有疏漏和不妥之处，恳请读者提出宝贵意见，以便完善。

主编
2023 年 4 月

目 录

第 1 章 绪 论

1.1 化妆品概述

1.1.1 化妆品定义

目前世界上大多数国家或地区都将化妆品定义列入该国或地区的化妆品法规或相应的药品法。例如，美国的 FDCA《食品、药品和化妆品法》、日本的《药事法》、欧洲的 EEC《欧洲经济共同体化妆品规程》等化妆品法规对化妆品的定义都作出了明确的规定。

根据我国 2021 年 1 月 1 日起施行的《化妆品监督管理条例》（以下称《条例》），化妆品是指以涂擦、喷洒或者其他类似方法，施用于皮肤、毛发、指甲、口唇等人体表面，以清洁、保护、美化、修饰为目的的日用化学工业产品。

普通化妆品种类繁多，分类方法多种多样。通常有按原料分类、按产品生产工艺和配方特点分类、按产品剂型分类、按性别年龄分类、按使用目的和使用部位等进行分类等多种常见的分类方式。例如，若按产品剂型可将其分为粉类、液体类、膏霜类和气溶胶类化妆品；若按使用目的和使用部位则可将其分为清洁类、护肤类、发用类、美容类和辅助功效类化妆品五大类。

1.1.2 相关政策

1.1.2.1 新政策和法规

近年来，化妆品行业的监管制度越来越多，监管体系越来越完善。2021 年 1 月 1 日，新版《化妆品监督管理条例》正式实施。与 1989 年旧版《化妆品卫生监督条例》相比，新版《条例》确立了注册人、备案人、标准管理、原料分类、质量安全负责人、风险监测评价、信用体系、责任约谈等一系列新制度，对化妆品行业发展具有深远的时代意义。

首先，《条例》首次提出注册人、备案人的概念，规定注册人和备案人是化妆品生产质量安全的责任主体，对化妆品的质量安全和功效宣称负责，并明确规定要处置随意夸大化妆品功效的情形。

在新《条例》第四条中提到，在对化妆品和化妆品原料的管理中，对特殊化妆品和普通化妆品采取双重管理制度。对特殊化妆品实行注册管理，对普通化妆品实行备案管理。化妆品原料分为新原料和已使用的原料。国家对风险程度较高的化妆品新原料实行注册管理，对其他化妆品新原料实行备案管理。双重制度的管理，意味着对于特殊化妆品及相关新原料，国家的监管会更加严格。特殊化妆品包括染发、烫发、祛斑美白、防晒、防脱发等功效型产品，是过去我国化妆品市场上乱象频出的一类产品。针对消费者急于解决皮肤问题的心理，企业在产品的生产中非法添加违禁成分、违规夸大宣传等情况层出不穷。对特殊化妆品应"特殊"对待，严格监管，以确保消费者的权益，引导消费者正常、理性消费。

在化妆品标签的管理上，新《条例》第三十七条也明确表示，化妆品标签禁止标注下列内容：明示或者暗示具有医疗作用的内容；虚假或者引人误解的内容；违反社会公序良俗的内容；法律、行政法规禁止标注的其他内容。

《条例》加大了对违法行为的惩处力度，大幅提高罚款数额，对涉及质量安全的严重违法行为，最高处以货值金额30倍的罚款。同时，还增加了"处罚到人"的规定，对严重违法单位的相关责任人员，最高处以其上一年度从本单位取得收入5倍的罚款，终身禁止其从事化妆品生产经营活动；构成犯罪的，依法追究刑事责任。

《条例》还建立了化妆品不良反应检测制度。这是我国首次正式地把化妆品不良反应监测以法规制度的形式确认下来。

《条例》对特殊化妆品的定义也进行了修改，将特殊化妆品由原来9大品类减少至染发、烫发、祛斑美白、防晒、防脱发以及宣称新功效的化妆品6类。

此外，我国还有多套相关现行配套政策（《化妆品注册备案管理办法》《化妆品安全技术规范》《化妆品注册备案管理办法》《化妆品标签管理办法》《化妆品分类规则和分类目录》《化妆品风险监测工作规程》《化妆品功效宣称评价规范》《化妆品抽样检验管理规范》《化妆品安全评估技术导则》《化妆品稽查检查指南》《化妆品生产经营监督管理办法》《牙膏监督管理办法》《化妆品生产质量管理规范》《牙膏备案资料规范》《化妆品抽样检验管理规范》《牙膏分类规则及分类目录》《化妆品不良反应监测管理办法》《牙膏已使用原料目录》《化妆品境外检查暂行管理规定》《牙膏监督管理办法》《化妆品补充检验方法管理工作规程》《特殊用途化妆品备案量化分级指导原则》《化妆品禁用原料目录》《已使用化妆品原料目录》），辅助新《条例》的实施，对化妆品市场进行全方位的监督和管理。

1.1.2.2 化妆品配方新规则

根据相关化妆品备案规则，产品配方为生产投料配方的，应当符合以下要求。

（1）配方表要求

包括原料名称、百分含量、使用目的、备注栏等内容。

① 原料名称。产品配方应当提供全部原料的名称，原料名称包括标准中文名称、国际化妆品原料名称（简称 INCI 名称）或者英文名称。配方成分的原料名称应当使用已使用的化妆品原料目录中载明的标准中文名称、INCI 名称或者英文名称。配方中含有尚在安全监测中化妆品新原料的，应当使用已注册或者备案的原料名称。进口产品原包装标注成分的 INCI 名称与配方成分名称不一致的，应当予以说明。使用来源于石油、煤焦油的碳氢化合物（单一组分除外）的，应当在产品配方表备注栏中标明相关原料的化学文摘索引号（简称 CAS 号）。使用着色剂的，应当在产品配方原料名称栏中标明《化妆品安全技术规范》载明的着色剂索引号（简称 CI 号），无 CI 号的除外。使用着色剂为色淀的，应当在着色剂后标注"（色淀）"，并在配方备注栏中说明所用色淀的种类。含有与产品内容物直接接触的推进剂的，应当在配方备注栏中标明推进剂的种类、添加量等。使用纳米原料的，应当在此类成分名称后标注"（纳米级）"。

② 百分含量。产品配方应当提供全部原料的含量，含量以质量百分比计，全部原料应当按含量递减顺序排列。含两种或者两种以上成分的原料（香精除外）应当列明组成成分及相应含量。配方表中成分含量、实际成分含量的有效数字位数原则上不少于一位、不超过五位。

③ 使用目的。应当根据原料在产品中的实际作用标注主要使用目的。申请祛斑美白、防晒、染发、烫发、防脱发的产品，应当在配方表使用目的栏中标注相应的功效成分，如果

功效原料不是单一成分的，应当在配方表使用目的栏中明确其具体的功效成分。

④ 备注栏。使用变性乙醇的，应当说明变性剂的名称及用量。使用类别原料的，应当说明具体的原料名称。原料直接来源于植物的，应当说明原植物的具体使用部位。

（2）化妆品新原料在配方中的使用

使用了尚在安全监测中化妆品新原料的，注册人、备案人或者境内责任人应当经新原料注册人、备案人确认后，方可提交注册申请或者办理备案。

（3）产品配方香精的填写

① 配方表中仅填写"香精"原料的，无须提交香精中具体香料组分的种类和含量。产品标签标识香精中的具体香料组分的，以及进口产品原包装标签标识含具体香料组分的，应当在配方表备注栏中说明。

② 配方表中同时填写"香精"及香精中的具体香料组分的，应当提交香精原料生产商出具的关于该香精所含全部香料组分种类及含量的资料。

（4）其他

① 用贴、膜类载体材料的，应当在备注栏内注明主要载体材料的材质组成，同时提供其来源、制备工艺、质量控制指标等资料。

② 配方中使用动物脏器组织及血液制品提取物作为原料的，应当提供其来源、组成以及制备工艺，并提供原料生产国允许使用的相关文件。

1.2　护肤类化妆品的定义

护肤类化妆品，是以涂抹、洒、喷或其他类似方式，施于人体皮肤，以达到保养、修饰、保持良好状态目的的化妆品。护肤类化妆品属于基础化妆品，其基本功能是清洁（洗净、擦洗）、保湿和抗干燥、抗紫外线、止汗和祛臭、抗氧化等。此外也具有美白、改善皱纹和皮肤松弛、防止粉刺等功能。

1.2.1　按照使用功能分类

（1）清洁皮肤类化妆品

清洁皮肤类化妆品指各类洁肤制品，用于清洁皮肤和卸除彩妆。洁肤制品能清除皮肤上的污垢，使皮肤清爽，有助于保持皮肤正常生理状态。清洗皮肤时，清洁对象是人体皮肤，黏附在上面的污垢基本是皮肤和角质层碎片及其氧化分解物，或者与之粘在一起的美容化妆品残留物。即使是健康皮肤，皮肤清洁也是皮肤护理所必需的过程，此外对于敏感或脆弱的皮肤，由于其特殊性，更加需要特别清洁和护理，对于这样有问题的皮肤类型，必须着重考虑产品温和性和安全性，通常选择洗面奶、洁面泡沫、卸妆水/乳/膏、洁面粉等。

（2）养护皮肤类化妆品

养护皮肤类化妆品通常指用于补充水分的基础护肤类化妆品。通常包括化妆水、乳液、膏霜、凝胶、美容液、面膜等。

化妆水通常是在用洁面剂等洗净黏附于皮肤上的污垢后，能给皮肤的角质层补充水分及保湿成分，以调整皮肤生理作用为目的而使用的护肤类化妆品。一般要求产品的性质符合皮肤生理特征，能保持皮肤清洁和健康，使用时有冰凉感，并具有优异保湿效果，一般具有透明外观。

护肤乳液、膏霜和凝胶这类化妆品是以保持皮肤，特别是皮肤最外面的角质层中适度水分为目的而使用的化妆品。它的特点是能保持皮肤水分和油分的平衡，一般含有油性成分、亲水性保湿成分和水分，通常也作为功能性活性成分（例如美白成分、抗皱成分、抗炎成分等），使有效成分能够在皮肤表面铺展并吸收，达到调理、营养皮肤甚至改善皮肤状况的目的，产品使用范围很广。其中，膏类化妆品是一种水包油型膏状护肤品；霜类化妆品又称香脂，是一种油包水型护肤品；蜜类化妆品又称奶液类化妆品，是一种介于化妆水和霜之间的半流动状态的液态霜，又名软质霜。

精华液、精华露是在每个系列化妆品中价格较高的品种，其实该类化妆品并不是一类新型产品。随着消费者对护肤产品的深入了解和使用，同时也随着市场消费力的不断提升，近年来，精华类产品开始在护肤品市场普及，并且成为各个年龄段女性消费者和高品质男性消费者化妆桌上不可或缺的一类高附加值产品，该类产品最为显著的特征是强调功能性，其成分与传统的化妆水、乳液、面霜比较起来，其功能性成分添加更为充分，功效也较多，常见的功效有抗衰老、美白、抗皱、保湿、祛斑等。

美容液也不是一种新型的产品，有很多方面与化妆水、乳液、膏霜和油类相似。由于消费者生活方式和节奏改变，例如人们为节省时间，简化每日化妆的程序，想要有一种有较好功效的"浓缩型产品"。美容液可以弥补传统护肤品在功效方面的不足，换言之，美容液定位为有附加值的化妆品，它至少突出某一项功能，如美白、抗皱、抗氧化或者同时具有多项功能。

面膜种类也很多，其中最为常见的类型有两种，一种是粉末制成的泥浆状制品，另一种是透明流动状的胶状物被吸附于基布或者基膜上的单片包装制品。常见的面膜多用于面部，随着大家对护肤需求的不断提高，该类产品开始不仅限于面部，也可见用于颈、肩、腕和脚等全身各处的产品。面膜作用的基本原理是利用浆状或胶状物质保持水分，这些物质以适当的厚度涂抹或者以基布为载负物铺展于皮肤表面，经一定时间的作用，来自面膜的水分与被覆盖层皮肤的水分使皮肤角质层保持柔软。泥浆状制品在干燥过程中，面膜收缩，对皮肤产生绷紧作用，并使覆盖部位皮肤温度升高，促进血液的流通，同时该类面膜具有吸附作用，在干燥后剥去面膜同时除去皮肤表面的污垢、油脂和粉刺，因此也是很好的洁肤制品。

（3）防晒、祛斑、抗皱类化妆品

防晒化妆品又称遮光化妆品。其能吸收或滤除太阳光中的紫外线，使皮肤免遭紫外线的伤害，从而免除色素沉着或褐斑的形成等，产品有防晒液、防晒油、防晒蜜、防晒霜等。祛斑化妆品是指用以减退皮肤表面色素沉着（雀斑、黄褐斑、老年斑等）的化妆品。抗皱化妆品即指可以淡化或减少皱纹的化妆品，亦称为抗皱护肤品，在这类化妆品中添加了抗皱活性物质，如视黄醇及衍生物、小分子多肽、一些植物提取物或发酵产物提取物等。

1.2.2 化妆品产品剂型分类

按照化妆品产品剂型分类，可将护肤类化妆品分为膏/霜/乳、液体、凝胶、粉剂、块状、泥、蜡基型、喷雾剂、气雾剂、贴/膜/含基材型和冻干型等，具体见表1-1。

表 1-1 护肤类化妆品剂型分类

产品剂型	说明
膏/霜/乳	膏、霜、蜜、脂、乳、乳液、奶、奶液等
液体	露、液、水、油等
凝胶	啫喱、胶等
粉剂	散粉、颗粒等

产品剂型	说明
块状	块状粉、大块固体等
泥	泥状固体等
蜡基型	以蜡为主要基料的
喷雾剂	不含推进剂
气雾剂	含推进剂
贴/膜/含基材型	贴、膜、含配合化妆品使用的基材的
冻干型	冻干粉、冻干片等

1.3 护肤类化妆品的原料组成

护肤类化妆品的原料种类繁多，不同的原料有着不同的性能和作用。根据化妆品原料的用途与功能，可以将组成化妆品的原料分为基质原料、辅助原料和功能性原料三大类。

（1）基质原料

基质原料是构成各种化妆品的主体，在化妆品配方中占有较大比重，决定了化妆品的功能和性质。基质原料一般包含油性原料、粉质原料、胶质原料及溶剂原料。其中油性原料是化妆品的主要基质原料，包括油脂、蜡类、高级脂肪酸等；粉质原料是粉底类、香粉、眼影等产品的重要基质原料，其含量占到30%～80%；溶剂类原料主要包括水、醇类和酮等。

（2）辅助原料

辅助原料是指为化妆品提供某些特定功能的辅助性原料，又称添加剂，决定着化妆品的成型、稳定、色、香等特点，在化妆品中添加量相对较小，但作用不可忽视。化妆品中的辅助原料主要包括香精、色素、防腐剂、抗氧化剂、螯合剂等。

（3）功效性原料

功效性原料是赋予化妆品特殊功能或强化化妆品对皮肤生理作用的原料，比如为了起到保湿、美白、防晒、抗皱、抑汗、祛臭等作用，可添加保湿剂、美白剂等原料。主要来源：植物提取物、生物工程［透明质酸、表皮生长因子（EGF）］、合成或半合成化合物（曲酸衍生物、各类维生素）等。

第2章 护肤类化妆品中的基质原料

护肤品中的原料种类繁多，不同的原料有着不同的性能和作用，根据其功能主要可分为基质原料和辅助原料。基质原料是护肤品的一类主体原料，占其配方的较大比例，在护肤品中起到主要功能作用。化妆品基质原料主要有油质原料、粉质原料、胶质原料及溶剂原料。

2.1 油质原料

油质原料主要用于膏霜乳液类护肤品中，它能够赋予其油润感。油质原料主要包括油脂、蜡类、烃类、天然油质原料、合成或半合成油质原料等。

2.1.1 油脂

油脂是脂肪酸和甘油组成的脂肪酸甘油酯，包括植物性油脂和动物性油脂。

油脂可以抑制水分蒸发，防止皮肤干裂，使干燥的皮肤和硬化的角质层再水合，恢复角质层的柔软和弹性，使皮肤光滑、柔润和富有弹性。因此，在护肤品中常作为润肤剂使用。油脂还是护肤品的改良剂，能够改善其铺展性、润滑性、滋润度、保湿性和透气性等，在很大程度上决定了护肤品的肤感。

（1）植物性油脂

植物性油脂可分为干性油、半干性油和不（非）干性油三种。而用于护肤品中的油脂多为半干性油和不干性油。护肤品配方中常见的油脂有橄榄油、椰子油、蓖麻油、棉籽油、甜杏仁油、花生油、玉米油、米糠油、茶籽油、沙棘油、鳄梨油等。

原料1 橄榄油（Olive oil）

【中文别名】橄榄精油，洋橄榄油，油橄榄果油

【CAS 号】8001-25-0

【化学成分或有效成分】橄榄油主要成分为包含油酸、亚油酸和软脂酸的甘油酯。其中含油酸 60%～80%、亚油酸 8%～15%、棕榈酸 7%～11%、硬脂酸 2%～3%、亚麻酸 0.5%～0.8%。

【性质】淡黄色或黄绿色液体，为非干性油。有香味，相对密度 0.915～0.919（15℃），凝固点-6℃，碘值 79～880，皂化值 185～195。

【制备方法】橄榄油可分为：初榨橄榄油、精炼橄榄油、混合橄榄油三种。初榨橄榄油采用纯物理方法机械冷榨而成，不经过精炼，保留了橄榄果中原生的营养素及植物化学物质。精炼橄榄油一般是采用化学浸泡法加工精炼而成，经过脱酸、脱水、脱脂程序，去除了油料中所有杂质。精炼橄榄油纯度很高，但许多营养物质也在精炼过程中脱去，营养价值相对降低。混合橄榄油是初榨橄榄油、精炼橄榄油的混合油。

【用途】橄榄油里面有角鲨烯成分，主要起到润肤养肤的作用，可用于制造肥皂等。橄榄油也具备一定的防晒作用，常作为赋脂剂或润滑剂被用于 W/O（水/油）型膏霜或乳液中。

原料2　椰子油（Coconut oil）

【中文别名】椰子脂，椰子油粉，椰油

【CAS 号】8001-31-8

【化学成分或有效成分】椰子油中含游离脂肪酸 20%，亚油酸 2%，棕榈酸 7%，羊脂酸 9%，脂蜡酸 5%，羊蜡酸 10%，油酸 2%，月桂酸 45%。椰子油的甾醇中含豆甾三烯醇 4.5%，豆甾醇及岩藻甾醇 31.5%，α-菠菜甾醇及甾醇 6%，β-谷甾醇 58%。

【性质】有甜果仁香味的油脂。有突变熔程，21℃或以下时为片块状可塑性固体，27℃时成为液体。

【制备方法】由椰子的干燥果肉经机械压榨得粗油，再经提炼、脱色、脱臭以除去游离脂肪酸、磷脂、色素、臭味物质和其他非油脂物质而成。

【用途】椰子油是唯一由中短链脂肪酸组成的食用油脂，是天然的皮肤保湿剂，对保持皮肤弹性和防止衰老具有重要作用，可用于制作肥皂等清洁类护肤产品。

原料3　蓖麻油（Castor oil）

【中文别名】蓖麻籽油，麻油，蓖麻油

【分子式和分子量】$C_{57}H_{104}O_9$，933

【CAS 号】8001-79-4

【化学成分或有效成分】蓖麻油主要是由蓖麻醇酸（12-羟基十八碳-9-烯酸）和油酸组成的高级脂肪酸，其中主要成分有 80%～88% 的蓖麻油酸、3%～9% 的油酸、3% 的亚油酸、2% 的棕榈酸、1% 的硬脂酸。

【性质】常温下几乎为无色或微带黄色的澄明黏稠液体，微臭，味淡而后微辛，不溶于水、矿物油，能溶于乙醇、苯和二硫化碳，且能与无水乙醇、乙醚、氯仿或冰醋酸任意混合。相对密度 0.956～0.969（25℃），折射率 1.478～1.480，酸值≤2.0，皂化值 176～186，碘值 82～90。

【制备方法】蓖麻籽经清洗、蒸炒、压榨后，再经脱臭、脱色制得蓖麻油。多由大戟科一年生高大草本蓖麻（*Ricinus communis*）种子去壳后冷榨而得，籽含油约 45%～60%。

【用途】常用于土耳其红油、清洁皂等的制造。

原料4　甜杏仁油（Sweet almond oil）

【中文别名】杏仁油，甜扁桃油

【CAS 号】8001-79-4

【化学成分或有效成分】甜杏仁油中含有高达 95.41% 的不饱和脂肪酸，其中油酸占 72.51%，亚油酸占 22.90%。甜杏仁油中还含有多种维生素、氨基酸和矿物质。

【制备方法】甜杏仁油是一种中性的基础油，由杏树果实压榨而得，也可采用溶剂回流提取法、冷浸法、超临界 CO_2 萃取法等方法提取。

【用途】甜杏仁油易吸收，含丰富维生素，具有滋养、保湿、舒缓与抗过敏的作用，对于干性皮肤或因气候变化而引起的皮肤不适问题极有益处，适合干燥、敏感、发炎及无光泽的肌肤。甜杏仁油可促进细胞生长使皮肤恢复光滑柔嫩，可用于消除妊娠纹。此外，甜杏仁油也可软化修护指甲周围干皮，具有强化指甲的作用。

原料 5　花生油（Peanut oil）

【中文别名】花油，生油，落花生油

【CAS 号】8002-03-7

【化学成分或有效成分】花生油含80%以上不饱和脂肪酸（其中油酸41.2%，亚油酸37.6%）以及 19.9%饱和脂肪酸（软脂酸、硬脂酸、花生酸等）。此外，花生油中还含有甾醇、麦胚酚、磷脂、维生素 E、胆碱等对人体有益的物质。

【性能】花生油为淡黄色，21~27℃时为液体，2~4℃时固化成凝胶状。

【制备方法】由花生（Arachis hypogaea）果仁经机械压榨或溶剂萃取后提炼、脱色、脱臭以除去游离脂肪酸、磷脂、色素、臭味物质和其他非油脂物质而成。

【用途】可作为乳化剂在化妆品行业中应用。

原料 6　玉米油（Corn oil）

【中文别名】玉米胚芽油

【CAS 号】8001-30-7

【化学成分或有效成分】玉米油是一种含有大量不饱和脂肪酸的植物油，其中含亚油酸55%，油酸30%。其不饱和脂肪酸的含量高于花生油、瓜子油、大豆油等大部分植物油。此外，玉米油中还含有维生素 A、维生素 E、卵磷脂、甾醇等多种营养成分。

【性能】玉米油为一种琥珀色、具有特殊的淡玉米香气的油。21~27℃时为液体，冷至低温时可有微量蜡质析出。

【制备方法】玉米用溶剂萃取后经提炼脱色、脱臭以除去游离脂肪酸、磷脂、色素、臭味物质和其他非油脂类物质而成。

【用途】用于肥皂的制备。

原料 7　米糠油（Rice bran oil）

【中文别名】稻糠油，谷糠油

【CAS 号】68553-81-1

【化学成分或有效成分】米糠油是一种营养丰富的植物油，富含不饱和脂肪酸（38%左右的亚油酸和 42%左右的油酸）、二十八烷醇以及 γ-谷维素、植物甾醇、生育三烯酚、角鲨烯等功能性物质。

【性能】精炼米糠油为淡黄色至棕黄色油状液体，稳定性较好，沸点为254℃。

【制备方法】米糠油是将稻谷加工过程中得到的米糠再加工以后得到的一种天然油脂。米糠油的提取可采用压榨法、超临界萃取法和浸提法。

【用途】米糠油广泛应用于防晒配方、抗衰老产品等护肤品中。此外米糠油经过深加工后，在护肤品中的应用也非常广泛，如乙酰化米糠油具有使柔软和调理功能，可作为液体柔软剂用于手用或体用的润肤膏中以及洗发及护发产品中。

原料 8　茶籽油（Camellia seed oil）

【中文别名】山茶油，山茶花油，野山茶油

【CAS 号】68916-73-4

【化学成分或有效成分】山茶油是油茶籽油的俗称，从油茶树种子提取。山茶油含有大量不饱和脂肪酸，其中油酸含量为74%~87%，亚油酸含量为7%~14%。此外，山茶油还含有丰富的维生素 E、角鲨烯、茶多酚等生物活性物质。

【性能】淡黄绿色油状物，澄清透明，气味清香。

【制备方法】茶籽油的提取方法有机械压榨法、酶法和浸出法。机械压榨法是提取山茶油最原始的方法，根据榨腔温度不同分为低温压榨和高温压榨。酶法是在机械破碎的基础上，采用酶将细胞中的细胞壁和油脂复合体破坏，使更多的油从油料细胞中释放出来，包括水酶法、水相酶法和油料酶解冷浸出法。酶法可避免油料的高温处理，蛋白质活性保持良好。不管是压榨法还是浸出法制取的原茶油，都含有杂质，需要经过脱胶、脱酸、水洗、脱色、脱臭、脱蜡等六步过程的精炼，才能获得成品茶籽油。

【用途】茶籽油具抗紫外光，防止晒斑及除皱功能，对暗疮、黄褐斑、晒斑有显著疗效。

原料 9　沙棘油（Hippophae oil）

【中文别名】沙棘果油，沙棘籽油

【化学成分或有效成分】沙棘油是从天然植物沙棘的果实中提取出来的珍贵天然油脂。可分为沙棘籽油和沙棘果油。沙棘油中的脂肪酸多为不饱和脂肪酸，其中棕榈烯酸≥6.8%，油酸≥20.0%，亚油酸≥32.5%，亚麻酸≥27.0%，而饱和脂肪酸的含量约为 1.0%～2.9%。此外，还含有黄酮、维生素 E、维生素 K、维生素 A、植物甾醇、β-胡萝卜素、微量元素等多种生物活性物质。

【性能】沙棘籽油为透明浅黄色液体，从沙棘果不同部位提出的沙棘油的物理性质不完全相同，如在 15℃ 以下，果肉油和果渣油成凝固体，沙棘籽油则为清澈透明的液体。沙棘油易溶于丙烷和丁烷的混合液、己烷和卤代烃等有机溶剂中。

【制备方法】是以沙棘种子、果肉、果渣、果汁漂浮物为原料，综合利用了各种制油材料。为了尽可能多地保留活性成分，可采用脂肪烃与酮的混合溶剂或单一脂肪烃溶剂进行浸取，以膜式蒸发脱溶，再将所得毛油进行脱胶、脱酸、脱蜡、脱色、脱臭，最终制得精制沙棘油。

【药理作用】沙棘油中的维生素 E 具有抗氧化作用，能够抵抗细胞膜中的不饱和脂肪酸在光、热和辐射条件下的氧化损伤，进而延缓皮肤的老化。沙棘油中的 β-胡萝卜素可以通过皮肤直接进入表皮细胞并转化为维生素 A 而营养皮肤，以缓解上皮组织细胞角质化。大量的不饱和脂肪酸可以保持水代谢的平衡，避免皮肤的光辐射损伤。此外，研究显示，沙棘油具有促进组织再生和上皮组织愈合的作用，可用于治疗烫伤、烧伤、刀伤和冻伤的功效。

【用途】沙棘油在护肤品中常被用于促进皮肤伤口的康复，例如晒伤、湿疹等。同时也被用作除皱、提供给皮肤营养、抵抗皮肤早衰等功能性成分应用于护肤品或护发产品中。

原料 10　鳄梨油（Avocado oil）

【中文别名】酪梨油，鳄梨油

【CAS 号】8024-32-6

【化学成分或有效成分】鳄梨油中含有 0～2.1%的肉豆蔻酸，7.2%～38.9%的棕榈酸，0～1.3%的硬脂酸，34%～81%的油酸，6%～26.6%的亚油酸，0～0.1%的癸酸，0～0.2%的月桂酸，2.1%～5.8%的亚麻酸，0.8%～3%的十六碳烯酸，还含维生素 A、维生素 B_1、维生素 B_2、维生素 D、维生素 C、维生素 H、维生素 E、维生素 K、维生素 PP、维生素 B_6、维生素 B_5、维生素 B_9、矿物质元素（钙、铜、铁、镁、磷、钾等）、植物甾醇、麦角甾醇、叶酸盐、肌醇、磷酸、卵磷脂、倍半萜等多种物质。

【性能】鳄梨油有荧光，光反射呈深红色，光透射呈鲜绿色，有轻微的榛子味，不易酸败。鳄梨油的碘值为 28～94，皂化值为 185～193.7，相对密度为 0.9121～0.9230，折射率为 1.420～1.461，不皂化物为 1.5%～1.6%，酸值为 2.6～2.8，乙酰值为 9.2，pH 值为 2.0～6.9。

【制备方法】鳄梨油通常是由果肉脱水后或鲜果肉直接提取获得。提取方法有离心法、压榨法、超临界 CO_2 萃取法、水酶法萃取法、超声辅助萃取法、微波辅助萃取法等。

【药理作用】鳄梨油具有良好的表皮渗透力，容易被深层组织吸收，可软化皮肤组织，还具有保湿和修复皮肤的作用，能缓解湿疹和牛皮癣等，适合应用于干燥、老化或者有炎症的皮肤。

【毒性】皮肤，兔子，500mg/24h，重度刺激；眼睛，兔子，100mg，中度刺激。

【用途】鳄梨油常被应用于护养身体、面部和头发的护理产品中。

（2）动物性油脂

常被用于护肤品的动物性油脂有水貂油、蛋黄油、羊毛脂、卵磷脂等。动物性油脂通常含有一些高度不饱和脂肪酸，与植物性油脂相比，其色泽、气味等较差，同时也存在着容易被氧化的问题。

原料1　水貂油（Leech oil）

【中文别名】海貂油

【CAS 号】8023-74-3

【化学成分或有效成分】水貂油的不饱和脂肪酸含量高达 70%左右，其中麻酸、花生酸的含量在 99%以上。

【性能】水貂油为淡黄色或无色油状液体，无腥臭及其他异味。其凝固点为 15～20℃，相对密度为 0.900～0.918，凝固点≤12℃，酸值≤1.0，皂化值为 200～210，碘值为 76～100，不皂化物为 0.2%～0.4%。水貂油具有优良的抗氧化性能，对热和氧稳定，不易变质和酸败。

【制备方法】水貂油是从水貂皮下脂肪中提取后，经加工精制而得的油脂。

【药理作用】水貂油含有多种营养成分，其理化性质与人体脂肪相似，对皮肤的渗透性好，易于被皮肤吸收。水貂油对黄褐斑、单纯糠疹、痤疮、干性脂溢性皮炎、冻疮、手足皲裂等具有一定改善作用。水貂油具有良好的乳化性能、较好的紫外线吸收性能和抗氧化性能，是一种防晒剂原料。此外，它还能调节头发生长，使头发柔软而有光泽和弹性。

【用途】水貂油常用于营养性高级护肤品、防晒类护肤品、药物化妆品、护发产品的配方设计。

原料2　蛋黄油（Egg oil）

【中文别名】鸡蛋油，凤凰油

【CAS 号】8001-17-0

【化学成分或有效成分】蛋黄油含脂肪类、蛋白质氨基酸类、维生素、矿物质四类成分。脂肪类物质主要有 32.8%的磷脂类、62.3%的甘油三酯以及 4.9%的类甾醇和微量脑磷脂。其中，磷脂类包括磷脂酰胆碱 73.0%、磷脂酰乙醇胺 15.0%、溶血磷脂酸胆碱 5.8%、溶血磷脂酰乙醇胺 2.1%、神经鞘髓磷脂 2.5%、磷脂酰肌醇 0.6%、缩醛磷脂 0.9%等；甘油三酯中的脂肪酸为棕榈酸 19.91%、棕榈油酸 2.25%、硬脂酸 7.89%、油酸 42.86%、亚油酸 22.95%、亚麻酸 0.94%，其中不饱和脂肪酸占总含量的 69%；类甾醇中主要的是胆甾醇，此外还有链甾醇、胆甾烯醇、麦角甾醇、β-谷甾醇、Δ-胆甾烯醇、羊毛甾醇等。氨基酸类主要有天门冬氨酸、异亮氨酸、苏氨酸、亮氨酸、酪氨酸、谷氨酸、苯丙氨酸、脯氨酸、组氨酸、甘氨酸、赖氨酸、丙氨酸、精氨酸、胱氨酸、蛋氨酸、色氨酸等，其中，亮氨酸与脯氨酸含量较高，分别为 0.83mg/g、0.74mg/g。维生素类有维生素 A、维生素 B_1、维生素 B_2、维生素 E、叶酸、胡萝卜素等。矿物质主要包括钙、铁、铜、磷、镁、锌、硒等。

【性能】蛋黄油为棕黄色的黏稠状物，具有蛋黄特有的香气。低温时为棕黄色固体，溶化后为红棕色液体，在室温下易析出硬脂而逐渐分层。

【制备方法】蛋黄油是从鸡蛋的蛋黄中提取的油。常用的提取方法有干馏法、烘焙法、减压蒸馏法等。

【药理作用】蛋黄油含有丰富的营养物质，有利于皮肤的再生和代谢，具有治疗烫伤、润滑黏膜、隔绝外来的刺激、润燥、止痛、促进疮面愈合的作用。

【用途】常用于面部护肤品中。

原料3　羊毛脂（Lanolin anhydrous）

【CAS 号】8006-54-0

【化学成分或有效成分】羊毛脂是羊皮肤皮脂腺的分泌物，是由多种高级脂肪酸酯组成的混合物，其中羊毛脂和羊毛脂醇约各占 50%。

【性能】羊毛脂分为无水羊毛脂和含水羊毛脂两种。无水羊毛脂为淡黄色或棕黄色的软膏状物，有黏性且滑腻，具有微弱臭味，在氯仿、乙醚、热乙醇中易溶，乙醇中微溶，水中不溶，具有乳化性能，吸湿性强。其酸值 ≤1.5，皂化值为 92～106，碘值为 18～35。含水羊毛脂为羊毛脂熔化后加蒸馏水混合而得，为淡黄色或类白色软膏状物，含水 25%～35%。溶于乙醚、氯仿，不溶于水。

【制备方法】通常通过原料处理、萃取、沉淀、蒸发、酸处理、中和、脱色、蒸馏、去杂质等九步提取精制而得。

【用途】羊毛脂可使因缺少天然水分而干燥或粗糙的皮肤软化。羊毛脂可用于冷霜、防皱霜、防裂膏、洗头膏、护发素、发乳、唇膏及高级香皂等。

原料4　卵磷脂（Lecithin）

【中文别名】磷脂酰胆碱

【分子式和分子量】$C_{42}H_{80}NO_8P$，758

【CAS 号】8002-43-5

【化学成分或有效成分】卵磷脂是由一分子的甘油、两分子的脂肪酸、一分子的磷酸和胆碱失水缩合而成的酯，分子中的脂肪酸链有饱和与不饱和两种。

【性能】卵磷脂纯品是吸水性的白色蜡状物，在空气中由于不饱和脂肪酸的氧化而变为黄色或棕色半透明的蜡状块。溶于石油醚、氯仿、乙醚、苯和乙醇，不溶于丙酮，难溶于水。有吸湿性，易氧化，受热时氧化、变色、降解。卵磷脂具有两亲性，其中磷酸基团是亲水性的，脂肪酸基团是亲油性的，因此具有乳化性。

【制备方法】卵磷脂最大的工业来源是大豆，因此来源于大豆的卵磷脂又被称为大豆磷脂，是精制大豆油的副产品，也是商业上应用最广泛的植物卵磷脂。大豆磷脂通常是在大豆毛油中添加少量水，经加热搅拌、离心分离、真空干燥而制得。从蛋黄中提取的卵磷脂称为蛋黄磷脂，价格较贵，通常限于医药中使用。

【药理作用】卵磷脂是细胞各种膜结构的基本原料，存在于每个细胞中，更多集中在肝、脑、心、肾及免疫系统，人体内由肝合成。卵磷脂能增强血红蛋白的功能使皮肤光滑、柔润，其中含有的肌醇可促进血液循环，促使头发再生，抑制头发变白，具有皮肤抗衰老的功效。

【安全性】LD_{50}，经口，大鼠，>8mL/kg。

【用途】在护肤品中常作为乳化剂。

2.1.2　蜡

　　蜡是由高碳脂肪酸和高碳脂肪醇构成的酯。这种酯在护肤品中起到提高稳定性、调节黏稠度、减少油腻感等作用。护肤品中的常见蜡类有棕榈蜡、小烛树蜡、霍霍巴蜡、木蜡、蜂蜡等。

　　（1）植物蜡

原料1　棕榈蜡（Canauba wax）

【中文别名】巴西蜡，巴西棕榈蜡

【CAS 号】8015-86-9

【化学成分或有效成分】棕榈蜡的主要成分为棕榈酸蜂蜡酯（二十六酸二十六醇/酯）、脂肪酸酯、蜡酸和烃类等。

【性能】棕榈蜡为淡棕色至灰黄色的粉末、薄片或形状不规则且质地硬脆的蜡块，具有树脂状断面，微有气味，相对密度为0.997，熔点为82～85℃，皂化值为78～95，碘值为5～14，溶于氯仿、乙醚、碱液，微溶于热乙醇，不溶于水。巴西棕榈蜡不发生酸败。

【制备方法】由巴西蜡棕（*Copernicia ceriferra*）的叶和叶芽（存在于表面）提取精制而得。

【安全性】LD_{50}，经口，小鼠，15g/kg。

【用途】在化妆品中主要起到增加硬度、韧性和光泽，降低黏性、塑性和结晶的倾向的作用。广泛用于唇膏中。

原料2　小烛树蜡（Candelilla wax）

【中文别名】坎特利那蜡

【CAS 号】8006-44-8

【化学成分或有效成分】主要成分为烷基酯、游离醇、烃类化合物和游离酸等。

【性能】小烛树蜡是一种淡黄色有光泽蜡状固体，有芳香气味，熔点为 67～71℃，不溶于水，溶于丙酮、氯仿、松节油及醇苯混合溶剂。具有收缩率小、防湿性、乳化性等特点。

【制备方法】小烛树蜡从墨西哥北部、美国得克萨斯州南部、美国加利福尼亚州南部等地的小烛树灌木表皮中提取获得。

【用途】被广泛用于膏霜类和唇膏类化妆品。

原料3　霍霍巴蜡（Jojoba wax）

【CAS 号】66625-78-3

【化学成分或有效成分】主要为十二碳以上脂肪酸和脂肪醇构成的蜡酯。

【性能】霍霍巴蜡是一种透明无臭的浅黄液体，不易氧化和酸败，无毒，无刺激。很容易为皮肤吸收，有良好的保湿性，是鲸油的理想替代品。

【制备方法】霍霍巴蜡是从霍霍巴种子中取得。

【用途】广泛应用于润肤膏、面霜、唇膏、婴儿护肤品等产品中。

原料4　木蜡（Wood wax）

【中文别名】日本蜡、黄栌脂

【CAS 号】8001-39-6

【化学成分或有效成分】木蜡中含有 90% 的一元酸（棕榈酸约占 75%）甘油酯、5%～6% 的二元酸甘油酯、2%～3% 的游离脂肪酸，以及 1%～2% 的游离蜡醇。

【性能】木蜡为淡奶色蜡状物，具有酸涩气味，具有韧性、可延展性和黏性。木蜡具有一般脂肪所没有的细腻质地和黏韧性，此外由于其结构中的高级脂肪酸多为饱和酸，不易被氧化。

【制备方法】日本木蜡是从黄栌树的果实中提取获得。

【用途】可用于制作润发油、润唇膏、润肤膏、面霜等产品。

（2）动物蜡

原料　蜂蜡（Bees wax）

【中文别名】黄蜂蜡，白蜂蜡，蜜蜡

【CAS 号】8024-32-6

【化学成分或有效成分】蜂蜡中含有 80% 的棕榈酸蜂花醇酯、15% 的游离蜡酸、4% 的虫蜡素、少量的维生素 A 以及游离蜂花醇等。

【性能】蜂蜡呈黄色、淡黄棕色或黄白色，不透明或微透明，表面光滑，体较轻，蜡质，断面砂粒状，有蜂蜜香气，味微甘。密度为 0.954～0.964g/cm³，熔点为 62～67℃，不溶于水，略溶于乙醇，易溶于四氯化碳、氯仿、乙醚等，酸值为 18～24，皂化值为 90～97。

【制备方法】蜂蜡由蜜蜂分泌于蜂巢中的蜡质精制而成。

【药理作用】蜂蜡不会刺激皮肤，其中的脂质具有润泽作用，能改善皮肤营养，使皮肤柔软、富有弹性。蜂蜡中的二十八烷醇能促进皮肤血液循环和活化细胞，还有消炎、防治皮肤病的功效。蜂蜡还使得化妆品乳液具有稳定性，增加软膏或面霜的保湿能力，还可使唇膏颜色稳定且富有光泽。蜂蜡可提高皮肤保湿性能，增加皮肤光泽度，改善皮肤营养，加速上皮生长。此外，它还具有抗菌的功能。

【用途】蜂蜡常用于制造发蜡、胭脂、唇膏等化妆品。

2.1.3　烃类

烃类化合物是碳氢化合物的统称，是由碳原子与氢原子所构成的化合物，主要包含烷烃、环烷烃、烯烃、炔烃、芳香烃。烃类均不溶于水。烃类的沸点高，多在 300℃ 以上。按照烃类的结构，可分为脂肪烃、脂环烃和芳香烃三大类。在护肤品中，主要用来防止皮肤表面水分的蒸发，提高其保湿效果。常用于护肤品中的烃类有液体石蜡、固体石蜡、褐煤蜡、地蜡、凡士林等。

原料 1　液体石蜡（Mineral oil）

【中文别名】石蜡油，矿油，白色油，白蜡油，白矿油

【CAS 号】8042-47-5

【化学成分或有效成分】液体石蜡是石油产品的一种，主要成分为 $C_{22\sim36}$ 正构烷烃及少量异构烷烃、环烷烃和芳香烃。化学性质稳定，不易与碱、无机酸及卤素起作用。

【性能】无色半透明状液体，无味无臭，不溶于水和乙醇，对光、热、酸稳定，但长时间受热或光照会慢慢氧化，相对密度为 0.831～0.863，闪点为 164～228℃。

【制备方法】液体石蜡是由原油经常压和减压分馏、溶剂抽提和脱蜡、加氢精制而得。

【安全性】LD_{50}，经口，大鼠，>5000mg/kg；LD_{50}，经皮，大鼠，>2000mg/kg。

【用途】液体石蜡在膏霜中的用量一般为 2%～35%，具有保湿、清洁、增加油感等作用，

用于制造发乳、发油、发蜡、口红、面霜、护肤脂等。

原料2 凡士林（Petrolatum）

【中文别名】固体石蜡

【CAS号】8009-03-8

【化学成分及有效成分】是液体和固体石蜡烃类的混合物。

【性能】白色至带黄色或淡琥珀色的半固体油脂状物，几乎无臭无味，相对密度0.815～0.830，熔点38～45℃，黏度0.01～0.02Pa·s（100℃），闪点大于190℃，不溶于水，几乎不溶于乙醇，溶于乙醚、己烷和大多数挥发或不挥发性油。

【用途】凡士林是化妆品中常用的基料。

2.1.4 合成原料

合成原料指由各种油脂、蜡等原料经过加工合成的改性油脂和蜡，其组成和原料与油脂相似，在保持了油脂优点的同时，在纯度、物理性状、化学稳定性、微生物稳定性以及对皮肤的刺激性和皮肤吸收性等方面有更优良的表现，因此是护肤品的常用原料。常用的合成油脂原料有角鲨烷、聚硅氧烷、脂肪酸、脂肪醇、脂肪酸酯等。

原料1 角鲨烷（Squalane）

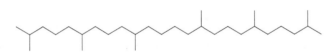

【中文别名】鲨鱼烷，鲨烷，全氢化角鲨烯，异三十烷

【分子式和分子量】$C_{30}H_{62}$，423

【CAS号】111-01-3

【化学成分或有效成分】角鲨烷是角鲨烯的氢化产物，角鲨烯在动物体内和部分植物油脂中广泛存在。主要包含动物角鲨烷、植物角鲨烷和合成角鲨烷三大类。动物角鲨烷以鲨鱼的肝脏中含量最高。

【性能】精制角鲨烷是无色、无味、无臭、惰性的透明油状黏稠液体。微溶于甲醇、乙醇、丙酮和冰醋酸，能与苯、氯仿、四氯化碳、石油醚、乙醚、矿物油和其他动植物油混合。相对密度为0.812，折射率（15℃）为1.4530，碘值为0～5，皂化值为0～5，酸值为0～0.2，凝固点为-38℃，沸点为350℃。在空气中稳定，光照会引起缓慢氧化。

【制备方法】角鲨烷由角鲨烯氢化后制得。角鲨烯最初是从蓝鲨或其他深海鲨鱼类肝油中取得，但欧盟已经禁止使用动物产角鲨烷作为化妆品原料。从橄榄油、苋菜籽油、棕榈油等植物油脂中也能提炼出角鲨烯，其中橄榄油是植物源角鲨烯的最主要来源。目前常见的方法是合成法和提取法。①合成法。以异戊二烯为原料，经氯化生成甲基庚烯酮，再制成脱氢里哪醇，后得里哪醇，再经香叶基丙酮，最后生成角鲨烷。②提取法。以橄榄油为原料，从中萃取分离出角鲨烯，然后加氢制得。

【药理作用】角鲨烷是人体皮脂的重要成分，人体分泌的皮脂中约含有10%的角鲨烯和2.4%的角鲨烷，人体可将角鲨烯转变为角鲨烷。角鲨烯可为细胞提供氧气和养分，并可促进细胞新陈代谢，在皮肤外层形成皮脂膜，防止水分流失，隔离细菌、灰尘及紫外线的伤害。角鲨烯和角鲨烷的美容功效几乎相同，但是角鲨烯的分子结构不稳定，容易被氧化，而角鲨烷具有良好的稳定性。角鲨烷的渗透性好，可进入皮肤内部，补充细胞脂质，滋养肌肤；角鲨烷也可在皮肤表层形成透气、透水的保护膜，实现锁水滋养的作用。角鲨烷还能抑制皮肤脂质的过氧化，促进皮肤基底细胞的增殖，对延缓皮肤老化，改善并消除黄褐斑均有明显的生理效果。此外，角鲨烷还可使皮肤毛孔张开，促进血液微循环，增进细胞的新陈代谢，帮助修复破损细胞。

【用途】角鲨烷是化妆品油性原料，常用于各类膏霜和乳液、眼线膏、眼影膏和护发素等，也可直接用角鲨烷护肤。

原料2　硅油（Silicone oil）

$$\left[\begin{array}{c}R\\R^1-Si-O\\R\end{array}\right]\left[\begin{array}{c}R\\O-Si\\R\end{array}\right]_n\left[\begin{array}{c}R\\O-Si-R^2\\R\end{array}\right]$$

【中文别名】聚硅氧烷，硅酮，甲基硅油

【CAS 号】63148-62-9

【化学成分或有效成分】硅油是一种不同聚合度链状结构的聚有机硅氧烷。最常用的硅油有机基团全部为甲基，称甲基硅油。也可以采用其他基团代替部分甲基基团，以改进硅油的某种性能和适用各种不同的用途。常见的其他基团有氢、乙基、苯基、氯苯基、三氟丙基等。

【性能】乳白色黏稠液体，不挥发，无臭。相对密度为 0.98～1.02。可与氯代烃、脂肪烃和芳香烃溶剂互溶，不溶于甲醇、乙醇和水，但可分散于水中。不易燃烧，无腐蚀性，化学性质稳定。

【制备方法】硅油是由二甲基二氯硅烷加水水解制得初缩聚环体，环体经裂解、精馏制得低环体，然后把环体、封头剂、催化剂一起调聚就可得到各种不同聚合度的混合物，最后减压蒸馏除去低沸物就可制得硅油。

【药理作用】硅油具有生理惰性、润滑性能和抗紫外线辐射作用，无臭、无毒，对皮肤无刺激、透气性好，有良好的护肤功能。在护发产品中使用具有抗静电及使头发柔顺、光滑的作用。

【用途】硅油广泛应用于护手霜、护发素、洗发水、浴用洗涤剂、雪花膏等产品中。

原料3　聚二甲基硅氧烷 [Poly (dimethylsiloxane)]

$$Si-O\left[\begin{array}{c}|\\O\\|\end{array}\right]_n O-Si$$

【中文别名】二甲基硅油

【CAS 号】9016-00-6

【化学成分或有效成分】聚二甲基硅氧烷是以硅氧烷为骨架的直链状聚合物，是一种非油性合成油。

【性能】聚二甲基硅氧烷根据分子量的不同，呈现为无色透明的挥发性液体至极高黏度的液体或硅胶，无味，透明度高，具有耐热性、耐寒性、防水性，黏度随温度变化小，表面张力小，具有导热性，具有生理惰性、良好的化学稳定性。聚二甲基硅氧烷不溶于水和乙醇，溶于四氯化碳、苯、氯仿、乙醚、甲苯等有机溶剂。常见的规格根据黏度分为 50cSt、100cSt、350cSt、500cSt、1000cSt 等。

【制备方法】在催化剂作用下，由八甲基环四硅氧烷与六甲基二硅醚聚合制得。

【用途】聚二甲基硅氧烷易在皮肤上铺展，涂抹后形成疏水膜，从而增加膏霜的耐水性和油腻感。聚二甲基硅氧烷与皮肤具有良好的相容性，无臭、无味、无刺激，安全性较高。此外，在护肤品的生产过程中也常将其作为消泡剂。

原料 4　鲸蜡醇（1-Hexadecanol）

【中文别名】十六醇，单十六醇，棕榈醇

【分子式和分子量】$C_{16}H_{34}O$，242

【CAS 号】36653-82-4

【性质】有玫瑰香气的白色晶体。溶于乙醇、乙醚、氯仿。熔点为 49～51℃，沸点为 344℃，密度为 0.818g/cm³。不溶于水，但有一定的吸水性，作为乳剂型基质与油脂性基质（如凡士林）混合后，可增加其吸水性，在与水或水性液体接触时，在充分搅拌下吸水后形成 W/O 型乳剂基质。在 O/W 型乳剂基质油相中起稳定、增稠作用。

【制备方法】由十六烷酰氯用硼氢化钠还原或由硫代软脂酸甲酯用雷氏镍还原而制得。

【毒性】LD_{50}，经口，大鼠，5000mg/kg。

【用途】用作化妆品的软化剂、乳剂调节剂，常用于面霜、乳液等产品中。

原料 5　脂蜡醇（1-Octadecanol）

【中文别名】十八醇，硬脂醇，单十八醇，1-羟基十八烷，1-十八醇

【分子式和分子量】$C_{18}H_{38}O$，270

【CAS 号】112-92-5

【性质】外观为白色片状或针状结晶，或块状固体，有香味，挥发性小。能溶于醇、醚、苯及氯仿，不溶于水。与硫酸起磺化反应，遇碱不起化学反应，有刺激性。熔点为 59.4～59.8℃，沸点为 210℃，相对密度为 0.812，折射率为 1.435。

【制备方法】十八醇一般由鲸油水解制得，也可由硬脂酸加氢而得，或用饱和乙醇还原硬脂酸乙酯获得。还可在烷基铝的作用下，通过控制乙烯的聚合反应得到十七烯馏分，再经羰基合成制得十八醇。

【毒性】LD_{50}，经口，小鼠，20000mg/kg。

【用途】可用作霜膏、乳化剂、增稠剂等。

原料 6　棕榈酸异丙酯（Isopropyl palmitate）

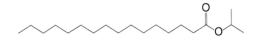

【中文别名】十六酸-1-甲基乙基酯，十六烷酸异丙酯

【缩写】IPP

【分子式和分子量】$C_{19}H_{38}O_2$，299

【CAS 号】142-91-6

【性质】棕榈酸异丙酯为无色至淡黄色油状液体，不易挥发，可燃，有微油脂味。能溶于乙醇、乙醚等有机溶剂，不能溶于水及甘油，对皮肤有渗透性。相对密度为 0.852，熔点为 11～13℃，沸点为 160℃。

【制备方法】由十六烷酸和异丙醇在酸催化下脱水酯化获得。

【毒性】LD$_{50}$，经口，大鼠，＞5000mg/kg。

【用途】橄酸酸异丙酯是一种小分子的油剂，分子量小，可渗入表皮层，防止水分蒸发，滋润皮肤，改善干燥症状，是护肤品中常用的润肤剂。常用于毛发调理剂、护肤霜、防晒霜等护发护肤品中。在化妆品中的建议添加量为 2%～10%。

原料 7　棕榈酸异辛酯（Isooctyl palmitate）

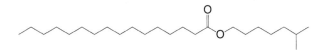

【中文别名】十六酸异辛酯，十六酸（2-乙基己）酯，十六酸 2-乙基己基酯

【缩写】2EHP

【分子式和分子量】C$_{24}$H$_{48}$O$_2$，369

【CAS 号】1341-38-4

【性质】透明至浅黄色油状液体，其性能稳定，不易氧化或产生异味。

【制备方法】由棕榈酸与异辛醇进行酯化反应制得。

【毒性】LD$_{50}$，经口，大鼠，＞5000mg/kg。

【用途】棕榈酸异辛酯具有良好的渗透性，与皮肤亲和力强，为干性透气油，在皮肤表面有良好的护肤性与延展性。在化妆品中作为延展剂、压粉式化妆品的联合剂及彩妆中色素的良好溶剂。常用于粉底霜、防晒品、眼影、口红、睫毛膏等配方中，用量为 2%～5%。还可作为软化剂、分散剂，在润发乳、沐浴露等配方中应用。

2.2　粉质原料

粉质原料主要用于粉末状化妆品中，例如爽身粉、粉饼、胭脂、眼影等。在化妆品中主要起到遮盖、滑爽、附着、吸收、延展、防晒等作用。化妆品中的粉质原料有无机粉质原料、有机粉质原料以及其他粉质原料。这些原料一般均含有对皮肤有毒性作用的重金属，因此要求其中的重金属含量不得超过国家化妆品卫生规范规定的含量。

（1）无机粉质原料

常用于化妆品的无机粉质原料有滑石粉、高岭土、膨润土、碳酸钙、碳酸镁、钛白粉、辛白粉、硅藻土等。

原料 1　滑石粉（Talc）

【中文别名】水合硅酸镁超细粉，一水硅酸镁

【分子式和分子量】3MgO·4SiO$_2$·H$_2$O，379

【CAS 号】14807-96-6

【化学成分或有效成分】滑石粉为天然硅酸盐，主要成分为含水硅酸镁。

【性能】滑石粉主要成分是含水的硅酸镁，滑石粉属单斜晶系。晶体呈假六方或菱形的片状，偶见。通常呈致密的块状、叶片状、放射状、纤维状集合体。无色透明或白色，但因含少量的杂质而呈现浅绿、浅黄、浅棕甚至浅红色；解理面上呈珍珠光泽。滑石粉具有润滑、抗黏、助流、熔点高、化学稳定、遮盖力良好、柔软、光泽好、吸附力强等优良的性质。

【制备方法】天然矿石粉碎后加稀酸煮沸，以除去石灰石和大理石，再经充分水洗后干燥而成。

【毒性】人类皮肤给药，300μg/3d，轻度反应。

【用途】滑石粉具有保护皮肤和黏膜的作用，是爽身粉、痱子粉、香粉、粉饼、胭脂等的主要原料。

原料2　高岭土（Kaolin）

【中文别名】白陶土，碱式硅酸铝，水合硅酸铝

【分子式和分子量】$H_2Al_2O_8Si_2 \cdot H_2O$，258

【CAS号】1332-58-7

【化学成分或有效成分】高岭土主要成分为含水硅酸铝，为白色或淡黄色细粉，对皮肤的黏附性能好，有抑制皮脂及吸汗的性能，在化妆品中与滑石粉配合使用，有缓解消除滑石粉光泽的作用。

【性能】纯品白色，含杂质者呈灰色或淡黄色，致密或松散粉状，吸水后呈暗色，并有特殊的黏土味。相对密度为2.54～2.60，熔点约1785℃，有很好的滑溜性，不溶于水、乙醇、稀酸和碱液，加水后有可塑性。

【制备方法】取花岗岩、片麻岩等结晶岩研细成泥浆状，用水淘洗去沙，经稀无机酸处理并用水反复冲洗后，在330℃以上脱水而成。

【用途】主要用于眼影、爽身粉、香粉、粉饼、胭脂等各种粉类的化妆品。

原料3　膨润土（Bentonite）

【中文别名】斑脱岩，皂土，膨土岩

【分子式和分子量】$Al_2O_3 \cdot 4(SiO_2) \cdot H_2O$，360

【CAS号】1302-78-9

【化学成分或有效成分】膨润土的主要矿物为蒙脱石，此外还常含有伊利石、沸石、高岭石、火山喷发残余物和碎屑石英等。

【性能】膨润土的颜色有乳白色、白色、浅黄色、黄色、褐色、粉红色、淡绿色、淡青色、灰色等。相对密度为2.3～2.5，熔点约为1330～1430℃，颗粒极细，比一般黏土更能吸附水。吸水后体积增大，能吸附本身重量5倍的水使体积膨胀15倍，膨胀后形成凝胶状物质。

【制备方法】由膨润土原矿经破碎、磨粉、干燥而成。

【用途】在化妆品中，主要用于乳液制品和粉饼等。

（2）有机粉质原料

有机粉质原料主要有硬脂酸锌、硬脂酸镁、聚乙烯粉、微晶纤维素、聚苯乙烯粉等。

原料1　硬脂酸锌（Zinc stearate）

【中文别名】硬脂酸锌盐，脂蜡酸锌，十八酸锌

【分子式和分子量】$C_{36}H_{70}O_4Zn$，632

【CAS 号】557-05-1

【性质】硬脂酸锌为白色轻质细微粉末，可燃，密度为 $1.095g/cm^3$，熔点为 130℃。不溶于水、乙醇、乙醚，可溶于热乙醇、松节油、苯等有机溶剂和酸。硬脂酸锌具有润滑性、吸湿性等特性。

【毒性】LD_{50}，经口，大鼠，>10000mg/kg。

【制备方法】以硬脂酸为原料，经过皂化、复合解反应制备。

【用途】可作为粉质化妆品中的润滑剂。

原料 2　硬脂酸镁（Magnesium stearate）

【中文别名】硬质碳酸镁，十八碳酸镁

【分子式及分子量】$C_{36}H_{70}MgO_4$，591

【CAS 号】557-04-0

【性质】硬脂酸镁是一种脂肪酸盐型阴离子表面活性剂，外观为白色细粉，微臭，有滑腻感。密度为 $1.028g/cm^3$，熔点为 200℃，可溶于热脂肪烃、热芳烃、热油脂，不溶于醇和水，遇强酸分解成硬脂酸和相应镁盐。

【制备方法】由氧化镁与食用级固体混合脂肪酸（以硬脂酸为主）化合后精制而得。

【毒性】LD_{50}，经口，大鼠，>2000mg/kg。

【用途】硬脂酸镁对皮肤有良好的黏附性能和润滑性，在化妆品中用于粉类产品中。

原料 3　微晶纤维素（Microcrystalline cellulose）

【中文别名】微晶质，微晶体，纤维素粉，木质粉，果胶酶

【CAS 号】9004-34-6

【化学成分或有效成分】微晶纤维素是天然纤维素经酸水解至极限聚合度的产物。

【性质】微晶纤维素为白色或近白色，无臭、无味，颗粒大小一般约 2~80μm，真密度为 $1.512 \sim 1.668g/cm^3$，松密度为 $0.337g/cm^3$，具有模量高、可再生、可降解、来源广泛等优点。微晶纤维素在水中可分散但不溶，在稀酸、有机溶剂和油中不溶，在稀碱溶液中溶胀，部分溶解。

【制备方法】由木浆或棉花浆制成的纤维素。经漂白处理和机械分散后精制而成。

【毒性】LC_{50}，吸入，大鼠，>5800mg/($m^3 \cdot 4h$)。

【用途】可作为护肤品的分散剂、乳化剂。

2.3　胶质原料

胶质原料是水溶性的高分子化合物，该类物质多数在水中能膨胀成胶体，在护肤品中可作为胶合剂使固体粉质原料黏合成型，也可作为乳化剂使乳状液或悬浮液稳定，此外还具有增稠、凝胶化、成膜等作用。胶质原料主要用于面膜和凝胶类护肤品中。护肤品中所用的水溶性的高分子化合物主要分为天然类、合成类和半合成类。

天然的水溶性的高分子化合物有淀粉、植物树胶、动物明胶等，该类胶质易受气候、地理环境的影响，产量有限，且易受细菌、霉菌的作用而变质。

合成的水溶性高分子化合物有聚乙烯醇、聚乙烯吡咯烷酮、聚丙烯酸等，性质稳定，对皮肤的刺激性低，价格低廉，所以取代了天然的水溶性高分子化合物成为胶体原料的主要来源。在化妆品中常作为胶黏剂、增稠剂、成膜剂、乳化稳定剂使用。

半合成水溶性的高分子化合物最常见的有甲基纤维素、乙基纤维素、羧甲基纤维素钠、羟乙基纤维素以及瓜耳胶及其衍生物等。

原料1　淀粉（Starch）

【分子式】$(C_6H_{10}O_5)_n$

【CAS 号】9005-25-8

【化学成分或有效成分】淀粉是高分子碳水化合物，是由葡萄糖分子聚合而成的多糖。其基本构成单位为 α-D-吡喃葡萄糖，分为支链淀粉和直链淀粉。

【性质】淀粉为白色、无臭、无味粉末。有吸湿性。不溶于冷水、乙醇和乙醚。

【制备方法】淀粉是用玉米、高粱、小麦等谷物和马铃薯、甘薯、木薯等薯类农作物为原料，经浸泡、磨碎，将蛋白质、脂肪、纤维素等非淀粉物质分离除去而得。

【用途】在护肤品中可作为胶黏剂、增稠剂、成膜剂、乳化稳定剂。

原料2　阿拉伯胶（Arabic gum）

【中文别名】树胶，阿拉伯树胶，金合欢胶，亚克西胶，塞内加尔胶，桃胶

【CAS 号】9000-01-5

【化学成分或有效成分】阿拉伯胶是从天然植物中提取得到的多糖类物质。阿拉伯胶由多糖和蛋白质组成，其中70%为多糖，其余多数为高分子量的蛋白质。

【性质】阿拉伯胶呈琥珀色，颗粒大而圆，经过精制后可得粉末状阿拉伯胶。水溶性胶体，而且具有高度的可溶解性，阿拉伯胶与水的混合比则可高达60%，在高含量时能有非常高的黏度表现。

【制备方法】从阿拉伯胶树或亲缘种金合欢属树的茎和枝割流收集胶状渗出物，经干燥、挑选而得成品。

【毒性】LD_{50}，经口，大鼠，16000mg/kg。

【用途】可作为胶黏剂在化妆品中使用。

原料3　明胶（Gelatin）

【中文别名】动物胶，动物明胶，白明胶，筋胶

【CAS 号】9000-70-8

【化学成分或有效成分】明胶是一种大分子的亲水胶体，是胶原部分水解后的产物。胶原分子是由三条多肽链相互缠绕所形成的螺旋体，通过工艺过程的处理，胶原分子螺旋体变性分解成单条多肽链（α-链）的 α-组分和由两条 α-链组成的 β-组分及由三条 α-链组成的 γ-组分，以及介于其间和小于 α-组分或大于 γ-组分的分子链碎片。明胶含16%的水分和无机盐，82%以上的蛋白质。明胶蛋白中含有 18 种氨基酸，其中脯氨酸 Pro 和羟脯氨酸 Hyp 的含量较高。明胶凝胶中的类三螺旋结构主要靠分子内氢键和氢键水合维系。

【性质】明胶是无色至浅黄色固体，呈粉状、片状或块状。有光泽，无臭，无味。分子量约 50000～100000。相对密度 1.3～1.4。明胶不溶于乙醇、乙醚和氯仿，溶于热水、甘油、丙二醇、乙酸、水杨酸、苯二甲酸、尿素、硫脲、硫氰酸盐和溴化钾等。不溶于水，但浸泡在水

中时，可吸收 5～10 倍的水而膨胀软化，如果加热，则溶解成胶体，冷却至 35～40℃以下，成为凝胶状；如果将水溶液长时间煮沸，因分解而使性质发生变化，冷却后不再形成凝胶。

【制备方法】①碱法：将动物的骨和皮等用石灰乳液充分浸渍后，用盐酸中和，经水洗、熬胶、防腐、漂白、凝冻、刨片、烘干制得，成品为"B 型明胶"或"碱法明胶"。②酸法：将动物的骨和皮在冷硫酸液中酸化、漂洗、熬胶、冻胶、挤条、干燥制得，成品为"A 型明胶"或"酸法明胶"。③酶法：用蛋白酶将动物的骨和皮酶解后用石灰处理，经中和、熬胶、浓缩、凝冻、烘干后制得。

【毒性】LD_{50}，经口，兔子，>5000mg/kg。

【用途】在护肤品中可作为分散剂、黏结剂、增稠剂、稳定剂、乳化剂。

原料 4　聚乙烯醇 [Poly（vinyl alcohol）]

【缩写】PVA

【分子式】$(C_2H_4O)_n$

【CAS 号】9002-89-5

【性质】PVA 是一种呈白色粉末状、片状或絮状的固体，无味、无污染，可在 80～90℃水中溶解，不溶于甲醇、苯、丙酮、汽油等一般有机溶剂。

【制备方法】由聚醋酸乙烯酯醇解而得。

【毒性】LD_{50}，经口，小鼠，14700mg/kg。

【用途】在护肤品中可作为分散剂、黏结剂、增稠剂、稳定剂、乳化剂。

原料 5　聚乙烯吡咯烷酮（Polyvinylpyrrolidone）

【中文别名】1-乙烯基-2-吡咯烷酮聚合物，聚乙烯聚吡咯烷铜

【缩写】PVP

【分子式】$(C_6H_9NO)_n$

【CAS 号】9003-39-8

【性质】聚乙烯吡咯烷酮是具亲水性、易流动白色或近乎白色的粉末，微臭。分为可溶性的 PVP 和不溶性的 PVP。可溶性 PVP 的分子量为 8000～10000，化妆品中常用的 PVP 规格是 K-30。常温常压下稳定。极易溶于水及含卤代烃类溶剂、醇类、胺类、硝基烷烃及低分子脂肪酸等，不溶于丙酮、乙醚、松节油、脂肪烃和脂环烃等少数溶剂。能与多数无机酸盐、多种树脂相溶。

【制备方法】以单体乙烯基吡咯烷酮（NVP）为原料，通过本体聚合、溶液聚合等方法得到。在本体聚合制备过程中，由于存在反应体系黏度大，聚合物不容易扩散，聚合反应热不容易移走导致局部过热等问题，因此得到的产品分子量低，残留单体的含量高，而且多呈黄色，没有太大实用价值。工业上一般都采用溶液聚合法合成 PVP。PVP 生产聚合有两条主要路线，第一是 NVP 在有机溶剂中进行溶液聚合，然后进行蒸汽汽提。第二条路线为 NVP 单体与水溶性阳离子、阴离子或非离子单体进行水溶液聚合。将 NVP 单体直接加热到 140℃以上，或者在 NVP 溶液中加入引发剂加热，或者在 NVP 的溶液（溶剂可以是水、乙醇、苯等）

中加入引发剂通过自由基溶液聚合，或者直接用光照射 NVP 单体或其溶液都可以得到 PVP 均聚物，聚合方法不同，得到的聚合物结构和性能都有所不同，其中自由基溶液聚合得到的聚合物组成、结构较均匀。性能也比较稳定，是 NVP 均聚最常用的方法，调节单体浓度、聚合温度、引发剂用量等反应条件即可以得到不同分子量和不同水溶性的 PVP 均聚物。

【毒性】LD_{50}，经口，大鼠，>2000mg/kg。

【用途】PVP 在头发上能形成可再湿的、透明、具有光泽、具有润滑性的薄膜，并具有配伍性好、防腐等优势，被广泛应用于头发定型和护理产品中，也常用于护肤乳液和膏霜的柔润剂及稳定剂，眼部与面部美容化妆品和唇膏的基料，香波的稳泡剂。

原料6 卡波姆（Carbomer）

【中文别名】聚丙烯酸，卡波普，羧基乙烯共聚物，丙烯酸树脂

【缩写】PAA

【分子式】$(C_3H_4O_2)_n$

【CAS 号】9007-20-9

【化学成分或有效成分】卡波姆是一种丙烯酸键合烯丙基蔗糖或季戊四醇烯丙醚的聚合物，按干燥品计算，含羧酸基（—COOH）应为 56.0%～68.0%。按照黏度可分为 934、940、941、980、2020、U10、U20、U21、U30 型等，最为常用的是 940 型。

【性质】卡波姆多为白色疏松状粉末，微臭，有引湿性，是一种水溶性的聚合物，也溶于某些极性溶剂，如甲醇和乙二醇等。

【制备方法】以丙烯酸为单体，烯丙基蔗糖醚的苯溶液为交联剂，在苯中悬浮聚合而成。

【用途】卡波姆是护肤品中最为常用的乳化稳定剂、增稠剂、凝胶剂之一，常用于面膜、乳液、霜膏、凝胶等产品中，也可以为护肤品提供透明的基质。

原料7 黄原胶（Xanthan gum）

【中文别名】黄胶，汉生胶，甘蓝黑腐病黄单孢菌胶，黄单孢多糖，黄单孢杆菌胞多糖，黄杆菌胶，苫胶

【分子式及分子量】$C_8H_{14}Cl_2N_2O_2$，241

【CAS 号】11138-66-2

【化学成分或有效成分】黄原胶是一种由黄单孢杆菌发酵产生的细胞外酸性杂多糖，是由 D-葡萄糖、D-甘露糖和 D-葡萄糖醛酸按 2:2:1 组成的多糖类高分子化合物，分子量在 10^6 以上。黄原胶的二级结构是侧链绕主链骨架反向缠绕，通过氢键维系形成棒状双螺旋结构。黄原胶对不溶性固体和油滴具有良好的悬浮作用。黄原胶溶胶分子能形成超结合带状的螺旋共聚体，构成脆弱的类似胶的网状结构，所以能够支持固体颗粒、液滴和气泡的形态，显示出很强的乳化稳定作用和高悬浮能力。黄原胶在水中能快速溶解，有很好的水溶性。黄原胶溶液具有低浓度、高黏度的特性（1%水溶液的黏度相当于明胶的 100 倍），是一种高效的增稠剂。

【性质】黄原胶为浅黄色至白色可流动粉末，稍带臭味。易溶于冷、热水中，溶液中性，耐冻结和解冻，不溶于乙醇。遇水分散、乳化变成稳定的亲水性黏稠胶体。它具有独特的流变性、良好的水溶性、对热及酸碱的稳定性，与多种盐类有很好的相容性。

【制备方法】黄原胶是由野油菜黄单孢杆菌（*Xanthomnas campestris*）以碳水化合物为主

要原料（如玉米淀粉）经发酵工程生产的一种作用广泛的微生物胞外多糖。

【毒性】LD_{50}，经口，大鼠，＞10g/kg。

【用途】黄原胶可作为增稠剂、悬浮剂、乳化剂、稳定剂。

原料 8　海藻酸钠（Sodium alginate）

【中文别名】藻蛋白酸钠，藻酸钠（铵），海带胶，藻朊酸钠

【分子式】$(C_5H_7O_4COONa)_n$

【CAS 号】9005-38-3

【化学成分或有效成分】主要组成是海藻酸的钠盐，是聚糖醛酸的混合物，是从海带等褐色海藻中提取的一种胶。其分子由 β-D-甘露糖醛酸（β-D-mannuronic，M）和 α-L-古洛糖醛酸（α-L-guluronic，G）按（1→4）键连接而成，是一种天然多糖，具有药物制剂辅料所需的稳定性、溶解性、黏性和安全性。

【性质】呈白色或淡黄色粉末状，无臭、无味，有吸潮性，相对密度 1.59，堆积密度 87.39g/cm³，湿含量 13%，不溶于乙醇、乙醚或氯仿等。海藻酸钠溶于热水和冷水形成黏稠状胶体溶液，是一种水合能力非常强的亲水性凝胶剂。低热值、无毒、易膨胀、柔韧度高，具有良好的增稠性、稳定性、凝胶性、泡沫稳定性及防制品老化、促进凝聚等作用。

【制备方法】海藻酸钠是从褐藻类的海带或马尾藻中提取碘和甘露醇之后的副产物。取含量在 75% 以下的藻酸凝胶，加入 6%～8% 的碳酸钠溶液，使呈碱性，搅匀，静置 8h，过滤，滤饼经沸腾干燥，得海藻酸钠。

【毒性】LD_{50}，经口，大鼠，>5000mg/kg；LD_{50}，腹腔注射，小鼠，500mg/kg。

【用途】可作为乳化剂、成膜剂、增稠剂。

原料 9　瓜尔胶（Guar gum）

【中文别名】瓜尔豆胶

【CAS 号】9000-30-0

【化学成分或有效成分】是豆科植物瓜尔豆的提取物，是一种半乳甘露聚糖。瓜尔胶就分子结构来说是一种非离子多糖，它以聚甘露糖为分子主链，D-吡喃甘露糖单元之间以 β（1→4）苷键连接。而 D-吡喃半乳糖则以 α（1→6）键连接在聚甘露糖主链上。瓜尔胶中甘露糖与半乳糖单元摩尔比为 2:1，即每隔一甘露糖单元连接着一个半乳糖分支。瓜尔胶的分子量在 220000 左右。

【性质】瓜尔胶外观是白色或微黄色的自由流动粉末，能溶于冷水或热水，遇水后即形成胶状物质，达到迅速增稠的功效。瓜尔胶具有柔和性，对皮肤和眼睛极温和，并能减缓配方产品中表面活性剂的刺激性。与阴离子、两性离子和表面活性剂有良好的相容性，可用于各类表面活性剂的产品中。

【制备方法】豆科植物瓜尔豆（*Cyamopsis tetragonoloba*）的种子去皮去胚芽后的胚乳部分经干燥粉碎后加水，进行加压水解后用 20%乙醇沉淀，离心分离后干燥、粉碎而成。

【用途】作乳化稳定剂和增稠剂。

原料 10　羧甲基纤维素钠（Sodium carboxymethyl cellulose）

【中文别名】纤维素胶

【缩写】CMC-Na

【分子式】$[C_6H_7O_2(OH)_2CH_2COONa]_n$

【CAS 号】9004-32-4

【性质】羧甲基纤维素钠是纤维素的羧甲基化衍生物，属阴离子型纤维素醚，是最主要的离子型纤维素胶。分子量从几千到百万不等。羧甲基纤维素钠为白色或乳白色纤维状粉末或颗粒，密度 $0.5\sim0.7g/cm^3$，无味，具吸湿性，在乙醇等有机溶剂中不溶，在碱性溶液中很稳定，遇酸易水解。易在水中溶解为透明稳定胶体，可稳定蛋白质，同时降低脂肪和水之间的表面张力，使脂肪充分乳化。因此，CMC-Na 常作为增稠剂。

【制备方法】将纤维素与氢氧化钠反应生成碱纤维素，然后用一氯乙酸进行羧甲基化而制得。

【毒性】LD_{50}，经口，大鼠，27000mg/kg。

【用途】在护肤品中可用作增稠剂、稳定剂、乳化剂等。

原料 11　羟乙基纤维素（Hydroxyethyl cellulose）

【中文别名】纤维素羟乙基醚，2-羟乙基纤维素

【缩写】HEC

【分子式】$(C_2H_6O_2)_n$

【CAS 号】9004-62-0

【性质】羟乙基纤维素为白色或微黄色、无臭、无味、易流动的粉末，无毒，易溶于水。不溶于水、酸、碱和一般有机溶剂，是一种常用的纤维素醚类有机水性增稠剂。羟乙基纤维素对水有良好的稠化能力，对热稳定，在酸性情况下不发生沉淀，成膜性好，其水溶液可制成透明的薄膜，具有增稠、悬浮、黏合、乳化、分散、保持水分等性能。pH 值在 $2\sim12$ 范围内其黏度变化较小。

【制备方法】羟乙基纤维素可由碱性纤维素和环氧乙烷（或氯乙醇）的醚化反应制备。也可由碱性纤维素与丙烯酸甲酯反应水解而得。

【用途】在护肤品中常用作增稠剂、保护剂、黏合剂、稳定剂等。

2.4　溶剂原料

溶剂原料是许多液体、膏状及浆状护肤品配方中不可缺少的主要组成部分，它与配方中的其他成分相配合，使制品保持一定的物理性质。化妆品中常用的溶剂原料主要包括水、乙醇、异丙醇、正丁醇、乙酸乙酯等，在护肤品中最为常用的是水，《化妆品生产企业卫生规范》中指出，化妆品生产企业需要根据产品生产工艺需要配备水质处理设备，生产用水水质及水量应当满足生产工艺要求，生产用水的水质应达到国家生活饮用水卫生标准（GB 5749—2022）的要求（pH 值除外）（表 2-1～表 2-3）。生产中应定期监测生产用水中 pH、电导率、微生物等指标。

表 2-1　GB 5749—2022 规定的水质常规指标及限值

	指标	限值
微生物指标[①]	总大肠菌群/(MPN/100mL 或 CFU/100mL)	不应检出
	大肠埃希氏菌/(MPN/100mL 或 CFU/100mL)	不应检出
	菌落总数/(MPN/mL 或 CFU/mL)	100
毒理指标	砷/(mg/L)	0.01
	镉/(mg/L)	0.005
	铬（六价）/(mg/L)	0.05
	铅/(mg/L)	0.01
	汞/(mg/L)	0.001
	氰化物/(mg/L)	0.05
	氟化物/(mg/L)	1.0
	硝酸盐（以 N 计）/(mg/L)	10
	三氯甲烷/(mg/L)	0.06
	一氯二溴甲烷/(mg/L)	0.1
	二氯一溴甲烷/(mg/L)	0.06
	三溴甲烷/(mg/L)	0.1
	三卤甲烷（三氯甲烷、一氯二溴甲烷、二氯一溴甲烷、三溴甲烷的总和）	该类化合物中各种化合物的实测浓度与其各自限值的比值之和不超过 1
	二氯乙酸/(mg/L)	0.05
	三氯乙酸/(mg/L)	0.1
	溴酸盐/(mg/L)	0.01
	亚氯酸盐/(mg/L)	0.7
	氯酸盐/(mg/L)	0.7
感官性状和一般化学指标	色度（铂钴色度单位）/度	15
	浑浊度（散射浊度单位）/NTU	1
	臭和味	无异臭、异味
	肉眼可见物	无
	pH	不小于 6.5 且不大于 8.5
	铝/(mg/L)	0.2
	铁/(mg/L)	0.3
	锰/(mg/L)	0.1
	铜/(mg/L)	1.0
	锌/(mg/L)	1.0
	氯化物/(mg/L)	250
	硫酸盐/(mg/L)	250
	溶解性总固体/(mg/L)	1000
	总硬度（以 CaCO3 计）/(mg/L)	450
	高锰酸盐指数（以 O2 计）/(mg/L)	3
	氨（以 N 计）/(mg/L)	0.5
放射性指标[②]	总 α 放射性/(Bq/L)	0.5（指导值）
	总 β 放射性/(Bq/L)	1（指导值）

　① MPN 表示最可能数；CFU 表示菌落形成单位。当水样检出总大肠菌群时，应进一步检验大肠埃希氏菌或耐热大肠菌群；水样未检出总大肠菌群，不必检验大肠埃希氏菌或耐热大肠菌群。

　② 放射性指标超过指导值，应进行核素分析和评价，判定能否饮用。

表 2-2　饮用水中消毒剂常规指标及要求　　　　　　　　单位：mg/L

消毒剂	与水接触时间	出厂水中限值	出厂水中余量	管网末梢水中余量
氯气及游离氯制剂（游离氯）	至少 30min	4	≥0.3	≥0.05
一氯胺（总氯）	至少 120min	3	≥0.5	≥0.05
臭氧（O₃）	至少 12min	0.3		0.02 如加氯，总氯≥0.05
氧化氯（ClO₂）	至少 30min	0.8	≥0.1	≥0.02

表 2-3　水质非常规指标及限值

指标		限值
微生物指标	贾第鞭毛虫/(个/10L)	<1
	隐孢子虫/(个/10L)	<1
毒理指标	锑/(mg/L)	0.005
	钡/(mg/L)	0.7
	铍/(mg/L)	0.002
	硼/(mg/L)	0.5
	钼/(mg/L)	0.07
	镍/(mg/L)	0.02
	银/(mg/L)	0.05
	铊/(mg/L)	0.0001
	氯化氰（以 CN 计）/(mg/L)	0.07
	一氯二溴甲烷/(mg/L)	0.1
	二氯一溴甲烷/(mg/L)	0.06
	二氯乙酸/(mg/L)	0.05
	1,2-二氯乙烷/(mg/L)	0.03
	二氯甲烷/(mg/L)	0.02
	三卤甲烷（三氯甲烷、一氯二溴甲烷、二氯一溴甲烷、三溴甲烷的总和）	该类化合物中各种化合物的实测浓度与其各自限值的比值之和不超过 1
	1,1,1-三氯乙烷/(mg/L)	2
	三氯乙酸/(mg/L)	0.1
	三氯乙醛/(mg/L)	0.01
	2,4,6-三氯酚/(mg/L)	0.2
	三溴甲烷/(mg/L)	0.1
	七氯/(mg/L)	0.0004
	马拉硫磷/(mg/L)	0.25
	五氯酚/(mg/L)	0.009
	六六六（总量）/(mg/L)	0.005
	六氯苯/(mg/L)	0.001
	乐果/(mg/L)	0.08
	对硫磷/(mg/L)	0.003
	灭草松/(mg/L)	0.3
	甲基对硫磷/(mg/L)	0.02
	百菌清/(mg/L)	0.01

指标		限值
毒理指标	呋喃丹/(mg/L)	0.007
	林丹/(mg/L)	0.002
	毒死蜱/(mg/L)	0.03
	草甘膦/(mg/L)	0.7
	敌敌畏/(mg/L)	0.001
	莠去津/(mg/L)	0.002
	溴氰菊酯/(mg/L)	0.02
	2,4-滴/(mg/L)	0.03
	滴滴涕/(mg/L)	0.001
	乙苯/(mg/L)	0.3
	二甲苯/(mg/L)	0.5
	1,1-二氯乙烯/(mg/L)	0.03
	1,2-二氯乙烷/(mg/L)	0.05
	1,2-二氯苯/(mg/L)	0.3
	1,4-二氯苯/(mg/L)	0.07
	三氯乙烯/(mg/L)	0.07
	三氯苯（总量）/(mg/L)	0.02
	六氯丁二烯/(mg/L)	0.0006
	丙烯酰胺/(mg/L)	0.0005
	四氯乙烯/(mg/L)	0.04
	甲苯/(mg/L)	0.7
	邻苯二甲酸二(2-乙基己基)酯/(mg/L)	0.008
	环氧氯丙烷/(mg/L)	0.0004
	苯/(mg/L)	0.01
	苯乙烯/(mg/L)	0.02
	苯并[a]芘/(mg/L)	0.00001
	氯乙烯/(mg/L)	0.005
	氯苯/(mg/L)	0.3
	微囊藻毒素-LR/(mg/L)	0.001
感官性状和一般化学指标	氨氮（以 N 计）/(mg/L)	0.5
	硫化物/(mg/L)	0.02
	钠/(mg/L)	200

第3章 表面活性剂

3.1 表面活性剂的概念和基本性质

在溶液中某些溶质吸附在界面（表面）上，能使得这些界面的性质发生显著变化，那么这样的物质具有表面活性，通常说的界面包括气体-液体、液体-液体、液体-固体界面。表面活性剂是指具有显著表面活性的物质，通过改变界面上的表面张力，表面活性剂表现出一系列作用，如乳化、增溶、润湿、分散、洗涤、保湿、抑菌、润滑、抗静电、使柔软和消泡等。

虽然表面活性剂的作用丰富，种类繁多，但是其结构具有显著的特征，分子内都含有亲水基团和疏水（亲油）基团。通过控制结构中亲水和亲油基团之间的组成和亲水亲油平衡，可以有效地改变表面活性剂的亲水性和亲油性，进而改变其性质和作用。

表面活性剂的亲水亲油平衡值（HLB 值）是美国葛里芬（W.C.Griffin）于 1949 年提出的，可用于表示表面活性剂分子中的亲水基团和疏水基团之间的平衡关系，并判别表面活性剂的亲水疏水程度。HLB 值越大亲水性越强，越小则疏水性越显著。通常，表面活性剂的 HLB 值的范围为 0～40 之间，规定石蜡的 HLB 值为 0，聚乙二醇的 HLB 值为 20，十二烷基硫酸钠的 HLB 值为 40，以此为参照可计算其他表面活性剂的 HLB 值。

表面活性剂最为常见的分类方式是按照亲水基的类型进行分类，表面活性剂可分为离子型表面活性剂和非离子型表面活性剂两大类。离子型表面活性剂又可根据带电情况分为阳离子型、阴离子型和两性表面活性剂。

3.2 阳离子型表面活性剂

在水中溶解后能够解离出阳离子的表面活性剂，被分类为阳离子型表面活性剂，与阴离子表面活性剂的带电情况相反，因此也被称为逆性肥皂，具有良好的洗涤、乳化和增溶效果，常用作头发护理剂和消毒抑菌剂。阳离子表面活性剂一般均为铵盐。常见的有季铵盐、烷基三甲基卤化铵、二烷基二甲基氯化铵、烷基二甲基苄基氯化铵。

原料1 十八烷基三甲基氯化铵（Trimethylstearylammonium chloride）

【中文别名】氯化三甲基十八烷基铵，硬脂基三甲基氯化铵，氯化十八烷基三甲烷
【缩写】OTAC

【分子式和分子量】$C_{21}H_{46}ClN$，348

【CAS 号】112-03-8

【性质】浅黄色胶状液体，相对密度 0.884，HLB 值 15.7，闪点 180℃，20℃时水溶性小于 1%，能够溶解于醇。

【制备方法】通过二甲基十八十六烷基胺与氯甲烷直接的甲基化反应来制备。

【毒性】LD_{50}，经口，大鼠，536mg/kg；LD_{50}，经皮，兔子，1600mg/kg。

【用途】本品用作纺织纤维的抗静电剂、头发调理剂，也可用于消毒杀菌剂。

原料 2　二癸基二甲基氯化铵（Didecyl dimethyl ammonium chloride）

【中文别名】双十烷基二甲基铵，双癸烷基二甲基氯化铵，双十烷基二甲基氯化铵

【英文缩写】DDAC

【分子式和分子量】$C_{22}H_{48}ClN$，362

【CAS 号】7173-51-5

【性质】淡黄色透明液体，pH 值 4～7（10%水溶液）。

【制备方法】双烷基二甲基氯化铵的合成分两步进行，即胺化反应和季铵化反应。以脂肪醇和甲胺为原料，在催化剂作用下进行胺化反应合成双烷基甲基叔胺；双烷基甲基叔胺和氯甲烷反应合成双烷基二甲基氯化铵。

【毒性】LD_{50}，腹腔注射，大鼠，45mg/kg。

【用途】广谱杀菌剂。

3.3　阴离子型表面活性剂

阴离子型表面活性剂在水溶液中其亲水基团可解离出阴离子,其亲油基团一般为直链烷基、支链烷基等，当然也包括其结构中的酰胺键、酯键、醚键等。阴离子型表面活性剂根据其阴离子种类可分为单烷基磷酸酯盐型、羧酸盐型、硫酸盐、油酰基甲基牛磺酸盐型。该类表面活性剂特点是洗净、去污能力强，在化妆品中主要起乳化、分散、增溶、起泡、润湿、渗透和去污的作用，通常应用于洗面奶、沐浴露、洗发香波以及婴幼儿洗涤用品中。

原料 1　十二烷基硫酸钠（Sodium dodecyl sulfate）

【中文别名】月桂基硫酸钠

【英文缩写】SDS

【分子式和分子量】$C_{12}H_{25}NaO_4S$，288

【CAS 号】151-21-3

【性质】白至微黄色粉末，微有特殊气味，易溶于水。

【制备方法】通过十二醇与氯磺酸之间的磺化反应制备磺酸酯，通过磺酸酯在碱性条件下的水解，制备十二烷基硫酸钠。

【毒性】LD_{50}，经口，大鼠，1288mg/kg；LD_{50}，吸入，大鼠，>3900mg/kg；LD_{50}，腹腔注射，大鼠，210mg/kg；LD_{50}，静脉注射，大鼠，118mg/kg；皮肤给药，人，250mg/24h，轻度。

【用途】表面活性剂、去污剂、发泡剂、润湿剂等。

原料 2　十二烷基硫酸铵（Ammonium laureth sulfate）

【中文别名】月桂醇硫酸酯铵盐

【英文缩写】K12A，ALSA

【分子式和分子量】$C_{12}H_{29}NO_4S$，283

【CAS 号】2235-54-3

【性质】白色或浅黄色凝胶状胶体，易溶于水，可分散于硬脂酸丁酯、甘油三油酸酯和矿物油中。pH 值在 4～7 时稳定，pH 值小于 4 分解，pH 值大于 7 缓慢分解。长时间高温加热时，会分解。

【制备方法】通过月桂醇和氨基磺酸在催化剂催化下反应制备。

【毒性】皮肤给药，兔子，10mg/24h，具有刺激性。对眼睛有刺激性。LD_{50}，经口，大鼠，4700mg/kg。

【用途】可作为发泡剂主成分或辅助成分广泛用于香波、洗手液、洗发膏、沐浴露等个人护理用品领域。与十二烷基硫酸钠相比，十二烷基硫酸铵具有更低的毒性和刺激性，但添加量不应超过 1%。十二烷基硫酸铵同十二烷基聚氧乙烯醚硫酸铵配伍，可产生协同效应，使得泡沫致密、丰富、温和，并具有增稠作用。

原料 3　甲基月桂酰基牛磺酸钠（Sodium lauryl methyl taurine）

【中文别名】月桂酰基甲基牛磺酸钠

【英文缩写】GalaponLT40

【分子式和分子量】$C_{15}H_{30}NNaO_4S$，343

【CAS 号】4337-75-1

【性质】白色粉末或者乳白色膏状物，1%水溶液 pH 值为 7～8，含量一般在 40.0%以上。

【制备方法】以月桂酸和 N-甲基牛磺酸钠水溶液为原料，硼酸为催化剂，高温直接酰胺化来制备。

【用途】一种安全无刺激的阴离子表面活性剂，主要用于泡沫洗面奶的主表面活性剂，也常用于浴液、香波等产品中，具有良好的去污力和乳化能力，泡沫性良好，温和、滋润、清爽。具有良好的配伍性和耐硬水性能，易溶于水，具有一定的增稠能力。

原料 4　椰油酰甘氨酸钠（Sodium cocoyl glycinate）

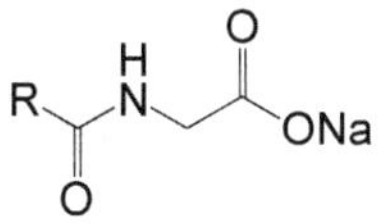

【中文别名】椰油酰基甘氨酸钠盐，甘氨酸-N-椰油酰基钠盐

【英文缩写】GCNa

【CAS 号】90387-74-9

【性质】白色粉末，易溶于水，5%水溶液的 pH 值为 5.0～7.0。

【制备方法】椰油酰氯和甘氨酸、氢氧化钠反应而得。

【用途】可得平滑而富有弹力的泡沫，令皮肤滑爽、不紧绷，生物降解性好，抗硬水性能强。与脂肪酸及其盐配合有协同增效性，广泛应用于日常洁面产品、个人洗浴产品、婴儿用品中。推荐用量：作为主表面活性剂，10%～50%；作为辅助表面活性剂，2%～10%。

原料 5　椰油酰甘氨酸钾（Potassium cocoyl glycinate）

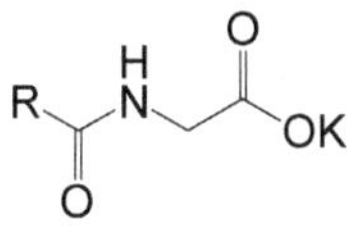

【中文别名】椰油酰基甘氨酸钾盐

【CAS 号】301341-58-2

【性质】白色粉末，30%水溶液为无色至淡黄色透明液体，1%水溶液的 pH 值为 7.5～10.0。

【制备方法】椰油酰氯和甘氨酸、氢氧化钾反应而得。

【用途】适用于香波、沐浴露、洁面奶、卸妆液、美容皂、婴儿洗涤产品等。适用于非"硫酸盐"配方体系，可用于敏感型肌肤。

原料 6　椰油酰谷氨酸钠（Sodium cocoyl glutamate）

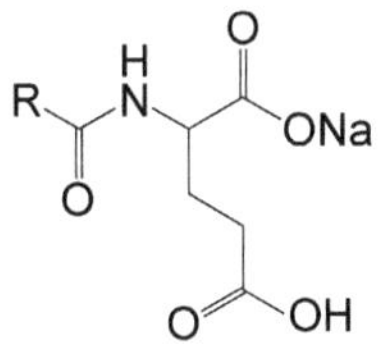

【中文别名】N-椰油酰基-L-谷氨酸单钠

【CAS 号】68187-30-4

【性质】白色粉末，易溶于水。

【制备方法】通过椰油酰氯和谷氨酸、氢氧化钠反应可得。

【用途】该品具有泡沫丰富、刺激小、低绷紧感、配伍性好、耐硬水等特点，可作辅助表面活性剂与皂基、月桂醇聚醚硫酸酯钠（AES）等复配，也适用于非"硫酸盐"配方体系。常用于头发及身体护理产品，如洗发水、沐浴露、液体皂、洗面奶，以及温和的婴儿护理产品。

原料 7　椰油酰肌氨酸钠（Sodium cocoyl sarcosinate）

R—$\underset{O}{\overset{}{C}}$—N($CH_3$)—$CH_2$—$\underset{O}{\overset{}{C}}$—ONa　　R=椰油基

【中文别名】N-甲基-N-椰油酰基乙酸钠盐
【英文缩写】CS-30
【CAS 号】61791-59-1
【性质】白色粉末，可溶于水，10%水溶液为无色至淡黄色透明液体，1%水溶液的 pH 值为 5.5～9.5。
【制备方法】由椰子油酸与肌氨酸等原料合成。
【用途】该品安全性高、温和、无毒、泡沫丰富、稳定；用于洗护用品时富有弹性、滑爽、不紧绷、调理性好；协同性能好，可与多种表面活性剂兼容。可用于洗面奶、洁面啫喱、沐浴露、洗发水、婴儿清洁产品等护肤品中。

原料 8　月桂酰谷氨酸钠（Sodium lauroyl glutamate）

【中文别名】月桂酰谷氨酸单钠，N-月桂酰-L-谷氨酸单钠盐
【英文缩写】LG-95P
【分子式和分子量】$C_{17}H_{30}NO_5Na$，351
【CAS 号】29923-31-7
【性质】白色粉末，可溶于水，1%水溶液的 pH 值为 4.5～7.0。
【制备方法】月桂酰氯和谷氨酸、氢氧化钠反应而得。
【毒性】LD_{50}，经口，大鼠，5500mg/kg。
【用途】本品具有与皮肤相近的弱酸性，低过敏反应，生物降解性好，洗净后无紧绷感，具有较强的发泡能力，耐硬水，易清洗，能够减少皮肤对脂肪醇聚氧乙烯醚硫酸盐的吸收，增加皮肤润湿度。常用于洁面及洁肤产品、婴儿香波、身体清洁产品中，也可用作 O/W 型乳化产品中的助乳化剂。

原料 9　月桂酰肌氨酸钠（Sodium lauroyl sarcosinate）

【中文别名】N-月桂酰肌氨酸钠，N-甲基-N-月桂酰甘氨酸钠，十二酰-N-甲基甘氨酸钠
【英文缩写】LS
【分子式和分子量】$C_{15}H_{28}NO_3Na$，393
【CAS 号】137-16-6

【性质】白色粉末,具有吸湿性。

【制备方法】以月桂酸为原料制备月桂酰氯,通过月桂酰氯、肌氨酸钠、氢氧化钠反应来制备。

【毒性】LD$_{50}$,经口,兔子,2888mg/kg。

【用途】月桂酰肌氨酸钠是一种温和表面活性剂,对皮肤、眼睛刺激性低,具有良好的发泡性能,泡沫丰富,泡沫稳定性好,与其他表面活性剂配伍性好,具有良好的毛发调理性,可生物降解,具有抑菌性能。在化妆品中广泛应用于洗发水、洁面产品以及婴儿用品等。

原料 10　硬脂酰谷氨酸钠(Sodium oxooctadecyl glutamate)

【中文别名】硬脂酰谷氨酸单钠,*N*-(1-氧代十八烷基)-L-谷氨酸单钠

【分子式和分子量】C$_{23}$H$_{43}$NO$_5$Na,436

【CAS 号】38517-23-6

【性质】白色粉末。

【制备方法】将 L-谷氨酸二乙酯盐酸盐和吡啶分散于溶剂中,室温搅拌后,再加入硬脂酸和二环己基碳二亚胺,常温搅拌反应后获得。

【用途】本品温和,皮肤亲和力好,生物降解性好,乳化能力较强,耐硬水性好,与电解质相容性好;该品属于低分子凝胶剂,具有良好的成凝胶能力和增稠能力,能使得膏体细腻、滑爽、柔润、触适感好。该表面活性剂可用于洗面奶、洁面膏、洁面凝露产品、膏霜乳化剂、儿童产品等。

原料 11　月桂酰基谷氨酸钠(Sodium *N*-lauroyl-L-glutamate)

【中文别名】月桂酰谷氨酸钠,*N*-月桂酰基-L-谷氨酸单钠

【英文缩写】LG-95P

【分子式和分子量】C$_{17}$H$_{30}$NO$_5$Na,351

【CAS 号】29923-31-7

【性质】白色粉末,10%水溶液 pH 值(25℃)为 4.5~6.5。

【制备方法】以月桂酸为原料,通过月桂酸和三氯化磷反应制备月桂酰氯。并以碳酸钠为缚酸剂,通过谷氨酸与月桂酰氯的反应制备月桂酰谷氨酸,最后通过与氢氧化钠反应制备钠盐。

【毒性】LD$_{50}$,经口,大鼠,5500mg/kg。

【用途】月桂酰谷氨酸钠具有优良的发泡性能,温和性,具有生物降解性,对眼睛和皮

肤的刺激性低，低过敏反应，与其他阴离子表面活性剂配伍性好。可用作 O/W 型乳剂的助乳化剂；常用于洁面及洁肤产品中如洁面产品、婴儿产品、身体清洁产品中、洗发护发产品。

原料 12　月桂酰赖氨酸（*N*-Laruoyl-L-lysine）

【中文别名】*N*-(十二酰基)赖氨酸，月桂酰基赖氨酸

【英文缩写】LL

【分子式和分子量】$C_{18}H_{36}N_2O_3$，328

【CAS 号】52315-75-0

【性质】白色片状结晶粉末，无味，不溶于水和多数有机溶剂，可溶于强酸强碱的水溶液，折射率 1.55，相对密度 1.2，熔点 230℃。

【制备方法】用铜盐保护法在 L-赖氨酸的 ε 位进行酰化；将 L-赖氨酸与月桂酸混合物直接加热脱水进行酰化；以 L-赖氨酸月桂酸盐在二甲苯介质中脱水制备。

【用途】月桂酰赖氨酸，是一种天然润滑剂，具有生物降解性、安全性、稳定性、涂抹性、附着性、耐水性以及抗氧化性，可提高油粉混合物的流动性，具有黏合性和抗静电作用，可用于粉底、口红、眼部化妆品、霜膏等产品。

原料 13　甲基椰油酰基牛磺酸钠（Sodium methyl cocoyl taurate）

【中文别名】椰油酰甲基牛磺酸钠，椰油酰基 *N*-甲基牛磺酸钠

【英文缩写】SMCT

【CAS 号】61791-42-2

【性质】常温下为乳白色或者淡黄色黏稠膏体，溶于水，1%水溶液 pH 值为 6.5～9.0。

【制备方法】工业上生产甲基椰油酰基牛磺酸钠采用间歇式缩合反应，由酰氯与 *N*-甲基牛磺酸钠在碱性条件下通过 Schotten-Baumann（肖顿-鲍曼）缩合反应而制得。

【用途】甲基椰油酰基牛磺酸钠分子中含有电离性强的磺酸基团，溶解性好于一般的含有羧基基团的酰基氨基酸，pH 值适用范围更宽，在弱酸性条件下具有较高的溶解性，适合弱酸性配方体系。甲基椰油酰基牛磺酸钠是一种广义的氨基酸型表面活性剂，刺激性低，泡沫丰富细腻且稳定，耐酸碱性能好，易生物降解，能赋予毛发和皮肤滋润感，能与阴离子、阳离子、非离子和其他两性表面活性剂配伍，适合配制各类洗发液、洗面奶和浴剂、婴幼儿产品等。

原子 14　异硬脂酰乳酰乳酸钠（Sodium isostearoyl lactylate）

【中义别名】2-(1-羧基乙氧基)-1-甲基-2-羰基乙酯钠盐

【英文缩写】SIL

【分子式和分子量】$C_{24}H_{44}O_6Na$，451

【CAS 号】66988-04-3

【性质】浅黄色澄清黏稠液体，具有轻微焦味，微溶于水。

【制备方法】异硬脂酸和乳酸反应，经氢氧化钠中和而得。

【用途】异硬脂酰乳酰乳酸钠是一种多功能助剂，具有较为良好的乳化、润肤、调理、保湿和头发修复功能，易吸附于皮肤和头发的表面，具有润滑感和成膜性，给皮肤和头发良好的调理作用。常可用于膏霜、乳液、洗发水、护发素、沐浴露等产品。

3.4　两性表面活性剂

在水溶液中能够同时解离出阳离子和阴离子的表面活性剂被称为两性表面活性剂，该类表面活性剂具有良好的生物可降解性，耐硬水、耐盐、低毒、温和，具有良好的配伍性能。绝大多数两性离子表面活性剂的非极性结构多基于椰子油、高级脂肪酸（如月桂酸），常见的有咪唑啉型、甜菜碱型。自 1969 年首次被用作香波配料以来，两性表面活性剂已在护肤和护发品中占据重要地位，在护肤品中常用作柔软剂、抗静电剂、乳化剂和杀菌剂等。

原料1　月桂酰两性基二乙酸二钠（Disodium lauroamphodiacetate）

【中文别名】月桂酰两性醋酸钠，月桂基两性双醋酸钠，月桂基两性咪唑啉

【英文缩写】LAD

【分子式和分子量】$C_{20}H_{36}N_2O_6Na_2$，446

【CAS 号】14350-97-1

【性质】无色或琥珀色透明液体，轻微酰胺味，10%水溶液 pH 值（25℃）为 9.0～10.0。

【用途】月桂酰两性醋酸二钠是一种两性表面活性剂，具有浅色泽、低黏度、低毒性、低刺激性、高增泡效能和高增稠的特性。常用于个人清洁产品，如儿童香波、无刺激香波、温和洗面奶、洗手皂液、泡泡浴等。

原料2　椰油酰两性基二乙酸二钠（Disodium cocoamphodiacetate）

【中文别名】椰油基两性双醋酸钠，椰油两性咪唑啉

【英文缩写】CAD

【CAS 号】68650-39-5

【性质】浅黄色至浅琥珀色透明液体，20%水溶液 pH 值（25℃）为 8.0～9.0。

【毒性】眼内给药，啮齿动物-兔子，剂量 100μL，反应严重。

【用途】具有良好的去污性、增溶性、起泡性、泡沫稳定性，较温和，对皮肤和眼睛刺激性低、耐酸碱、耐硬水、配伍性好。常用于婴儿香波、洗发香波、沐浴液、洗面奶、洗手液等。

原料 3　月桂酰胺丙基氧化胺（Lauramidopropylamine oxide）

【中文别名】月桂酰胺丙基胺氧化物

【英文缩写】LAO

【分子式和分子量】$C_{17}H_{36}N_2O_2$，300

【CAS 号】61792-31-2

【性质】白色粉末，轻微特殊气味，游离胺含量≤0.5%，1%水溶液 pH 值（25℃）为 6.0～8.0。

【制备方法】将月桂酸甲酯、催化剂搅拌、加热至一定温度，加入 *N,N*-二甲基-1,3-丙二胺，升温至 120～160℃，回流反应 3～5h 后，减压蒸馏得月桂酰胺丙基叔胺。将月桂酰胺丙基叔胺在水中和 30%的双氧水混合加热，反应制备月桂酰胺丙基二甲基氧化胺。

【用途】月桂酰胺丙基二甲基氧化胺在中性和碱性条件下呈非离子特性，在酸性条件下呈阳离子性，具有增稠作用，泡沫稳定性和去污能力显著，同时具有抗静电性、柔软性、低刺激性、温和性，具有杀菌能力，能够改善受损的发质，并可赋予皮肤光滑舒适感。常用于香波、泡沫浴液、洗面奶、婴儿用品等产品中。

原料 4　月桂基甜菜碱（Lauryl betaine）

【中文别名】十二烷基二甲基甜菜碱，*N*-羧甲基-*N,N*-二甲基-十二烷基铵内盐

【英文缩写】BS

【分子式和分子量】$C_{16}H_{33}NO_2$，271

【CAS 号】683-10-3

【性质】无色或淡黄色黏稠液体，密度 $1.04g/cm^3$，溶于水。

【制备方法】将正十二烷基胺、甲酸、甲醛反应制备 *N,N*-二甲基十二烷基胺；通过 *N,N*-二甲基十二烷基胺和氯乙酸之间的烷基化反应制备月桂基甜菜碱。

【毒性】LD_{50}，经口，大鼠，71mg/kg；LD_{50}，经皮，大鼠，1300mg/kg；LD_{50}，腹腔注射，大鼠，53mg/kg。

【用途】月桂基甜菜碱具有良好的发泡性能、增稠性，较温和，并兼顾抗硬水、抗静电及生物降解性能，常用于洗护产品、敏感皮肤制品、儿童用品中。

原料 5　椰油酰胺丙基甜菜碱（Cocoamidopropyl betaine）

R=椰油基

【中文别名】椰油酰胺丙基二甲胺乙内酯

【英文缩写】CAB

【CAS 号】86243-76-7

【性质】无色至淡黄色透明液体，易溶于水，1%水溶液 pH 值为 5～8。

【制备方法】椰油酸甲酯和 *N*,*N*-二甲基-1,3-丙二胺在碱催化下加热酰化获得椰油酰胺丙基二甲胺；通过椰油酰胺内基二甲胺和氯乙酸钠反应制备椰油酰胺基丙基甜菜碱。

【用途】椰油酰胺基丙基甜菜碱是一种温和的两性表面活性剂，有良好的配伍性和增稠性，具有低刺激性、杀菌性、抗硬水性、抗静电性及生物降解性，可减少传统表面活性剂所产生的刺激性。广泛用于香波、泡沫沐浴露、洗面奶、个人卫生用品和婴儿洗涤用品等。

原料6　月桂酰胺丙基甜菜碱（Lauramidopropyl betaine）

【中文别名】月桂酰胺丙基二甲胺乙内酯

【英文缩写】LAB

【分子式和分子量】$C_{19}H_{38}N_2O_3$，343

【CAS 号】4292-10-8

【性质】无色至浅黄色透明液体，轻微甜皂味，溶于水。

【制备方法】月桂酸和 *N*,*N*-二甲基-1,3-丙二胺加热脱水获得 *N*,*N*-二甲基-*N'*-月桂酰基-1,3-丙二胺；通过 *N*,*N*-二甲基-*N'*-月桂酰基-1,3-丙二胺和氯乙酸钠反应制备月桂酰胺丙基甜菜碱。

【用途】月桂酰胺丙基甜菜碱具有优良的溶解性、配伍性、发泡性、增稠性、低刺激性、杀菌性、抗硬水性、抗静电性、生物降解性。常用作婴儿护肤产品的主要成分；在护发和护肤配方中可作为柔软调理剂；广泛用于中高级香波、沐浴液、洗手液、泡沫洁面剂、家居洗涤剂、汽车清洁剂中；还用于油田、消防、纺织等工业领域。

3.5　非离子型表面活性剂

非离子表面活性剂在水溶液中不离解成带电离子，其亲水基一般是由一定数量的含氧基团（如羟基、醚基等）构成。这一大类表面活性剂对皮肤刺激性低，安全性较高，并且具有优良的稳定性，配伍性能优异，且不容易受到环境 pH 值和电解质的影响。非离子表面活性剂对皮肤、毛发和眼睛刺激性小，一般用于婴幼儿化妆品和敏感肌肤类产品。

原料1　月桂醇聚氧乙烯醚（Polyoxyethylene lauryl ether）

【中文别名】聚氧乙烯月桂醚，聚乙二醇单十二烷醚

【型号和缩写】根据聚氧乙烯（EO）数分为 AEO-3、AEO-5、AEO-6、AEO-7、AEO-9、AEO-10、AEO-15、AEO-23

【分子式和分子量】$(C_2H_4O)_nC_{12}H_{26}O$

【CAS 号】9002-92-0

【性质】无色透明液体至白色膏体至白色片状或颗粒固体。通常，EO 数低于 9 时为液体；EO 数大于 10 时为膏体；EO 数大于 20 时为固体。易溶于水，溶解度随聚合度的增加而增大。月桂醇聚氧乙烯醚的浊点和 HLB 值见表 3-1。

表 3-1　月桂醇聚氧乙烯醚的浊点和 HLB 值

项目	AEO-3	AEO-5	AEO-6	AEO-7	AEO-9	AEO-10	AEO-15	AEO-23
浊点（1%）/℃	不溶	不溶	40	57	79	82	90	100
HLB 值	7	11	11.5	12	13	13.5	14.5	17.5

【制备方法】脂肪醇在碱催化下与环氧乙烷缩合。

【毒性】LD_{50}，经口，大鼠，1000mg/kg；LD_{50}，腹腔注射，大鼠，125mg/kg；LD_{50}，静脉注射，大鼠，27mg/kg；LD_{50}，皮下注射，大鼠，953mg/kg。

【用途】因其优良的乳化、净洗、润湿性能，常用于护肤品的乳化剂，慎重应用于与儿童直接相关的产品。

原料 2　硬脂醇聚氧乙烯醚（Polyoxyl stearyl ether）

【中文别名】聚氧乙烯硬脂醇醚，硬脂酰乙醇乙烯氧化物，聚乙二醇硬脂醇醚

【分子式和分子量】$(C_2H_4O)_nC_{18}H_{38}O$

【CAS 号】9005-00-9

【性质】白色蜡状固体，分散于水至易溶于水，溶解度随聚合度的增加而增大。产品成员有硬脂醇聚醚-(2～100)。

【制备方法】硬脂醇在碱催化下与环氧乙烷缩合。

【毒性】LD_{50}，经口，大鼠，1900mg/kg。

【用途】护肤品乳化剂，慎重应用于与儿童直接相关的产品。

原料 3　十六烷基聚氧乙烯醚（Polyoxyethylene cetyl ether）

【中文别名】聚乙二醇十六烷基醚，鲸蜡醇聚氧乙烯醚

【分子式】$(C_2H_4O)_nC_{16}H_{34}O$

【CAS 号】9004-95-9

【性质】白色片状或颗粒固体，分散于水至易溶于水，溶解度随聚合度的增加而增大。产品有鲸蜡醇聚醚-(1～45)。

【制备方法】鲸蜡醇在碱催化下与环氧乙烷缩合。

【毒性】LD_{50}，经口，大鼠，2500mg/kg。

【用途】对动物油、植物油、矿物油具有良好的乳化性能，配制的乳液十分稳定；在化妆品中作乳化剂，慎重应用于与儿童直接相关的产品。

原料 4　鲸蜡硬脂醇聚氧乙烯醚（Cetostearyl alcohol ethoxylate）

$$R-O\left(-O\right)_n H \qquad R=C_{16\sim18}$$

【中文别名】鲸蜡硬脂醇聚醚，$C_{16\sim18}$ 醇聚氧乙烯醚，$C_{16\sim18}$ 醇聚醚，平平加 O

【英文缩写和型号】根据 EO 数不同，分为 O-6、O-15、O-10、O-20、O-25 等。

【CAS 号】68439-49-6

【性质】白色蜡状固体，分散于水至易溶于水，溶解度随聚合度的增加而增大。产品成员有 $C_{16\sim18}$ 醇聚醚-(2～100)，其中部分产品的物理性质如表 3-2 所示。

表 3-2　鲸蜡硬脂醇聚氧乙烯醚的物理性质

项目	O-6	O-10	O-20	O-25
外观（25℃）	乳白色膏状物	乳白色固状物	白色蜡状固体	白色蜡状片状固体
浊点/℃	—	72～76	88～95	91～98
HLB 值	9～10	12.5～13	15～16	16～17

【制备方法】$C_{16\sim18}$ 醇在碱催化下与环氧乙烷缩合。

【毒性】LD_{50}，经口，大鼠，1260mg/kg。

【用途】护肤品乳化剂。对高碳醇、硬脂酸、石蜡、动物油、植物油、矿物油具有优良的乳化性能，慎重应用于与儿童直接相关的产品。

原料 5　吐温 85（Polysorbate 85）

$$a+b+c+d=20$$

【中文别名】聚山梨醇酯-85，聚山梨酯-85，聚氧乙烯（20）山梨醇酐三油酸酯，失水山梨醇聚氧乙烯醚（20）三油酸酯，失水山梨醇聚醚（20）三油酸酯，PEG-20 失水山梨醇三油酸酯

【英文缩写】Tween-85

【分子式】$C_{60}H_{108}O_8(C_2H_4O)_{20}$

【CAS 号】9005-70-3

【性质】本品为琥珀色油状黏稠液体，略带苦味，密度 1.03g/cm³（20℃），黏度 0.20～0.40Pa·s（25℃），HLB 值 11.0。溶于低碳醇、大部分矿物油、石油醚、乙二醇、丙二醇等，在水中具有分散性。

【制备方法】通过 1mol Span-80（司盘 80）在氢氧化钠等碱性条件下与 22mol 环氧乙烷聚合获得。

【毒性】LD_{50}，经口，兔子，>36000mg/kg；人，皮肤给药，15mg/天，轻度反应。

【用途】在护肤品中常用作乳化剂、稳定剂、增溶剂、扩散剂、抗静电剂、润滑剂等。

原料 6　吐温 80（Polysorbate 80）

$a+b+c+d=20$

【中文别名】聚山梨醇酯-80，聚山梨酯-80，聚氧乙烯（20）山梨醇酐单油酸酯，失水山梨醇聚氧乙烯醚（20）单油酸酯，失水山梨醇聚氧乙烯醚（20）油酸酯，失水山梨醇聚醚-20单油酸酯，PEG-20 失水山梨醇油酸酯

【英文缩写】Tween-80

【分子式】$C_{24}H_{44}O_6(C_2H_4O)_{20}$

【CAS 号】9005-65-6

【性质】琥珀色油状液体，略带苦味，密度 1.064g/cm³，黏度 0.40～0.60Pa·s（25℃），HLB 值 15.0。溶于矿物油、玉米油、乙醇、石油醚等，在水、乙醚、乙二醇中呈分散状。

【制备方法】1mol Span-80 在氢氧化钠等碱性条件下与 5mol 环氧乙烷聚合获得。

【毒性】LD_{50}，经口，大鼠，34.5mL/kg；LD_{50}，腹腔注射，大鼠，6804mg/kg；LD_{50}，静脉注射，大鼠，1790mg/kg。

【用途】在护肤品中可用作乳化剂、分散剂、润湿剂、增溶剂等。

原料 7　吐温 60（Polysorbate 60）

$a+b+c+d=20$

【中文别名】聚山梨醇酯-60，聚山梨酯-60，聚氧乙烯（20）山梨醇酐单硬脂酸酯，失水山梨醇聚氧乙烯醚（20）单硬脂酸酯，失水山梨醇聚氧乙烯醚（20）硬脂酸酯，失水山梨醇聚醚-20 单硬脂酸酯，PEG-20 失水山梨醇硬脂酸酯

【英文缩写】Tween-60

【分子式】$C_{24}H_{46}O_6(C_2H_4O)_{20}$

【CAS 号】9005-67-8

【性质】淡黄色膏状体，略带苦味，相对密度 1.05～1.10，溶于水、乙酸乙酯，不溶于矿物油及植物油。属 O/W 型乳化剂，HLB 值 14.9，具有润湿、起泡、扩散等性能。

【制备方法】1mol Span-60 在氢氧化钠等碱性条件下与 4mol 环氧乙烷聚合获得。

【毒性】LD_{50}，经口，大鼠，＞60mL/kg；LD_{50}，腹腔注射，大鼠，＞4000mg/kg；LD_{50}，静脉注射，大鼠，1220mg/kg。

【用途】具有优良的乳化性能，兼有润湿、起泡、扩散等作用。在护肤品中用作 O/W 型乳化剂、分散剂、稳定剂。

原料 8　吐温 40（Polysorbate 40）

$$a+b+c+d=20$$

【中文别名】聚山梨醇酯-40，聚山梨酯-40，聚氧乙烯（20）山梨醇酐单棕榈酸酯，失水山梨醇聚氧乙烯醚（20）单棕榈酸酯，失水山梨醇聚氧乙烯醚（20）棕榈酸酯，失水山梨醇聚醚-20 单棕榈酸酯，PEG-2 失水山梨醇棕榈酸酯

【英文缩写】Tween-40

【分子式】$C_{22}H_{42}O_6(C_2H_4O)_{20}$

【CAS 号】9005-66-7

【性质】微黄色蜡状固体或橙色黏稠液体或冻膏状物，略带苦味，溶于水、乙醇等溶剂，不溶于矿物油及植物油，属 O/W 型乳化剂，HLB 值 15.5。

【制备方法】1mol Span-40 在氢氧化钠等碱性条件下与 20mol 环氧乙烷聚合获得。

【毒性】LD_{50}，经口，大鼠，$>38400mg/kg$；LD_{50}，腹腔注射，大鼠，$>4000mg/kg$；LD_{50}，静脉注射，大鼠，$1580mg/kg$。

【用途】作为 O/W 型乳化剂，应用于个人护理用品领域。

原料 9　吐温 20（Polysorbate 20）

$$a+b+c+d=20$$

【中文别名】聚山梨醇酯-20，聚山梨酯-20，聚氧乙烯（20）山梨醇酐单月桂酸酯，失水山梨醇聚氧乙烯醚（20）单月桂酸酯，失水山梨醇聚氧乙烯醚（20）月桂酸酯，失水山梨醇聚醚-20 单月桂酸酯

【英文缩写】Tween-20

【分子式】$C_{18}H_{34}O_6(C_2H_4O)_{20}$

【CAS 号】9005-64-5

【性质】琥珀色黏稠液体，有轻微特殊臭味，味微苦。相对密度为 1.08～1.13。溶于水（水溶性 100g/L）、乙醇、甲醇和乙酸乙酯，不溶于矿物油和石油醚，HLB 值为 16.7。

【制备方法】1mol Span-20 在氢氧化钠等碱性条件下与 20mol 环氧乙烷聚合获得。

【毒性】LD_{50}，经口，大鼠，$36.7mL/kg$；LD_{50}，腹腔注射，大鼠，$3850mg/kg$；LD_{50}，静脉注射，大鼠，$770mg/kg$。

【用途】具有乳化、扩散、增溶等性能，化妆品中用作增溶剂和 O/W 型乳化剂。

原料10　PEG-20甲基葡糖倍半硬脂酸酯
（PEG-20 Methyl glucose sesquistearate）

【中文别名】甲基葡萄糖苷倍半硬脂酸酯E-20，PEG-20甲基葡萄糖苷倍半硬脂酸酯

【英文缩写】SSE-20

【分子式和分子量】$C_{25}H_{48}O_8 \cdot C_2H_6O$，523

【CAS号】72175-39-4

【性质】淡黄色柔软膏体，溶于水，HLB值为15。

【制备方法】SSE-20来自产物葡萄糖。

【用途】适用于护肤化妆品的水包油乳化剂和乳化剂SS配合成独特及高效能的非离子乳化体系。调整两者的比例可以得到不同HLB值的乳化体系，以满足不同场合的需要。常应用于膏霜、乳液等产品中。

原料11　硬脂酸聚氧乙烯酯（Polyglycol Stearate）

【中文别名】聚乙二醇单硬脂酸酯，PEG-n硬脂酸酯，硬脂酸聚氧乙烯-n酯

【英文缩写】SG-n

【分子式】$(C_2H_4O)_n \cdot C_{18}H_{36}O_2$

【CAS号】SG-2：106-11-6；SG-3：10233-24-6；SG-4：106-07-0；SG-6：10108-28-8；SG-8：70802-40-3；SG-9：5349-52-0；SG-14：10289-94-8；SG-40：9004-99-3；SG-100：19004-99-3等。

【性质】本品为白色蜡状固体，可溶于异丙醇、矿物油硬脂酸丁酯、甘油、过氧乙烯、汽油类溶剂，在水中可分散，随着EO数的增加水溶性逐渐增强。SG-2的HLB值为4.7，SG-6的HLB值为9～10，SG-9的HLB值约为12，SG-10的HLB值为12～13，SG-12的HLB值为12.5～13.5，SG-20的HLB值为14.5～15.5，SG-40（商品名Myri 52）的HLB值为16.5～17.5，SG-50的HLB值为17.5～18，SG-100的HLB值为18.5～19。

【制备方法】将聚乙二醇与硼酸反应制备硼酸酯，然后在对甲苯磺酸的催化下与硬脂酸反应制备硬脂酸聚氧乙烯酯。

【毒性】LD_{50}，经口，大鼠，65mL/kg；LD_{50}，腹腔注射，大鼠，＞9mL/kg。

【用途】SG-40在护肤品中应用最为广泛，广泛用作化妆品的乳化剂、调理剂、皂基增稠剂、柔软剂、乳液稳定剂等。

原料12　司盘85（Sorbitan tribleate）

【中文别名】山梨糖醇酐三油酸酯，(Z,Z,Z)-三-9-十八烯酸脱水山梨醇酯，斯盘85，脱水山梨糖醇三油酸酯，失水山梨醇油酸三酯

【英文缩写】Span-85，Arlacel-85

【分子式和分子量】$C_{60}H_{108}O_8$，958

【CAS 号】26266-58-0

【性质】该化合物为琥珀色至棕色油状液体，具有油脂味，相对密度（25℃）为 0.95±0.05，熔点为 10℃，不溶于水，微溶于异丙醇、棉子油、矿物油等溶剂，HLB 值为 1.8。

【制备方法】以 1mol 山梨醇为原料，经脱水闭环生成失水山梨醇后，在碱性条件下与 3mol 油酸进行酯化反应制得。

【毒性】眼内给药，兔子，剂量 2500mg，轻度反应；LD_{50}，经口，兔子，39800mg/kg。

【用途】在护肤品中可用作乳化剂、润滑剂、润湿剂、分散剂、增稠剂等。

原料 13　司盘 83（Sorbitan sesquioleate）

【中文别名】山梨坦倍半油酸酯，失水山梨醇倍半油酸酯，斯盘 83，倍半油酸山梨坦，山梨糖醇酐倍半油酸酯

【英文缩写】Span-83，Arlacel C，Arlacel-83

【分子式和分子量】$C_{66}H_{126}O_{16}$，1176

【CAS 号】8007-43-0

【性质】该表面活性剂为琥珀色至棕色油状液体，溶于乙醇、乙酸乙酯、石油醚等，少量溶于棉籽油、矿物油、异丙醇等有机溶剂。HLB 值为 3.7。

【制备方法】将山梨醇、油酸（酸醇比 1.75～1.87）在催化剂的作用下酯化制备获得。

【毒性】眼内给药，兔子，剂量 3mg，轻度反应；皮肤给药，兔子，剂量 450mg，轻度反应。

【用途】在医药、化妆品中用作乳化剂、增溶剂、稳定剂等。

原料 14　司盘 80（Sorbitan monooleate）

【中文别名】失水山梨醇单油酸酯，山梨醇酐单油酸酯，山梨坦油酸酯，斯盘 80，油酸山梨坦

【英文缩写】Span-80，Arlacel 80

【分子式和分子量】$C_{24}H_{44}O_6$，429

【CAS 号】1338-43-8

【性质】Span-80 为黄色油状液体，易溶于水、乙醇、甲醇或乙酸乙酯中，在矿物油中极微溶解。HLB 值 4.3，相对密度 1.029，熔点 10～12℃。

【制备方法】以山梨醇为原料，经减压脱水闭环生成失水山梨醇；失水山梨醇与油酸在碱催化下酯化反应制得司盘 80。

【毒性】皮肤给药，兔子，剂量 250mg，轻度反应。

【用途】Span-80 常用作护肤品中的 W/O 型乳化剂，具有很强的乳化、分散、润滑作用，可与各类表面活性剂配伍，通常与吐温复配使用。

原料15 司盘65（Sorbitan tristearate）

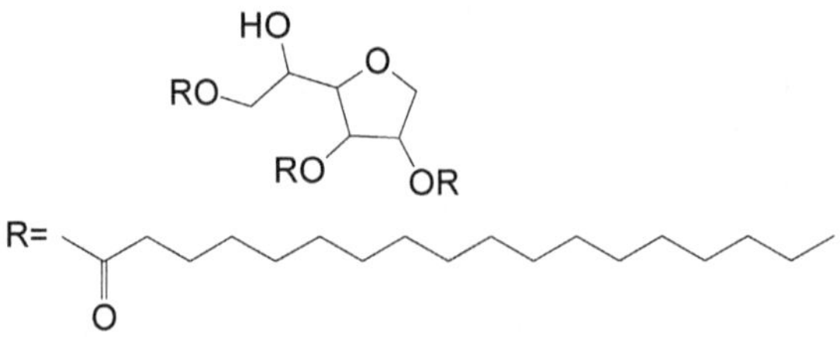

【中文别名】三硬脂酸山梨糖醇酐酯，硬脂酸山梨糖醇酐酯，山梨醇酐三硬脂酸酯，三硬脂山梨坦，失水山梨醇三硬脂酸酯，斯盘 65

【英文缩写】Span-65，Arlacel 65

【分子式和分子量】$C_{60}H_{114}O_8$，964

【CAS 号】26658-19-5

【性质】Span-65 为黄色蜡状固体，相对密度 1.001，熔点 46～48℃，HLB 值 2.1，稍溶于异丙醇、四氯乙烯，不溶于水。

【制备方法】由山梨糖醇脱水生成失水山梨醇后与过量的硬脂酸酯化而成。

【毒性】LD_{50}，经口，兔子，>15900mg/kg。

【用途】在护肤品中常用作乳化剂、润湿剂、分散剂、增稠剂等。

原料16 司盘60（Sorbitan monostearate）

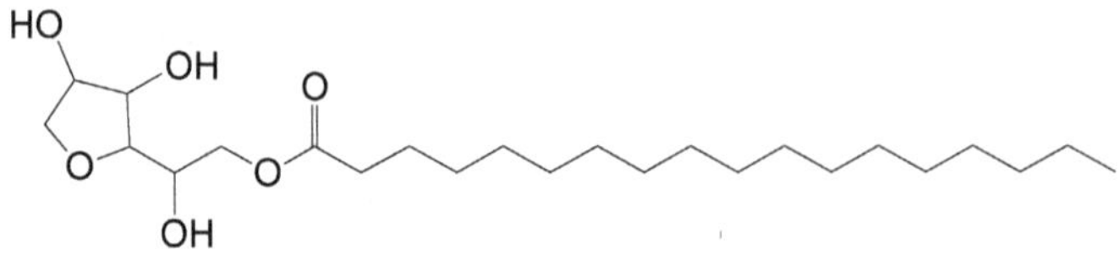

【中文别名】脱水山梨醇单十八酸酯，山梨醇硬脂酸酯，失水山梨醇硬脂酸酯，脱水山梨醇单十八酸酯，山梨糖醇酐硬脂酸酯，斯盘 60

【英文缩写】Span-60，Arlacel 60

【分子式和分子量】$C_{24}H_{46}O_6$，431

【CAS 号】1338-41-6

【性质】Span-60 为白色至淡黄色粉状或蜡状或块状物，略有脂肪气味，相对密度 0.98～1.0，熔点 51～53℃，不溶于水，可分散于热水中，能与油类及一般有机溶剂互溶，HLB 值为 4.7。

【制备方法】山梨醇在醚化催化剂条件下醚化反应；加入硬脂酸和酯化催化剂酯化后获得。

【毒性】皮肤给药，兔子，剂量 800mg，轻度反应；LD_{50}，经口，大鼠，31mg/kg。

【用途】Span-60 具有乳化、分散、润滑、消泡性能，在护肤品中用作乳化剂、稳定剂。

原料17 司盘40（Sorbitan monopalmitate）

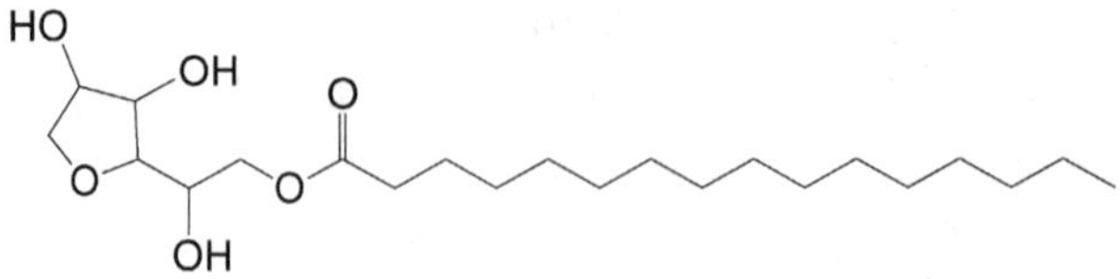

【中文别名】失水山梨醇单棕榈酸酯，山梨醇酐单棕榈酸酯，斯盘 40，脱水山梨醇单棕榈酸酯，山梨坦棕榈酸酯，棕榈山梨坦等

【英文缩写】Span-40，Arlacel 40

【分子式和分子量】$C_{22}H_{42}O_6$，403

【CAS 号】26266-57-9

【性质】乳白至淡褐色蜡状固体，略有脂肪气味，熔点 45~47℃，不溶于水，分散于热水中，溶于热油，常温下在不同 pH 值和电解质溶液中稳定，HLB 值为 6.7。

【制备方法】以山梨醇为原料，经脱水闭环生成失水山梨醇后，再与棕榈酸进行酯化反应制得。

【毒性】皮肤给药，兔子，剂量 800μg，中度反应；眼内给药，兔子，剂量 1600μg，轻度反应。

【用途】在护肤品中常用作乳化剂、分散剂，单独使用或与吐温 60、吐温 65、吐温 80 混合使用。

原料 18　司盘 20（Sorbitan monolaurate）

【中文别名】山梨糖醇酐单月桂酸酯，失水山梨醇单月桂酸酯，山梨醇酐单月桂酸酯，斯盘 20，山梨坦月桂酸酯，月桂山梨坦

【英文缩写】Span-20，Arlacel 20

【分子式和分子量】$C_{18}H_{34}O_6$，347

【CAS 号】1338-39-2

【性质】Span-20 为琥珀色黏稠液体或米黄至棕黄色蜡状固体，具有一些特殊气味，温度高于熔点时溶于乙醇、乙酸乙酯、石油醚等溶剂中，不溶于冷水，能分散于热水，HLB 值为 8.6。

【制备方法】以山梨醇为原料，经脱水闭环生成失水山梨醇后，再与月桂酸进行酯化反应制得。

【毒性】LD_{50}，经口，大鼠，33600mg/kg。

【用途】在护肤品中作 W/O 型乳化剂、稳定剂、润滑剂、干燥剂，一般单独使用或与吐温 60、吐温 65、吐温 80 混合使用。

原料 19　乙二醇单硬脂酸酯（Glycol stearate）

【中文别名】十八酸-2-羟基乙基酯，单硬脂酸乙二醇酯

【英文缩写】EGMS

【分子式和分子量】$C_{20}H_{40}O_3$，329

【CAS 号】111-60-4

【性质】白色至淡黄色片状或块状物，具有轻微蜡或脂肪味，熔点 52~60℃，HLB 值 2.5，

本品不溶于水，溶于热乙醇等有机溶剂，与大多数表面活性剂相溶，在宽 pH 值范围内稳定。在表面活性剂复合物中加热后溶解或乳化，降温会析出镜片状结晶，产生珠光光泽。

【制备方法】以硬脂酸和乙二醇为原料用浓硫酸催化酯化法生产乙二醇硬脂酸酯。

【毒性】LD_{50}，腹腔注射，小鼠，200mg/kg。

【用途】在香波、香脂、护发素中用作珠光剂、遮光剂、增稠剂、乳化剂、黏度调节剂，能使液体呈现柔和而有层次的珍珠光泽。

原料 20　丙二醇单硬脂酸酯（Propylene glycol monostearate）

【中文别名】1,2-丙二醇单十八烷酯，十八烷酸-1,2-丙二醇单酯

【英文缩写】BPMS

【分子式和分子量】$C_{21}H_{42}O_3$，343

【CAS 号】1323-39-3

【性质】白色至浅黄色液体或黄色片状物或粉末，无臭或稍带特异气味。可溶于乙醇、乙酸乙酯等有机溶剂，不溶于水，在热水中可分散，HLB 值为 3.4。

【制备方法】丙二醇脂肪酸酯由丙二醇和脂肪酸为原料，以碳酸钾、生石灰和对甲苯磺酸为催化剂，在 120～180℃下加热酯化制备获得。

【毒性】LD_{50}，腹腔注射，小鼠，200mg/kg；LD_{50}，经口，小鼠，26000mg/kg。

【用途】丙二醇单硬脂酸酯在日化工业中用于制造膏霜类化妆品，能增加霜膏的润滑性、细腻性和稳定性，并具有保湿作用。

原料 21　单硬脂酸甘油酯（Glyceryl stearate）

【中文别名】单甘酯，甘油硬脂酸酯

【英文缩写】GMS

【分子式和分子量】$C_{21}H_{42}O_4$，359

【CAS 号】31566-31-1

【性质】乳白至淡黄色蜡状固体，具有脂肪气味，密度为 0.97g/cm³，HLB 值为 3.8～4，不溶于水，强烈振荡于热水中可分散成乳液态。

【制备方法】甘油和硬脂酸在催化剂作用下可直接酯化得到单硬脂酸甘油酯；可以以脂肪酶为催化剂，进行酶的定向水解来制备单硬脂酸甘油酯；可通过缩水甘油与脂肪酸在四乙基碘化铵催化剂作用下加热制得；也可通过硬脂酸钠和环氧氯丙烷（摩尔比为 2:1）加热开环反应获得。

【毒性】LD_{50}，经口，大鼠，200mg/kg。

【用途】单硬脂酸甘油酯具有良好的乳化性、分散性、增稠稳定性等，是一种高效的 W/O 型乳化剂。被广泛应用于霜膏、洗面奶、香皂、眼霜、护肤霜、洗发产品等。

原料 22　单油酸甘油酯（Glycerol oleate）

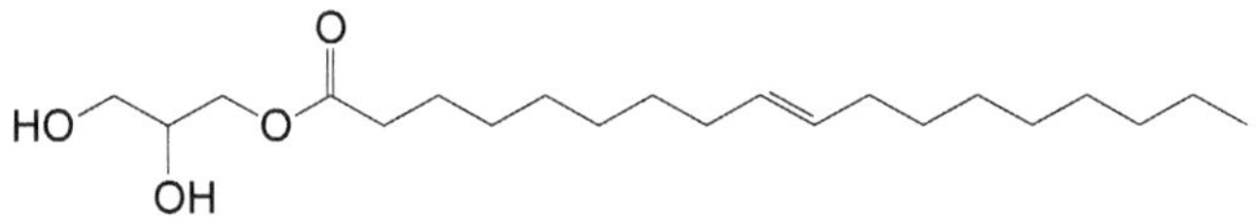

【中文别名】甘油油酸酯

【英文缩写】GMO

【分子式和分子量】$C_{21}H_{40}O_4$，357

【CAS 号】5496-72-4，111-03-5，68424-61-3

【性质】单油酸甘油酯为黄色至红棕色液体，熔点约为 35℃，能溶于热乙醇、氯仿、乙醚和油脂，其 HLB 值为 3.8。

【制备方法】单油酸甘油酯的制备按催化剂的不同可分为化学法和酶法。酶（脂肪酶）法制备包括直接酯化法、甘油解法和油脂水解法。

【毒性】皮肤给药，兔子，剂量 500mg，轻度反应；眼内给药，兔子，剂量 100mg，轻度反应。

【用途】本品具有乳化、增稠、消泡、保水性能，且安全无害，刺激性低。在护肤品中常用作乳化剂、增稠剂、遮光剂、消泡剂，应用于护肤霜、冷霜、乳液、奶液、发乳、洗涤用品、雪花膏等生产中。

原料 23　甲基葡糖倍半硬脂酸酯（Methyl glucose sesquistearate）

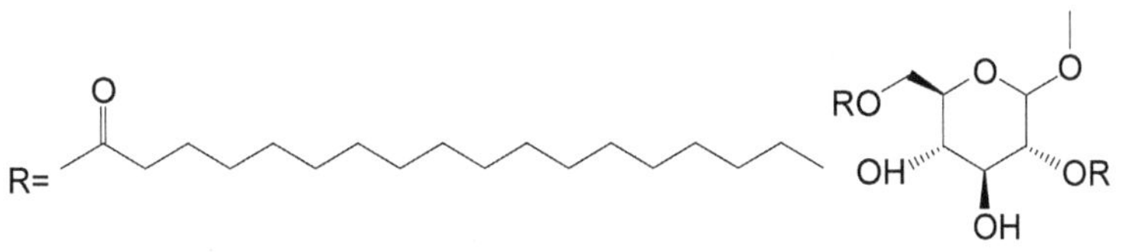

【中文别名】甲基-D-吡喃葡糖苷硬脂酸酯（2∶3）

【英文缩写】SS

【CAS 号】68936-95-8

【性质】白色至微黄色片状固体，HLB 值约为 5.0。

【制备方法】在固定化脂肪酶催化下，通过甲基-D-吡喃葡萄糖苷与硬脂酸之间的酯化反应来制备。

【用途】该乳化剂一般情况下与 SSE-20 配合使用，通过调整比例可得到不同 HLB 值的乳化剂对，以适应不同的乳化要求。通常该乳化剂的重量为油相重量的十分之一，SS 的用量为 0.3%～1%，SSE-20 用量为 1%～3%。该产品具有温和无刺激的特点，且乳化能力强，制得的膏体细腻亮泽，稳定性好，涂抹肤感好，适用于高档膏霜的制作。

原料 24　椰子油二乙醇酰胺（Coconut diethanolamide）

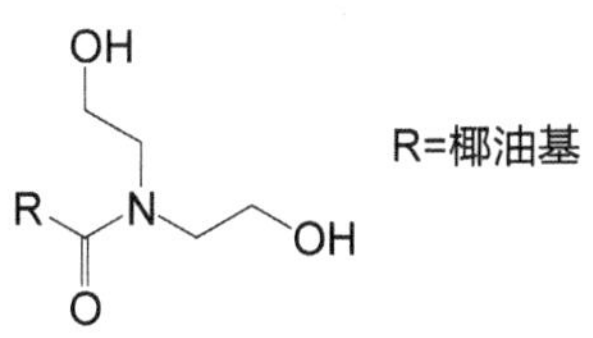

R=椰油基

【中文别名】椰子油酸二乙醇酰胺，N,N-双羟乙基烷基酰胺，椰油酰二乙醇胺，尼纳尔，6501

【英文缩写】CDEA

【CAS 号】6863-42-9

【性质】淡黄色液体或膏状物，微溶于水，可溶于乙醇等有机溶剂。

【制备方法】一般采用直接法或甲酯法制备：直接法通过精制油与二乙醇胺直接反应制备，副产物为甘油，可不分离；甲酯法通过精制油与甲醇酯交换反应生成脂肪酸甲酯，分离甘油，再与二乙醇胺反应生成产物。

【毒性】LD_{50}，经口，大鼠，12200mg/kg。

【用途】椰子油二乙醇酰胺具有增稠、稳泡、去污、乳化、使柔软、抗静电和分散等作用，是日用化学品工业最重要的原料之一。在阴离子表面活性剂呈酸性时与之配伍增稠效果明显，能与多种表面活性剂配伍。在日化产品中广泛应用于香波中。

原料25　异硬脂酰胺（Isostearic acid monoisopropanolamide）

【中文别名】N-(2-羟丙基)异十八烷酰胺

【英文缩写】SMIPA

【分子式和分子量】$C_{21}H_{43}NO_2$，342

【CAS 号】152848-22-1，55738-53-9

【性质】温度大于 25℃时为黄色至浅棕色液体，25℃以下长期存放会析出或分层，温度上升至 40℃以上会成为均一液体，微溶于水，可溶于乙醇等有机溶剂。

【制备方法】由异硬脂酸和 1-氨基-2-丙醇酰胺化反应制备。

【用途】异硬脂酰胺性质温和，具有增稠、稳泡、易冲洗的特点，能使皮肤和头发产生滋润感，与其他表面活性剂匹配良好，具有很好的协同增稠作用，良好的起泡性和稳泡性，适用于难以增稠的体系。常用于配制沐浴露、香波、洗面奶等日化清洁用品。

原料26　油酸二乙醇酰胺（Oleic acid diethanolamide）

【中文别名】十八烯酸二乙醇酰胺，油酰二乙醇胺

【英文缩写】ODEA

【分子式和分子量】$C_{22}H_{43}NO_3$，370

【CAS 号】93-83-4

【性质】琥珀色透明液体，1%水溶液 pH 值为 8.0～11.0。

【制备方法】通过油酸加热与二乙醇胺在碱性条件下酰化反应获得。

【毒性】LD_{50}，经口，大鼠，12400mg/kg。

【用途】油酸二乙醇酰胺具有优良的去污、乳化、发泡、稳泡、分散、增溶性能。在化妆品行业中常用作增稠剂、乳化剂、发泡剂、稳泡剂。

原料 27　椰油酸甲基单乙醇酰胺（Coconut methyl monoethanolamide）

R=椰油基

【中文别名】甲基椰油酸单乙醇酰胺，椰油酰胺甲基 MEA，6511

【英文缩写】CMMEA

【CAS 号】371967-96-3

【性质】淡黄色透明液体，或者淡黄色薄片，熔点 67～71℃，不溶于水，易溶于乙醇。

【制备方法】通过椰子油与甲基单乙醇胺和催化剂氢氧化钠或者酸加热酰化制备。

【用途】椰油酸甲基单乙醇酰胺属于液态的新型非离子表面活性剂，无毒、环境友好，刺激性极低，具有良好的稳定性，低温不会出现晶体析出以及高温不会出现颜色加深现象，低温黏度稳定，体系黏度耐受 pH 值变化。并且具有增稠、稳泡、易冲洗等特点，与其他表面活性剂匹配性好，性能与 6501 类似，但消除了二乙醇胺致癌性问题，是 6501 的优良替代品。常用于化妆品中的增稠剂、乳化剂、分散剂等。

原料 28　硬脂酸单乙醇酰胺（Stearic acid monoethanol amide）

【中文别名】十八酸单乙醇酰胺，硬脂酰单乙醇胺

【英文缩写】SMEA

【分子式和分子量】$C_{20}H_{41}NO_2$，328

【CAS 号】111-57-9

【性质】外观为淡黄色片状或者蜡状固体，熔点 103～104℃，微溶于水，HLB 值约等于 3。

【制备方法】①酯交换法：使用油脂与甲醇进行酯交换反应制得脂肪酸甲酯，再将高级脂肪酸甲酯与乙醇胺进行酰化反应制备硬脂酸单乙醇酰胺；②直接合成法：高级脂肪酸和乙醇胺直接催化酰化制备硬脂酸单乙醇酰胺。

【用途】硬脂酸单乙醇酰胺具有去污、乳化、分散、增溶、润滑、稳泡等性能。硬脂酸单乙醇酰胺可乳化石蜡、煤油和矿物油，是一种 W/O 乳化剂。在洗护化妆品中可作增稠剂、遮光剂和珠光剂；在个人洗涤用品中可作赋酯剂、润肤剂。

原料 29　癸基葡糖苷（C_{10} Alkyl glucoside）

【中文别名】癸基葡萄糖苷，正癸基葡萄糖，癸基多聚葡萄糖苷

【英文缩写】APG-10

【分子式和分子量】$(C_6H_{11}O_5)_nOR$（R=C_{10}），n=1.3～1.5

【CAS 号】54549-25-6，141464-42-8

【性质】常温为淡黄色黏稠液体，易溶于水，通常溶解为 50%的水溶液来使用，中性或弱碱性。具有非离子和阴离子表面活性剂的特性，HLB 值 10～12。

【制备方法】葡萄糖与癸醇在酸性介质和催化剂作用下，脱水苷化，产物有 T,U-单苷和 T,U-多苷的混合物，混合苷的性能优于相应单苷或多苷的性能，因而产物无需分离提纯。

【用途】癸基葡糖苷的表面张力低，可形成丰富细腻且稳定的泡沫，耐强碱强酸，润湿力强，可与多种表面活性剂复配，协同效果明显，可生物降解，具有一定的杀菌性能；癸基葡糖苷与皮肤相容性好，无毒、无刺激，并广泛用于个人护理产品，如洗发露、沐浴露、私密洗液（如女性洗液）、洗手液、洗面奶、膏霜乳液、皂类（或香皂）等中。

原料 30　辛癸基葡糖苷（C$_{8\sim10}$ Alkyl glucoside）

R=C$_{8\sim10}$

【中文别名】癸基/辛基糖苷，癸基/辛基葡糖多苷，辛基/癸基葡糖苷，C$_{8\sim10}$烷基多苷
【英文缩写】APG0810
【分子式和分子量】(C$_6$H$_{11}$O$_5$)$_n$OR（R=C$_{8\sim10}$），n=1.5～1.7
【CAS 号】68515-73-1
【性质】商品通常为 50%～75%的水溶液，中性或弱碱性。无色至淡黄色透明液体。有使皮肤柔软作用，对眼睛无刺激，对头发有良好的调理作用。具有优异的发泡性、渗透性和净洗能力。能耐高温、高浓度强酸、强碱和电解质。对各种材质无腐蚀作用，洗后无痕。HLB 值 15～17。
【制备方法】①直接苷化法：酸性条件下，C$_{8\sim10}$烷醇和葡萄糖直接脱水；②转苷化法：先合成低碳醇糖苷，再通过 C$_{8\sim10}$烷醇和低碳醇糖苷反应来制备辛癸基葡糖苷。
【用途】辛癸基葡糖苷具有良好的去污性、分散性、乳化性、增溶性、渗透性、发泡性、稳泡性，耐酸、碱，对电解质不敏感，无浊点，温和低刺激，与皮肤相容性良好。作为去污剂、发泡剂应用于个人护理用品领域。

原料 31　月桂基葡糖苷（Dodecyl D-glucoside）

R=C$_{12}$

【中文别名】十二烷基葡糖苷
【英文缩写】APG1214
【分子式和分子量】(C$_6$H$_{11}$O$_5$)$_n$OR$_{12}$
【CAS 号】27836-64-2
【性质】白色膏体，1%水溶液 pH 值为 6.0～8.0，无浊点，软化点为 96℃，HLB 值约为 11.5，水中可分散，一般配成 50%的水溶液出售。
【制备方法】合成方法和辛癸基葡糖苷的合成方法类似，可以采用直接苷化法一步合成或者转苷化法两步合成。
【用途】月桂基葡糖苷表面张力低，润湿力强，耐酸碱、电解质，起泡性能优良，同时具有良好的表面活性、配伍性和增稠性能，对皮肤和毛发有使其柔软和调理作用。广泛用于香波、洗手液、洗面奶、沐浴露、孕婴用品等护肤品中。

原料 32　鲸蜡硬脂基葡糖苷（Cetearyl glucoside (and) Cetearyl alcohol）

【中文别名】鲸蜡硬脂基葡萄糖苷，$C_{16\sim18}$ 烷基糖苷，十六十八醇葡糖苷

【英文缩写】APG1618

【分子式和分子量】$(C_6H_{11}O_5)_nOR$，$R=C_{16\sim18}$

【CAS 号】246159-33-1

【性质】鲸蜡硬脂基葡糖苷为半球状黄色颗粒固体，可溶于水，熔点 60～70℃，液晶型 O/W 型乳化剂。

【制备方法】合成方法和辛癸基葡糖苷的合成方法类似，可以采用直接苷化法一步合成或者转苷化法两步合成。

【用途】鲸蜡硬脂基葡糖苷为液晶型乳化剂，不含环氧乙烷，刺激性低，具有良好的生物降解性和保湿性，适合与高 HLB 值的乳化剂搭配使用。适用于护肤品、眼霜、防晒及婴幼儿产品。

3.6　表面活性剂在护肤品中的功能

表面活性剂的两亲性使其在液体的表面、油水界面处能够发生吸附现象，使得表面活性剂在护肤品的配方中具有乳化、增溶、分散、洗涤、润湿、渗透、抗静电、起泡等功能。

（1）乳化作用

将一种液体分散于另一不相溶的液体形成乳状液的现象称为乳化作用。乳状液的分散相和连续相之间的界面非常大，产生非常高的界面自由能，是一个热力学和动力学不稳定的体系，因此，在储存的过程中会发生分散相的聚集和融合，造成油水分离。表面活性剂是一些加入少量即能够明显降低水的表面张力（表面能）的物质，因此表面活性剂能够帮助形成稳定的乳状液。能够帮助形成乳状液的表面活性剂，也被称为乳化剂，乳化剂在护肤品中常用于生产膏霜和乳液。根据分散相和连续相的差异性，乳状液可以分为 O/W 型乳状液（如粉质雪花膏和中性雪花膏）和 W/O 型乳状液（如霜、乳、卸妆乳、防晒乳等）。在配方设计时通常根据亲水亲油值（HLB 值）来评价乳化剂的亲水性或者亲油性，进而进行乳化剂的选择。O/W 型乳状液通常选择水溶性大的乳化剂（HLB 值为 9～16），W/O 型乳状液通常选择脂溶性大的乳化剂（HLB 值为 4～7）。在护肤品的配方设计中，常见的是多种乳化剂配伍使用，为了实现乳化剂之间的良好配伍，以及乳化剂和其他组分之间的良好配伍，护肤品中常用的乳化剂多为非离子型表面活性剂，如失水山梨醇脂肪酸酯、聚氧乙烯醚衍生物、氨基酸系列表面活性剂等。

（2）增溶作用

增溶作用指的是能够使得不溶或者微溶的组分溶解性增大的现象。表面活性剂在水溶液表面定向排列，使得水的表面张力急剧下降，当表面排满后，表面活性剂分子在水溶液内部定向聚集，形成胶束。通常把形成胶束的表面活性剂浓度称为临界胶束浓度。难溶性物质或者微溶性物质能够以各种形式被载附于胶束中，从而实现增溶，根据增溶物质和胶束之间的关系可以分为内部溶解型、外壳溶解型、插入型、吸附型等（图 3-1）。一般具有增溶作用的表面活性剂都具有高的亲水性，其 HLB 值通常大于 15，常见的有聚氧乙烯硬化蓖麻油、聚氧乙烯蓖麻油、脂肪醇聚氧乙烯醚、脂肪醇聚氧乙烯-聚氧丙烯醚、聚氧乙烯失水山梨醇脂肪酸酯和聚甘油脂肪酸酯等。

内部溶解型　　　　外壳溶解型　　　　插入型　　　　吸附型

图 3-1　增溶作用示意图

在护肤品中表面活性剂的增溶作用主要用于化妆水的配方中。化妆水为水性制剂，但是为了实现其对皮肤的加脂、香料的添加、油性功能性物质（如维生素 E）的添加，通常需要使用合适的表面活性剂来实现增溶。添加物质的结构和极性不同，表面活性剂的选择也有所不同。

（3）分散作用

使非水溶性物质在水中形成微粒且呈均匀分散状态的现象称为分散作用。分散剂需要具有良好的润湿性、分散性并且能够长时间稳定相应体系。护肤品中的分散系统包括粉体、溶剂及分散剂 3 部分，常见于防晒或者遮瑕类护肤品中。粉体可分为无机颜料（如滑石、云母、二氧化钛和炭黑等）和有机颜料（如酞菁蓝等）两类，主要是使护肤品具有良好的色泽，有良好的防晒或者遮瑕的功效；溶剂则分为水系和非水系两类；作为媒介的分散剂又有亲水性和亲油性两类。可作为分散剂的表面活性剂有脂肪醇聚氧乙烯醚、失水山梨醇脂肪酸酯、脂肪醇聚氧乙烯醚磷酸盐、烷基醚羧酸盐和烷基磺酸盐等。

（4）洗涤作用

洁面护肤品以及婴幼儿清洁护肤品最为首要的功能就是清洁面部皮肤，因此要求其具有清洁、发泡和润湿功能，同时要对皮肤温和，无毒，低刺激，不损伤表皮细胞，不与蛋白质发生作用，不渗透或少渗透，能够保持皮肤油脂在正常水平。用作清洗剂的表面活性剂一般为阴离子表面活性剂，其中十二烷基硫酸钠是最为常见的清洗剂。此外，面部清洁产品和婴幼儿清洁护肤品在注重清洁性的同时更加要求其具有低刺激性和无毒性，因此天然油脂的改性油脂乙氧基化物、咪唑啉、椰油酰基胺基丙基甜菜碱、氨基酸系列表面活性剂等成了高档洗面护肤品、护发香波以及婴儿洗发沐浴等产品不可缺少的组分。

（5）其他作用

表面活性剂在护肤品中的合适选用还能够帮助提高产品的润湿性，使得产品在使用的过程中具有良好的舒适度、柔和性和促进透皮的作用。

3.7　化妆品用表面活性剂的发展趋势

（1）生物表面活性剂

20 世纪 60 年代，Arima 等人通过枯草芽孢杆菌菌株发酵液发现一种具有表面活性剂性质的脂肪多肽，开启了人类对生物表面活性剂的研究和应用。生物表面活性剂具有与合成类表面活性剂相类似的两亲结构，然而生物表面活性剂具有结构多样性、优良的表面活性、突出的乳化能力、好的生物相容性、抗菌抗病毒性、低致敏性、生物可降解、环境友好、来源广泛、价格低廉等优势，因此在护肤品乃至药品中的应用备受关注。例如槐糖脂是一类主要由酵母产生的糖脂类生物表面活性剂，是目前产量最高的一类生物表面活性剂。微生物天然合成的槐糖脂是由一系列槐糖脂分子组成的混合物。这些槐糖脂分子的亲水性部分为槐糖，疏水性部分为饱和或不饱和的长链或羟基脂肪酸，亲水疏水部分由 β 糖苷键连接。法国 Soliance 公司已经推出含有 Sopholiance S 成分的抑菌祛痘护肤品。日本花王有限公司将槐糖脂作为保湿剂用于化妆品中。

（2）烷基糖苷类表面活性剂

烷基糖苷（APG）是一种以脂肪醇和葡萄糖等可再生性植物为原料合成的非离子表面活性剂，目前已经实现烷基糖苷工业化大量生产。研究显示，APG 具有以下优势：溶解性、温度稳定性好，皮肤刺激性小；以植物油和淀粉等可再生天然资源为原料；无毒，生物可降解；泡沫丰富而稳定，去污力强，而且无毒，无刺激性；与其他表面活性剂复配具有协同增效作用。

（3）氨基糖类表面活性剂

壳聚糖具有良好的抗菌性、表面活性、吸湿和保湿性、成膜性和絮凝性等特性。由于壳聚糖是自然界中少见的带正电荷的高分子聚合物，从而在许多领域内具有独特的功能。这类多糖具有可降解性、良好的成膜性、良好的生物相容性及一定的抗菌等优异性能，在化妆品中具有与乳化剂很好的复配性和稳定性。氨基糖类表面活性剂根据水溶性的差异可分为水不溶性表面活性剂和水溶性表面活性剂；也可按其电离情况分为离子型和非离子型表面活性剂。壳聚糖系列表面活性剂具有优异的润湿性和保湿性，可以减缓皮下水分的流失，延缓皮肤衰老，在护肤品中作为保湿及润湿成分。这类表面活性剂常用于洁面乳、护肤液、护肤霜膏、面膜等护肤品。由于其具有抗氧化活性，可以清除黑色素，因此氨基糖类表面活性剂常用于美白类护肤品或者防晒类护肤品中。

（4）磷脂表面活性剂

磷脂是皮肤细胞的成分，对人体的正常代谢具有重要的调节作用，具有良好的皮肤润湿性和渗透性。护肤品中常用的磷脂类表面活性剂主要有大豆磷脂和卵磷脂。卵磷脂又称蛋黄素，是生物细胞膜的重要组成部分，对皮肤和黏膜的亲和性很好，具有极强的生物相容性，在护肤品中起到促进营养物质的吸收、保湿、乳化、增溶等作用，常被应用于护手霜、唇膏和防晒油等化妆品中。

第**4**章　化妆品着色剂

　　化妆品着色剂是利用吸收或反射可见光的原理，为使化妆品或其施用部位呈现颜色而在化妆品中加入的物质，也可叫化妆品色素。化妆品中使用的色素必须是安全无毒性的。通常从食品色素和医药染料中选用。

　　化妆品着色剂根据溶解性的不同，可以分为染料、颜料以及色淀。其中，染料对被染的基质有亲和力，可以吸附或溶解在基质中，使被染物有均匀的颜色。其优点是遮盖力、着色力强，广泛用于唇膏、胭脂等粉饰类化妆品。染料主要分为合成色素和天然色素。化妆品中的颜料是能使其他物质着色的粉末，通过分散在基质原料中使产品着色，在介质中为颗粒状，可均匀分散。不溶于水、油和溶剂。颜料按照颜色一般分为无机颜料和珠光颜料。色淀，即将水溶性色素淀积在许可使用的不溶性基质上，形成的不溶于水的盐。主要通过金属盐使水溶性的酸性染料沉淀或使这些金属盐吸附于抗水性颜料所形成。常用的基质为氧化铝，故又称铝色淀。色淀在大多数溶剂中能保持粒子状和不溶性。在 pH 值为 3.5～9.5 的范围内稳定；在这个范围以外，色素与铝键会受到破坏，色淀就会解体分离，一般推荐的安全使用 pH 值范围为 4.0～8.5。色淀的粒子平均为 5μm，但存在聚集形成 40～100μm 颗粒的倾向。为了发挥其最佳的着色能力并避免出现斑点，必须破坏聚集物的形成。方法是采用各种研磨机和高剪切搅拌机将色淀分散在干状、浆状或液态的载体上。

　　化妆品着色剂也可按来源和性质，分为合成色素、天然色素、无机颜料和珠光颜料。

　　色素起源于对天然色素的发现与利用，随着社会的进步，天然色素在食品业和化妆品行业中逐渐普及。直到 1856 年，英国的教授 William Henry Perkin 发明了世界第一个有机合成色素"苯胺紫"。之后，随着工业化的飞速发展，更多有机色素被相继合成。

4.1　合成色素

　　合成色素按溶解性可分为油溶性色素、水溶性色素和不溶性色淀。水溶性着色剂中多含有羧基或者磺酸基等亲水基团，对 pH 及紫外线敏感，容易被氧化或还原，可用于膏霜、乳液等化妆品中。脂溶性色素结构中通常不含亲水基团，常用于以油脂、蜡质作为基质的唇膏等化妆品中。不溶性色淀的不溶解特性可以避免出现颜色污染、色料扩散或易被擦除的情况，能够增强化妆品的持久效果。

　　按化学结构则可将合成色素分为偶氮类色素和非偶氮类色素。偶氮类色素以偶氮基为发色团，以偶氮苯为色原体，该类色素占合成色数的一半以上，是最主要的合成色素。其中构造比较简单的化合物呈黄色、橙色或褐色。

　　非偶氮类色素则根据结构差异又被分为蒽醌染料、靛蓝染料、三苯甲烷染料、硝基染料、亚硝基染料、喹啉染料等。蒽醌染料多以蒽醌为母核，根据是否含有磺酸基团分为含磺酸基型和不含磺酸基型；靛蓝染料是由 4 个 1,3-二亚氨基二氢异吲哚单体缩合而成的环状化合物，多为色泽鲜艳的翠蓝和绿色等；三苯甲烷染料的基本结构是甲烷结构的四个氢有三个被苯取代，一般为绿色；硝基染料是一类以硝基为发色团的色素，通常其颜色会随着硝基的数量增加而加深，一般为黄色；亚硝基染料是以亚硝基为发色团的染料，几乎全为绿色；喹啉染料则以喹啉为母体，多呈黄色。

合成色素多具有色泽鲜艳、色调多、性能稳定、着色力强、坚牢度大、调色易、使用方便、成本低廉、品质均一、易于溶解和复配拼色以及工业化规模生产使成本大大降低等一系列优点，使之很快取代了天然色素。

进入 20 世纪后，随着毒理学和分析化学的不断发展，人类逐渐了解了合成色素进入人体后的转化机理，认识到多数的合成色素对人体有较为严重的慢性毒性和致畸致癌性，并开始对合成色素重新进行毒理学和遗传学的研究。

其中最为典型的偶氮类色素的毒性更是得到了广泛的研究。研究显示，偶氮类化合物在皮肤表面会逐渐渗透入人体，通过人体新陈代谢中产生的还原性物质的作用，偶氮键会被还原断裂生成氨基，从而产生芳香胺。结构较小的芳香胺，进入人体后，能透过细胞膜，与细胞核中的 DNA 作用，芳香胺易产生活泼的具有亲电子作用的铵盐类阳离子，这种阳离子能够攻击 DNA 上的亲核位置，相互以共价键结合，从而破坏 DNA，引起癌变。此外，芳香胺分子的扁平部分还能"插入"DNA 的螺旋结构的相邻碱基对，也对 DNA 的结构造成影响而引起癌变。在目前世界化学工业迅猛发展情况下，芳香胺已成为化学致癌原因中的主要因素。

据此，世界各国都投入了巨大的人力财力，并制定了相关条例和法规，以严格限制合成色素的品种、用量和使用范围，目前在化妆品中使用得较多的合成色素有苋菜红、胭脂红、新红、柠檬黄、日落黄、靛蓝、亮蓝、赤红、诱惑红等。

原料1　酸性红 27（Acid red 27）

【中文别名】苋菜红，偶氮宝石红 S，萘酚红，鸡冠花红，蓝光酸性红

【分子式和分子量】$C_{20}H_{11}N_2Na_3O_{10}S_3$，604

【CAS 号】915-67-3

【性质】苋菜红为红棕色至暗红棕色粉末或颗粒，无臭。耐光、耐热性强（105℃），耐氧化、还原性差，不适用于发酵食品及含还原性物质的食品。对柠檬酸、酒石酸稳定。遇碱变为暗红色，遇铜、铁易褪色，染色力较弱。易溶于水（17.2g/100mL，21℃）及甘油，水溶液带紫色。微溶于乙醇（0.5g/100mL 50%乙醇）。色指数 16185，最大吸收波长（λ_{max}）520nm。苋菜红铝色淀为紫红色细粉末，无臭。着色度与粉末的细度有关，粒子越细着色度越高，比苋菜红的耐光、耐热性佳。几乎不溶于水及有机溶剂，在酸性及碱性的水中，色素缓慢溶出。

【制备方法】①苋菜红的制备：由 1-萘胺-4-磺酸重氮化后，在碱性条件下与 2-萘酚-3,6-二磺酸钠（R 盐）偶合，经食盐盐析，精制而得；②苋菜红铝色淀的制备：由氯化铝、硫酸铝等的铝盐与碳酸钠等碱类制取氢氧化铝，添加于苋菜红水溶液中，沉淀制得。

【毒性】LD_{50}，经口，小鼠，>10g/kg。日允许摄入量（ADI）0～0.5mg/kg（FAO/WHO食品法典委员会，2001）。HACSG（欧共体儿童保护集团）不准用于儿童。挪威和美国不准

使用。

【用途】用于食品、医药、化妆品的着色。

原料 2　酸性红 18（Acid red 18）

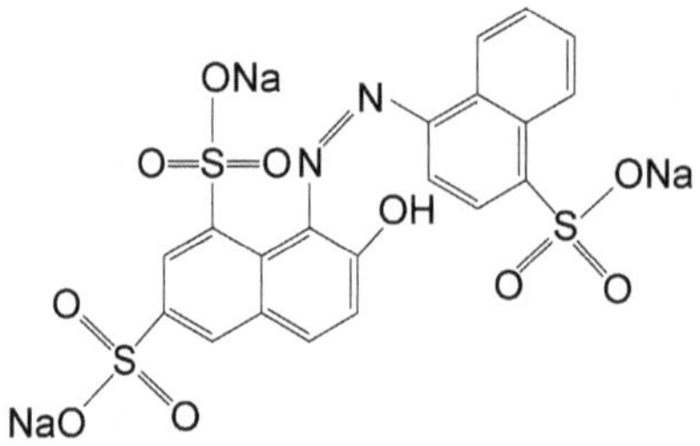

【中文别名】新胭脂红，丽春红 4R，大红，亮猩红

【分子式和分子量】$C_{20}H_{11}N_2Na_3O_{10}S_3$，604

【CAS 号】2611-82-7

【性质】胭脂红是苋菜红的异构体，红色至深红色粉末。耐光性、耐酸性尚好，对柠檬酸、酒石酸稳定，耐细菌性差，耐热性、耐还原性相当差。水溶液呈红色，无臭。易溶于水，能溶于甘油，微溶于乙醇，不溶于油脂，在碱性溶液中变成褐色。色指数 16255，最大吸收波长（λ_{max}）(508±2)nm。胭脂红铝色淀为红色细粉末，无臭。耐光、耐热性比胭脂红好，不溶于水和有机溶剂。

【制备方法】①胭脂红的制备：4-氨基-1-萘磺酸（Naphthionic acid）重氮化的产物与 2-萘酚-6,8-二磺酸钠偶合反应后用氯化钠盐析，经精制而得。②胭脂红铝色淀的制备：由氯化铝、硫酸铝等的铝盐与碳酸钠等的碱类制取氢氧化铝，添加于胭脂红水溶液，沉淀制得。

【毒性】LD_{50}，经口，小鼠，19300mg/kg。LD_{50}，经口，大鼠，>8000mg/kg。

【用途】用于食品、医药、化妆品的着色。

原料 3　新红（New red）

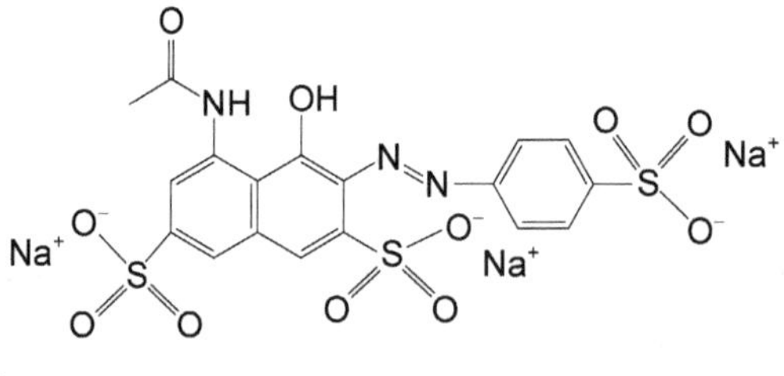

【中文别名】水中新红

【分子式和分子量】$C_{18}H_{12}N_3Na_3O_{11}S_3$，611

【CAS 号】220658-76-4

【性质】红色粉末，易溶于水，水溶液为红色；微溶于乙醇，不溶于油脂。

【制备方法】由对氨基苯磺酸钠经重氮化后，与 1-乙酰氨基-8-羟基-3,6-萘二磺酸钠偶合，然后盐析、过滤、精制、干燥而成。

【毒性】LD_{50}，经口，小鼠，19300mg/kg。LD_{50}，经口，大鼠，>8000mg/kg。ADI 0～4mg/kg（FAO/WHO，2001）。HACSG（欧共体儿童保护集团）不准用于儿童。

【用途】水溶性偶氮类着色剂，用作食品、医药、化妆品着色剂。

原料 4　酒石黄（Tartrazine 或 Lemon yellow）

【中文别名】食品黄 4，柠檬黄，酸性淡黄，肼黄

【分子式和分子量】$C_{16}H_9N_4O_9S_2Na_3$，534

【CAS 号】1934-21-0

【性质】柠檬黄为橙黄色均匀粉末，无臭。21℃时溶解度为 11.8%（水）、3.0%（50%乙醇）。耐热性、耐酸性、耐光性和耐盐性均好，对柠檬酸和酒石酸稳定，耐氧化性较差。遇碱变红，还原时褪色。溶于水、甘油和丙二醇，微溶于乙醇，不溶于其他有机剂，0.1%的水溶液呈黄色。柠檬黄色指数 19140，最大吸收波长（λ_{max}）(428±2)nm。

柠檬黄铝色淀为黄色细粉末，无臭，溶解于含酸或含碱水溶液，不溶于水及有机溶剂。耐热性、耐光性比柠檬黄强。

【制备方法】①柠檬黄的制备：由对氨基苯磺酸经重氮化，与 1-(4-磺基苯基)-3-羧基-5-吡唑啉酮在碱性溶液中偶合，精制而成。②柠檬黄铝色淀的制备：由氯化铝、硫酸铝等铝盐与碳酸钠等碱类制取氢氧化铝，并添加柠檬黄水溶液，沉淀制得。

【毒性】LD_{50}，经口，大鼠，>2000mg/kg。ADI 0～7.5mg/kg（FAO/WHO，1994）。对柠檬黄的过敏症状通常包括焦虑、偏头痛、忧郁症、视觉模糊、哮喘、发痒、四肢无力、荨麻疹、窒息感等。人如果长期或一次性大量食用柠檬黄、日落黄等色素，可能会引起过敏、腹泻等症状，当摄入量过大，超过肝脏负荷时，会在体内蓄积，对肾脏、肝脏产生一定伤害。

【用途】水溶性合成色素，偶氮型酸性染料，主要用于食品、饮料、药品及化妆品的着色，也可用于制造色淀。

原料 5　日落黄（Sunset yellow）

【中文别名】食用色素黄 5 号，橘黄、晚霞黄、夕阳黄

【分子式和分子量】$C_{16}H_{10}N_2Na_2O_7S_2$，452

【CAS 号】2783-94-0

【性质】日落黄为橙红色粉末或颗粒，无臭，不溶于油脂，微溶于乙醇，易溶于水、甘油、丙二醇，水溶液为橙色，耐光、耐热、耐酸性好，在柠檬酸、酒石酸中稳定，遇碱色转深，带红褐色，还原时褪色，使用安全性较高。色指数 15985，最大吸收波长（λ_{max}）480nm。日落黄铝色淀为橙黄色微细粉末，不溶于水和有机溶剂。日落黄铝色淀的耐光性、耐热性优于日落黄。

【制备方法】①日落黄的制备：由对氨基苯磺酸重氮化后，在碱性条件下与 2-萘酚-6-磺酸偶合，生成的色素用食盐析出，过滤，精制而得。②日落黄铝色淀的制备：由氯化铝、硫

酸铝等铝盐与碳酸钠等碱类制取氢氧化铝，然后添加于日落黄水溶液，沉淀制得。

【毒性】LD_{50}，经口，大鼠，$>2.0g/kg$。ADI $0\sim2.5mg/kg$（FAO/WHO，1994）。

【用途】水溶性偶氮类着色剂，用于食品、医药、化妆品着色剂。

原料6　靛蓝（Indigo）

【中文别名】印地科，还原蓝1，C.I.颜料蓝66，莫诺莱特海军蓝BV，靛蓝粉，靛青粉，还原靛蓝，2,2′-双氮茚

【分子式和分子量】$C_{16}H_{10}N_2O_2$，262

【CAS号】482-89-3

【性质】靛蓝为蓝色粉末，无臭。25℃时溶解度为1.6%（水）、0.5%（25%乙醇）、0.6%（25%丙二醇），0.05%的水溶液呈深蓝色。耐光性、耐热性、耐酸性、耐碱性、耐盐性、耐氧化性、耐细菌性都差，还原时褪色，但染着力好。微溶于水、乙醇、甘油和丙二醇，不溶于油脂。色指数73000，最大吸收波长（λ_{max}）$(610\pm2)nm$。靛蓝铝色淀为带紫的蓝色细粉末，无臭。不溶于水和有机溶剂。耐光、耐热性比靛蓝好。

【制备方法】①靛蓝制备：由蓼蓝（Polygonumtinctorium）的叶制取的一种食用天然蓝色素。将靛叶堆积，经常浇水，使其发酵2～3个月，成为黑色土块状。用臼捣实后称为球靛，含靛蓝色素2%～10%。球靛中拌入木灰、石灰及麸皮，再加水拌和，加热至30～40℃，暴露在空气中，成为蓝色不溶性靛蓝。食用靛蓝实际上是靛蓝二磺酸二钠，由靛蓝用浓硫酸磺化，磺化结束后用水稀释，再用纯碱中和，最后加入氯化钠盐析，经过滤、水洗、干燥得成品。每吨产品消耗靛蓝粉（100%）210kg。②靛蓝铝色淀制备：由氯化铝、硫酸铝等铝盐与碳酸钠等碱类制取氢氧化铝，然后添加于靛蓝水溶液，沉淀制得。

【毒性】LD_{50}，腹腔注射，小鼠，2200mg/kg。LD_{50}，经口，小鼠，$>32000mg/kg$。ADI $0\sim5mg/kg$（FAO/WHO，1994）。

【用途】水溶性非偶氮类着色剂，用于食品，医药，化妆品的着色，可与其他色素配合使用。

原料7　酸性蓝90（Acid blue 90）

【中文别名】亮蓝，酸性艳蓝，食品蓝1号，食用青色2号，考马斯亮蓝G250，康美赛蓝G250

【分子式和分子量】$C_{47}H_{48}N_3NaO_7S_2$，854

【CAS号】6104-58-1

【性质】亮蓝为深褐色粉末。微溶于冷水，溶解于热水中，水溶液呈鲜艳蓝色，加入氢

氧化钠溶液变为紫色，溶于乙醇中呈鲜艳蓝色，溶于浓硫酸中呈血红色，稀释后呈橙红色。耐光性、耐热性、耐酸性、耐盐性和耐微生物性很好，但其水溶液加金属盐后会缓慢地发生沉淀。能被细菌分解。耐碱性和耐氧化还原特性较佳。色指数 42655。亮蓝铝色淀为蓝色微细粉末，不溶于水及有机溶剂，耐光性及耐热性优于亮蓝。

【制备方法】①亮蓝的制备方法：以苯甲醛、N-苄基-N-乙基间甲苯胺、对氨基苯乙醚为原料，首先将苯甲醛与 N-苄基-N-乙基间甲苯胺缩合，随后将缩合产物磺化得三磺酸化合物，再将其氧化，并与对氨基苯乙醚反应，中和后得产物。经盐析、过滤、干燥、粉碎得成品。②亮蓝铝色淀的制备方法：将亮蓝水溶液加入氯化铝、硫酸铝水溶液和碳酸钠作用所形成的氧化铝水合物中，使之沉淀吸附生成亮蓝铝色淀。

【毒性】LD_{50}，经口，大鼠，>2000mg/kg。ADI 0～12mg/kg（FAO/WHO，2001）。

【用途】水溶性着色剂，亮蓝的色度极强，通常都是与其他色素配合使用。

原料 8　赤藓红（Erythrosine）

【中文别名】酸性红 51，赤藓红 B 钠盐，四碘荧光素 B，藻红，樱桃红，食品色素 3 号

【分子式和分子量】$C_{20}H_6I_4Na_2O_5$，880

【CAS 号】568-63-8

【性质】赤藓红为红褐色颗粒或粉末状物质，无臭。易溶于水，水溶液为红色。对氧、热、氧化还原剂的耐受性好，染着力强，但耐酸及耐光性差，吸湿性差，在 pH<4.5 的条件下，形成不溶性的黄棕色沉淀，碱性时产生红色沉淀。赤藓红铝色淀为紫红色微细粉末，无臭，不溶于水和有机溶剂。耐光性及耐热性优于赤藓红，几乎不溶于水和有机溶剂。易溶于食盐液并染色，缓慢溶于含酸、碱的水溶液，耐光、耐热性比赤藓红好，染色力与细度和分散性有关。

【制备方法】由荧光素碘化而得。将间苯二酚、苯酐和无水氯化锌加热熔融，得到粗制荧光素。粗品荧光素用乙醇精制后，溶解在氢氧化钠溶液中，再加碘进行反应。加入盐酸，析出结晶，然后将其转变成钠盐，浓缩即得。

【毒性】LD_{50}，经口，大鼠，1900mg/kg。ADI 0～1.25mg/kg（FAO/WHO，2001）。在消化道中不易吸收，即使吸收也不参与代谢，故被认为是安全性较高的合成色素。

【用途】用于食品、医药、化妆品的着色，可与其他色素配合使用。

原料 9　诱惑红（Allura red ac）

【中文别名】食品红 17

【分子式和分子量】$C_{18}H_{14}N_2Na_2O_8S_2$，496

【CAS 号】25956-17-6

【性质】诱惑红为暗红色粉末，无臭。溶于水、甘油和丙二醇，微溶于乙醇，不溶于油脂。中性和酸性水溶液中呈红色，碱性条件下则呈暗红色。耐光、耐热性好，耐碱、耐氧化还原性差。色指数 16035，最大吸收波长（λ_{max}）504nm。诱惑红铝色淀为橙红色细微粉末，无臭。不溶于水和有机溶剂，在酸性或碱性介质中会缓缓溶出诱惑红。毒性参见诱惑红。

【制备方法】①诱惑红的制备：由 2-甲基-4-氨基-5-甲氧基苯磺酸钠经重氮化后，与 2-萘酚-6-磺酸钠偶合即得产品。②诱惑红铝色淀的制备：在硫酸铝、氯化铝水溶液与碳酸钠作用形成的氧化铝水合物中加入诱惑红水溶液，使之吸附、沉淀即得产品。

【毒性】LD_{50}，经口，小鼠，>10000mg/kg。

【用途】主要用作棉、黏胶织物染色和印花的显色剂，也用于食品、药品、化妆品中作着色剂。

原料 10　酸性橙 7（Orange Ⅱ）

【中文别名】B-萘酚偶氮对苯磺酸钠，金橙Ⅱ钠盐，橙黄Ⅱ，酸性橙 7，橙黄Ⅱ，酸性橙Ⅱ

【分子式和分子量】$C_{16}H_{11}N_2NaO_4S$，350

【CAS 号】633-96-5

【性质】金黄色粉末。溶于水呈红黄色，加入盐酸产生棕黄色沉淀，加入氢氧化钠溶液呈深棕色，溶于乙醇呈橙色，溶于浓硫酸中呈品红色，稀释后产生棕黄色沉淀，溶于浓硝酸中呈金黄色。在浓氢氧化钠溶液中不溶。染色时遇铜离子转红暗，遇铁离子色泽浅而暗。

【制备方法】以对氨基苯磺酸和 2-萘酚为原料，将对氨基苯磺酸重氮化，与 2-萘酚偶合得产物。经盐析、过滤、干燥、粉碎得成品。

【用途】用于食品、医药、化妆品的着色。

4.2　天然色素

天然色素主要来源于植物的根、茎、叶、花、果实和动物、微生物等。

天然色素根据来源分为三类：植物色素，如绿叶中的叶绿素（绿色）、胡萝卜中的胡萝卜素（橙黄色）、番茄中的番茄红素（红色）等；动物色素，如肌肉中的血红素（红色）、虾壳中的虾青素（红色）等；微生物色素，如酱豆腐表面的红曲色素（红色）等。常见的天然色素见表 4-1。

天然色素还可按结构分为卟啉类衍生物、异戊二烯衍生物、多酚类衍生物、酮类衍生物、醌类衍生物等。天然色素一度被性能更好的合成色素取代，但是随着人们对合成色素的毒理学的研究，尤其是从美国 1976 年禁止使用合成色素苋菜红之后，世界各国开始重视天然色素的开发与应用，并很快掀起了研制开发天然色素的高潮。

表 4-1　常见的天然色素

颜色	色素成分	来源
红色	甜菜红	甜菜根、火龙果果皮
	胭脂虫红	胭脂虫
	红曲红	红曲霉
	虾青素	藻类、浮游生物、甲壳类动物、鱼类、鸟类、家禽类
橙色	胭脂树橙	胭脂树种子
	辣椒红	辣椒
	胡萝卜素	棕榈果、胡萝卜等
黄色	姜黄	菠菜、甘蓝菜、绿花椰菜等植物
	叶黄素	万寿菊、向日葵、橘皮等
绿色	叶绿素	大多数绿色植物
紫红色	花青素	茄子、桑葚、蓝莓、葡萄等紫色或黑色果蔬
黑色	黑色素	黑芝麻、黑豆、黑米、墨鱼墨囊里的墨汁等
棕色	焦糖色素	炒糖
	橡子壳棕	橡子壳提取物

原料 1　甜菜红（Betanin）

【中文别名】甜菜紫宁，甜菜苷，甜菜根红

【分子式和分子量】$C_{24}H_{26}N_2O_{13}$，550

【CAS 号】7659-95-2

【性质】红色至紫红色膏状或粉末，无臭。可溶于水，不溶于乙醇，为水溶性色素。水溶液呈红色至紫红色，色泽鲜艳。其色调受 pH 值影响，当 pH 值在 3.0～7.0 时为红色，且较稳定，pH 值在 4.0～5.0 内最稳定；当 pH<4.0 或 pH>7.0，颜色由红色变成紫色；当 pH>10.0 时，甜菜红色素转化为甜菜黄质，溶液颜色迅速变黄。染着性好，但耐热性较差，遇光和氧易降解。最大吸收波长（λ_{max}）537～538nm。

【制备方法】由食用红甜菜（*Beta vulgaris* var.rubra）的根茎用水萃取获得。萃取前宜先用 2%亚硫酸氢钠液在 95～98℃下热烫 10～15min，以灭酶，提取液经浓缩得深红色浆料或红色粉末。制备过程中应除去天然存在的盐类、糖类及蛋白质。

【用途】天然红紫色食用色素，用于食品、化妆品中作着色剂。

【毒性】ADI 不需特殊规定（FAO/WHO，1994）。

原料 2　胭脂虫红（Cochineal）

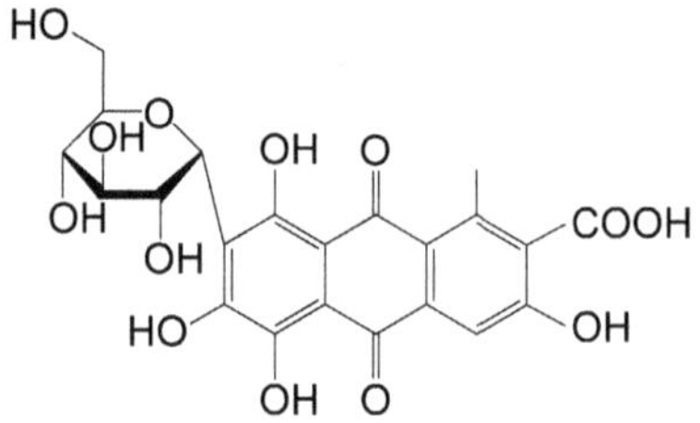

【中文别名】食用色素红色 7

【分子式和分子量】$C_{22}H_{20}O_{13}$，492

【CAS 号】1343-78-8

【性质】胭脂虫红是一种蒽醌衍生物，红色菱形晶体或红棕色粉末。稍溶于热水或乙醇，能溶于碱，不溶于冷水、稀酸、乙醚、氯仿、苯。在碱与稀酸中，色泽随溶液的 pH 而变化，酸性时呈橙黄色，中性时呈深红色，碱性时呈紫红色。色指数 75470，最大吸收波长（λ_{max}）494nm。胭脂虫红色淀为带光泽的红色碎片或深红色粉末，分解温度 250℃。溶于氢氧化碱或碳酸钠溶液，呈深红色；部分溶于热水，几乎不溶于冷水和稀酸，也溶于硼砂。

【制备方法】以水、稀醇液或醇萃取雌胭脂虫（*Dactylopius coccus*），萃取液中添加氢氧化铝，经沉淀可得，铝和胭脂红酸的分子比为 1∶2。

【毒性】胭脂虫红，LD_{50}，经口，小鼠，>21.5g/kg。胭脂虫红色淀，LD_{50}，经口，小鼠，8.89g/kg。

【用途】用于食品、化妆品、药品及纺织品等的生产。

原料 3　红曲红（Monascus red）

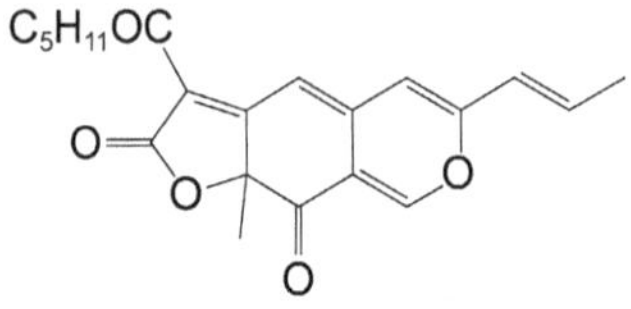

红斑素(Rubropunctatin)$C_{21}H_{22}O_5$

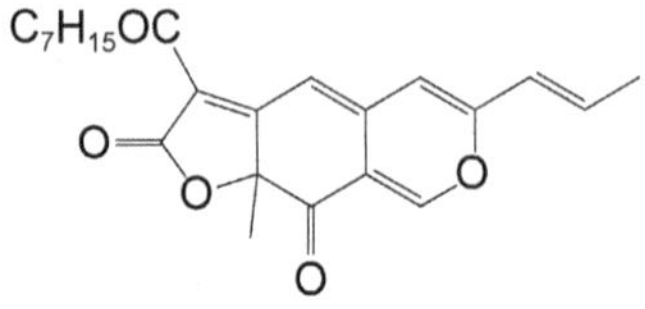

红曲红素(Monascorubrin)$C_{23}H_{26}O_5$

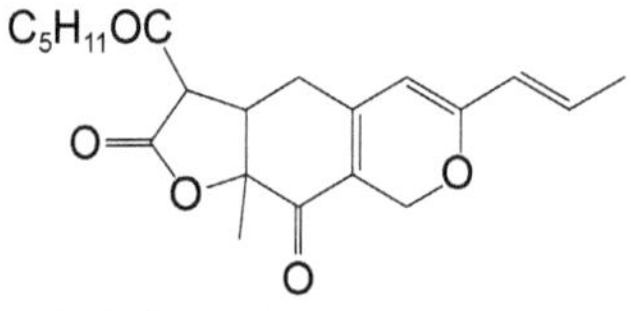

红曲素(Monascine)$C_{21}H_{26}O_5$

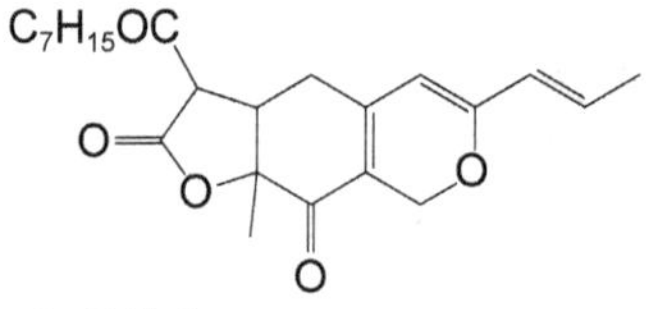

红曲黄素(Ankaflavin)$C_{23}H_{30}O_5$

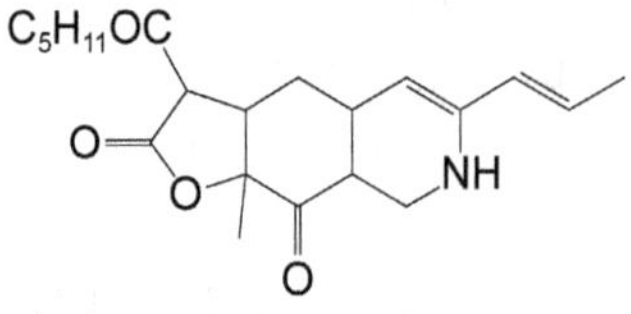

红斑胺(Rubropunctamine)$C_{21}H_{23}O_5$

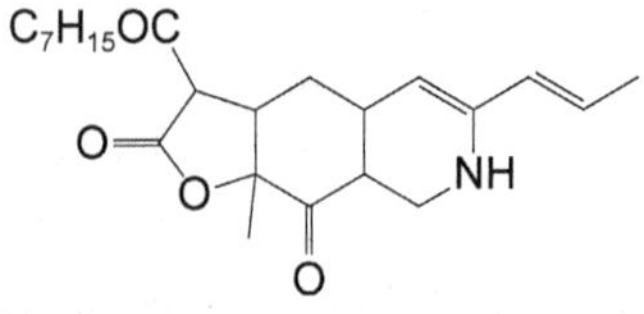

红曲红胺(Monascorubramine)$C_{23}H_{27}NO_4$

【CAS 号】874807-57-5

【化学成分或有效成分】红曲红主要有 6 种成分，分为红色色素（红斑素或潘红，分子式 $C_{21}H_{22}O_5$，分子量 350）、红曲红素或梦那玉红（分子式 $C_{23}H_{26}O_5$，分子量 382）、黄色色素

（红曲素或梦那红，分子式 $C_{21}H_{26}O_5$，分子量 358）、红曲黄素或安卡黄素（分子式 $C_{23}H_{30}O_5$，分子量 386）、紫色色素（红斑胺或潘红胺，分子式 $C_{21}H_{23}NO_4$，分子量 353）和红曲红胺或梦那玉红胺（分子式 $C_{23}H_{27}NO_4$，分子量 381）。

【性质】深紫红色液体或粉末或糊状物，略带异臭，不溶于油脂及非极性溶剂。在 pH 值为 4.0 以下介质中，溶解度降低，易溶于乙醇、丙二醇、丙三醇及它们的水溶液。熔点为 160～192℃，水溶液最大吸收波长为(490±2)nm，乙醇溶液最大吸收波长为470nm，溶液为薄层时为鲜红色，厚层时带黑褐色并有荧光。对环境 pH 稳定，几乎不受金属离子（Ca^{2+}、Mg^{2+}、Fe^{2+}、Cu^{2+}）和 0.1%过氧化氢、维生素 C、亚硫酸钠等氧化剂、还原剂的影响。耐热性及耐酸性强，其醇溶液对紫外线相当稳定，但经阳光直射可使其褪色。对蛋白质着色性能极好，一旦染着，即不掉色。

【制备方法】红曲红（TR 型）色素是以大米、黄豆为主要原料，采用红曲霉液体深层发酵工艺和独特的提取技术生产的粉状天然食用色素。①微生物法：常用的菌株有紫红曲酶（*Monascus purpureus*）、安卡红曲酶（*Monascus anka*）、巴克红曲酶（*Monascus barkera*）等。具体方法为将菌株散布于培养基内，于 30℃静置培养约 3 周（液体培养需振荡），待菌株在培养基内全面繁殖，菌丝体呈深红色后，经干燥、粉碎后用含水乙醇或丙二醇浸提、过滤、浓缩、离心得醇溶性膏状沉淀（产品）和水溶的上清液液状产品，加入助干燥剂（β-环糊精）后喷雾干燥而得粉末状制品。②米提取法：将米（籼米、大米或糯米）以水浸湿，蒸熟，接种红曲酶（种曲）后经培养制成红曲米，再用乙醇抽提而得。

【毒性】LD_{50}，经口，小鼠，>10g/kg；LD_{50}，腹腔注射，小鼠，7g/kg。

【用途】用于食品、化妆品中作着色剂。

原料4　胭脂树橙（Annatto）

红木素(Bixin)$C_{25}H_{30}O_4$

降红木素(Norbixin)$C_{24}H_{28}O_4$

【分子式和分子量】红木素：$C_{25}H_{30}O_4$，395；降红木素：$C_{24}H_{28}O_4$，380

【CAS 号】红木素：6983-79-5；降红木素：542-40-5

【性质】由胭脂树（*Bixa orellana*，亦称红木，主要生长于巴西、厄瓜多尔、牙买加、西印度群岛等地）种子表皮用食用级萃取溶剂提取而得的一种食用天然黄橙色素。因制法不同有水溶性和油溶性两种。水溶性胭脂树橙是红至褐色液体、块状物、粉末或糊状物，略有异臭，主要色素成分为红木素的水解产物降红木素的钠盐或钾盐。染色性非常好，对漂白剂的抵抗能力较强。受阳光照射则分解褪色。溶于水（钠盐为 3.0g/100mL；钾盐为 5.6g/100mL），水溶液为橙至黄色，呈碱性。微溶于乙醇。不溶于酸性溶液，遇酸成沉淀。油溶性胭脂树橙是红至褐色溶液或悬浮液，主要色素成分为红木素，顺式和反式两种构型同时存在，但也可有少量降红木素存在。红木素为橙紫色晶体，熔点（分解）217℃。溶于碱性溶液，在酸性溶液中不溶解，形成沉淀。溶于动植物油脂、丙二醇、丙酮，不溶于水，不易氧化。

【制备方法】①油溶性胭脂树橙系用食品级植物油萃取种子表皮而得，或用有机溶剂（按FAO/WHO 规定，限用丙酮、二氯甲烷、乙醇、正己烷、甲醇或二氧化碳）萃取种子表皮，再除去溶剂后，用食品级植物油稀释而成。②水溶性制品系用碱类（氢氧化钠或氢氧化钾）水溶液萃取种子表皮而得，或用有机溶剂（同上）萃取种子表皮，除去溶剂后在碱类（同上）水溶液中水解而得。经喷雾干燥则得粉末制品。

【毒性】LD_{50}，经口，大鼠，>35mL/kg。LD_{50}，腹腔注射，小鼠，700mL/kg。ADI 0.065mg/kg（以红木素计；FAO/WHO，2001）。

【用途】用作食品、化妆品着色剂。

原料 5   辣椒红（Capsanthin）

【中文别名】辣椒红素，辣椒玉红素，原维生素 A，辣椒黄素，辣椒质

【分子式和分子量】$C_{40}H_{56}O_3$，584

【CAS 号】465-42-9

【化学成分或有效成分】主要成分为辣椒红素和辣椒玉红素。

【性质】辣椒红为具有辣椒气味的橙红色黏稠液体、膏状物或粉末，无辣味。溶于油脂和乙醇等有机溶剂，溶于油后呈橘红至橙红色，不溶于水。乳化分散性、耐热性、耐酸性均好，耐光性稍差，对金属离子稳定，着色力强。丙酮中最大吸收波长 λ_{max} 467～471nm。

【制备方法】用溶剂（二氯甲烷、三氯乙烯、丙酮、异丙醇、甲醇、己烷、乙醇或二氧化碳为限）萃取辣椒属植物（*Capsicum annuum*）的果实，然后除去溶剂而得油溶性初制品，得到辣椒油树脂。再用仅能使辣椒素（非色素）溶解而不溶解辣椒色素的溶剂分离掉辣椒素，经减压浓缩得辣椒色素。如需除去橙色素，则可通过物理与化学相结合的方法除去，而得色价（$E_{1cm}^{1\%}$，460nm）≥200 的较纯的辣椒红素。

【毒性】LD_{50}，经口，小鼠，>1.7g/kg。

【用途】用作食品、药品、化妆品着色剂。

原料 6 β-胡萝卜素（β-Carotene）

【中文别名】β-叶红素，食用橙色 5 号，橙黄素，维生素原 A，维生素 A 原，前维生素 A

【分子式和分子量】$C_{40}H_{56}$，537

【CAS 号】7235-40-7

【化学成分或有效成分】β-胡萝卜素是以异戊二烯残基为单元组成的共轭双键化合物，属多烯色素。β-胡萝卜素是类胡萝卜素之一，是一种橘黄色的脂溶性化合物。

【性质】红紫色至暗红色结晶性粉末，略有特异臭味。可溶于丙酮、氯仿、石油醚、二硫化碳、苯、三氯甲烷和植物油，不溶于水、丙二醇、甘油、酸和碱，难溶于甲醇和乙醇。在橄榄油和苯中的溶解度均为 0.1g/mL，在氯仿中的溶解度为 4.3g/100mL。高浓度时呈橙至橙红色，低浓度时呈橙色或黄色。在 pH 值 2.0～7.0 的范围内较稳定，且不受还原性物质的

影响，但对光和氧均不稳定，铁离子会促使其褪色。最大吸收波长 477nm。

【制备方法】制备 β-胡萝卜素的方法有天然物萃取法、化学合成法及微生物发酵法等。

①超临界 CO_2 萃取：以微藻（*Scenedesmus almeriensis*）为原料通过超临界 CO_2 萃取获得。②超声波辅助萃取法：利用石油醚-丙酮、甲醇-丙酮或者四氢呋喃等对微藻反复萃取，超声波辅助条件下提取全反式的 β-胡萝卜素。③微波辅助萃取：在微波条件下用适当的溶剂对微藻或者其他原料进行萃取。④酶解辅助萃取法：利用果胶酶纤维素酶破坏细胞壁和细胞膜，可以起到减少有机溶剂的用量，节约生产时间，提高萃取效率的效果，但需要考虑有关酶在有机溶剂中活性的限制。

【毒性】LD_{50}，经口，小鼠，21.5g/kg；LD_{50}，经口，狗，>8000mg/kg。ADI 0～5mg/kg（FAO/WHO，2001）。

【用途】β-胡萝卜素具有良好的着色性能，着色范围是黄色、橙红，着色力强，色泽稳定均匀，能与 K、Zn、Ca 等元素并存而不变色。常用作食品、药品、化妆品着色剂。

原料 7　姜黄素（Curcumin）

【中文别名】姜黄色素，酸性黄，川芎内酯 B，克扣明，(*E,E*)-1,7-双(4-羟基-3-甲氧基苯基)-1,6-庚二烯-3,5-二酮

【分子式和分子量】$C_{21}H_{20}O_6$，368

【CAS 号】458-37-7

【化学成分或有效成分】姜黄素是从姜科、天南星科中的一些植物的根茎中提取的一种二酮类化合物。姜黄中约含姜黄素 3%～6%，是植物界很稀少的具有二酮结构的色素。姜黄素是一类互变异构化合物，分别以烯醇式及酮式存在于有机溶剂和水中。

【性质】橙黄色结晶性粉末，有特殊臭味，熔点 179～182℃。不溶于水和乙醚，溶于乙醇、冰醋酸、丙二醇。碱性条件下呈红褐色，酸性下则呈浅黄色。姜黄素对还原剂的稳定性较强，着色性强（特别是对蛋白质），一经着色后就不易褪色，但对光、热、铁离子敏感，耐光性、耐热性、耐铁离子性较差。色指数 75300，最大吸收波长（λ_{max}）430nm。

【制备方法】①提取法：由蘘荷科植物姜黄（*Curcuma longa* 或称 *C.domastic*）的根茎干燥后制成粉末，用 95%乙醇或丙二醇或冰醋酸［按 FAO/WHO（1992）规定只准用丙酮、甲醇、乙醇或轻汽油］抽提后，经脱溶剂、浓缩、结晶提纯后干燥而得。②合成法：由香草醛与乙酰丙酮反应而得。

【毒性】LD_{50}，经口，大鼠，12.2mg/kg；LD_{50}，皮下注射，小鼠，1500mg/kg。ADI 0～1.0mg/kg（FAO/WHO，2001）。

【用途】主要用作食品、药品、化妆品着色剂。

原料 8　叶黄素（Lutein）

【中文别名】万寿菊提取物，9-胡萝烯-3-3′-二醇，叶黄素酯粉末，二羟基-α-胡萝卜素

【分子式和分子量】$C_{40}H_{56}O_2$，569

【CAS 号】127-40-2

【性质】叶黄素是一种类胡萝卜素，属于光合色素，广泛存在于蔬菜（如菠菜、甘蓝菜、绿花椰菜等）、花卉、水果等植物中，可将吸收的光能传递给特殊状态的叶绿素 A，供其转化光能，具有保护叶绿素的作用。纯品为棱格状黄色晶体，有金属光泽，对光和氢不稳定，不溶于水，易溶于油脂和脂肪性溶剂。需贮存于阴凉干燥处，避光密封。

【制备方法】由牧草或苜蓿用溶剂萃取后经皂化以除去叶绿素，然后用溶剂提纯后再脱溶而得。

【毒性】ADI 尚未规定（FAO/WHO，2001）。

【用途】用作食品、化妆品着色剂。

原料 9　叶绿素（Chlorophylla）

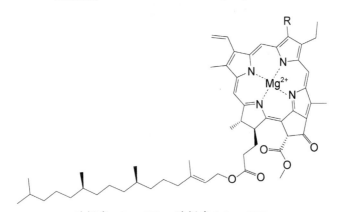

叶绿素 a R：CH_3；叶绿素 b R：CHO

【中文别名】总叶绿素、叶绿素 a 与叶绿素 b 混合物

【CAS 号】1406-65-1

【化学成分或有效成分】总叶绿素是从三叶草、荨麻、干燥蚕沙中提取的天然食用色素。主要成分为叶绿素 a、叶绿素 b、铜叶绿酸钠等。结构中包括四个吡咯构成的卟啉环，四个吡咯与金属镁离子以配位键结合。

【性质】叶绿素 a 为蓝黑色晶体，熔点 150～153℃，叶绿素 b 为深色晶体，熔点 120～130℃。叶绿素 a 和叶绿素 b 均可溶于乙醇、乙醚和丙酮等溶剂，不溶于水，因此，可以用极性溶剂如丙酮、甲醇、乙醇、乙酸乙酯等提取叶绿素。总叶绿素为深绿色黏稠状物质，易溶于水及各种有机溶剂，在中性或碱性条件下，色调呈稳定的绿色。

【制备方法】大多以植物（如菠菜等）或干燥的蚕沙为原料提取叶绿素。①从蚕沙提取叶绿素可采用下述方法：取洁净的蚕沙，用工业乙醇调成浆状，过滤、晾干而得。②以石油醚、甲醇、苯的混合溶剂，与洁净的蚕沙混合调浆，过滤、滤液水洗、干燥、过滤、浓缩获得叶绿素。③将稀蔗糖液和磷酸钾稀溶液（pH 值为 6～7）按 1∶1 混合成缓冲介质，每 2kg 蚕沙加 1L 左右缓冲介质，混合均匀，用多层砂布滤出绿色的悬液，放入低温离心机离心，以水洗涤沉淀，再离心一次得叶绿素沉淀物。叶绿素用草酸处理，可得无镁的脱镁叶绿素，再引入镁转回成叶绿素。

【用途】叶绿素或叶绿酸的衍生物，例如叶绿素铜、叶绿酸铁钠、叶绿酸铜钠，可用于食品、牙膏、肥皂等着色剂。

原料 10　花青素（Anthocyan）

R¹和R²是H、OH或OCH³
R³是H或糖基
R⁴是OH或糖基

【中文别名】花色素，花青色素

【化学成分或有效成分】花青素是自然界一类广泛存在于植物中的水溶性天然色素，是花色苷水解而得的有颜色的苷元，是一类多羟基酚类物质，其基本的碳骨架结构为 $C_6\text{-}C_3\text{-}C_6$，由一个 2-苯基苯并吡喃环和环上不同取代基组成。花青素化学结构的碳架基本相同，差别在于酚羟基的多少及其位置。花青素稳定性较差，通常以结构中游离的羟基与糖通过糖苷键结合成为花色苷的形式存在于自然界中。与花青素结合形成糖苷键的糖主要有鼠李糖、木糖、葡萄糖、半乳糖、阿拉伯糖，花色苷中的糖苷基还可与有机酸通过酯键形成酰基化花色苷。已知天然存在的花色苷有 300 多种，已确定的有 20 种，在植物中常见的有 6 种，即天竺葵色素（Pg）、矢车菊色素（Cy）、飞燕草色素（Dp）、芍药色素（Pn）、牵牛花色素（Pt）和锦葵色素（Mv）。花色素中的糖苷基和羟基还可以与一个或几个分子的香豆酸、阿魏酸、咖啡酸、对羟基苯甲酸等芳香酸和脂肪酸通过酯键形成酸基化的花色素。

【性质】花青素分子中存在共轭体系，含有酸性与碱性基团，易溶于水、甲醇、乙醇、稀碱与稀酸等极性溶剂中。在紫外与可见光区域均具较强吸收，紫外区最大吸收波长在 280nm 附近，可见光区域最大吸收波长在 500～550nm。花青素类物质的颜色随 pH 值变化而变化，pH<7.0 呈红色，pH 值为 7.0～8.0 时呈紫色，pH>11.0 时呈蓝色。

【制备方法】①溶剂提取法：是花青素的常规提取方法，溶剂多选择甲醇、乙醇、丙酮、水或者混合溶剂等，为了防止提取过程中非酰基化的花青素降解，常在提取溶剂中加入一定浓度的盐酸或者甲酸，但在蒸发浓缩时这些酸又会导致酰基化的花青素部分或全部水解。②加压溶剂萃取法：又称加压液体萃取、快速溶剂萃取，它是通过外来压力提高溶剂的沸点，进而增加物质在溶剂中的溶解度以及萃取效率。③水溶液提取法：是将植物材料在常压或高压下用热水浸泡，然后用非极性大孔树脂吸附，或直接使用脱氧热水提取，再采用超滤或反渗透，浓缩得到粗提物。④微生物发酵提取法：是利用微生物或酶让含有花青素的细胞胞壁降解分离，使细胞胞体内花青素充分溶入提取液中，从而增加提取的产率与速率。

【药理活性】花青素是强效的自由基清除剂，其抗氧化性能比维生素 E 高 50 倍，比维生素 C 高 20 倍，能够有效地保护皮肤细胞，防止细胞的氧化损伤，具有抗衰老及防晒功效。花青素能够抑制酪氨酸酶，可预防和治疗老年斑、黄褐斑等色素沉着性疾病。此外，花青素还具有抗过敏、抗炎、抗辐射等活性。

【用途】花青素可作为化妆品着色剂。花青素也具有一定的美容养颜功能，被称为"口服的化妆品"，作为美白、防晒添加剂用于各种化妆品中，具有补水保湿、恢复肌肤弹性、美白淡斑等功效。如韩国金碧香系列、靓肤宝系列化妆品中都有添加。

原料 11　黑色素（Melanin）

【CAS 号】77465-45-3

【化学成分或有效成分】黑色素是一种生物色素，是酪氨酸或 3,4-二羟苯丙氨经过一连串化学反应所形成，广泛存在于动物、植物和微生物中，是一类结构复杂多样的酚类或吲哚类生物大分子色素的总称。黑色素通常以聚合的方式存在。按黑色素的结构组成，可分为三种型式，即真黑色素（Eumelanin）、棕黑色素（Phaeomelanin）和异黑色素（Allomelanin）。

【性质】黑色素具有产生自由基和结合潜在毒性阳离子（如一些过渡金属）的特性，因而可以作为一种化学保护色素而使用。

【制备方法】天然黑色素来源于黑色植物黑芝麻、黑豆、黑米等，或墨鱼的墨囊。以 65%的乙醇为溶剂，分别采用回流提取法、索氏提取法以及液泛提取法对预处理过的黑芝麻提取黑色素。

【用途】可被用于日用化妆工业制备眉笔、防晒霜、洗发水和黑发剂。

原料 12　焦糖色素（Caramel）

【中文别名】色料焦糖，酱色，焦糖，焦糖色

【CAS 号】8028-89-5

【化学成分或有效成分】焦糖色素是糖类物质（如饴糖、蔗糖、糖蜜、转化糖、乳糖、麦芽糖浆和淀粉的水解产物等）在高温下脱水、分解和聚合而成的复杂红褐色或黑褐色混合物，其中某些为胶质聚集体，是应用较广泛的半天然食品着色剂。

【性质】黑褐色的胶状物或粉末，有特殊焦糖气味。易溶于水和稀乙醇溶液，不溶于油脂。粉状物吸湿性较强，过度暴露于空气中色调将受影响。

【制备方法】蔗糖、饴糖、淀粉水解物等在 160～180℃碱或酸存在下，加热焦化，然后用碱或酸中和得液体焦糖，经喷雾（或其他方法）干燥得粉状焦糖。也可用含水量25%的糊精，经 1%硫酸调 pH 值至 3，经挤压机加工喷出完成焦化。

【毒性】LD_{50}，经口，小鼠，>10g/kg；LD_{50}，经口，大鼠，>1.9g/kg。ADI 不做特殊规定（FAO/WHO，1994）。

【用途】主要用于食品、药品、化妆品中作着色剂。

原料 13　橡子壳棕（Acorn shell btown）

【中文别名】橡子壳色素

【分子式和分子量】$C_{25}H_{32}O_{13}$，540

【化学成分或有效成分】橡子壳棕是以栎树（*Quercus spp.*）的果实，即橡子的果壳为原料，利用现代的生物技术提取而成的天然着色剂。含丰富多酚类和黄酮类物质，总多酚含量达到 27.8%，总黄酮含量达到 8.6%。化学成分为儿茶酚、花黄素、花色素连有糖基的化合物。

【性质】深棕色粉末。溶于水、稀乙醇，0.5%～1%水溶液由黄色、橙黄色到橙红色，10%以上呈茶色，溶液色泽鲜艳，透明。不溶于油脂、乙醚和石油醚。易溶于水及乙醇水溶液，不溶于非极性溶剂。橡子壳棕具有良好的热稳定性和光稳定性。在不同 pH 值下，色素溶液的吸光度不同，且随 pH 值的增大而增大。但在酸性范围内以黄色色调为主，而在碱性范围内则以棕红色色调为主。橡子壳棕具有较强的耐氧化性和耐还原性，对山梨酸钾稳定，但对柠檬酸、维生素 C、苯甲酸的稳定性相对较差。

【制备方法】橡子果壳用水浸提，过滤后纯化、精制而得。具体工艺为将橡子破壳（壳

仁分开），水洗除去易溶于水的杂质，然后用 1%～1.5%的盐酸处理，以除去鞣质、蛋白质、淀粉等，再用稀碱液（pH 9.0～11.0）加热提取色素。提取液中加入乙醇（控制乙醇浓度在 5%～10%），以沉析除去残留的胶质淀粉等杂质，离心分离后，回收乙醇，最后将色素液浓缩、喷雾、干燥即得产品。

【用途】棕色着色剂。可用作食品、化妆品着色剂。

4.3 无机颜料

无机颜料是有色金属的氧化物，或一些金属不溶性的金属盐，无机颜料又分为天然无机颜料和人造无机颜料，天然无机颜料是矿物颜料。

无机颜料包括各种金属氧化物、铬酸盐、碳酸盐、硫酸盐和硫化物等，如铝粉、铜粉、炭黑、锌白和钛白等都属于无机颜料范畴。

天然无机颜料来自矿物资源，如天然产朱砂、红土、雄黄等。合成的无机颜料有钛白、铬黄、铁蓝、镉红、镉黄、立德粉、炭黑、氧化铁红、氧化铁黄等。

无机颜料色泽鲜艳，耐晒，耐热，耐候，耐溶剂性好。无机颜料的着色力、遮盖力、抗溶剂性和耐久性较色淀强，耐光性强，不易引起过敏现象，使用安全系数大。广泛用于口红、唇膏、胭脂、粉底和眼影等化妆品中。

原料1 三氧化二铁（Ferric oxide）

【中文别名】氧化铁（Ⅲ），铁丹，铁红，红粉

【分子式和分子量】Fe_2O_3，160

【CAS 号】1309-37-1

【性质】橙红至紫红色的三方晶系粉末。不溶于水，溶于盐酸、硫酸，微溶于硝酸和醇。粒子细，粒径为 0.01～0.05μm，比表面积大（为普通氧化铁红的 10 倍），具有强烈的吸收紫外线性能，耐光性能优良。密度 5.7g/cm³，熔点 1396℃。三氧化二铁是铁系颜料中具有独特性能的新品种，有着卓越的着色性能。

【制备方法】①湿法：将一定量的 5%硫酸亚铁溶液与过量氢氧化钠溶液反应，在常温下通入空气，使之全部变为红棕色的氢氧化铁胶体溶液，作为沉积氧化铁的晶核，以晶核为载体，以硫酸亚铁为介质，通入空气，在 75～85℃，在金属铁存在下，硫酸亚铁与空气中氧气作用生成三氧化二铁（即铁红）沉积在晶核上，溶液中的硫酸根又与金属铁作用重新生成硫酸亚铁，硫酸亚铁再被空气氧化成铁红继续沉积，这样循环至整个过程结束，生成氧化铁红。②干法：硝酸与铁屑反应生成硝酸亚铁，经冷却结晶、脱水干燥，经研磨后在 600～700℃煅烧 8～10h，经水洗、干燥、粉碎制得氧化铁红产品。也可以氧化铁黄为原料，经 600～700℃煅烧制得氧化铁红。湿法制品结晶细小、颗粒柔软、较易研磨，易于作颜料。干法制品结晶大、颗粒坚硬，适宜作磁性材料、抛光研磨材料。

【毒性】LD_{50}，经口，大鼠，>15g/kg。

【用途】无机红色颜料。可用作化妆品着色剂。

原料2 氢氧化铁（Ferric hydroxide）

【中文别名】氢氧化高铁

【分子式和分子量】$Fe(OH)_3$，107

【CAS 号】1309-33-7

【性质】红棕色无定形粉末或凝胶体。加热至 500℃以上脱水变成三氧化二铁。不溶于水、乙醇和乙醚，新制得的易溶于无机酸和有机酸，放置陈化则难于溶解。略溶于碱溶液中生成铁（Ⅲ）酸盐，例如 $NaFeO_2$。与碳酸钠共熔可得铁酸钠。

【制备方法】以氧化铁（Ⅲ）和碱金属氧化物、氢氧化物或碳酸盐熔融制得。

【用途】可用作化妆品着色剂。

原料 3　氧化铬（Chromic oxide）

【中文别名】三氧化二铬

【分子式和分子量】$Cr_2O_3 \cdot H_2O$，170

【CAS 号】1308-38-9

【性质】浅绿至深绿色细小六方结晶。灼热时变棕色，冷后仍变为绿色。结晶体极硬，极稳定。溶于加热的溴酸钾溶液，微溶于酸类和碱类，几乎不溶于水、乙醇和丙酮。有刺激性。

【制备方法】由重铬酸钾和硫黄混合后进行还原反应，经湿磨、热水洗涤、压滤、干燥、粉碎制得。

【用途】无机绿色颜料，用作化妆品的着色剂，主要用于眼部化妆品，但不得用于口腔及唇部化妆品中，不推荐用于面部化妆品及指甲油。

原料 4　炭黑（Carbonblack）

【CAS 号】1333-86-4

【性质】炭黑是一种无定形碳，是一种轻、松而极细的黑色粉末状微粒，粒径 0~500μm，表面积非常大，范围从 10~3000m^2/g。相对密度 1.8~2.1。不溶于水及有机溶剂。是含碳物质（煤、天然气、重油、燃料油等）在空气不足的条件下经不完全燃烧或受热分解而得的产物。由天然气制成的称"气黑"，由油类制成的称"灯黑"，由乙炔制成的称"乙炔黑"。

【制备方法】由植物性原料，如泥炭之类炭化而得。也可由可可壳、牛骨炭化而得，或用植物油燃烧而得。

【毒性】LD_{50}，经口，大鼠，>15400mg/kg。

【用途】黑色颜料。可用作化妆品着色剂。

原料 5　四氧化三铁（Triiron tetraoxide）

【中文别名】氧化铁黑，磁铁，吸铁石，黑铁，磁性氧化铁

【分子式和分子量】Fe_3O_4，231

【CAS 号】1317-61-9

【性质】具有磁性的黑色粉末，无臭。不溶于水或有机溶剂，难溶于浓无机酸。相对密度 5.18，熔点（分解）1538℃。在潮湿状态下在空气中易被氧化生成三氧化二铁。

【制备方法】将铁屑与硫酸反应制得硫酸亚铁，再加入烧碱和三氧化二铁在 95~105℃下进行加合反应生成四氧化三铁，经过滤、烘干、粉碎制得。

【毒性】ADI 0~0.5mg/kg（FAO/WHO，2001）。

【用途】棕色着色剂。可用作食品、化妆品着色剂。

4.4　珠光颜料

珠光颜料是一种光学效应颜料，具有一定的金属光泽，故又称为具有金属光泽的非金属颜料。珠光颜料既具有金属颜料的闪光效果，又能产生天然珍珠的柔和色泽，在受到阳光照射时，能产生多层次的反射，反射光相互作用而呈现出柔和夺目或五彩缤纷光泽及色彩。

珠光颜料是层状体系，由衬底和覆盖层组成，衬底一般为天然白云母、硅石或铝片；覆盖层为二氧化钛或氧化铁，或 CI 77510（颜料蓝 27，亚铁氰化铁），或胭脂红等。衬底是片晶状，柔韧、表面较光滑。金属氧化物的厚度和折射率决定了干涉效应。

一般颜料是对可见光进行选择吸收后，将剩余的色光反射或者透射而呈色，而珠光颜料是靠干涉呈色。云母珠光颜料是以云母薄片为基底物，在光滑的云母表面包裹上透明或较透明的高折射率的二氧化钛或氧化铁组成的薄层。当光纤照射到云母片上时，云母片就像透明的小镜子，部分光线反射出去，部分光线以折射的方式透射过去。透过去的光线折射到下一个界面上，又发生第二次的部分反射和部分透射，依次继续下去。由物理光学可知，在两个反射面反射的光线会相互作用，相互作用的结果取决于相位差、入射角、折射率等因素，从而形成干涉特征的珠光现象。

珠光颜料，是面部、唇、眼和指甲用美容化妆品最重要的着色剂。珠光颜料的使用已经从经典的色彩化妆品扩展至个人护理用品，包括皮肤和发用护理产品，并提供独特的审美效果。可用于唇膏、口红、眼影、粉饼、胭脂和指甲油等化妆品中。

原料 1　碱式碳酸铅［Lead(Ⅱ) carbonate basic］

【中文别名】云母钛珠光颜料，次碳酸铅，盐基碳酸铅，碳酸铅，铅白，碳酸铅（Ⅱ）碱式

【分子式和分子量】$2PbCO_3 \cdot Pb(OH)_2$，776

【CAS 号】1319-46-6

【性质】白色粉末状，六方晶系。不溶于水及乙醇，可溶于醋酸、硝酸。具有较高的折射率和耐候性。其物质架构的内核为低光学折射率的云母，包裹在外层的是高光学折射率的金属氧化物，其性能较好，无毒，珠光好，耐热性、耐候性和耐化学性均好。

【制备方法】将醋酸铅、氧化铅、无离子水配成反应液，通以二氧化碳、去离子水进行反应，然后经沉淀、加入硝化棉浆制浆、析出结晶、离心脱水、用乙醇洗涤、干燥，制得碱式碳酸铅。工业上主要是直接利用云母自然晶体加工成所需产品。

【用途】用作珠光化妆品着色剂。

原料 2　氢氧化铋（Bismuth hydroxide）

【分子式和分子量】BiH_3O_3，260

【CAS 号】10361-43-0

【性质】氢氧化铋为白色无定形粉末。相对密度 4.36。溶于浓酸和甘油，不溶于水、乙醇和浓碱，遇热水或在 415℃则分解，加热至 100℃失去 1 分子水。

【制备方法】由铋盐与氢氧化钠反应，或由硝酸铋与碳酸铵按 5∶1 比例于水中制取。

【用途】可用作化妆品着色剂。

第 5 章　香料

香料（Perfume），也称香原料，是依靠嗅感嗅出气味或味觉感受出香味的物质，是调制香精的原料。有机物很多都有气味，其气味与分子结构紧密相关，香料由一种或多种具有气味的有机物组成，在这些有机物分子中都有一定的生香基团，又称为发香团或发香基，这些发香团在分子内以不同方式结合，使香料具有不同类型的香味和香气。生香基团名称和化学式见表 5-1。香料带给人的直观嗅觉感受并不定是香的，相当多的香料具有令人厌恶的气味，只有当稀释到一定浓度时其气味才呈现出令人愉悦的香味。例如，高浓度的吲哚具有强烈的粪便臭气，而 0.1% 浓度时具有令人愉悦的茉莉花香；纯品的 2-甲基-3-呋喃基二硫醚具有硫化物的特征性气味，浓度低于 10^{-9} 时具有肉香香气。香料在化妆品中应用广泛，根据来源可分为天然香料和合成香料。天然香料又可分为动物性天然香料和植物性天然香料。合成香料可分为单离香料和化学合成香料，合成香料又分为半合成香料和全合成香料。

表 5-1　生香基团名称和化学式

生香基团名称	化学式	生香基团名称	化学式
羟基	—OH	苯基	—C_6H_5
羰基	—CO—	硝基	—NO_2
醛基	—CHO	亚硝酸基	—ONO
羧基	—COOH	酰氨基	—$CONH_2$
醚基	—O—	氰基	—CN
酯基（包括内酯）	—COO—		

5.1　天然香料

天然香料（Natural perfume）以自然界存在的动植物的芳香部位为原料，经简单加工制成的香料，包括动物性天然香料和植物性天然香料。天然香料越来越受到人们关注，特别是进入 21 世纪后，在"回归自然""返璞归真"等潮流影响下，天然香料已成为全世界人们的主流意识和共识，其市场前景更加宽广。

5.1.1　动物性香料

动物性香料品种较少，多为动物的分泌物或排泄物（表 5-2）。目前约有十几种动物性香料可供应用，其中应用较多的是麝香、龙涎香、灵猫香、麝鼠香和海狸香 5 类。

动物性香料未经稀释前，香气浓艳，显得腥臊，经稀释后则呈现出其特有的赋香效果。动物性香料自古就被视为珍贵的香料，价格昂贵。其中，麝香是生活在喜马拉雅山脉的雄麝香鹿生殖腺分泌物，其主体香成分是麝香酮，以前通过切下雄麝香鹿腹部的香囊干燥制成，现在则多采用人工饲养的麝香鹿活体刮香的方式取香。龙涎香是抹香鲸食用乌贼后，胆汁、胃液、胆固醇等把未被消化的乌贼骨板包裹形成结石，是一种相对密度较小、呈灰色或黑色的轻蜡状块，是抹香鲸病态的一种分泌物，主要香成分是龙涎香醇。现在人工可合成或调配出这些香料的主要成分。

表 5-2　动物性天然香料

名称	香气成分	来源	产地
麝香	3-甲基环十五烷酮（麝香酮）、3-甲基环十五烯酮、5-环十五烯酮、环十四酮、5-环十四烯酮、麝香吡啶、麝香吡喃等	麝鹿	印度、尼泊尔、西伯利亚、中国云南
龙涎香	龙涎香醇、二氢-α-紫罗兰酮等	抹香鲸	南非、印度、巴西、日本
灵猫香	9-环十七烯酮（灵猫酮）、二氢灵猫酮、6-环十七烯酮、环十六酮等	大、小灵猫	埃塞俄比亚、印度、缅甸、菲律宾、马来西亚、中国云南和广西
麝鼠香	麝香酮、灵猫酮、环十七酮（二氢灵猫酮）、环十五酮等	麝鼠	北美洲，中国新疆、浙江、广西和东北
海狸香	海狸香素、海狸香胺、苯甲酸、苯甲醇、对乙基苯酚、三甲基吡嗪、水扬苷、四甲基吡嗪和喹啉衍生物等	河狸	加拿大、西伯利亚

5.1.2　植物性香料

植物性香料是天然香料的主要来源，植物性香料的类型丰富，处理方法多样。人们已发现自然界中存在香料植物 3600 多种，如薄荷、薰衣草、牡丹、茉莉、丁香等，但目前得到有效利用的却只有 400 多种。

植物性香料是指以芳香植物的花、枝、叶、果实等为原料采用超临界萃取、水蒸气蒸馏、萃取法、压榨法等方法提取出来的易挥发性芳香物（表 5-3），是芳香植物的精华，根据其结构可分为萜类、脂肪族、芳香族和氮硫化合物四类（表 5-4），根据其形态可分为精油、香树脂、净油、浸膏、香膏、酊剂等。

表 5-3　植物性天然香料的提取方法

提取方法	提取对象或提取物	特点	备注
水蒸气蒸馏	绝大多数芳香植物	设备简单、成本低、操作简单；易引发热敏性化合物热分解；易引发易水解化合物水解；易造成精油氧化	产物化学性质稳定
萃取法	普通鲜花	可在不加热和低温下进行，除了挥发性组分外，还可提取重要不挥发性成分	温度、提取剂、时间、次数是主要影响因素
吸附法	名贵花朵	吸附剂的吸附容积小、处理量大时耗用吸附剂量大	芳香成分不易被破坏，香气品质好
压榨法	果实、果皮	在室温下进行，可确保产品品质，香气逼真，但生产率低	适用于柑橘类果实精油的提取
超临界萃取	名贵植物香料	常温操作，几乎保留全部天然香气成分，产品香气天然感好、香气纯正、色泽浅和无溶剂残留，但设备投资大	无化学变化、无毒、安全和无污染
分子蒸馏	热敏性、高附加值产品	温度远低于沸点温度，加热时间短，但是该技术耗能大	浓缩或纯化高分子量、高沸点、高黏度及热稳定性较差的物质
微波辐射诱导萃取法	植物性天然香料	微波射线自由透过植物组织的维管束和腺胞系统，使其细胞破裂，活性物质沿破裂的细胞自由流出，被萃取剂捕获并溶解	—

表 5-4　植物性天然香料的主要成分

化合物分类	化合物	植物来源
萜类化合物	柠檬醛	山苍子油
	柏木烯	柏木油
	樟脑	樟脑油
	蒎烯	松节油
	顺-3-乙烯醇	茶叶等植物
芳香族化合物	香酚	百里香油
	茴香脑	茴香油
	桂醛	肉桂油
脂肪族化合物	甲基壬基酮	芸香油
	乙酸苄酯	茉莉油
	苯乙醇	玫瑰油
	丁香酚	丁香油
氮硫化合物		谷物、豆类、花生、葱、蒜、咖啡等

精油（Essential oil），亦称香精油、芳香油，是从芳香植物中通过蒸馏、压榨等方法提取出来的挥发性油性液体，是植物性天然香料的主要品种。对多数植物性原料，主要用水蒸气蒸馏法和压榨法制取精油。如玫瑰油、薄荷油、茉莉油、鸢尾油、八角茴香油、冷杉油等采用水蒸气蒸馏制备。但水蒸气蒸馏法操作时温度较高，精油中的热敏性化合物遇热易分解，提取后精油易被空气氧化，故水蒸气蒸馏法不适用于化学性质不稳定组分的提取。压榨法主要用于提取柑橘类果实精油，如柑橘油、圆柚油、甜橙油、柠檬油、香柠檬油等。精油在化妆品中应用广泛，其价格因植物性原料的来源、品相、产地等的不同而不同。

浸膏（Concrete）是一种含精油植物蜡，是一类经浓缩呈膏状的非水溶剂萃取物，是植物性天然香料的重要品种之一。浸膏的制备通常是先用挥发性有机溶剂浸提芳香植物的花、枝、叶、果实等，后蒸馏回收溶剂得到。浸膏中含有一定的植物蜡、色素等，通常呈现出深色膏状。在浸膏的制备中，石油醚是最为常用的浸提溶剂。常见的浸膏包括玫瑰浸膏、桂花浸膏、大蒜油树脂等。

酊剂（Tincture）是以乙醇为溶剂，在加热或回流条件下浸提芳香植物、动物分泌物等获得的制品。例如，枣酊、香荚兰豆酊、黑豆酊等。

净油（Absolute）是将浸膏用乙醇萃取后，去除浸膏中含有的植物蜡、色素等杂质，滤液减压蒸馏所得的色浅质纯的油状物。净油是一种比较纯净的精油，可用于配制高档香精，是调配化妆品和香水的佳品。常见的有茉莉净油、水仙净油、紫罗兰净油等。

香脂（Pomade）是用精制的动植物油脂饱和鲜花中的芳香成分获得的一类含芳香物质的油脂。常用的油脂多为精制的动植物油脂，如牛油、猪油、橄榄油、霍霍巴油等。常见的香脂有玫瑰香脂、茉莉香脂、水仙香脂等。

香膏（Balsaxn）是从芳香植物中渗出的带有香成分的膏状物。

树脂（Resin）包括天然树脂和经加工的树脂两种。天然树脂是植物渗出来的萜类化合物，经空气氧化形成的固态或半固态物质。经加工的树脂则是将天然树脂中的精油去除后的制品。

香树脂（Resinoid）是将植物树脂类或香膏类物质经烃类溶剂浸提而得到的具有特征香

气的浓缩萃取物。

　　油树脂（Oleoresin）是通过溶剂萃取天然辛香料后，去除溶剂得到的具有特征香气或香味的浓缩萃取物。

5.2　合成香料

　　天然香料受所需动植物生长限制，因此存在产量低、价格高的问题，远远不能满足人们对加香产品的需求。此外天然香料还存在含量极低，有效成分难分离的问题。

　　据此，人们开始寻求通过化学合成的方式获得天然香料的主要发香成分，以解决产量、价格和含量问题。

　　合成香料（Synthetic perfume）是采用天然原料或化工原料，通过化学合成的方法制备的香料化合物。通过化学合成的方式，能在短时间内快速生产大量香料，并能对原有香料进行结构修饰，既可降低香料生产成本，又能丰富香料的种类，利于创新。

　　1921 年，Chanel 首次将脂肪醛作为茉莉香味的发香成分制备了一种合成香料，自此开启了合成香料的开发和应用，目前 84%在产的香味化合物均由化学合成法制备。合成香料经历了从单离香料到合成香料的历程。单离香料是从精油中分离或合成的单一成分，随着化学技术的不断进步，逐步发展成为以植物性天然香料为原料的半合成及以石油化工产品为原料的精细全合成产品。

（1）单离香料

　　单离香料（Perfume isolates）是采用物理或化学方法从天然香料中分离提取出来的单体香料化合物，单离香料成分单一、分子结构明确。单离香料常被归为合成香料，因为单离香料虽然是从天然精油中分离提取获得的，但目前绝大多数可采用化学合成的方法制备，二者除去来源不同外，结构上并无本质区别。单离香料气味单一，需要与其他天然或合成香料调香使用。如，采用重结晶法从薄荷油（含 70%～80%薄荷醇）中分离出来的薄荷醇就是单离香料，也称薄荷脑。

　　松节油单离后可获得 α/β-蒎烯、莰烯、贴二醇、双戊烯、月桂烯、橙花醇、香叶醇、芳樟醇、长叶烯等；大茴香醛单离可获得反式大茴香脑，无毒性，合成的大茴香脑含有顺式结构，有一定毒性；黄樟油单离后提纯获得洋茉莉醛、香兰素、丁香酚等；柏木油单离后获得柏木脑、α/β-柏木烯等；芳樟油单离后获得芳樟醇、乙酸芳樟酯、香叶醇、柠檬醛、天然樟脑等；山苍子油单离后获得香叶醛、香叶醇、柠檬醛等；香茅油单离后获得香茅醛、香叶醇、等。

　　单离香料的提取主要有蒸馏法、冻析法、重结晶法、化学处理法等。

　　① 蒸馏法。蒸馏可去除香料中的有色或不挥发性杂质。单离香料纯净度较高，且多数植物性天然香料的芳香成分遇高温易分解、聚合，因此一般采用减压蒸馏提取单离香料。若待分离组分的相对挥发度<1.10，则需采用高效填料进行精密精馏。如，从玫瑰油、香叶油中分离香茅醇和玫瑰醇，二者是一对旋光异构体，沸点差异小，采用精密精馏才能有效分离。

　　② 冻析法。冻析法是利用香料中不同组分凝固点差异，通过降温使高熔点物质（蛋白质等）优先析出，进而实现与其他液体组分分离的一种方法。冻析法与结晶分离法基本原理相似，但通过冻析法析出的固态物质不一定以晶体形式存在。目前，芸香油中芸香酮的分离，薄荷油中薄荷醇的分离均可采用冻析法。

③ 重结晶法。重结晶法可用于精制一些在常温下呈固体的香料。例如樟脑、柏木醇就常通过水蒸气蒸馏、减压蒸馏等进行初分离后，再采用重结晶法进行精制。除此以外，某些在常温下呈液态的香料也可采用重结晶法，如桉叶油素。

④ 化学处理法。化学处理法是利用可逆的化学反应将天然精油中具有特定官能团的化合物转化为易分离的中间产物，待中间产物分离提纯后再采用化学方法使其恢复为原来的香料。常见的反应有：饱和亚硫酸氢钠亲核加成法，该法常用于含有醛基的香料的单离，如柠檬醛、香草醛、肉桂醛等；酚钠盐法，利用酚类与碱作用生成可溶于水的酚钠盐，可用该法提纯的单离香料有丁香酚、百里香酚等；硼酸酯法，该法是提纯单离醇的主要方法，常用于玫瑰醇、檀香醇、香茅醇等香料的单离。

（2）半合成香料

半合成香料是以植物性天然香料为原料，经化学反应加工制成的香料产品，是合成香料的重要组成。半合成香料的品种、品质独特，工艺简单、经济，是全合成香料无法完全替代的，目前已工业化的半合成香料产品达到 150 余种。

① 以松节油为原料合成松油醇。松节油是世界上产量最大、价格最便宜的精油品种，占天然精油产量的 80%。全世界松节油的年产量达到 30 万吨以上，我国年产量达 6 万吨，产量位居世界第二，是松节油的主要出产国之一。因此以松节油为原料合成半合成香料是必然趋势。松节油的主要成分是 α-蒎烯、β-蒎烯，并含有少量的莰烯、香叶烯等。通过对 α-蒎烯进行氧化、开环、还原结构修饰可合成具有檀香香气的化合物。利用松节油合成香料的研究方兴未艾，品种很多，以下反应式是以松节油中的蒎烯为原料合成 α-松油醇的反应式（图 5-1）。

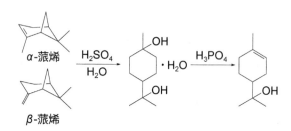

图 5-1 α-松油醇的合成

② 以柠檬桉叶油为原料合成羟基香茅醛。柠檬桉叶油产量很大，是天然香料中的大宗产品。香茅醛是柠檬桉叶油中的主要发香成分，1939 年赖波恩报道了由香茅醛经亚硫酸氢钠保护醛基从而制备羟基香茅醛的方法，此后在该法的基础上研究者们又开发了多种基于醛基保护的合成羟基香茅醛的方法（图 5-2）。该类方法通常是对香茅醛的羰基进行保护，在酸催化下水合，最后在碱或者甲醛的作用下释放醛基的一种合成方式。羟基香茅醛具有百合花、铃花香气，适用于多种香精的调配，是香料工业的重要商品之一。

③ 以丁香油为原料合成香兰素。我国丁香油主要产自两广地区，丁香酚是丁香油的主要成分，含量可达 95%。以天然的丁香酚为原料可合成香兰素（图 5-3）。香兰素的合成工艺：①采用浓碱高温法或羰基铁催化法将丁香酚转化为异丁香酚；②采用酸酐保护异丁香酚的羟基；③将丙烯基的双键氧化，水解制得香兰素。香兰素香气稳定，具有香荚兰豆香气及奶香，是全球产量最大的半合成香料产品之一。

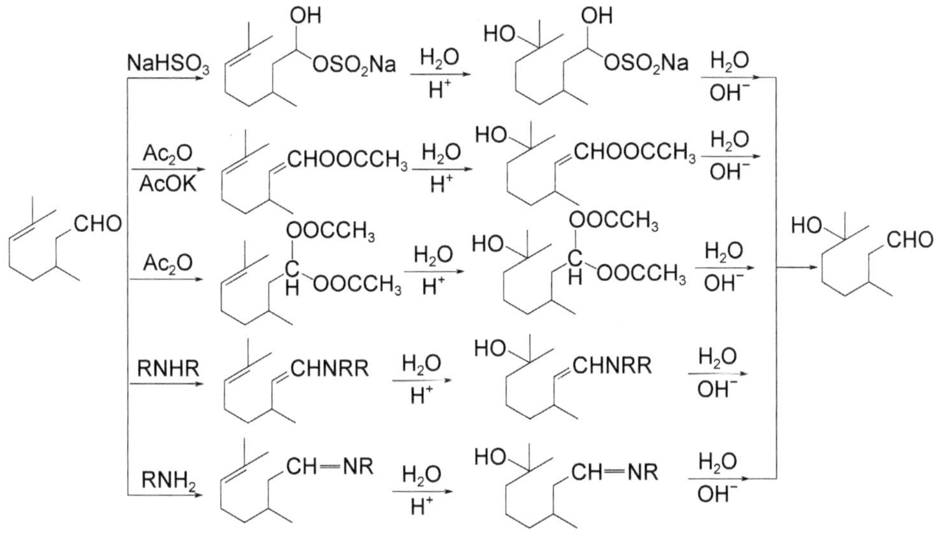

图 5-2　羟基香茅醛的合成

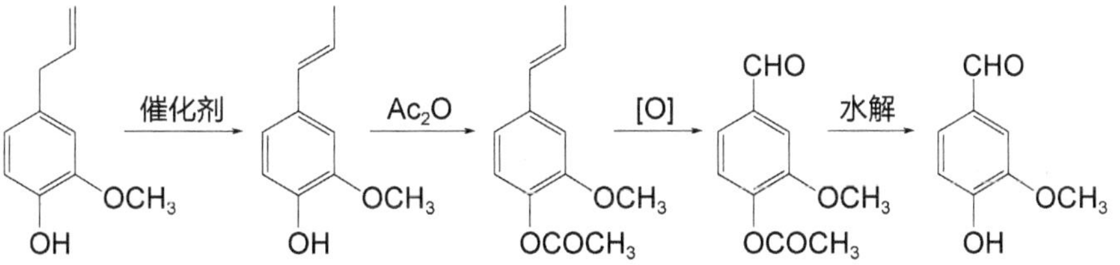

图 5-3　香兰素的合成

④ 以山苍子油为原料合成紫罗兰酮。山苍子主产于我国东南部及东南亚地区。山苍子的主要成分是柠檬醛，含量可达 66%～80%。以柠檬醛为原料可合成 α-紫罗兰酮和 β-紫罗兰酮（图 5-4）。其工艺为首先通过柠檬醛和丙酮在碱性条件下的羟醛缩合和消除获得假性紫罗兰酮；后通过不同浓度硫酸酸化环化即可得到 α-紫罗兰酮和 β-紫罗兰酮。紫罗兰酮为无色或浅黄色液体，具有紫罗兰香气，可用于化妆品、香水等产品中。

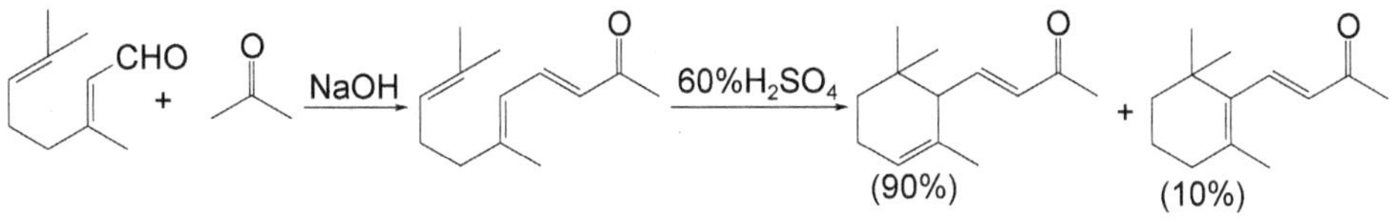

图 5-4　α-紫罗兰酮和 β-紫罗兰酮的合成

（3）全合成香料

全合成香料是以石油化工或煤化工产品为基本原料，通过多步化学合成反应得到的香料化合物，是按照既定的合成路线制备的"人造原料"。合成香料突破了天然香料受自然条件的限制，克服了品种、品质、产量对天然香料的约束，在香精香料领域起主导地位。世界上已合成香料多达 5000 余种，我国允许使用的合成香料有 1400 余种，常用产品 400多种。

原料1　香兰素（Vanillin）

【中文别名】香草粉，云尼拿粉，香草精，香荚兰素

【分子式和分子量】$C_8H_8O_3$，152

【CAS 号】121-33-5

【性质】香兰素为白色至微黄色针状结晶或粉末，熔点为 81～83℃，具有香荚兰独有的甜香气，广泛用于日化香精中。香兰素略溶于冷水，可溶于热水，易溶于乙醇、挥发油中，遇光易氧化，在碱性条件下易变色。

【制备方法】香兰素可经化学合成后提纯获得。常用的合成方法包括木质素法和亚硝化法，提纯则采用苯进行萃取，蒸馏后甲苯结晶，乙醇重结晶方法，此类方法获得的香兰素纯度低且污染环境，现已被超声提取、酶解法等提取方法所替代，超声提取、酶解法提取效率高、操作简单、生产周期短，在香兰素的提取中具有良好的应用前景。

【毒性】香兰素是天然的植物成分，是公认的较安全的食品添加剂。由于其在食品中的添加量较小，截至 2015 年还没有发现香兰素对人体有害的相关报道。在我国，除在 0～6 个月婴幼儿食品中不得检出香兰素外，在其他产品中均没有香兰素添加的限制。

【用途】香兰素具有抑菌、抗氧化、稳定食品中其他成分的作用，常作为协调剂、定香剂来使用。

原料2　β-月桂烯（Myrcene）

【中文别名】7-甲基-3-亚甲基-1,6-辛二烯，桂叶烯，香叶烯

【分子式和分子量】$C_{10}H_{16}$，136

【CAS 号】123-35-3

【性质】无色至淡黄色油状液体，具有甜橘味和香脂气，沸点 167℃。溶于乙醇、乙醚、氯仿、冰醋酸和大多数非挥发性油，不溶于水。

【制备方法】①可由芳樟醇为原料通过氧化制备；②可由 β-蒎烯在 160℃下裂解而成；③可通过含量为 30%～35% 的酒花油分离而得。

【毒性】LD_{50}，经口，大鼠，>5000mg/kg；LD_{50}，经口，家兔，>5000mg/kg。

【在护肤品中的应用】β-月桂烯天然存在于月桂叶油、酒花油和马鞭草油等植物油中。可用于古龙香水的配制。

原料3　香叶醇（Geraniol）

【分子式和分子量】$C_{10}H_{18}O$，154

【CAS 号】106-24-1

【性质】无色至黄色油状液体，具有温和、甜的玫瑰花气味，微有苦感。熔点为-15℃，

沸点为 229～230℃，相对密度为 0.879。溶于有机溶剂，微溶于水。

【制备方法】①可从香茅油、印度玫瑰香草油等天然精油中单离而得；②由柠檬醛在醋酸的稀乙醇溶液中还原制备；③由芳樟醇在硼酸或硼酸盐催化下与水共热制备。

【毒性】LD$_{50}$，经口，大鼠，3600mg/kg。

【在护肤品中的应用】香叶醇为玫瑰系香精的主剂，又是各种花香香精中不可缺少的调香原料，也可作为增甜剂，可用丁配制日用化妆品香精。

原料 4　芳樟醇（Linalool）

【中文别名】沉香醇，沉香油醇，伽罗木醇，胡荽醇，芫荽醇
【分子式和分子量】C$_{10}$H$_{18}$O，154
【CAS 号】78-70-6
【性质】无色液体，具有铃兰花香气，熔点 25℃，沸点 198℃，相对密度 0.870（25℃）。几乎不溶于水和甘油，溶于丙二醇、非挥发性油和矿物油，混溶于乙醇和乙醚。芳樟醇容易发生异构化，但在碱中比较稳定。

【制备方法】①从伽罗木油、玫瑰木油、胡荽子油、芳樟油等天然精油中分离而得；②β-蒎烯热解生成月桂烯，用氯化氢处理后生成包括里那基氯的混合物，里那基氯与苛性钾（或碳酸钾、碳酸钙）作用得到芳樟醇；③以乙炔和丙酮为起始原料，通过金属钠/液氨形成的乙炔钠与丙酮的缩合反应得到 3-甲基-1-丁炔-3-醇，经部分氢化合成 3-甲基-1-丁烯-3-醇，再与双乙烯酮（或乙酰乙酸酯）反应产生的酮酯，经催化异构化得到甲基庚烯酮，再经乙炔化，形成脱氢芳樟醇，最后在 Pd/C 等催化下选择性氢化，制得芳樟醇。

【毒性】LD$_{50}$，经口，大鼠，2790mg/kg。

【在护肤品中的应用】芳樟醇属于链状萜烯醇类，有 α-和 β-两种异构体，还有左旋、右旋两种光异构体。消旋体存在于香紫苏油、茉莉油和合成的芳樟醇中。芳樟醇是香水香精、日化产品香精及皂用香精配方中使用频率最高的香料品种。在香料工业中，芳樟醇主要用于各种香精的调配，是花香型、青草型香精的重要成分。

原料 5　乙酸异戊酯（Isoamyl acetate）

【中文别名】醋酸异戊酯，香蕉油，醋酸戊酯
【分子式和分子量】C$_7$H$_{14}$O$_2$，130
【CAS 号】123-92-2
【性质】无色透明易燃液体，易挥发，有愉快的香蕉香味。熔点-78℃，沸点 142℃，相对密度 0.876。与乙醇、乙醚、苯、二硫化碳、乙酸乙酯、戊醇等有机溶剂互溶，几乎不溶于水。

【制备方法】由乙酸和异戊醇经酯化反应制得。
【毒性】LD$_{50}$，经口，大鼠，16600mg/kg。
【在护肤品中的应用】乙酸异戊酯广泛用于配制日化香精，可用于素心兰、桂花、风信子、含笑花等重花香型和重的东方型香水及日用化妆品用香精中，可赋予新鲜花果香味，具有提调香气的效果。由于乙酸异戊酯相对低的气味强度，所以香精配方中比例常为 10%～20%

或 40%，2019 年我国用作香精方面的乙酸异戊酯大约在 2.0 万～3.0 万吨，每年的增长率约在 4%～6%。

原料 6　乙酸丁酯（Butyl acetate）

【中文别名】醋酸正丁酯，乙酸正丁酯

【分子式和分子量】$C_6H_{12}O_2$，116

【CAS 号】123-86-4

【性质】无色透明液体，具有浓烈水果香气。熔点-77.9℃，沸点 126.5℃，相对密度 0.882。能与乙醇、乙醚任意混溶，能溶于多数有机溶剂，微溶于水。

【制备方法】由乙酸与正丁醇在催化剂下酯化制得。

【毒性】LD_{50}，经口，大鼠，10768mg/kg。

【在护肤品中的应用】用于果香型香精中，主要利用其扩散力好的性能，更适宜作头香香料使用。

原料 7　乙酸苄酯（Benzyl acetate）

【中文别名】乙酸苯基甲基酯，乙酸苯甲酯，醋酸苄酯

【分子式和分子量】$C_9H_{10}O_2$，150

【CAS 号】140-11-4

【性质】无色油状液体，具有茉莉花型特殊芳香味，熔点-51℃，沸点 206℃，相对密度 1.054（25℃）。几乎不溶于水，与乙醇、乙醚等多数溶剂混溶。

【制备方法】由氯化苄和乙酸钠在催化剂催化下酯化制备。

【毒性】LD_{50}，经口，大鼠，2490mg/kg。

【在护肤品中的应用】乙酸苄酯是茉莉花等浸膏的主要组分，是香馨、伊兰、茉莉、白兰、玉簪、月下香、水仙等花香香精调配中不可缺少的香料，多用于皂用香精。

原料 8　乙酸芳樟酯（Linalyl acetate）

【中文别名】里那醇乙酸酯，乙酸伽罗木酯，乙酸沉香酯

【分子式和分子量】$C_{12}H_{20}O_2$，196

【CAS 号】115-95-7

【性质】无色液体，有清香带甜香气，香气较透发，但不够持久。沸点 220℃，相对密度 0.900～0.914。溶于 3～4 倍体积 70%乙醇以及油类。

【制备方法】由芳樟醇与醋酐酯化合成。

【毒性】LD_{50}，经口，大鼠，14550mg/kg。

【在护肤品中的应用】该品存在于许多天然精油中，是配制香柠檬、橙叶、薰衣草、杂

薰衣草、茉莉、橙花等香型的重要原料，用于香水、化妆品、香皂的香精香料。

原料 9　茉莉酮（Jasmone）

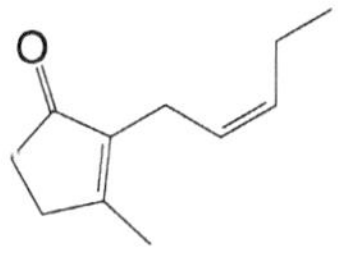

【中文别名】顺茉莉酮

【分子式和分子量】$C_{11}H_{16}O$，164

【CAS 号】488-10-8

【性质】淡黄色油状液体，具有茉莉花香和芹菜籽香气。沸点 249℃，相对密度 0.944。微溶于水，溶于乙醇、乙醚和四氯化碳及油脂。

【制备方法】茉莉酮可由茉莉油、黄水仙油、橙花油等精油单离获得。

【毒性】LD_{50}，经口，大鼠，5000mg/kg。

【在护肤品中的应用】顺茉莉酮是很有价值的香料之一，香气似茉莉花香，是茉莉油的重要香成分之一，可用作高级茉莉系列护肤品的香精。

原料 10　二氢茉莉酮（2-hexylcyclopent-2-en-1-one）

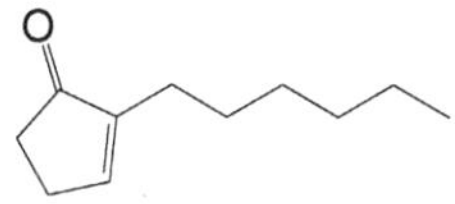

【中文别名】二氢异茉莉酮，异茉莉酮 B11

【分子式和分子量】$C_{11}H_{18}O$，166

【CAS 号】95-41-0

【性质】无色至淡黄色液体，有强的青气和花香清鲜气，并带果香，浓时青中带苦涩气，稀释后有茉莉花清香。沸点 256℃，相对密度 0.923。溶于 1～10 倍体积 70%乙醇或同体积 80%乙醇中，溶于油相溶剂。

【制备方法】以丁二酸和庚酰氯为原料，在三氯化铝、硝基甲烷条件下加热回流反应生成中间体 2-戊基-1,3-环戊二酮；在酸催化下用甲醇进行甲醚化，得 2-戊基-3-甲氧基-环戊-2-烯酮；最后，与丙二酸二乙酯进行 Mihcael 加成、脱羧制得二氢茉莉酮。

【毒性】LD_{50}，静脉注射，小鼠，320mg/kg。

【在护肤品中的应用】用于调制茉莉、香柠檬、百合、玉兰、晚香玉、佛手型香精。

原料 11　大马酮（Damascenone）

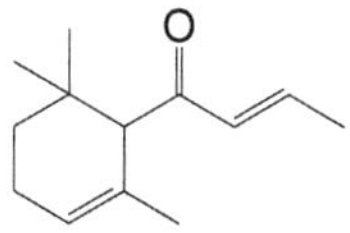

α-大马酮 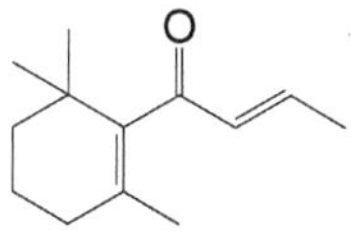　　　　β-大马酮

【中文别名】突厥酮，突厥烯酮

【分子式和分子量】$C_{13}H_{18}O$，190

【CAS 号】23696-85-7

【性质】淡黄至黄色液体，呈玫瑰花香和李子、圆柚、覆盆子等果香，沸点 275.6℃，相

对密度 0.800。

【制备方法】以 α-紫罗兰酮为原料与盐酸羟胺反应，在醋酸钠条件下，制备 α-紫罗兰酮肟；再用双氧水氧化制得 α-紫罗兰酮环氧化肟；在浓盐酸作用下脱水制得 α-紫罗兰酮异噁唑衍生物；通过金属钠和乙醇体系还原制得 α-大马酮。

【在护肤品中的应用】大马酮类香料包括三种异构体：α-大马酮、β-大马酮和 γ-大马酮。其中，α-大马酮的具有水果味的香气，香味怡人，是一些高档化妆品的调香剂。

原料 12　紫罗兰酮（Ionone）

α-紫罗兰酮　　　β-紫罗兰酮

【中文别名】紫罗兰香酮，香堇酮，紫罗酮，环柠檬烯基丙酮

【分子式和分子量】$C_{13}H_{20}O$，192

【CAS 号】8013-90-9

【性质】因双键位置不同而有 α-、β-、γ- 3 种同分异构体，自然界多以 α-体、β-体这两种异构的混合形式存在。α-体为无色至浅黄色液体，沸点 237℃，相对密度 0.927～0.933。β-体为浅黄至无色液体，沸点 239℃，相对密度 0.941～0.947。α-体和 β-体均富有甜木香带果香的感观，微苦，尾香处有花木香气的感观。

【制备方法】紫罗酮最早是在 1893 年由梯曼用柠檬醛与丙酮缩合生成假性紫罗酮，再经催化环化而得到的。

【毒性】LD_{50}，经口，大鼠，4590mg/kg。

【在护肤品中的应用】该品是配制紫罗兰花、桂花、树兰、玫瑰、金合欢、含羞花、晚香玉、铃兰、草兰、素心兰、木香、龙涎香、药草香、松木香、果香等香精的常用香料。

原料 13　鸢尾酮（Irone）

α-鸢尾酮　　　β-鸢尾酮

【中文别名】6-甲基紫罗兰酮，甲基 α-紫罗兰酮

【分子式和分子量】$C_{14}H_{22}O$，206

【CAS 号】79-69-6

【性质】无色或极浅的黄色油状液体，具有柔和的甜香，香气清新纯正。沸点 248℃，相对密度 0.932～0.936，能溶于 4 倍体积 70%乙醇及油性香料中。

【制备方法】①从含有鸢尾酮的山苍子油、松节油中提取；②以假紫罗兰酮为原料，通过环亚甲基化和关环两步反应合成鸢尾酮。

【毒性】LD_{50}，腹腔注射，小鼠，1950mg/kg。

【在护肤品中的应用】鸢尾酮是国际上公认的高级香料。鸢尾酮主要用于鸢尾、紫罗兰、紫藤花、桂花等高级香精中。

原料 14 丁香酚（Eugenol）

【中文别名】4-烯丙基-2-甲氧基酚，丁子香酚

【分子式和分子量】$C_{10}H_{12}O_2$，164

【CAS 号】97-53-0

【性质】无色至淡黄色黏稠液体，具有强烈的丁香辛香气。沸点 253℃，相对密度 1.067。微溶于水，能与醇、醚、氯仿、挥发油混溶，溶于冰醋酸。在空气中易被氧化需要避光保存。

【制备方法】工业上主要从天然精油（丁香油、月桂叶油、丁香罗勒油）中通过水蒸气蒸馏、蒸馏等方式单离获得丁香酚。

【毒性】LD_{50}，经口，大鼠，1930～2680mg/kg。

【在护肤品中的应用】丁香酚是康乃馨系香精的基础。

原料 15 异丁香酚（Isoeugenol）

【中文别名】4-丙烯基-2-甲氧基苯酚（顺反混合物），异丁香油酚，异丁子香酚

【分子式和分子量】$C_{10}H_{12}O_2$，164

【CAS 号】97-54-1

【性质】有顺、反两种异构体。顺式为油状体，沸点 260～262℃，熔点 14～18℃；反式为结晶体，沸点 266℃，熔点 33℃。顺、反式的混合体为淡黄色稍具稠黏性澄清液体，具有康乃馨和丁香酚香气，有甜味和柔和的焦糖辛香味，沸点 266℃。溶于乙醇、乙醚、大多数非挥发性油、丙二醇，微溶于水，不溶于甘油。

【制备方法】由丁香酚在氢氧化钾溶液中加热异构化制得。

【毒性】LD_{50}，经口，大鼠，1560mg/kg。

【在护肤品中的应用】异丁香酚是配制康乃馨的主要原料，也用于木樨、东方香型、依兰、黄水仙、白兰、玫瑰香精。

原料 16 桂醛（Cinnamaldehyde）

【中文别名】天然桂醛，β-苯丙烯醛，桂皮醛，反-肉桂醛，肉桂醛

【分子式和分子量】C_9H_8O，132

【性质】淡黄色油状液体，具有浓烈的桂皮香气和辛辣味。熔点-7.5℃，沸点 253℃（部分分解），相对密度 1.050。溶于醇、氯仿，微溶于水。

【制备方法】桂醛可由苯甲醛和乙醛在稀碱条件下，经羟醛缩合反应制得，也可由桂皮油、肉桂油等经提纯制得。

【安全性】LD_{50}，经口，大鼠，2200mg/kg。

【用途】桂醛具有抑菌、防腐的作用，是配制东方型香精和辛香的主要原料。

5.3　调和香料

调和香料是指由人工将数种乃至数十种香料（天然、合成和单离香料）按一定比例调配出的具有一定香气或香韵的可直接用于产品加香的混合物，亦称为香精（Perfume compound）。调配香料的过程称为调香。调和香料在化妆品中至关重要，它的原理在于寻求不同香料香气之间的平衡，寻求各香料间的和谐美，在艺术方面要求调和香料要有独创性、优雅细腻，在技术方面要求调和香料要具有持久性，香气有一定强度。调和香料弥补了天然香料和合成香料的缺点。

天然香料（动物性和植物性天然香料）来源于自然界的动植物，代表了动植物等香气，可直接应用于加香制品中。由于天然香料中的芳香成分在加工处理过程中易被破坏，使其香气与原来的芳香植物香气产生一定差距，同时存在来源受限、价格昂贵等问题，故天然香料通常很少直接用于加香制品中。合成香料扩大了芳香物质的来源，弥补了天然香料的某些不足，但合成香料由于香气单一，难以直接用于加香制品中。调和香料满足了加香制品的要求，可改善、增加或模拟某种天然香料的香韵或香型。

（1）按香料在调和香料中的作用分类

调和香料主要由主香剂、和香剂、修饰剂、定香剂和香花香料五部分组成。

主香剂亦称主香香料，是形成调和香料主体香韵和香气的基本香料，决定了调和香料香气的特征，其所占比例最大。起主香剂作用的香料香型必须与所配制的调和香料香型一致，在调配某种香型的调和香料时，能体现该香型香气的主香剂是首要选择。在调和香料中可以一种香料作为主香剂，也可由多种乃至数十种香料来组成主香剂。如橙花香精的调和只用橙叶油作主香剂，玫瑰香精的调和则采用香叶醇、苯乙醇、香叶油、香草醇等数种香料作主香剂。常规主香剂多由多种香料混合获得。

和香剂亦称协调剂。和香剂的香型应与主香剂香型一致，其作用是调和各种成分的香气，使主香剂的香气更加突出、浓郁。如芳樟醇和羟基香茅醛可用作玫瑰香精的和香剂，使主香剂的玫瑰香气更加突出明显。

修饰剂亦称变调剂或矫香剂，其作用是为调和香料增添新的风韵，使其香气变换格调。通常，修饰剂的香型与主香剂香型不属于同一类型，是一种暗香成分，使用少量修饰剂即可修饰主香剂的香气。如玫瑰香精常用作修饰剂修饰其他花香香料的香气。

定香剂亦称保香剂，是一些分子量大、沸点较高的物质。定香剂本身不易挥发，但可调节调和香料各组分的挥发速度，使调和香料中各种香料成分的挥发速度减慢，防止其快速挥发以及由于快速挥发引起的香精香型变异，使香精香气或香型始终一致，是保持香精香气持久稳定的香料。定香剂品种繁多，动物性定香剂应用较为广泛，常见的有麝香、灵猫香、海狸香、龙涎香等，其中麝香是最好的动物性定香剂，具有香气优美名贵，留香时间长，扩散力大等特点。植物性定香剂有檀香油、秘鲁树脂、吐鲁树脂、安息香脂、橡苔树脂、莺尾香脂、岩兰草油等。合成定香剂是一些沸点较高的液体或晶体香料，如合成麝香、结晶玫瑰、香兰素、香豆素、乙酰丁香酚、邻苯二甲酸二乙酯等。

香花香料亦称增加天然感的香料。香花香料可使调和香料的香气更接近自然花香，更加甜悦。

（2）按调和香料中香料挥发度和留香时间分类

调和香料大体可分为头香、体香和基香三部分。

　　头香亦称顶香，是调和香料嗅辨时最初片刻所感到的香气印象，也就是人们首先通过鼻腔嗅感到的香气特征。头香一般是由挥发度较好，香气扩散力强的香料构成，特点是留香时间短，一般在留香纸上留香时间小于 2h。头香的香料赋予人们最初的印象，消费者易受头香香气和香韵的影响，一般多选择嗜好性、清新、能使香气上升并具有独创性香气的香料作为头香，但头香不代表调和香料的特征香韵。

　　体香亦称中香，是继头香之后，可被立即嗅感到的中段主体香气，是调和香料的主要组成部分。体香一般由中等挥发度的香料所组成，能在相当长的时间内保持稳定，在留香纸上留香时间约为 2~6h。体香香料一般由玫瑰、丁香、茉莉等花香及香辛料、醛类香料等组成。

　　基香亦称尾香，是调和香料的头香和体香挥发之后留下来的最后香气。基香是调和香料的基础部分，代表了调和香料的香气特征，一般是具有高沸点的香料或定香剂，其在留香纸上留香时间超过 6h。基香香料主要由檀香、香广藿香等木香成分，以及香豆素等定香剂所组成。

5.4　香型的分类

　　护肤品都有优雅舒适的香气。按香气的味道可分为花香型和非花香型两类。护肤品的香型，多数采用各种香花香型。香花香型是根据天然花卉的香气调配而成的，常用的有玫瑰型、茉莉香、紫罗兰香、玉兰香、桂花香等二十余种；非花香型有檀香、素心兰等数种香型。香型受个人喜好、风俗习惯、气候、地理环境的影响，每种化妆品都有独特的香型，但同种香型也会有浓淡之分。

　　玫瑰香型主要原料为玫瑰油、玫瑰醇、香叶油、香叶醇、苯乙醇、乙酸香叶酯、羟基香草醇等，适用于雪花膏、胭脂、冷霜、唇膏等护肤品。

　　茉莉香型主要原料为茉莉油、乙酸苄酯、吲哚、甲位戊基桂醛等，适用于雪花膏和冷霜等护肤品。

　　铃兰香型主要原料为羟基香草醛、芳樟醇、茉莉油、玫瑰醇、依兰油等，适用于雪花膏和冷霜等护肤品。

　　紫罗兰香型主要原料为紫罗兰酮、甲基紫罗兰酮、鸢尾浸膏、桂皮油、洋茉莉醛等，适用于雪花膏、冷霜等护肤品。

　　古龙香型主要原料为香柠檬油、柠檬油、橙花油、柑橘油、薰衣草油、迷香油等，适用于唇膏等护肤品。

　　檀香玫瑰香型通过调和檀香和玫瑰两种香型获得，适用于雪花膏、冷霜等护肤品。

第6章 防腐剂

6.1 防腐剂的选取原则及常用的防腐剂

《化妆品安全技术规范》提出防腐剂为加入化妆品中以抑制微生物在该化妆品中生长为目的的物质。

护肤品在配方上往往是复杂多样的，为满足使用者所想达到的美学效果，需要添加多种天然或人工合成的功能成分。化妆品中的某些功能成分如蛋白质、氨基酸、不饱和脂肪酸等，为微生物生长繁殖提供了丰富的营养，一旦温度、pH适宜，化妆品中的微生物就会生长、繁殖，引起化妆品腐败变质。尽管护肤品多为外用，由护肤品引起的安全事故非常罕见，但仍有关于护肤品引起局部感染的病例，因此对化妆品中微生物的控制是保证产品质量的重要措施。

护肤品的配方设计中要考虑建立一个有效且稳定的化学防腐剂体系，这是保证化妆品质量的重要因素。

6.1.1 化妆品中防腐剂的选取原则

在化妆品中防腐剂的选取上，需要遵循以下几个原则：

① 首先要适合护肤品的使用条件，与护肤品配方中的大部分原料具有较好的互溶性，无毒副作用，能在较大pH范围内保持良好的防腐效果，不影响化妆品的pH值。

② 防腐剂应具有良好的防腐效果，即使含量极低，也应具有一定的防腐作用。

③ 防腐剂本身应具有良好的安全性，对人体无刺激性、敏感性等副作用，保质期长，具有良好的稳定性。

④ 防腐剂应无色、无异味，不会因为防腐剂的添加改变化妆品原有的颜色和气味。

⑤ 防腐剂来源广泛、易获取，经济成本合理，使用方便。

6.1.2 化妆品中常用的防腐剂

传统防腐剂按化学结构分为甲醛释放体（咪唑烷基脲、乙内酰脲和异噻唑啉酮等），布罗波尔（2-溴-2-硝基-1,3-丙二醇），酚类（苯氧乙醇、苯甲醇），尼泊金酯类，有机酸类（苯甲酸、山梨酸），IPBC（碘代丙炔基氨基甲酸丁酯）等6大类51种。但这些防腐剂的使用频率相差很大，蔡伦华等对1134份化妆品的防腐剂进行统计分析，发现其中760份使用了《化妆品卫生规范》（2007）中规定的防腐剂（67.02%），总共涉及防腐剂26种（类），使用频率最高的有6种（类），分别为苯氧乙醇、4-羟基苯甲酸及其盐类和酯类、苯甲酸及其盐类和酯类、甲基异噻唑啉酮、苯甲醇、山梨酸及其盐类（表6-1）。分析还发现有38.27%的化妆品选择了2种或者以上的防腐剂。

表 6-1　化妆品中防腐剂的使用频率

防腐剂名称	使用数量/份	使用频率/%
苯氧乙醇	379	33.42
4-羟基苯甲酸及其盐类和酯类	352	31.04
苯甲酸及其盐类和酯类	78	6.88
甲基异噻唑啉酮	72	6.35
苯甲醇	68	6.00
山梨酸及其盐类	66	5.82

原料 1　苯氧乙醇（2-Phenoxyethanol）

【中文别名】乙二醇苯醚，乙二醇苯基醚，2-苯氧基乙醇

【缩写】EPH

【分子式和分子量】$C_8H_{10}O_2$，138

【CAS 号】122-99-6

【性质】无色稍带黏性液体，稍有芳香气味和火辣辣味。熔点 14℃，沸点 245.2℃，相对密度 1.109（20℃）。微溶于水，易溶于醚和氢氧化钠溶液，可与丙酮、丙二醇、乙醇和甘油任意混合，在酸或碱中稳定。

【制备方法】可由苯酚和环氧乙烷在碱性条件下开环加成制备。

【毒性】LD_{50}，经口，大鼠，1260mg/kg；2.2%水溶液对皮肤无刺激。

【在护肤品中的应用】苯氧乙醇从 20 世纪 50 年代开始被用作化妆品防腐剂，低毒。其对环境的 pH 和温度要求较低，一般 pH 值在 3～10 范围，温度小于 85℃条件下对革兰氏阳性菌和阴性菌均有抑制作用。美国 FDA 发表的防腐剂使用统计显示，苯氧乙醇从 2007 年的 18.48%上升到 2010 年的 24.12%，目前已经发展成为化妆品新品中使用频率最高的防腐剂。2022 年版《化妆品安全技术规范》中规定，苯氧乙醇在化妆品中最大使用量不得超过 1.0%。欧盟法规规定苯氧乙醇可用于任何年龄段及任何种类的化妆品中。

原料 2　尼泊金甲酯（Methylparaben）

【中文别名】对羟基苯甲酸甲酯，羟苯甲酯，对羟基安息香酸甲酯

【分子式和分子量】$C_8H_8O_3$，152

【CAS 号】99-76-3

【性质】白色结晶性粉末，易溶于醇、醚和丙酮，微溶于水，熔点 131℃。

【制备方法】由对羟基苯甲酸与甲醇在硫酸存在下酯化而得。

【毒性】LD_{50}，经口，狗，3000mg/kg。

【用途】对羟基苯甲酸酯类防腐剂包括甲酯、乙酯、丙酯和丁酯，商品名分别为尼泊金

甲酯、尼泊金乙酯、尼泊金丙酯和尼泊金丁酯等，是一类性质优良的防腐剂，使用历史悠久，1924 年就开始作为防腐剂使用，是世界各国公认的无刺激性、不致敏、使用安全的化妆品防腐剂。尼泊金酯类均具有无气味、不易挥发、化学性质稳定的特征，适用范围广，能够抵抗植物油发生氧化，是油脂类化妆品中常用的一类防腐剂。尼泊金酯类随着分子结构中烷基碳数的增加，其抑菌作用逐渐增强，溶解度逐渐降低，如尼泊金丁酯的抑菌力最强，而其溶解度最小。尼泊金酯类在化妆品中的用量一般为 0.01%～0.25%，在酸性溶液中抑菌作用最强，在中性或微碱性溶液中抑菌作用减弱，这是因为随着 pH 值的升高，酚羟基发生解离及酯键发生水解致使尼泊金酯类的防腐能力降低。在使用时，单种酯使用或几种酯合并应用均可，其中几种酯合用具有协同作用，效果更佳。尼泊金酯类安全性好，溶解度小，使用时可先将其溶解于少量乙醇，也可先用热水使之溶解后边搅拌边加入药液。尼泊金甲酯属羟基苯甲酸酯类防腐剂，对各种霉菌、酵母菌、细菌有效，通常与尼泊金丙酯混合使用，具有良好的加成性和协同性。防腐活性与溶液 pH 值有关，当 pH 值为 7 时，其活性为原有活性的 2/3；pH 值为 8.5，则降低为原有活性的一半，会被一些高分子化合物如甲基纤维素、明胶蛋白质等束缚而使失去防腐活性。2022 年版《化妆品安全技术规范》中规定，化妆品中单一酯（以酸计）添加量不得高于 0.4%，混合酯总量（以酸计）不高于 0.8%。

原料 3　尼泊金乙酯（Ethylparaben）

【中文别名】对羟基苯甲酸乙酯，羟苯乙酯，对羟基安息香酸乙酯

【分子式和分子量】$C_9H_{10}O_3$，166

【CAS 号】120-47-8

【性质】无色结晶或白色结晶性粉末，有轻微香味，稍有涩味。对光热稳定，无吸湿性，微溶于水，易溶于乙醇、丙二醇。

【制备方法】由对羟基苯甲酸与乙醇在硫酸存在下酯化而得。

【毒性】LD_{50}，经口，大鼠（雄性和雌性），>3100mg/kg。

【用途】尼泊金乙酯能抑制微生物细胞的呼吸酶系与传递酶系的活性，并破坏微生物的细胞膜结构，从而对霉菌、酵母与细菌等有抗菌作用。其抗菌能力比山梨酸和苯甲酸强，且抗菌作用受 pH 值影响不大，在 pH 值 4～8 的范围内效果较好，是护肤品中常用的杀菌防腐剂和抗氧剂。

原料 4　尼泊金丙酯（Propylparaben）

【中文别名】对羟基苯甲酸丙酯，羟苯丙酯，对羟基安息香酸丙酯

【分子式和分子量】$C_{10}H_{12}O_3$，180

【CAS 号】94-13-3

【性质】白色结晶，熔点/熔点范围为 95～99℃，密度为 1.287g/cm³（20℃），有特殊气味，

不溶于水，微溶于热水，易溶于醇、醚。

【制备方法】由对羟基苯甲酸与正丙醇在硫酸存在下酯化而得。

【毒性】LD_{50}，经口，大鼠（雄性和雌性），>5000mg/kg。

【用途】属对羟基苯甲酸酯类防腐剂，对霉菌、酵母与细菌有广泛的抗菌作用，其抗菌作用大于尼泊金乙酯。添加量为 0.1%～1.0%，通常与尼泊金丁酯混合使用，具有良好的加成性和协同性。

原料5　尼泊金丁酯（Butylparaben）

【中文别名】对羟基苯甲酸丁酯，羟苯丁酯，对羟基安息香酸丁酯

【分子式和分子量】$C_{11}H_{14}O_3$，194

【CAS 号】94-26-8

【性质】白色结晶，熔点/熔点范围为 67～70℃，密度为 1.28g/cm³（20℃），有特殊气味，溶于乙醇、丙酮、氯仿和乙醚，微溶于水和丙二醇。

【制备方法】由对羟基苯甲酸与正丁醇在硫酸存在下酯化而得。

【毒性】LD_{50}，经口，大鼠（雄性和雌性），>2000mg/kg。

【用途】属对羟基苯甲酸酯类防腐剂，对霉菌、酵母与细菌有广泛的抗菌作用，其抗菌作用大于尼泊金乙酯。添加量为 0.1%～1.0%。

原料6　卡松（Kathon）

5-氯-2-甲基-4-异噻唑啉-3-酮　　　　2-甲基-4-异噻唑啉-3-酮

【中文别名】5-氯-2-甲基-4 异噻唑啉-3-酮和 2-甲基-4-异噻唑啉-3-酮，凯松，Kathon CG

【缩写】CMIT/MIT

【分子式和分子量】C_4H_4ClNOS，150；C_4H_5NOS，115

【CAS 号】26172-55-4 和 2682-20-4

【性质】纯品为无色透明液体，易溶于水、低碳醇和乙二醇，相对密度为 1.19，熔点为 -18～21.5℃。通常被配制为水溶液，水溶液外观为淡黄色至琥珀色液体。

【制备方法】以丙烯酸甲酯为原料，经多硫化钠溶液硫化得二硫化二丙酸二甲酯；通过二硫化二丙酸二甲酯与甲胺水溶液之间的胺解反应获得 N,N'-二甲基二硫代二丙酰胺；最后在磺酰氯作用下氯化、环合，最后酸化获得 CMIT/MIT。

【在护肤品中的应用】该品为广谱抗菌活性，对细菌、霉菌和酵母有很强的抑制作用，最低抑菌浓度为 100～150mg/kg，常用量为 0.01%～0.05%，适宜使用 pH 值为 4～8，室温可贮存一年，50℃时可贮存半年，可与阴离子、阳离子、非离子和各种离子型的乳化剂、蛋白质配伍，毒性较低，可生物降解，适用于各种水溶性护肤品，如香波、浴液等。《化妆品卫生规范》规定在洗去型产品和留存型产品中其限量均为 15mg/kg，与欧盟规定一致。美国 CIR 规定其在洗去型产品中最高使用限为 15mg/kg，留存型产品中的最高使用限为 7.5mg/kg。日

本规定洗去型产品中，最高限量为 15mg/kg，禁止在留存型产品中使用。

原料 7　咪唑烷基脲 [*N,N*-methylenebis *N'*-1-(hydroxymethyl)-2,5-dioxo-4-imidazolidinyl urea]

【中文别名】*N,N''*-亚甲基二(*N'*-3-羟甲基-2,5-二氧-4-咪唑基)脲，咪唑烷脲，极美-115，极马 115，咪唑啉基脲

【缩写】Germall 115

【分子式和分子量】$C_{11}H_{16}N_8O_8$，388

【CAS 号】39236-46-9

【性质】白色流动性粉末，具有吸湿性，无味或略带特征性气味，熔点 141～143℃，相对密度 1.424，易溶于水，可溶于丙二醇和甘油，难溶于乙醇。

【制备方法】咪唑烷基脲可以通过二氯乙酸法、三氯乙醛法、顺丁烯二酸臭氧化法、草酸电解还原法和乙二醛氧化法来合成。①二氯乙酸法：以二氯乙酸为原料，经甲氧基化、酸化水解、环化和羟甲基化等反应制得；②三氯乙醛法：以三氯乙醛为原料，经胺类催化剂催化水解、环化和羟甲基化反应制得；③顺丁烯二酸臭氧化法：以顺丁烯二酸为原料经臭氧化、环化、羟甲基化制得；④草酸电解还原法：将草酸饱和溶液在板框式电解槽中循环电解还原成乙醛酸后，乙醛酸经环化和羟甲基化制得；⑤乙二醛氧化法：以乙二醛为原料，经氧化、环化和羟甲基化制得。

【毒性】LD_{50}，经口，大鼠，＞5000mg/kg；皮肤刺激试验，家兔，无刺激（5%）。

【在护肤品中的应用】该品属于甲醛释放体类防腐剂，具有广谱抗菌活性，对革兰氏阴性菌、革兰氏阳性菌、假单胞菌有抑菌效果，对酵母菌、霉菌有选择性抑制性能。其抑菌能力不受表面活性剂、蛋白质以及其他组分的影响，可与化妆品中各种组分相配伍。可用于乳霜、香波、露液、调理剂等护肤产品中，可单独使用，也可与尼泊金酯类、IPBC 等配合使用。最佳 pH 值范围为 3～9，一般添加量为 0.2%～0.4%，《化妆品卫生规范》规定其在化妆品中使用时最大允许浓度为 0.6%，可在较宽的温度范围内（<90℃）添加。目前我国许多护肤品使用的极美系列防腐剂，主要成分就是咪唑烷基脲及其衍生物。常见的咪唑烷基脲有重氮咪唑烷基脲（极美-2）、双咪唑烷脲（DMDMH）、双（羟甲基）咪唑烷基脲（杰马 BP）等。

原料 8　重氮咪唑烷基脲（Diazolidinyl urea）

【中文别名】*N,N'*-羟甲基-*N*-(1,3-二羟甲基-2,5-二氧-4-咪唑烷基)脲，极美-2，杰马 A，双（羟甲基）咪唑烷脲

【缩写】Germall Ⅱ

【分子式和分子量】$C_8H_{14}N_4O_7$，278

【CAS 号】78491-02-8

【性质】白色粉末，具有吸湿性，无味或带有特征性气味。熔点 157.8℃，相对密度 1.473。

【制备方法】该品可以乙二醛为原料，经硝酸氧化制得乙醛酸，加脲环化得尿囊素，再经羟甲基化来制备。

【毒性】LD_{50}，经口，大鼠，2600mg/kg；LD_{50}，经口，小鼠，3573mg/kg。

【在护肤品中的应用】该品由美国 Sutton 公司于 20 世纪 80 年代研制，属于甲醛释放体类防腐剂。该品具有广谱抗菌活性，对革兰氏阳性菌、酵母菌、霉菌和真菌有抑杀作用，尤其对革兰氏阴性菌（如绿脓杆菌、大肠杆菌）等杀灭作用显著。该品与阳离子、阴离子或非离子型表面活性剂、蛋白质，以及化妆品或者护肤品中的其他组分具有良好的配伍性，其杀菌活性是咪唑烷基脲的 2～4 倍，常可用于膏霜、乳液、香波等各种驻留型和洗去型产品。推荐添加量为 0.1%～0.4%，《化妆品卫生规范》规定其在化妆品中使用时最大允许浓度为 0.5%，pH 值使用范围为 3～9，可在较宽的温度范围内（<80℃）添加。常用的防腐剂杰马 BP 是重氮咪唑烷基脲和丁基氨基甲酸碘代丙炔酯（IPBC）复配的产物。

原料 9　DMDM 乙内酰脲

【中文别名】1,3-二羟甲基-5,5-二甲基乙内酰脲，1,3-二羟甲基-5,5-二甲基海因，DMDM 海因，嘉兰丹

【缩写】DMDMH

【分子式和分子量】$C_7H_{12}N_2O_4$，188

【CAS 号】6440-58-0

【性质】无色透明，略带醛味，凝固点 -11℃，溶于水和醇。

【制备方法】通过二甲基海因在氢氧化钾条件下与甲醛和水反应制备。

【毒性】LD_{50}，腹腔注射，小鼠，1320mg/kg；LD_{50}，经口，小鼠，3000mg/kg。

【在护肤品中的应用】该品属于甲醛释放体类防腐剂，是一种广谱、高效的抗菌防腐剂，能抑制革兰氏阳性菌、革兰氏阴性菌、霉菌、酵母菌等，与各种表面活性剂配伍性好，对不同的 pH 值和温度适应性强。可用于粉底、膏霜、婴儿产品、防晒品等护肤品中，最大使用浓度为 0.6%，可与碘代丙炔基丁基甲氨酸酯配合使用。

原料 10　苯甲酸（Benzoic acid）及其盐

【中文别名】安息香酸，安息酸，苯蚁酸

【分子式和分子量】$C_6H_5O_2$，122

【CAS 号】65-85-0

【性质】带有愉悦气味的白色晶体或粉末，相对密度 1.321g/cm³（20℃），熔点 122℃。

微溶于水，易溶于乙醇、乙醚等有机溶剂。

【制备方法】工业上苯甲酸主要通过甲苯的液相空气氧化制备苯甲酸。

【毒性】LD_{50}，经口，猫，2000mg/kg；LD_{50}，经皮，兔子，>2000mg/kg。

【用途】苯甲酸及其钠盐是常用的有效防腐剂，用量一般为0.1%～0.25%，化妆品中允许的最大浓度为0.5%。苯甲酸水溶性较差，而苯甲酸钠水溶性好、使用方便，苯甲酸钠在酸性溶液中与苯甲酸的防腐能力相当。苯甲酸防腐的机制主要是依靠苯甲酸未解离的分子透入菌体膜壁而起效，故离子型的几乎无抑菌作用。pH能影响苯甲酸的电离平衡，pH<4时，苯甲酸和苯甲酸钠大部分以分子型存在，防腐作用较好，用量为0.1%～0.25%。pH>5时，应加大用量保证分子型浓度达到有效抑菌浓度，用量不得少于0.5%。pH>6时，防腐效果不确定。

原料11　苯甲醇（Benzyl alcohol）

【中文别名】苄醇

【分子式和分子量】C_7H_8O，108

【CAS号】100-51-6

【性质】无色液体，有芳香味。熔点-15.3℃，相对密度1.04（25℃），沸点205.7℃。微溶于水，易溶于醇、醚、芳烃。

【制备方法】通过氯化苄与碳酸钾或碳酸钠加热水解制备。

【毒性】LD_{50}，经口，大鼠（雌性），1620mg/kg；LD_{50}，吸入，大鼠，>4178mg/kg。

【用途】苯甲醇为无色透明液体，具有局部麻醉和防腐作用，可通过杀死部分微生物细菌起到防腐效果。常用作防腐剂的浓度为0.5%～1%，《化妆品卫生规范》规定其在化妆品中使用时最大允许浓度为1.0%。该品多用于香精油、香皂、液体口腔制品等化妆品中。

原料12　氯苯甘醚（Chlorphenesin）

【中文别名】3-(4-氯苯氧基)-1,2-丙烷二醇，3-对氯苯氧基-1,2-丙二醇

【缩写】CPH

【分子式和分子量】$C_9H_{11}ClO_3$，203

【CAS号】104-29-0

【性质】白色或类白色结晶粉末，溶于65℃水或甘油、丙二醇。熔点77～79℃，沸点291℃，相对密度1.241。

【制备方法】通过环氧氯丙烷在稀硫酸中水解获得邻二醇后与对氯苯酚钠反应制得。

【毒性】LD_{50}，皮下注射，小鼠，911mg/kg。

【在护肤品中的应用】该品对革兰氏阳性菌、革兰氏阴性菌、黑曲霉菌、嗜松青霉、白色念珠菌、酿酒酵母均具有抑制和杀灭作用。常用于面部保湿霜、抗衰老精华、防晒霜、粉底、眼霜、洁面乳和遮瑕膏中。《化妆品卫生规范》规定其在化妆品中使用时最大允许浓度为0.3%。

原料 13　碘丙炔醇丁基氨甲酸酯（Iodopropynyl butylcarbamate）

【中文别名】3-碘-2-丙炔基丁基氨基甲酸酯，丁氨基甲酸 3-碘代-2-丙炔基酯，碘代丙炔基氨基甲酸丁酯

【缩写】IPBC

【分子式和分子量】$C_8H_{12}INO_2$，281

【CAS 号】55406-53-6

【性质】白色结晶性粉末，熔点 64～68℃，相对密度 1.606，易溶于乙醇、丙二醇、聚乙二醇等有机溶剂，难溶于水。

【制备方法】通过正丁胺盐酸酸化后与光气反应合成正丁基异氰酸酯；随后正丁基异氰酸酯与 2-丙炔-1-醇反应获得正丁胺基甲酸-2-丙炔酯；最后再与一氯化碘反应碘化后获得碘丙炔醇丁基氨甲酸酯。

【毒性】LD_{50}，经口，大鼠，1580mg/kg。

【在护肤品中的应用】该品可与多种表面活性剂、蛋白质以及大多数化妆品成分相配伍。与杰马、CMIT/MIT、布罗波尔等防腐剂配合具有协同作用。可用于膏霜、乳液、香波、面膜等驻留型和洗去型产品，推荐用量为 0.005%～0.02%，pH 值适用范围为 4～10。《化妆品卫生规范》规定其在洗去型产品中使用时最大允许浓度为 0.02%，在驻留型产品中使用时最大允许浓度为 0.01%。不得用于三岁以下儿童，禁用于体用化妆品。

原料 14　山梨酸钾（Potassium sorbate）

【中文别名】2,4-己二烯酸钾盐

【分子式和分子量】$C_6H_7KO_2$，150

【CAS 号】24634-61-5

【性质】白色针状颗粒，无味或稍有气味。易吸潮、可被氧化分解，易溶于水，溶于丙二醇，微溶于乙醇。1%山梨酸钾水溶液的 pH 值为 7～8。

【制备方法】通过山梨酸与氢氧化钾酸碱中和反应获得。

【毒性】LD_{50}，经口，家兔，3800mg/kg。

【用途】山梨酸在水中的溶解度为 0.2%（20℃），在乙醇中的溶解度为 12.9%（20℃），在丙二醇中的溶解度为 0.31%。山梨酸对细菌和霉菌的抑制力强，常用浓度为 0.15%～0.2%，对细菌的最低抑菌浓度为 2mg/mL（pH<6.0），对霉菌或酵母菌的最低抑菌浓度为 0.8～1.2mg/mL。但是由于山梨酸的水溶性较差，常被制成山梨酸钾来使用。《化妆品卫生规范》规定其在化妆品中使用时最大允许浓度为 0.6%（以酸计）。

原料 15　水杨酸（Salicylic acid）及其盐

【中文别名】邻羟基苯甲酸，水杨酸柳酸

【分子式和分子量】$C_7H_6O_3$，138

【CAS 号】69-72-7

【性质】本品为白色结晶或结晶性粉末，熔点 159℃，在水中微溶，在沸水中溶解，水溶液呈酸性反应，在乙醇或乙醚中易溶，在氯仿中略溶。

【制备方法】通过苯酚与氢氧化钠反应生成苯酚钠，蒸馏脱水后，通二氧化碳进行羧基化反应，制得水杨酸钠盐，再用硫酸酸化，得水杨酸粗品。粗品经升华精制得成品。

【毒性】LD_{50}，经口，大鼠（雌性），891mg/kg。

【用途】常用作保存剂、杀菌剂、防腐剂，具有去角质，促进皮肤新陈代谢，收缩毛孔等清洁保护作用，一般常用于洗面奶、化妆水、乳液的配方设计。《化妆品卫生规范》规定其在化妆品中使用时最大允许浓度为 0.5%（以酸计）。

原料 16　三氯叔丁醇（Chlorobutanol）

【中文别名】三氯丁醇

【分子式和分子量】$C_4H_7Cl_3O$，177

【CAS 号】57-15-8

【性质】无色或白色结晶，有挥发性，相对密度 1.317，沸点 173℃，熔点 78℃。

【制备方法】通过氯仿和丙酮在氢氧化钾条件下的加成反应制备。

【毒性】LD_{50}，经口，家兔，213mg/kg。

【用途】该品可抑制细菌和真菌的生长繁殖，其防腐效果较苯甲醇强，但在高温和碱性条件下三氯叔丁醇易分解，降低了效能。本品浓度过高时具有一定的毒副作用。《化妆品卫生规范》规定其在化妆品中使用时最大允许浓度为 0.5%。

原料 17　亚硫酸钠（Sodium sulfite）

【中文别名】硫氧，硫氧粉

【分子式和分子量】Na_2SO_3，126

【CAS 号】7757-83-7

【性质】白色颗粒或粉末，有二氧化硫气味，干燥时稳定，对湿敏感。可溶于水、甘油，不溶于乙醇，水溶液呈碱性，有强还原性。有无水亚硫酸钠、七水亚硫酸钠和十水亚硫酸钠三种形态存在。

【制备方法】用食品级纯碱溶液吸收二氧化硫来制备亚硫酸钠。

【毒性】LD_{50}，经口，大鼠，3560mg/kg；LD_{50}，经皮，大鼠，＞2000mg/kg。

【用途】强还原剂，能消耗 O_2，使好氧型微生物缺氧致死，并能抑制某些微生物酶的活性。在强碱性溶液中其抑菌活性降低。一般多用于各种水溶性化妆品，如膏霜、香波、浴液等，可单用也可与其他防腐剂联合使用。

原料 18　布罗波尔（2-Bromo-2-nitro-1,3-propanediol）

【中文别名】2-溴-2-硝基-1,3-丙二醇，溴硝醇，抑菌醇

【缩写】Bronopol

【分子式和分子量】$C_3H_6BrNO_4$，200

【CAS 号】52-51-7

【性质】白色结晶性粉末，熔点 122～130℃，极易溶于水、乙醇、丙二醇、乙酸乙酯等，难溶于氯仿、丙酮等。

【制备方法】①硝基甲烷与甲醛先缩合，然后再与溴发生溴化反应，得到布罗波尔。②硝基甲烷先与溴素进行溴化反应制得一溴硝基甲烷中间体，纯净的一溴硝基甲烷直接与甲醛缩合得到布罗波尔。

【毒性】LD_{50}，经口，大鼠（雄性和雌性）325mg/kg；LD_{50}，经皮，大鼠（雄性和雌性），1600mg/kg。

【用途】有防腐杀菌作用，使用量 0.01%～0.05%，在碱性溶液中可缓慢分解，一般用于膏霜、乳液、香波等日用品中，可单独使用，也可与尼泊金酯类合用。布罗波尔对眼睛、皮肤黏膜有一定的刺激作用，《化妆品卫生规范》规定其在化妆品中使用时最大允许浓度为0.1%，配伍使用时考虑避免形成亚硝胺。

原料 19　二丁基羟基甲苯（Butylated hydroxytoluene）

【中文别名】丁羟甲苯，3,5-二特丁基-4-羟基甲苯，2,6-二叔丁基-4-甲基苯酚

【缩写】BHT

【分子式和分子量】$C_{15}H_{24}O$，220

【CAS 号】128-37-0

【性质】白色结晶性粉末，熔点 69～73℃，沸点 265℃，相对密度 1.048。溶于乙醇、丙酮、醋酸、油脂和汽油等溶剂，不溶于水及稀烧碱溶液。

【制备方法】①方法一：以对甲酚、叔丁醇为原料在磷酸催化下加热反应，通过洗涤和重结晶得成品；②方法二：以对甲酚和异丁烯为原料在浓硫酸催化下反应制备。

【毒性】LD_{50}，经口，大鼠，890mg/kg。

【用途】BHT 是一种抗氧化剂和防腐剂，能够防止化妆品基质中的油脂发生氧化，添加过量时可引起皮肤炎症或者过敏。通常要求护肤类化妆品中 BHT 浓度少于 0.1%。

6.2　无添加防腐剂体系

　　由于一些防腐剂具有应用限制，以及大众对化妆品中防腐剂的使用越来越关注，部分消费者对防腐剂具有抵触现象，因此兴起了无添加防腐剂配方的概念。通常无添加防腐剂体系指的是不采用《化妆品安全技术规范》规定的防腐剂，同时又能实现抗微生物的配方体系。无添加防腐剂的兴起是化妆品生产的进步，因为一般要求无添加防腐剂的安全性要高于传统防腐剂。事实上无添加防腐剂并不是真正的不添加，而是采用了更加绿色、低毒的抗微生物组分，在商业上商家更加倾向用无添加防腐剂的概念来引导消费者的消费倾向，尽管这个概念有失偏颇，但是由于使用广泛而获得认可。根据广义的防腐剂定义，无添加防腐剂的品种

常见的有醇类（戊二醇、己二醇、丙二醇、丁二醇、辛二醇等）、中碳链长的极性两亲物（乙基己基甘油、甘油癸酸酯、癸酸、甘油辛酸酯、山梨坦辛酸酯、甘油十一碳烯酸酯等）、有机酸（乙酰丙酸、茴香酸、辛酰氧肟酸等）、酮类（对羟基苯乙酮等）。

原料 1　乙基己基甘油（Ethylhexylglycerin）

【中文别名】辛氧基甘油，1,2-丙二醇-3-(2-乙基己基）醚，甘油单异辛基醚

【缩写】EHG

【分子式和分子量】$C_{11}H_{24}O_3$，204

【CAS 号】70445-33-9

【性质】无水透明黏稠液体，几乎无味，相对密度 0.962，沸点 325℃。

【制备方法】乙基己基甘油通常通过醚化技术制备：①通过醇与缩水甘油醚在酸或碱催化下开环醚化制备；②通过酸酐与缩水甘油醚加成反应后用碱水解制备。

【用途】乙基己基甘油是"无添加"防腐剂的代表，是一种全球认可的多功能的防腐增效剂，常与传统防腐剂配伍使用，更多时候是与多元醇配合形成"无添加"防腐体系。此外，乙基己基甘油还能显著保湿，能够改善化妆品的肤感，增加香味的扩散能力。常用于面膜、沐浴露、洁面产品中，添加量为 0.1%～0.5%。

原料 2　辛酰氧肟酸（Caprylhydroxamic acid）

【中文别名】N-羟基辛酰胺，辛基异羟肟酸

【缩写】CHA

【分子式和分子量】$C_8H_{17}NO_2$，159

【CAS 号】7377-03-9

【性质】白色或类白色粉末，熔点 78℃，相对密度 0.970。易溶于丙二醇、甘油、表面活性剂。

【制备方法】①用羟胺硝酸盐为原料，来合成辛酰氧肟酸；②使用无水低级醇作为溶剂，羟胺硫酸盐和脂肪酸甲酯在二甲胺存在下反应生成酰氧肟酸。

【毒性】LD_{50}，经口，大鼠，10700mg/kg；LD_{50}，经口，小鼠，8820mg/kg。

【用途】辛酰氧肟酸可通过螯合 Fe^{3+} 离子，阻断微生物从受限环境中获取铁元素，同时能促进微生物细胞膜结构降解，因此具有良好的抑菌作用，是一种安全高效的化妆品防腐剂。

原料 3　对羟基苯乙酮（4-Hydroxyacetophenone）

【中文别名】4-羟基苯乙酮，对乙酰苯酚

【缩写】p-HAP

【分子式和分子量】$C_8H_8O_2$，136

【CAS 号】99-93-4

【性质】白色粉末，熔点 109～111℃，相对密度 1.109，微溶于水，易溶于乙醇、乙醚。

【毒性】LD_{50}，经口，小鼠，1500mg/kg。

【用途】对羟基苯乙酮是一种抗氧化剂，对真菌有效，能够促进各种防腐剂功效。该品对高低 pH 值和温度有良好的稳定性，可用于包括防晒剂和香波等产品。

第7章 保湿添加剂

具有保持、延缓或阻止水分挥发作用，尤其在低湿度下更能显出这种特性的化合物，称为保湿添加剂，简称保湿剂，又可称为湿润剂或柔软剂。保持皮肤的娇嫩、润滑与保持皮肤中的"水分"有着重要的关系，而保湿剂一方面可延缓护肤制品中水分蒸发以防止出现干裂的现象，另一方面还可以阻止皮肤在低湿度下因风吹而产生干燥、龟裂，以达到使皮肤柔软、光润等目的。故保湿剂是化妆品尤其是护肤类化妆品中的一类重要原料。此外，保湿剂在化妆品中有时还可起到抑菌和留香的效果，化妆品中保湿剂的用量一般为 4%～8%，最好不要超过 10%。

7.1 皮肤与保湿

7.1.1 皮肤的生理结构

人体皮肤如同人体的屏障，保护着体内各组织和器官免受外界的机械性、物理性、化学性或生物性侵袭或刺激，同时具有天然的保湿性能。皮肤分表皮、真皮和皮下组织三部分，每个部分对皮肤的保湿性能起到各自的生理作用。

皮肤表皮层是直接与外界接触的部分，其从外向内与保持水分关系最为密切的是角质层、透明层和颗粒层。颗粒层是表皮内层细胞向表层角质层过渡的细胞层，可防止水分渗透，对贮存水分有重要的作用。透明层含有角质蛋白和磷脂类物质，可防止水分及电解质等透过皮肤。角质层是表皮的最外层部分，由角朊细胞不断分化演变而来，重叠形成坚韧富有弹性的板层结构。角质层细胞内充满了角蛋白纤维，属于非水溶性硬蛋白，对酸、碱和有机溶剂具有抵抗力，可抵抗摩擦，阻止体液的外渗以及化学物质的内渗。角蛋白吸水能力强，角质层不仅能防止体内水分的散发，还能从外界环境中获得一定的水分。健康的角质层细胞一般脂肪含量为 7%，水分含量为 15%～25%，如水分降至 10% 以下，皮肤就会干燥发皱，产生肉眼可见的裂纹甚至鳞片即皱纹。

真皮在表皮之下，主要由蛋白纤维结缔组织和含有黏多糖的基质组成。真皮结缔组织中主要成分为胶原纤维、网状纤维和弹力纤维，这些纤维的存在对维持正常皮肤的韧性、弹性和充盈饱满程度具有关键作用。真皮中含水量的下降可影响弹力纤维的弹性和胶原纤维的韧性。纤维间基质主要是多种黏多糖和蛋白质复合体，在皮肤中分布广泛，可以结合大量水分，是真皮组织保持水分的重要物质基础。例如透明质酸（HA）就是真皮中含量最多的黏多糖。总体而言，人体皮肤的含水量为体重的 18%～20%，其中 75% 的水存在于细胞外，水分主要贮存在真皮中。真皮基质中 HA 减少，黏多糖类变性，真皮上层的血管伸缩性和血管壁通透性减弱，都将导致真皮内含水量下降，影响皮肤光泽度、弹性和饱满度，并出现皮肤老化的现象。

皮下组织内含较多的血管、淋巴管、神经、毛囊、皮脂腺、汗腺等皮肤附属器。其中，皮脂腺分布于全身皮肤，内部为皮脂细胞，皮脂细胞分泌油性物质——皮脂。皮脂形成油脂膜，使皮肤平滑、有光泽，并可防止皮肤水分的蒸发，起润滑皮肤的作用。小汗腺是分泌汗液的腺体，它借助肌上皮细胞的收缩将汗液输送到皮肤表面，平时分泌量较少，以肉眼看不见的蒸汽形式发散，分泌量增加时在皮肤表面形成水滴状。汗液不断分泌起保湿作用，防止皮肤干燥，并有助于调节体温和排出体内的部分代谢产物。此外，部分水在尚未到达表皮时，已经气化为蒸汽，从皮肤溢出，造成皮肤失水，这一过程目前被认为与表皮的角质化程度和速度有关。

7.1.2　皮肤的渗透和吸收作用

皮肤是人体的天然屏障和净化器，具有一定的渗透能力和吸收能力，有些物质可以通过表皮渗透入真皮，被真皮吸收，影响全身。一般情况下，多数水和水溶性物质不可直接被皮肤吸收，而油和油溶性物质可经皮肤吸收。其中，动物油脂较植物油脂更易被皮肤吸收，矿物油、水和固体物质则不易被吸收。

物质一般通过角质层最先吸收，角质层在皮肤表面形成一个完整的半通透膜，在一定条件下水分可以自由通过，进入细胞膜到达细胞内。外界物质对皮肤的渗透是皮肤吸收小分子物质的主要渠道，物质可能进入皮肤的途径有：①角质层是影响皮肤渗透吸收最重要的部位，软化的皮肤可以增加渗透吸收，软化角质层后，物质经角质层细胞膜渗透进入角质层细胞，继而可能再透过表皮进入真皮层；②少量大分子和不易透过的水溶性物质，可通过皮肤毛囊，经皮脂腺和毛囊管壁进入皮肤深层的真皮内，再由真皮层进一步扩散；③一些超细物质也可经过角质层细胞间隙渗透进入真皮。

皮肤的渗透和吸收作用受以下因素影响：①皮肤表皮角质层的完整性直接影响皮肤的渗透性和吸收性能；②皮肤的水合作用是影响皮肤吸收速度和程度的主要因素，可影响渗透物质在角质层内的分配和浓度梯度；③表皮被水软化后吸收能力增强；④表皮的脂质组成也是影响皮肤渗透性的重要因素。

此外，化妆品中一些组分的使用，如渗透剂、透皮促进剂、脂质体等，也能影响皮肤的渗透和吸收作用。

7.1.3　皮肤干燥的现象

保湿是护肤产品最基础的功能。过去人们错误地认为皮肤干燥是由于皮肤表面缺乏脂类物质，但经过大量实验证明，在干燥皮肤表面涂抹油脂，并不能使其柔软，这是由于皮肤干燥的真正原因是角质层中水分不足，仅仅在干燥脆性的皮肤表面涂覆一层类脂物质无法达到表皮软化的目的。但即使没类脂物存在，只要皮肤重新进行水合作用，就会变得柔软并富有弹性。因此认为，皮肤角质层中水分含量是维持皮肤柔软性和弹性最关键的因素。

事实证明，水分充足的皮肤是光滑、柔软和有弹性的。当皮肤缺乏水分时，尤其是皮肤角质层水分含量低于 10%时（皮肤正常水分含量为 10%～20%），皮肤会感觉紧绷、粗糙、瘙痒，出现易受刺激、容易过敏的现象，皮肤外观也表现出暗淡无光、苍老、憔悴、倦怠、呈鳞状（表皮脱落、剥离紊乱）、皱纹多等。因此，为了避免由于缺水造成的皮肤问题，在护肤类化妆品中保湿剂是最为常规的功能性添加剂。

7.1.4　皮肤干燥的原因

引起皮肤干燥的外因是气候寒冷、相对湿度低等，当表皮水的蒸气压比周围环境高时，水分会由皮肤表面蒸发散失，因此在低湿度条件下，通常会由于皮肤下层水合作用不足和空气流动等原因，引起表皮过度失水，造成皮肤干燥的症状。

皮肤干燥的内在原因则有角质层缺陷或外角质层脱脂、脱水等。从生理角度来讲，干燥皮肤中角质层细胞间的黏质存有缺陷，此外皮肤所含脂质的质量发生变化。皮肤中脂质形成的屏障可限制水分从皮肤向空气的扩散。脂质屏障与角蛋白相连，角蛋白使水与皮肤结合，有助于防止水的散失。脂质的屏障作用是物理作用，主要取决于渗透压和扩散作用，即湿度、角质层的厚度及其完整性。若皮肤脂质屏障受损，透过皮肤的水分散失速度增快，将加速皮肤的水分流失。

正常皮肤的表皮从基底层到角质层，各层之间水含量呈减少的趋向，并存在着水的浓度差。当最外层角质层水分蒸发后，内层的水分就会向外扩散，补偿角质层水分的损失，这种模式的水分散失称为角质层表皮水分的散失（TEWL）。正常健康人皮肤角质层约含 5%（质量分数）的牢固结合的水。疏松结合的水质量分数约为 40%，称为次级结合水，这部分的水分含量与角质层中天然保湿因子（Natural Moisturiging Factor，NMF）和相关物质的存在有关，并随环境的变化，在角质层中快速地发生水合和脱水作用。还有超过 40% 的游离水分，这部分的水分含量变化很大。因此保湿护肤品的关键作用是限制游离水分流失的同时，进一步维持疏松结合的水分。

7.1.5 保湿护肤类化妆品的作用机理

保湿护肤化妆品的作用机理分为两种：①护肤品在皮肤表面形成一层封闭性的油膜保护层，减少或阻止水分从皮肤表面蒸发，使皮肤下层扩散至角质层的水分在角质层停留，并与其水合；②通过护肤品中含有的保湿活性物质——保湿剂与空气中水分的结合，吸收外界水分使皮肤保持润湿。通常，护肤品中常用的非极性油脂类物质，不能直接软化皮肤和补充水分，其保水作用主要是通过在皮肤表面形成封闭性油膜，间接地使角质层软化，从而保持皮肤柔润，因此并不能从根本上解决水分流失的问题，常作为护肤品的基质来使用。而保湿剂通常是一些具有吸水性的物质，该类物质将吸收的水分通过角质层，形成由上而下的水分浓度梯度，从而实现补充表面水分，降低水分流失。研究显示，皮肤保湿性、皮肤的含水量、表皮保持水分的能力与皮肤保湿剂的使用有直接的相关性。

7.1.6 天然保湿因子（NMF）

1976 年，Jacobi 发现在皮肤角质层中有许多吸附性的水溶性物质参与了角质层中水分的保持，并将这类物质命名为天然保湿因子（NMF）。NMF 形成于表皮细胞的角化过程，具有稳定皮肤角质层水分含量的作用，还可具备从空气中吸附水分的能力。

NMF 中的氨基酸、吡咯烷酮酸、乳酸、尿酸及盐类等物质多为亲水性物质（表 7-1）。这些物质都具有极性基团，易与水分子以化学键、氢键、范德华力等形式形成分子间缔合，使得水分挥发能力下降，从而起到皮肤保湿的作用。另外，这些亲水性物质能镶嵌于细胞脂质和皮脂等结构中，或被脂质形成的双分子层包围，起到防止亲水性物质流失和控制水分挥发的作用。

表 7-1 NMF 的化学组成

成分	含量/%	成分	含量/%
氨基酸类	40.0	钙	1.5
吡咯烷酮酸	12.0	镁	1.5
乳酸盐	12.0	磷酸盐	0.5
尿素	7.0	氯化物	6.0
氨、尿酸、氨基葡萄糖、肌酸	1.5	柠檬酸盐	0.5
钠	5.0	糖、有机酸、肽等其他未确定物	8.5
钾	4.0		

NMF 的这些成分一般存在于角质细胞中。如果皮肤角质层的完整性受到破坏，NMF 将会受到损坏，皮肤的保湿作用下降。皮肤角质层中的 NMF 是皮肤保湿的重要内部因素。

7.2　保湿剂的分类

常用保湿剂可分成以下三个类型——小分子保湿剂、高分子保湿剂、新型高效保湿剂。

小分子保湿剂的分子量小，渗透性强，容易进入角质细胞间隙，若结构中含有羟基且添加浓度较高时，会有一点刺激性，通过吸收环境中的水分来起到保湿作用，如果所处环境相对湿度很低，会从皮肤中吸收水分。常用的小分子保湿剂主要有：多元醇类保湿剂、乳酸和乳酸钠保湿剂、氨基酸类保湿剂、维生素类保湿剂等。一般，此类保湿剂都能溶于水，在常规护肤产品中非常易于使用，且相对来说成本较为低廉，所以此类型的保湿剂在化妆品护肤产品中应用非常广泛。在乳化制品和各种液体制品中都能使用，常用作湿润剂、保湿剂和柔软剂等，也可用作防冻剂、溶剂。

高分子保湿剂的分子量较大，渗透性低，不容易进入角质细胞间隙，但其吸水量可达自身重量的数十倍，即使处于干燥环境，也基本不会从皮肤吸水，具有非常好的成膜作用。常用的高分子保湿剂有：HA、多糖类保湿剂、多肽类保湿剂、聚乙二醇等。多数高分子保湿剂可溶于水，不易溶于有机溶剂，在水溶液中其分子结构会发生舒展而膨胀，故在低浓度的情况下一般具有较高的黏度。在水、乳、霜、精华液、原液等常规化妆品和护肤产品中较易于使用，在较低添加量的情况下就可以达到改善肤感和保湿的作用，其配方成本相对而言也不算非常昂贵，所以常规护肤产品中应用广泛。

新型高效保湿剂的特点是通过调节角细胞的吸水性能及细胞间的脂质屏障结构来维持角质层的含水量，这种调节功能需要生物反应的参与。目前，使用较广泛的新型高效保湿剂主要有神经酰胺、胶原蛋白等，这些保湿剂对皮肤的效果非常好，可增加皮肤的内在保湿力和柔韧性，增强皮肤的抵抗力，并且对特异性皮炎有非常好的改善作用，且有明显的敏感肌修复功效。

7.3　多元醇类保湿剂

多元醇类保湿剂是一类低挥发性、高沸点且具有强吸湿性的保湿剂，是不可缺少的保湿剂原料，因其为大量工业化制造产品，价格低廉，安全性高，在化妆品中广泛使用。该类保湿剂保湿效果较容易受环境的湿度影响，环境的相对湿度过低时，保留水分子的效果会下降，不能高效和长效保湿。常见的多元醇类保湿剂主要有甘油（丙三醇）、丙二醇、丁二醇、聚乙二醇、木糖醇、聚丙二醇、山梨糖醇等。

原料 1　甘油（Glycerol）

【中文别名】丙三醇，1,2,3-丙三醇

【分子式和分子量】$C_3H_8O_3$，92

【CAS 号】56-81-5

【性质】无色、无臭、澄清具有甜味的黏稠液体，甜度为蔗糖的50%。相对密度（20℃）1.261，沸点290℃（分解），熔点18.2℃，折射率（20℃）1.4746，黏度（20℃）1500mPa·s。能从空气中吸收潮气，也能吸收硫化氢、氰化氢和二氧化硫。能与水、乙醇混溶，不溶于苯、氯仿、四氯化碳、二硫化碳、石油醚、油类、长链脂肪醇，可溶解许多无机盐类和气体。

【制备方法】以动植物油脂皂化（制造肥皂）时的副产物为原料，经脱脂、脱臭及脱色后精制（减压蒸馏）获得。也可从蔗糖发酵制得，或以丙烯为原料通过氯化法、过乙酸氧化法等人工合成的方法制得。

【药理作用】甘油具有皮肤保湿作用，同时有助于轻度伤口愈合，并具有止痛作用。

【毒性】LD_{50}，经口，大鼠，26g/kg；LD_{50}，经口，小鼠，4.09g/kg。皮肤，兔子，500mg/24h，轻度。食用对人体无毒，作溶剂使用时可被氧化成丙烯醛而有刺激性。在体内可溶解，氧化成营养物质，即使以稀溶液方式服入100g甘油也无害，但大量高浓度食用具有类似于乙醇的麻醉作用。浓液吸水性强，有时吸收表皮水分会感到略微的刺激作用，浓度低于50%（质量分数）的水溶液对皮肤温和。甘油不会引起急性（一次）皮肤刺激和过敏。

【用途】在制药工业、香料工业、化妆品工业可用作溶剂。甘油对皮肤具有使柔软、润滑的作用，有较强的吸湿性，是应用较早的保湿剂，在化妆品中主要用于粉膏制品、化妆水、牙膏和亲水性油膏等制品中，特别是在水包油型乳化制品中使用较为广泛。甘油最大携水能力接近自身重量的1倍，适用于相对湿度高的条件，湿度很低时（如寒冷的冬天或干燥多风时节），保湿效果不佳，因此常用作基础保湿剂。甘油用作保湿剂时，在化妆品中和水的比例一般控制在3∶1左右。

原料2 丙二醇（1,2-Propanediol）

【中文别名】1,2-丙二醇，1,2-二羟基丙烷，α-丙二醇，甲基乙二醇

【缩写】1,2-PG

【分子式和分子量】$C_3H_8O_2$，76

【CAS号】57-55-6

【性质】具有一定黏度和吸湿性的无色透明液体，稍有特殊味道，无臭。相对密度（20℃）1.036，沸点187.3℃，熔点-60℃，折射率（20℃）1.4329，闪点98.9℃，黏度（20℃）56.0mPa·s，燃点421.1℃，表面张力（25℃）72.0mN/m。能与水、乙醇、乙醚、氯仿、丙酮等多种有机溶剂混溶，并能溶解各种精油，与油脂、石蜡不能混溶。对光、热稳定，低温时更稳定。

【制备方法】①环氧丙烷直接水合法：由环氧丙烷与水在150~160℃、0.78~0.98MPa压力下，直接水合制得，反应产物经蒸发、精馏后制得成品；②环氧丙烷间接水合法：由环氧丙烷与水用硫酸作催化剂间接水合制得；③丙烯直接催化氧化法；④1,2-二氯丙烷法：采用1,2-二氯丙烷为原料，有两条工艺路线，其一将二氯丙烷在弱碱水溶液中直接水解成丙二醇，其二通过二氯丙烷和羧酸盐反应先制得相应的酯，酯再水解成丙二醇。

【药理作用】丙二醇保湿性能温和，清爽，黏腻感低，保湿作用与使用效果优良，质量分数为15%的丙二醇有防霉作用。

【毒性】低毒，每日允许摄入量（ADI）0~25mg/kg；LD_{50}，经口，大鼠，20g/kg；LD_{50}，经口，小鼠，32g/kg；眼睛，兔子，100mg，轻度。通常，在化妆品中丙二醇用量低于质量

分数 15%时，不会引起一次性的刺激和过敏，因此是化妆品行业中最为常用的安全保湿剂之一。

【用途】主要用于乳化制品和各种液体制品的湿润剂和保湿剂，与甘油和山梨醇复配用作牙膏的柔软剂和保湿剂。在染发剂中用作调湿、均染和防冻剂，还可用作染料和精油的溶剂。

原料 3　1,3-丁二醇（1,3-Butanediol）

【中文别名】1,3-二羟基丁烷，(±)-1,3-丁二醇

【分子式和分子量】$C_4H_{10}O_2$，90

【CAS 号】107-88-0

【性质】无色透明黏稠液体，几乎无气味，稍有甜味。熔点<-54℃，沸点 207℃，相对密度（20℃）1.01，折射率（20℃）1.4385~1.4405，表面张力（25℃）37.8mN/m，黏度（25℃）103.9mPa·s，闪点 121℃。与水和乙醇混溶，溶于低级醇类、酮和酯类，微溶于乙醚，不溶于脂肪烃、苯、甲苯和大部分普通含氯有机溶剂。因沸点较高，常压下蒸馏时易受空气氧化，故宜在减压下蒸馏。有良好的吸湿性，可吸收相当于本身质量的 12.5%（RH 为 50%）和 38.5%（RH 为 80%）的水分。

【制备方法】以乙醛为原料，在碱溶液中经自身缩合作用生成 3-羟基丁醛，然后加氢还原得到 1,3-丁二醇。

【药理作用】有良好的抑菌作用，对肺炎球菌 I 型、链球菌 C 型和 A 型的最低抑制浓度为 5%（质量分数），对葡萄球菌的最低抑制浓度为 15%（质量分数）。

【毒性】对高级动物的毒性很低，毒性与甘油相近。LD_{50}，经口，大鼠，29.6g/kg；LD_{50}，经口，小鼠，23.5g/kg。对皮肤、眼睛和口腔黏膜无刺激作用。

【用途】在化妆品中主要用作保湿剂，常用于化妆水、膏霜、乳液和牙膏中，还可用作精油和染料的溶剂。

原料 4　甲基丙二醇（2-Methyl-1,3-propanediol）

【中文别名】2-甲基-1,3-丙二醇

【缩写】MPO

【分子式和分子量】$C_4H_{10}O_2$，90

【CAS 号】2163-42-0

【性质】无色透明液体，熔点-91℃，闪点 100℃，相对密度 1.015。与水、乙醇、丁醇、苯乙烯、四氢呋喃、丙酮、碳酸丙烯酯等溶剂互溶，不溶于环己烷、苯、二甲苯、己烷。

【制备方法】由环氧丙烷异构得烯丙醇，再经过加氢甲酰化反应，合成甲基丙二醇。

【毒性】甲基丙二醇几乎无毒，对皮肤和眼睛无刺激性，通过 FDA 批准。

【用途】在化妆品和个人护理品中可用作代皂剂、中和剂、润肤剂、乳化剂及保湿剂，作为均衡调节溶液整体的极性和非极性添加物，使亲水/亲油两性物质得以共存，从而可保持整体组成的稳定性、透明性以及均质性，还可使香气存留更加持久。

原料 5　山梨醇（Sorbitol, D-Glucitol, Sorbol, D-Sorbitol）

【中文别名】山梨糖醇

【分子式和分子量】$C_6H_{14}O_6$，182

【CAS 号】50-70-4

【性质】白色吸湿性粉末或结晶性粉末，也可为片状或颗粒状，无臭，有清凉爽口甜味。极易溶于水（1g/0.45mL），微溶于冷乙醇、醋酸和二甲基甲酰胺，不溶于其他有机溶剂。具有吸湿性，化学性质稳定，与酸、碱不起作用，不易受空气氧化，耐热性好，无刺激性。从乙醇中结晶所得的山梨醇熔点为 95℃，水中结晶所得的山梨醇熔点为 110～112℃，相对密度（25℃）1.489，质量分数为 10%溶液折射率（25℃）为 1.3477，水溶液 pH 值为 6～7，一般使用质量分数为 70%～85%的溶液，少用纯晶粉末。山梨醇具有良好的保湿性能，与甘油不相上下，在相同浓度下，山梨醇黏度高于甘油。

【制备方法】将 53%的葡萄糖水溶液（用碱液调至 pH 值为 8.2～8.4）和质量分数为 0.1%的镍铝催化剂加入高压釜，排尽空气后高温高压进行反应，当葡萄糖含量达 0.5%以下，沉淀后，将所得山梨糖醇溶液通过离子交换树脂精制即得。

【毒性】LD_{50}，经口，小鼠，23.2g/kg。人长期食用每天食 40g 无异常，超过 50g 时，因在肠内滞留时间过长可导致腹泻。无论浓度高低的山梨醇溶液，对皮肤或口腔黏膜均无刺激作用，不会引起急性皮肤刺激和过敏。

【用途】主要用作保湿剂、甜味剂、金属螯合剂和组织改进剂。在乳化制品中，适量应用有促进乳化粒子微细的作用。山梨醇在日化工业中得到广泛应用，是制备非离子表面活性剂（如 Tween 及 Span 系列）以及维生素 C 的重要原料，也是牙膏、化妆品的膏霜、婴儿制品等最理想的保湿剂。

原料 6　聚乙二醇（Polyethylene glycol）

【中文别名】α-氢-ω-羟基（氧-1,2-乙二基）的聚合物，聚环氧乙烯，聚氧乙烯

【缩写】PEG，PEO-LS

【分子式】$HO(CH_2CH_2O)_nH$

【CAS 号】25322-68-3

【性质】根据分子量的大小不同，聚乙二醇的物理形态可以从无色无臭白色黏液（分子量为 200～700）至蜡状半固体（分子量为 1000～2000），直至坚硬的蜡状固体（分子量为 3000～20000），其各种物理性质随聚合数不同而不同，随着分子量增加，其溶解性减小，吸湿能力也相应降低。熔点 64～66℃，沸点>250℃，相对密度（25℃）1.27，闪点 270℃。

聚乙二醇易溶于水和一些普通的有机溶剂，其中液体聚乙二醇可以以任意比例与水混溶，固体聚乙二醇则只有限的溶解度。即使是分子量最大级别的聚乙二醇在水中的溶解度仍大于 50%。聚乙二醇可溶于大多数高极性的有机溶剂，如醇类、醇-硅混合物、二元醇、酯类、酮类、芳烃类、硝基烷烃等，不溶于脂肪烃、环烷烃和其他低极性的有机溶剂。另外聚乙二醇还可溶于低级醛、胺、有机酸、酸酐和聚合物的单体。但不溶于菜籽油、矿物油等

含有长碳氢链的化合物中。

聚乙二醇是非离子型的水溶性聚合物，能与许多极性较高的物质配伍，对低极性的物质配伍性差，分子量低的聚乙二醇配伍性较好。可与蛋白、氧化淀粉、硝基纤维素、聚乙酸乙烯酯和玉米原粉配伍或部分配伍。与蜂蜡、蓖麻油、明胶、阿拉伯胶、矿物油、橄榄油和石蜡等不互溶。此外，某些金属盐（钙、钴、铜、铁、镁、锰、锡和锌的氯化物，碘化钾）约在100℃时能溶于聚乙二醇，并在室温下保持稳定。

【制备方法】由环氧乙烷与水或乙二醇逐步加成聚合而成。

【毒性】美国联邦食物药品和化妆品法规的食品添加剂增补条例中，已批准把食物化学品药典级的聚乙二醇直接或间接地用作食品添加剂。ADI 值为 $0\sim10\text{mg/kg}$ 体重；LD_{50}，经口，小鼠，$33\sim35\text{g/kg}$；LD_{50}，经口，大鼠，33.75g/kg；LD_{50}，腹膜注射，大鼠，$10\sim13\text{g/kg}$；不刺激眼睛，不会引起皮肤的刺激和过敏。

【用途】聚乙二醇兼有很多优良的性质，如水溶性、不挥发性、生理惰性、温和性、润滑性和使皮肤润湿、柔软，有愉快的用后感等，因此是一种重要的化妆品原料。液体聚乙二醇（如 PEG400）对很多药物原料有很好的溶解能力。相对低分子量的聚乙二醇有从大气中吸收并保存水分的能力，并具有增塑性，可用作润湿剂。随着分子量的升高，吸湿性急剧下降。可选取不同分子量的聚乙二醇改变制品的黏度、吸湿性和组织结构。分子量低的聚乙二醇（$M_r<2000$）适于用作润湿剂和稠度调节剂，用于膏霜、乳液、牙膏和剃须膏等，也适用于不清洗的护发制品，赋予头发丝状光泽。分子量高的聚乙二醇（$M_r>2000$）适用于唇膏、除臭棒、香皂、剃须皂、粉底和美容化妆品等。在清洗剂中，聚乙二醇也用作悬浮剂和增稠剂。在制药工业上，用作油膏、乳剂、软膏、洗剂和栓剂的基质。市售符合食品和药物使用的聚乙二醇更适于化妆品使用。

原料 7　甘油葡萄糖苷（Glucosylglycerol）

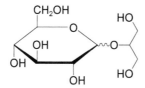

【中文别名】甘油葡糖苷

【缩写】GG

【分子式和分子量】$C_9H_{18}O_8$，254

【CAS 号】22160-26-5

【化学成分或有效成分】甘油葡萄糖苷是由一分子甘油及一分子葡萄糖通过糖苷键连接而形成的糖苷类化合物，根据立体构型（α 和 β）及糖苷键连接位置不同，甘油葡萄糖苷有 6 种立体结构，包括 2-αGG，2S-1-αGG，2R-1-αGG，2-βGG，2S-1-βGG 和 2R-1-βGG，其中仅有 2-αGG 及 2-βGG 为天然构型。

【性质】轻微淡黄色液体，易溶于水，甜度是蔗糖的 55%，具有高耐热性、低热色性、低吸湿性、高持水性等特点，分子量比 HA 小 5000 倍，但其锁水力与 HA 类相当。

【制备方法】①利用高碘酸钠和硼氢化钠催化麦芽糖醇合成 2-αGG；②乙酸、四乙酸铅和硼氢化钠催化异麦芽糖合成 2S-1-αGG；③四乙酸铅催化乙二醇和海藻糖生成 2S-1-αGG 和 2R-1-αGG。

【药理作用】①可显著提高水通道蛋白 AQP3 的表达，为细胞深层补水，还可渗透至真皮层，实现长效保湿；②激活并促进细胞再生，增强细胞活力，加快细胞代谢；③增强皮肤细胞的抗氧化能力；④加速老化细胞中Ⅰ型胶原蛋白前体的合成；⑤在治疗过敏性呼吸系统疾病、保护眼角结膜等方面具有潜在应用价值；⑥与目前具有代表性的抗糖尿病药物伏格列波糖有着相似的结构，对肠道内双糖消化有相似的抑制作用，因此在降血糖方面也能发挥一定作用；⑦作为一种大分子稳定剂，可用于蛋白质药物等的长期保存。

【用途】作为化妆品原料，甘油葡萄糖苷的使用可提高皮肤的保湿效果，消除洁面后皮肤的紧绷感，且其肤感不黏腻，透气性好，因此广泛应用于润肤乳液、保湿精华、爽肤水等产品中。

原料 8　木糖醇（Xylitol）

【中文别名】戊五醇

【分子式和分子量】$C_5H_{12}O_5$，152

【CAS 号】87-99-0

【性质】木糖醇是人体糖类代谢的中间体，在自然界中也广泛存在，尤其在蔬菜、水果、天然蘑菇等食用菌中含量丰富。木糖醇为白色晶体或结晶性粉末，熔点 92～96℃，沸点 216℃，密度 1.52g/cm^3，10%水溶液 pH 值 5.0～7.0。极易溶于水，微溶于乙醇与甲醇，甜度与蔗糖相当，耐热性较高，对酸、碱均较为稳定，与氨基酸、蛋白质不会发生反应。

【制备方法】①连续加氢法：在稀酸催化下，将植物纤维原料（如稻草、玉米芯等）中的木聚糖水解可制得木糖，木糖在一定压力下，以镍为催化剂，加氢制得木糖醇；②电解还原法：木糖粗产品液从通道进入电渗析仪，经 5 段分离后去蒸发水分至黏稠液转移到表面皿上，80℃烘干得产品；③微生物发酵法：以木糖、葡萄糖等为原料发酵得木糖醇。

【药理作用】①木糖醇溶于水时可吸收大量热量，是所有糖醇甜味剂中吸热值最大的一种，故以固体形式食用时，会在口中产生愉快的清凉感，不致龋且有防龋齿的作用；②在体内代谢不受胰岛素调节，是糖尿病人理想的甜味剂、营养剂和治疗剂；③具有消炎抗菌作用。

【毒性】对人体皮肤无刺激性；LD_{50}，经口，大鼠，16.5g/kg；ADI 不做特殊规定。

【用途】木糖醇具有一般多元醇的特性，其保湿效果与甘油相同，又具清爽感，可用作牙膏、化妆品类的保湿剂、抗冻剂等。

原料 9　赤藓糖醇（Erythritol, 1,2,3,4-Butantetraol）

【中文别名】1,2,3,4-丁四醇，内消旋-间赤藻糖醇

【分子式和分子量】$C_4H_{10}O_4$，122

【CAS 号】149-32-6

【性质】白色结晶性粉末，熔点 126℃，沸点 329～331℃，密度 1.451g/cm^3，分子结构对称，属内消旋-间赤藻糖醇。赤藓糖醇食用时口感清凉，甜度纯正，没有后苦味，其甜感是蔗糖的 60%～70%，易结晶，易溶于水，对酸和热的稳定性高，与强氧化剂不相溶。与木糖醇、山梨醇、甘露醇、麦芽糖醇等各类功能性糖醇相比较，赤藓糖醇具有分子量较低、溶液渗透压高、吸湿性低等特点。

【制备方法】①化学合成法：主要有两种，一是通过乙炔和甲醛制备 2-丁烯-1,4-二醇，然后加入过氧化氢与 2-丁烯-1,4-二醇反应，将所得水溶液与铬催化剂、氨水阻化剂相混合，向混合体系中通入氢气，氢化后即得赤藓糖醇；二是以淀粉为原料，用高碘酸氧化生成双醛淀粉，再经氢化裂解得到赤藓糖醇。②生物发酵法：以淀粉为原料，加入淀粉酶、糖化酶等酶类，将淀粉液化、糖化生成葡萄糖，继而采用酵母菌或其他菌种发酵，使葡萄糖转化生成赤藓糖醇，经离心浓缩、结晶分离、干燥精制得赤藓糖醇。

【药理作用】①赤藓糖醇具有抗氧化性，可以清除自由基并抑制其生成；②赤藓糖醇进入人体后，不参与糖的代谢，几乎不会引起血糖的变化，大部分通过肾从尿液中排出体外，可用于糖尿病、葡萄糖不耐受症、肥胖病等特殊人群的功能食品和饮料；③赤藓糖醇具有防龋齿作用，能够促进牙菌斑分解，有利于维持口腔健康；④赤藓糖醇具有保湿及改善肌肤粗糙的效果。

【毒性】生物耐受性好，安全无毒。

【用途】赤藓糖醇的保湿性能和甘油相当，且黏稠性低，有清凉效果，可用于保湿系列的护肤品，同时因其防龋齿性，也可在牙膏中添加赤藓糖醇。

7.4　乳酸、乳酸钠类保湿剂

乳酸是自然界中广泛存在的有机酸，是厌氧生物新陈代谢过程的最终产物，安全无毒。乳酸及其乳酸盐是 NMF 中的主要组成，占其含量的 12%。乳酸对蛋白质有明显的增塑和柔润作用，可使皮肤柔软、溶胀、富有弹性，是护肤类化妆品中很好的酸化剂，可促进水分吸收。乳酸钠是乳酸的钠盐，乳酸钠的平衡相对湿度比同等浓度的甘油低，说明其保湿性比甘油强。乳酸-乳酸钠缓冲溶液，在 pH 4.0～4.5 范围内，可达到乳酸分子和电离乳酸根的平衡，即达到最合适的吸附和润湿的平衡，构成具有亲和作用的皮肤柔润保湿剂。此外，乳酸和乳酸钠具有透气性好、保湿保润效果好、延展性和铺展性能好等优点，因此被广泛用于护肤膏霜、乳液等产品。

原料 1　乳酸（Lactic acid，2-Hydroxy propanoic acid）

【中文别名】2-羟基丙酸，α-羟基丙酸，丙醇酸

【缩写】LA

【分子式和分子量】$C_3H_6O_3$，90

【CAS 号】50-21-5（DL），79-33-4（L），10326-41-7（D）

【性质】无色或微黄色透明糖浆状液体，高纯度乳酸为晶体，有很强吸水能力，几乎无臭或呈酸性气味。通常为外消旋体，无旋光性，相对密度（25℃）1.206，熔点 18℃，沸点 122℃，折射率（20℃）1.4392。能与水、乙醇和甘油混溶，微溶于乙醚，不溶于氯仿、二硫化碳和石油醚，能随过热水蒸气挥发，常压蒸馏则分解。商品级乳酸通常为 60%溶液，药典级乳酸含量为 85.0%～90.0%，食品级乳酸含量为 80%以上。

【制备方法】①乳腈法：将乙醛和冷的氢氰酸连续加入反应釜生成乳腈（或直接用乳腈作原料），在硫酸和水条件下使乳腈水解得到粗乳酸，然后用乙醇酯化，经精馏、浓缩、水解得精乳酸；②丙烯腈法：将丙烯腈在硫酸中水解，水解产物与甲醇反应，分出硫酸氢铵后将所

得的酯加热分解成乳酸，真空浓缩得产品；③丙酸法：以丙酸为原料，经过氯化、水解得粗乳酸，再经酯化、精馏、水解得产品；④发酵法：目前商品级别的乳酸90%以上由微生物发酵法生产，乳酸发酵生产通常以葡萄糖、蔗糖、乳糖、麦芽糖、甘露糖、木糖和半乳糖作为碳源，通过乳酸菌发酵来实现。

【药理作用】乳酸能影响细菌的繁殖，抑制蛋白酶生长，可用作防腐剂、助溶剂等，还能有效地治疗皮肤功能紊乱，如皮肤干燥病等引起的极度干燥症状；乳酸分子的羧基对头发和皮肤有较好的亲和作用，将乳酸和乳酸钠组成缓冲溶液，可调节皮肤的 pH 值；乳酸具有刺激皮肤细胞再生作用。乳酸对皮肤无刺激性，兼有剥离性能、抗菌性能和增白性能，对改善皮肤组织结构，消除皱纹、色斑具有显著效果。

【毒性】LD_{50}，经口，大鼠，3.73g/kg；ADI 无限制性规定。

【用途】乳酸作为皮肤固有天然保湿因子的一部分，可作为保湿剂用于各种护肤品中，如润肤露、沐浴露、护发产品等。也可应用于抗衰老、去角质、美白护肤品中。

原料2 乳酸钠（Sodium lactate）

【中文别名】2-羟基丙酸单钠盐

【分子式和分子量】$C_3H_5NaO_3$，112

【CAS 号】72-17-3

【性质】无色或几乎无色的透明液体，有很强吸水能力，无臭或略有特殊气味，略有咸苦味，密度 $1.326g/cm^3$。能与水、乙醇、甘油混溶，一般浓度为 60%～80%。

【制备方法】在冷却状态下在乳酸中加入氢氧化钠进行中和，置低于 50℃下真空浓缩以除去 80%水分后约放置一星期，再用氢氧化钠中和，然后稀释至一定浓度即得乳酸钠水溶液。

【药理作用】①乳酸钠具抗菌作用，能抑制致病细菌的生长，可用于食品防腐和保鲜；②乳酸钠可解除因腹泻引起的脱水和糖尿病及胃炎引起的中毒，可用来补充体液或电解质；③乳酸钠可治疗皮肤功能紊乱，使皮肤处于轻松湿润状态，防止皱纹产生。

【毒性】LD_{50}，腹膜注射，大鼠，2mg/kg；ADI 无限制性规定。

【用途】乳酸盐是人体皮肤和头发的天然组分，具有独特的 pH 调节和保湿功能，被广泛应用于多种洗浴产品、皮肤护理产品、头发护理产品和口腔护理产品中，如作为调理剂和柔润剂，用于膏霜、乳液、香波、护发制品、剃须制品和洗涤剂中。此外，由于乳酸盐具有抗微生物作用，还可被应用于抗粉刺产品中。

7.5 神经酰胺类保湿剂

神经酰胺存在于所有的真核细胞中，对细胞分化、增殖、凋亡、衰老等生命活动具有重要调节作用。神经酰胺作为皮肤角质层细胞间脂质的主要成分，不仅在鞘磷脂途径中作为第二信使分子，还在表皮角质层形成的过程中发挥重要作用。目前，人类皮肤中共发现 6 类（7 种）天然神经酰胺。神经酰胺是近年来新兴的一种功能食品和化妆品活性成分，具有维持皮肤屏障、保湿、抗衰老、美白、提高免疫力和防癌抗癌等作用，尤其是其高效保湿的特殊功能使得神经酰胺成为化妆品的热点。

原料　神经酰胺（Ceramides）

【缩写】Cers

【分子式】$C_{34}H_{66}NO_3R$

【化学成分或有效成分】神经酰胺是以神经酰胺为骨架的一类磷脂，主要存在于角质层的细胞膜和细胞间基质中，由细胞膜或细胞器膜的鞘磷脂被鞘磷脂酶水解后产生，由一长链的鞘氨醇和连接在其氨基端的饱或不饱和脂肪酸组成。神经酰胺鞘氨醇链中的双键位置、羟基数目不同，脂肪酸的碳链长度不同，对应了不同种类的神经酰胺，常说的护肤品中常用的神经酰胺有神经酰胺 1、神经酰胺 1A、神经酰胺 2、神经酰胺 3、神经酰胺 4、神经酰胺 6Ⅱ等。

【性质】神经酰胺分子具有两亲性，为无色透明液体，是高效保湿剂，可促进细胞的新陈代谢，促使角质蛋白有规律地再生。

【制备方法】①化学合成法：化学合成的主要是拟神经酰胺，其结构与神经酰胺相似，功能相似，可应用于化妆品中，其技术路线是将三羟甲基氨基甲烷溶于二甲基甲酰胺中，加适量三乙胺，加入棕榈酰氯经过一系列反应再引入脂肪酸制得；②微生物发酵法：该方法是近年来的常用制备神经酰胺的方法，即应用雪氏毕赤酵母（*Pichiaciferrii*）或酿酒酵母（*Saccharomyces cerevisiae*）在一定环境下发酵得到四乙酰植物鞘氨醇（TAPS），再对其去乙酰化得到植物鞘氨醇，加入脂肪酸合成神经酰胺等物质。

【药理作用】①保湿性能：神经酰胺结构中含有大量的亲水性基团，对水有较好的亲和作用，可以促进表皮水合作用，增进表皮细胞凝聚力，防止皮肤干燥脱屑，使肌肤光滑有弹性；神经酰胺能在角细胞中形成床板双层结构，有效防止表皮水分散发；神经酰胺能渗透至表皮深处，能促使干性皮肤重新获得对水分的保持能力。神经酰胺被誉为"补水之王"，其保湿功效是 HA 的 16 倍。②抗衰老：神经酰胺能激活衰老细胞，促进表皮细胞分裂和基底层细胞再生，增强皮肤屏障（或隔离保护）作用，防止外界刺激物质侵入。③细胞增殖、凋亡的调节：神经酰胺具有调节细胞生长、变异，引起细胞凋亡，调节蛋白质分泌，参与免疫过程等功能。

【毒性】神经酰胺存在于皮肤角质层中，在化妆品中很安全，无刺激性和毒性。

【用途】神经酰胺是近年来开发出的最新一代保湿剂，是一种水溶性脂质物质，它和构成皮肤角质层的物质结构相近，能很快渗透进皮肤，和角质层中的水结合，形成一种网状结构，锁住水分。神经酰胺作为高效保湿剂，易被皮肤吸收，同时能促进其他营养物质渗透，对老年干性皮肤保湿效果高达 80%。可应用于美白日霜、晚霜、复合洁面乳、复合调理露和复合洁面嗜哩等护肤产品中。

7.6　氨基酸、多肽类保湿剂

氨基酸类天然保湿剂种类有很多，主要包括甜菜碱、吡咯烷酮羧酸钠、水解胶原蛋白、蚕丝蛋白等。氨基酸类天然保湿材料包含生物体所需的营养成分，因此其不但具有较好的保湿效果，而且具有修复受损角质层、滋养护肤的效果。

7.6.1　氨基酸保湿剂

氨基酸保湿剂主要指甜菜碱、吡咯烷酮羧酸钠等。

甜菜碱是一种完全天然、可食用的氨基酸，天然存在于很多植物中，例如甜菜、菠菜、麦芽、蘑菇和水果等，也存在于部分动物体内，例如龙虾的螯、章鱼、鱿鱼以及水生甲壳类动物，甚至在人体肝脏中也含有此类物质。甜菜碱是 NMF 的组成成分。

吡咯烷酮羧酸钠（PCA-Na）是皮肤中天然存在的物质，是氨基酸衍生物，吡咯烷酮羧酸钠大量存在于皮肤角质层中，是表皮的颗粒层丝质蛋白聚集体的分解产物，在皮肤 NMF 中的含量约为 12%。

原料1　甜菜碱（Betaine）

【中文别名】三甲基甘氨酸，N,N,N-三甲基甘氨酸

【分子式和分子量】$C_5H_{11}NO_2$，117

【CAS 号】107-43-7

【性质】白色结晶状粉末或微球体，常温下在空气中易吸潮，密度 1.00g/cm³，熔点 301～305℃，具有高生物相容性。极易溶于水，可溶于乙醇、甲醇，微溶于乙醚。在酸性和碱性条件下均有良好的稳定性，且几乎可与所有的表面活性剂复配。具有独特的保湿性能，其保湿性是丙三醇的 12 倍，山梨醇的 3 倍。甜菜碱在水溶液中能形成氢键，其结构中的羧基（COO⁻）是亲水基，能吸引水中的氢原子。当有一个水分子与甜菜碱结合后，它也很容易被另外一个水分子取代，所以甜菜碱是水分子携带者，当皮肤缺水时，它很容易将携带的水分子释放出来，即使在较低浓度下，也能持久保湿。

【制备方法】可从天然植物的根、茎、叶及果实中采用色谱分离技术提取制得，或采用三甲胺和氯乙酸为原料化学合成。

【药理作用】甜菜碱能迅速改善肌肤和头发的水分保持能力，具有独特的保湿及保护细胞膜的性能，同时能增加活性成分在水中的溶解度，降低表面活性剂或果酸对皮肤的刺激性，还具有增进皮肤弹性、促进细胞更新、促进水溶性聚合物的膨胀和增稠、在口腔护理产品中帮助活性成分渗透等多种特性。甜菜碱通常被认为是生命体新陈代谢的中间产物，也可能是作为甲基提供者参与合成蛋氨酸。无水甜菜碱具有明目、抗脂肪肝、保护肾脏、治疗动脉粥样硬化等心血管疾病等作用，是一种高效、优质的营养型添加剂。

【毒性】无刺激性和毒性。

【用途】广泛应用于护肤产品、洗护发产品及口腔护理产品等个人护理产品领域中，能提供极佳的用后感，滋润清爽，有效降低体系刺激性及肌肤过敏现状。医药级甜菜碱可用于医药、化妆品、食品、果汁行业以及牙科材料，也可应用于食品发酵行业。

原料2　吡咯烷酮羧酸钠（Sodium pyrrolidone carboxylate，Sodium PCA）

【中文别名】PCA 钠，咯烷酮羧酸钠，钠羟基皮酪烷酮

【缩写】PCA-Na，Na-PCA

【分子式和分子量】$C_5H_6O_3NNa$，151

【CAS 号】28874-51-3

【性质】无色或微黄色透明无臭液体，相对密度（25℃）1.26～1.30，pH 值 6.8～7.4，沸点 109℃。易溶于水和乙醇，不溶于油。具有比较强的吸湿性，也可以从空气中吸收水分，保湿能力强于甘油、丙二醇、山梨醇等传统保湿剂，手感舒爽，无黏腻厚重感，对皮肤及眼黏膜几乎没有刺激。

【制备方法】谷氨酸经分子内脱水，即形成 PCA，再碱中和形成 PCA-Na。

【药理作用】PCA-Na 是优异的皮肤增白剂，对酪氨酸氧化酶的活性有抑制作用，可阻止"类黑素"在皮肤中沉积，从而使皮肤洁白。PCA-Na 能作角质软化剂，对皮肤"银屑病"有良好的治疗作用。

【毒性】PCA 是皮肤新陈代谢过程的产物，是天然保湿因子的主要成分，在化妆品中使用是很安全的。

【用途】PCA-Na 的生理作用是使角质层柔润，角质层中 PCA-Na 含量减少，皮肤会变得干燥和粗糙。PCA-Na 主要作为保湿剂和调理剂，用于膏霜类化妆品、化妆水、乳液等中，也代替甘油用于牙膏、软膏药物、烟草、皮革、涂料中作润湿剂，以及柔软剂、抗静电剂等。

原料 3　γ-聚谷氨酸钠（Sodium polyglutamate）

【中文别名】多聚谷氨酸钠，聚谷氨酸钠，聚 γ-谷氨酸钠

【缩写】PGA-Na，γ-PGA

【分子式】$(C_5H_7NO_3 \cdot Na)_n$

【CAS 号】28829-28-1

【化学成分或有效成分】聚谷氨酸是由 D-谷氨酸和 L-谷氨酸通过 γ-酰胺键聚合而成的多聚氨基酸，大多由 500～5000 个谷氨酸单体组成。聚谷氨酸钠是聚谷氨酸的谷氨酸单元体侧链的羧基电离形成阴离子羧酸根（COO^-）后，与 Na^+ 结合形成的产物。

【性质】聚谷氨酸本身难溶于水，必须要离子化后才能与水相溶，聚谷氨酸钠水溶性极好，其水胶为无色无味透明柔软胶质，有独特的三维空间结构，因而具有超强的吸水保湿能力。

【制备方法】采用微生物发酵法将聚谷氨酸的发酵液用盐酸调 pH 值至 3，离心去除菌体后，用 4 倍体积的 95%乙醇进行多次沉淀即得 H 型聚 γ-谷氨酸（PGA-H），将 PGA-H 溶解后，用 NaOH 中和至中性，即得 γ-聚谷氨酸钠。

【药理作用】①具有增加头发韧性，减少染发过程中头发损伤的功效；②具有美白功效，可显著抑制酪氨酸酶活性，抑制皮肤黑色素生成；③具有抑制透明质酸酶活性的作用，可缓解因透明质酸酶的活化而引起的皮肤结缔组织中 HA 的降解，进而防止因皮肤结缔组织疏松导致的皮肤松弛，缓解皱纹的产生。

【毒性】无刺激性，低毒性。

【用途】同时兼具美白、保湿和防皱三重功效，其在功效型化妆品中应用广泛。用于面膜、早晚霜等护肤品中，能起到保持表皮水分、减少角质层水分流失的作用。用于洗发护发产品中，能锁住毛发表面毛鳞片的水分，具有养护发质、滋养头皮、减少头屑产生、减少毛发枯燥等功效；用于护肤的药膏中，能减轻皮肤因缺水引起的过敏、粗糙和损伤，提高皮肤免疫力，恢复细胞功能，能够提高新陈代谢。

7.6.2　蚕丝蛋白保湿剂

天然蚕丝主要由丝素、丝胶两种蛋白质组成，其中丝素占 70%～80%，丝胶为 20%～30%。蚕丝蛋白在结构上具有与人体肌肤相似的亲和性，具有良好的吸湿和保湿性能，能适应环境变化，起天然调湿、改善皮肤营养、防止皮肤干燥起皱、增强皮肤细胞活力和弹性、促进细胞新陈代谢及维持皮肤正常生理状态的作用。蚕丝蛋白应用在化妆品上，是目前化妆品中最好的原材料之一，无毒副作用，与人体的亲和性好，对皮肤无刺激，无过敏反应，渗透力强。丝蛋白作为化妆品添加剂，其主要优点是热稳定性好，具有防晒、保湿、提供营养等功能，具有良好的配伍性，可大量添加。

原料 1　丝素（Fibroin）

【中文别名】丝素粉，丝素肽

【化学成分或有效成分】丝素粉保持了蚕丝蛋白的原始结构和化学组成，含有十八种氨基酸，具有人体所必需的 8 种氨基酸，其中甘氨酸（Gly）、丙氨酸（Ala）和丝氨酸（Ser）约占总组成的 80%以上。

【性质】白色粉末状高分子蛋白质，细腻滑爽，透气性好，附着力强，能随温度和湿度的变化吸收或释放水分，保持亲水亲油平衡，保持着天然蚕丝的美丽光泽，不易受细菌污染。

【制备方法】用蚕丝脱胶后的丝素纤维加工制成。

【药理作用】①营养性：丝素组成成分中的丝氨酸、赖氨酸、天冬氨酸、谷氨酸都是皮肤的营养要素，可改善肌肤的营养，增强皮肤细胞活力，促进细胞新陈代谢；②修复作用：丝素中的亮氨酸与组氨酸为皮肤伤口愈合所必需的氨基酸,对皮肤皲裂症有良好的治愈作用，同时还可预防酸碱等高刺激类化学物质对皮肤的损害；③抗辐射作用：丝素具有吸收紫外线的作用，对防止皮肤干燥、晒黑、晒伤有特殊功效；④保湿作用：丝素粉光滑、细腻、透气性好、附着力强，能随环境温湿度的变化而吸收和释放水分，对皮肤角质层水分有较好的保持作用；⑤改变皮肤光泽：丝素保持了蚕丝蛋白的原始结构和化学组成，因此具有蚕丝蛋白特有的柔和光泽。

【毒性】对人体无毒、无副作用，对皮肤无刺激性，在体内可以缓慢降解，具有良好的生物相容性。

【用途】丝素蛋白与人体皮肤蛋白均属于纤维蛋白，结构具有相似之处，因此与人体皮肤具有非常强的亲和性，是美容化妆品中常用的高档基础原料，其在韩国品牌的化妆品中更为常见，也是很多韩妆品牌很常见的一个营销点。常用于防晒化妆品、保湿类化妆品和美容类化妆品中。丝素具有良好的热稳定性，在粉质类美容化妆品中的用量较大，可占 20%，可改善其涂抹性和肤感。

原料 2　丝肽（Silk peptide）

【中文别名】水解丝蛋白

【CAS 号】96690-41-4

【化学成分或有效成分】丝素蛋白水解成分子量较小的能透过半透膜的中间产物称为肽，丝肽就来自丝素蛋白的水解，因此其组成与丝素相似。

【性质】浅黄或琥珀色的透明液体，因其水解的深度不同而得到不同分子量的丝肽，分子量可从几百到几千，丝肽产品根据丝肽的丝粗细度的不同和分子量的大小来分类，化妆品中常用的有丝肽 500、丝肽 1000 等。丝肽可溶于水，与常用的表面活性剂都相溶，由于丝肽分子结构的侧链含有大量的氨基、羧基、羟基等亲水性基团，能够有效地结合水分子，使丝肽具有很好的吸湿保湿作用。丝肽具有较强的渗透力。

【制备方法】将丝素溶解成均相溶液，随后加入酸或碱控制性降解，获得目标分子量丝肽，经电渗析脱杂离子获得丝肽溶液，经干燥即可获得丝肽粉。

【药理作用】①保湿作用：丝肽的保湿作用不受环境（温度、湿度等）变化的影响，具有较好的成膜性，能在皮肤和头发表面形成一层保护膜，这类保护膜具有良好的韧性、弹性、柔软性，同时兼具营养肌肤、延缓衰老、减少皱纹的作用；②美白作用：丝肽能抑制皮肤中黑色素的生成，分子量小的丝肽对黑色素生成的抑制更为有效；③营养作用：由于丝肽分子中的氨基酸与人体皮肤中的氨基酸组成结构相似，它使皮肤具有极佳的亲和性，素有"第二皮肤"之美誉，此外其渗透性能好，尤其低分子量（1000 以下）的丝肽，可透过角质层与皮肤上皮细胞结合，参与和改善皮肤细胞的代谢而起着营养作用，使皮肤滋润、柔软、光泽和富有弹性；④修复作用：丝肽对皮肤伤口愈合效果显著；⑤防晒作用：丝胶中的酪氨酸、色氨酸、苯丙氨酸等能有效吸收紫外线，防止紫外线对皮肤的损伤。

【毒性】对人体无毒、无副作用，对皮肤无刺激、无过敏反应。

【用途】可广泛用于化妆品，它与化妆品其他原料有良好的配伍性，多将它添加到膏霜、乳液、护发用品等各类美容制品中。

7.7　维生素保湿剂

维生素是人体生命代谢必不可少的物质。由于吸收和代谢等方面的原因，口服维生素与食用含有维生素的食物不能有足够量的维生素输运至皮肤，因此，通过护肤类化妆品直接使用维生素，通过皮肤的吸收功能，可得到皮肤组织细胞代谢所需的维生素，对于防止皮肤代谢性老化、干燥、生皱、鳞状性等皮肤病的发生，以及促进肌肤健康大有裨益。

根据溶解性能，维生素可分为脂溶性维生素和水溶性维生素两大类。脂溶性维生素包括维生素 A、维生素 D、维生素 E 和维生素 K，水溶性维生素包括维生素 C 和 B 族等维生素。由于皮肤外面有一层肉眼不可见的皮脂膜，皮肤基本只能吸收脂溶性成分，因此脂溶性维生素可以直接添加于护肤品中。而对于水溶性维生素，由于其存在不可被皮肤吸收和对光热不稳定的问题，在多数情况下，用于护肤品的水溶性维生素均需经过改性，例如最为常用的美白抗氧化成分维生素 C，在护肤品中通常使用其衍生物。通过水溶性维生素的结构修饰一方面可能保持其结构的稳定性，另一方面可使其具有脂溶性而利于皮肤吸收。

在化妆品中具有保湿作用的维生素类原料主要有维生素原 B_5 和丝氨基酸等。

原料　维生素原 B_5（Panthenol；Provitamin B_5）

【中文别名】泛醇，泛酰醇，N-(α,γ-二羟基-β,β-二甲基丁酰)-β-氨基丙醇

【分子式和分子量】$C_9H_{19}NO_4$，205

【CAS 号】81-13-0

【性质】透明、黏性、稍具吸湿性，略带苦味，沸点 210℃（101.3kPa，分解）。易溶于水、乙醇、甲醇、丙二醇，溶于氯仿和乙醚，难溶于甘油，不溶于植物油、矿物油和脂肪，其水溶液对石蕊呈碱性。

【制备方法】制备 D-泛醇的方法是先将 DL-泛解酸内酯经过拆分得到 D-型，再与 3-氨基

丙醇反应制得 D-泛醇。DL-泛醇由 DL-泛解酸内酯直接与 3-氨基丙醇反应制得。

【药理作用】维生素原 B_5（泛醇），这是在护肤和护发产品中使用和研究最广泛的一类维生素，它是生物体合成维生素 B_5（泛酸）的前体。泛酸是重要的生理活性物质，在动植物中广泛分布，与头发、皮肤的营养状态密切相关。维生素原 B_5 进入人体能转化为泛酸进而合成为辅酶 A，促进人体蛋白质、脂肪、糖类的代谢。①保湿修复作用：泛醇是一种优异的皮肤及毛发保护剂，能刺激细胞的分裂增殖，增进纤维芽细胞的增生，有协助修复皮肤组织的功能。②修复作用：维生素原 B_5 具消炎及愈合表皮创伤之作用，并能减轻配方中其他成分（表面活性剂等）对皮肤的刺激与对毛发的损伤。③防晒作用：泛醇具有抗紫外线的作用。

【毒性】LD_{50}，经口，大鼠，15g/kg。

【用途】泛醇是一种优异的皮肤与头发保护剂，在护肤或护发品中添加一定量的泛醇，可使皮肤保持柔嫩、毛发光亮油润，被广泛用于精华液、面霜、乳液、口红以及头发制品中。

7.8　多糖类保湿剂

多糖是以单糖通过糖苷键连接构成的一类高分子的总称，多糖是一类重要的生物活性大分子，是人体皮肤真皮层的重要组成成分，许多多糖在皮肤新陈代谢过程中具有突出的调节作用。

皮肤中的多糖是一些由氨基己糖、己糖醛酸等与醋酸、硫酸等缩合而成的黏多糖，主要包括 HA、硫酸软骨素和肝素等。这些多糖通过广泛参与细胞的各种生命活动实现多种生物学功能，如增强免疫特性、抗肿瘤、抗病毒、抗凝血、抗辐射和延缓衰老等。多糖普遍具有保湿、延缓衰老、促进上皮纤维成细胞增殖和美化肤色等多种功能，因此具有生物活性多糖作为功效性化妆品添加剂在化妆品中的应用是生物美容的一个重要方向。

多糖最为突出的特性是保湿作用，多糖的保湿作用在于：①多糖分子中的羟基、羧基和其他极性基团可与水分子形成氢键而结合大量的水分，同时，多糖分子链还相互交织成网状，因此具有很强的保水性，此外，在胞外基质中，多糖与皮肤中的其他多糖组分及纤维状蛋白质共同组成含大量水分的胞外胶状基质，为皮肤提供水分；②多糖具有良好的成膜性能，可在皮肤表面形成一层均匀的薄膜，减少皮肤表面的水分蒸发，使得水分从基底组织弥散到角质层，诱导角质层进一步水化，保存皮肤自身的水分，而完成润肤作用。

常用于化妆品的多糖有 HA、甲壳素、海藻糖、棉籽糖、麦芽四糖、普鲁兰多糖等。

7.8.1　透明质酸保湿剂

1934 年美国哥伦比亚大学眼科教授 Meyer 等首次从牛眼玻璃体中分离出透明质酸（HA），HA 是具有特殊功能的一种线性大分子黏多糖，广泛分布于动物和人体结缔组织细胞外基质中，它跟细胞外液中的水分调节、创伤愈合、血管壁的通透性调节、水电解质扩散及运转、病毒感染防止、关节润滑、眼的透明度维持等关系密切。

原料 1　透明质酸（Hyaluronic acid）

【中文别名】玻尿酸

【缩写】HA

【分子式】$(C_{14}H_{21}NO_{11})_n$

【CAS 号】9004-61-9

【化学成分或有效成分】HA 是具有特殊功能的一种独特的线性大分子黏多糖，是由葡萄糖醛酸和 N-乙酰氨基葡萄糖的双糖单位反复交替连接而成，与其他天然黏多糖不同，HA 分子内不含硫酸基团，也不与蛋白质共价结合，能以自由链形式在体内游离存在。天然 HA 广泛存在于人和动物体内（如人胎盘脐带、公鸡冠、牛眼和皮肤组织），是细胞间的基质，分子量为 20 万～100 万，其最重要的生物学作用是保持细胞间基质中的水分，其保持水分的能力比一般的天然和合成聚合物要强。

【性质】白色无定形或纤维状物质，无臭，有强吸湿性，易溶于水，溶于醇、酮、乙醚等有机溶剂。水溶液呈酸性，带负电，电泳时移向正极。在高浓度（1%）时，分子间以网状形式存在，有很高的黏弹性和渗透压，与阿利新蓝、亚甲基蓝反应呈蓝色。HA 可保留比自身重 500～1000 倍的水，质量分数为 2% 的 HA 水溶液能保持质量分数为 98% 的水分。HA 的高分子结构缠绕形成网状结构，水分子以极性键和氢键的形式与 HA 分子结合分布于网状结构中，使水分不易流失。

【制备方法】①从动物组织中提取：主要原料是鸡冠和牛眼玻璃体等，用丙酮或乙醇将原料脱脂、脱水，用蒸馏水浸泡，过滤，饱和 NaCl 水溶液洗涤，二氯甲烷萃取，加入胰蛋白酶保温后得到混合液，用离子交换剂进行处理、纯化得到精制的 HA，但这种方法提取率极低，仅 1% 左右；②微生物发酵：以葡萄糖作为碳源发酵液，在培养基中发酵 48h，发酵结束后，过滤除去菌丝体和杂质，用醇沉淀法等简单操作即可得到高纯度的产物；③化学合成：采用天然酶聚合反应，首先使用多糖类聚合物合成透明质酸氧氮杂环戊烯衍生物，然后加水分解酶，得到衍生物和酶的复合体，加热至 90℃ 除去酶，即合成 HA，采用人工合成法可降低 HA 的制造成本，但纯度较低。

【药理作用】HA 具有很高的医用价值，广泛应用于各类眼科手术，如晶体植入、角膜移植和抗青光眼手术等，还可用作隐形眼镜的保湿剂；HA 与蛋白质结合后以复合物形式存在于细胞间隙，形成凝胶，将细胞黏合在一起，发挥正常的细胞代谢及组织保护的作用，保护细胞不受病原菌的侵害，防止感染及肿瘤细胞的蔓延，起到加快恢复皮肤组织和提高愈合再生能力，减少疤痕等作用，可用作透皮保湿剂，用于治疗关节炎、促进伤口愈合和皮肤保湿。

【毒性】品质纯正的 HA，在化妆品中很安全，无刺激性和毒性。

【用途】主要用于各类护肤膏霜和乳类化妆品中，如抗皱霜、营养霜和眼用啫喱等，能起到独特的保护皮肤作用，可保持皮肤滋润光滑、细腻柔嫩、富有弹性，具有防皱、抗皱、美容保健和恢复皮肤生理功能的作用。大分子 HA（1800000～2200000）可在皮肤表面形成一层透气的薄膜，使皮肤光滑湿润，并可阻隔外来细菌、灰尘、紫外线的侵入；中分子 HA（1000000～1800000）可紧致皮肤，长久保湿；小分子 HA（400000～1000000）能渗入真皮，具有轻微扩张毛细血管，增加血液循环、改善中间代谢、促进皮肤营养吸收作用。HA 生物相容性好，几乎可添加到任何剂型的化妆品中，考虑到 HA 在化妆品配方当中的增稠作用以及肤感，一般建议添加量为 0.05%～1%。

原料 2　透明质酸钠（Sodium hyaluronate）

【中文别名】玻璃酸钠，玻尿酸钠

【分子式】$(C_{14}H_{20}NO_{11}Na)_n$

【CAS 号】9067-32-7

【性质】透明质酸钠是 HA 的钠盐形式，为白色或乳白色颗粒或粉末，无臭味，干燥时，氮含量为 2.8%～4.0%，葡糖醛酸含量为 37.0%～51.0%，同样具有保湿作用，可溶于水，沸点 791.6℃，相对密度（25℃）1.78，闪点 432.5℃。透明质酸钠保水量可达其自身重量的 1000倍。在护肤成分中透明质酸钠具有更强的稳定性和穿透能力，因为它是盐形式，透明质酸钠更稳定。另外，透明质酸钠分子更小，这意味着当其只作用于皮肤表面时，能够更有效地吸收并渗透皮肤更深层，作为保湿剂将环境和皮肤下层的水分吸入表皮，作为皮肤的水库，帮助它调节水分含量。

【制备方法】将 HA 制备成钠盐即得。

【毒性】LD_{50}，经口，大鼠，800mg/kg。

【用途】透明质酸钠作为保湿剂其保湿效果要比吡咯烷酮羧酸、山梨醇及甘油优异，作为膜形成剂其膜强度和弹性比角蛋白、PVA 优异，对表皮的平滑化作用比角蛋白、硫酸软骨素等优异，已广泛应用于高级化妆品生产，被誉为当代新潮化妆品的原料，多用于保湿产品，如精华液、乳液、肌底液、面膜等产品中。

7.8.2　甲壳素类保湿剂

甲壳素是存在于甲壳类动物壳中的一种高分子量多糖，是许多低等动物，特别是节肢动物如各种虾类、蟹类等甲壳类和昆虫类如独角仙、蟋蟀及其他动物的骨骼与生物表皮的重要组成部分，同样它们也存在于低等植物如真菌和藻类等细胞壁中。其生物合成量大约每年几十亿吨，存在量仅次于纤维素，是一种取之不尽、用之不竭的可再生生物资源。甲壳素对细胞无排斥力，具有修复细胞的作用，能缓减皮肤过敏性现象，甲壳素中含有的 β-葡聚糖能有效保持皮肤水分，是化妆品中常用的高分子保湿剂。

壳聚糖是甲壳素最重要的衍生物，是甲壳素脱乙酰度达到 70% 以上的产物，分子结构中的氨基基团比甲壳素分子中的乙酰氨基基团反应活性更强，使得该多糖具有优异的生物学功能并能进行化学修饰反应。壳聚糖具有生物降解性、生物相容性、无毒性、抑菌、抗癌、降脂、增强免疫等多种生理功能，广泛应用于食品添加剂、纺织、农业、环保、美容保健、化妆品、抗菌剂、医用纤维、医用敷料、人造组织材料、药物缓释材料、基因转导载体、生物医用领域、医用可吸收材料、组织工程载体材料、医疗以及药物开发等众多领域和其他日用化学工业。目前市场上提到的甲壳素产品多为壳聚糖产品。

原料 1　甲壳素（Chitin）

【中文别名】几丁质，甲壳质，壳蛋白

【分子式和分子量】$(C_8H_{13}O_5N)_n$，203.19n

【CAS 号】1398-61-4

【化学成分或有效成分】甲壳素的化学名称为 β-(1,4)-2-乙酰氨基-2-脱氧-D-葡萄糖缩聚体，它是由许多 N-乙酰基-D-氨基葡萄糖通过 β-1,4-苷键连接起来的直链高分子生物多糖，其分子量一般都在 100 万以上。

【性质】白色或灰白色半透明无定形固体，大约在 270℃分解，几乎不溶于水、乙醇、乙醚、稀酸和稀碱，可溶于浓无机酸，但同时主链发生降解。已发现的能溶解甲壳质的溶剂有三氯乙酸-二氯甲烷、二甲基乙酰胺-氯化锂。甲壳质大分子排列有序，呈微纤维网状的高度晶体结构，根据结晶单元中分子链的不同排列顺序分为 3 种多晶型物，分别为 α 型、β 型、γ型。自然界中存在的甲壳质多为 α 型，α 型的含量最丰富也最为稳定。

【制备方法】将粉碎的干蟹（虾）壳用质量分数为 5%～10%的稀盐酸浸泡 24h，用清水洗涤数次，抽滤，完成脱钙，再用质量分数为 6%～10%氢氧化钠溶液浸没除钙，然后将蟹（虾）壳用水浴加热至沸腾，并保温一定时间后抽滤，滤渣用清水洗涤至中性，脱蛋白、脱色、0.6%的亚硫酸氢钠漂白、过滤、洗涤、干燥后，即得甲壳质。

【药理作用】甲壳素能调节人体生理代谢活动，达到强化免疫、预防疾病的功效。其在皮肤表面具有成膜性，该种薄膜对皮肤具有透氧、保湿的保护作用，同时具有抗紫外线、抗菌感染等多种保护皮肤老化的功能；还能排毒养颜、防止脂褐质沉积、促进重金属离子和脂褐质排泄和降解。此外，甲壳素还能提高人体内脏及皮肤自我分解毒素的能力，比如可以通过促进超氧化物歧化酶（Superoxide dismutase，SOD）的活性来加速分解多余脂肪及脂褐质，防止血管硬化，促进血循环，达到美肤功能。

【毒性】LD_{50}，静脉注射，大鼠，50mg/kg。

【用途】甲壳素在化妆品中适用于美容剂、毛发保护剂、保湿剂等。由于不溶于一般溶剂，使甲壳素在化妆品的应用受到限制，常用于粉末状的干式香波，或配制成面部清洁液，如在洗面奶、洗面乳配方中，作为摩擦吸附剂使用。

原料 2　壳聚糖（Chitosan）

【中文别名】脱乙酰甲壳质，可溶性甲壳素，聚氨基葡萄糖

【分子式和分子量】$(C_6H_{11}O_4N)_n$，161.16n

【CAS 号】9012-76-4

【化学成分或有效成分】壳聚糖的化学名称为 $β$-(1,4)-2-氨基-2-脱氧-D-葡萄糖缩聚体。

【性质】白色或灰白色，略有珍珠光泽，半透明无定形固体，约在 185℃分解，不溶于水和稀碱溶液，可溶于稀有机酸和部分无机酸（盐酸），但不溶于稀硫酸、稀硝酸、稀磷酸、草酸等。壳聚糖作为溶液被存放和使用时，需处于酸性环境中，但由于其缩醛结构的存在，使其在酸性溶液中发生降解，溶液黏度随之下降，加入乙醇、甲醇、丙酮等可延缓壳聚糖溶液黏度降低。壳聚糖结构中含有羟基和氨基，可通过酰化、羧基化、羟基化、氰化、醚化、烷化、酯化、醛亚胺化、叠氮化、成盐、螯合、水解、氧化、卤化、接枝与交联等反应生成各种不同结构和不同性能的衍生物。

【制备方法】由甲壳素脱去 C-2 上的乙酰基制取壳聚糖，常用质量分数为 45%～50%氢氧化钠溶液浸泡甲壳质并加热，水洗至中性，抽滤，干燥即制得壳聚糖。

【药理作用】由于壳聚糖属于氨基多糖类化合物，是天然多糖中很少见到的带正电荷的高分子物质，从而使它具有诸多独特的功能，此类化合物用于发用制品时，具有能保持头发表面的成膜通透性、润湿、使柔软有光泽、易梳理、抗静电、防止灰尘、止痒祛头屑、增强头发细胞的新陈代谢和给头发提供营养等功能；在护肤美容化妆品中，具有易成膜，皮肤调

理性能好，防止皮肤干裂、粗糙及老化，加速伤口愈合，增强化妆品有效成分的透皮吸收，加速表皮细胞的代谢和再生能力的功能。此外，具有保湿、抑菌、吸收紫外线、去除角质层、辅助抗皮肤过敏及抑制口腔细菌和预防龋齿等功效。

【毒性】对皮肤安全，无刺激，无急性毒性，具有生物可降解。

【用途】壳聚糖具有良好的吸湿、保湿、调理、抑菌等功能，与乳化剂、表面活性剂等成分复配性能好，化学性质稳定，具有稳定剂型的作用，同时还具有增溶、乳化、增稠等多种功能，因此在日化产品中常用，适用于润肤霜、淋浴露、洗面奶、摩丝、高档膏霜、乳液、胶体化妆品等。

7.8.3 低聚糖类保湿剂

原料1 海藻糖（Trehalose，α-D-Glucopyranoside）

【中文别名】D-海藻糖，蕈糖，蘑菇糖，α-D-吡喃葡糖基-α-D-吡喃葡糖苷

【分子式与分子量】$C_{12}H_{22}O_{11}$，342

【CAS 号】99-20-7

【化学成分或有效成分】海藻糖广泛存在于各种生物体中，包括细菌、酵母、真菌和藻类以及一些昆虫、无脊椎动物和植物中，是由两个吡喃葡萄糖分子以 α,α-1,1-键连接成的一个非还原性双糖，经常以二水合物存在。

【性质】白色至灰白色结晶粉末，结晶海藻糖的密度为 $1.512g/cm^3$，熔点为97℃，于130℃失水，海藻糖的甜度相当于蔗糖的45%，具有独特的清爽味质，是一种甜味柔和的优质糖质。易溶于水、热乙醇、冰醋酸，不溶于乙醚、丙酮。海藻糖是天然双糖中最稳定的一类，由于不具有还原性，对热和酸碱都具有非常好的稳定性，还具有低吸湿性，在与氨基酸、蛋白质共存时，即使加热也不会发生美拉德反应。

【制备方法】①葡萄糖来源：由海藻糖-6-磷酸合成酶催化葡萄糖从 UDP-葡萄糖向葡萄糖6-磷酸转移形成海藻糖-6-磷酸和 UDP，海藻糖-6-磷酸磷酸酶进一步将磷酸基团脱掉形成海藻糖；②麦芽糖糊化来源：首先在麦芽寡糖基海藻糖合成酶的催化下发生糖基转移，将麦芽糖糊精链最后一个还原性葡萄糖的 α,α-1,4-糖苷键转化成 α,α-1,1-糖苷键，形成麦芽寡糖基海藻糖，再在麦芽寡糖基海藻糖水解酶的催化下释放海藻糖；③麦芽糖直接来源：在海藻糖合酶作用下，将麦芽糖中的 α,α-1,4-糖苷键通过分子内重排异构化成 α,α-1,1-糖苷键，得到海藻糖。

【药理作用】海藻糖进入人体后在小肠中被海藻糖酶分解为两分子葡萄糖，进而被人体的新陈代谢所利用，因此是一种重要的能量来源；海藻糖具有保持细胞活力和生物大分子活力的功效，能够在细胞表层形成一层特殊的保护膜，从膜上析出的黏液不仅能够滋润皮肤细胞，还具有将外来的热量反射出去的功能，从而能够保护皮肤不受紫外线的辐射损伤。

【毒性】对皮肤安全，无刺激，无急性毒性。

【用途】由于海藻糖具有保湿、防晒、防紫外线等功效，可以作为保湿剂、保护剂等添加到乳液、面膜、精华素、洗面奶中，还可作为唇膏、口腔清洁剂、口腔芳香剂等的甜味剂和改良剂。无水海藻糖还可以用于化妆品中作为磷脂以及酶的脱水剂。

原料 2　棉籽糖（Raffinose）

【中文别名】棉子糖，蜜三糖，蜜里三糖

【分子式与分子量】$C_{18}H_{32}O_{16}$，504

【CAS 号】512-69-6

【化学成分或有效成分】棉籽糖是甜菜糖蜜或棉籽中存在的低聚糖，是由右旋半乳糖、右旋葡萄糖和左旋果糖组成的三糖，化学名为 α-D-吡喃半乳糖基-(1→6)-α-D-吡喃葡萄糖基-(1→2)-β-D-呋喃果糖苷。

【性质】长针状白色或浅黄色结晶，通常含有 5 分子结晶水，熔点为 80℃，在 100℃ 以上逐渐失去结晶水。易溶于水，微溶于乙醇等极性溶剂，不溶于石油醚等非极性溶剂。在热、酸环境中都很稳定，在 20℃ 水中溶解度为 14.2g，并随温度上升溶解度显著增大。由于棉籽糖为非还原性糖，发生美拉德反应程度很低，与其他低聚糖相比，棉籽糖无吸湿性，即使在相对湿度为 90% 环境中，棉籽糖也不会吸湿结块。其有微甜味，甜度值仅为蔗糖的 20%。

【制备方法】①从甜菜糖蜜中提取，提取的过程包括脱盐脱色、浓缩、色谱分离、2 次浓缩、多次结晶、干燥、粉碎得成品；②还可从棉籽或豆类种子通过离子交换色谱法提取。

【药理作用】①菌群调节：能够同时促进双歧杆菌、乳酸杆菌等有益菌的繁殖生长，并有效抑制肠道有害菌的繁殖，建立健康的肠道菌群环境；②肠道功能调节：棉籽糖能够整肠通便防止便秘、抑制腹泻、排毒养颜；③保护肝脏：棉籽糖能够解毒护肝，抑制体内毒素的产生，减轻肝脏负担；④增强免疫力：棉籽糖具有调节人体免疫系统，增强免疫力的作用；⑤抗敏祛痘，保湿美容：内服棉籽糖可起到抗过敏，改善神经性、过敏性皮炎和痤疮等的效果，外涂可保湿锁水；⑥调节血脂和血压：棉籽糖具有改善脂质代谢、降低血脂和胆固醇的作用；⑦防龋齿：棉籽糖不可被口腔致龋菌利用，即使与蔗糖共用，亦可减少齿垢形成，能够清洁口腔微生物，强壮牙齿；⑧低热量：棉籽糖不影响人体血糖水平，糖尿病人亦可食用；⑨作为水溶性膳食纤维食用。

【毒性】对皮肤安全，无刺激，无急性毒性。

【用途】棉籽糖对皮肤无刺激性，用于化妆品及皮肤清洁剂可改善皮肤粗糙性，使皮肤产生光滑感和清爽感。此外，棉籽糖及棉籽糖磷酸钠也可作为化妆品增湿剂。

第8章 防晒添加剂

防晒类护肤品是指能够防止或减轻由于紫外线辐射而造成皮肤损害的一类特殊用途化妆品。近年来，随着人们对紫外线危害性的逐步认识及防护意识的加强，防晒类护肤品的需求量迅速增加。防晒剂是能有效地吸收或散射太阳辐射中对皮肤有害波段的物质，即能有效吸收或散射太阳光中的 UVB 波段（波长为 290～320nm）和 UVA 波段（波长为 320～400nm）紫外线的物质。理想的防晒剂应具有高效防护、无毒安全、对紫外线和高温稳定、配伍性好等特点。防晒剂与普通化妆品原料不同，具有较高的光化学与物理活性，在光照过程中有可能产生光毒性，或者导致光敏作用，因此，其应用需要进行严格控制。防晒护肤品被列入特殊用途化妆品之一，必须作为特殊用途化妆品向国家卫生部门申报特殊用途化妆品许可证，获得许可后才能上市。

8.1 紫外线和皮肤

从生理学和心理学角度看，阳光中的紫外线对人体健康是有益的。适度的阳光照射不仅可以加快血液循环，帮助合成维生素 D 以促进钙离子的吸收，而且能使人心情平静。此外，紫外线还可以用于皮肤病的治疗。但是，过度的紫外辐射会对皮肤造成多种损害，如日晒伤、皮肤黑化、皮肤光老化、皮肤光敏感甚至引起皮肤癌等病变。

8.1.1 紫外线的基本特征

紫外线（UV）指太阳光线中波长为 200～400nm 的射线，在太阳的辐射中，紫外线占 6% 左右，是太阳光中波长最短的一部分。根据不同的生物学效应，紫外线可分为三个波段：长波紫外线（UVA），波长为 320～400nm；中波紫外线（UVB），波长为 280～320nm；短波紫外线（UVC），波长为 200～280nm，各波段对人体伤害作用的机制是不同的。

其中，UVA 波段又称黑性紫外线，位于可见光蓝紫色区以外，渗透力极强，可穿透真皮层，使皮肤晒黑，使脂质和胶原蛋白受损，引起皮肤光老化甚至皮肤癌，其作用缓慢持久，具有不可逆的累积性，且不受窗户、遮阳伞等的阻挡，又称"黑光区"；UVB 波段称为灼伤光照区，是太阳辐射对皮肤引起光生物效应的主要波段，对皮肤作用能力最强，可到达真皮层，使皮肤晒伤，引起脱皮、红斑、晒黑等现象，但可被玻璃、遮阳伞、衣服等阻隔，又称"红斑区"。UVC 具有较强的生物破坏作用，可用于环境消毒，阳光中的 UVC 可被臭氧层吸收，一般不考虑其对人体的伤害作用，因此正常情况下能辐射到地面的只有 UVA 和 UVB。然而，由于人类对氟利昂等物质的使用，使得臭氧层不断被破坏，降低了大气臭氧层的过滤效果，一定比率的 UVC 也能够照射到地面，对人体的皮肤造成损伤。有研究表明当臭氧减少 1%，紫外线约会增加 2%，皮肤癌患者会增加 3%。综上所述，UVA 主要引起长期、慢性的皮肤损伤；UVB 则引起即时、严重的皮肤损伤。因此，既防晒伤又防晒黑型防晒护肤产品的选择是防止紫外线对皮肤的伤害的关键。

8.1.2　皮肤对紫外线的防御作用

人在受到紫外线的照射时，由于反射光等因素的影响，身体的不同部位所受到的照射量也不同，一般来说被曝量最多的是鼻、颊和下唇。

皮肤自身对紫外线具备一定的防御功能。皮肤的构造和其构成物质的散射吸收可以有效阻止紫外线进入皮肤深处。在皮肤的构成物质中，由基底层的黑色素细胞产生的黑色素起很大的防御紫外线的效果。黑色素较少的白人皮肤癌较为多发，这就表明了黑色素的高效防御功能，到达皮肤内部的紫外线量也和其波长有关，长波长的紫外线较易到达真皮层深处。

8.1.3　紫外线对皮肤的生物损伤

8.1.3.1　皮肤日晒红斑

皮肤日晒红斑即日晒伤，又称日光灼伤、紫外线红斑等，是紫外线照射后在局部引起的一种急性光毒性反应。临床上表现为肉眼可见、边界清晰的斑疹，颜色可为淡红色、鲜红色或深红色，有程度不一的水肿，重者出现水疱。

（1）紫外线红斑的分类

根据紫外线照射后红斑出现的时间可分为即时性红斑和延迟性红斑。即时性红斑是当皮肤被大剂量紫外线照射时，于照射期间或数分钟内出现微弱的红斑反应，这种红斑在数小时内可消退；延迟性红斑是由紫外辐射引起皮肤红斑反应的主要类型，通常在紫外线照射后经过 4~6h 的潜伏期后，受照射部位才开始出现红斑反应，并逐渐增强，于照射后16~24h 达到峰值。延迟性红斑可持续数日，然后逐渐消退，伴随出现脱屑及继发性色素沉着的现象。

（2）紫外线红斑的发生机制

目前研究认为红斑的发生机制有体液因素和神经因素。体液因素是指紫外辐射在皮肤黏膜上引起一系列的光化学和光生物学效应，使组织细胞出现功能障碍或结构损伤。神经因素是指紫外线红斑反应受神经因素的多重调节。

（3）紫外线红斑的影响因素

① 紫外线照射剂量：紫外线红斑的形成首先和日照强度或皮肤上受到的照射剂量有关。在特定条件下，人体皮肤接受紫外线照射后出现肉眼可辨的最弱红斑需要一定的照射剂量或照射时间，即皮肤红斑阈值，通常称之为最小红斑量（MED）。依照射剂量的大小变化，皮肤可出现从微弱潮红到红斑水肿甚至出现水疱等不同反应。

② 紫外线波长：人体皮肤对各种波长的紫外线照射可做出不同程度的红斑反应。波长为 297nm 的 UVB 红斑效应最强，通常也将 UVB 称为红斑光谱。随波长增加紫外线的红斑效力急剧下降，到 UVA 部分，其引起皮肤红斑的效力已低于 UVB 的 0.1% 以下。波长为 254nm 的 UVC 段也有较强的致红斑效力，但由于大气的阻隔，辐射到地球表面的紫外线中不含 UVC，因而意义不大。

③ 皮肤的光生物学类型：皮肤对紫外线照射的反应性。根据皮肤受日光照射后是出现红斑还是以出现色素沉着为主的变化，Fitzpatric 于 1975 年首次提出皮肤光生物学类型的概念。

④ 照射部位：人体不同部位皮肤对紫外线照射的敏感度存在一定的差异。一般而言，躯干皮肤敏感性高于四肢，上肢皮肤敏感性高于下肢，肢体屈侧皮肤敏感性则高于伸侧，头面颈部及手足部位对紫外线最不敏感。

（4）肤色影响

一般来说，肤色深者对紫外线的敏感性较低。肤色加深是一种对紫外线照射的防御性反应，经常日晒不仅可使肤色变黑以吸收紫外线，而且可以对紫外辐射产生耐受性，使皮肤对紫外线的敏感性降低。

（5）生理和病理因素

众多的生理和病理因素可影响皮肤对紫外辐射的敏感性，从而影响紫外线红斑的形成，如年龄、性别等。此外，多种系统性疾病和皮肤病变可明显影响皮肤对紫外线照射的敏感性。

① 年龄：老年人对紫外线的红斑反应降低。儿童对紫外线的红斑反应在不同年龄段各有特点。出生 15 天以内的新生儿由于神经系统发育尚不完全，对紫外线照射几乎不产生红斑反应；2 个月以后随年龄增长对紫外线敏感性逐渐增高，到 3 岁时皮肤对紫外线照射的敏感性可达到高峰。3~7 岁儿童其皮肤敏感性较成年人低，以后逐渐接近成年人。

② 性别：性别对皮肤的紫外线敏感性影响不大。但妇女在月经期和妊娠期敏感性升高，产后则明显降低。

③ 病理因素：多种系统性疾病和皮肤病，以及接触外源性光感性物质可明显影响皮肤对紫外线照射的敏感性。

④ 其他因素：在照射紫外线的前后或同时，接触其他物理因素可对红斑反应的潜伏期和反应强度产生影响。如在日晒部位先用红外线、超短波、B 超、磁场、热传导疗法等，可使紫外线红斑潜伏期缩短，反应增强；在紫外线照射同时局部进行热疗或照射红外线也可以加快红斑的出现，反应增强；若在日晒或紫外线照射之后红斑尚未出现之前应用红外线、热疗等，则可使紫外线红斑反应减弱。

8.1.3.2　皮肤日晒黑化

皮肤日晒黑化又称日晒黑，指紫外线照射后引起的皮肤黑化作用。经紫外线照射皮肤或黏膜出现黑化或色素沉着，是人体皮肤对紫外线辐射的反应。

（1）皮肤日晒黑化的分类

根据反应的时间差异分为即时性黑化、持续性黑化和延迟性黑化。即时性黑化指照射后立即发生或照射过程中发生的一种色素沉着，通常表现为灰黑色，限于照射部位，色素消退快，一般可持续数分钟至数小时不等；持续性黑化指随着紫外线照射剂量的增加，色素沉着时长可持续数小时至数天，可与延迟性红斑反应重叠发生，一般表现为暂时性灰黑色或深棕色；延迟性黑化指照射后数天内发生黑化，色素可持续数天至数月不等，延迟性黑化常伴有延迟性红斑。

（2）皮肤日晒黑化的反应机制

即时性黑化的发生机制是紫外辐射引起黑色素前体氧化的结果。持续性黑化或延迟性黑化则涉及黑色素细胞增殖、合成黑素体功能变化以及黑素体在角质形成、细胞内的重新分布等一系列复杂的光生物学过程。

（3）皮肤日晒黑化的影响因素

照射强度和剂量：在特定条件下，人体皮肤接受紫外线照射后出现肉眼可辨的最弱黑化或色素沉着需要一定的照射剂量或照射时间，即皮肤黑化阈值，又称为最小黑化量（MPD）。

紫外线波长：UVC 中 254nm 波段致色素沉着效应最强，UVB 中 297nm 波段黑化效应最强，而 UVA 中 320~340nm 波段的黑化效应较强。

皮肤的光生物学类型：UVA 诱导皮肤发生黑化的过程表现出较大的个体差异。

8.1.4　防晒效果的标识

国际上通常用防晒指数（SPF）来评价防晒制品对于 UVB 的防护能力，用 UVA 防护指标（PFA）值评价对于 UVA 的防护能力。最新的《防晒化妆品防晒效果标识管理要求》规定防晒制品需要标注防晒标识。

（1）SPF 标识

SPF 指在涂有防晒剂防护的皮肤上产生最小红斑所需能量与未加防护的皮肤上产生相同程度红斑所需能量之比。SPF 的高低从客观上反映了防晒产品紫外线防护能力的大小。美国食品和药物管理局（FDA）规定，最低防晒品的 SPF 值为 2～6，中等防晒品的 SPF 值为 6～8，高度防晒品的 SPF 值在 8～12，SPF 值在 12～20 之间的产品为高强度防晒产品，超高强度防晒产品的 SPF 值为 20～30。皮肤病专家认为，一般情况下，使用 SPF 值为 15 的防晒制品就足够了。SPF 的标识应当以产品实际测定的 SPF 值为依据。当产品的实测 SPF 值小于 2 时，不得标识防晒效果；当产品的实测 SPF 值在 2～50（包括 2 和 50）时，应当标识实测 SPF 值；当产品的实测 SPF 值大于 50 时，应当标识为 SPF50+。

防晒化妆品未经防水性能测定，或产品防水性能测定结果显示洗浴后 SPF 值减少超过 50%的，不得宣称具有防水效果。宣称具有防水效果的防晒化妆品，可同时标注洗浴前及洗浴后 SPF 值，或只标注洗浴后的 SPF 值，不得只标注洗浴前 SPF 值。

（2）PFA 标识

当防晒化妆品临界波长（CW）大于等于 370nm 时，可标识广谱防晒效果。UVA 防护效果的标识应当以 PFA 值的实际测定结果为依据，在产品标签上标识 UVA 防护等级 PA。当 PFA 值小于 2 时，不得标识 UVA 防护效果；当 PFA 值为 2～3 时，标识为 PA+；当 PFA 值为 4～7 时，标识为 PA++；当 PFA 值为 8～15 时，标识为 PA+++；当 PFA 值大于等于 16 时，标识为 PA++++。

8.1.5　防晒剂分类

《化妆品安全技术规范》规定了防晒剂的定义，即利用光的吸收、反射或散射作用，以保护皮肤免受特定紫外线所带来的伤害或保护产品本身而在化妆品中加入的物质。根据防晒剂的用途可以将防晒剂分为晒伤防护剂、晒黑剂和不透明阳光阻挡剂等；按其作用机制差异分为化学防晒剂、物理防晒剂、生物防晒剂三大类。

（1）化学防晒剂的作用机制

化学防晒剂又称为紫外线吸收剂。这类物质主要是利用它们的分子从紫外线中吸收光能，并以热能或无害的可见光效应释放出来，从而有效保护人体皮肤免受紫外线的晒黑、晒伤。化学防晒剂的结构中多具有酚羟基或邻位羧基，这两种基团之间可以氢键的形式形成环状结构。当吸收紫外光后，分子会发生热振动，氢键断裂开环，形成不稳定的离子型高能状态。高能状态向稳定的初始状态跃迁，释放能量，氢键再次形成，恢复初始结构。此外，羧基被激发后可发生互变异构生成烯醇式结构，也可消耗一部分能量。紫外线吸收剂因品种多、产量大、价廉易得和具有较强的吸收能力而成为目前最主要的防晒剂类型。按照防护辐射的波长大小，又可以分为 UVA 吸收剂和 UVB 吸收剂两种。

（2）物理防晒剂的作用机制

物理防晒剂不具备紫外线吸收效应，主要是通过反射和散射的物理作用减少紫外线与皮肤的接触，从而防止紫外线对皮肤的侵害，因此又被称为紫外线散射剂。物理防晒剂主要是无机粒子，其典型代表有二氧化钛、氧化锌、二氧化钛-云母、氧化铁等。物理防晒剂粉末的折射率越高，粉体越细，散射能力越强。这类防晒剂容易在皮肤表面沉积成厚的白色层，影响皮脂腺和汗腺的分泌。与紫外线吸收剂相比，紫外线散射剂具有对紫外线稳定、化学惰性的优点，并且对皮肤刺激较小，使用安全性较高，一般用于高 SPF 值广谱（UVA 和 UVB）的防晒制品。

其中，二氧化钛和氧化锌的紫外线屏蔽机理可用固体能带理论解释，属于宽禁带半导体。金红石型 TiO_2 的禁带宽度为 310eV，ZnO 的禁带宽度为 312eV，分别对应屏蔽 413nm 和 388nm 的紫外线。当受到高能紫外线的照射时，价带上的电子可吸收紫外线而被激发到导带上，同时产生空穴-电子对，所以它们具有屏蔽紫外线的功能。另外它们还有很强的散射紫外线的能力，当紫外线照射到纳米级别的 TiO_2 和 ZnO 粒子上，由于它们的粒径小于紫外线的波长，粒子中的电子被迫振动，形成二次波源，向各个方向发射电磁波，从而达到散射紫外线的作用。

（3）生物防晒剂的作用机制

因为紫外辐射是一种氧化应激过程，该过程产生的氧自由基可造成一系列组织损伤。生物防晒剂可通过清除或减少氧活性基团中间产物来实现阻断或减缓组织损伤或促进晒后修复的效果。因此，生物防晒剂其本身不具备对紫外线的吸收能力，主要起间接防晒效果。

8.2 物理防晒剂

原料 1　二氧化钛（Titanium oxide）

【中文别名】钛钡白，氧化钛，钛白粉，钛白

【分子式和分子量】TiO_2，80

【CAS 号】1317-80-2

【性质】二氧化钛自然存在于钛矿和金红石等钛矿石中。白色无定形粉末，无味，黏附力强，良好的不透明性、白度和光亮度，着色力强，具有优良的遮盖力和着色牢度，适用于不透明的白色制品。不溶于水、盐酸、稀硫酸、乙醇及其他有机溶剂，缓慢溶于氢氟酸和热浓硫酸。金红石型特别适用于室外使用，可赋予制品良好的光稳定性。锐钛型略带蓝光，白度高、遮盖力大、着色力强且分散性较好。在二氧化钛表面附上无机氧化物薄膜，可使其表面性质由亲水型转变为强疏水型得到油性二氧化钛来满足不同剂型中的添加。

【制备方法】多为露天开采，钛原生矿选矿可分为预选（常用磁选和重选法）、选铁（用磁选法）、选钛（采用重选、磁选、电选及浮选法）三个阶段。也可采用合成法来获得：①溶胶-凝胶法：以钛酸正丁酯为钛源，叔丁醇为溶剂，盐酸和冰醋酸为抑制剂，十六烷基三甲基溴化铵（CTAB）为分散剂，采用溶胶-凝胶法制备纳米二氧化钛。②水热与溶剂热法：以工业级别的四氯化钛为钛源，采用两步反应法，该法第一步以尿素作为反应诱发剂可有效控制 TiO_2 晶粒大小，第二步采用乙醇稀释氨水作为反应剂，控制反应速率，即有效控制晶粒的生长和分散。

【用途】二氧化钛是常见的物理防晒剂，对可见光具有极高的穿透性，可以完全阻隔 UVB，但只能隔绝短 UVA 辐射（波长为 320～340nm），可单独或与其他防晒剂复配使用。二氧化钛也是应用最广泛的无机白色颜料，可用作增加乳白度的化妆品，如粉底液、遮瑕膏等。

原料 2　氧化锌（Zinc oxide）

【中文别名】锌白，锌氧粉，中国白

【分子式和分子量】ZnO，81

【CAS 号】1314-13-2

【性质】白色粉末或六角晶系结晶体，无臭无味，无砂性。受热变为黄色，冷却后重又变为白色。难溶于水、乙醇，可溶于酸和强碱。

【制备方法】碱式碳酸锌煅烧法活性氧化锌的制法较多，多以低级氧化锌或锌矿砂为原料，与稀硫酸溶液反应，制成粗制硫酸锌溶液，将溶液加热后，加入高锰酸钾氧化除掉铁、锰，然后加热加入锌粉，置换其中的铜、镍、镉后再用高锰酸钾进行二次氧化，得到精制硫酸锌溶液，用纯碱中和至 pH 值为 6.8，生成碱式碳酸锌，经过滤、漂洗、干燥、焙烧，得活性氧化锌。

【毒性】LD_{50}，经口，小鼠，7950mg/kg。

【用途】氧化锌具有紫外屏蔽能力，平均粒径小于 50nm 的氧化锌，能有效抵抗 UVA 和 UVB，是广谱型抗紫外剂，无毒无害，是名副其实的新一代物理防晒剂，其对紫外线的防护功能比传统的纳米二氧化钛要强，可用于防晒护肤品。氧化锌也是一种无机白色颜料，可作化妆品着色剂。

8.3　樟脑类

樟脑衍生物是 UVB 吸收剂，这类防晒剂具有稳定性好、化学惰性、对皮肤无刺激、无光敏性和变异性、不易被皮肤吸收等优点。其性能比二甲基氨基苯甲酸酯类略差，与水溶性防晒剂如 2-苯基苯并咪唑-5-磺酸性能接近。

原料 1　4-甲基苄亚基樟脑（4-Methylbenzylidene）

【中文别名】3-(4-甲基苯亚甲基)樟脑，恩扎樟烯，恩扎卡门

【英文缩写】4-MBC

【分子式和分子量】$C_{18}H_{22}O$，254

【CAS 号】36861-47-9

【性质】白色或米色粉末，有轻微的芳香味，不溶于水，易溶于多数有机溶剂，熔点 66~68℃。

【制备方法】采用羟醛缩合法制备 4-甲基苄亚基樟脑，将樟脑负载催化剂 KOH/Al_2O_3、叔丁醇混合加热，滴加对甲基苯甲醛，加热反应 4h 后，过滤、洗涤、重结晶制得 4-甲基苄亚基樟脑。

【毒性】4-MBC 是一类内分泌干扰物，对性腺、甲状腺、中枢神经系统有影响，此外 4-MBC 具有生物积累效应，通过生物积累进入食物链，进而对生物的生命安全造成威胁。

【用途】主要防御紫外线 UVB，属于化学防晒剂，是市售化妆品中用量前 4 位的有机紫

外吸收剂，被中国、澳大利亚、欧盟等国家和地区广泛添加于化妆品中。但是在 2015 年 7 月 29 日，欧盟发布委员会实施条例（EU）2015/1298，修改欧洲议会及委员会实施条例（EC）No 1223/2009 的附件 Ⅱ 和 Ⅵ，将 3-亚苄基樟脑（3-Benzylidene camphor）从紫外线过滤剂名单中删除，添加至禁用物质名单，并被欧盟委员会列为 SVHC 物质。另外，日本卫生部公布的化妆品标准中未将其列入化妆品生产使用原料名单。目前，国内 4-MBC 仍然是可用的，在很多防晒用品中都能见到该成分，例如韩后悦光轻透冰爽防晒喷雾、伊贝诗清透水润防晒乳等。

原料 2　亚苄基樟脑磺酸（Benzylidene camphor sulfonic acid）

【中文别名】*α*-(2-氧代冰片烷-3-亚基)-甲苯-4-磺酸，3-亚苄基樟脑-4′-磺酸，4′-磺基-3-亚苄基樟脑

【缩写】BCSA

【分子式和分子量】$C_{17}H_{20}O_4S$，320

【CAS 号】56039-58-8

【性质】BCSA 为白色粉末，无味，熔点为 208～212℃，溶于水、乙醇，不溶于矿物油、异丙醇。

【制备方法】采用苯甲醛和樟脑磺酸为原料，在相转移催化剂和碱的作用下，生成亚苄基樟脑磺酸钠，再用酸调节 pH 值为 1，使得亚苄基樟脑磺酸从水中析出，分离获得。

【毒性】鸡胚绒毛尿囊膜实验（HET-CAM）结果表明，亚苄基樟脑磺酸具有强刺激性；人体皮肤斑贴试验结果显示，其对皮肤有一定不良反应。

【用途】常用作有机防晒添加剂。

原料 3　樟脑苯扎铵甲基硫酸盐（Camphor benzalkonium methosulfate）

【中文别名】*N,N,N*-三甲基-4-[(4,7,7-三甲基-3-氧代双环[2.2.1]庚-2-亚基)甲基]苯胺硫酸甲酯盐

【缩写】CBM

【分子式和分子量】$C_{21}H_{31}NO_5S$，410

【CAS 号】52793-97-2

【性质】樟脑苯扎铵甲基硫酸盐呈白色粉末状，闪点>100℃，熔点为 210℃，不溶于矿油，溶于水、异丙醇、甘油。

【制备方法】参考 4-甲基苄亚基樟脑采用羟醛缩合和硫酸酸化制备樟脑苯扎铵甲基硫酸盐。

【毒性】樟脑苯扎铵甲基硫酸盐低毒，在澳大利亚和日本被批准在防晒霜中使用，但美国 FDA 禁止使用。

【用途】樟脑苯扎铵甲基硫酸盐是一种阳离子防晒剂，同时具有光照保护作用和调理作用。最大允许使用浓度为 6%。

原料 4　对苯二亚甲基二樟脑磺酸（Terephthalylidene dicamphor sulfonic acid）

【中文别名】对苯二亚甲基-3,3′-二甲酰胺-10,10′-二磺酸，依菝舒，对苯二甲基二樟脑磺酸，麦素宁滤光环

【缩写】TDSA

【分子式和分子量】$C_{28}H_{34}O_8S_2$，563

【CAS 号】90457-82-2，92761-26-7

【性质】白色或略带淡黄色粉末，熔点 255℃，密度(1.4±0.1)g/cm³。溶于水和丙二醇，不溶于白矿油、乙醇、甘油、异丙醇和棕榈酸异丙酯。暴露在阳光下两小时即可分解 40%。

【制备方法】以樟脑为起始原料，经浓硫酸磺化获得樟脑磺酸，在碱性条件下与两分子的对苯二甲醛发生羟醛缩合反应获得对苯二亚甲基二樟脑磺酸钠，最后酸化后获得产物。

【毒性】研究显示对苯二亚甲基二樟脑磺酸有可能在血液中累积。

【用途】对苯二亚甲基二樟脑磺酸具有 2 个磺酸基团，属于水溶性化学防晒剂，具有良好的肤感，其吸收光谱为 290～390nm，在 345nm 时可以达到吸收峰值，是目前过滤 UVA 最有效的化学成分之一，也能吸收部分 UVB 紫外线，皮肤吸收率低，是法国欧莱雅集团的专利成分，常需搭配其他防晒剂使用。最大允许使用浓度为总量 10%（以酸计）。

8.4　肉桂酸类

肉桂酸类物质属于 UVB 吸收剂，有效吸收波长为 280～310nm，吸收性能良好，应用比较广泛。研究表明，当该类防晒剂在醇溶液中含量为 0.5%、1.0%、2.0%，厚度为 0.01mm 时，可吸收 308nm 紫外线，吸收率分别为 62.4%、85.9% 和 98%。常见的肉桂酸类有对甲氧基肉桂酸酯、甲氧基肉桂酸戊酯混合异构体、肉桂酸苄酯、肉桂酸钾等。其中，2-乙基己酯-4-甲氧基肉桂酸（MCX）是最常用的 UVB 吸收剂，具有极好的紫外线吸收作用，而且安全性良好，并且对油性原料的溶解性很好，是一种理想的防晒剂。

原料 1　肉桂酸（Cinnamic acid）

【分子式和分子量】$C_9H_8O_2$，148

【CAS 号】140-10-3

【性质】肉桂酸为无色针状晶体或白色结晶粉末，熔点133℃，沸点300℃，相对密度1.248，溶于乙醇、氯仿等，不溶于冷水。

【制备方法】以银吸附在活性炭上作催化剂，用空气作氧化剂，将肉桂醛转化为肉桂酸。

【毒性】LD_{50}，经口，鸟类——野生鸟类，100mg/kg。

【用途】肉桂酸有抑制形成黑色酪氨酸酶的作用，对紫外线有一定的隔绝作用，能使褐斑变浅甚至消失，是高级防晒霜中必不可少的成分之一。

原料2　肉桂酸苄酯（Benzyl cinnamate）

【中文别名】β-苯基烯丙酸苄酯，3-苯基-2-丙烯酸苄酯，苄基肉桂酸

【分子式和分子量】$C_{16}H_{14}O_2$，238

【CAS 号】103-41-3

【性质】肉桂酸苄酯为白色或浅黄色结晶，呈甜香脂气和蜂蜜气味，在室温下可熔为黄色液体。沸点350℃，熔点34.5℃，密度1.109～1.112g/cm³，不溶于水、乙二醇、丙二醇和甘油，溶于乙醇等有机溶剂。

【制备方法】肉桂酸苄酯可采用酯化法和缩合法制备。酯化法是以肉桂酸为原料先与氢氧化钠进行中和，然后与氯代甲苯进行酯化反应而得；缩合法是以乙酸苄酯和苯甲醛为原料，经缩合反应而得。

【毒性】LD_{50}，经口，大鼠，5530mg/kg；LD_{50}，经口，豚鼠，3760mg/kg。

【用途】肉桂酸苄酯可用作紫外线吸收剂。主要用于防晒类和晒黑类化妆品。对紫外线的最大吸收波长为310nm，添加量通常小于5%。此外也用于调香原料，主要用于配制人造龙涎香、蜂蜜、梨、杏等香精，在东方型香精中可用作定香剂。

原料3　对甲氧基肉桂酸乙酯（Ethyl 4-methoxycinnamate）

【中文别名】4-甲氧基肉桂酸乙酯

【缩写】EPMC

【分子式和分子量】$C_{12}H_{14}O_3$，206

【CAS 号】24393-56-4

【性质】对甲氧基肉桂酸乙酯为白色结晶固体，熔点47～49℃，沸点187℃，密度1.080g/cm³，不溶于水，溶于乙醇等有机溶剂。

【制备方法】以对甲氧基苯甲醛为原料，醋酸铵为催化剂，经 Knoevenagel 反应，采用微波辐射技术合成了中间体对甲氧基肉桂酸，再以对甲苯磺酸为催化剂，经酯化反应得对甲氧基肉桂酸乙酯。

【药理活性】对甲氧基肉桂酸乙酯在 10h 内的累积渗透量为 0.295mg/cm^2，可用于天然防晒化妆品的开发。具有抗癌、抗菌、防晒的功效。

【用途】对甲氧基肉桂酸乙酯具有防晒、抗炎、抗真菌和免疫调节等作用，在护肤品中可用作防晒添加剂。

原料 4　甲氧基肉桂酸乙基己酯（Octyl methoxycinnamate）

【中文别名】4-甲氧基肉桂酸-2-乙基己基酯、对甲氧基肉桂酸辛酯、2-乙基己基对甲氧基肉桂酸酯，2-乙基己酯-4-甲氧基肉桂酸

【缩写】OMC

【分子式和分子量】C$_{18}$H$_{26}$O$_3$，290

【CAS 号】5466-77-3

【性质】甲氧基肉桂酸乙基己酯为无色至淡黄色黏稠液体，熔点 31～32℃，沸点 130℃（1.33kPa），相对密度为 1.009，不溶于水，溶于乙醇等有机溶剂中，宜密闭贮存于阴凉处。

【制备方法】通常以对甲氧基苯甲醛为原料，经 Knoevenagel 反应合成对甲氧基肉桂酸；再以对甲苯磺酸为催化剂，用微波辐射技术，经酯化反应得甲氧基肉桂酸乙基己酯。

【毒性】大量使用甲氧基肉桂酸乙基己酯对小白鼠分泌雌激素有影响，可改变幼鼠的下丘脑氨基酸神经递质及促黄体激素的释放。美国、欧盟和澳大利亚规定，甲氧基肉桂酸乙基己酯的最大用量为 7.5%～10%。

【用途】甲氧基肉桂酸乙基己酯是紫外 UVB 区的良好吸收剂，也是全球使用频率最高的 UVB 吸收剂，能有效过滤 280～310nm 的紫外线，吸收率高，对皮肤无刺激，安全性好，是一种理想的防晒剂，也与其他防晒剂复配使用。

原料 5　对甲氧基肉桂酸异戊酯（Isopentyl-4-methoxycinnamate）

【中文别名】3-(4-甲氧基苯基)-2-丙酸-3-甲基丁基酯，*p*-甲氧基肉桂酸异戊酯，4-甲氧基肉桂酸异戊酯

【缩写】IMC

【分子式和分子量】C$_{15}$H$_{20}$O$_3$，248

【CAS 号】71617-10-2

【性质】淡黄色黏稠液体

【制备方法】①用茴香醛、丙二酸二乙酯和异戊醇为主要原料，在甘氨酸催化作用下一锅法合成紫外线吸收剂对甲氧基肉桂酸异戊酯；②以茴香醛、丙二酸二乙酯和异戊醇为主要原料，经 Knoevenagel 缩合反应和酯交换反应合成对甲氧基肉桂酸异戊酯。

【毒性】LD$_{50}$，经口，大鼠，9600mg/kg。

【用途】对甲氧基肉桂酸异戊酯是天然防晒剂，对紫外线吸收效果比对甲氧基肉桂酸乙基己酯更好，是一种有应用前景的防晒剂，最大允许使用浓度为 10%。

原料 6　西诺沙酯（Cinoxate）

【中文别名】桂哌林，4-甲氧基肉桂酸乙氧基乙酯，对甲氧基肉桂酸乙氧基乙酯

【分子式和分子量】$C_{14}H_{18}O_4$，250

【CAS 号】104-28-9

【性质】浅黄色油状液体，熔点-24.9℃，沸点 184～187℃，相对密度 1.086。

【制备方法】以对甲氧基肉桂酸为原料酯化后制备西诺沙酯，或者将甲氧基肉桂酸制备成对应的酰氯后醇解制备西诺沙酯。

【毒性】西诺沙酯可能引起呼吸道刺激。

【用途】西诺沙酯可作为防晒成分用于防晒类化妆品和药物，属于化学防晒剂。通常会配合其他成膜性物质在肌肤表面形成一道紫外线吞噬屏障，从而发挥抗晒作用。

8.5　水杨酸类

水杨酸类物质是最早使用的一类 UVB 吸收剂，该类物质可在分子内形成氢键。它本身对紫外线吸收能力很低，而且吸收的波长范围极窄（小于 340nm），能吸收波长为 280～330nm 的紫外线。但在吸收一定能量后，由于发生分子重排，形成了防紫外线能力强的二苯甲酮结构，从而产生较强的光稳定作用。它们的防晒效用不是很高，但价格偏低，制备工艺简单，毒性低，可以和其他防晒剂配合使用。常用的如水杨酸-3,3,5-三甲环己酯、水杨酸辛酯等。

原料 1　水杨酸异辛酯（2-Ethyl hexyl salicylate）

【中文别名】柳酸异辛酯，水杨酸-2-乙基己基酯，水杨酸乙基己酯

【英文缩写】EHS

【分子式和分子量】$C_{15}H_{22}O_3$，250

【CAS 号】118-60-5

【性质】水杨酸异辛酯为无色至浅黄色清澈透明油状液体，略带芳香气味，相对密度 1.013～1.022，沸点（21mmHg）189～190℃，闪点＞110℃，不溶于水，溶于乙醇等有机溶剂。

【制备方法】通过水杨酸甲酯与 2-乙基己醇在无机碱催化下酯交换获得。

【毒性】LD_{50}，腹膜注射，小鼠，200mg/kg。

【用途】水杨酸异辛酯属于 UVB 吸附剂，与适当基料配制成防晒霜、乳液等化妆品，添加量不得超过 5%。在香波中添加可防止褪色。

原料 2　胡莫柳酯（Homosalate）

【中文别名】水杨酸三甲环己酯，3,3,5-三甲基环己醇水杨酸酯，原膜散酯

【缩写】HMS

【分子式和分子量】$C_{16}H_{22}O_3$，262

【CAS 号】118-56-9

【性质】胡莫柳酯为无色透明液体，可吸收 295～315nm 波段（UVB）的紫外线，不溶于水，易溶于乙醇和油脂。

【制备方法】以水杨酸甲酯或水杨酸乙酯为原料，和 3,3,5-三甲基环己醇在碱催化下加热进行酯交换反应，再经减压蒸馏得到胡莫柳酯，其中催化剂通常可用无机碱或有机碱等，如碱金属、碱土金属、碱金属的有机盐、碱土金属的有机盐、$C_1 \sim C_{50}$ 有机胺、氧化钙、氧化镁、氢氧化锂、氢氧化钠、氢氧化钾、氢氧化钙、氨水、碳酸钾、碳酸钠、碳酸钙、碳酸氢钠、磷酸氢二钠、三乙胺、二异丙胺、吡啶、四丁基溴化铵、三甲基苄基氯化铵、十六烷基三甲基氯化铵、氢化钙、甲醇钠、乙醇钠、叔丁醇钾、水杨酸钠、水杨酸钾等。

【毒性】胡莫柳酯具有中度刺激性，人体皮肤斑贴试验结果显示对皮肤无不良反应。胡莫柳酯对激素有微弱影响，会产生有毒代谢产物，要求用量不得超过 10%。

【用途】胡莫柳酯可保护皮肤不受紫外线 UVB 照射损伤，广泛应用于防晒霜、爽肤液等护肤品中。

原料 3　水杨酸苯酯（Phenyl salicylate）

【中文别名】2-羟基苯甲酸苯酯，邻羟基苯甲酸苯酯，萨罗，柳酸苯酯

【分子式和分子量】$C_{13}H_{10}O_3$，214

【CAS 号】118-55-8

【性质】无色结晶粉末，具有愉快的芳香气味（冬青油气味），熔点 41～43℃，沸点 172～173℃，密度 $1.250g/cm^3$，溶于乙醇，几乎不溶于水和甘油。

【制备方法】水杨酸与苯酚在硫酸催化下酯化获得。

【毒性】LD_{50}，经口，大鼠，3000mg/kg。

【用途】水杨酸苯酯是一种紫外线吸收剂，其吸收波长范围较窄，光稳定性较差，常与其他防晒成分复配使用。

原料 4　乙二醇水杨酸酯（2-Hydroxyethyl salicylate）

【中文别名】乙二醇单水杨酸酯，水杨酸乙二酯，2-羟乙基水杨酸酯

【分子式和分子量】$C_9H_{10}O_4$，182

【CAS 号】87-28-5

【性质】无色液体，熔点 25℃，沸点 166℃，密度 1.244g/cm³。

【制备方法】常规的制备方法有三种：①水杨酸在无水碳酸钠催化下与 2-氯乙醇反应制备；②在硫酸催化下通过水杨酸与乙二醇酯化获得；③通过水杨酸与 1,2-二氯乙烷反应获得对应的酯后酸性条件下水解获得。

【毒性】LD_{50}，经口，家兔，1380mg/kg。

【用途】该防晒剂在中国台湾地区含药化妆品中准用防晒剂清单内，其允许使用的最大浓度为 1%。

8.6 二苯甲酮类

二苯甲酮及其衍生物的最大吸收波长在 325nm，对 UVA、UVB 均具有吸收性能，此类化合物对光和热较稳定，但是耐氧化性一般，需要加抗氧化剂，最为常用的抗氧化剂为羟苯甲基。该类化合物一般具有光毒性，其光分解产物会造成 DNA 损伤等问题，考虑到光毒性的问题，一般含有二苯甲酮的产品需要在外包装上标注警示用语。该类防晒剂对紫外线吸收光谱较宽，在国内外防晒产品中均较为常用。

原料 1　二苯甲酮（Diphenylmethanone）

【中文别名】苯酮，苯酰苯

【缩写】BP

【分子式和分子量】$C_{13}H_{10}O$，182

【CAS 号】119-61-9

【性质】白色片状结晶，具有甜度，有微玫瑰香味，能升华，熔点 47～49℃，沸点 306℃，相对密度 1.110，不溶于水，溶于乙醇、醚和氯仿。

【制备方法】①光气法：以光气、三氯化铝和苯为原料，经傅-克酰基化反应获得；②苯甲酰氯法：以苯和苯甲酰氯为原料，以无水三氯化铝为催化剂，经傅-克酰基化反应获得。③氯化苄法：以苯、无水三氯化铝和氯化苄为原料制备获得；④四氯化碳法：以四氯化碳、三氯化铝和苯为原料，经傅-克反应、水解等步骤获得。

【毒性】LD_{50}，经口，小鼠，2895mg/kg；LD_{50}，经口，大鼠，>10mg/kg；LD_{50}，经皮，兔子，3535mg/kg。研究显示，肝细胞与二苯甲酮孵育引起浓度和时间依赖性细胞死亡，伴随着细胞内 ATP 的丢失和腺嘌呤核苷酸库的耗竭。

【用途】二苯甲酮是紫外线吸收剂，可用于防晒产品中，也可作为香料的定香剂，用于香水和香精配制。

原料 2　2-羟基二苯甲酮（2-Hydroxybenzophenone）

【中文别名】2-苯甲酰苯酚，2-羟基苯甲酮，2-羟基苯并苯酮，2-羟基苯酰苯

【缩写】2HB

【分子式和分子量】$C_{13}H_{10}O_2$，198

【CAS 号】117-99-7

【性质】白色或近乎白色粉末，沸点 171～173℃，熔点 37～40℃，密度 1.118g/cm³。

【制备方法】以苯并呋喃酮及其衍生物为原料，以氯化镍为催化剂，甲苯为溶剂，二叔丁基过氧化物为氧化剂，碳酸钠为碱的条件下，一锅法合成 2-羟基二苯甲酮。

【毒性】对于生态环境而言具有一定的毒性，其对细菌（V. *fischeri*）表现出一定的毒性，2HB 的 15min 对应的 EC_{50} 为 14.55mg/L；由于结构中存在氢键受体，2HB 表现出比 BP 更高的遗传毒性。

【用途】本品是紫外线吸收剂，可用于防晒油和防晒膏。

原料 3　4-羟基二苯甲酮（4-Hydroxybenzophenone）

【中文别名】对苯甲酰苯酚，对羟基二苯甲酮，4-羟基苯基苯甲酮，(4-羟基苯基)苯基甲酮

【缩写】4HB

【分子式和分子量】$C_{13}H_{10}O_2$，198

【CAS 号】1137-42-4

【性质】类白色结晶粉末状，熔点 132～135℃，沸点 260～262℃，密度 1.194g/cm³，极易溶于乙醇、乙醚，微溶于水。

【制备方法】苯甲酰氯和氯苯在三氯化铝的催化下，经傅-克酰基化反应生成 4-氯二苯甲酮；4-氯二苯甲酮在铜氧化物为催化剂，高温高压下水解可制得 4-羟基二苯甲酮。

【毒性】LD_{50}，经口，大鼠，12086mg/kg；LD_{50}，经口，小鼠，3724mg/kg；LD_{50}，腹腔注射，小鼠，1154mg/kg。4-羟基二苯甲酮本身在 MCF-7 细胞上是一种弱的异种雌激素。

【用途】本品是护肤品中可用的化学防晒剂。

原料 4　4,4′-二羟基二苯甲酮（4,4′-Dihydroxybenzophenone）

【中文别名】双(4-羟苯基)甲酮，4,4′-二羟基二苯酮，4,4′-二羟基二苯酮，4,4′-二羟二苯甲酮

【缩写】DHBP

【分子式和分子量】$C_{13}H_{10}O_3$，214

【CAS 号】611-99-4

【性质】本品为白色结晶粉末，熔点 213～215℃，沸点 314.35℃，密度 1.133g/cm³。

【制备方法】用乙酸酐保护对羟基苯甲酸的羟基，再经氯化亚砜酰氯化，与苯酚成酯得到对乙酰氧基苯甲酸苯酯，最后经脱乙酰保护基和 Fries 重排得到 4,4′-二羟基二苯甲酮。

【毒性】LD_{50}，腹腔注射，小鼠，>500mg/kg。

【用途】一种紫外线吸收剂。

原料5　2,3,4-三羟基二苯甲酮（2,3,4-Trihydroxybenzophenone）

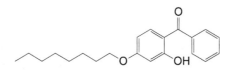

【中文别名】茜素黄 A，三羟基二苯甲酮，2,3,4-三羟基苯甲酮，(2,3,4-三羟基苯基)苯基酮，苯基(2,3,4-三羟苯基)甲酮

【缩写】2,3,4-THBP

【分子式和分子量】$C_{13}H_{10}O_4$，230

【CAS 号】1143-72-2

【性质】黄色至黄褐色粉末，熔点 139～141℃，沸点 439.7℃，密度 1.413g/cm³。

【制备方法】以焦性没食子酸为起始原料，在惰性气体保护下，在催化剂（$ZnCl_2$、$AlCl_3$ 或 $SOCl_2$）的存在下，在芳香烃与水组成的二元混合溶剂中，与三氯甲苯反应，经过芳香烃溶剂的后处理，可以得到 2,3,4-三羟基二苯甲酮。

【毒性】研究显示，2,3,4-三羟基二苯甲酮可能会导致 DNA 损伤，同时，对水生态系统具有毒性。

【用途】本品可作紫外线吸收剂，是良好的化妆品添加剂。

原料6　2-羟基-4-辛氧基二苯甲酮（2-Hydroxy-4-octyloxybenzophenone）

【中文别名】[2-羟基-4-(辛氧基)苯基]苯基酮，2-羟基-4-正辛氧基二苯酮，2-羟基-4-正辛氧基苯并苯酮

【缩写】UV-531

【分子式和分子量】$C_{21}H_{26}O_3$，326

【CAS 号】1843-05-6

【性质】淡黄色针状结晶粉末，熔点 47～49℃，沸点 457.9℃，密度 1.160g/cm³，易溶于苯、正己烷、丙酮，微溶于乙醇、二氯乙烷。

【制备方法】在氢氧化钾作用下，以氯化二甲基双十六烷基铵为相转移催化剂，通过 2,4-二羟基二苯甲酮与 1-溴代正辛烷反应可制备 2-羟基-4-辛氧基二苯甲酮。

【毒性】LD_{50}，经口，大鼠，>10g/kg；LD_{50}，经口，小鼠，13g/kg；LD_{50}，经皮，兔子，>10g/kg。

【用途】本品为紫外线吸收剂，能强烈吸收 300～375nm 的紫外线，用于防晒添加剂。

原料 7　二羟基二苯甲酮［2,4-Dihydroxybenzophenone(Benzophenone-1)］

【中文别名】2,4-二羟基二苯甲酮，二苯甲酮-1，二苯酮-1,2,4-二羟基苯甲酮

【英文缩写】BP-1

【分子式和分子量】$C_{13}H_{10}O_3$，214

【CAS 号】131-56-6

【性质】淡黄色针状结晶或白色粉末，几乎无气味，熔点 142.6～144.6℃，溶于丙酮、乙醇。

【制备方法】以间苯二酚和苯甲酸酐为原料在 $BiCl_3$ 的催化下乙醇溶液中回流反应，后经过重结晶处理后获得二羟基二苯甲酮。

【毒性】LD_{50}，经口，大鼠，8600mg/kg；LD_{50}，腹腔注射，小鼠，100mg/kg；LD_{50}，静脉注射，小鼠，85mg/kg。

【用途】2,4-二羟基二苯甲酮是一种高效紫外线吸收剂，属于二苯甲酮类紫外线吸收剂系列产品，应用于防晒化妆品中的添加剂。

原料 8　四羟基二苯甲酮［2,2′,4,4′-Tetrahydroxybenzophenone(Benzophenone-2)］

【中文别名】2,2′,4,4′-四羟基苯并苯酮，2,2′,4,4′-四羟基二苯甲酮，二苯甲酮-2，二苯酮-2

【英文缩写】BP-2

【分子式和分子量】$C_{13}H_{10}O_5$，246

【CAS 号】131-55-5

【性质】淡黄色结晶粉末，稍有特异气味，熔点 195～203℃，微溶于水。

【制备方法】以 2,4-二羟基苯酸和间苯二酚为原料，无水氯化锌与三氯氧磷为复合催化剂，环丁砜为溶剂，通过 Friedel-Crafts 反应合成 2,2′,4,4′-四羟基二苯甲酮。

【毒性】LD_{50}，经口，大鼠，1220mg/kg。

【用途】BP-2 是一种高效水溶性紫外线吸收剂，优于 BP-1，是化妆品防紫外线常用添加剂之一。

原料 9　2-羟基-4-甲氧基二苯甲酮（2-Hydroxy-4-methoxybenzophenone）

【中文别名】二苯甲酮-3，二苯酮-3，紫外线吸收剂 UV-9，防晒剂 2 号

【缩写】BP-3

【分子式和分子量】$C_{14}H_{12}O_3$，228

【CAS 号】131-57-7

【性质】淡黄色结晶粉末，熔点 62～64℃，对光、热稳定性好，易溶于乙醇、丙酮等有机溶剂，不溶于水。

【制备方法】用混合酸（草酸和磷酸）作催化剂，三氯甲基苯和间苯二酚在水相中缩合成中间体 2,4-二羟基二苯基甲酮，然后在相转移催化剂的作用下，用硫酸二甲酯醚化可得 BP-3。

【毒性】LD_{50}，经口，大鼠，7400mg/kg；LD_{50}，腹腔注射，小鼠，300mg/kg。

【用途】BP-3 是一种广谱紫外线吸收剂，吸收率高、无致畸作用，它同时可以吸收 UVA 和 UVB，在美国和欧洲使用频率较高，广泛用于膏、霜、蜜、乳液、油等化妆品中，是目前使用最为广泛的紫外线吸收剂之一。

原料10　2-羟基-4-甲氧基二苯甲酮-5-磺酸（2-Hydroxy-4-methoxy-benzophenone-5-sulfonic acid, Benzophenone-4）

【中文别名】紫外线吸收剂 UV-284，二苯甲酮-4，二苯酮-4，防晒剂 3 号

【缩写】BP-4

【分子式和分子量】$C_{14}H_{12}O_6S$，308

【CAS 号】4065-45-6

【性质】白色或微黄色的结晶性粉末，稍有特异的气味，熔点 170℃，相对密度 1.457，易溶于水，pH 值 1.5～3.0（1%水溶液）。

【制备方法】①O-烷化反应：将原料 2,4-二羟基二苯甲酮、催化剂无机铜盐，用 80%的 C_1～C_3 卤代烷烃和 20%的甲醇作混合溶剂溶解，加热至 60～65℃，滴加硫酸二甲酯反应后处理获得 2-羟基-4-甲氧基二苯甲酮；②磺化反应：2-羟基-4-甲氧基二苯甲酮加热溶于碳酸 C_1～C_2 醇酯，滴加溶有氨基磺酸的碳酸 C_1～C_2 醇酯溶液反应完全后，用 10%稀硫酸酸化，搅拌，后处理后得到最终产物 BP-4。

【毒性】LD_{50}，经口，大鼠，3530mg/kg。对生态环境具有一定的影响，表现出一定的遗传毒性。

【用途】BP-4 是一种广谱紫外线吸收剂，具有吸收效率高、无毒、无致畸性副作用，对光、热稳定性好等优点。它能够同时吸收 UVA 和 UVB 波段的紫外线，较 BP-12、BP-3、BP-1 等抗紫外线的作用有较大的提高，是美国 FDA 批准的 I 类防晒剂，被广泛用于防晒膏、霜、蜜、乳液、油等防晒用品中。

原料11　2-羟基-4-甲氧基二苯甲酮-5-磺酸钠（2-Hydroxy-4-methoxy-benzophenone-5-sodium sulfonate, Benzophenone-5）

【中文别名】5-苯甲酰基-4-羟基-2-甲氧基苯磺酸钠，二苯甲酮-5，二苯酮-5

【英文缩写】BP-5

【分子式和分子量】$C_{14}H_{11}O_6SNa$，330

【CAS 号】6628-37-1

【性质】浅黄色粉末，易溶于水，水溶液呈弱酸性（pH 5.0～7.0）

【制备方法】通过 2-羟基-4-甲氧基-5-磺酸二苯甲酮与氢氧化钠成盐后获得。

【毒性】BP-4 的钠盐，具有类似的毒性表现。

【用途】光稳定剂，广泛用于防晒化妆品中。

原料 12　二羟基二甲氧基二苯甲酮（2,2′-Dihydroxy-4,4′-dimethoxy-benzophenone, Benzophenone-6）

【中文别名】2,2′-二羟基-4,4′-二甲氧基二苯甲酮，二苯甲酮-6，二苯酮-6

【英文缩写】BP-6

【分子式和分子量】$C_{15}H_{14}O_5$，274

【CAS 号】131-54-4

【性质】淡黄色结晶，无气味或稍有特异的气味，熔点 139～140℃，沸点 377.2℃，相对密度 1.266，溶于乙酸乙酯、甲乙酮和甲苯，不溶于水。

【制备方法】由间苯二甲醚与草酰氯在催化剂存在下，加热反应得到中间产物 2,2′,4,4′-四甲氧基二苯甲酮；将中间产物与路易斯酸在有机试剂作溶剂的条件下加热反应，重结晶后获得 2,2′-二羟基-4,4′-二甲氧基二苯甲酮。

【毒性】LD_{50}，经口，大鼠，3000mg/kg。

【用途】该品为二苯甲酮类紫外线吸收剂。能够强烈地、选择性地吸收高能量的紫外光，广泛用于防晒化妆品中。

原料 13　2,2′-二羟基-4-甲氧基二苯甲酮（2-Hydroxy-4-methoxy-benzophenone, Benzophenone-8）

【中文别名】紫外线吸收剂 UV-24，二苯甲酮-8，二苯酮-8

【英文缩写】BP-8

【分子式和分子量】$C_{14}H_{12}O_4$，244

【CAS 号】131-53-3

【性质】淡黄色结晶粉末，熔点 71～71.5℃。

【制备方法】在三氯化铝的催化下，用溴化氢对 2,2′,4-三甲氧基二苯甲酮选择性地脱去两个甲基，可制得 2,2′-二羟基-4-甲氧基二苯甲酮。

【毒性】LD_{50}，经口，大鼠，10000mg/kg。对皮肤和眼睛无刺激性。

【用途】BP-8 吸收紫外线的能力很强，具有良好的光稳定效果，可以广泛用于防晒化妆品中。在美国，其最大允许使用浓度为 3%。

原料 14　二羟基二甲氧基二苯甲酮二磺酸钠（Disodium-2,2′-dihydroxy-4,4′-dimethoxy-5,5′-disulfobenzophenone, Benzophenone-9）

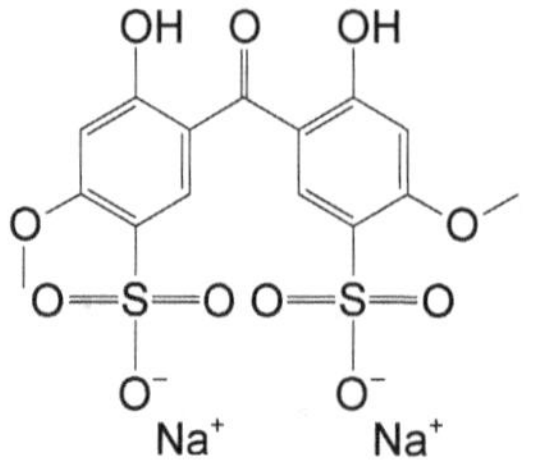

【中文别名】2,2′-二羟基-4,4′-二甲氧基二苯甲酮-5,5′-二磺酸钠，二苯酮-9，二苯甲酮-9

【英文缩写】BP-9

【分子式和分子量】$C_{15}H_{12}Na_2O_{11}S_2$，478

【CAS 号】76656-36-5

【性质】亮黄色粉末，稍有特异气味，熔点 350℃，pH 值 5.5～7.2（1%水溶液）。

【制备方法】通过 BP-6 与氨基磺酸的磺化反应获得。

【毒性】BP-9 及其降解产物对水生环境具有一定的生物学毒性。

【用途】BP-9 是一种优良的水溶性紫外线吸收剂，广泛应用于水溶性防晒制品中，其在中国台湾地区的最大允许使用浓度为 10%。

8.7　三嗪类

三嗪类是近年来常用的新型紫外线吸收剂，该类化合物具有较大的分子结构，并且具有很高的紫外线吸收效率。其特点是强紫外线吸收性与高耐热性。其吸收的紫外线波长为 280～380nm，范围较宽，由于其也可吸收一部分可见光，因此含三嗪类的制品易感光而泛黄。

原料 1　二乙基己基丁酰胺基三嗪酮（Diethylhexyl butamido triazone）

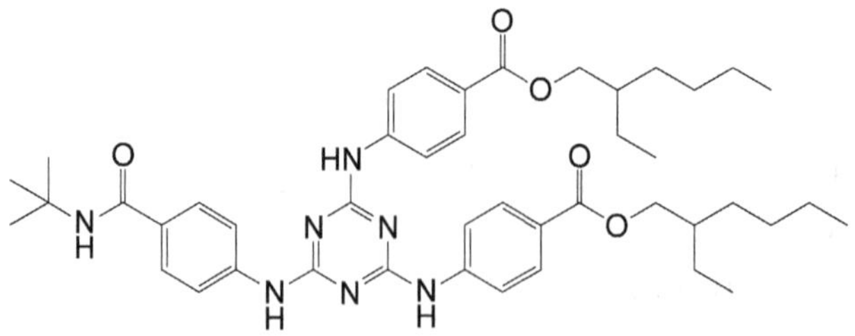

【中文别名】三嗪酮

【缩写】DBT

【分子式和分子量】$C_{44}H_{59}N_7O_5$，766

【CAS 号】154702-15-5

【性质】本品为白色粉末，密度 1.152g/cm³，溶于醇和油脂。

【制备方法】通过三聚氯氰与对氨基羰基氨基叔丁烷合成一取代物 N-叔丁基 4[（4,6-二氯-1,3,5-三嗪）氨基]苯甲酰胺，然后与对氨基苯甲酸异辛酯反应合成二乙基己基丁酰胺基三嗪酮。

【毒性】比较安全，常用于儿童和孕妇防晒制品中。

【用途】二乙基己基丁酰胺基三嗪酮是醇溶性和油溶性 UVB 吸收剂，具有较大的分子结构和较高的紫外线吸收率，吸收波长范围为 280～320nm。其与油脂性成分相容性较好，常添加在防晒油中，该成分添加含量不得超过 10%。如施巴婴多重防护防晒乳液、怡思丁安心呵护防晒滋润面霜中均有添加，孕妇适用。

原料 2　乙基己基三嗪酮（Ethylhexyl triazone）

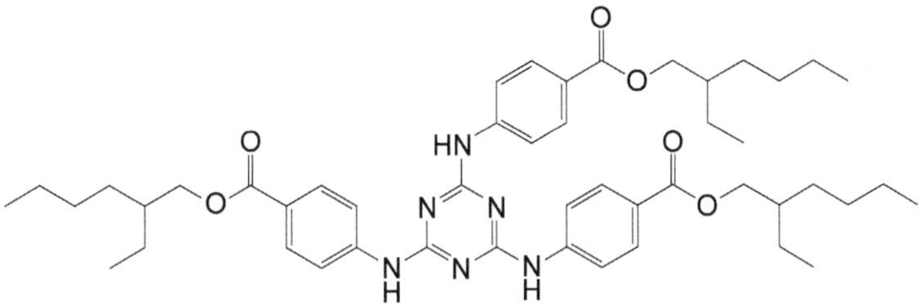

【中文别名】辛基三秦酮，乙基己基三嗪宗，光稳定剂 150，紫外线吸收剂 150

【缩写】UVT-150，EHT

【分子式和分子量】C₄₈H₆₆N₆O₆，823

【CAS 号】88122-99-0

【性质】本品熔点 128℃，沸点(869.5±75.0)℃，密度(1.129±0.06)g/cm³。

【制备方法】以对氨基苯甲酸异辛酯和三聚氯氰为起始原料，在二甲苯溶剂中反应，得到产物、单取代、双取代及其互变异构体的混合物，通过重结晶的方式获得最终的产物。

【毒性】乙基己基三嗪酮对水环境造成影响。

【用途】乙基己基三嗪酮具有广谱防晒效果，既防 UVB 段紫外线，又防 UVA 段紫外线，是 UVB 吸收能力最强的油溶性吸收剂，有效吸收波长在 290～320nm 之间，光稳定性强、耐水性强，对皮肤的角质蛋白有较好的亲和力，常用作防晒产品的添加剂，该成分添加含量不得超过 5%。

原料 3　双-乙基己氧苯酚甲氧苯基三嗪（Bemotrizinol）

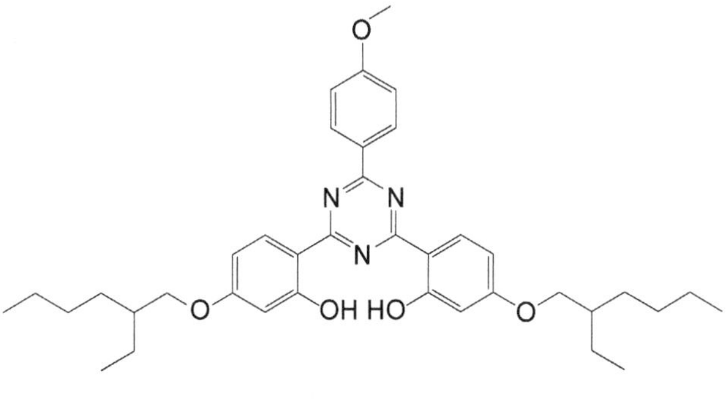

【中文别名】天来施 S

【缩写】UV-627，BEMT

【分子式和分子量】$C_{38}H_{49}N_3O_5$，628

【CAS 号】187393-00-6

【性质】淡黄色粉末，熔点为83～85℃，沸点为(782.0±70.0)℃，密度为(1.109±0.06)g/cm³。

【制备方法】以甲苯和苯甲腈为三氯化铝的分散介质，以 2,4-二氯-6-(4-甲氧基苯基)-1,3,5-三嗪与间苯二酚为原料，经过傅-克反应合成多酚羟基中间产物；以 N,N-二甲基甲酰胺为溶剂溶解多酚羟基中间产物后，以弱碱性碳酸盐为缚酸剂，与氯代异辛烷进行醚化反应，得到双-乙基己氧苯酚甲氧苯基三嗪成品。

【毒性】HET-CAM 实验结果表明，双-乙基己氧苯酚甲氧苯基三嗪具有中度刺激性；人体皮肤斑贴试验结果显示其对皮肤无不良反应。

【用途】双乙基己氧苯酚甲氧苯基三嗪为广谱防晒剂，是 2000 年瑞士 Ciba Specialty Chemical 公司研发出来的。可防护一部分的 UVB 以及全部的 UVA，吸收波长在 290～370nm 之间，其分子量大，不易被皮肤吸收；稳定性强，与其他防晒剂的相容性强，该成分添加含量不得超过 10%。

8.8　苯唑类

苯唑类防晒添加剂为广谱防晒剂，分子量超过 500Da，是一类高效 UVA 和 UVB 紫外线吸收剂，能吸收波长为 300～385nm 的紫外线，有较高的吸光指数，是一种理想的紫外线吸收剂。本品不易渗入皮肤，并且引发过敏反应较少。该类物质中的一种典型紫外线吸收剂是 2,2′-双-(1,4-亚苯基)1H-苯并咪唑-4,6-二磺酸的二钠盐（DPDT），它是一种新型的水溶性 UVA 吸收剂，并且其最高吸收光谱在 334nm。它与对苯二亚甲基二樟脑磺酸性质相似，当在油相中与其他防晒剂混合使用后能出现协同效应。

原料 1　2-苯基苯并咪唑-5-磺酸（2-Phenylbenzimidazole-5-sulfonic acid）

【中文别名】2-苯基-5-苯并咪唑磺酸，紫外线吸收剂 UV-T，苯基苯丙咪唑磺酸

【缩写】PBSA，PSA

【分子式和分子量】$C_{13}H_{10}N_2O_3S$，274

【CAS 号】27503-81-7

【性质】本品为白色结晶粉末，密度 1.497g/cm³，熔点 300℃，闪点>100℃。

【制备方法】对 2-苯基苯并咪唑进行磺化反应，重结晶、脱色后获得最终产物。

【毒性】HET-CAM 实验结果表明，2-苯基苯并咪唑-5-磺酸具有强刺激性；人体皮肤斑贴试验结果显示其对皮肤有一定不良反应。该化合物暴露于阳光下，会产生自由基，从而引起 DNA 损伤，严重时有致癌的风险。

【用途】2-苯基苯并咪唑-5-磺酸是一种水溶性紫外线吸收剂，紫外线吸收能力强，可用

于防晒护肤化妆品中，此外其钾、钠和三乙醇胺盐也常被使用，该成分添加含量不得超过 8%（以酸计）。

原料 2　亚甲基双苯并三唑基四甲基丁基苯酚（Methylene bis-benzotriazolyl tetramethylbutylphenol）

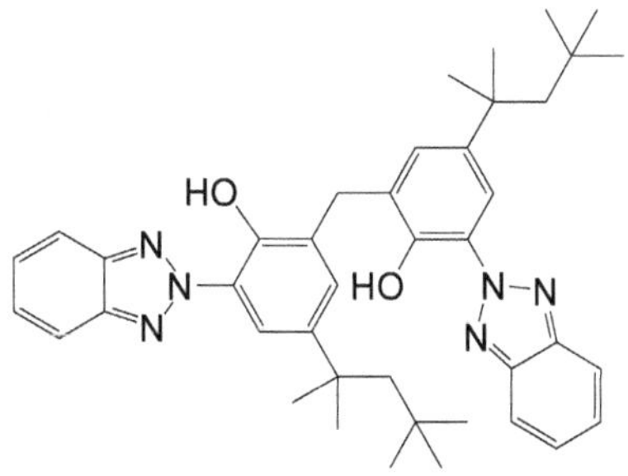

【中文别名】2,2'-亚甲基双(4-叔辛基-6-苯并三唑苯酚)，2,2'-亚甲基双[6-(苯并三唑-2-基)-4-叔辛基苯酚]

【缩写】MBT，UV-360

【分子式和分子量】$C_{41}H_{50}N_6O_2$，659

【CAS 号】103597-45-1

【性质】白色至浅黄色颗粒结晶粉末，密度为 1.200g/cm^3，熔点为 197～199℃，沸点为 771.6℃，闪点>200℃。

【制备方法】将 2-(2'-羟基-5'-叔辛基苯基)苯并三唑、多聚甲醛、二正丙胺加热反应一定时间，加入氢氧化钠和偏三甲苯，加热反应，回流分水除去水和二正丙胺后后处理获得目标产物。

【毒性】亚甲基双苯并三唑基四甲基丁基苯酚会对水生环境有长期有害作用，研究显示其对斑马鱼胚胎幼虫期以及幼虫代谢会产生一定的影响。

【用途】UV-360 是第一款使用微细颗粒技术的广谱化学防晒剂，是 UVA/UVB 全波段的化学防晒剂，防护波段为 280～400nm，又具备类似物理防晒剂的特质。雅漾清爽倍护便携防晒乳添加 UV-360，适用于孕妇。本品允许添加剂量为 0.46%～3.44%。

8.9　对氨基苯甲酸及其衍生物

对氨基苯甲酸（PABA）及其衍生物是最早使用的一类 UVB 吸收列，能吸收波长为 280～300nm 的紫外线，对皮肤有一定的刺激性。常用品种有 4-氨基苯甲酸、对氨基苯甲酸异丁酯、二甲基对氨基苯甲酸异辛酯、对二甲氨基苯甲酸-2-乙基乙酯、PEG-25 对氨基苯甲酸、薄荷醇邻氨基苯甲酸酯等。

原料 1　对氨基苯甲酸（Aminobenzoic acid）

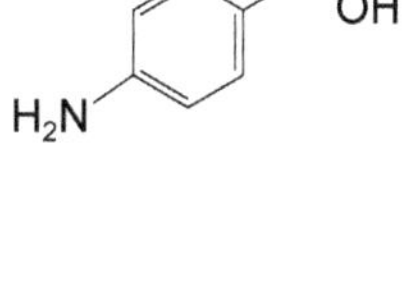

【中文别名】4-氨基苯甲酸

【缩写】PABA

【分子式和分子量】$C_7H_7NO_2$，137

【CAS 号】150-13-0

【性质】黄色结晶化合物，熔点 187～187.5℃，沸点 252.0℃，密度 1.374g/cm³，可溶于水、乙醇和乙醚。

【制备方法】通过对硝基苯甲酸溶液的还原获得。

【毒性】LD_{50}，经口，小鼠，2850mg/kg；LD_{50}，经口，兔子，1830mg/kg。

【用途】4-氨基苯甲酸是重要的芳香类氨基酸，是机体细胞生长和分裂所必需物质的重要组成部分，也是一种重要的防晒添加剂。

原料 2 对二甲氨基苯甲酸（4-Dimethylaminobenzoic acid）

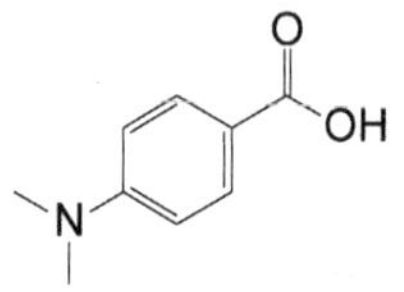

【中文别名】4-二甲氨基苯甲酸，N-二甲氨基苯甲酸，N,N-二甲氨基苯甲酸

【缩写】LR-78

【分子式和分子量】$C_9H_{11}NO_2$，165

【CAS 号】619-84-1

【性质】白色结晶体，熔点 241～243℃，密度 1.040g/cm³，溶于醇、盐酸、碱溶液及醚，几乎不溶于乙酸。

【制备方法】以对二甲氨基苯甲醛为原料，Ag_2O 为催化剂，空气为氧化剂，合成了对二甲氨基苯甲酸。

【毒性】LD_{50}，静脉注射，啮齿动物——小鼠，180mg/kg。

【用途】用作防晒添加剂。

原料 3 对氨基苯甲酸丁酯（Butyl 4-aminobenzoate）

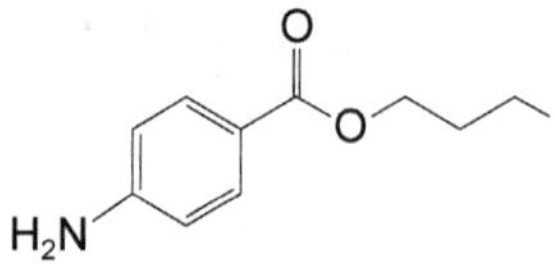

【中文别名】4-氨基苯甲酸正丁酯，对氨基苯甲酸丁酯，氨苯丁酯

【分子式和分子量】$C_{11}H_{15}NO_2$，193

【CAS 号】94-25-7

【性质】本品为白色结晶性粉末，熔点 57～59℃，沸点 174℃，密度 1.374g/cm³，溶于稀酸、乙醇、氯仿、乙醚和脂肪油类。

【制备方法】对氨基苯甲酸和正丁醇在浓硫酸存在下加热回流酯化反应获得。

【毒性】LD_{50}，腹腔注射，小鼠，67mg/kg。

【用途】可用作护肤品紫外线吸收剂。

8.10　其他防晒剂

原料1　**奥克立林（Octocrylene）**

【中文别名】2-氰基-3,3-二苯基丙烯酸异辛酯，2-氰基-3,3-二苯基丙烯酸-2-乙基己酯

【缩写】UV-3039，OCR

【分子式和分子量】$C_{24}H_{27}NO_2$，361

【CAS 号】6197-30-4

【性质】本品为黏稠、浅黄色、澄清油状液体，沸点为 200℃（13.33Pa），密度为 1.045～1.055g/cm³（25℃）。

【制备方法】在对甲苯磺酸催化下，氰基乙酸与异辛醇进行酯化反应，酯化液在-10℃冷却过滤，滤液中再加入二苯甲酮和催化剂乙酸铵，发生 Knoevenagel 缩合反应，后处理得到深色产物，经硅胶层过滤脱色后制得浅黄色的奥克立林。

【毒性】奥克立林的危险级别为中等，具有潜在的生殖毒性和潜在致癌副作用。

【用途】奥克立林为油溶性紫外线吸收剂，对紫外线的最大吸收波长为 308nm，有助于其他油溶固体防晒剂的溶解，具有吸收率高、无毒、无致畸作用，对光、热稳定性好等优点，能够吸收 UVB 和少量 UVA，其在护肤品中的最大允许浓度为 10%（以酸计）。

原料2　**丁基甲氧基二苯甲酰基甲烷（Butyl Methoxydibenzoylmethane）**

【中文别名】阿伏苯宗，巴松 1789，帕索 1789，丁基甲氧基二苯甲酰甲烷，4-叔丁基-4′-甲氧基二苯酰，1-(4-叔丁基苯基)-3-(4-甲氧基苯基)-1,3-丙二酮

【缩写】BMDBM

【分子式和分子量】$C_{20}H_{22}O_3$，310

【CAS 号】70356-09-1

【性质】本品为白色至淡黄色结晶粉末，熔点为 81～84℃，沸点为(463.6±35.0)℃，相对密度为 1.079。

【制备方法】以醋酸酐、苯甲醚和对叔丁基苯甲酸甲酯为原料，先经过傅-克酰基化反应合成对甲氧基苯乙酮，再经过克莱森缩合反应合成丁基甲氧基二苯酰基甲烷。

【毒性】BMDBM 在光的作用下可发生分解，从而生成对人体有害的物质，引发过敏等皮肤不适，长期使用可能对人体产生伤害。

【用途】丁基甲氧基二苯甲酰基甲烷是一种紫外线 UVA 防晒剂，属于化学防晒剂，可以

吸收 UVA320~400nm 波段，可以阻隔一些 UVA-Ⅰ，但对于 UVA-Ⅱ效果微弱，常与二苯甲酮-3 混合使用，相较于其他化学防晒剂能够吸收相当大范围波段的紫外线，因此被广泛地用于许多广谱防晒产品中，该成分添加含量不得超过 5%。

8.11　防晒剂对环境的影响

随着人类防晒意识的不断提高，防晒化妆品的使用量不断增多，防晒剂成为一类新兴的潜在污染物受到公众关注。这些防晒剂除了在防晒护肤品中使用外，还常用于需要抵抗紫外线辐射的塑料制品或衣服中。防晒剂对水体环境的影响也最为显著，据统计，沿海地区每年会向海洋中引入约 14000t 防晒霜。其中占比较大的有二苯甲酮-3、丁基甲氧基二苯甲酰基甲烷、双-乙基己氧苯酚甲氧苯基三嗪和亚甲基双苯并三唑基四甲基丁基苯酚。在调查河流、湖泊、沿海海洋、地表水与沉积物等水体中此类化合物含量的过程中，研究重心偏向于测定沉积物室的化合物含量，研究过程中对于二苯甲酮-3、丁基甲氧基二苯甲酰基甲烷的报道最为广泛。据相关数据显示，这些防晒剂对藻类植物、甲壳类动物、两栖动物、鱼类、细菌等生物具有一定影响。例如：氧化损伤、神经毒性与生物累积等作用，会影响斑马鱼、日本田中鱼、虹鳟鱼和小丑鱼的繁殖。研究证实了这些化合物具有内分泌干扰性，也有研究显示部分防晒剂会影响基因表达，从而影响水体生物（如鱼类）的行为。

第**9**章 美白添加剂

美白祛斑类化妆品是指用于减退皮肤表面色素沉着的护肤类化妆品。近年来，随着科学技术的发展和人们生活水平的不断提高，美白祛斑类化妆品越来越受到消费者的青睐。开发安全、温和、有效的美白祛斑物质成为美白祛斑类化妆品研究和开发的根本。存在于人体表皮基底层的黑素细胞能够合成黑色素，而黑色素是决定人体皮肤颜色的主要生物色素。当人体皮肤内的黑素细胞受到光照、内分泌紊乱、肝肾疾病等因素的影响时，会加快黑色素的形成，并出现黑色素代谢障碍，使生成的黑色素不能及时代谢而出现聚集、沉积，并对称分布于表皮，最后导致雀斑、黄褐斑和瑞氏黑变病等色素障碍性皮肤病。其病理和病因复杂，至今尚未完全清楚。对于色素沉着症，目前国内外尚无特效治疗方法。一般来说，如果是由体内患有某种疾病引起的话，应通过治疗去除病因后再行改善，口服维生素 C、维生素 B 等抑制黑色素形成的药物也被证实具有一定的治疗效果。而从护肤类化妆品的角度来说，主要通过表 9-1 所示途径来达到美白祛斑的效果。

表 9-1　美白途径及其相应活性物质

主要途径	采用的活性物质名称
阻止紫外线的照射	防晒剂
抗氧化，消除氧自由基	维生素 E 及其衍生物、维生素 C 及其衍生物、SOD、甘草黄酮
阻断黑素细胞形成黑色素	传明酸、熊果苷、维生素 C 及其衍生物、硫辛酸、曲酸衍生物、植酸、间苯二酚对位衍生物、四氢姜黄素、光甘草啶、根皮素、白藜芦醇等
对黑素细胞特异毒性	熊果苷
对黑素细胞外信息控制	内皮素拮抗剂
促进黑色素排出体外	果酸、溶角蛋白酶、酵素、壬二酸、维 A 酸衍生物等

9.1　皮肤色素与祛斑

9.1.1　皮肤的颜色

人体肤色根据人种不同而有白、黄、棕、黑之分，同一人种存在个体差异，即使同一个人在同一个时期，不同部位的颜色也不尽相同。一般而言，女性较男性淡，青年较老年淡，阴囊、阴唇、乳晕、乳头、肛周与腹部着色较深，掌跖较淡。人类的肤色受很多因素影响，如皮肤表面的反射系数，表皮和真皮的吸收系数，皮肤各层的厚度，吸收紫外线和可见光的物质含量等。影响皮肤颜色变化的因素主要有以下三类。

（1）皮肤内各种色素的含量与分布状况

皮肤的色素物质主要包括黑色素和胡萝卜素，其中黑色素是决定皮肤颜色的主要因素。

黑色素由黑素细胞产生，不同种族的人群，因产生黑色素的量的差异，色素沉积的程度也存在差异。黄色人种其皮肤的颜色与皮肤内含有的胡萝卜素有关，胡萝卜素呈黄色，多存在于真皮和皮下组织内。

（2）皮肤血液内氧合血红蛋白与还原血红蛋白的含量

皮肤的颜色还受血液内氧合血红蛋白与还原血红蛋白含量的影响。血红蛋白（血色素）呈粉红色；氧合血红蛋白呈鲜红色；还原血红蛋白呈暗红色，各种血红蛋白含量和比例的变化会导致皮肤的颜色也随之改变。

（3）皮肤的厚度及光线在皮肤表面的散射现象

肤色还受皮肤表皮角质层、表皮透明层及颗粒层厚度的影响。若角质层较厚，则皮肤偏黄色；颗粒层和透明层厚，皮肤显白色。此外，光线在皮肤表面的散射现象也会影响皮肤的颜色。在皮肤较薄处，因光线的透光率较大，可以折射出血管内血色素透出的红色，皮肤呈红色；在皮肤较厚的部位，光线透过率较差，只能看到皮肤角质层内的黄色胡萝卜素，因此皮肤呈黄色。老年人的皮肤，则由于真皮的弹力纤维变性断裂，弹性下降，加之皮肤血运较差而呈黄色。

除色素的形成、皮肤的厚薄外，还有皮肤中血管数目、皮肤血管是否充血、血液循环快慢等，都可直接影响皮肤的颜色。此外，体内的代谢物质像脂色素、含铁血黄素和胆色素等也会影响皮肤的色素改变，进而改变人体肤色。此外，肤色改变还可由药物（如氯苯酚嗪、磺胺）、金属（如金、银、铋、铊）、异物（如文身、粉物染色）及其代谢产物（如胆色素）的沉着而引起，或由于皮肤本身病理改变如皮肤异常增厚、变薄、水肿、发炎、浸渍、坏死等变化引起。

9.1.2 黑色素的形成与生物学作用

（1）黑素细胞

医学解剖学将人体皮肤分为三层：表皮、真皮和皮下组织，皮肤中除含有皮肤附属器（毛发、毛囊、皮脂腺、汗腺及指/趾甲等）外，还含有丰富的血管、淋巴管和神经。在显微镜下观察，皮肤是由多种形态各异的细胞组成，它们的生理功能各不相同。皮肤的表皮由两大类细胞组成：一类是角质形成细胞即角朊细胞，角朊细胞在向角质细胞演变过程中形成基底层、棘细胞层、颗粒层和角质层（在手掌和足跖，角质层和颗粒层之间还有透明层）四个层；另一类是树枝状细胞，黑素细胞是树枝状细胞的一种。黑素细胞分化自胚胎组织。在胚胎发育的第 8 周到第 11 周之间，形成不定形的黑素细胞，并向表层迁移，最终在表层定型，存在于皮肤、视网膜和毛囊部位。黑素细胞是一种高度分化的细胞，其细胞质内有一种负责黑色素体内合成的特殊细胞器——黑素小体。该细胞镶嵌于表皮基底层细胞之间，平均每 10 个基底细胞中有 1 个黑素细胞，其分布随部位而不同。每个黑素细胞与其周围约 36 个角朊细胞构成了一个结构和功能单位，被称为表皮黑素单位，该单位协同完成黑色素的合成、转输和降解工作。黑素细胞产生并传递黑色素给周围的角朊细胞，使黑色素停留在这些角朊细胞的细胞核中，防止染色体的光辐射损伤。皮肤的颜色就来自角朊细胞内存储的黑色素。研究表明，皮肤及头发的颜色并非取决于黑素细胞的数量，而是取决于黑素小体的数量、大小、分布及黑素化程度。人体正常与健康的肤色是黑色素合成与代谢平衡的结果。

（2）黑色素的生物学作用

对于人类而言，黑色素是防止紫外线对皮肤损伤的主要屏障。黑色素能吸收大部分紫外线，从而保护或减轻由于日光照射而引起的皮肤急性或慢性损伤。含黑色素较少的皮肤，通常容易发生日光性晒伤，长期日晒后容易发生各种慢性皮肤损伤，严重者甚至引发癌变。研究显示，基底细胞癌、鳞状细胞癌和黑色素瘤等肿瘤在白种人中的发病率远高于黑种人。

黑色素还能保护体内叶酸和类似的重要物质的光分解。黑色素合成可增加人在炎热气候下的热负荷，黑种人吸收阳光中的热能比白种人所吸收的热能多30%。但黑色素的形成会妨碍皮肤中维生素 D 的合成，因此佝偻病在营养不良的黑种人儿童中更为常见。

（3）黑色素的产生

黑色素为高分子生物色素，主要由 2 种醌型的聚合物组成，分别是真黑素和褐黑素。其中真黑素是皮肤中色素最为重要的组成。皮肤中黑色素的形成包括黑素细胞的迁移、分裂成熟、黑素小体的形成、黑素颗粒的转运以及黑色素的排泄等一系列生化过程。黑素细胞中黑色素的合成主要通过以下过程实现（图 9-1）：①在酪氨酸酶的催化作用及氧化物质的参与下，酪氨酸被氧化为多巴醌；②多巴醌进一步氧化为多巴和多巴色素，多巴是酪氨酸酶底物，它被催化重新生成多巴醌；③多巴色素在互变酶的催化下转变为 5,6-二羟基吲哚（DHI）和 5,6-二羟基吲哚羧酸（DHICA），并在各自的氧化酶作用下氧化生成真黑素；④在此过程中，多巴醌与半胱氨酸或谷胱甘肽反应，生成半胱氨酰多巴，进而转变为黑色素的另外一种组成成分——褐黑素，目前关于褐黑素在皮肤中的功能尚无文献报道。

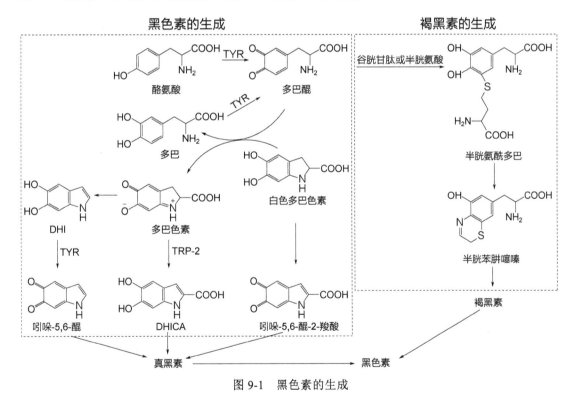

图 9-1 黑色素的生成

从生物化学的角度来看，黑色素的形成必须有基本原料酪氨酸，以及"三酶""一素""一基"。"三酶"、主要是酪氨酸酶、多巴色素互变酶、DHICA 氧化酶。酪氨酸酶属于氧化还原酶，是黑色素形成的主要限速酶，因此其活性大小决定了黑色素的形成数量。多巴色素互变酶又称酪氨酸酶相关蛋白，主要调节 DHICA 的生成速率，主要影响黑色素分子的大小、结构和种类。DHICA 氧化酶是酪氨酸酶同源的糖蛋白，除了参与黑色素的代谢，还影响黑素细胞的生长和死亡。"一素"指内皮素又称血管收缩肽，存在于血管内壁，受雌激素和紫外线的影响。"一素"指氧自由基，广义上包括带有未配对电子的原子、离子或功能基。在正常生物代谢过程中，机体会不断产生氧自由基。氧自由基可被细胞内防御系统快速清除，因此无细胞损害。当机体暴露于电离子辐射、环境污染、放射性物质等外部诱导条件下，细胞内氧自由基开始大量生成并分布于细胞膜和线粒体内。由于高度活泼性，氧自由基可以与细胞内的各种物质发生反应，影响细胞的正常状态。在皮肤结构中，氧自由基可与结缔组织中的胶原蛋白作用，使共韧性降低从而引起皱纹，并参与黑色素形成过程中的氧化环节，造成色素沉积。

9.1.3　色斑的分类与形成原因

色斑，也称面部皮肤色素代谢障碍性疾病，是由于皮肤黑色素分布不均匀，造成的皮肤斑点、斑块或斑片。

（1）色斑的分类

皮肤色斑是由于皮肤内色素增多而出现的褐色、黄褐色、黑色等小斑点，如黄褐斑、蝴蝶斑、黑斑、老年斑等。黄褐斑，是一种发生于面部的色素代谢异常、沉着性皮肤状况。多见于中年妇女，其主要表现为面部出现大小形状不一的黄褐色或灰黑色斑，常对称分布于额、面、颊、鼻和上唇等部位，不高出皮肤，边界清楚，长期存在，日晒后往往加重。雀斑，一般分布于脸部容易受日光照射的区域。黑斑，又称蝴蝶斑，集中于两颊，形似展开的蝴蝶。老年斑，一种老年性皮肤病变，在医学上叫作脂漏性角化症晒斑。

（2）色斑的形成原因

① 内部因素

遗传基因：遗传是决定肤色和色斑的最为关键的因素。

精神因素：紧张、劳累、长期受压引发肾上腺素分泌，破坏人体正常的新陈代谢平衡，导致皮肤所需营养供给缓慢，促使黑素细胞变得活跃，进而导致色素沉积。

激素分泌失调：女性在孕期或服用避孕药的过程中出现激素分泌失调是导致育龄女性产生皮肤色斑的重要原因。怀孕中因女性荷尔蒙雌激素的增加，在怀孕4～5个月时容易产生色斑，大部分随着产后激素水平的回落逐步消失。个别产妇由于新陈代谢异常、强烈紫外线辐照、精神等因素的干扰，也会出现色斑加深的现象。避孕药里所含的荷尔蒙雌激素，也会刺激黑色素的大量合成。

疾病和新陈代谢缓慢：肝的新陈代谢功能不正常、卵巢功能减退、甲状腺功能亢进都将导致色斑的生成。

皮肤的自愈过程：皮肤过敏、外伤、暗疮、粉刺等在治疗的过程中受过量紫外线照射，皮肤为了抵御紫外线损伤，在炎症部位聚集黑色素，造成色素沉着。

② 外部因素

紫外线：在紫外线照射下，人体为了保护皮肤，会在基底层产生黑色素，因此长期的紫外线照射将引起皮肤色素沉着，或加深皮肤色斑。

不良的清洁习惯：不正确的清洁习惯使皮肤变得敏感，也能引起黑素细胞分泌黑色素。

9.1.4　皮肤美白祛斑的基本原理

人的肤色随种族、季节和性别的差异而变化，即使同一个人，全身各部肤色亦不完全一样。皮肤的厚度、血蛋白及少量的类胡萝卜素色素均会影响人体肤色。而决定皮肤色泽的主要因素是黑素细胞产生的黑色素的分布状态及量。因此为预防色素沉积，需要减少皮肤中黑色素的累积，主要途径有两种：

（1）抑制黑色素的生成

① 抑制酪氨酸酶生成和活性

在黑色素合成的"三酶一素一基"理论中，酶的催化活性决定了黑色素合成的整个环节，而在"三酶"中，酪氨酸酶在黑色素的生物合成中扮演了关键角色，因此抑制酪氨酸酶的活性或者数量是皮肤美白剂的重要发展方向，且在化妆品的生产上，酪氨酸酶抑制剂是最为广泛应用的皮肤美白剂。

酪氨酸酶抑制剂的作用机制可总结为以下几个方面：减少多巴醌的生成，如维生素 C，它能够减少多巴醌向多巴的还原，进而减少多巴色素和最终的黑色素的生成；清除多巴醌，常见的有含硫化合物，这类化合物能够与多巴醌结合生成无色物质，减少了黑色素的合成原料；该类物质能够作为新的底物与酪氨酸酶结合，与酪氨酸发生竞争关系，这类物质多为与酪氨酸或多巴结构类似的化合物，如苯酚或儿茶酚衍生物；通过非特异性的酶蛋白变性实现酶活性的抑制；通过化学键的形式可逆或不可逆地结合酪氨酸酶，使得催化剂的结构发生变化而发生暂时或永久的失活。

② 清除氧自由基

酪氨酸酶是一种含铜需氧酶，在酪氨酸转化为多巴的反应过程中，必须有氧自由基参加。在此过程中，氧自由基既是引发剂又是反应物，酪氨酸酶的催化氧化的过程，实际上也是人体内清除自由基的过程。氧自由基的清除可以阻断酪氨酸酶的催化反应，从而减弱酪氨酸氧化反应的强度。设计美白化妆品的配方时，常加入自由基清除剂以实现美白的效果，如维生素 E、SOD、维生素 C 等。

③ 防止紫外线的刺激

紫外线照射是诱导黑色素生成的最为常见的外部因素，任何形式的色斑沉积均会由于紫外线的刺激而出现加深的现象，因此防止紫外线照射是防止黑色素生成的重要的人为可控的方式。

（2）促使黑色素的快速排泄

黑色素排泄主要有两条途径，一是黑色素在皮肤内被分解、溶解和吸收后穿透基底膜，被真皮层的嗜黑色素细胞吞噬后，通过淋巴液带到淋巴结再经血液循环从肾脏排出体外；二是黑色素通过黑色素细胞树枝状突起，向角朊细胞转移，然后随表皮细胞上行至角质层，随老化的角质细胞脱落而排出体外。黑色素细胞形成黑色素的合成率，在体内通过一系列反馈、影响机制后，同它被摄取、转运后的清除率保持同步，并处于动态平衡，从而维系着人类肤色的相对稳定。色斑的形成从生物学角度而言，是由于黑色素排泄速率低于生成速率，因此加速黑色素的排出是皮肤美白的有效手段。加速黑色素排泄的方式通常是通过在化妆品的配方中加入细胞新陈代谢促进剂，如果酸、维生素等。

9.2　对苯二酚、熊果苷类

氢醌（对苯二酚）是一种传统美白祛斑成分，具有凝结蛋白质的作用，通过凝结酪氨酸酶，使酶冻结失活从而抑制黑色素的生成。此外，一定浓度下的氢醌可致黑素细胞变性、死亡。美国 FDA 认定氢醌为安全、有效的美白剂，欧共体批准的使用量为 2%。我国 1999 版《化妆品卫生规范》允许其在局部皮肤美白产品中使用，限用量也为 2%，并要求生产企业在产品包装说明上标注"含有氢醌"等字样。但在实际使用过程中发现，超过 5% 的氢醌有可能导致"白斑"及过敏，此外由于对位的两个酚羟基的存在，氢醌性质极不稳定，很容易在空气中被氧化为醌，使颜色加深。因此，《化妆品安全技术规范》限定氢醌为美白产品中的禁用美白成分。目前，在临床治疗色斑过程中常用氢醌乳膏或者氢醌霜，其临床使用效果良好，但是要求患者在使用时要做好充分的避光。

熊果苷是氢醌的糖类衍生物，其水解产物为氢醌和葡萄糖，由于氢醌的一个酚羟基形成了糖苷键，因此其稳定性能大大提高。熊果苷的美白祛斑机理与氢醌类似，属于酪氨酸酶抑制剂，其对紫外线照射引起的色斑去除作用较为显著。熊果苷是在厚叶岩菜叶中发现的一种安全的天然美白祛斑活性成分。随着美白产品的不断开发，熊果苷的衍生物也被开发成美白组分，如熊果苷的酚羟基酯化物，以及维生素C-熊果苷磷酸酯等。其中维生素C-熊果苷磷酸酯具有维生素C和熊果苷的协同作用，并具备很好的稳定性。与多种功能性组分配伍性良好，例如，与泛酰乙基醚配合使用，具有防护肌肤日晒损伤，促进日晒受损肌肤的新陈代谢，促进黑色素排出体外的作用；与甘草酸配合使用能减缓日晒后的烧灼感；配合维生素C衍生物使用能保持肌肤生气；配合生物HA使用能保护肌肤滋润，防止皱纹。

原料1　1,4-苯二酚（Hydroquinone）

【中文别名】对氢醌，对苯二酚，氢醌，海得尔，几奴尼

【缩写】HQ

【分子式和分子量】$C_6H_6O_2$，110

【CAS号】123-31-9

【性质】白色针晶，相对密度1.320，熔点172～175℃，沸点285℃。易溶于热水、乙醇及乙醚，微溶于苯。

【制备方法】①以苯胺为原料，通过苯胺与硫酸成盐生成苯胺硫酸盐，随后被二氧化锰与硫酸氧化生成对苯二醌，通过铁粉还原后获得对苯二酚。②以苯酚为原料，经双氧水氧化制得邻苯二酚和对苯二酚，分离获得对苯二酚。

【药理活性】对苯二酚是传统的酪氨酸酶抑制剂，其美白机制以细胞毒为主，通过产生半醌自由基，选择性作用于黑素细胞膜，使细胞膜受损进而达到美白效果，目前，在临床上能有效地治疗色素性皮肤病。

【毒性】LD_{50}，经口，大鼠，320mg/kg；LD_{50}，经口，小鼠，245mg/kg。

【用途】在治疗皮肤色斑的外用药品，如氢醌乳膏、氢醌霜中常用。限制用量为0.02%。

原料2　熊果苷（Arbutin）

【中文别名】熊果素，对-羟基苯-β-D-吡喃葡萄糖苷，氢醌-β-D-吡喃葡萄糖苷，β-熊果苷

【缩写】Arb

【分子式和分子量】$C_{12}H_{16}O_7$，272

【CAS号】497-76-7

【性质】白色结晶性粉末，密度1.3582g/cm³，熔点195～198℃，沸点375.3℃。易溶于热水、甲醇、乙醇及丙二醇、丙三醇的水溶液，不溶于乙醚、氯仿、石油醚等。

【制备方法】①提取法：天然熊果苷主要通过越橘科植物提取获得。②合成法：以五乙酰葡萄糖、对苯二酚为起始原料，通过乙酰化保护，在路易斯酸条件下缩合，在饱和甲醇氨溶液中脱保护基，得到最终产物熊果苷。

【药理活性】熊果苷主要提取自熊果植物叶子，通过抑制生产黑色素的酵素酪胺酸酶的活性，减少黑色素的生成。可分为 α 型和 β 型，都具有美白的效果，市售的多为 β 型，α-熊果苷只有极少数厂家生产，因为 α-熊果苷提取、合成都比较难，它的价格是 β-熊果苷的 8 倍左右，但是美白效果方面是 β-熊果苷 10～15 倍。熊果苷能够减少皮肤色素沉积，对紫外线照射引起的色斑去除作用较为显著，同时具有杀菌、消炎的作用，对皮肤具有修复作用。

【毒性】LD_{50}，经口，小鼠，9804mg/kg；LD_{50}，经口，大鼠，8715mg/kg；LD_{50}，经皮，>928mg/kg。

【用途】熊果苷主要用于提亮肤色，效果比烟酰胺和维生素 C 等护肤成分的效果好，是美白护肤类化妆品中常用添加剂。

原料 3　脱氧熊果苷（Deoxyarbutin）

【中文别名】对-(四氢-2H-吡喃-2-氧基)苯酚，脱氧熊甘果，4-[(2-四氢吡喃基)氧基]苯酚

【缩写】LGB-D

【分子式和分子量】$C_{11}H_{14}O_3$，194

【CAS 号】53936-56-4

【性质】白色或类白色粉末，密度 1.174g/cm³，熔点 88～89℃，沸点(349.8±32.0)℃。

【制备方法】①对苯二酚直接醚化法：对苯二酚和 3,4-二氢吡喃首先溶解在溶剂中，室温下缓慢加入溶剂。采用 $Fe_2(SO_4)_3 \cdot xH_2O$ 作催化剂，在丙酮中反应可以直接得到脱氧熊果苷。②以对苯二酚和乙酰氯为原料，通过乙酰氯单保护，然后与 3,4-二氢吡喃反应生成四氢吡喃醚，最后利用硼酸钠脱乙酰基得到脱氧熊果苷。

【药理活性】脱氧熊果苷作为竞争性酪氨酸酶抑制剂，能够调节黑色素的生成。在动物的皮肤测试中，脱氧熊果苷可以在皮肤组织中有效地抑制酪胺酸酶的活性及黑色素形成，迅速有效地让皮肤白皙，对不同肤色人群均有不同程度美白效果，而在停止使用该成分时，效果仍然可以维持将近 8 周的时间，停用 8 周后其脱色效应可完全逆转，不会造成黑素细胞的永久损伤。

【毒性】LD_{50}，经口，大鼠，>2000mg/kg；LD_{50}，腹腔注射，雄性大鼠，314mg/kg；LD_{50}，腹腔注射，雌性大鼠，367mg/kg。

【用途】脱氧熊果苷能够克服色素沉着，淡化皮肤黑色斑点，是新一代化妆品亮肤美白活性剂，主要用于高级美白化妆品中。其效力是对苯二酚的 10 倍，曲酸的 150 倍，是一般熊果苷的 350 倍。化妆品中的建议添加量为 0.1%～3%。

原料 4　6-O-咖啡酰基熊果苷（6-O-Caffeoylarbutin）

【中文别名】6'-O-咖啡酰熊果苷，乌金苷

【分子式和分子量】$C_{21}H_{22}O_{10}$，434

【CAS 号】136172-60-6

【性质】本品为白色粉末，密度 $1.6g/cm^3$，沸点 769.8℃，易溶于油脂，不溶于水。

【制备方法】①取越橘属植物，粉碎至粗粉，加 4～10 倍重量体积浓度为 50%～90%的含水乙醇回流提取，合并提取液，回收乙醇，得浸膏；②取浸膏加数倍重量的热水溶解，在 60～80℃下经膜过滤分离，收集滤过液，冷却，放置 24h，越橘素结晶析出；③收集以上越橘素结晶，加 3～9 倍量 60%～80%的含水乙醇溶解，经活性炭脱色、过滤、结晶即得 6-O-咖啡酰基熊果苷。

【药理活性】6-O-咖啡酰基熊果苷能有效抑制和分解黑色素，使黑色素斑彻底消失。

【毒性】斑马鱼毒性试验表明，6-O-咖啡酰基熊果苷与熊果苷比较，具有毒性低、活性高、高效安全的特点。

【用途】在制备皮肤美白、祛斑化妆品及制备治疗色素沉着性疾病的药物中应用。

9.3　曲酸及其衍生物

曲酸是一种对苯二酚衍生物，在酱油、豆瓣酱、酒类的酿造过程中形成，是曲霉发酵的产物，可以有效抑制黑色素的生成。1988 年，日本率先将曲酸作为美白剂应用，并很快扩展到世界各地，其安全性和有效性一致被广为认可。曲酸的作用主要表现为两个方面，其一是能使酪氨酸氧化成多巴和多巴醌时所需的酪氨酸酶失去活性，抑制多巴和多巴醌的生成；其二是对由多巴色素生成的 5,6-二羟基-吲哚-羧酸具有抑制作用。在上述的两个过程中均有二价铜离子的参与，曲酸的作用机理是对铜离子具有螯合作用，因此对上述的两个过程具有良好的抑制作用，进而能够抑制黑色素的生成。此外，曲酸不作用于细胞中的其他生物酶，对细胞没有毒害作用，同时它还能进入细胞间质中，组成胞间胶质，起到保水和增加皮肤弹性的作用。但曲酸的稳定性较差，对光、热尤其敏感，在空气中易被氧化。另外，曲酸与金属离子的螯合是其产生作用的主要原理，同时也会导致其在护肤类化妆品中的添加问题，其中最为典型的问题是与三价铁离子螯合产生具有颜色的复合物（黄色），而影响到产品的外观和功效。许多研究显示一些曲酸的衍生物不仅具有较好的稳定性，不易发生氧化变色，而且其抑制酪氨酸酶活力的能力比曲酸更为显著，表 9-2 列出了一些文献报道的曲酸衍生物及其抑制酪氨酸酶活性的情况，在众多的曲酸衍生物中，应用最为广泛的曲酸衍生物是曲酸双棕榈酸酯。

表 9-2　若干曲酸衍生物及其性能

曲酸衍生物	抑酶性能
2-(β-D-吡喃半乳糖基)甲氧基-5-羟基-γ-吡喃酮 曲酸吡喃半乳糖苷	略优于曲酸，稳定性提高
曲酸氨基酸衍生物	IC_{50} 值为曲酸的 1/80，稳定性提高
曲酸脂肪酸酯衍生物	优于曲酸，稳定性提高
曲酸醚衍生物	优于曲酸，稳定性提高
曲酸有机金属络合物	热稳定性提高
曲酸磷酸酯	优于曲酸，稳定性提高
曲酸双棕榈酸酯	IC_{50} 值约为 0.03g/L

原料 1　曲酸（Kojic acid）

【中文别名】曲菌酸，2-羟甲基-5-羟基-γ-吡喃酮

【分子式和分子量】$C_6H_6O_4$，142

【CAS 号】501-30-4

【性质】无色棱柱状晶体，密度 1.58g/cm³，熔点 153～154℃，易溶于水、醇、丙酮，微溶于醚、乙酸乙酯、三氯甲烷和吡啶，不溶于苯。

【制备方法】①发酵法：工业上常用淀粉或糖蜜为原料进行发酵、精制而得。②合成法：对羟基苯丙酮为原料合成曲酸；用琥珀酰亚胺基碳酸酯合成。

【药理活性】曲酸的美白机理主要是抑制酪氨酸酶，阻止铜离子对酪氨酸酶的活化作用，最终达到抑制黑色素生成、美白皮肤的效果。

【毒性】LD_{50}，腹腔注射，大鼠，250mg/kg。

【用途】本品具有保湿、增加皮肤弹性及良好的美白功效。常用作美白添加剂，对雀斑、老人斑等色素沉着和粉刺具有显著功效。

原料 2　曲酸双棕榈酸酯（Kojic acid dipamitate）

【中文别名】2-棕榈酰甲基-5-棕榈酰基-吡喃酮，曲酸棕榈酸酯，曲酸十二烷酯，2-棕榈酰甲基-5-棕榈酰基-γ-吡喃酮

【缩写】KAD-15

【分子式和分子量】$C_{38}O_6H_{66}$，619

【CAS 号】79725-98-7

【性质】白色或类白色结晶，密度(0.99±0.1)g/cm³，熔点 92～96℃，沸点 684.7℃。具有脂溶性，溶于热液体石蜡、棕榈酸异丙酯、肉豆蔻酸异丙酯等油脂中。

【制备方法】以棕榈酸、氯化亚砜为原料，在 60～65℃下卤化合成棕榈酰氯；再以吡啶为催化剂，N,N-二甲基甲酰胺为溶剂，与曲酸酰化合成目标产物，收率为 88.0%。

【药理活性】曲酸双棕榈酸酯对人体皮肤黑色素的生成具有很强的抑制作用，在抑制酪氨酸酶活性方面，不同于熊果苷、异黄酮化合物、胎盘提取液及维生素 C，其独到之处是，作用时与铜离子结合，阻止了铜离子与酪氨酸酶的活化作用。还可抑制生成麦拉淋色素生成的黑斑及雀斑，能够促进肌肤的新陈代谢，快速排除已形成的麦拉淋色素，短期即见美白之成效。

【用途】曲酸双棕榈酸酯作为化妆品中的脂溶性添加剂，无副作用，具抗氧化效果，可有效地被皮肤所吸收，给皮肤带来良好的滋润、淡斑及美白作用。可配入膏霜、乳液类型的化妆品，制成对老年斑、雀斑及色素沉着具有较好疗效的疗效型化妆品与美白化妆品，使用时加入油相中，用量为总量的 1%～3%。

9.4 维生素 C 类

维生素 C 具有还原性，对黑色素中间体起还原作用，可阻碍从酪氨酸/多巴色素互变酶至黑色素中各点上的氧化链反应，减少已形成的色素沉积如黑斑、雀斑等，活化胶原合成过程，干扰过氧化脂质的形成，从而起到美白皮肤的作用，是众所周知的一类美白成分。同时，维生素 C 也是胶原脯氨酸羟化酶和胶原赖氨酸羟化酶维持活性所必需的辅助因子，具有促进胶原蛋白合成的功能，已证实有较好的光保护作用和去色素沉着作用。

但由于维生素 C 本身不稳定、易分解、不易透皮吸收等特征限制了其在化妆品领域的直接应用，所以人们一直力求寻找一种能让维生素 C 转变为稳定性好、易被皮肤直接吸收的物质的有效途径，而将维生素 C 制备成衍生物是目前的常见途径之一。

维生素 C 衍生物不仅具有良好的美白效果，而且化学性质稳定、对皮肤无刺激，在国内外被广泛应用到化妆品中（表 9-3），并得到了大众的认可。目前应用较多的维生素 C 衍生物有维生素 C 葡糖苷、维生素 C 棕榈酸酯、乙基维生素 C、维生素 C 磷酸酯钠等。该类衍生物不仅常被应用于美白产品中，同时在抗衰老、防晒产品中也有较多应用。在美白化妆品的配方中，主要取其抗自由基、还原黑色素的作用，在抗衰老、保湿产品中主要是取其促进胶原蛋白的生长、保湿的作用。

表 9-3　维生素 C 衍生物在化妆品中的应用情况

产品名称	所加维生素 C 衍生物	产品作用说明
巴黎欧莱雅研发的雪颜美白系列	维生素 C 葡糖苷	能有效减缓肌肤变黑的速度、淡化色斑等。
兰蔻高透美白精华素	维生素 C 葡糖苷	减少黑色素产生、阻止黑色素细胞再受刺激、温和代谢已形成的黑色素细胞等
玉兰油多效修复霜	维生素 C 磷酸酯钠	修复细纹和皱纹、淡化色斑和年龄斑、均匀增白肤色、滋润肌肤，舒缓干燥、恢复肌肤自然弹性、细化毛孔等
玉兰油多效美白霜	维生素 C 棕榈酸酯	美白肌肤，去除暗黄，均匀肤色，为肌肤补充大量水分，柔润肌肤，改善粗糙等
高丝 Kose 雪肌精保湿乳液	维生素 C 葡糖苷	针对因紫外线引起的干燥等肌肤问题，以及因年龄增加而失去的肌肤张力与透明感，抑制色素产生，预防日晒引起的斑点、雀斑
碧欧泉男士强效保湿露	维生素 C 葡糖苷	滋润皮肤、保持水分平衡，同时给皮肤以感官享受
资生堂 HAKU 驱黑美白露（臻白无瑕精华露）	乙基维生素 C	抑制黑色素生成，淡化并排出已生成的黑色素。直接阻碍黑色素细胞活性化，改善黑斑活性化因子群的状态；提升斑点附近肌肤的透明度，均衡整体肤色白皙感。预防黑斑、雀斑出现

原料 1　维生素 C（Vitamin C）

【中文别名】L-抗坏血酸，2,3,5,6-四羟基-2-己烯-4-内酯

【分子式和分子量】$C_6H_8O_6$，176

【CAS 号】50-81-7

【性质】白色结晶或结晶性粉末，无臭，味酸，密度 $1.694g/cm^3$，熔点 $190\sim192℃$。在水中易溶，呈酸性，在乙醇中略溶，在三氯甲烷或乙醚中不溶。

【制备方法】以 2-酮基-L-古龙酸为原料，采用盐酸或盐酸与硫酸的组合为催化剂，催化反应制得维生素 C。

【药理活性】维生素 C 对黑色素中间体起还原作用，可以减少已形成的色素沉积如黑斑、雀斑等。具备抗氧化、抗自由基、抑制酪氨酸酶形成的作用。

【毒性】LD_{50}，经口，大鼠，11900mg/kg；LD_{50}，经皮，大鼠，>10g/kg；LD_{50}，腹腔注射，大鼠，643mg/kg；LD_{50}，静脉注射，大鼠，518mg/kg。

【用途】本品是化妆品中较为传统的美白、淡斑添加剂。

原料 2　维生素 C 葡糖苷（Ascorbyl glucoside）

【中文别名】维生素 C 糖苷，抗坏血酸葡糖苷

【缩写】AA2G

【分子式和分子量】$C_{12}H_{18}O_{11}$，338

【CAS 号】129499-78-1

【性质】白色晶体粉末，密度$(1.83\pm0.1)g/cm^3$，熔点 $158\sim163℃$，沸点 $785.6℃$，溶于水。

【制备方法】通过在微通道反应器中将维生素 C 和葡萄糖基供体在糖基转移酶和葡萄糖淀粉酶的作用下转化生成维生素 C 葡萄糖苷。

【药理活性】维生素 C 葡糖苷不仅能够抑制酪氨酸酶的活性，减少黑色素的形成，而且可以还原黑色素，减少色素沉积，实现美白皮肤、提亮肤色的功效。另外，维生素 C 葡糖苷还能够抑制紫外线照射对细胞的损伤，其作用机制是该衍生物能够转化为维生素 C，体现出良好的抗氧化作用，可大幅地减少皮肤由紫外线照射产生的自由基，显著地减少皮肤损伤，起到保护皮肤的作用。

【用途】维生素 C 葡糖苷的化学稳定性好，对皮肤无刺激，是卫生署公布认可的美白添加剂之一，公认的最为稳定的维生素 C 衍生物；也是目前各大品牌最常使用的美白成分。如欧莱雅公司将维生素 C 葡糖苷与其他组分协同作用，用于预防或治疗身体或面部皮肤的老化迹象。

原料 3　维生素 C 乙基醚（3-*O*-Ethyl-L-ascorbic acid）

【中文别名】3-O-乙基抗坏血酸醚，乙基维生素 C 醚

【缩写】VCE

【分子式和分子量】$C_8H_{12}O_6$，204

【CAS 号】86404-04-8

【性质】白色粉末或结晶，溶于水，密度 1.46g/cm³，沸点 551.5℃。

【制备方法】以维生素 C 与丙酮为原料，以无水硫酸铜或者对甲苯磺酸为催化剂反应合成 5,6-O-异亚丙基-L-抗坏血酸（IAA）；以 IAA 和溴乙烷为原料，在丙酮、碳酸钾存在下，合成 3-O-烷基-5,6-O-异亚丙基抗坏血酸；加盐酸脱去保护基团后重结晶得到维生素 C 乙基醚。

【药理活性】维生素 C 乙基醚可以改善维生素 C 不能被皮肤直接吸收和易被氧化而导致变色的问题，维生素 C 乙基醚进入皮肤后容易被酶分解而发挥维生素 C 的作用，可抑制酪氨酸酶活性，抑制黑色素的形成。此外，维生素 C 乙基醚进入真皮层后可直接参与胶原蛋白的合成，修复皮肤细胞活性，使胶原蛋白增加，从而使皮肤变得充盈富有弹性。

【用途】本品常用于化妆品中，具有美白祛斑，修复皮肤细胞活性，促进胶原蛋白产生等作用。添加用量 0.1%～2.0%。

原料 4　维生素 C 磷酸酯镁（Magnesium ascorbyl phosphate）

【中文别名】抗坏血酸磷酸酯镁

【缩写】AP-Mg

【分子式和分子量】$C_6H_{11}Mg_{1.5}O_9P$，290

【CAS 号】113170-55-1

【性质】白色至微黄色粉状固体，无味无臭。易溶于稀酸，溶于水，不溶于乙醇、乙醚和氯仿等有机溶剂。

【制备方法】将维生素 C、无水氯化钙低温溶于去离子水中，用浓度 30% 的氢氧化钠水溶液，调节 pH 值为 5，加入三偏磷酸钠反应制备获得维生素 C 酯钙，用硫酸调节 pH 值为 1.5，纯化得维生素 C 磷酸酯；将维生素 C 磷酸酯用氧化镁调节 pH 值为 7，纯化后得到维生素 C 磷酸酯镁。

【药理活性】维生素 C 磷酸酯镁经皮肤吸收后，能有效地抵抗紫外线侵袭，并可捕获氧自由基，促进胶原蛋白生成；维生素 C 磷酸酯镁能够抑制酪氨酸酶活性，还原黑色素，具有祛斑美白活性；维生素 C 磷酸酯镁进入体内后可消除氧自由基，从而具有去皱、抗衰老功能。

【毒性】LD_{50}，腹腔注射，小鼠，1700mg/kg。

【用途】维生素 C 磷酸酯镁可用于紫外线防护和修复，可促进胶原蛋白生成，同时也是一种强效抗氧化剂，能够抑制皮肤细胞生成黑色素，淡化老年斑，主要用作亮肤剂和美白剂。

原料 5　维生素 C 磷酸酯钠（Sodium L-ascorbyl-2-phosphate）

【中文别名】坏血酸磷酸酯钠、L-抗坏血酸-2-磷酸三钠盐

【缩写】SAP

【分子式和分子量】$C_6H_6Na_3O_9P$，322

【CAS 号】66170-10-3

【性质】白色或淡黄色粉末状，可溶于水、丙二醇、甘油，几乎不溶于乙醇。

【制备方法】将维生素 C 的 5 位和 6 位上的羟基保护，与磷酰化试剂在吡啶与水的体系中发生磷酰化反应，酸性条件下脱除保护基，再与碱中和得到维生素 C 磷酸酯钠。

【药理活性】维生素 C 磷酸酯钠是维生素 C 的衍生物，其稳定性很高且水溶性较好，可以被人体内的磷酸酶分解利用。维生素 C 磷酸酯钠是一种有效的氧自由基清除剂，可以保护皮肤免受紫外线伤害，增强防晒霜的光保护性能；在化妆品中加入 2% 左右的维生素 C 磷酸酯钠能明显减轻色斑，起到美白皮肤的作用。另外，其对面部痤疮、痘痘具有治疗效果，研究显示，维生素 C 磷酸酯钠比 5% 过氧化苯甲酰、1% 磷酸盐克林霉素、0.1% 阿达帕林治疗痤疮效果好。

【用途】维生素 C 磷酸酯钠作为一种常见的美白添加剂，被广泛应用于各类功效型化妆品中，如美白面霜、乳液、洗面奶、爽肤水等，以及其他抗皱祛斑护肤品中。作为美白添加剂，推荐剂量为 3%～5%。

原料 6　维生素 C 棕榈酸酯（6-*O*-palmitoyl-L-ascorbic acid）

【中文别名】L-抗坏血酸棕榈酸酯，L-2,3,5-三羟基-2-己烯酸-γ-内酯-6-十六酸酯

【缩写】L-AP

【分子式和分子量】$C_{22}H_{38}O_7$，415

【CAS 号】137-66-6

【性质】白色或类白色粉末，略有柑橘气味，密度 $1.15g/cm^3$，沸点 546.2℃。易溶于乙醇、甲醇，极微溶于水和植物油。

【制备方法】将维生素 C 和棕榈酸在浓硫酸催化下，进行酯化反应，生成维生素 C 棕榈酸粗酯。

【药理活性】维生素 C 棕榈酸酯是一种有效的抗氧化剂，是非酸性、稳定的维生素 C 衍生物。具有维生素 C 的全部生理活性，能够起到抗炎，减少黑色素生成，促进免疫球蛋白合

成，防治外伤、晒伤、痤疮等所致的色素沉着的作用，能够美白皮肤，维持皮肤弹性，减轻皱纹，改善皮肤粗糙、苍白、松弛等现象，是一种具有延缓皮肤自然老化及光老化的高效化妆品添加剂。

【毒性】LD_{50}，经口，大鼠，25g/kg。

【用途】本品常被作为抗氧化剂、美白添加剂应用于护肤化妆品中，如 EVELOM 晨间焕采洁颜乳、雪本诗保湿面膜中均有添加。

原料7 四己基癸醇抗坏血酸酯（Tetrahexyldecyl ascorbate）

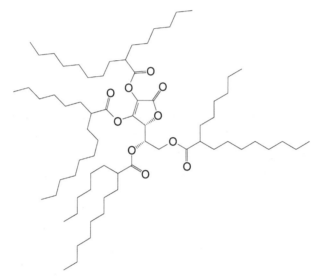

【中文别名】抗坏血酸四异棕榈酸酯，抗坏血酸四-2-己基癸酸酯，L-抗坏血酸 2,3,5,6-四(2-己基癸酸酯)

【缩写】VCIP，AT2H

【分子式和分子量】$C_{70}H_{128}O_{10}$，1130

【CAS 号】183476-82-6

【性质】本品为无色至淡黄色液体，有轻微特征性气味，呈中性，其稳定性高，不易被氧化。在油中有很好的溶解性。

【制备方法】2-己基癸酸和氯化试剂反应生成 2-己基癸酰氯；2-己基癸酰氯与 L-抗坏血酸反应生成抗坏血酸四异棕榈酸酯。

【药理活性】四己基癸醇抗坏血酸酯作为化妆品成分具有很多功能，其中包括亮肤、促进胶原合成和抑制脂类过氧化等。四己基癸醇抗坏血酸酯具有优异的皮肤吸收性，在皮肤中分解成游离维生素 C 来实现生理机能。

【用途】本品在化妆品中用作抗氧化剂、美白剂、祛斑剂以及保湿剂。其稳定性高，不易被氧化。易于被皮肤吸收，吸收率是水溶性维生素 C 的 16.5 倍。建议添加量 0.05%～1%。

9.5　其他维生素类

维生素类物质对于促进皮肤的新陈代谢、延缓皮肤衰老有特别功效，在化妆品中应用广泛的维生素除维生素 C 外，还有维生素 A、维生素 E 和 B 族维生素等。其中 B 族维生素包

括维生素 B_1、维生素 B_2、维生素 B_3、维生素 B_4、维生素 H（Biotin）和泛醇等。每种类型维生素作用存在差异。其中具有美白及其相关作用的维生素有很多，比如维生素 B_2 能帮助皮肤抵抗日光的损害；维生素 B_3 对于受伤害的细胞或皮肤复原有好处，还可以抑制皮肤黑色素的形成；维生素 B_6 可用于防治皮肤粗糙、粉刺、日光晒伤、止痒和阳光晒黑，也可用于防治脂溢性皮肤炎症、一般性痤疮、干性脂溢性皮炎湿疹和落屑性皮肤变化。

原料 1　烟酰胺（Nicotinamide）

【中文别名】3-吡啶甲酰胺，尼克酰胺，烟碱酰胺，维生素 B_3

【分子式和分子量】$C_6H_6N_2O$，122

【CAS 号】98-92-0

【性质】白色针状结晶或结晶性粉末，无臭或稍有臭气，味微苦。密度 $1.40g/cm^3$，熔点 $128\sim131℃$。易溶于水、乙醇、甘油。

【制备方法】以 3-甲基吡啶为原料经空气氧化成烟酸，与氢氧化铵作用，再加热脱水制得。

【药理活性】烟酰胺是烟酸的酰胺形式，在体内与核酸、磷酸、腺嘌呤形成烟酰胺腺嘌呤二核苷酸（辅酶Ⅰ）和烟酰胺腺嘌呤二核苷酸磷酸（辅酶Ⅱ），这些辅酶参与了体内的脂质代谢、细胞呼吸以及糖原的分解等生理过程。研究显示烟酰胺的取法将导致辅酶的缺乏而引发糙皮症、口炎、舌炎、肝脏疾病和日光性皮炎。近年来，在护肤化妆品领域烟酰胺是炙手可热的美白淡斑成分，其美白机制包含三个方面：①抑制黑色素颗粒的形成；②抑制黑色素向角质细胞传递；③加速角质细胞中黑色素向角质层转移并促进角质层脱落。

【毒性】LD_{50}，经口，大鼠，3500mg/kg；LD_{50}，经皮，大鼠，1680mg/kg；LD_{50}，大鼠，腹腔注射，2050mg/kg。

【用途】烟酰胺能保持皮肤能量平衡，加速胶原质合成，避免肌肤因油脂含量低、角质层变薄而导致的黑色素过度沉着，是目前护肤类化妆品中最为推崇的美白添加剂之一，常与维生素 A 醇类成分配合使用，实现淡斑抗老的功效。

原料 2　烟酸（Nicotinic acid）

【中文别名】吡啶-3-甲酸，3-吡啶甲酸，烟酸碱，尼克酸，尼亚生，尼古丁酸，维生素 PP

【分子式和分子量】$C_6H_5NO_2$，123

【CAS 号】59-67-6

【性质】白色晶体或白色结晶性粉末，无臭或有微臭，味微酸，水溶液显酸性，在沸水或沸乙醇中溶解，在水中略溶，在乙醇中微溶，在乙醚中几乎不溶，密度 $1.473g/cm^3$，熔点 $236\sim239℃$，沸点 292.5℃。

【制备方法】烟酸由 3-甲基吡啶、2-甲基-5-乙基吡啶或喹啉为原料氧化制得。

【毒性】LD_{50}，经口，大鼠，7g/kg；LD_{50}，腹腔注射，大鼠，730mg/kg；LD_{50}，经皮，大鼠，5g/kg。

【药理活性】烟酸能够抑制黑色素从黑素细胞向蛋白细胞的转移，减少色素沉积。

【用途】本产品能增加皮肤含水度，起到改善肤质的作用，具有美白效果，是护肤品中常用的美白添加剂。

原料3　泛酸（Vitamin B₅）

【中文别名】维生素 B₅

【分子式和分子量】$C_9H_{17}NO_5$，219

【CAS 号】79-83-4

【性质】淡黄色黏稠的油状物，具酸性，易溶于水和乙醇，不溶于苯和氯仿。

【制备方法】由 β-丙氨酸借肽键与 α,γ-二羟基-β,β-二基丁酸缩合而成。

【药理活性】泛酸参与谷胱甘肽的生物合成，可促进人体内细胞的活性，提高皮肤的防御功能；泛酸还参与多种人体内营养成分的吸收利用，有助于改善皮肤粗糙；泛酸还可促进角质层水合作用，可实现对角质层的保湿补水。另外，泛酸还有抗炎作用，对抗紫外线所致的红斑具有止痒和皮肤镇静的作用。

【毒性】LD_{50}，经皮，大鼠，3500mg/kg。

【用途】本品主要作用是皮肤调理、保湿，此外具有舒缓抗敏、美白等功效。

9.6　间苯二酚类

原料1　苯乙基间苯二酚（Phenylethyl resorcinol）

【中文别名】4-(1-苯乙基)-1,3-苯二酚，377

【缩写】PR

【分子式和分子量】$C_{14}H_{14}O_2$，214

【CAS 号】85-27-8

【性质】白色至米黄色粉末，熔点 78～79℃，密度 1.171g/cm³。常温下微溶于水，易溶于丙二醇及极性油脂。

【制备方法】1,3-苯二酚和苯乙烯通过 Friedel-Crafts 烷基化反应生成苯乙基间苯二酚粗品，经清洗、蒸馏、结晶等纯化步骤，得到最终产物。

【药理活性】苯乙基间苯二酚对黑色素生成过程中的酶催化反应具有抑制作用，是酪氨酸酶抑制剂，活性是曲酸的 22 倍；苯乙基间苯二酚具有较强的抗氧化能力，有利于黑色素的消退，对 UVB 诱导的人皮肤黑素细胞氧化损伤具有保护作用。

【用途】苯乙基间苯二酚能够改善肤色不均，降低紫外线照射肌肤引起的皮肤着色，同时还能有效抗氧化和去皱，广泛用于各种美白、祛斑、抗衰老的产品，是目前美白类精华中非常常用的一类美白剂。本品在化妆品中的推荐含量为 1%～3%。

原料2　4-丁基间二苯酚（4-Butyl-resorcinol）

【中文别名】4-丁基雷琐酚，4-正丁基间苯二酚，噜忻喏

【缩写】4BR

【分子式和分子量】$C_{10}H_{14}O_2$，166

【CAS 号】18979-61-8

【性质】白色或类白色粉末，密度(1.092±0.06)g/cm³，熔点 53℃，沸点 166℃。溶于绝大多数有机溶剂，微溶于水，具有特殊气味。

【制备方法】以间二苯酚为原料，在正丁醇中与碱反应，成单酚盐，然后与路易斯酸脱水一锅法反应，酸解后得到粗品，接着重结晶得到 4-丁基间二苯酚。

【药理活性】4-丁基间二苯酚为酪氨酸酶和过氧（化）酶的强抑制剂，是有效的皮肤美白剂与正常皮肤的调色剂，能够有效对抗黄褐斑。在黑色素源合成三个过程中，4-丁基间二苯酚均能起到相应的作用：①黑色素合成前，4-丁基间二苯酚能够干涉酪氨酸酶的合成和糖基化，防止酶被黑素体吸收。②黑色素合成期间，4-丁基间二苯酚能够抑制酶的活性，作为酪氨酸酶和 TRP1 酶的竞争性抑制剂，减少促进黑色素原生的副产物形成。③黑色素合成后，4-丁基间二苯酚能够促进酪氨酸酶的降解，抑制黑素体到角化细胞的转移。

【毒性】LD_{50}，经口，大鼠，500mg/kg。

【用途】常用作护肤产品美白添加剂，用于膏霜、精华、精油等体系中，添加量一般为 0.1%～0.3%。

原料3　白藜芦醇（Resveratrol）

【中文别名】3,4′,5-三羟基芪，3,4′,5-芪三酚

【缩写】Res

【分子式和分子量】$C_{14}H_{12}O_3$，228

【CAS 号】501-36-0

【性质】白至淡黄色粉末，密度 1.36g/cm³，熔点 253～255℃，沸点 449.1℃。难溶于水，易溶于乙醚、甲醇、丙酮、乙酸乙酯等有机溶剂。

【制备方法】以 3,5-二甲氧基苯甲酸为原料，经还原、溴代后，与亚磷酸三乙酯反应成磷酸 3,5-二甲氧基苄酯，再与茴香醛进行 Wittig-Horner 反应后脱去酚羟基的保护基得到白藜芦醇。

【药理活性】白藜芦醇是一种天然多酚类物质，可以激活与生命相关的多种转录因子相关的 STRT1 酶活性，延长细胞生命周期，具有较强的抵制细胞衰老的功效；白藜芦醇具有抗氧化作用，能够抑制自由基的生成和脂质过氧化，调节抗氧化酶相关的活性；同时白藜芦醇可通过多种机制抑制黑色素的合成，具有淡化细纹、美白皮肤、减少黄褐斑的功效。

【用途】白藜芦醇在化妆品、护肤品里主要作用是美白祛斑、抗氧化。适合干性皮肤、

油性皮肤、皱纹皮肤、紧致皮肤、色素性皮肤、耐受性皮肤、非色素性皮肤、敏感性皮肤这8 种类型皮肤。在兰芝臻白修护柔肤精华霜、露得清凝时赋活能量水中均有添加。

原料 4　氧化白藜芦醇（Oxyresveratrol）

【中文别名】4-[(E)-2-(3,5-二羟基苯基)乙烯基]苯-1,3-二醇

【分子式和分子量】$C_{14}H_{12}O_4$，244

【CAS 号】29700-22-9

【性质】类白色至黄色粉末，相对密度 1.468，溶点 199～204℃，沸点(523.8±30.0)℃。可溶于甲醇、乙醇、DMSO 等有机溶剂。

【制备方法】以 3,5-二羟基苯乙酮为原料，经甲基化及 Willgerodt-Kindler 重排反应得到3,5-二甲氧基苯乙酸，3,5-二甲氧基苯乙酸与 2,4-二甲氧基苯甲醛经 Perkin 反应构建二苯乙烯骨架，再经脱羧及脱甲基异构化反应得到目标产物氧化白藜芦醇。

【药理活性】氧化白藜芦醇对酪氨酸酶的多巴氧化酶活性具有有效抑制作用，能催化黑色素生物合成的限速步骤；氧化白藜芦醇具有很强的抗氧化活性，能高效对抗细胞衰老和色斑沉积，并能很好紧致毛孔、活化细胞；氧化白藜芦醇具有抗炎、抗氧化、抗菌等多方面的活性。

【用途】具有抗氧化、抗衰老的作用，常在化妆品中用作美白添加剂。

原料 5　二甲氧基甲苯基-4-丙基间苯二酚（Dimethoxytolyl propylresorcinol）

【中文别名】山菅兰提取物

【缩写】CL302，NIVITOL

【分子式和分子量】$C_{18}H_{22}O_4$，302

【CAS 号】869743-37-3

【性质】深棕色至类白色粉末，熔点 108℃。溶于甲醇、乙醇等有机溶剂。

【制备方法】①2,4-二甲氧基-3-甲基苯乙酮、2,4 二苄氧基苯甲醛和强碱在水溶液和有机溶剂中，进行羟醛缩合反应获得中间体Ⅰ；②中间体Ⅰ经锌汞齐和盐酸还原羰基获得中间体Ⅱ；③中间体Ⅱ催化加氢获得产物。

【药理活性】二甲氧基甲苯基-4-丙基间苯二酚是雅诗兰黛公司的 NIVITOL 专利成分，可从山菅兰的植物中提取出来，可以有效抑制酪氨酸酶的活性从而减少黑色素生成。

【用途】本品常作为美白添加剂用于面霜、乳液、面膜等化妆品中调理、美白皮肤，是倩碧中常用的一种美白成分。

原料 6　4-己基间苯二酚（Hexylresorcinol）

【中文别名】己基间苯二酚，己雷锁辛

【分子式和分子量】$C_{12}H_{18}O_2$，194

【CAS 号】136-77-6

【性质】本品为白色或黄白色针状结晶，熔点 65～70℃，沸点 333～335℃。微溶于水、乙醇、甲醇、甘油醚、氯仿、苯和植物油中。

【制备方法】以间苯二酚和正己酸为原料，依次经酰化、还原反应制得 4-己基间苯二酚。

【药理活性】4-己基间苯二酚为强酪氨酸酶抑制剂和强过氧化酶抑制剂，可阻断黑色素的生成，体内实验证实，0.5%的 4-己基间苯二酚在 8 周内具有与 2%的氢醌同样的美白效果。除此之外，4-己基间苯二酚还能防止 UVA、UVB 的损伤，促进谷胱甘肽的合成，具有防晒和抗衰老的功效。

【毒性】LD_{50}，经口，大鼠，550mg/kg；LD_{50}，腹腔注射，大鼠，335mg/kg。

【用途】4-己基间苯二酚在化妆品中用于美白、抗衰、修复等系列产品，起美白祛斑、抗氧化等作用，产品表现形式为乳液、面霜、精华等。Clarins 在美白产品中添加 0.5%的该成分，在 ROC 产品中也有添加 1% 4-己基间苯二酚的抗氧化、抗衰老的产品。

原料 7　光甘草定（Glabridin）

【中文别名】甘草黄酮，光甘草啶，美白黄金

【缩写】GLA

【分子式和分子量】$C_{20}H_{20}O_4$，324

【CAS 号】59870-68-7

【性质】低含量为棕色粉末，高含量为白色粉末，密度 1.257g/cm³，熔点 156～158℃，沸点 518.6℃。不溶于水，溶于丁二醇、丙二醇等有机溶剂。

【制备方法】以酚羟基保护的苯乙酮为原料，经 Willgerodt-Kindler 反应制得芳基苯乙酸，再经傅-克反应制得异黄酮类化合物，异黄酮类化合物经 Pd/C 催化氢化反应制得异黄烷类化合物，后经成环反应、羰基还原反应和脱去酚羟基保护基团反应制得光甘草定。

【药理活性】光甘草定是一种黄酮类物质，提取自一种叫光果甘草的珍贵植物，可消除自由基与肌底黑色素，能够抑制黑素原，显示较强的抗氧化、抗衰老、美白、抗炎、调节免疫、抗菌等作用，具有"美白黄金"之称。

【用途】光甘草定可作为各类化妆品（如面霜、洗液、沐浴露等）的成分，是近年来比较热门的美白成分。作为美白添加剂，推荐用量为 0.001%～3%；预防皮肤晒黑、晒斑，推荐用量为 0.0007%～0.05%。

9.7　多酚类

植物多酚，又名植物单宁，是一大类广泛存在于植物体内的复杂多元酚类化合物，大部分存在于植物的皮和叶当中，具有独特的化学和生理活性。大量的研究结果表明，植物多酚

具有清除人体内自由基、抗氧化、抗衰老、抗辐射等生物活性功能。在护肤品中可起到多重作用，例如保湿、收敛、美白、防晒、抗氧化及延缓衰老等，因而对多种因素造成的皮肤的老化（皱纹和色素沉着）都有独特的功效。

植物多酚的美白作用是一种综合效应，与其抗氧化清除自由基、吸收紫外线、酶抑制能力有关。针对几种类型的色素障碍，多酚的美白途径主要可归纳为以下几点：①吸收紫外线；②抑制酪氨酸酶和过氧化氢酶活性；③黑色素还原和脱色；④清除活性氧。

原料 1　鞣花酸（Ellagic acid）

【中文别名】二缩双（三羟基甲酸），倍原，柔花酸

【缩写】EA

【分子式和分子量】$C_{14}H_6O_8$，302

【CAS 号】476-66-4

【性质】黄色针状晶体，熔点≥350℃，沸点363.2℃，相对密度1.667。微溶于水、醇，溶于碱、吡啶和二甲基亚砜，不溶于醚。

【制备方法】①以硫酸作为单宁酸（Ⅱ）水解的催化剂，硫酸配制成水溶液；②单宁酸与硫酸溶液混合均匀的反应物料进行加压反应；③反应结束后，将反应液中和；④中和的反应液以有机溶剂萃取，静置分层，分离水相和有机相，有机相经浓缩、冷却、析晶、过滤、重结晶纯化、干燥得到鞣花酸。

【药理活性】鞣花酸源自富含多酚鞣质的各种坚果软果，如石榴、五倍子、覆盆子、蓝莓、树莓、黑莓等，具有抗氧化、抗肿瘤、抗炎、抗菌、抗病毒等多种药理作用。鞣花酸的抗氧化作用主要表现为直接清除活性氧自由基、抑制氧化应激、增强抗氧化酶活性及基因表达、抗脂质过氧化、维持细胞膜稳定性、减少DNA损伤等。鞣花酸抗炎作用与下调p38基因的蛋白激酶MAP-Ks磷酸化、COX-2及NO合成酶过度表达，并抑制核因子NF-κB活化有关。

【用途】鞣花酸具有美白及淡斑的功效，是化妆品中的美白成分。

原料 2　四氢木兰醇（Tetrahydrofuranol）

【中文别名】四氢厚朴酚，二丙基联苯二醇

【分子式和分子量】$C_{18}H_{22}O_2$，270

【CAS 号】20601-85-8

【性质】本品熔点144.5℃，沸点165.5～166℃，密度(1.080±0.06)g/cm³。

【制备方法】①硫酸二甲酯与联苯-2,2'-二酚发生甲基化，得到2,2'-二甲氧基联苯；②2,2'-二甲氧基联苯溴化，得到2,2'-二甲氧基-5,5'-二溴联苯；③用烯丙基溴使2,2'-二甲氧基-5,5'-二溴联苯烷基化，得到2,2'-二甲氧基-5,5'-二烯丙基联苯；④通过与氯化铝和硫脲反应，使2,2'-

二甲氧基-5,5′-二烯丙基联苯脱甲基化;⑤回收 5,5′-二烯丙基-联苯-2,2′-二酚,在金属催化剂存在下,制得四氢木兰醇。

【药理活性】四氢木兰醇可在酪氨酸酶活化之前阻碍其成熟化,早期抑制黑色素的生成。有助于抑制酪氨酸酶的成熟,增强肌肤对紫外线伤害的修复功能,从而淡化黑斑、晒斑。

【用途】具有美白功效,在一些中高端护肤类化妆品中有添加,例如国产的然歌伊丽莎伯蜜雪系列。

原料 3　厚朴酚(Magnolol)

【中文别名】木兰醇,乙基降龙脑基环己醇

【分子式和分子量】$C_{18}H_{18}O_2$,266

【CAS 号】528-43-8

【性质】提取物多为棕褐色、白色精细粉末,单体为无色针状结晶,密度 1.107g/cm³,熔点为 102℃,沸点 401℃。易溶于苯、氯仿、丙酮等常用有机溶剂,难溶于水,易溶于苛性碱稀溶液。

【制备方法】①硫酸二甲酯与联苯-2,2′-二酚发生甲基化,得到 2,2′-二甲氧基联苯;②2,2′-二甲氧基联苯溴化,得到 2,2′-二甲氧基-5,5′-二溴联苯;③用烯丙基溴使 2,2′-二甲氧基-5,5′-二溴联苯烷基化,得到 2,2′-二甲氧基-5,5′-二烯丙基联苯;④通过与氯化铝和硫脲反应,使 2,2′-二甲氧基-5,5′-二烯丙基联苯脱甲基化,制得厚朴酚。

【药理活性】厚朴酚对革兰氏阳性菌、耐酸性菌、丝状真菌有显著的抗菌活性,同时具有抗氧化活性。

【用途】厚朴酚常添加于化妆品中,可用作抗氧剂和皮肤增白剂。

原料 4　和厚朴酚(Honokiol)

【中文别名】3′,5-二-2-丙烯基-1,1′-联苯-2,4′-二酚,和厚朴多酚

【缩写】HK

【分子式和分子量】$C_{18}H_{18}O_2$,266

【CAS 号】35354-74-6

【性质】白色或类白色粉末,熔点 87.5℃,沸点(400.1±40.0)℃,密度(1.107±0.06)g/cm³。易溶于苯、乙醚、氯仿、乙醇等、难溶于水。

【制备方法】4-溴苯甲醚在 2,5-二甲基苯基溴化镁、异丙基氯化镁在 40℃条件下进行反应,然后加入烯丙溴,得到 4-溴-2-烯丙基苯甲醚;4-烯丙基苯甲醚在一定条件下溴代生成 2-溴-4-烯丙基苯甲醚;将 4-溴-2-烯丙基苯甲醚制成相应的格氏试剂,在 $NiCl_2(PPh_3)_2$ 催化下与 2-溴-4-烯丙基苯甲醚进行交叉偶联,得到和厚朴醇甲醚,水解和厚朴醇甲醚即得到和厚朴酚。

【药理活性】和厚朴酚对革兰氏阳性菌、耐酸性菌、丝状真菌有显著的抗菌活性。和厚朴酚具有抗氧化、抗衰老、美白淡斑的作用。

【用途】常用于美白淡斑的水、乳、膏、霜、面膜中。

原料 5 根皮素（Phloretin）

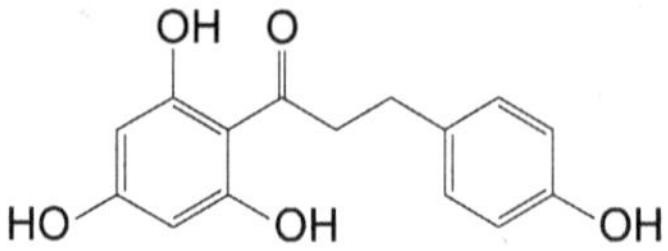

【中文别名】2,4,6-三羟基-3-(4-羟基苯基)苯丙酮

【分子式和分子量】$C_{15}H_{14}O_5$，274

【CAS 号】60-82-2

【性质】珍珠白结晶粉末，有吸湿性，熔点约 260℃，沸点 337℃，相对密度 1.183。能溶于热水、乙醇、甲醇、丙酮、乙酸乙酯等，不溶于醚、氯仿和苯。

【制备方法】在蓝藻细胞里外源表达 4-香豆酸辅酶 A 连接酶（4CL）和查尔酮合成酶（CHS）这两个根皮素合成关键酶，以对羟基苯丙酸（或称根皮酸）为底物来催化生成根皮素，4CL 催化一分子对羟基苯丙酸生成对羟基苯丙酰辅酶 A，然后 CHS 催化 3 个分子的丙二酰辅酶 A 与一分子对羟基苯丙酰辅酶 A 合成一分子根皮素。

【药理活性】根皮素是从苹果树的树皮中分离出的有苦味且具解热作用的物质，是一种二氢查尔酮类结构的黄酮类化合物，结构中具有 4 个酚羟基，因此具有极强的抗氧化活性，在多种氧化相关疾病的研究中均有良好的表现。研究显示，根皮素可抑制 IL-8、TNF-α、信使 RNA 等促炎细胞因子的表达，具有良好的抗炎效果。根皮素具有抑制黑素细胞活性，对各种皮肤色斑有淡化作用，对酪氨酸酶具有竞争性抑制作用，研究显示其对酪氨酸酶的抑制活性优于曲酸和熊果苷，因此是一种非常安全有效的祛斑美白剂。

【毒性】LD_{50}，经口，小鼠，5.760g/kg。

【用途】根皮素具有淡化色斑、美白皮肤的作用；同时能够有效延缓皮肤的皱纹形成，作为功能性成分添加于水、乳霜中，例如妮海尔诗的根皮素醒肤水和根皮素草本滋养霜。

原料 6 单宁酸（Tannic acid）

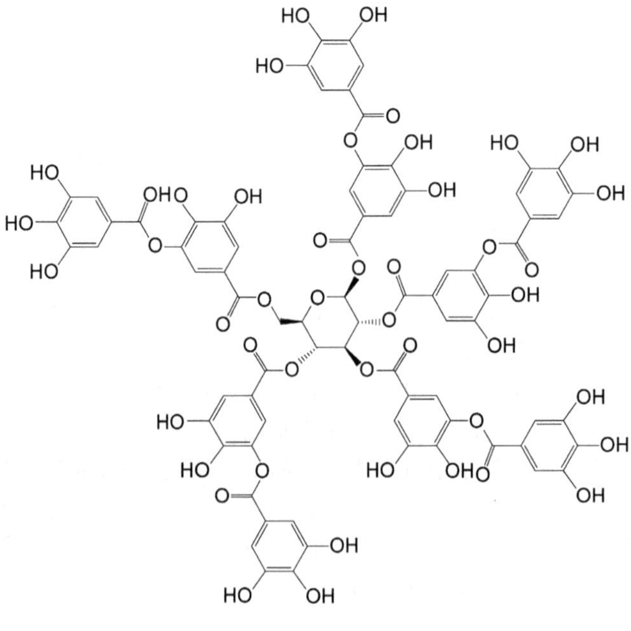

【中文别名】鞣酸，丹宁酸，单宁，鞣质

【缩写】TA

【化学成分或有效成分】单宁酸存在于多种树木的树皮和果实中，如中国五倍子、土耳其五倍子、塔拉果荚、石榴、漆树叶、黄栌、金缕梅树等，约 70%以上的中药如地榆、大黄、诃子、肉桂、芒果及仙鹤草等均含有大量单宁酸。单宁酸是一类复杂的水溶性高分子多元酚类化合物，其分子量在 500～3000，属于典型的葡萄糖棓酰基化合物，按结构类型可分为三大类：水解型单宁酸、缩合型单宁酸及复合型单宁酸。

【CAS 号】1401-55-4

【性质】淡黄色至淡棕色无定形粉末或松散有光泽的鳞片状或海绵状固体，密度 2.129g/cm^3，熔点 218℃。溶于水及乙醇，易溶于甘油，几乎不溶于乙醚、氯仿和苯。

【制备方法】单宁酸主要从天然植物或植物虫瘿五倍子中提取。

【药理活性】①收敛作用：单宁酸与蛋白质以疏水键和氢键等方式缩合反应，能产生收敛感。②美白作用：单宁酸能吸收紫外线，抑制酪氨酸酶和过氧化氢酶的活性，能使黑色素还原脱色，还能有效清除活性氧，因此具有综合美白功效。③防晒作用：单宁酸是一类在紫外线光区有强烈吸收的天然物质，被称为"紫外线过滤器"，对紫外线的吸收率达 98%以上，对日晒皮炎和各种色斑均有明显抗御作用。单宁与单宁之间，或者单宁与黄酮之间以疏水键和氢键形成分子复合体，二者互为辅色素发生共色效应可提高吸光度，此外可提高其水溶性。④抗皱作用：单宁具有清除自由基和抑制弹性蛋白酶活力的作用，并可促进细胞新陈代谢、增强皮肤活力使皮肤保持健康，有光泽、弹性。⑤保湿作用：单宁对透明质酸酶有显著的抑制效果，从而达到真正生理上的深层保湿作用。⑥抗氧化、抑菌作用：单宁对多种细菌、真菌和微生物有明显的抑制能力，在相同的抑制浓度下，不会影响人体细胞的生长发育。

【毒性】LD$_{50}$，腹腔注射，小鼠，360mg/kg；LD$_{50}$，皮下注射，小鼠，>1600mg/kg；LD$_{50}$，静脉注射，小鼠，130mg/kg；LD$_{50}$，肌肉注射，小鼠，>1600mg/kg。

【用途】在护肤类化妆品中加入单宁酸，可起到收缩毛孔、防晒、美白、抗皱、保湿、抗氧化和防腐的效果。

原料 7　原花青素（Procyanidins）

【中文别名】缩合单宁

【缩写】PC

【化学成分或有效成分】原花青素是由不同数量的儿茶素或表儿茶素缩合而成。按聚合度的大小，通常将二聚体、三聚体、四聚体称为低聚体（Oligimers procyanidolic，OPC），将五聚体以上的称为高聚体（Procyanidolic polymers，PPC）。二聚体中，因两个单体的构象或键合位置的不同，可有多种异构体，通常将已分离鉴定的 8 种结构形式分别命名为 B1～B8，其中，B1～B4 是由 $C_4～C_8$ 键合形成的，而 $C_4～C_6$ 键合构成 B5～B8。三聚体中，也因组成的单体及其相连接碳原子位置的不同而形成各种各样的结构。

【性质】原花青素提取物外观一般为深玫瑰红至浅棕红色精制粉末，低聚物通常为无色至浅棕色粉末，低聚原花青素易溶于水、醇、冰醋酸、乙酸乙酯等极性溶剂，不溶于石油醚、氯仿、苯等弱极性溶剂。高聚原花青素不溶于热水但溶于醇或亚硫酸盐水溶液。聚合度更大的聚合原花青素不溶于中性溶剂，但溶于碱性溶液，习惯上又称为"酚酸"。

【制备方法】①超临界流体萃取法：以超临界二氧化碳加丙酮和水组成极性改性剂的方法，从银杏叶中萃取原花青素。②微波提取法：可采用微波结合溶剂（水、乙醚、丙酮、乙酸乙酯、甲苯或其混合物）的方法提取葡萄籽中的原花青素。③双水相萃取法：采用双水相萃取分离技术，从银杏叶浸提液提取原花青素。

【药理活性】①抗皱作用：原花青素的抗皱作用基于其能抑制弹性蛋白酶，协助机体保护胶原蛋白，改善皮肤的弹性和皮肤循环，从而避免或减少皱纹的产生。②防晒美白作用：原花青素可抑制酪氨酸酶的活性，可将黑色素的邻苯二醌结构还原成酚型结构，使色素褪色，同时可抑制因蛋白质氨基和核酸氨基发生的美拉德反应，从而抑制了脂褐素、老年斑的形成。③收敛和保湿作用：收敛作用使得含原花青素的化妆品在防水条件下有良好的附着能力，并且可使粗大的毛孔收缩，使皮肤显现出细腻的外观；保湿作用是基于原花青素具有多羟基结构，在空气中易吸湿，同时原花青素能与多糖（HA）、蛋白质、脂类（磷脂）、多肽等复合均能实现其对皮肤的保湿作用。④抗辐射：原花青素的多羟基结构使其具有较强的清除自由基、抑制氧化损伤的功效。

【毒性】LD_{50}，经口，大鼠/小鼠，>4000mg/kg。

【用途】常用于化妆品中美白、保湿添加剂。在法国、意大利、日本相继出现了以原花青素为原料制成的晚霜、皮肤增白剂、抗炎剂等。例如迷奇的原花青素系列。

9.8 酸类

原料1　4-甲氧基水杨酸钾（Potassium 4-methoxysalicylate）

【中文别名】甲氧基肉桂酸钾
【缩写】4-MSK
【分子式和分子量】$C_8H_7KO_4$，206
【CAS 号】152312-71-5
【性质】类白色结晶粉末，易溶于冷水。熔点 173～175℃，沸点 342.6℃。
【制备方法】在碱性水溶液中，2,4-二羟基苯甲酸和硫酸二甲酯反应，生成 4-甲氧基水杨酸粗品，重结晶后获得高纯度 4-甲氧基水杨酸；在去离子水中，通过碳酸钾和 4-甲氧基水杨酸中和反应，生成 4-甲氧基水杨酸钾，纯化后获得最终产物。

【药理活性】4-甲氧基水杨酸钾具有改善角化异常的功效，能够预防黑斑、雀斑的产生。

【用途】常用的美白添加剂，多数知名的化妆品品牌都选择了添加 4-甲氧基水杨酸钾，例如资生堂悦薇珀翡系列、姬芮新焕真皙美白系列、肌肤之钥光透白系列等。

原料 2　传明酸（Tranexamic acid）

【中文别名】氨甲环酸，凝血酸，止血环酸，反-4-氨甲基环己烷甲酸

【缩写】TA

【分子式和分子量】$C_8H_{15}NO_2$，157

【CAS 号】1197-18-8

【性质】白色结晶性粉末，无臭，味微，密度 1.095g/cm^3，熔点 233℃。在水中易溶，在乙醇、丙酮、三氯甲烷或乙醚中几乎不溶。

【制备方法】①以丙烯酸甲酯、氯丁二烯、苯、对苯二酚为原料进行环合制得对-氯环己烯甲酸甲酯；②以对-氯环己烯甲酸甲酯、氰化亚铜、二甲基甲酰胺为原料进行氰化反应制得对-氰基环己烯甲酸甲酯；③以对-氰基环己烯甲酸甲酯、甲醇、甲醇胺、雷尼镍溶液为原料进行氰化制得对-氨甲基环己基甲酸甲酯粗品；④以对-氨甲基环己基甲酸甲酯、氧化钙、水、碳酸铵、正丁醇为原料进行转位制得传明酸。

【药理活性】传明酸是一种传统的止血剂，具有显著的抗纤溶作用。从 1998 年开始，口服传明酸在临床上被用于治疗色斑和色素沉着，目前在日本和中国台湾地区被广泛应用于淡斑类护肤品中。传明酸淡斑的机制表现为两个方面，其一：传明酸可通过阻止血纤维蛋白溶酶原与角质细胞结合，来抑制紫外线照射诱导的角质细胞的纤溶酶活性，使得游离的花生四烯酸（AA）、前列腺素（PG）生成，从而减少黑素细胞中黑色素的产生。其二：传明酸通过抑制纤溶酶原-纤溶酶系统干扰黑素细胞和角化细胞的相互作用，降低酪氨酸酶的活性，从而抑制黑素细胞黑色素的合成。角质细胞产生的单链尿激酶型纤溶酶原激活物能增加体外黑素细胞的活性，传明酸通过阻断这一途径来减少色素沉积。

【毒性】LD$_{50}$，经口，大鼠，>15mg/kg；LD$_{50}$，静脉注射，大鼠，1800mg/kg；LD$_{50}$，经口，小鼠，15mg/kg；LD$_{50}$，静脉，小鼠，1600mg/kg。

【用途】传明酸内服和外用均具有美白、淡斑的功效，在亚洲地区研发的护肤品中最为常见。例如，资生堂的美白系列产品、森田的传明酸系列、玖加壹的传明酸系列等。

原料 3　壬二酸（Azelaic acid）

【中文别名】杜鹃花酸

【缩写】AA

【分子式和分子量】$C_9H_{16}O_4$，188

【CAS 号】123-99-9

【性质】白色至微黄色单斜棱晶、针状结晶或粉末，密度 1.131g/cm^3，熔点 106.5℃。微溶于冷水，溶于热水、乙醚，易溶于乙醇。

【制备方法】①将油酸、介孔分子筛 W-MCM-41、过氧化氢溶液和叔丁醇混合均匀，搅

拌，回流状态下通氧气反应，制得壬二酸。②以亚油酸为原料，臭氧为氧化剂制备壬二酸。

【药理活性】①抗菌作用：壬二酸可抑制细菌的蛋白质合成，抑制和杀灭皮肤表面及毛囊内的需氧菌和厌氧菌，对表皮葡萄球菌、铜绿假单胞菌、变形杆菌、白色念珠菌、痤疮丙酸杆菌等有杀灭作用，最低抑菌浓度为 2.5mmol/L。②调节皮脂腺功能：壬二酸可抑制过多的雄激素转化为二氢睾酮，从而抑制皮脂腺内游离脂肪酸过多分泌。③抑制自由基产生：抑制活性氧自由基的产生，发挥抗炎作用。④防止皮肤角化：对正常皮肤和痤疮感染的皮肤有抗角质化作用，减少丝状角蛋白的合成，防止毛囊角化过度。⑤对皮肤色素细胞的影响：壬二酸对酪氨酸酶有竞争性抑制作用，减少色素合成；同时壬二酸能够破坏黑素细胞线粒体呼吸链，抑制细胞 DNA 的合成，阻碍异常黑素细胞的增殖。

【毒性】LD_{50}，经口，大鼠，>5g/kg。

【用途】壬二酸在改善色素沉着和痤疮方面有较为广泛的应用，常用作美白和抑痘添加剂，在日常调理毛孔的产品中也较为常见。

原料4 虾青素（Astaxanthin）

【中文别名】虾黄素，虾黄质，3,3′-二羟基-4,4′-二酮基-β,β'-胡萝卜素

【分子式和分子量】$C_{40}H_{52}O_4$，597

【CAS 号】472-61-7

【化学成分或有效成分】虾青素是一种酮式类胡萝卜素，是一种萜烯类不饱和化合物，其化学结构是由 4 个异戊二烯单位以共轭双键形式连接，两端有 2 个异戊二烯单元的六元环结构。

【性质】红色固体粉末，晶体状虾青素为粉红色，不溶于水，具脂溶性，易溶于氯仿、丙酮、苯等大部分有机溶剂，熔点 215～216℃。虾青素主要以游离态和酯化态形式存在。游离态虾青素极不稳定，易被氧化。水生动物皮肤和外壳上的虾青素以酯化态形式为主，肉及内脏上则以游离形式为主，红酵母、雨生红球藻中虾青素主要以酯化形式存在，酯化态虾青素根据其结合的脂肪酸不同分为虾青素单酯和虾青素二酯。虾青素酯化后，其疏水性增强，且双酯比单酯的亲脂性强。虾青素酯化态与蛋白质可形成复合物而产生不同的颜色。

【制备方法】①提取法是虾青素的最为主要的来源，主要有 3 种来源：可以由虾蟹壳粉碎、酸解后提取获得；由雨生红球藻提取获得；利用红发尖酵母为菌种发酵生产虾青素。②合成法：20 世纪 80 年代，F. Hoffmann-La Roche 公司成功合成了全反式虾青素，商品名为"Carophyll pink"，已被 FDA 批准为食品添加剂，该合成方法以(S)-3-乙酸基-4-氧代-β-紫罗酮经反应转化为十五个碳的 Wittig 盐，最后由两个十五碳的 Wittig 盐同一个十个碳的双醛反应合成虾青素。

【药理活性】虾青素分子结构中的共轭双键链，及共轭双键链末端的不饱和酮基和羟基，能吸引自由基未配对电子或向自由基提供电子，从而清除自由基起抗氧化作用，其淬灭单线态氧和捕捉自由基的能力比 β-胡萝卜素高 10 余倍，比维生素 E 则强 100 多倍，人们又称其"超级维生素 E"。虾青素强大的抗氧化活性还由于其具有稳定膜的结构、降低膜通透性、限

制过氧化物启动子进入细胞内的能力。

【用途】虾青素作为新型化妆品原料，以其优良的特性广泛应用于各类化妆品中。其可防止皮肤光老化、减少紫外线 UVA 和 UVB 对皮肤的伤害、延缓细胞衰老、减少皮肤皱纹、减少黑色素沉积及雀斑产生，例如珀莱雅双抗精华液、自然堂凝时小紫瓶精华液、高姿光感赋活精华液等国产护肤化妆品中都有虾青素的添加。同时虾青素也是化妆品中常用的色素，常用于口红等美妆产品中。

原料 5　阿魏酸（Ferulic acid）

【中文别名】当归素，4-羟基-3-甲氧基肉桂酸

【缩写】FA

【分子式和分子量】$C_{10}H_{10}O_4$，194

【CAS 号】537-98-4

【性质】阿魏酸有顺式、反式两种，顺式为黄色油状物，反式为正方形结晶或纤维结晶，熔点为 169～173℃，微溶于冷水，可溶于热水，易溶于乙醇、甲醇、丙酮、乙酸乙酯，稍溶于乙醚，难溶于苯，可形成钠盐，且 pH 稳定性好。

【制备方法】阿魏酸的化学合成法是以香兰素为基本原料，主要应用的有机反应有 Wittig-Horner 反应和 Kneoevenagel 反应。①从当归、香兰豆、麦麸和米糠等阿魏酸含量高的植物原料中提取，然后通过碱水解法或酶解法获取阿魏酸。②通过亚磷酸三乙酯乙酸盐和乙酰香兰素在强碱体系中发生 Wittig-Horner 反应，再用浓盐酸酸化得到阿魏酸。③在吡啶溶剂中加入少量有机碱作为催化剂，通过香兰素和丙二酸的 Kneoevenagel 反应生成阿魏酸。④利用一些微生物，将阿魏酸前体物质进行转化，得到阿魏酸。

【药理活性】阿魏酸在植物中广泛存在，在当归、咖啡、米糠、麦麸、谷壳等中含量高。①防晒作用：阿魏酸对 290～330nm 紫外线有良好的吸收，可添加到防晒护肤品中保护皮肤免受 UVB 的损伤；②抗氧化作用：阿魏酸能清除引起人体疾病、衰老的自由基如超氧化物、羟基、羟基过氧化物等；③美白作用：阿魏酸能够抑制酪氨酸酶的活性，从而发挥显著的延缓衰老和美白皮肤功能。

【毒性】LD_{50}，小鼠，静脉注射，>857mg/kg。

【用途】阿魏酸能延缓衰老，改善皮肤细嫩度，使其细腻柔嫩、有光泽，可作为防晒、抗衰老、美白功效成分应用到化妆品中。例如：The Ordinary3%白藜芦醇 3%阿魏酸精华和 TIMELESS CEF 精华都主打阿魏酸成分，又如美国的修丽可护肤品包含天然的 15%左旋维生素 C、1%维生素 E，同时也加入了阿魏酸成分。

原料 6　α-硫辛酸（Lipoic acid）

【中文别名】DL-硫辛酸，硫辛酸，二硫辛酸，1,2-二硫戊环-3-戊酸

【缩写】α-LA

【分子式和分子量】$C_8H_{14}O_2S_2$，206

【CAS 号】62-46-4（消旋）；1200-22-2（R）；1077-27-6（S）

【性质】淡黄色粉末状结晶，几乎无味，熔点 $60\sim62℃$，沸点 $160\sim165℃$。在水中溶解度小，约为 1g/L（20℃），溶于 10% NaOH 溶液，溶于脂肪族溶剂，在乙醇、氯仿、乙醚中易溶。

【制备方法】以 6,8-二氯辛酸乙酯为起始原料，经环合、水解、精制合成 α-硫辛酸。

【药理活性】α-硫辛酸能够清除自由基、抗脂质过氧化和抑制酪氨酸酶活性，具有美白、抗氧化、抗衰老、抗菌等作用。α-硫辛酸的抗氧化作用是葡萄籽的 $5\sim10$ 倍，能有效去除皮肤中的活性氧成分，由于其结构较小同时兼具水溶性及脂溶性，所以极易被皮肤吸收，对黑眼圈、皱纹及色斑等效果显著，在美国是与辅酶 Q_{10} 并驾齐驱的抗老化营养剂。

【毒性】LD_{50}，经口，大鼠，1130mg/kg。

【用途】α-硫辛酸能够很好地被皮肤所吸收，具有较好的抗氧化、美白效果。

原料 7　亚麻酸（Linolenic acid）

【中文别名】α-亚麻酸，9,12,15-十八碳三烯酸

【缩写】ALA

【分子式和分子量】$C_{18}H_{30}O_2$，278

【CAS 号】463-40-1

【性质】本品为无色或黄褐色油状液体，有植物油香味，密度 $0.914g/cm^3$，熔点 $-11℃$，沸点 $230\sim232℃$。易溶于醚和无水乙醇中。

【制备方法】将亚麻油或紫苏籽油溶于乙醇水溶液中皂化反应，得到混合脂肪酸，然后尿素包合、缓慢降温和蒸发浓缩，得到 90% α-亚麻酸，再依次经酯化、柱色谱分离得到纯度为 $95\%\sim99.9\%$ 的 α-亚麻酸酯，最后经皂化反应、分子蒸馏即得到纯度为 $95\%\sim99.9\%$ 的无色 α-亚麻酸。

【药理活性】亚麻酸能抑制酪氨酸酶，对抗黑色素生成，防止色素沉着，能够增加皮肤的光泽和弹性，使皮肤滋润、细嫩，改善或消除皮肤皱纹，帮助肌肤吸收营养成分，延缓肌肤衰老。在护肤品中，亚麻酸是优秀的调理剂和营养补充剂，能提高皮肤的水合度和弹性，增进血液循环和细胞的新陈代谢。

【用途】广泛应用于化妆品领域，作为皮肤增白、保湿、延缓老化的有效成分。例如伊丽莎白雅顿金致胶囊精华液、倩碧眼部按摩精华露中均有添加。

9.9　其他

原料 1　咖啡因（Caffeine）

【中文别名】1,3,7-三甲基黄嘌呤

【分子式和分子量】$C_8H_{10}N_4O_2$，194

【CAS 号】58-08-2

【性质】白色粉末或白色针状结晶，无臭，味苦，密度 1.23g/cm³，熔点 235～238℃。溶于乙酸乙酯，微溶于石油醚。

【制备方法】①提取法：咖啡因主要从茶叶、咖啡果中提炼出来。②合成法：在相转移催化剂作用下，茶碱或茶钠与甲基化试剂碳酸二甲酯发生甲基化反应，生成咖啡因。

【药理活性】咖啡因对酪氨酸酶具有明显的抑制作用，可有效减少黑色素的累积，达到美白、祛斑的效果；咖啡因能够促进脂肪分解，可缓解脸部浮肿，同时具有紧致肌肤、减淡细纹、修复及滋润肌肤的功能。

【毒性】LD_{50}，经口，大鼠，192mg/kg；LD_{50}，腹腔注射，大鼠，240mg/kg；LD_{50}，皮下注射，大鼠，170mg/kg；LD_{50}，静脉注射，大鼠，105mg/kg，LD_{50}，直肠，大鼠，300mg/kg。

【用途】咖啡因具有抗氧化、防衰老、美白、减少眼部浮肿、促代谢、维持皮肤光洁等功效，是化妆品功能性添加剂，市面上有很多主打咖啡因成分的护肤产品，例如，ORIGINS咖啡因系列，The Ordinary 5%咖啡因眼部精华等。

原料 2　番茄红素（lycopene）

【中文别名】番茄烃

【分子式和分子量】$C_{40}H_{56}$，537

【CAS 号】502-65-8

【性质】深红色针状结晶，密度 0.94g/cm³，熔点 172～173℃。不溶于水，溶于氯仿、苯及油脂。

【制备方法】以 6,10-二甲基-3,5,9-十一三烯基-2-酮（假紫罗兰酮）、乙烯基溴化镁和 2,7-二甲基-2,4,6-辛三烯二醛（C_{10} 醛）为起始原料，经 Grignard 缩合反应、取代成盐反应、Wittig 缩合反应以及转位异构等反应过程，合成了全反式番茄红素。

【药理活性】番茄红素是一种天然类胡萝卜素，可降低皮肤受辐射或紫外线伤害，亦可淬灭表皮细胞中的自由基，具有抗氧化、延缓衰老、防治光老化作用，对老年色斑有明显的褪色作用。

【用途】番茄红素常用作化妆品中的美白和防晒添加剂。

原料 3　四氢姜黄素（Tetrahydrocurcuminoids）

【中文别名】氢姜黄素

【缩写】THC

【分子式和分子量】$C_{21}H_{24}O_6$，372

【CAS 号】36062-04-1

【性质】无味的白色粉末，相对密度 1.222g/cm³，熔点 95～97℃，沸点(564.1±45.0)℃。

可溶于甲醇、乙醇、DMSO 等有机溶剂。

【制备方法】以姜黄素和乙醇为原料，以铂铁镍氢氧化物复合纳米颗粒为催化剂，在室温条件下反应，经过浓缩，再冷藏静置析晶，制得四氢姜黄素。

【药理活性】①美白作用：四氢姜黄素能较强抑制酪氨酸酶的活性，能够减缓黑色素的生成，其美白效果优于熊果苷、曲酸、维生素 C；②抗氧化作用：四氢姜黄素能有效抑制氧自由基的生成，并能清除已经形成的自由基，能够改善皮肤的衰老、淡化色素等；③广谱消炎抗菌作用：四氢姜黄素能够修复由 UVB 引起的皮肤炎症和皮肤损伤，而且能够更有效地止疼消肿，对治疗轻度烧烫伤、皮肤炎症、痤疮、疤痕均有显著作用。

【用途】四氢姜黄素广泛用于美白、祛斑、抗氧化、抗过敏及晒后修复的各类护肤品中，例如，宝拉珍选紧致精华乳液、宝拉珍选修护活能精华液、曼秀雷敦净白美肌润肤乳液等。在化妆品中添加量 0.1%～0.3%（抗氧化、抗衰老）、1%左右（美白淡斑）。

原料 4　还原型谷胱甘肽（Glutathione）

【中文别名】N-(N-L-γ-谷氨酰基-L-半胱氨酰基）甘氨酸
【缩写】GSH
【分子式和分子量】$C_{10}H_{17}N_3O_6S$，307
【CAS 号】70-18-8
【性质】白色粉末，熔点 192～195℃，密度 1.441g/cm³. 溶于水、稀醇、液氨和甲基甲酰胺，而不溶于醇、醚和丙酮。

【制备方法】L-胱氨酸经过邻苯二甲酸酐的保护，然后制备酰氯，再与六甲基二硅氮烷保护的甘氨酸经过缩合，得到苯酐保护的胱氨酰甘氨酸二肽；脱去苯酐保护基得到胱甘二肽；谷氨酸经苯酐保护后与醋酐反应制备苯酐谷氨酸酐，然后与胱甘二肽反应制备三肽；最后脱除苯酐得到氧化型谷胱甘肽，还原 S-S 键即得到还原型谷胱甘肽。

【药理活性】在谷胱甘肽转移酶的作用下，还原型谷胱甘肽能和过氧化物及自由基相结合，以对抗氧化剂对巯基的破坏，保护细胞膜中含巯基的蛋白质和含巯基的酶不被破坏。谷胱甘肽用于化妆品中具有减少色素沉着、抵抗皮肤老化的作用。

【毒性】LD_{50}，经口，小鼠，5g/kg。

【用途】还原型谷胱甘肽被广泛应用于水、乳、精华、面膜、冻干粉等护肤产品中，例如，在资生堂安耐晒温和防晒面霜、兰芝净透肌底精华液、宝拉珍选紧致修护精华液等中高端护肤品中被广泛添加。

原料 5　半胱氨酸（L-Cysteine）

【中文别名】L-半胱氨酸，L-2-氨基-3-巯基丙酸，(R)-2-氨基-3-巯基丙酸
【缩写】Cys
【分子式和分子量】$C_3H_7NO_2S$，121

【CAS 号】52-90-4

【性质】无色晶体。熔点 240℃，沸点(293.9±35.0)℃，相对密度 1.197。溶于水、乙醇，不溶于乙醚、丙酮、乙酸乙酯等。

【制备方法】采用环乙亚胺与溴水反应得到 2-溴环乙亚胺，2-溴环乙亚胺与氰化物反应得到 2-氰基环乙亚胺。2-氰基环乙亚胺与硫化钠发生开环反应得到 2-巯基-3-氨基丙氰，在酸性条件下水解得到半胱氨酸。

【药理活性】半胱氨酸对酪氨酸酶有着显著的抑制作用，可以除去皮肤本身的黑色素，使皮肤变得自然美白；补给半胱氨酸可维持巯基酶的活性，改善炎症和过敏的皮肤症状；半胱氨酸具有溶解角质的作用，能够改善角质肥厚的皮肤问题。

【毒性】LD_{50}，经口，大鼠，1890mg/kg；LD_{50}，腹腔注射，大鼠，1620mg/kg；LD_{50}，皮下注射，大鼠，1550mg/kg；LD_{50}，静脉注射，大鼠，1140mg/kg。

【用途】半胱氨酸具有美白、抗衰老功效，常作为美白添加剂用于化妆品中，在丽得姿的面膜、芳草集的芦荟原液等护肤产品中均有添加。

原料 6　橙皮苷（hesperidin）

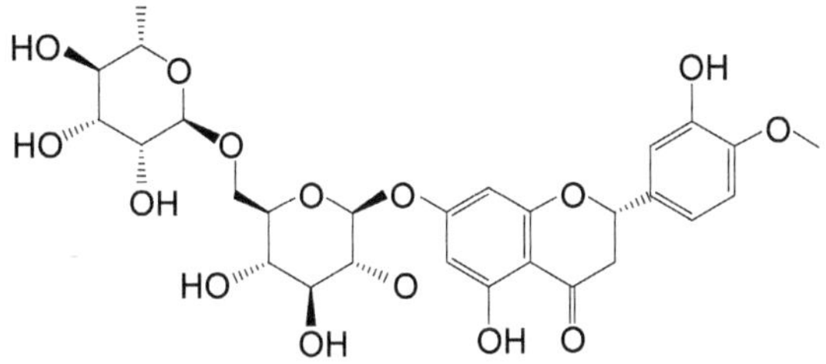

【中文别名】川陈皮素，陈皮苷，橘皮苷，二氢黄酮苷

【分子式和分子量】$C_{28}H_{34}O_{15}$，611

【CAS 号】520-26-3

【性质】类白色或淡黄色结晶性粉末，无臭、无味，密度 1.65g/cm³，沸点 930.1℃。在吡啶或二甲基甲酰胺中易溶，在乙醇或水中不溶。

【制备方法】将原料粉碎后加入低浓度碱溶液进行去杂提取，再微加热后酸化结晶，分离结晶物后干燥即得成品橙皮苷。

【药理活性】橙皮苷可快速渗透到皮肤底层，抑制酪氨酸酶活性，抑制黑色素的生成。具有显著的抗氧化、美白、抗炎、抗痤疮、抗衰老等活性。

【毒性】LD_{50}，腹膜注射，小鼠，1000mg/kg。

【用途】橙皮苷在护肤品里主要作用是美白剂、抗氧化剂、皮肤调理剂、柔润剂等，在莱珀妮臻爱铂金系列、克丽缇娜经典系列水漾眼部修护精华露等产品中都有添加。

第 **10** 章　抗衰老添加剂

10.1　皮肤的衰老

10.1.1　皮肤老化

老化又称衰老，指生物发育成熟后，在正常状况下机体随着年龄增加，出现机能减退、内环境稳定能力下降、结构组分逐渐退行性改变并趋向死亡的不可逆自然现象。皮肤是外界环境和机体之间的一道天然屏障，皮肤衰老是老化的一个表现，皮肤的衰老不仅影响美观，而且也增加了皮肤疾病的发生率，如脂溢性角化、日光性角化、基底细胞癌、鳞状细胞癌等。皮肤衰老主要表现为自然衰老和光老化两种形式。

（1）自然衰老

皮肤的成长期一般结束于 25 岁左右，被称为"皮肤弯角期"，该阶段皮肤的生长与老化到达基本平衡的状态，皮肤弹力纤维开始逐渐变粗。皮肤从 20～25 岁起进入自然老化状态，表现为皮脂分泌量减少，角质细胞间（脂）质也减少，水分保持能力降低，皮肤的水分屏障功能逐步退化，开始出现皮肤干燥问题。此外，表皮细胞分化能力降低，表皮恢复速率减慢，角质化功能衰退，角质层变薄，表皮萎缩产生细皱纹。40～50 岁为初老期，皮肤的老化逐渐明显。真皮中胶质细胞总量减少，一部分胶质细胞交联度增加，产生不溶性胶原，导致弹性降低，真皮结缔组织的基本成分 HA 也随年龄增加而减少，致使真皮水分减少，产生较深的皱纹。皮肤的老化还表现在皮脂腺、汗腺功能衰退，汗液与皮脂分泌减少，因此造成皮肤保持水分的能力下降，使得皮肤干燥、无光泽；血液循环功能的减退则使皮肤的营养补给能力下降，造成皮肤损伤愈合能力减弱。

（2）光衰老

皮肤老化与长期日晒密切相关，其组织学特征为表皮极性丧失、表皮呈筐状排列、角质形成细胞异型性、胶原减少和改变。临床上，光老化表现为细皱和粗皱、增厚、无弹性、干燥、粗糙，眼眶周围皱纹的形成是皮肤老化的一个相对早期的迹象。

10.1.2　皮肤衰老的机制

（1）内因引起的老化

内在的皮肤老化过程与大多数内脏器官的老化过程相似，包括组织功能的缓慢退化。角质层保持相对不变，但表皮和真皮变薄，真皮-表皮交界处变平。成纤维细胞的数量和生物合成能力下降，真皮乳头中的弹性组织逐渐消失。

① 细胞内部因素

人体的多种内在因素可引起皮肤的自然老化，其中包括：皮肤源性细胞增殖能力下降；

真皮基质合成减少；降解胶原基质的酶表达增加。有研究对比了老年皮肤源性细胞与年轻皮肤源性细胞的增殖能力，发现角质形成细胞、成纤维细胞和黑素细胞都显示出与年龄呈相关性，证明皮肤细胞的分裂与增殖能力随着年龄的增长而下降，这就是皮肤细胞的衰老。细胞衰老后，表现为生长停滞，不能被生理性有丝分裂原刺激进行再次分裂。除了这种不可逆的生长停滞外，衰老细胞还需要抵抗死亡、分化和堆积，这种死亡、分化和堆积将造成皮肤组织功能和完整性的下降。此外，这一过程还表现为老年皮肤中基质金属蛋白酶表达发生变化。在年轻的皮肤成纤维细胞中，基质金属蛋白酶［其中最为关键的是胶原酶（MMP-1）和溶血素（MMP-3）］表达水平很低，而基质金属蛋白酶抑制剂表达水平较高。然而，在老年皮肤的成纤维细胞中，表现为基质金属蛋白酶表达增加和金属蛋白酶抑制剂表达减少。这一转变导致老年人皮肤中的胶原蛋白生物合成速率下降，使细胞从年轻时期的基质产生期转变为老年时期的基质降解期，导致胶原蛋白的减少和分解，而胶原蛋白与皮肤老化直接有关。

② 氧化损伤

皮肤老化的另外一个内因是氧化应激作用。由于皮肤高度暴露于紫外线辐射、电磁辐射、环境污染、臭氧等环境下，造成抗氧化酶系（SOD）、过氧化氢酶（CAT）和谷胱甘肽过氧化物酶（GSH-Px）活性显著降低，打破体内自由基平衡，造成自由基浓度过高，尤其是活性氧水平的提高对皮肤的伤害最大。活性氧可引起皮肤中的脂质、蛋白质和 DNA 等生物大分子的损伤，从而降低了皮肤细胞的存活率，引起细胞的退行性改变，进而诱导了皮肤衰老。氧化应激还会引起表皮或真皮细胞内的黑素细胞中的黑素体的活化，造成各种皮肤问题，如黄褐斑、雀斑、色素沉着、红斑、水泡和皮肤癌。此外，自由基还会损伤真皮的结缔组织成分（特别是胶原蛋白），从而引起皮肤弹性下降。

③ 细胞糖化

细胞糖化是皮肤衰老的最容易忽视的诱因。人通过分解食物中糖类获得糖分并提供能量。当摄入糖分过多时，初期糖化产物无法在体内正常转化与代谢，则通过人体内自带的糖化酵素（FNSK）进行逆转。如未能顺利逆转，则会与体内蛋白质结合产生糖化终产物（AGEs）。AGEs 是一种劣质蛋白质，形成后不易分解，在体内长时间堆积会引发糖尿病、心血管疾病、阿尔茨海默病等慢性疾病，是破坏皮肤中胶原蛋白的大敌。

糖化现象主要存在于皮肤真皮层的成纤维细胞上，该部分的细胞主要负责产生弹力蛋白和胶原蛋白。真皮层自然留存下来的糖类会附着在纤维细胞上，形成约束物质 AGEs，导致纤维细胞间产生胶着并使得网状结构涣散，失去对皮肤表面的支撑力，造成皮肤纹理变粗、产生皱纹。

同时，糖化也使皮肤颜色灰暗，其主要原因是：①AGEs 本身是褐色；②糖化的胶原蛋白硬化凝集，导致深入皮肤透光性下降，使皮肤失去透明感，显现暗黄；③表皮细胞内的角蛋白发生糖化后，导致新陈代谢减缓和皮肤滋润度降低，也造成皮肤暗淡无光。

（2）紫外线引起的老化

① 光辐射

由于皮肤的特殊性需要长期暴露于阳光辐射下，因此光辐射是其重要的老化原因，多达80%的面部皮肤老化问题归因于阳光照射。皮肤光损伤的特点是失去弹性、粗糙、干燥、色素沉着、深度起皱。光辐射可造成皮肤损伤主要原因是光辐射对皮肤的胞外基质组成和含量造成影响。皮肤的胞外基质有三个主要组成部分，即胶原蛋白、弹性蛋白和糖胺聚糖。其中，胶原蛋白是最丰富的细胞外成分，占皮肤干重的 80%，为真皮层提供强大的拉伸性能。弹性蛋白为皮肤提供弹性，占皮肤细胞外基质的 2%～4%。糖胺聚糖在皮肤保湿和生物信号中发挥重要作用，占皮肤干重的 0.1%～0.3%。

皮肤光老化的主要组织学表现是完整的微纤维和弹性纤维的损耗，以及在真皮中上部出现大量积聚的"弹性"物质。这种弹性物质的最初形成可能涉及现有弹性纤维的降解、弹性蛋白和纤维蛋白合成的失调。紫外线辐射对皮肤成纤维细胞的刺激以及炎症中性粒细胞的浸润可引起皮肤弹性蛋白酶活性的升高，从而导致纤维网络的降解。异常的弹性纤维的生成也和光辐射有直接的关系。研究显示，极性光损伤皮肤纤维细胞中的弹性蛋白和纤维蛋白基因表达上调，紫外线可激活转基因结构中的弹性蛋白启动子，弹性蛋白基因表达也在体外上调，因此引发非正常弹性纤维成分的合成，形成非结晶性物质，影响皮肤正常的纤维网络以及正常的功能。弹性纤维网络的情况相反，光辐射可导致胶原纤维网络中的Ⅰ型胶原蛋白和核心蛋白聚糖下调。

② 基质金属蛋白酶与光老化

基质金属蛋白酶是一大类降解酶，其中胶原酶（MMP-1）、明胶酶A（MMP-2）、明胶酶B（MMP-9）和溶血素1（MMP-3）与皮肤基质降解相关，这些酶的作用可降解皮肤胶原网络和弹性网络。研究显示，紫外线照射可提高MMP-8的诱导胞外基质的降解。其中，MMP-1能促进完整原纤维胶的水解，破坏胶原网络的三螺旋结构，随后可进一步被明胶酶和MMP-3降解。此外，MMP-9表现出显著的弹性纤维和纤维蛋白的降解活性，MMP-2则对Ⅲ型胶原蛋白有特异性降解性能，并且能够降解真皮-表皮连接处的粘连物质。通常，这些基质金属蛋白酶在"正常"皮肤中的基础表达较低，紫外线照射可显著上调表皮中的酶水平，刺激皮肤组织内的降解环境，导致胶原蛋白和弹性纤维网络的破坏。

10.2　胜肽类

胜肽（Peptide），又称为多肽，是一类由2～16个氨基酸通过肽键连接的化合物，与蛋白质比较，胜肽的分子量较小，结构较为简单。通常根据其单个分子含有的氨基酸数量进行分类，常被分为短肽（2～5个氨基酸）和多肽（6～16个氨基酸）。多肽在人体的生长、发育和代谢中起着至关重要的作用。人体内的各种生理进程几乎都不可脱离特定多肽或蛋白质的调控。在皮肤自然老化过程中，多肽也起着重要的作用，例如皮肤细胞的增殖、迁移、皮肤的炎症、皮肤血管的生成、色素的形成以及胶原蛋白的合成等过程都与多肽息息相关。随着人们对自身皮肤微观结构的深入了解以及对胜肽功能的不断研究，各种类型的胜肽被引入护肤品的配方中，以达到促进胶原蛋白生成、抗自由基氧化、消炎修复、抗水肿、促进毛发再生、美白、丰胸和减肥等功能。

20世纪末期，大分子化合物（例如DNA、RNA、天然胶原蛋白质）在护肤品中的添加曾经一度风靡，多数护肤类产品中均有一种或者多种该类物质作为营养成分来添加，该类营养物质的添加也为护肤品增加了营销噱头。但是，随着市场的不断检验，虽然有部分大分子物质仍然被认可作为护肤品的功能性添加剂，但是多数被验证由于人体的独特生理化学屏障性质，大分子活性物质难以通过角质层进入皮肤发挥作用，因此其多数只起到保湿的作用。因此人们开始关注大分子物质的片段是否能起到皮肤调理的功能，因此关于通过水解或者发酵将蛋白质分解为多肽，并将其作为功能成分尤其是抗皱成分应用于护肤品中被广泛报道。研究发现，该类水解多肽具有比蛋白质本身更好的透皮性能，一些多肽也被验证具有良好的皮肤修复性能和保湿性能。然而，蛋白质来源的多肽在获得的过程中不能自主地选择多肽的序列，其分子量的大小不一致，成分不单一，其品质受到原料和工艺的严重影响，因此其功能性无法得到充分的保障，重现性也较不稳定。事实上，由蛋白质来源的多肽是多肽的混合物，不是完全意义的多肽。

真正意义的护肤型胜肽在护肤领域的相关使用始于人们对铜胜肽的应用研究。1973年，皮卡特发现铜胜肽可有效治疗伤口和皮肤损伤，同时具有减少疤痕组织生成，促进皮肤自行愈合的功能。此后，美国杜兰大学医学院发现胜肽可显著改善老化皮肤。此后美国华盛顿州成立 ProCyte 公司，致力于研究铜胜肽复合体在人体组织修护、皮肤抗皱除皱以及头发增生等方向的应用研究，并于随后成立了 NEOVA 品牌，开启了铜胜肽在抗老除皱领域的市场应用。NEOVA 从此成为当今世界最著名的抗衰老护肤品牌之一，NEOVA 旗下产品也被皮肤科医生以及整形外科医生评为 21 世纪最无刺激的抗老除皱产品。

护肤品行业中常说的胜肽和多肽是有区别的，通常胜肽须具备以下特征：①特定的氨基酸序列和明确的分子量及结构式，目前常见护肤型胜肽多为 2～10 个氨基酸的缩合多肽；②机理清晰，明确作用于皮肤某个微观受体；③添加量少；④多数通过化学合成的方式合成。

近年来，含多肽护肤品年销量快速增长。众多国际知名品牌、国内知名品牌以及网红品牌都推出了主打胜肽为主要功能性成分的抗初老除皱类护肤品，如 SK-Ⅱ、玉兰油、雅芳、迪奥、兰蔻、欧莱雅、香奈儿、雅诗兰黛、露得清、The Ordinary、倩碧、海蓝之谜、珀莱雅（表 10-1）等，掀起胜肽护肤抗初老热潮，同时胜肽也成了护肤品成分、护肤品门类搜索热词之一。目前被护肤品使用频率最高的几种胜肽有：棕榈酰五肽-3、乙酰基六肽-8、乙酰基四肽-5、棕榈酰寡肽（棕榈酰三肽-1）、棕榈酰四肽-3 和肌肽等。按照作用机理可以将胜肽分为：信号类胜肽（Signal peptides）、神经递质抑制类胜肽（Neurotransmitter-inhibiting peptides）和承载类胜肽（Carried peptides）等。

表 10-1　常见护肤品中的胜肽成分

品牌	产品名称	主要活性成分
SK-Ⅱ	多元修护眼膜	乙酰基六肽-8、三胜肽
	全效焕采晶眼霜	乙酰基四肽-5、棕榈酰五肽-3
	唯白晶焕祛斑精华液	六胜肽-11
	360°全效焕采晶眼霜	乙酰基四肽-5、棕榈酰五肽-3
	弹性抗松弛精华乳	棕榈酰五肽-33、乙酰六肽-3
	多元抗皱修护精华露	乙酰基四肽-9
玉兰油 OLAY	新生淡斑抗皱精华霜	棕榈酰五肽-3
	新生塑颜金纯弹力眼霜	肌肽、棕榈酰五肽-4、棕榈酰二肽-7
	新生塑颜金纯夜焕肤金露	棕榈酰五肽-4、棕榈酰二肽
	OLAY Pro-X 专业方程式弹力水凝霜	棕榈酰二肽、氨基酸肽肌、棕榈酰五肽、肌肽
雅芳 Avon	新活透白眼霜	棕榈酰四肽-3
	新活 3D 亮眼精华	棕榈酰寡肽、棕榈酰四肽
	新活立体紧致精华露	棕榈酰寡肽、棕榈酰四肽
	A new Platinum Tourmaline Emulsion	棕榈酰四肽
	Clearskin Professional Lotion SPF 15	棕榈酰寡肽、棕榈酰四肽
迪奥 Dior	活肤驻颜修护夜间焕肤液	棕榈酰五肽-3
	逆时空活肤驻颜精华	棕榈酰五肽-3、乙酰基五肽-1
	活肤驻颜修护眼部精华	乙酰基四肽-5、棕榈酰五肽-3
	活肤驻颜焕采粉底液	棕榈酰五肽-3
	逆时空活肤驻颜精华露	棕榈酰五肽-3
兰蔻 LANCOME	Renengie Repositioning Cream	乙酰基四肽-9
	水分缘舒缓保湿乳霜	乙酰基二肽-1
	水分缘舒缓柔肤啫喱	乙酰基二肽-1
	立体塑颜眼霜	乙酰基四肽-9
	多效洁面乳	六肽-5、寡肽-1

品牌	产品名称	主要活性成分
欧莱雅 L'Oreal	青春密码活颜精华肌底液	棕榈酰四肽-7、棕榈酰寡肽
	劲能冰爽滚珠眼部凝露	棕榈酰四肽、棕榈酰寡肽
	胶原填充抗皱电动眼霜	棕榈酰四肽、棕榈酰寡肽
香奈儿 Chanel	超完美修护精华液	棕榈酰寡肽、四胜肽棕榈酸酯、棕榈酰四肽-3
	活肤紧实精华露	棕榈酰寡肽、四胜肽棕榈酸酯、棕榈酰四肽-3
	青春活力精华液	棕榈酰五肽-3
	完美精确紧致防晒日霜	棕榈酰寡肽、脱羧肌肽、棕榈酰四肽-3
	活肤紧实日霜	棕榈酰五肽-3
	全效再生眼霜	二肽-2、四胜肽棕榈酸酯、棕榈酰四肽-3
	活肤紧实眼霜	棕榈酰寡肽、四胜肽棕榈酸酯、棕榈酰四肽-3
雅诗兰黛 Estee Lauder	奇迹抚痕抗皱精华露	六胜肽、棕榈酰寡肽、脱羧肌肽 HCl
	至美展颜、瞬间无痕多重抗皱精华露	棕榈酰五肽-3
	细嫩修护精华露	棕榈酰寡肽
	弹性紧实活颜柔肤晚霜	脱羧肌肽、乙酰基六肽-8
	双重滋养白金级花漾菁致乳霜	脱羧肌肽、六胜肽
	双重滋养白金级臻致凝霜	棕榈酰五肽-3、脱羧肌肽
	双重滋养眼部紧肤霜	脱羧肌肽 HCl、乙酰基六肽-8
	凝时焕采眼霜（炫美抗皱保湿）	脱羧肌肽 HCl、乙酰基六肽-8
	混合百合茉莉纯花胜肽防皱霜	乙酰基六肽-8、棕榈酰五肽-3
露得清 Neutrogena	Neutrogena Visibly Night Cream	三胜铜肽
	紧敛活力眼霜	三胜铜肽
The Ordinary	Buffet 胜肽精华	乙酰基六肽-8、五肽-18（亮啡丝肽）、棕榈酰三肽-1、棕榈酰四肽-7、棕榈酰三肽-38
	10%六胜肽淡化细纹精华	乙酰基六肽-8
	10%五胜肽透明质酸抗皱精华	棕榈酰五肽-3、棕榈酰四肽-7、棕榈酰寡肽、棕榈酰三肽-38
	胜肽+1%蓝铜精华	三胜铜肽、乙酰基六肽-8、五肽-18（亮啡丝肽）、棕榈酰三肽-1、棕榈酰四肽-7、棕榈酰三肽-38
海蓝之谜	柔皙粉润修颜乳、提升焕活眼部精华露、提升塑颜精华露	乙酰基六肽-8
	鎏金焕颜精华露	棕榈酰六肽-12、乙酰基六肽-8
倩碧	焕妍活力精华露	乙酰基六肽-8、棕榈酰六肽-12
珀莱雅	红宝石精华	乙酰基六肽-8（20%）
	红宝石面霜	六胜肽-1、可丽肽（六肽-9）、棕榈酰三肽-5、乙酰基四肽-9、乙酰基四肽-11
	赋能鲜颜抚纹眼霜	棕榈酰五肽-3、棕榈酰四肽-7、棕榈酰三肽-1
	赋能鲜颜抚纹精华液	棕榈酰三肽-5、乙酰基六肽-8、棕榈酰五肽-3

10.2.1 信号类胜肽

弹性蛋白存在于细胞外基质的弹性纤维中，维持皮肤弹性。弹性蛋白是原弹性蛋白的聚合物，其特征在于富含赖氨酸和丙氨酸的结构域，这些结构域以 3～6 个多聚体重复出现。Val-Gly-Val-Ala-Pro-Gly（六肽，属于信号类胜肽）是一种弹性蛋白肽片段，是原弹性蛋白分子 C 端部分的重复肽序列。该序列对单核细胞和成纤维细胞都具有趋化作用。在富含弹性蛋白的器官系统（如皮肤）中，弹性蛋白片段具有重要的生物学意义。研究显示六肽在体内模型中能够加速皮肤血管的生成，刺激血管和微血管内皮细胞的形成，同时还可促进伤口愈合。

六肽是信号类胜肽的一种。信号类胜肽的主要作用机制是促进基质蛋白尤其是胶原蛋白的合成，同时增加弹性蛋白、HA、糖胺聚糖和纤维连接蛋白的生成。该类胜肽主要通过增加基质细胞活动促进胶原蛋白的合成，因此能够增加皮肤弹性使得皮肤看起来更加饱满和年轻。P&G 公司的研究表明，棕榈酰五肽-3 能促进胶原蛋白（Ⅰ型、Ⅱ型和Ⅳ型）和其他细胞外基质蛋白（包括弹性蛋白和纤维连接蛋白等）的生成。该类胜肽也是在主打胜肽成分的产品中最为受关注的一类成分。目前护肤品中最为常见的信号类胜肽有：乙酰基六肽-8、棕榈酰五肽-3、棕榈酰三肽-1、棕榈酰六肽、棕榈酰三肽-5、六肽-9、肉豆蔻酰五肽-11。

原料 1　棕榈酰五肽-3（Palmitoyl pentapeptide-4）

【中文别名】棕榈酰五肽，棕榈酰五肽-4，五胜肽，美容五肽，*N*2-(1-氧代十六烷基)-L-赖氨酰-L-苏氨酰-L-苏氨酰-L-赖氨酰-L-丝氨酸

【缩写】Matrixyl

【分子式和分子量】$C_{39}H_{75}N_7O_{10}$，802

【CAS 号】214047-00-4

【性质】白色粉末，相对密度 1.147。

【制备方法】采用固相合成的方式制备。

【药理活性】棕榈酰五肽-3 是棕榈酰寡肽系列抗皱多肽小分子的一种，由 Pal-棕榈酸和五个氨基酸（Lys——赖氨酸，Thr——苏氨酸，Thr——苏氨酸，Lys——赖氨酸，Ser——丝氨酸）构成，是胶原蛋白 Ⅰ 的 C 端片段，其作用机制与六胜肽相似。棕榈酰五肽-3 类似于"微胶原蛋白"，在乳液体系中能够深入皮肤，到达成纤维细胞，刺激胶原蛋白、蔗糖糖胺、弹力纤维、HA 的增生，提高皮肤的含水量和锁水度，增加皮肤厚度，进而起到皮肤抗皱除皱的作用。其中棕榈酰结构的存在可以提高分子的透皮效果。

【用途】棕榈酰五肽-3 是一种高端护肤品原料，主要功效是减少面部皱纹，同时在口腔内清洁用品中也常被使用，以改善牙龈萎缩。

原料 2　棕榈酰三肽-1（Palmitoyl tripeptide-1）

【中文别名】寡肽-1, N-(1-氧代十六烷基)甘氨酰-L-组氨酰-L-赖氨酸，弹力素肽

【缩写】Oligopeptide-1

【分子式和分子量】$C_{30}H_{54}N_6O_5$，579

【CAS 号】147732-56-7

【性质】白色粉末，相对密度 1.105。

【制备方法】采用固相合成的方式制备。

【药理活性】棕榈酰三肽-1 可刺激胶原蛋白和糖胺聚糖合成，减少肌肤细纹，有效改善皱纹，增强肌肤紧致感和光泽度，改善肤色。

【用途】棕榈酰三肽-1 是一种高端护肤品原料，常用于抗皱、抗衰老、提高皮肤弹性和水分的膏霜、乳液、精华产品。推荐用量为 0.005%～0.05%。

原料 3　棕榈酰三肽-5（Palmitoyl tripeptide-5）

【中文别名】胶原三肽，N2-(1-氧代十六烷基)-L-赖氨酰-L-缬氨酰-L-赖氨酸，棕榈酰三肽-3

【缩写】syn-coll

【分子式和分子量】$C_{33}H_{65}N_5O_5$，612

【CAS 号】623172-56-5

【性质】白色粉末。

【制备方法】采用固相合成的方式制备。

【药理活性】棕榈酰三肽-5 是一种具有与血小板反应素-1 相似结构的三肽，通过模仿人体自身机理激活潜在无活性的组织生长因子（TGF-β），促进真皮层中胶原蛋白、弹性蛋白和纤维连接蛋白的合成，同时具有抑制氧自由基和羟基自由基等的抗氧化作用。将它添加到护肤品中，能帮助皮肤补充胶原蛋白，提升面部弹性，显著减少脸部皱纹。同时具有增强细胞活性，提升皮肤含水量，增强肌肤光泽，改善肤色的性能。

【用途】棕榈酰三肽-5 是胜肽系列在护肤品中应用最早和最广泛的美容胜肽，推荐使用浓度为 1%～3%。棕榈酰三肽-5 在水中溶解性良好，常在水相基质中添加。

原料 4　棕榈酰六肽-12（Palmitoyl hexapeptide）

【中文别名】脂肽，棕榈酰六肽，N-(1-氧代十六烷基)-L-缬氨酰甘氨酰-L-缬氨酰-L-丙氨酰-L-脯氨酰甘氨酸，棕榈酰寡肽

【缩写】Pal-VGVAPG

【分子式和分子量】$C_{38}H_{68}N_6O_8$，737

【CAS 号】171263-26-6

【性质】淡黄色粉末。

【制备方法】采用固相合成的方式制备。

【药理活性】棕榈酰六肽-12 属于 Matrikine 系列的信号肽，可促进真皮成纤维细胞迁移和增殖，弹力蛋白和胶原蛋白的合成，为皮肤提供支撑。同时它还具有诱导伤口修复和组织更新的作用。此外，棕榈酰六肽-12 还具有阻断神经肌肉间的传导功能，避免肌肉过度收缩，减缓肌肉收缩的力量，从而具有防止细纹形成，减少动态纹的发生与消除细纹的功效。

【用途】棕榈酰基六肽-12 与皮肤的天然结构具有高度生物相容性，能够提高细胞的自然生产力水平，被认为是天然的强大抗衰老剂之一，是抗衰老护肤品中常用的功能性添加剂，可以单独添加，也可与其他胜肽复合添加。

原料 5　六肽-9（Hexapeptide-9）

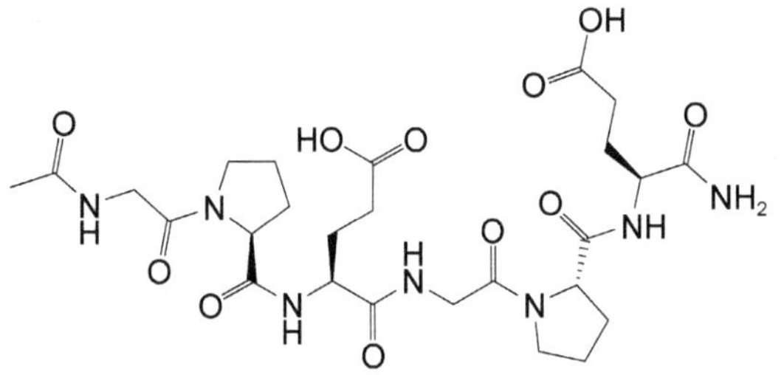

【中文别名】可丽肽，可丽素，棕榈酰三肽-56，九胜肽-9，六肽-11

【缩写】Ac-Gly-Pro-Gln-Gly-Pro-Gln-NH$_2$

【分子式和分子量】C$_{24}$H$_{38}$N$_8$O$_9$，582

【CAS 号】1228371-11-6

【性质】白色粉末。

【制备方法】采用固相合成的方式制备。

【药理活性】六肽-9 具有增加 I 型胶原蛋白、IV 型胶原蛋白、层粘连蛋白-5、整联蛋白合成，促进表皮细胞的分化成熟，促进皮肤再生，减少皱纹的功能。

【用途】六肽-9 常用在抗皱抗衰老护肤品、眼部除皱护肤品、修复类护肤品中。

10.2.2　神经递质抑制类胜肽

神经递质抑制类胜肽为类肉毒素机理，主要通过抑制 SNARE 接受体的合成，抑制肌肤的儿茶酚胺和乙酰胆碱过度释放，局部阻断神经传递肌肉收缩信息，使脸部肌肉放松，达到平抚细纹的目的。此类胜肽同信号类胜肽一样应用广泛，适合应用于表情肌集中的部位（眼角、脸部及额头），部分信号类也具有神经递质抑制作用，如棕榈酰六肽-12。

原料 1　乙酰基六肽-8（Hexapeptide-8）

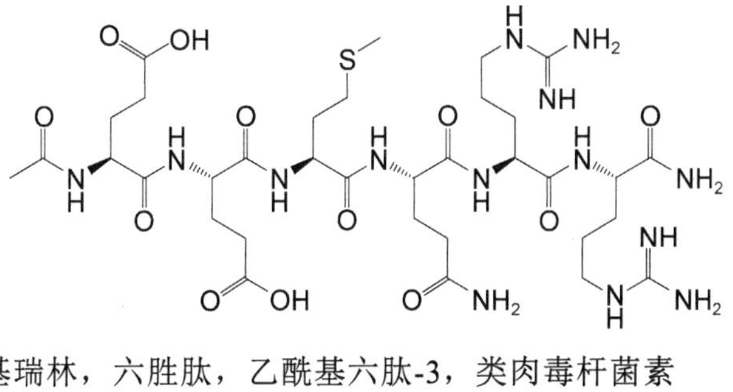

【中文别名】阿基瑞林，六胜肽，乙酰基六肽-3，类肉毒杆菌素

【缩写】Ac-Glu-Glu-Met-Glu-Arg-Arg-NH$_2$

【分子式和分子量】C$_{34}$H$_{60}$N$_{14}$O$_{12}$S，889

【CAS 号】616204-22-9

【性质】白色粉末。

【制备方法】多肽的制备多采用固相合成的方式。先制备氨基树脂，逐步偶联胍基保护的 L-精氨酸、胍基保护的 L-精氨酸、侧链氨基保护的 L-谷氨酰胺，得三肽树脂；在三肽树脂基础上偶联 L-甲硫氨酸、侧链羧基保护的 L-谷氨酸、侧链羧基保护的 N-乙酰-L-谷氨酸，得六肽树脂；对六肽树脂脱保护后纯化得六胜肽。

【药理活性】乙酰基六肽-8 是由六个氨基酸组成的模仿 SNAP-25 蛋白的 N 端的寡肽。乙酰基六肽-8 参与竞争 SNAP-25 在融泡复合体的位点，从而影响复合体的形成，使得囊泡不能有效释放神经递质，从而引起肌肉收缩减弱，以防止皱纹的形成。

【用途】乙酰基六肽-8 是一种高端护肤品原料，主要功效是减少由面部表情肌收缩引起的皱纹，祛除额头或眼睛周围的皱纹。

原料 2　乙酰基八肽-3（Acetyl octapeptide-3）

【中文别名】乙酰基谷氨酰基八肽-3，八胜肽，乙酰八肽，乙酰基八肽-1，抗皱寡肽

【缩写】Ac-Glu-Glu-Met-Glu-Arg-Arg-Ala-Asp-NH$_2$

【分子式和分子量】C$_{41}$H$_{70}$N$_{16}$O$_{16}$S，1075

【CAS 号】868844-74-0

【性质】白色粉末。

【制备方法】采用固相合成的方式制备。

【药理活性】乙酰基八肽-3 与乙酰基六肽-8 类似，也是 SNAP-25 的 N 端末端的模拟物，可抑制囊泡释放神经递质，减弱肌肉收缩，防止皱纹的形成。此外，乙酰基八肽-3 还具有抑制儿茶酚胺，抑制血管 α 受体的作用，使得皮肤中的小动脉和小静脉收缩，进而抑制皮肤肌肉收缩。

【用途】乙酰基八肽-3 是一种高端除皱护肤品功能性添加剂，适合于眼睛周围、前额、脸部等表情肌肉集中的部位产品的配方设计。

原料 3　五肽-3（Pentapeptide-3）

【中文别名】维洛斯肽，甘氨酰-L-脯氨酰-L-精氨酰-L-脯氨酰-L-丙氨酰胺

【缩写】Vialox PentaPeptide-3

【分子式和分子量】$C_{21}H_{37}N_9O_5$，496

【CAS 号】135679-88-8

【性质】白色粉末。

【制备方法】采用固相合成的方式制备。

【药理活性】维洛斯肽其作用与箭毒素（Tubocurarin）相似，通过阻断突触后膜的神经，阻断钠离子的释放，进而引起肌肉松弛，使得皱纹无法形成，也可使已经形成皱纹部位的肌肉松弛而使皮肤光滑。

【用途】五肽-3 是一种高端除皱护肤品功能性添加剂，适合于眼睛周围、前额、脸部等表情肌肉集中的部位产品的配方设计。常用于粉剂精华或者其他水溶性体系的精华中，最终建议为 3%～10%。

原料 4　二肽-2（Dipeptide-2）

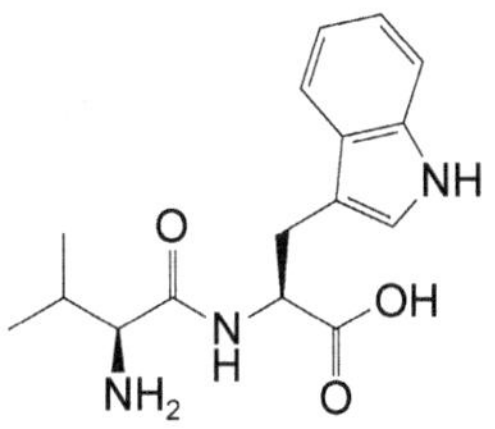

【中文别名】二胜肽，L-缬氨酰-L-酪氨酸

【缩写】H-Val-Trp-OH

【分子式和分子量】$C_{16}H_{21}N_3O_3$，303

【CAS 号】24587-37-9

【性质】白色粉末。

【制备方法】采用固相合成的方式制备。

【药理活性】神经递质抑制类胜肽。

【用途】常用于眼部护理产品中。

10.2.3　承载类胜肽

人体血浆中的三肽 Gly-L-His-L-Lys（GHK）和二价铜离子有很强的亲和力，能自发地形成络合物铜胜肽（GHK-Cu）。铜离子对伤口愈合以及许多的酶促反应过程而言是一种非常重要的成分。研究表明，GHK-Cu 可促使神经细胞、免疫相关细胞的生长、分裂和分化，能有效促进伤口愈合和生发。

原料　三肽-1铜（Copper tripeptide-1）

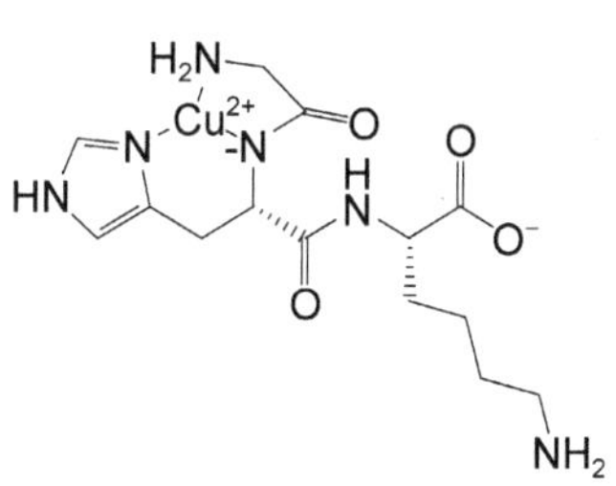

【中文别名】蓝铜肽，铜肽，铜三肽，普瑞扎肽络合铜

【缩写】GHK-Cu

【分子式和分子量】$C_{14}H_{22}CuN_6O_4$，402

【CAS 号】89030-95-5

【性质】蓝色粉末。

【制备方法】采用固相合成的方式制备。

【药理活性】铜肽可以作为组织重塑的激活剂，促进伤疤外部大量胶原蛋白集聚物的降解，皮肤正常胶原蛋白的合成以及弹力蛋白、蛋白聚糖和葡萄胺聚糖的生成。铜肽参与调节不同细胞类型的生长速度和迁移、抗炎、抗氧化等反应。GHK-Cu 可以在不伤、不刺激皮肤的情况下，增加细胞的活力，补充流失的胶原蛋白，增强皮下组织，使伤口迅速愈合，达到除皱抗衰老的目的。

【用途】广泛应用于化妆水、面霜、眼霜、精华等护肤品中。

10.2.4 其他胜肽

原料1 六肽-10（Hexapeptide-10）

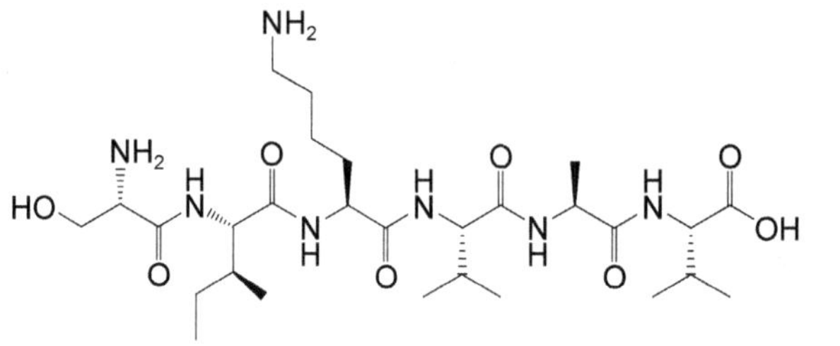

【中文别名】丝丽素，丝丽肽，六胜肽-10，L-丝氨酰-L-异亮氨酰-L-赖氨酰-L-缬氨酰-L-丙氨酰-L-缬氨酸

【缩写】Silitide，H-Ser-Ile-Lys-Val-Ala-Val-OH

【分子式和分子量】$C_{28}H_{53}N_7O_8$，616

【CAS 号】146439-94-3

【性质】白色粉末。

【制备方法】采用固相合成的方式制备。

【药理活性】六肽-10 可通过增加合成层粘连蛋白-5 和 α6-整合素促进细胞结合，有利于皮肤的修复，同时可对抗皮肤松弛，增加皮肤的弹性和紧致度。

【用途】广泛应用于化妆水、面霜、眼霜、精华等护肤品中。

原料2 棕榈酰四肽-7（Palmitoyl tetrapeptide-7）

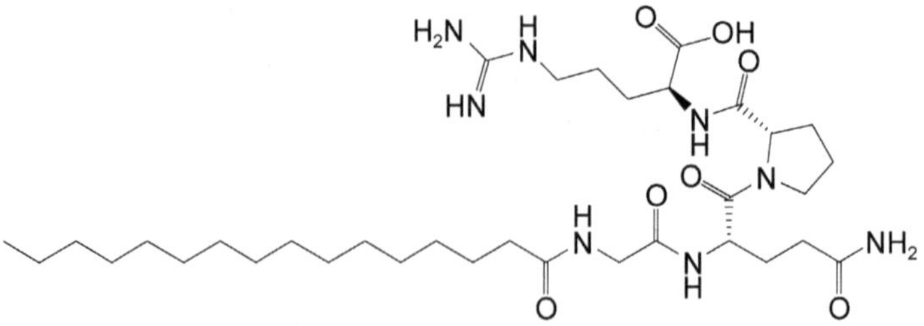

【中文别名】棕榈酰四肽-3

【缩写】Pal-GQPR

【分子式和分子量】$C_{34}H_{62}N_8O_7$，695

【CAS 号】221227-05-0

【性质】白色粉末。

【制备方法】采用固相合成的方式制备。

【药理活性】棕榈酰四肽-7 可减少白细胞介素的生成，消除炎症。

【用途】主要应用于眼霜及紧致皮肤的护肤品中，具有抗眼皮浮肿、消除眼袋、抗发炎、增强皮肤的环境耐受度等功效。护肤品中推荐添加量为 0.01%。

原料 3　L-肌肽（L-Carnosine）

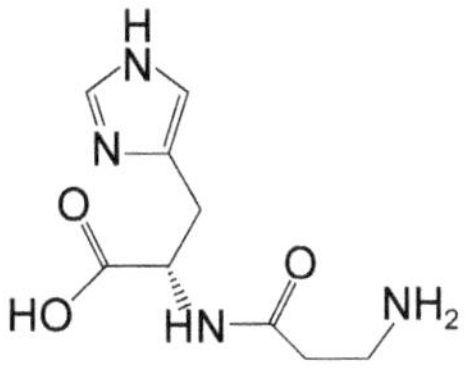

【中文别名】左旋肌肽，N-B-丙氨酰-L-组氨酸

【分子式和分子量】$C_9H_{14}N_4O_3$，226

【CAS 号】305-84-0

【性质】白色粉末。

【制备方法】采用固相合成的方式制备。

【药理活性】L-肌肽是一种存在于皮肤组织中的二肽，能抑制糖化作用和对细胞的氧化损伤。

【用途】主要应用于化妆水、眼霜、面霜、乳液等护肤品中。

原料 4　乙酰四胜肽-5（Acetyl tetrapeptide-5）

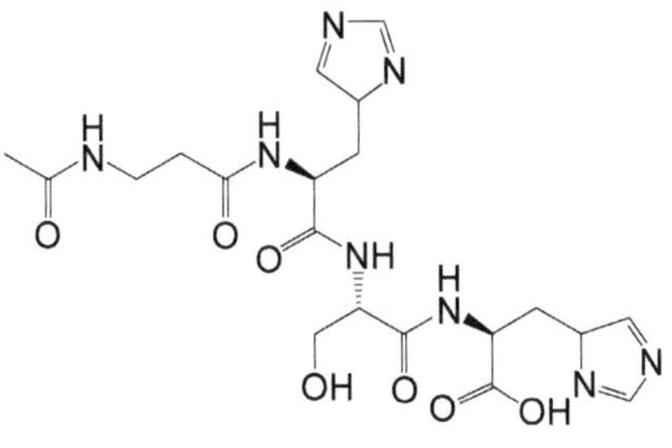

【中文别名】乙酰基四肽，眼丝氨肽，乙酰基四肽-5

【缩写】N-Ac-Ala-His-Ser-His

【分子式和分子量】$C_{20}H_{28}N_8O_7$，492

【CAS 号】820959-17-9

【性质】白色粉末。

【制备方法】采用固相合成的方式制备。

【药理活性】乙酰四胜肽-5 能有效抑制血管紧张素转换酶（ACE），改善血液循环，具有改善眼部水肿，改善微循环的作用。

【用途】主要应用去黑眼袋消水肿的眼霜中。

原料5 四肽-30（Tetrapeptide-30）

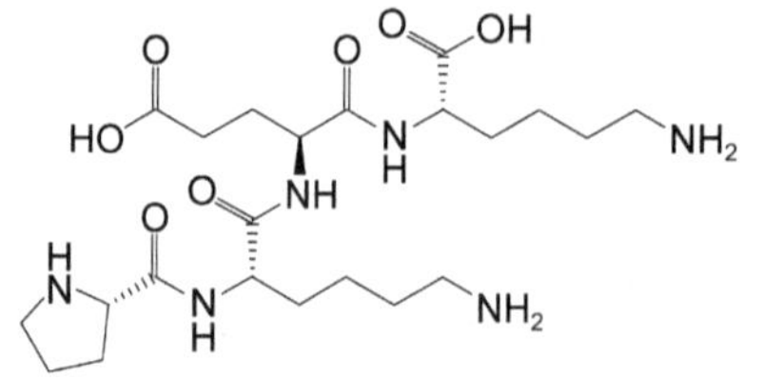

【中文别名】亮肤素

【分子式和分子量】$C_{22}H_{40}N_6O_7$，501

【CAS号】1036207-61-0

【性质】白色粉末。

【制备方法】采用固相合成的方式制备。

【药理活性】四肽-30可通过减少酪氨酸酶的数量和控制黑素细胞来提亮肤色。

【用途】四肽-30可添加到亮肤霜、祛斑霜（晒斑，雀斑）等护肤品中。

原料6 九肽-1（Nonapeptide-1）

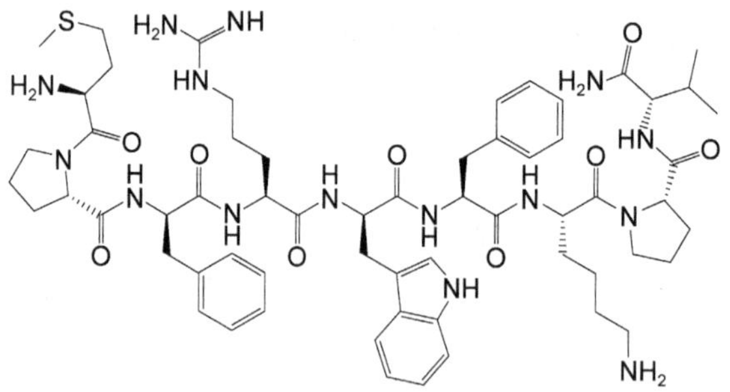

【中文别名】九胜肽-1，美立肽，L-蛋氨酰-L-脯氨酰-D-苯丙氨酰-L-精氨酰-D-色氨酰-L-苯丙氨酰-L-赖氨酰-L-脯氨酰-L-缬氨酰胺，美白九肽

【缩写】Met-Pro-D-Phe-Arg-D-Trp-Phe-Lys-Pro-Val-NH$_2$

【分子式和分子量】$C_{61}H_{87}N_{15}O_9S$，1207

【CAS号】158563-45-2

【性质】白色粉末。

【制备方法】采用固相合成的方式制备。

【药理活性】九肽-1和黑素细胞上的MC1受体有非常好的匹配性，可竞争性地与MC1受体结合，抑制酪氨酸酶的活性，从而阻断黑色素向角质层传递，具有美白祛斑效果。

【用途】主要应用于美白祛斑类护肤品中。

原料7 肉豆蔻酰六肽-16（Myristoyl hexapeptide-16）

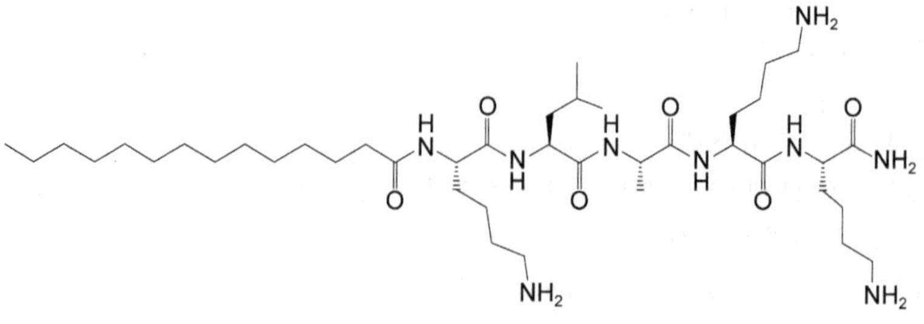

【中文别名】肉豆蔻酸五肽-17，肉豆蔻酰五肽，*N*2-(1-氧代十四烷基)-L-赖氨酰-L-亮氨酰-L-丙氨酰-L-赖氨酰-L-赖氨酰胺，睫毛肽，肉豆蔻五肽

【分子式和分子量】$C_{41}H_{81}N_9O_6$，796

【CAS 号】959610-30-1

【性质】白色粉末。

【制备方法】采用固相合成的方式制备。

【药理活性】刺激角蛋白基因，促进眼睫毛增浓增长。

【用途】主要应用于利于睫毛生长的护理产品。

10.3　维生素类

维生素是维持生命必备的有机物质。在化妆品中添加某些维生素及其衍生物具有抗衰老的作用，常见的抗衰老类维生素有维生素 A、烟酰胺、维生素 E 等。

10.3.1　维生素 A

维生素 A 是极易缺乏的脂溶性维生素，是维持生命活动所必需的一种营养素，由美国科学家 Elmer Mc Collum 和 MArgAret DAvis 发现。维生素 A 结构是由 1 分子的 β-白芷酮环和 2 分子 2-甲基丁二烯构成的不饱和一元醇，属于萜类化合物，除了类胡萝卜素外，凡是呈现视黄醇生物活性的化合物，都被称为维生素 A。维生素 A 在维持视觉健康、增强人体免疫功能、细胞的生长和分化、抗肿瘤等方面均能发挥重要作用。维生素 A 只存在于动物体中，其中鱼类（如鱼肝油）中含量较高；植物本身不含有维生素 A，但一些植物含有维生素 A 原——胡萝卜素，胡萝卜素在小肠中可分解为维生素 A。为了维持身体机能的正常，人体需要摄入 $700\sim800\mu g$ 活性当量视黄醇。维生素 A 缺乏是引发发展中国家儿童失明的主要原因。督促补充维生素 A 一直是 WHO 和联合国儿童基金会坚持努力的方向。

维生素 A 包括两种活性亚型：维生素 A_1［视黄醇（Retinal）］和维生素 A_2［视黄醛（Retinue）和视黄酸（Retioic acid）］，以最基本的形式维生素 A_1（又称维 A 醇）为主。维生素 A 及其酯类衍生物转化机制见图 10-1。

视黄酸常用作治疗痤疮的药品，目前也被年轻人推崇为抗衰老圣品，在各大美妆平台上均可见大量刷维生素 A 酸的案例，其中各大博主还开设了脸部维生素 A 酸的使用教程，但是其中存在大量的烂脸案例。1986 年，Kligman 首次报道全反式维甲酸（视黄酸，RA）调节细胞分化和增殖相关基因，是治疗和预防光老化过程的一个很好的候选者，可消除皱纹。研究显示，视黄酸对皱纹的去除效果与胶原尤其是 I 型胶原和Ⅲ型胶原的合成增加，以及表皮增生有一定的关系。大量的研究也证实了视黄酸可改善光老化皮肤。然而，视黄酸的副作用，如潜伏期的皮肤干燥、伤口和刮伤，限制了其作为护肤品成分的应用。在视黄酸的基础上又开发出了一些视黄酸的衍生物，如维甲酸、异维甲酸、四维甲酸、他扎罗汀和阿达帕林，以克服这些副作用问题，但在这些衍生物的使用中，大约四分之一的使用者反应出现局部皮肤刺激包括灼热、瘙痒、红斑、脱皮或干燥等现象，因此不管是视黄酸还是视黄酸衍生物目前只在药品中添加而不能作为护肤品添加剂。因此消费者在脸部护肤用品的选择时一定不能盲目跟风。虽然显著的刺激和较强的副作用在使用中让消费者深有体会，但是其中仍然有大量成功的案例激励着年轻一代的"成分党"们积极地尝试，这是因为研究和网友们的踊跃尝试显示，视黄酸确实具有修复受损皮肤，除皱抗衰老效果。目前有大量的研究证实针对光老化引起的皮肤损伤从而导致的细纹，视黄酸具有显著的治疗效果。光照射引起皮肤的老化涉及

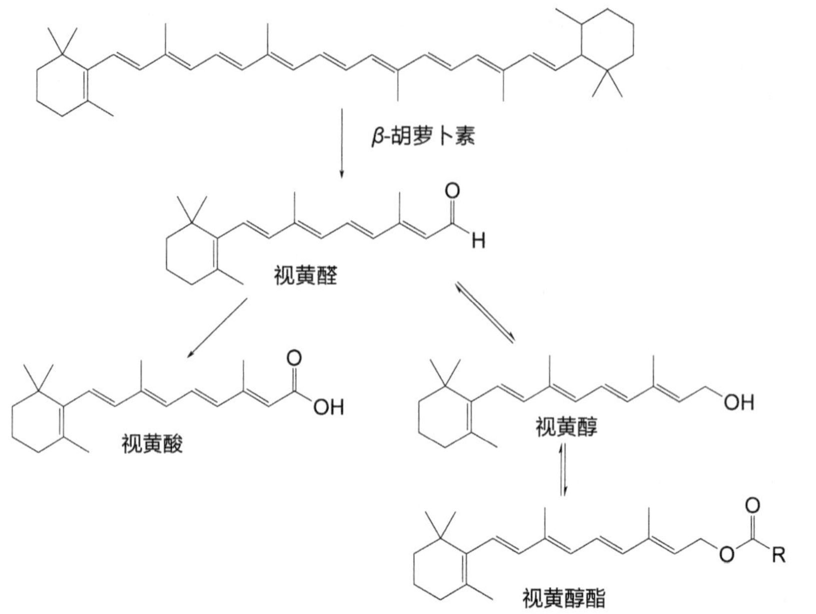

图 10-1　维生素 A 及其酯类衍生物转化机制

氧化损伤、色素沉积等多方面因素，皮肤胶原蛋白水平下降是其中的原因之一。

　　将视黄酸结构中引起不良副作用的羧基末端替换为羟基即为视黄醇，视黄醇作为长期护理和治疗的替代抗衰老成分而备受关注。视黄醇本身对皮肤的作用并不显著，但是视黄醇在皮肤中经酶转化可形成的视黄酸，从而也具有良好抗衰老和修复功效。大量的研究对比了视黄醇及其衍生物与视黄酸之间的差异性。例如，有研究证实 0.075% 的视黄醇相比 0.05% 的视黄酸可显著减少角质层经皮水分损失，并减少红斑和角质脱落概率；相关研究证实视黄醇能诱导人真皮成纤维细胞弹性蛋白基因表达，促进弹性蛋白纤维形成；对 80 岁以上老人的研究证明视黄醇不仅能提高成纤维细胞活性、促进胶原合成，同时可降低金属蛋白酶（MMP）水平，减少胶原蛋白的分解。总体而言，视黄醇具备皮肤渗透性，能刺激表皮角质细胞生成，增厚颗粒层，增强细胞间粘连蛋白沉积，增加表皮的厚度，减缓皮肤变薄，使皮肤角质层坚实，增强皮肤透光性和年轻度。然而视黄醇本身对光热极度敏感，极易转化成视黄酸而引起皮肤难受，含视黄醇的护肤品通常只能在夜间使用，因此低刺激的视黄醇衍生物在护肤品中也受到了广泛的应用。常见的视黄醇酯类衍生物有视黄醇乙酸酯、视黄醇棕榈酸酯、羟基频哪酮视黄酸酯和视黄醇视黄酸酯等。

　　由于视黄醇及其衍生物良好的抗衰老效果，因此含有该成分的护肤品也成为国内知名品牌、网红品牌，以及各小众品牌都主推的抗初老护肤品，如 PCA skin、40CarrotsA、ALPHA、Roc、宝拉、露得清、The Ordinary、珀莱雅、玉兰油、欧莱雅、雅顿、理肤泉等，掀起视黄醇护肤抗初老热潮，在各大护肤平台上，"刷 A 醇""早 C 晚 A"等成为护肤搜索和推送热词。

原料 1　维生素 A₁（Vitamin A₁）

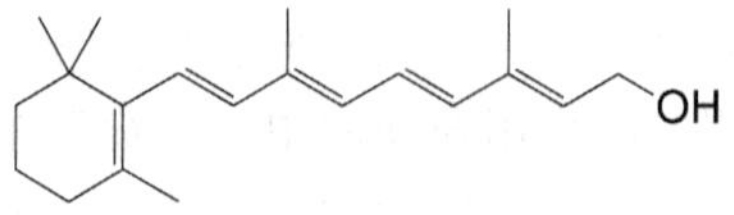

【中文别名】视黄醇，维生素甲，维生素 A 醇，3, 7-二甲基-9-(2, 6, 6-三甲基-1-环己烯-1-基)-2,4,6,8-壬四烯-1-醇

【分子式和分子量】$C_{20}H_{30}O$，286

【CAS 号】68-26-8

【性质】黄色或者橘色固体，相对密度 0.993，几乎不溶于水或甘油，溶于无水乙醇、甲醇、氯仿、乙醚、脂肪和油。

【制备方法】维生素 A_1 可由含量较高的鱼肝油经分子蒸馏、色谱分离精制制得，但是产物是混合物。纯品通常采用化学合成的方式获得。①Roche 合成工艺：以 β-紫罗兰酮为起始原料，经 Darzens 反应、格氏反应、选择加氢、羟基溴化、脱溴化氢等反应获得维生素 A 醋酸酯；②BASF 合成工艺：以 β-紫罗兰酮为起始原料和乙炔进行格氏反应生成乙炔-β-紫罗兰醇，选择加氢得到乙烯-β-紫罗兰醇，Witting 反应后，在醇钠催化下与 C_5 醛缩合生成维生素 A 醋酸酯。可通过维生素 A 醋酸酯的水解获得维生素 A_1。

【毒性】LD_{50}，经口，大鼠，2000mg/kg。

【用途】主要应用于抗衰老类夜间使用护肤品中，由于维生素 A_1 脂溶性较强，要防止紫外线和阳光下异构化，因此经常被包载于脂质体、胶束或者囊泡后再作为功能性成分添加。添加维生素 A_1 及其衍生物的护肤品的外包装需要不透光、密封性良好。

原料 2　维生素 A 棕榈酸酯（Vitamin A palmitate）

【中文别名】视黄醇棕榈酸酯，维生素 A 十六酸酯

【缩写】VA 酯

【分子式和分子量】$C_{36}H_{60}O_2$，525

【CAS 号】79-81-2

【性质】淡黄色油状物，相对密度 0.967，不溶于水，溶于氯仿、乙醚和植物油。

【制备方法】①化学合成法：DCC 作为催化剂，催化维生素 A 醇与棕榈酸反应生成维生素 A 棕榈酸酯；②酶催化法：Roche 和 BASF 两家公司已经完成了生物法合成维生素 A 棕榈酸酯的工艺路线设计，常用的酶有商品化脂肪酶、南极假丝酵母脂肪酶 B 等。

【药理活性】能透皮吸收，抗角质化，刺激胶原蛋白和弹性蛋白的合成，增加表皮及真皮的厚度，可增强皮肤弹性，消除皱纹。

【毒性】LD_{50}，经口，大鼠，7910mg/kg。

【用途】主要应用于抗衰老眼霜、保湿霜、修护霜、精华等护肤品中。

原料 3　视黄醇乙酸酯（Retinyl acetate）

【中文别名】维生素 A 乙酸酯，醋酸视黄酯，维生素 A 醋酸酯

【分子式和分子量】$C_{22}H_{32}O_2$，328

【CAS 号】127-47-9

【性质】黄色菱形结晶，相对密度 1.047，不溶于水，溶于乙醇。

【制备方法】见维生素 A_1 制备方法。

【药理活性】视黄醇乙酸酯能透皮吸收，抗角质化，刺激胶原蛋白和弹性蛋白的合成，

增加表皮及真皮的厚度，可增强皮肤弹性，消除皱纹。

【毒性】LD_{50}，经口，小鼠，4100mg/kg。

【用途】主要应用于抗衰眼霜、保湿霜、修护霜等护肤品中。

原料4 羟基频哪酮视黄酸酯（Hydroxypinacolone retinoate）

【中文别名】视黄醇衍生物

【缩写】HPR

【分子式和分子量】$C_{26}H_{38}O_3$，399

【CAS 号】893412-73-2

【性质】黄色粉末，相对密度0.990，不溶于水，溶于有机溶剂。

【制备方法】通过维生素A酸与羟基频哪酮酯化反应合成。

【药理活性】羟基频哪酮视黄酸酯是一种全反式维甲酸的酯化物，其结构中直接有视黄酸的母核，因此无需经过转换就可直接与类视黄醇受体（RARs）结合，具有与视黄酸相类似的调节表皮及角质层新陈代谢、促进胶原蛋白合成的功能，具有抗衰老、减少皮脂溢出、淡化色素、治疗痤疮、美白淡斑等功效。同时与视黄酸相比，羟基频哪酮视黄酸酯的刺激性和副作用都得到了显著的降低，并具有更佳优良的透皮率，尤其适用于眼周产品的配方设计。

【用途】常用于抗衰老、美白、祛痘、防晒、修护类护肤品中，建议添加量为1%～3%。

原料5 视黄醇视黄酸酯（Retinyl retinoate）

【中文别名】维甲酸视黄酯

【缩写】AA 酯

【分子式和分子量】$C_{40}H_{56}O_2$，569

【CAS 号】15498-86-9

【性质】黄色粉末，相对密度0.980，不溶于水，溶于有机溶剂。

【制备方法】通过维生素A酸与维生素A酯化反应合成。

【药理活性】视黄醇视黄酸酯能够促进皮肤表层更新，促进真皮层胶原蛋白生成，抑制MMP对胶原蛋白的破坏，增加表皮层黏多糖含量，提高皮肤保水能力。视黄醇视黄酸酯具有较强的热稳定性和较低的光敏性，细胞毒性小，能够减少皮肤刺激性，具有更高的皮肤再生活性。

【用途】主要应用于抗衰老眼霜、修护霜、精华等护肤品中。

10.3.2 维生素E类

1922年，美国加州大学柏克莱分校的 Evans 和 Bishop 发现了维生素E。维生素E是一种脂溶性化合物，存在于血液和组织中，通过防止氧化链式反应抑制细胞膜内外发生的连续氧化反应。体内自由基过剩可导致体内抗氧化酶系活性降低，引起脂质、蛋白质、核酸的氧化损伤，导致各种疾病，并可加速皮肤老化。维生素E能迅速地捕捉过氧自由基形成维生素

E 自由基，并且维生素 E 自由基的形成速率超过了脂质过氧化的反应速率，此外，生成的维生素 E 自由基可通过与内源性或者外源性抗氧化物质如维生素 C 和谷胱甘肽相互作用重新转化为维生素 E。维生素 E 一般存在于细胞膜中，但它也能起到抑制细胞膜内外发生的连续氧化反应的作用。研究显示，维生素 E 可以保护处于氧化应激状态下的皮肤，能显著地提升皮肤自身的屏障保护功能，使皮肤具有更高的弹性、更厚的真皮层和更薄的表皮层，此外能增加皮肤含水量，提高皮肤保湿性能，提升皮肤的光滑性，并对 UV 的照射有保护作用。在临床与实验皮肤科学中维生素 E 的应用和研究已经超过 50 年，并由此开发了许多可用于护肤品的配方，在当下，维生素 E 也是护肤品配方中的常见成分。由于维生素 E 极易被氧化，所以在实际中经常使用的是维生素 E 的衍生物，如维生素 E 乙酸酯、维生素 E 烟酸酯、维生素 E 亚油酸。

天然存在的维生素 E 有四种生育酚和四种生育三烯酚，如图 10-2 所示。其中 α-生育酚含量最高，生理活性也最高。

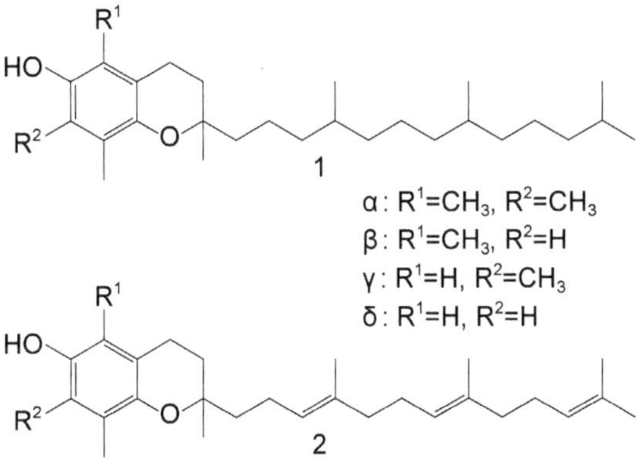

$$\alpha: R^1=CH_3, R^2=CH_3$$
$$\beta: R^1=CH_3, R^2=H$$
$$\gamma: R^1=H, R^2=CH_3$$
$$\delta: R^1=H, R^2=H$$

图 10-2　维生素 E 的结构示意图（1：生育酚；2：生育三烯酚）

原料 1　维生素 E（Vitamin E）

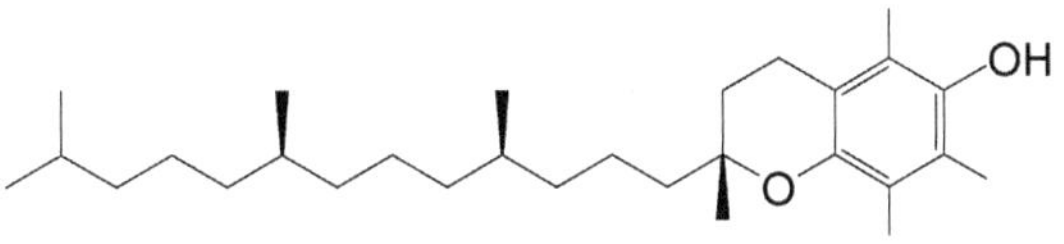

【中文别名】生育酚

【缩写】V_E

【分子式和分子量】$C_{29}H_{50}O_2$，431

【CAS 号】2074-53-5

【性质】微黄色、黄色或黄绿色澄清黏稠液体，相对密度 0.930，遇光色变深，不溶于水，易溶于有机溶剂，对热稳定，极易被氧化。

【制备方法】①天然维生素 E 可通过皂化-萃取法、酯化-超临界萃取法、水解-蒸馏法、酯化（酯交换）、蒸馏法等方式提取获得。②目前绝大部分生产商采用异植物醇和三甲基氢醌为原料，以 $ZnCl_2$ 为催化剂合成维生素 E，化学合成的维生素 E 占总产量的 80% 以上，新和成（NHU）、巴斯夫（BASF）、帝斯曼（DSM）、浙江医药公司是维生素 E 主要的供应商。

【药理活性】抗氧化作用。

【用途】主要应用于美白、抗衰老、日常调理类护肤品中。欧洲与美国的相关产品配方中，维生素 E 添加量为 0.1%～20%，与维生素 C 配合，可以增进维生素 E 抗氧化功能及稳定性。

原料 2 维生素 E 乙酸酯（Tocopheryl acetate）

【中文别名】乙酸维生素 E，α-生育酚乙酸酯，维生素 E 醋酸酯，D-维生素 E 乙酸酯
【分子式和分子量】$C_{31}H_{52}O_3$，473
【CAS 号】7695-91-2
【性质】微黄色或黄色透明黏稠液体，遇光易氧化色渐变深，相对密度 0.950。不溶于水，易溶于油、脂肪、乙醇、丙酮、乙醚和氯仿。
【制备方法】通过维生素 E 和醋酐酯化获得。
【药理活性】抗氧化作用。
【用途】主要应用于美白、抗衰老类护肤品中。

10.4 生长因子

人类生长因子（Human Growth Factor，HGF）是人体内存在并对机体不同细胞具有调节（促进或抑制）生长发育作用的细胞因子，也称多肽生产因子，属肽类激素，是控制皮肤、血液、骨骼和神经组织细胞生长和分化的一类复合激素。目前已经被证实是一种有效的伤口愈合剂。有大量的研究关注于人类生长因子在伤口愈合方向上的应用，目前一些合成类的人类生长因子已经被用于伤口愈合和免疫系统的激活。

众所周知，垂体腺分泌的人类生长激素能刺激细胞的生长和繁殖，而人类生长因子则负责促进细胞的分化和成熟，因此是保持年轻的重要激素。当皮肤损伤时，各种生长因子在伤口部位聚集，协同作用并且启动伤口愈合过程。其中转化生长因子-B（TGF-B）负责启动胶原蛋白和纤维连接蛋白的合成，而血小板衍生的生长因子（PDGF）则刺激成纤维细胞产生糖胺聚糖和平滑肌细胞增殖，而这些过程除了和伤口愈合有关也与皮肤的抗衰老有直接的关系。常用于化妆品的生长因子有人类表皮生长因子（Human Epidermal Growth Factor, hEGF）、碱性成纤维细胞生长因子（basic Fibroblast Growth Factor, bFGF）、角质形成细胞生长因子（Keratinocyte Growth Factor, KGF）、血管内皮生长因子（Vascular Endothelial Growth Factor, VEGF）等。

（1）hEGF

hEGF 在人体中主要由腮腺、颌下腺、肾脏、十二指肠、前列腺和脑等部位合成，在人的尿液、唾液、乳汁、血液等中均存在，极微量即能强烈促进皮肤细胞的分裂和生长，刺激细胞外一些大分子如 HA 和糖蛋白等的合成和分泌，在细胞层面给予皮肤额外的营养和刺激，通过细胞本身新陈代谢的调整从根本上保持皮肤自然健康。hEGF 天然产量极少，提纯难度高，但随着基因工程技术的进步和发展，其来源问题逐步被解决。

（2）FGF

成纤维细胞生长因子（Fibroblast Growth Factor, FGF）是一类具广泛生物学活性的肽类

物质，按其等电点的不同，可分为：酸性成纤维细胞生长因子（acidic Fibroblast Growth Factor, aFGF），等电点为 9.6；碱性成纤维细胞生长因子（basic Fibroblast Growth Factor, bFGF），等电点为 5.6。FGF 对源于中胚层和神经外胚层的细胞具有有效的促有丝分裂活性，可调节细胞的能动性、细胞分化、轴突的延伸及成活、微血管形成、内皮细胞的修复，目前大量的研究关注于其在创伤修复中的应用，在国内，用于烧伤和烫伤的 bFGF 外用制剂已在 1997 年获得了国家一类新药证书，bFGF 喷雾剂（贝复济）是国内唯一个正式批准上市使用 bFGF 用于创伤修复的药物。同时研究也证明其在衰老皮肤的修复方面有突出的表现。

（3）KGF

KGF 是 1989 年从人胚胎肺成纤维细胞的生长培养液中分离出来的单链多肽。KGF 来源于间质细胞，以上皮细胞为靶细胞的肝素亲和性细胞因子，可与上皮细胞表面的受体特异性结合，继而引起一系列胞内信号传递和相应基因的表达，在上皮细胞的增殖、分化、迁移等的过程中起着非常重要的作用。目前 KGF 亚家族共有两个成员 KGF1 和 KGF2。KGF 在成年人的皮肤中表达，是角化细胞和毛囊形成过程中最重要的影响因素，具有促进维持角化细胞、表皮细胞、上皮细胞的生长的作用。KGF 功能紊乱可导致表皮萎缩、毛囊异常和真皮受损。护肤品中常用的是 KGF2。

（4）VEGF

VEGF 是胱氨酸生长因子超家族中一员，是通过两对链间二硫键共价连接形成的反平行同型二聚体。VEGF 家族包括 VEGF-A、VEGF-B、VEGF-C、VEGF-D 和胎盘生长因子等。VEGF 是唯一对血管形成具有特异性的重要生长因子。老年人皮肤的血管数目减少，尤其是微血管减少显著，导致皮肤营养不足，细胞新陈代谢缓慢，引起代谢物的积累，加速皮肤的老化。VEGF 可有效地提高局部血管通透性，从而为成纤维细胞的增殖及胶原的合成提供充足的营养物质和其他生长因子，进一步促进细胞的分裂、增殖，改善皮肤微循环，使皮肤具有光泽。同时 VEGF 还可有效清除具有代谢障碍的细胞，使细胞中各种有害的代谢产物不容易积累。

原料1　人表皮细胞生长因子（Human EGF）

【中文别名】表皮生长因子

【缩写】hEGF

【CAS 号】62229-50-9

【分子结构】天然 hEGF 由 53 个氨基酸组成，分子量为 6045。多肽链上 N 端为天冬酰酸，C 端为精氨酸，二级结构只有 β-折叠，构成残基 1～33 的 N 端结构域和 34～53 的 C 端结构域。

【性质】等电点 4.2。

【制备方法】hEGF 主要是利用大肠杆菌、酵母菌等获得基因重组人表皮生长因子，可工业化生产。

【药理活性】①促进皮下胶原蛋白、细胞外 HA、糖蛋白等合成和分泌，促进皮肤细胞对营养物质的吸收，加速细胞新陈代谢，保持皮肤年轻态；②hEGF 在皮肤里含量的多少直接影响着皮肤新细胞的数量及比例，从而决定着皮肤的年轻程度，还能明显减少皮肤浅表和深层皱纹，激活皮肤组织，使皮肤恢复弹性；③促进角质细胞和成纤维细胞的活性，提高细胞再生和组织修复能力，使皮肤新生和创伤修复速度加快，并减少疤痕和皮肤畸形增生，增加皮肤抵御能力，防止外来刺激。

【用途】添加到护肤品中可以达到嫩肤、延缓衰老的作用。

原料2　碱性纤维细胞生长因子（basic Fibroblast Growth Factor）

【中文别名】重组人碱性成纤维细胞生长因子，成纤维生长因子

【缩写】bFGF

【CAS号】62031-54-3

【分子结构】由146～164个氨基酸组成，分子量为164000。

【性质】等电点9.6，对酸和热不稳定。

【制备方法】bFGF可采用大肠杆菌表达系统生产。

【药理活性】促进细胞分化，促进红血丝、祛斑和换肤后受损皮肤的修复，改善皮肤早衰、萎黄、皱纹、松弛等。

【用途】添加到护肤品中可以达到抗衰老、修复皮肤等作用，基于bFGF对热光比较敏感，通常被制成冻干粉与溶剂配合使用，或者制备成小包装精华液。

原料3　角质形成细胞生长因子-2（Keratinocyte Growth Factor 2）

【中文别名】纤维细胞生长因子-10

【缩写】KGF2

【CAS号】148348-15-6

【分子结构】全长627bp，由208个氨基酸残基组成，N端是由40个疏水氨基酸组成的信号肽序列，成熟蛋白169个氨基酸（40～208氨基酸残基），分子量约为24000。

【性质】等电点9.4～9.6，对酸和热不稳定。

【制备方法】KGF可采用KGF过表达的细胞株制备。

【药理活性】KGF能促进上皮细胞的生长、分化和迁移，使新生的表皮细胞取代衰老的角质细胞，维持皮肤厚度，防止水分散失，达到使皮肤细嫩而富有光泽的目的。此外还具有去除红血丝、抑制疤痕形成、防护紫外辐射、局部免疫调节、促毛发生长等作用。

【用途】添加到护肤品中可以达到去除红血丝、抗衰老、修复皮肤等作用，基于KGF2对环境比较敏感，通常被制成冻干粉与溶剂配合使用，也可作为生物功效剂添加于膏霜中。

原料4　血管内皮生长因子（Vascular Endothelial Growth Factor）

【中文别名】血管通透因子

【缩写】VEGF

【CAS号】127464-60-2

【分子结构】VEGF单体N端8～109位氨基酸残基形成，二级结构分别是α1、β1、α2、β2、β3、β4、β5、β6、β7。

【性质】VEGF-A是VEGF家族中更具特征性的成员，VEGF-A是由2条相同多肽链以二硫键组成的二聚体糖蛋白，分子量为34000～45000，等电点为8.5，有很强的耐酸和耐热能力。

【制备方法】VEGF可采用大肠杆菌表达系统生产或者是VEGF过表达细胞生产。

【药理活性】VEGF可有效提高局部血管通透性，促进细胞的分裂、增殖，改善皮肤微循环，使蜡黄、无光泽、不健康的皮肤变得红润有光泽。VEGF能清除一些代谢障碍的细胞，从而使细胞中各种有害的代谢产物不容易积累形成暗疮和黑斑、黄褐斑，在皮肤的美白红润方面有着独到作用，达到医学美容的作用。

【用途】添加到护肤品中可以达到抗衰老、修复皮肤、去除色斑等作用，VEGF通常被制成冻干粉与溶剂配合使用，也可作为生物功效剂添加于膏霜中。

10.5　酸性组分

随着大量高知识水平的消费者进入抗老人群的行列，"成分党"一词成为流行语。《美国美妆行业透明度感知评估报告》中提到，72%的消费者希望品牌商向消费者主动解释产品成分的功效情况，而超过60%的消费者希望品牌商说明产品成分的来源。在这个趋势的驱动下，目前出现了不少查询并解读化妆品成分的APP，也正是成分党的崛起，化妆品产业链也随之变化。一些小众产品或者国产品牌以成分、配比吊打国际大牌的现象层出不穷，为国内护肤品行业的发展提供了新的契机。例如，通常而言，果酸换肤多应用于传统医疗美容中，而今在各大化妆品销售和分享平台上常见有"刷酸"换肤的实例和教程，越来越多的消费者进入了定期"刷酸"的队伍。"刷酸"指的是通过酸性物质的使用改变皮肤表面酸度，清除皮肤表面多余的角质，促进皮肤细胞正常的新陈代谢，对于油脂过度分泌、角质堆积等造成的各种皮肤问题，如痤疮、闭口、皮肤粗糙、毛孔粗大，均具有改善效果。

10.5.1　果酸

果酸是一系列α-羟基酸的统称，简称AHAs。天然果酸是几种α-羟基酸的混合物，包含12%～17%的乙醇酸、28%～32%的乳酸、2%～6%的柠檬酸、1%的苹果酸和1%的酒石酸。果酸按照分子结构可分为：乙醇酸、乳酸、苹果酸、酒石酸、柠檬酸、杏仁酸等37种，在美容界乙醇酸和乳酸最常被应用。化妆品中常用果酸混合物或者单一组分的α-羟基酸，总体而言复合果酸的效果优于单一组分的α-羟基酸。

果酸对皮肤的美容疗效是20世纪70年代由美国的史考特医师（Dr. Eugene J. VanScott）及华裔美籍的余瑞锦博士（Dr. Ruey J. Yu）发现。果酸在抗衰老方面的表现有：①果酸可使角阮细胞粘连性减弱，促进死亡的角质细胞及时脱落，改善角质层的湿润度，可快速调整皮脂腺的分泌功能；②果酸可促进表皮细胞的生长、加快细胞的更新，能够清除皮肤色斑、早期皱纹，使皮肤光洁富有弹性；③当皮肤有较重的斑块及皱纹时，高浓度的果酸可代替化学剥皮剂（如石炭酸、三氯醋酸等）进行换肤治疗。果酸可深达真皮层、穿透皮脂腺，具有皮肤深度清洁的功效，抑制皮脂分泌，促进皮肤细胞再生，加速皮肤的新陈代谢。

果酸浓度不同其作用效果是有差异的。极低浓度的果酸，只有保湿效果；低浓度果酸（小于10%）能降低表皮角质细胞间的凝聚力，可以去除老化角质，改善粗糙、暗沉肤质；中浓度果酸（10%～30%）可以到达真皮组织，对于青春痘、淡化黑斑、抚平皱纹的效果良好；高浓度果酸（大于30%）具有相当强的渗透力，可将老化角质一次剥落，加速去斑除皱的效果。但是高浓度果酸属换肤性质，属于医学美容的范畴。

原料1　乙醇酸（Glycolic acid）

【中文别名】羟基乙酸，乙二醇酸，甘醇酸
【缩写】GA
【分子式和分子量】$C_2H_4O_3$，76
【CAS号】79-14-1
【性质】无色、无味的半透明晶体，易潮解，熔点78～79℃，密度1.49g/cm³，溶于水、甲醇、乙醇、丙酮、乙酸乙酯，微溶于乙醚。

【制备方法】乙醇酸的合成包括氯乙酸水解法（国内工业常用方法）、氰化法、甲醛羰基化法（国外工业化方法）、草酸电解还原法、甲醛与甲酸甲酯偶联法、草酸二甲酯加氢法（绿色化学法）、微生物催化法。

【药理活性】乙醇酸分子中只含有两个碳原子，易渗透至皮肤内部，对去除粉刺、疣、老年斑、消除皱纹具有效果。当 pH 值较低时，可激励皮肤细胞再生。

【毒性】LD_{50}，经口，大鼠，1950mg/kg。

【用途】主要应用于抗衰老、去角质类、美白护肤品中，还可用于果酸的合成。

原料2 柠檬酸（Citric acid）

【中文别名】枸橼酸，3-羟基-3-羧基-1,5-戊二酸，2-羟基丙三羧酸，β-羟基丙三羧酸

【缩写】CA

【分子式和分子量】$C_6H_8O_7$，192

【CAS 号】77-92-9

【性质】白色半透明晶体或粉末，熔点 153～159℃，相对密度 1.542。溶于水和乙醇，溶于乙醚。

【制备方法】国内多采用发酵法制备柠檬酸：以薯干粉为原料，经黑曲霉发酵、碳酸钙中和、硫酸酸解制得。

【药理活性】柠檬酸能加快角质更新，有助于皮肤角质软化，黑色素去除，毛孔收细，黑头溶解。

【毒性】LD_{50}，经口，大鼠，3000mg/kg。

【用途】主要用作螯合剂、缓冲剂、酸碱调节剂、防腐剂等，主要应用于抗衰老、去角质类、美白护肤品中，起到保湿、美白，改善皮肤黑斑、粗糙等作用。

原料3 苹果酸（Malic acid）

【中文别名】外消旋体苹果酸，DL-苹果酸，DL-羟基丁二酸，DL-羟基琥珀酸

【分子式和分子量】$C_4H_6O_5$，134

【CAS 号】6915-15-7

【性质】白色结晶或结晶性粉末，熔点 131～133℃，150℃分解，相对密度 1.609，溶于水、醇，微溶于醚。

【制备方法】①合成法：将苯催化氧化成富马酸，然后加压与水蒸气共热形成 DL-苹果酸，再将 DL-苹果酸拆分可得 L-苹果酸；②发酵法：以淀粉为碳源通过微生物（黄曲霉、米曲霉、寄生曲霉等）发酵生产 L-苹果酸。

【药理活性】苹果酸具有加速胶质细胞脱落，软化皮肤角质层，增加皮肤胶原蛋白，改善皮肤干燥，清除皮肤表面皱纹的功效。

【毒性】LD_{50}，经口，大鼠，1600mg/kg。

【用途】主要应用于抗衰老、去角质类护肤品中。

原料 4　D-扁桃酸（Mandelic acid）

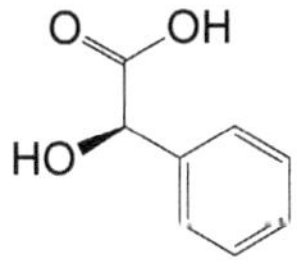

【中文别名】苯羟乙酸，D-苦杏仁酸

【分子式和分子量】$C_8H_8O_3$，152

【CAS 号】611-71-2

【性质】白色结晶性粉末，熔点 131～133℃，相对密度 1.168，可溶于甲醇、乙醇等有机溶剂。

【制备方法】主要有苯甲醛氰化法、苯乙酮法和相转移催化法。

【药理活性】在果酸中扁桃酸结构中具有苯环结构，具有亲脂性。扁桃酸具有一定的抗菌能力，透皮速度相对较慢，刺激性较小，具有疏通毛孔、祛痘、去角质、美白等作用。

【用途】主要应用于抗衰老、去角质类、美白护肤品中。

10.5.2　水杨酸

原料　水杨酸（Salicylic acid）

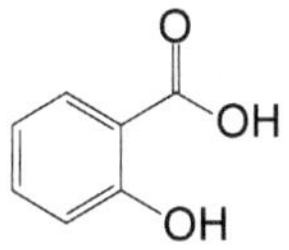

【中文别名】2-羟基苯甲酸，柳酸，邻羟基苯甲酸

【缩写】BHA

【分子式和分子量】$C_7H_6O_3$，138

【CAS 号】69-72-7

【性质】白色结晶或结晶性粉末，无臭，味先微苦后转辛，熔点 158～161℃，相对密度 1.440，易溶于乙醇、乙醚、氯仿、松节油，不易溶于水。

【制备方法】通过苯酚与氢氧化钠反应生成苯酚钠，蒸馏脱水后，二氧化碳羧基化，制得水杨酸钠盐，后酸化制得水杨酸。

【药理活性】水杨酸是从柳树皮、冬青叶中获得的一种酸性物质，因此又叫植物酸，具有控油、去角质、清除粉刺、缩小毛孔、淡印等功效。浓度在 3%～6% 的水杨酸可以用来去角质，高于 6% 的对皮肤有腐蚀性，40% 高浓度的水杨酸具有强烈的角质腐蚀性质，因此过高的浓度不适合皮肤使用。

【毒性】LD_{50}，经口，大鼠，1100～1600mg/kg。

【用途】主要应用于抗衰老、去角质类护肤品中。

10.6　其他抗衰老成分

10.6.1　β-葡聚糖

β-葡聚糖是葡萄糖分子中 C-1、C-2、C-3、C-4 或者 C-6 位通过糖苷键相互连接而形成的多糖。β-葡聚糖是半纤维素，是由约 30%的 β-(1,3)-和 70%的 β-(1,4)-糖苷键连接而成的多聚物，广泛存在于真菌、细菌和植物细胞中。

原料 β-葡聚糖（β-D-Glucan）

【中文别名】昆布多糖

【CAS 号】9012-72-0

【性质】高纯度的 β-葡聚糖呈现白色，无味，水溶液黏稠，对高温、弱酸、弱碱都比较稳定，在很多有机溶剂（如乙醇、丙酮、正丁醇）中不溶解。

【制备方法】β-葡聚糖可以从燕麦、大麦纤维、啤酒糖酵母及医药用蘑菇菌的细胞壁中获取，常规的提取方法多采用水提取法和超声波提取法。

【药理活性】β-葡聚糖具有调节免疫和抗衰老作用。β-葡聚糖是天然的皮肤保护免疫促进剂，其作用于皮肤促进皮肤细胞活性，加强细胞增殖代谢，延缓皮肤衰老，修护皮肤损伤。此外，β-葡聚糖能激活朗氏细胞，从而增强人体免疫系统的功能，被激活的朗氏细胞能分泌一些细胞生长因子（如高活性细胞因子），进而促进成纤维细胞的增殖及皮肤组织基质（如胶原蛋白、弹性蛋白、蛋白聚糖）等的合成，消除皱纹并使皮肤弹性增加；其免疫调节功能还能帮助皮肤抵御炎症，稳定皮肤状态。β-葡聚糖是天然的高分子聚糖，可在皮肤表层形成透明、富有弹性、透气的薄膜，有效隔离了紫外线、有害物质对皮肤的侵害，能充分锁住皮肤中的水分使皮肤保水性能力增加，丝润光滑。

【用途】主要应用于抗衰老、抗过敏、防晒、美白、晒后修复等护肤品中。

10.6.2 胶原蛋白

胶原蛋白是由动物的成纤细胞合成的一种生物高分子，广泛存在于动物的皮肤、骨、软骨、牙齿、肌腱韧带和血管中，是结缔组织极重要的结构蛋白质，起着支撑器官、保护肌体的功能，具有很强的生物活性和生物功能，是胶原的水解物，是多肽混合物，常见类型有 I 型、II 型、III 型、V 型和 XI 型。胶原蛋白是哺乳动物体内含量最丰富的蛋白质，约占哺乳动物总蛋白的 1/3，占人体皮肤蛋白质的 71.2%。皮肤中的胶原蛋白与皮肤的年轻度有较强的关系，研究显示皮肤胶原蛋白的含量以平均每年约 1%的速度递减，因此随着年龄的增长皮肤出现老化。从外补充胶原可介导或加强细胞与胶原的作用，引起细胞形态及生理和生化发生显著改变，达到美容效果。因而胶原蛋白被广泛应用于化妆品行业，现如今市场中销售的面膜、眼霜、护肤霜等化妆品中很多都含有胶原蛋白。

原料 胶原蛋白（Collagen）

【中文别名】胶原

【CAS 号】9064-67-9

【化学成分或有效成分】胶原蛋白的分子量约为 300000，是由 3 条肽链结合而成并互相盘绕的三螺旋结构，其甘氨酸、丙氨酸、脯氨酸和谷氨酸含量最高，特别是甘氨酸的含量几乎占了 1/3，脯氨酸和羟脯氨酸的含量是各种蛋白中含量最高的，并具有其他蛋白质中不存在的羟基赖氨酸和一般蛋白质中也很少有的羟脯氨酸和焦谷氨酸。其中羟脯氨酸，在其立体结构中能够形成氢键及氧桥，使结构相对牢固而富有弹性。

【性质】白色、不透明、无支链的纤维型蛋白质，分子量为 2000～300000，具有很强的延伸力，不溶于冷水、稀酸、稀碱溶液，具有良好的保水性和乳化性。

【制备方法】通常由鱼皮、猪皮、牛骨、鱼鳞中提取，提取方法有酸法提取、碱法、氧化法、酶法等。

【药理作用】①抗衰老：胶原蛋白可以进入皮肤深层，给予皮肤所必需的营养成分（氨基酸），使皮肤自身的胶原蛋白活性加强，减少自身胶原蛋白的流失，维持角质层水分含量和纤维结构的完整性，改善皮肤细胞生存环境，同时促进新陈代谢。许多胶原蛋白多肽与皮肤细胞的生长、分化、分裂、增殖和迁移有关，能提供给皮肤养分，延缓皮肤衰老。②保湿性：胶原蛋白中含有大量的甘氨酸、羟脯氨酸、羟赖氨酸等天然保湿因子，这些是保持皮肤水分的重要物质。胶原蛋白分子外侧存在大量的羟基和羧基等亲水基团，使胶原分子极易与水形成氢键，提高了皮肤的贮水能力，并且补充人体流失的胶原蛋白，使皮肤有着良好的亲和性。③修复性：胶原蛋白与皮肤中的胶原结构相似，所以具有优良的生物学特性，胶原蛋白能促进上皮细胞的增生修复，皮肤对胶原蛋白又有良好的吸收作用，因此可以补充皮肤所需的氨基酸，使受损老化的皮肤得到填充和修复。④亲和性：胶原蛋白的生物相容性好，与皮肤及头皮表面的蛋白质分子有较强的亲和力，可通过物理吸附与皮肤和头发结合，胶原蛋白分子能扩散到皮肤表皮和头发中，达到营养皮肤和滋润发质的作用。⑤配伍性：胶原蛋白在与其他化妆品成分混合时，可以起到调节 pH、稳定 pH 及乳化胶体等作用，同时，胶原蛋白作为一种功能性成分在化妆品中还可减轻各种酸、碱、表面活性剂等刺激性物质对皮肤和毛发的损害。⑥抗皱性：胶原蛋白与皮肤角质层结构的相似性决定了它与皮肤良好的相容性、良好亲和力和渗透性，能渗透入皮肤表皮层，被皮肤充分吸收，并在皮肤表面形成一层极薄的膜层，从而使皮肤丰满、皱纹舒展，同时提高皮肤密度，产生张力，具有抗皱作用。⑦美白性：胶原蛋白中的酪氨酸残基与皮肤中的酪氨酸竞争，与酪氨酸酶的活性中心结合，从而抑制酪氨酸酶催化皮肤中的酪氨酸转化为多巴，阻止皮肤中黑色素的形成，达到美白的作用。⑧抗辐射性能。

【毒性】胶原蛋白的急性经口毒性很低，对皮肤和眼睛无刺激，性质温和，可食用。

【用途】胶原蛋白作为一种常用的化妆品原料，近年来应用发展很快。它可以滋润肌肤，赋予其平滑感觉，对头发也有很好的调理作用。主要应用于抗衰老、保湿类、美白、修复、抗过敏类护肤品中。

10.6.3 尿囊素

尿囊素是一种无毒、无味、无刺激性、无过敏性的白色晶体，水中结晶为单棱柱体或无色结晶性粉末。

原料 尿囊素（Allantoin）

【中文别名】2,5-二氯代-4-咪唑烷基脲，1-脲基间二氮杂戊烷-2,4-二酮，5-尿基乙内酰胺，脲基海因，脲咪唑二酮

【缩写】BHA

【分子式和分子量】$C_4H_6N_4O_3$，158

【CAS 号】97-59-6

【性质】白色结晶粉末，熔点 226～240℃，溶于热水、热醇和稀氢氧化钠溶液，微溶于常温的水、丙三醇和丙二醇，微溶于乙醇和甲醇。尿囊素饱和水溶液（浓度为 0.6%）呈微酸性，pH 值为 5.5。在 pH 值为 4～9 的水溶液中稳定，在强碱性溶液中煮沸及日光曝晒下可分解。

【制备方法】尿囊素主要由合成法获得，常用的方法有尿酸高锰酸钾氧化法、草酸电解还原法、乙二醛电解氧化法、尿素二氯乙酸加热合成法、乙醛酸钙盐酸溶解法、乙二醛直接氧化法等。

【药理活性】尿囊素具有润肤和修复、保湿、角质软化、促进细胞再生等作用。

【用途】主要应用于抗过敏、抗衰老类护肤品中。推荐添加量 0.1%～0.5%。

10.6.4 玻色因

玻色因（Pro-Xylane），是一种具有抗衰老活性的木糖衍生物，常用于化妆品中。研究证明，玻色因可直接影响皮肤三层结构中的细胞外基质，影响糖胺聚糖（GAG）的分泌，促进皮肤中 GAG 的合成，改善真皮与表皮间的黏合度，促进受损组织的再生，帮助维持真皮的弹性，可有效地保持皮肤紧致细腻，延缓皮肤的衰老。

原料　玻色因（Pro-Xylane）

【中文别名】羟丙基四氢吡喃三醇

【分子式和分子量】$C_8H_{16}O_5$，192

【CAS 号】439685-79-7

【性质】水溶液为微黄色黏稠液体，溶于水。

【制备方法】①以木糖为原料，在碱性条件下，与乙酰丙酮缩合反应，经强酸性阳离子交换树脂酸化，再用硼氢化物对羰基还原获得。②以木糖为原料，在碳酸氢钠作用下，与乙酰丙酮进行缩合，再用重金属催化剂 Ru/C 对羰基还原获得。

【药理活性】玻色因可直接影响皮肤三层结构中的细胞外基质，影响糖胺聚糖的分泌，促进皮肤中糖胺聚糖、Ⅳ型胶原蛋白、Ⅶ型胶原蛋白的合成，改善真皮与表皮间的黏合度，促进受损组织的再生，帮助维持真皮的弹性，可有效地保持皮肤紧致细腻，延缓皮肤的衰老。玻色因易于生物降解，不会在生物体内积累，没有毒性。

【用途】主要应用于抗衰老面部尤其是眼部护肤品中。建议添加量为 2%～10%。

10.6.5 二裂酵母发酵产物溶孢物

原料　二裂酵母发酵产物溶孢物（Bifida Ferment Lysate）

【中文别名】双歧杆菌发酵液

【CAS 号】96507-89-0

【性质】水溶性。

【制备方法】双歧杆菌经培养、灭活及分解得到的代谢产物、细胞质片段、细胞壁组分及多糖复合体。

【药理活性】二裂酵母发酵产物溶孢物能促进紫外线照射后的 DNA 修复机制，保护皮肤不受紫外线损伤，预防表皮及真皮的光老化；二裂酵母发酵产物溶孢物能帮助生成维生素 B、氨基酸等有益小分子，加强角质层的代谢，捕获自由基，抑制脂质过氧化，具有美白、抗氧化、细致肌肤、维持肌肤稳定、修复皮肤屏障的功能；二裂酵母发酵产物溶孢物可增加氧气消耗，刺激细胞呼吸和增殖，增加胶原蛋白的生成。

【用途】主要应用于抗衰老、晒后修复护肤品中，常用于精华液中。

10.6.6　积雪草苷

原料　积雪草苷（Asiaticoside）

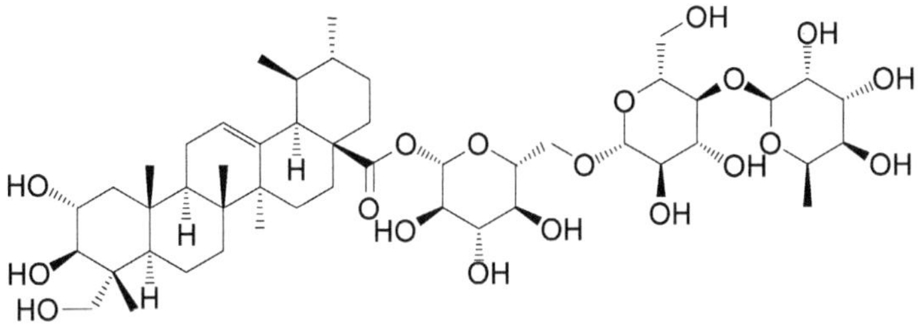

【分子式和分子量】$C_{48}H_{78}O_{19}$，959

【CAS 号】16830-15-2

【性质】白色或浅黄色粉末，无臭，味苦，熔点 235～238℃，易溶于水、乙醇，不溶于乙醚。

【制备方法】采用煎煮法、回流法、超声法、酶法等方法由积雪草中提取。

【药理活性】积雪草中的主要成分积雪草苷，在创伤愈合过程中能促进成纤维细胞增生和细胞外基质的合成，抑制瘢痕成纤维细胞的增殖，与磷脂类物质的聚合效果很好，对消除痤疮有较明显的作用；对葡萄苷醛酸酶有抑制作用，并具有抗菌性、抗氧化活性。

【用途】主要应用于抗衰老、修复类、去痤疮类护肤品中。

10.6.7　腺苷

原料　腺苷（Adenosine）

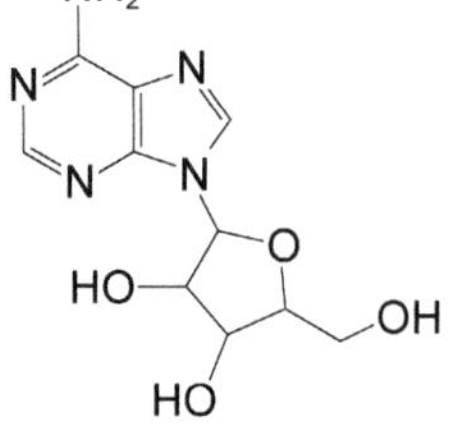

【中文别名】腺素苷，腺嘌呤核苷，9-β-D-呋喃核糖基腺嘌呤

【分子式和分子量】$C_{10}H_{13}N_5O_4$，267

【CAS 号】58-61-7

【性质】白色结晶，熔点 234～235℃，相对密度 1.338，微溶于水，溶于热水，几乎不溶于乙醇和二氯甲烷。

【制备方法】腺苷可通过三磷酸腺苷（ATP）分解制备。

【药理活性】细胞内 ATP 是主要的能源运输系统，并且和许多酶具有相互作用。大部分的 ATP 水解成二磷酸腺苷，二磷酸腺苷进一步脱去磷酸得到一磷酸腺苷，进一步脱去磷酸得到腺苷。在韩国化妆品法案中注册的抗皱原料中明确提到腺苷具有抗皱功能。腺苷可限制钙引起的细胞收缩，可能有益于"动态"皱纹的消除。

【毒性】LD_{50}，腹腔注射，小鼠，500mg/kg。

【用途】主要应用于抗衰老类护肤品中，常见于精华和肌底液，例如蔻新精华肌底液、赫莲娜悦活新生眼部修护精华乳中均有添加。

10.6.8　艾地苯醌

艾地苯醌是 1986 年由日本武田制药株式会社开发的一种用于治疗抗老年性痴呆、脑功能代谢及精神症状治疗的特效药，2005 年由瑞士 Santhera 制药公司和日本武田制药株式会社共同进行艾地苯醌的研发和销售，2007 年年上市。目前有大量的研究关注于改化学药物在老年痴呆、抑郁症等疾病中的应用。大量的研究显示该化学药有良好的抗衰老效果，因此目前也作为抗衰老化妆品原料被应用于护肤品配方中。

原料　艾地苯醌（Idebenone）

【中文别名】艾地苯

【缩写】IDB

【分子式和分子量】$C_{19}H_{30}O_5$，338

【CAS 号】58186-27-9

【性质】黄橙色或橙色的结晶或结晶性粉末，无臭，熔点 52～55℃，相对密度 1.080，极易溶于、甲醇和无水乙醇，易溶于乙酸乙酯，难溶于正己烷与水，是一种高度亲脂化合物。

【制备方法】①以 3,4,5-三甲氧基甲苯为母体经甲氧基水解，傅-克酰基化反应引入 10-乙酰氧基癸基或 9-烃氧基羰基壬酰基，后通过羰基还原和酯键还原，以及酚的氧化获得艾地苯醌。②以 10-羟基癸酸为原料经乙酰化、氯化得到药物中间体——10-乙酰氧基癸酰氯；以 10-乙酰氧基癸酰氯和 3,4,5-三甲氧基甲苯为原料，经过 Friedel-Crafts 反应、醇解反应、还原反应、氧化反应、醇解反应得到艾地苯醌。

【药理活性】①抗氧化：艾地苯醌结构上类似于辅酶 Q_{10}，其抗氧化活性大约是辅酶 Q_{10} 的 100 倍，在常见的几种抗氧化剂中具有较强的自由基清除能力，能有效抑制细胞膜脂质过氧化，对细胞膜具有一定的保护作用；②抑制炎症：艾地苯醌能显著降低马来酸二乙酯和过氧化氢诱导引起的成纤维细胞的凋亡程度，从而抑制炎症的发生并提高组织修复能力，减缓细胞老化进程；③抑制 DNA 损伤：艾地苯醌能显著降低 UVB 对 DNA 损伤；④抑制光损伤；⑤抑制黑色素生成：艾地苯醌可能通过作用于黑色素代谢途径的几个位点来实现抑制黑色素生成作用。

【毒性】LD$_{50}$，经口，大鼠，10000mg/kg。

【用途】主要应用于抗衰老类护肤品中。伊丽莎白雅顿的时空铂萃系列就是艾地苯系列抗衰老产品。

10.6.9　超氧化物歧化酶（SOD）

超氧化物歧化酶（SOD）最早是由 Keilin 从牛血中分离得到的一种含铜、锌、铁和锰的金属蛋白酶，是一系列酶的总称。超氧阴离子是生物体内主要的自由基，在多数情况下对机体有害，是导致衰老的原因之一。SOD 是一类重要的氧自由基清除酶，它能催化超氧化物阴离子发生歧化反应，从而消除超氧阴离子而起到抗衰老作用。SOD 具有明显的防晒效果，可有效防止皮肤受紫外线的辐射，减少氧自由基的损害，有明显的抗炎效果，对皮肤病有一定的改善作用，所以 SOD 是一种重要的护肤品添加剂。美国联邦食品管理局称其为"抗衰因子""美容娇子"。从大牌化妆品厂家到平价护肤品都在使用 SOD 这一组分，如法国的雅诗兰黛石榴水、日本的 SK-Ⅱ 神仙水，国产的大宝 SOD 蜜、百雀羚等。

原料　超氧化物歧化酶（Superoxide dismutase）

【中文别名】过氧化物歧化酶

【缩写】SOD

【CAS 号】9054-89-1

【性质】①含铜锌金属辅基（Cu/Zn-SOD），呈蓝绿色，分子量约为 32000；②含锰金属辅基（Mn-SOD），呈紫色，分子量约为 40000；③含铁金属辅基（Fe-SOD），呈黄褐色，分子量约为 38700。

【制备方法】①提取：从动物血或者植物中提取 SOD，植物来源的 SOD 为 Cu/Zn-SOD；②采用基因工程生产 SOD：通过提取人 SOD 基因，经 PCR 扩增、构建人 SOD 的 cDNA 文库，构建质粒，然后再经质粒转到受体细胞中，在受体细胞中得以大量表达；③酶法：由微生物菌种，如酵母株（Y-22、SIPI-215y、ZDF-48）、嗜热柄热菌（ATCC17634）、SOD 高产菌株（BIT-8701）等发酵生产 SOD。

【药理活性】①抗氧化：SOD 有多种抗氧化酶成分，它通过歧化反应可以有效阻止或减少对机体有害超氧阴离子自由基的反应，SOD 抗氧化能力是维生素 C 的 20 倍，维生素 E 的50 倍；②防晒作用：在电离辐射（特别是紫外线）的作用下，体内产生了过氧自由基，而SOD 是氧自由基的唯一清除剂，因此 SOD 具有抗辐射效果；③抗衰老作用：SOD 作为自由基清除剂，可稳定胶原蛋白和弹性蛋白，保持皮肤弹性，减缓紫外线辐射造成的皮肤衰老，阻断弹性蛋白酶的产生；④消炎作用：SOD 是消炎酶，有明显的消炎效果。

【用途】广泛应用于基础护肤、抗衰老类、祛斑、修护类等护肤品中。

10.6.10　辅酶 Q$_{10}$

辅酶 Q$_{10}$ 是体内具有重要作用的辅酶之一，又称泛醌，是存在于多种生物体内的天然的脂溶性类维生素物质。线粒体是主要含有辅酶 Q$_{10}$ 的主要载体，因此人体自身具有合成的能力。辅酶 Q$_{10}$ 广泛分布于各种动植物体内，尤其在鱼类、肉类和坚果中，其中以动物心脏中含量最高。辅酶 Q$_{10}$ 可单独使用或与维生素 E 结合使用，是一种很强的细胞自身合成的抗氧化剂。国外知名化妆品公司都推出含有辅酶 Q$_{10}$ 的护肤品，如优色林辅酶 Q$_{10}$ 柔安修纹紧致日霜、夜霜、眼霜，DHC 的辅酶 Q$_{10}$ 青春再生美肌乳液、水和面霜系列，兰皙欧的辅酶 Q$_{10}$ 修纹防晒隔离乳等。

原料 辅酶 Q₁₀（Coenzyme Q₁₀）

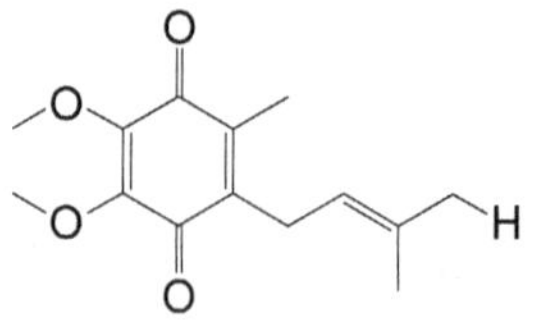

【中文别名】泛醌，泛癸利酮

【缩写】CoQ₁₀

【分子式和分子量】$C_{59}H_{90}O_4$，863

【CAS 号】303-98-0

【性质】黄色至橙黄色晶体粉末，熔点为 48～50℃，易溶解于橄榄油、维生素 E、甘油三酯、正己烷、石油醚等低极性溶剂，不溶于水和乙醇。光照、碱性条件下不稳定，对高温、酸性等相对稳定。

【制备方法】①提取法：是从动物心脏中提取，目前该方法已经被淘汰；②半合成法：从废烟叶中提取分离茄尼醇，以茄尼醇为合成原料生产辅酶 Q₁₀；③植物细胞培养法：采用烟草细胞的培养技术结构提取技术获得辅酶 Q₁₀；④微生物发酵法：通过假单胞菌菌株、热带假丝酵母、土壤杆菌属、类球红细菌、放射型根瘤菌等发酵得到辅酶 Q₁₀。

【药理活性】辅酶 Q₁₀ 可促进皮肤的上皮细胞呼吸链电子传递及产生 ATP，清除自由基，抑制皮肤脂质过氧化从而延缓皮肤的衰老。辅酶 Q₁₀ 滋养及活化皮肤的效果优于维生素 E、维生素 B。随着年龄的增加，体内辅酶 Q₁₀ 的减少会导致皮肤衰老，形成色斑与皱纹，因此越来越多的化妆品中开始添加辅酶 Q₁₀，尤其是眼部抗衰老化妆品。

【用途】广泛应用于抗衰老类、祛斑类等护肤品中。

第**11**章 天然提取物

天然化妆品在我国有着悠久的历史。早在远古时代，我国就有着长期使用中药材的宝贵经验。随着医学、药理学、药剂学的不断发展，历史上逐步形成了以植物草药为主的皮肤疾病治疗、皮肤保健和美容的经验，有些甚至一直被沿用至今。现今的化妆品在追求功效的同时更多倡导绿色、天然、环保和安全，因此在化妆品中常见天然提取物作为添加剂。

应用精细化工生产技术从天然动植物中提取有效成分，并将其应用到化妆品中，既可以起到保湿、护肤、润肤、防晒、祛痘等功效，又具有天然、环保、无害的特点，同时也具有良好的经济效益和环境效益。随着人们对于天然化妆品的需求量不断增加，对于化妆品的质量效果方面也具有更高的要求，因而所应用的天然提取物种类也更加丰富。当前，以发达国家为先锋，形成了热衷于使用天然材料的世界性潮流，天然化妆品也正是在当前极其有利的市场形势下迅速发展起来的。被采用的天然中药和动物材料不断增多，新产品层出不穷，销售额每年都有较大幅度的增长。目前，天然化妆品在整个化妆品中的比例已达到40%以上。

11.1 天然提取物的功效

11.1.1 改善皮肤外观

（1）美白祛斑

美白化妆品的研制一直是国内外化妆品科研机构开发人员关注的重点。早期用于美白化妆品中的美白活性成分有汞类化合物、类激素和氢醌等，尽管其作用迅速，美白效果明显，但这些化合物存在易在体内沉积、毒性大、刺激性等安全风险。现在广泛使用的美白剂如曲酸、维生素 C 及其衍生物等又具有存在安全隐患、稳定性不佳或功效显现缓慢等缺点。而以天然提取物作为美白产品添加剂，具有安全、温和、持久、高效等优点，因其毒副作用小，安全性高，经济有效，倍受青睐，已成为美白化妆品行业的一个发展趋势。

天然来源的美白剂可结合多成分、多靶点与多功效的优势，通过促进血液循环改善肤色、减少黑色素含量、抗氧化、抑制黑素细胞的增殖等途径达到美白祛斑的效果（表 11-1），目前大多数美白化妆品的作用机制是以酪氨酸酶为作用靶点。

表 11-1 美白化妆品中常用的天然提取物

天然提取物（美白活性成分）	美白机制	应用
芦荟（芦荟苦素）	抑制酪氨酸酶活性	芦荟美白乳液，洁面乳
当归、红花、桃仁	活血，可治疗黄褐斑	美白霜、美白面膜
人参（熊果苷）	抑制黑色素的还原性能	美白霜
白芷、白鲜皮、白蔹	抑制酪氨酸酶活性	中药美白霜
盐角草（水提物）	抑制酪氨酸酶活性，抗氧化	保湿乳

天然提取物（美白活性成分）	美白机制	应用
白芷、白术、白及、白附子	活血	美白面膜
红花（红花黄色素）（红花黄酮）	竞争性抑制酪氨酸酶活性	美白祛斑霜、面膜
槐花（总黄酮）	竞争性抑制酪氨酸酶活性	美白精油、面膜
丁香（丁香酚）	抑制酪氨酸酶活性	美白面膜
金银花	抗氧化和抑制酪氨酸酶	美白乳液、美白化妆水、美白面膜
番红花	抑制酪氨酸酶活性	美白精华、美白面膜
旋覆花（绿原酸、芦丁、槲皮素、木犀草素和山柰酚）	抗氧化和抑制酪氨酸酶活性	美白面膜
玉米须	抑制酪氨酸酶活性	美白面膜
辛夷	抑制黑色素细胞增殖	美白面膜、祛斑霜
莲花	抑制酪氨酸酶活性	美白面膜、美白化妆水
当归	抑制酪氨酸酶活性	祛斑霜、增白蜜
乌梅、柠檬（有机酸）	使皮肤角质层有轻微剥脱作用	美白面膜
川芎（川芎嗪）	抑制黑素细胞增殖、酪氨酸酶活性	祛斑霜
人参皂苷、白茯苓	清除多余超氧自由基，减少黑素形成	祛斑霜
甘草（甘草酸）、当归（阿魏酸）、槐米	甘草和当归对酪氨酸酶有抑制作用；槐米抗氧化	护肤霜
薰衣草	治疗痤疮，抑制酪氨酸酶活性	美白精油
薄荷、艾叶、黄荆、柠檬草、高良姜、姜黄、生姜、柚子、罗勒	抑制酪氨酸酶活性	美白精油
柑橘属植物精油（柠檬醛和月桂烯）、佛手挥发油	抑制酪氨酸酶活性	美白精油
薏苡仁、珍珠、赤芍、赤小豆、牵牛子、绿豆、冰片	活血化瘀	中药面膜
白蔹	强烈地抑制黑色素细胞增殖	美白霜
虎杖（虎杖苷）	可减少黑色素的含量	祛斑霜
锁阳	抑制酪氨酸酶活性	护肤乳、眼霜
桑（桑叶、桑葚、桑白皮和桑枝）（黄酮类）	抑制酪氨酸酶活性	祛斑霜、护肤乳
沙棘	治疗黄褐斑	祛斑霜
银杏（银杏叶提取物）	抑制黑色素生长	洁面霜
茶（茶多酚）	抑制酪氨酸酶和过氧化氢酶的活性	美白面膜、祛斑霜、护肤乳
牡丹花	阻止酪氨酸羟化以及多巴氧化，减少黑色素的生成	美白面膜
益母草	抑制酪氨酸酶活性和B-16黑素瘤细胞的增殖	美白祛斑霜
青果	使深色氧化型色素还原成浅色还原型色素，抑制黑色素，治疗黄褐斑等色素沉着	保湿面霜
月见草（种子提取物）	抑制酪氨酸酶活性	中药祛斑霜
黄芩（黄芩苷）	抑制酪氨酸酶活性	滋养面霜、护肤乳、精华液
石榴（石榴多酚和花青素）	酪氨酸酶抑制剂	护肤霜、精华液等
灵芝	美白抗皱	灵芝霜

（2）防晒

目前市面上的防晒产品多为物理紫外屏蔽剂、化学紫外吸收剂，物理防晒剂会在皮肤表面沉积成厚的白色层，影响皮脂腺和汗腺的分泌。化学合成防晒剂因光稳定性差，易氧化变质，引起皮肤过敏的现象近年频频发生。此外不管是物理防晒剂还是化学防晒剂的大量使用都对生态环境尤其是水体生态环境造成了巨大的压力。

天然来源的防晒成分具有温和、副作用小、具有广谱防晒功效等特点，受到人们的青睐。研究发现芦荟、槐米、丁香、苦丁茶等许多植物都含有防晒成分，其中包括醌类、苯丙素类、黄酮类、萜类、三萜类等。我国目前已将黄芩、芦荟、甘草、紫草、桂皮、沙棘、白芝等应用到防晒产品中，这些成分可以吸收紫外线、防止氧自由基的形成，同时能够防止皮肤免疫系统和角质细胞的衰退，具有修复皮肤、延缓衰老的功效（表 11-2）。

表 11-2　防晒类化妆品中常用天然提取物

名称	成分	应用现状
芦荟	芦荟苷	芦荟防晒保湿护肤膏，芦荟凝胶
黄芩	黄芩苷	黄芩苷美白霜，黄芩苷抗粉刺啫喱霜，黄芩苷防晒乳
肉苁蓉	苯乙醇总苷可能是其防晒的主要成分	肉苁蓉美白防晒霜
黄蜀葵花	提取物	黄蜀葵祛痘美白溶液
沙棘叶、金银花	提取物	金银花可做天然防晒霜
槐米	芦丁	芦丁防晒乳液
薏苡仁	薏苡仁油	草本防晒霜
核桃	提取物	核桃油护肤霜
番红花	提取物	番红花乳液
桃花	桃花提取物	治疗 UVB 诱导的红斑形成
茶	茶多酚	防晒剂
甘草、当归和芦荟	甘草酸和阿魏酸	甘草-当归-芦荟防晒霜
茴香	酯类	茴香面霜
三七	三七皂苷	洁面霜

11.1.2　调理皮肤状态

（1）抗衰老

根据衰老学说，天然提取物的抗衰机制（表 11-3）主要有以下几点：①通过提取物中的抗氧化组分，减少皮肤的自由基损伤，来调节皮肤免疫和提高自我保护作用；②通过抑制 MMP 表达，或促进组织型抑制剂（TIMP）表达来维持真皮层的结构；③防晒组分可有效防止紫外线对皮肤的伤害。由于天然物种中组分较为复杂，往往能够多靶点协同作用起到抗衰老的效果，因此备受市场欢迎。此外，以天然提取物为原料的抗衰老化妆品相比化学抗衰老成分而言，具有安全、温和、高效、持久等优点，因此越来越多地被应用于化妆品中。

表 11-3　抗衰老化妆品常用天然提取物

名称	成分	作用机制
番红花	番红花素、番红花醛	对 DPPH 自由基有较高的清除能力，可使 MDA 生成减少，具有抗氧化功能
红花	红花黄色素、红花色素等	对 ·OH、O_2· 等自由基有较好的清除作用
槐花	芦丁以及槲皮素等类黄酮	清除 DPPH 自由基、·OH、O_2· 等
人参花	人参皂苷、人参皂苷 Rb_1、人参皂苷 Rd	清除自由基，抑制 MMP-1 和 MMP-3 的表达
月季花	提取物、黄色素	清除 DPPH 自由基、·OH，O_2·

名称	成分	作用机制
野菊花	提取物	清除·OH、O₂·、DPPH 自由基
玉米须	黄酮、玉米素	清除·OH、O₂·、DPPH 自由基，抑制 MMP-1 的表达
梅花	提取物	清除 O₂·、DPPH 自由基
密蒙花	总黄酮	清除溶液 ABTS⁺、·OH、O₂·、DPPH 自由基
凌霄花	提取物	清除 O₂·、DPPH 自由基
扶桑花	提取物	清除 DPPH 自由基
合欢花	总黄酮	清除·OH
款冬花	提取物	抑制 MMP-1 的表达
金银花	水提物	清除·OH、O₂·
姜黄	提取物	清除自由基
牡丹花	水提液	清除·OH
青果	酚类（包括 4-异丙儿茶酚和 4-羟基苯甲醚）和黄酮提取物	超氧化物歧化酶清除超氧自由基（O₂·）
丹参	丹参酮	清除自由基

注：DPPH 即 1,1-二苯基-2-三硝基苯肼。

（2）保湿

天然来源的保湿化妆品既满足了消费者低度安全的需求，同时还可提供美容保湿营养的功效。天然提取物其防止水分流失方面的机制主要有：①天然多酚羟基物质中的羟基能够与水以氢键形式结合，形成锁水膜，防止皮肤水分的流失；②其中的神经酰胺成分，能够渗透进入皮肤和角质层中与水结合，修复因脂质缺乏所致的皮肤天然屏障，从而提高皮肤的保水能力；③天然提取物中的有效成分可促进水通道蛋白 AQP3 的表达，提高水分子跨膜通透性；④天然提取物能够抑制透明质酸酶活性，减少皮肤保湿剂——HA 的降解，提高皮肤保湿效果，例如紫苏、杏汁、紫草及千屈菜等提取物均含有良好的透明质酸酶抑制剂。常用具保湿作用的提取物及其在化妆品中的应用见表 11-4。

表 11-4 化妆品中常用的天然保湿成分

名称	活性成分	应用现状
白及	白及多糖	防冻润肤霜
竹茹	竹子精华素	润肤霜
筋骨草	提取物	润肤霜
百合	提取物	洁肤乳、保湿面膜、百合高保湿修护霜、保湿水
紫苏	紫苏黄酮	紫苏叶控油细肤水
千屈菜	单宁酸	护肤霜
竹子	竹叶黄酮	护肤霜
芦荟	多糖、氨基酸、有机酸	肥皂、护肤霜
甘草	提取物	面膜
莴苣	提取物	保湿剂

11.1.3　毛发用化妆品

发用化妆品中添加天然有效成分（主要为中药提取物），可起到使头发柔软、提供给头发营养、防止头发脱落和促进头发生长等作用。其中具有生发乌发作用的中药多为解表药，其次为清热药、补益药和活血药，还有一些是收涩药。前两类药通过祛邪、补益、活血以促进毛发的正常生长。收涩药多富含鞣质和有机酸，与美发方剂中含的铁、铜等元素合用，主要起染发作用。何首乌、五味子、黑芝麻、侧柏叶、人参、墨旱莲等具有很好的养发护发防脱的功效（表 11-5）。

表 11-5　发用化妆品常用天然提取物

名称	主要成分	营养头发类型
何首乌	大黄酚、大黄素、大黄酸、大黄素甲醚、脂肪油、淀粉、糖类、苷类和卵磷脂等	乌发、润发
人参、川芎	提取物	润发、营养、防脱发、去屑
旱莲草	皂苷、鞣质、维生素 A、萜类	促进毛发生长、乌发
皂角	皂角苷、酚类和氨基酸	防脱发、乌发
南五味子	挥发油、有机酸、蛋白质、萜类等	乌发
女贞子	有机酸、苷类、黄酮类、多糖类、脂肪油以及多种微量元素	防脱发、乌发和护发
芦荟	蒽醌苷	去头屑
白蔹	提取物	防性激素旺盛而导致的脱发，促进头发生长
生姜	乙醚提取物	去头屑
薄荷	提取物	治疗头屑、头癣、头痒和油脂过多
鼠尾草	提取物	脂溢性脱发、去油
菊花	提取物	养发护发
辣椒	辣椒红色素	染发
枸杞	提取物	防治脱发、乌发亮发、护发
月见草	γ-亚油酸与烟酸衍生物	营养发根毛囊，刺激生发
沙棘	沙棘油	提供营养，保护皮肤和头皮
花粉	破壁花粉的提取成分	增强毛发弹性和光泽
甘草	氯仿等萃取物	育发生发
当归	维生素 A、维生素 B_{12}、棕榈酸、油酸等	使柔软、滑爽，防脱发

11.1.4　其他功能

（1）乳化作用

乳化剂是化妆品的重要辅助原料，具乳化作用的提取物多含皂苷、树胶、蛋白质、胆固醇、卵磷脂、明胶等。

（2）透皮吸收促进剂

皮肤表面化妆品营养成分过剩，是造成"皮肤氧化"的重要原因之一，同时，如果化妆品的营养成分不能被皮肤完全吸收，那么它就会成为寄生细菌生长繁殖的温床，而细菌的滋生则可能导致感染，因此在化妆品中需要加入帮助透皮吸收的组分。目前常用的透皮吸收促进剂主要有化学合成透皮促进剂和天然透皮促进剂两大类。化学合成促进剂有月桂氮卓酮等，其毒性大，长时间会对皮肤造成伤害，而选择相对安全的天然促进剂是目前的研究热点。薄荷油、桉油、丁香油、蛇床子油、当归挥发油、川芎挥发油等天然提取物是常用的透皮吸收促进剂，该类物质具有促渗作用强、不良反应小、起效快等特点。

（3）香料

天然香料是指以自然界存在的动植物的芳香部位为原料，采用粉碎、冷磨、压榨、发酵、蒸馏、萃取以及吸附等物理和生物化学方法进行提取加工而成的原态香材天然香料。天然香料分为两大类，包括动物性天然香料和植物性天然香料，具有使化妆品清新自然、气味芬芳和抑菌杀菌等多种功能，在膏霜类、乳化体类、油蜡类、粉类、香水类和液体洗涤剂类等系列化妆品中被广泛应用。动物香料常用的有麝香、龙涎香、灵猫香、海狸香和麝香鼠香等，价格高，一般作定香剂使用。植物性香料由植物的花、果、叶、茎、根、籽、皮或者树木的木质茎、叶、树根和树皮中提取的易挥发芳香组分的混合物。常见应用于化妆品的植物性香料见表 11-6，关于天然香料的具体情况在第 5 章有相关介绍。

表 11-6　化妆品中常用植物性香料

来源	香料名称	应用
花类	玫瑰、薰衣草、茉莉、紫罗兰精油	洗发香波、润肤露、沐浴皂
草类	挥发油	香精、熏香剂和香水
叶类	苦橙叶、香叶、芳樟叶、薄荷、迷迭香	睡眠眼膜，喷雾，面霜，乳液，爽肤水，香水、香粉、膏霜和香皂香精
果实类	甜橙、红橘、柑、苦橙、葡萄柚、柠檬以及香柠檬	柠檬草精油、柠檬水、柠檬精油皂手工皂、柠檬美白洁面膏

（4）抗菌防腐剂

化妆品中常用的防腐剂有尼泊金酯类、咪唑烷基脲、异噻唑啉酮、金刚烷氯化物、苯甲酸及其衍生物、醇类及其衍生物类等，在本书的第 6 章有详细的介绍。这些合成防腐剂存在安全性问题，寻找安全高效的天然防腐剂已成为化妆品研究的热点。常见可应用于化妆品的天然抗菌防腐剂见表 11-7。

表 11-7　化妆品中常用天然抗菌防腐剂

名称	主要成分	防治作用
益母草	生物碱	杀灭和抑制各种细菌、真菌
黄芩	黄芩苷元、黄芩苷、汉黄芩素、汉黄芩苷、黄芩新素	抗变态、抑制瘙痒症状、广谱抗菌性
芍药	芍药苷、苯甲酸	抗菌、消炎
芦荟	黏液类	慢性过敏、消除粉刺
白花蛇舌草	黄酮类、蒽醌类、有机酸和苷萜类化合物	抗菌
人参	人参皂苷	抑菌、抗炎
甘草	甘草皂苷、甘草次酸及多种氨基酸	对金黄色葡萄球菌等有抗菌作用，抗炎、抗过敏
金缕梅	金缕梅单宁、咖啡酸和黄酮类衍生物	防止粉刺、黑头的产生，抗过敏
花椒	挥发油、生物碱、黄酮类、香豆素等	抑制腐败菌及致病菌，防腐剂
月见草	月见草油	抗结核分枝杆菌
枳实提取物	橙皮苷等苷类、川陈皮素、柠檬烯、酸橙素、柠檬苦素等	抗过敏、抗菌
石榴提取物	多酚类物质	广谱抑菌
积雪草提取物	积雪草酸、羟基积雪草酸	减轻炎症反应、增加皮肤的水合度、舒缓皮肤
洋甘菊提取物	类黄酮类物质	消炎、抗氧化、改善敏感度、滋润、修复受损细胞

续表

名称	主要成分	防治作用
马齿苋	氨基酸	舒缓皮肤、抑制干燥性瘙痒
薰衣草精油	萜类化合物	可促进细胞再生，可抑制细菌、减少疤痕、治灼伤
假马齿苋提取物	皂苷	治愈炎症
金银花	水提物、水溶性多糖	清热去火、消炎止痛

11.1.5 添加天然提取物的化妆品及其功效举例

目前市面上多数护肤类化妆品中均有天然动植物提取物（表 11-8）成分的添加，有些产品中甚至加入了 3 种以上的天然动植物提取物。据统计，海藻提取物、芦荟提取物、大豆提取物及各种中药提取物是比较常见的功能添加剂，这类物质普遍具有保湿、美白、抗炎等多重功效。需要注意的是，天然动植物提取物都具有特殊的化学性质，因此在化妆品配方设计时不但要严格考虑添加剂量、添加温度，而且在加入多种天然提取物时，还需注意其配伍性。

表 11-8 市场上添加天然提取物的高低档化妆品及其功效举例

化妆品	添加的天然提取物	主要作用
LAMER 海蓝之谜凝霜	酸橙茶精华	抗氧化，帮助肌肤抵御外界侵害
LAMER 海蓝之谜醒肤水	海藻精华	保湿、抗炎、平衡油脂分泌
嘉贝诗晶莹水润保湿霜	石榴提取物、蔓越莓提取物	补水保湿，改善皮下微循环，减少皮肤返红现象；促进皮肤细胞更新，保护皮肤免受外界侵害
Decleor 美白莹亮日霜	虎耳草、葡萄汁和并头草根的精华	能阻止黑色素的产生，淡化黑斑和瑕疵，预防新的黑斑形成，同时具有保湿、使肌肤柔软和促进胶原蛋白合成的作用，可减少皱纹和细纹
Elizabeth Arden 丝亮白防护隔离霜	桑椹树萃取物	能舒缓并强化肌肤防御力，减少与预防新的黑斑
羽西当归透白莹润精华液	牡丹根提取物、枣果提取物、野大豆油	保湿，抗氧化，延缓和防止皮肤老化
兰芝水库凝肌精华露	大豆、蓝莓、蜂蜜等萃取物	软化角质层，提高肌肤水分存储能力，恢复皮肤弹性和柔润性
兰蔻温热式海藻精华面膜	海藻提取物	刺激胶原蛋白合成
雅诗兰黛 Minimizing Skin Refinisher	栗子提取物、酵母提取物、桑椹提取物、黄芩成分	促进配方中氨基葡糖胺护肤发挥功效，调整皮肤类质氧化，进一步缩小可见肌肤毛孔
雅诗兰黛柔丝焕采洁面乳	西番莲、火绒草等植物萃取精华	保湿，抑菌消炎
The Face Shop 金盏花收缩毛孔乳	金盏花精华、牛蒡精华	可以调理脸部的油脂分泌，收敛肌肤，亦有改善肌肤敏感现象的作用，帮助痘痘肌修复
欧莱雅 Collagen Skin Re-Modeller	来自苜蓿的天然提取物的生物球体	活性胶原蛋白包含在生物球体中，这种生物球体富含氨基酸、维生素、矿物质、痕量元素和蛋白质成分，在遇水后体积可以涨大至原有体积的 9 倍，从而有助于达到使松软肌肤变得丰满的功效
欧莱雅细肤毛孔紧致收缩水	海藻精华	配合水杨酸，能迅速收缩毛孔，同时具有保湿功效
佰草集清爽化妆水	金银花浸膏、黄芩提取液	金银花浸膏的功效性成分绿原酸、黄芩提取液的功效性成分黄芩苷和苷元，对面部有很好杀菌作用，同时增强毛孔通透性
FANCL 毛孔深层洁净面膜	珊瑚粉末、无患子精华、绿茶精华、大豆精华、天然氨基酸、HA	美白、保湿

化妆品	添加的天然提取物	主要作用
露得清毛孔细致修护面膜	西洋杉、金缕梅提取物	平衡油脂分泌、消炎、收敛皮肤
高丝清肌晶	陈皮、当归、母菊、薏仁提取物	角质柔软，美白，消炎，保湿
美体小铺茶树洁面摩丝	纯天然茶树精油	抗菌、消炎
婵真银杏泡沫洗面奶	银杏叶萃取精华、榆树皮萃取精华、柿子叶萃取精华	改善血液循环、保湿、美白
昭贵凝胶汁	芦荟汁	保湿、消炎、美白
屈臣氏生姜修护焗油膏	生姜提取液、水解小麦蛋白	修复鳞片、增加头发营养

11.2 植物提取物

植物提取物是以植物为原料，按照最终产品用途的需要，经过物理化学提取分离过程，定向获取和浓集植物中的某一种或多种有效成分，而不改变其有效成分结构而形成的产品。目前，植物提取物的产品概念比较宽泛，按照提取植物的成分不同，分为苷、酸、多酚、多糖、萜类、黄酮、生物碱等；按照最终产品的性状不同，可分为植物油、浸膏、粉、晶状体等。我国的植物提取物总体上是属于中间体的产品，目前的用途非常广泛，主要用于药品、保健食品、烟草、化妆品的原料或辅料等。用于提取的原料植物的种类也非常多，目前进入工业提取的植物品种在300种以上。

植物提取物在概念的外延上包括中药提取物。中药提取物是融合现代制药新技术的新型中药产品，其本质上仍是中药，但也有很大一部分可用于药物以外的化妆品和保健食品等领域。在国内，植物提取物的主要对象是中药，因此国内的植物提取物某种程度上也可以称为中药提取物。

我国的植物提取物来源于中药行业，总体发展时间相对较晚。20世纪70年代，一些中药工厂开始使用机械设备提取活性成分，但是只是作为生产的一部分，植物提取物尚未大规模生产。直到20世纪90年代，国际上回归自然的风潮兴起，人们开始趋向于使用天然植物类的产品，在此期间，我国对外贸易兴起，我国植物提取行业渐入佳境。到了21世纪，随着更先进的提取方法如酶法提取、超声、超临界萃取、膜分离技术、微波萃取技术等的应用，提取物的得率得到了极大的提升，我国的植物提取行业进入黄金发展期，植物提取物的产能和出口量每年都稳定快速增长，植物提取物在中药出口的占比也提升很多。

11.2.1 芦荟提取物

芦荟（Aloe）是百合科芦荟属肉质草本植物，原产于非洲干燥沙漠地带，现今广泛分布于热带及亚热带地区。芦荟品种繁多，可按其用途分为观赏芦荟、食用芦荟及药用芦荟。其中，美国库拉索芦荟被认为是品质最优的芦荟之一，其叶大而肥厚。日本木立芦荟，叶片小而薄，被日本民间广泛采用做草药及保健食品。中华芦荟，是我国特有的品种，根据其外形又称为斑纹芦荟，该品种的芦荟具有生长速度快、繁殖力强、生物活性成分含量较高的优势，是一种极具开发潜力的芦荟品种。芦荟中含有70多种对人体有益的物质，具有催泻、健胃、通便、消炎、抗菌、抗癌等药理作用，因此又被称为"多备良药""天然美容师""植物医生"等。随着现代科学对芦荟的逐步认识和不断研究开发，"芦荟热"已经在全世界兴起。目前芦荟已广泛应用于制药、保健食品、化妆品、染料、冶金、农药、畜牧等工农业各个领域，是一种很有应用前景的经济植物。

原料　芦荟提取物（Aloe vera extract）

【化学成分或有效成分】①蒽醌类：蒽醌类化合物主要存在于芦荟叶片浸出液中，是芦荟主要活性成分之一，主要包括芦荟素、芦荟大黄素、芦荟大黄酚、芦荟大黄酸、芦荟咪酊、芦荟大黄苷等 20 多种成分；②多糖类：芦荟多糖是芦荟凝胶干燥后形成的糖类，一般是由葡萄糖、甘露糖、木糖、果糖等组成的一类大分子化合物；③氨基酸类：芦荟叶片中蛋白质含量占总干重的 9.5%，经水解后可以产生 19 种氨基酸，且包含 8 种人体必需氨基酸；④有机酸类：芦荟的根、茎、叶中含有较丰富的有机酸成分，主要包括柠檬酸、苹果酸、辛酸、酒石酸、丁二酸、硬脂酸、棕榈酸、月桂酸等。其中，柠檬酸主要以钙盐的形式存在于芦荟叶肉凝胶中，而十二烷酸、十三烷酸、十五烷酸、十七烷酸等有机酸大多与钾、钙等离子结合形成盐类存在；⑤维生素和甾族化合物类：芦荟外皮组织上含有丰富的维生素成分，主要包括维生素 A、维生素 B_1、维生素 B_2、维生素 B_6、维生素 B_{12}、维生素 C、维生素 E 等，还含有胆甾醇、β-谷甾醇等甾族化合物。

【性质】无色透明或褐色的略带黏性的液体，干燥后为黄色精细粉末。没有气味或稍有特异气味，具有很强的补水性能。

【提取来源】百合科植物库拉索芦荟、好望角芦荟或斑纹芦荟叶提取获得。

【制备方法】将芦荟果肉丁与提取液（尿素和氯化胆碱）混合，进行微波加热提取，得混合液，将混合液过滤后取滤液，浓缩干燥后即得芦荟提取物。

【药理作用】①芦荟中含有的维生素具有促进上皮细胞的合成，增加皮肤细胞新陈代谢速度，防止细胞氧化和衰老的作用；②芦荟中的木质素具有强烈的渗透作用，能帮助其他营养物质渗透到皮肤细胞内，增强细胞的吸收能力；③大黄素和芦荟素具有抗氧化作用，可清除体内过剩的自由基；④芦荟多糖与氨基酸是天然保湿剂，能够防止皮肤水分丢失和面部皱纹生成，保持皮肤光滑有弹性；⑤芦荟还能预防动脉粥样硬化，改善机体、皮肤的血流供应和微循环。

【用途】芦荟具有皮肤收敛、柔软化、保湿、消炎、美白、改善伤痕、预防脱发、预防皱纹等功效。可用于各类清洁产品、护肤品及功能性化妆品中，如芦荟洗面奶、浴液、香波、乳液、膏霜、芦荟凝胶、化妆水、面膜、防晒美白及抗衰老产品等。

11.2.2　人参提取物

人参是我国名贵的中药材之一，自古就受到人们的广泛重视，有大补元气、补脾益肺、生津安神益智之功效，我国是人参的最大生产地，以吉林省的长白山区产量最多，栽培面积最大。人参化学成分复杂，生物活性广泛，药理作用独特，具有很高的应用价值，是高级天然化妆品配方设计中较为常用的天然组分，其应用于美容护肤历史悠久。作为中国传统的美容护肤佳品，其美白抗皱延缓衰老功效得到一致认可，并从 20 世纪 80 年代开始应用于化妆品中。

原料　人参提取物（Ginseng extract）

【化学成分或有效成分】①人参皂苷：人参皂苷是一类连接有糖链的三萜类皂苷，是人参中最重要的一种有效成分，其种类与含量决定了提取物的质量；②人参多糖：人参中的总多糖含量大约为 5%，根据其单糖组成的种类和数量的差异，可分为中性糖和酸性果胶两大类，中性糖主要包括淀粉样葡聚糖，占人参多糖的绝大部分（约为 80%），剩下的基本为酸性果胶，主要由杂多糖组成，结构比较复杂；③人参挥发油：人参所具有的特异香气主要来源于其中的挥发油成分，但是挥发油的含量很低，大约为 0.1%～0.5%，挥发油中含量最多的是倍半萜类物质，占总挥发油的 40% 左右，除此外还有醇类、酮类、醛类等多种化学成分；④氨基酸、多肽及蛋白质：人参的根与叶中均含多种具有化学活性的氨基酸、多肽和蛋白质，在从根提取的 15 种氨基酸中，必需氨基酸的比例较大，最多的是精氨酸，其次是谷氨酸；⑤微量元素：人参中的 Ca^{2+}、Mg^{2+}、K^+ 等各种无机元素成分的含量较高，同时还含有对机体有重要作用的锗元素等；⑥其他：人参中还具有乙酸、丙二酸等低分子量有机酸，以及酒石酸、马来酸等其他种类的有机酸，此外，人参还含有具有较高活性的其他脂溶性成分比如亚油酸、甾醇、聚炔类等化合物。

【性质】类白色或淡黄色精细粉末，可溶于热水，易溶于乙醇。

【提取来源】五加科植物人参的干燥根。

【制备方法】①将人参粉碎成粉末，对人参粉末进行蒸馏后除去馏出液，收集固相残渣得到人参粉末残渣；②用浓度不小于 80% 的乙醇对粉末残渣进行提取，收集液相，浓缩除去溶剂即得人参提取物。

【药理作用】①抗皮肤内源性生理衰老：人参皂苷可提高皮肤自由基清除能力，减少自由基积累，同时，人参具有促进角质降解和延缓表皮细胞老化作用，可促进细胞（特别是生发层细胞）的分裂增殖，促进细胞及细胞器的增大与增殖，使成纤维细胞增多，促进胶原纤维代谢和更替；②抗皮肤外源性环境衰老：人参皂苷能减轻紫外线对正常细胞的破坏，减少细胞凋亡，促进新细胞的生成，可显著增强紫外线辐射后细胞的活力，减少核浓缩、核小体的形成及细胞凋亡的发生，加速环丁烷嘧啶二聚体（细胞 DNA 损伤产物）的清除；③美白：人参中熊果苷是酪氨酸酶抑制剂，人参中的多种皂苷也具有抑制酪氨酸酶的作用；④育发：人参中含与雌激素有关的植物激素，这些物质可扩充头部毛细血管，改善头发的营养状况，提高头发的抗拉强度和延伸性，增加头发的韧性，人参还可减少生长期毛囊角质形成细胞凋亡和退行性变，对毛囊间充质干细胞具有促增殖作用，能够促进毛囊生长，延长毛发生长期；⑤抑菌：人参提取液对皮炎、真菌感染具有较好的治疗效果，可用于治疗脂溢性皮炎、类固醇皮炎、激素过敏性皮炎及其他面部皮炎。

【用途】常用于膏霜、面膜、护肤液、沐浴露以及剃须用化妆品中，可以配制成祛斑、减少皱纹、活化皮肤细胞、增强皮肤弹性的化妆品。同时，在洗发水、焗油膏等护发产品配方中加入人参提取液等。

11.2.3 当归提取物

当归是一种有补气活血功能的中药，内服有治疗贫血、妇女病、血虚、肠燥及便秘、跌打损伤、痈疽及疮疡等作用。外用，有防治雀斑、老年斑、皮肤粗糙和消炎功能。

原料 当归提取物（Angelica extract）

【化学成分或有效成分】当归提取物的有效成分很多，水溶性的有阿魏酸、丁二酸、烟酸、尿嘧啶、腺嘌呤等成分；当归提取物还含有 6.5% 的氨基酸，其中约一半为精氨酸；当归提取物中挥发油含量约为 0.3%～0.4%，组分为正丁烯基苯肽和藁本内酯；当归提取物中含有维生素 A、维生素 B_{12}、维生素 E 等维生素。此外，当归还含有钾、钠、钙、镁、锌、硒等 23 种无机盐。

【性质】棕色或黄棕色粉末，易溶于水。

【提取来源】伞形科植物当归的干燥根。

【制备方法】①取当归粗粉或中粉，用乙醇水溶液提取后，浓缩提取液，干燥，得当归粗提物；②用石油醚溶解粗提物后过滤，滤液用石油醚从硅胶柱中洗脱后浓缩得当归提取物。

【药理作用】①美白和抗衰老：阿魏酸是当归中较为重要的抗氧化物质，对自由基阻滞所致的面色晦暗或不华，有良好的效果；②防脱发和白发：能够扩张头皮毛细血管、促进血液循环，并含有丰富的微量元素，能防止脱发和白发，保持头发乌黑并具有光泽；③调整皮肤天然分泌物的功能：鲜当归汁制成的护肤品会与生理皮肤分泌物紧密融合，形成的"人工皮脂膜"，可完全代替天然"皮脂膜"的生理功能，还可同时滋养皮肤；④保持皮肤清洁，防止皮肤粗糙和皲裂：鲜当归的挥发成分，具有调整皮肤免疫功能、改善皮肤微循环、活血化瘀等多重功效，能使皮肤保持柔软润泽的状态，并能够清除皲皮。

【用途】可用于美白护肤霜、美白淡斑霜、面膜、沐浴露、防晒霜及护发产品等。

11.2.4　甘草提取物

甘草为豆科多年生草本植物，是最常用的中药之一，历来就有"十方九草"之说。甘草不仅是一味传统中药，在现代的医药、食品、化妆品等领域都有广泛的应用。在化妆品领域中，甘草具有"美白皇后"之称。

原料　甘草提取物（Licorice extract）

【化学成分或有效成分】甘草中的活性物质主要有黄酮类、三萜类、多糖类。①黄酮类：迄今为止，已从甘草中分离出 150 多个甘草黄酮类化合物，大致包括黄酮类、黄酮醇类、查尔酮类、双氢黄酮类、双氢查尔酮类等。甘草酸（GL）为五环三萜类化合物；②多糖：甘草多糖是从甘草中提纯的一种 α-D-吡喃多糖，是一种新发现的生物活性多糖，由葡聚糖、阿拉伯糖和半乳糖组成，并以葡聚糖为主链。

【性质】棕色粉末或白色粉末。

【提取来源】豆科植物甘草、胀果甘草或光果甘草的干燥根及根茎。

【制备方法】①将甘草粗粉用乙醇浸泡，并加入一定量的生物酶酶解；②经酶解液浸，浓缩后用大孔吸附树脂柱分离，浓缩后即得甘草提取物。

【药理作用】①抗炎作用：甘草有较强的消炎和抗变态作用，药效优于磺胺和抗生素，水溶性的甘草酸及甘草次酸盐有温和的消炎作用，一般添加在日晒后护理产品中，可消除晒后产生的细微炎症；②美白作用：甘草提取物抗紫外线的同时能够抑制酪氨酸酶的活性，并能改善皮肤粗糙、缺水症状；③抗氧化：甘草黄酮有清除多种自由基和抑制脂褐素生成、促进抗氧化防御等多种功能，有改善机体微循环、调节机体内分泌系统、升高红细胞数、增强体质、延缓衰老、减轻色素沉着等作用。

【用途】甘草提取物中的甘草酸在化妆品中有广泛的配伍性，同时增加皮肤的渗透性，在化妆品中，甘草提取物配制成护肤霜、祛斑霜、高级珍珠霜等，起到防晒、增白、消炎和治疗皮肤病等作用。

11.2.5　果实提取物

常用于化妆品的果实类植物提取物主要有枸杞提取物、柑橘提取物、黄瓜提取物、石榴提取物、葡萄提取物、沙棘提取物、木瓜提取物、牛油果提取物等。

原料 1　枸杞提取物（Wolfberry extract）

【化学成分或有效成分】每百克枸杞提取物中含粗蛋白 4.49g，粗脂肪 2.33g，糖类 9.12g，类胡萝卜素 96mg，硫胺素 0.053mg，核黄素 0.137mg，维生素 C19.8mg，甜菜碱 0.26mg，并含有 K、Na、Ca、Mg、Fe、Cu、Mn、Zn 等元素，以及多种维生素和氨基酸。其中，干果中氨基酸含量为 9.5%，必需氨基酸占总氨基酸量的 24.74%；鲜果中氨基酸含量为 3.54%，其中必需氨基酸占 23.67%。

【性质】棕黄色精细粉末，溶于水，易溶于热水，不溶于乙醇、甲醇、丙酮。

【提取来源】茄科植物枸杞或宁夏枸杞的干燥果实。

【制备方法】①将枸杞粉碎后添加复合微生物发酵，复合微生物包括微球菌、乳酸菌、酵母菌、放线菌和曲霉菌中的一种或几种的混合；②添加复合生物酶酶解，复合生物酶包括纤维素酶、果胶酶以及蛋白酶中的一种或几种的混合；③灭菌、过滤、离心分离、浓缩以及干燥后，即得。

【药理作用】①枸杞提取物可增加皮肤中胶原蛋白含量，减少脂质过氧化产物 MDA 的含量，具有延缓皮肤衰老、营养皮肤的作用，用于面部时可使面部皮肤细嫩、光滑；②含有多种维生素和微量元素，可防治脱发，使头发乌黑发亮，能促进头发黑色素的生成，对缺乏人体必需微量元素所引起的黄发、白发均具有较好效果；③对斑秃有很好的治疗作用。

【用途】可用于眼霜、护肤霜、精华乳、洁面膏、面膜及发用化妆品。

原料 2　柑橘提取物（Citrus extract）

【化学成分或有效成分】①果胶：柑橘类果皮中含约 20%～30% 的果胶，其中白皮层果胶含量较高，市售的果胶主要来自干燥的橙皮、柠檬皮、苹果皮；②柑橘皮色素：柑橘皮色素是一类性能较稳定、安全可靠的天然色素，柑橘皮色素可分为脂溶性色素和水溶性色素，脂溶性色素主要由类胡萝卜素（叶黄素、玉米黄素、β-隐黄质、α-胡萝卜素、β-胡萝卜素和番茄红素）组成；③黄酮类化合物：柑橘类黄酮主要包括黄酮类、黄烷酮类、黄酮醇类以及花色苷类，其中黄烷酮类是柑橘中含量最多的类黄酮，约占类黄酮总量的 80%，其中橙皮苷、柚苷是柑橘中最主要的类黄酮。

【性质】棕黄色或淡黄色粉末，易溶于水。

【提取来源】芸香科柑橘属植物的果实。

【制备方法】①将柑橘属植物的果实高速剪切后得到柑橘原浆；②将柑橘原浆用有机萃取剂和水浸提、多次萃取，浓缩后即得。

【药理作用】柑橘中的胡萝卜素、黄酮类具有抗氧化活性，可避免 DNA 和脂质过氧化。柑橘提取物还具有抗炎症、抗过敏以及抗菌等作用。

【用途】可用于化妆水、美容膏霜等，并且柑橘中的果胶是化妆品、药品、食品行业中良好的增稠剂和稳定剂。

原料 3　黄瓜提取物（Cucumber extract）

【化学成分或有效成分】含糖类（如葡萄糖、鼠李糖、半乳糖、甘露糖、木糖、果糖）、异槲皮苷、绿原酸、磷脂、游离氨基酸、维生素（维生素 A、维生素 B_1、维生素 B_2、维生素 B_3、维生素 C）、黄瓜醇、矿物元素（如钾、磷、钙、镁、钠、铁）、黄瓜酶、苦味成分（葫芦素 A、葫芦素 B、葫芦素 C、葫芦素 D）等。此外，黄瓜籽油中含有油酸（58.49%）、亚油酸（22.29%）、棕榈酸（6.79%）、硬脂酸（3.72%）等油脂。

【性质】黄棕色粉末，易溶于水。

【提取来源】葫芦科黄瓜属植物黄瓜的果实。

【制备方法】①向黄瓜中加入适量水后破碎、过滤，得滤液；②将黄瓜残渣用石油醚低温萃取，浓缩后获得浓缩液；③将二次黄瓜残渣用氢氧化钠溶液煮沸、中和、过滤、洗涤、浓缩后，将浓缩液合并后即得提取物。

【药理作用】黄瓜提取物中含有丰富的维生素 E，可起到抗衰老的作用；黄瓜提取物中的葡萄糖苷、果糖等不参与通常的糖代谢，故糖尿病人以黄瓜代淀粉类食物充饥，血糖非但不会升高，甚至会降低；黄瓜提取物中的纤维素对促进人体肠道内腐败物质的排除和降低胆固醇有一定作用；黄瓜提取物中的黄瓜油能扩张毛细血管，加快血液循环，促进皮肤的氧化还原反应，改善皮肤营养状态，防止皮肤晒黑，预防皮肤粗糙，也可消除粉刺、雀斑、老年斑及皮肤炎症，还可提高毛发的柔软性，增加毛发的光泽。

【用途】可用于面膜、保湿面霜、润肤乳液、化妆水、洗发香波等化妆品中。

原料 4　牛油果提取物（Persea americana extract）

【化学成分或有效成分】牛油果提取物中含多种维生素（维生素 A、维生素 C、维生素 E 及 B 族维生素等）、多种矿质元素（钾、钙、铁、镁、磷、钠、锌、铜、锰、硒等）、食用植物纤维、丰富的脂肪，其中不饱和脂肪酸含量高达 80%。

【性质】淡黄色或淡棕色粉末。

【提取来源】樟科油梨属植物鳄梨的果实。

【制备方法】①取牛油果去核去皮，果肉切块、干燥、粉碎、筛网过筛后得牛油果粉；②取牛油果粉加水超声辅助提取，冷却，离心，将离心后的混合物减压过滤和滤膜超滤，收集滤液；③用乙酸乙酯对滤液进行萃取，分层后取水层真空冷冻干燥，即得。

【药理作用】①防晒：牛油果脂含有肉桂酸酯，用于防晒化妆品中可抑制皮肤的紫外线损伤，而且牛油果脂中的天然乳胶还可以防止由阳光照射引起的皮肤过敏；②抗衰老：牛油果脂可促进细胞再生和毛细血管循环，可防止和延缓皮肤衰老作用；③保湿：牛油果脂具有较强的锁水能力，对皮肤有良好的亲和力，应用于香波等发用制品中具有修复上皮和干燥易断的头发内部组织结构的作用，能使干燥、受损伤的头发恢复健康，并赋予头发润泽和光亮；④其他：牛油果脂中的维生素 A 对许多皮肤缺陷（如皱折、湿疹）具有良好的改善效果，优质的牛油果脂对治疗皮肤过敏症、皮肤干裂、皮肤溃疡、各类皮肤炎症、虫咬以及皮肤烧伤等均有改善作用。

【用途】可用于洁面膏霜、防晒乳液、发用制品、美白乳液、美白膏霜等化妆品中。

原料 5　苹果提取物（Apple extract）

【化学成分或有效成分】苹果提取物中最为关键的活性物质是苹果多酚，苹果多酚可分为酚酸及其羟基酸酯类、糖类衍生物、黄酮类化合物（如儿茶素、表儿茶素、原花青素、二羟基查耳酮、黄酮醇配糖体等）等。此外还含有糖类、有机酸、果胶、蛋白质、钙、磷、钾、铁、维生素 A、维生素 B 和膳食纤维等营养成分。

【性质】类白色或淡黄色粉末。

【提取来源】蔷薇科苹果属植物苹果的成熟果。

【制备方法】①苹果去核后粉碎至块状，分别用无水乙醇和水浸泡；②过滤，滤渣进行二次提取，将两次提取液合并之后真空浓缩，即得。

【药理作用】①抗氧化作用：苹果多酚可清除体内过多的有害自由基，在水相系统中能够抑制不饱和脂肪酸的自动氧化，防止胡萝卜素的光破坏，防止水溶性维生素的破坏，消除超氧自由基离子，能够促进细胞的自我修复；②美白：苹果提取物具有良好的抑制酪氨酸酶的活性，此外还可以吸收紫外线。

【用途】可用于面膜、乳液、洗发膏等化妆品中。

原料 6　葡萄籽提取物（Grape seed P. E，Grape seed extract）

【缩写】GSE

【化学成分或有效成分】葡萄籽中含有 14%～17% 的油脂，约 8% 的粗蛋白，此外还含有 16 种氨基酸以及 7 种必需氨基酸；葡萄籽中含有 5%～8% 的多酚物质，其中 80%～85% 为原花青素，5%为儿茶素和表儿茶素、2%～4%为咖啡酸。葡萄皮和葡萄果肉所含有的多酚物质的含量以及种类都远远低于葡萄籽。

【性质】红棕色粉末，气微、味涩。

【提取来源】葡萄科葡萄属植物葡萄的种子。

【制备方法】将葡萄籽用热水提取，过滤得滤液，将滤液过大孔树脂吸附，用水洗去杂质，用乙醇水溶液洗脱，过 LSK11 树脂，收集流出液、浓缩、干燥得葡萄籽提取物。

【药理作用】①葡萄籽提取物中含有原花青素，原花青素是植物王国中广泛存在的一大类多酚化合物的总称，是从葡萄籽中提取的一种人体内不能合成的新型高效天然抗氧化剂，因此葡萄籽提取物可以用来抵抗自由基；②葡萄籽提取物能够帮助维生素 C 和维生素 E 的吸收，降低紫外线的伤害，减少黑色素沉淀，预防胶原纤维及弹性纤维的破坏，使肌肤保持应有的弹性及张力。

【用途】由于葡萄籽中原花青素独特的化学和生理活性，使得葡萄籽提取物在化妆品领域得到了广泛的应用，可用于各类功能护肤膏霜、发乳和漱口水中。

原料 7　沙棘提取物（Sea buckthorn extract）

【化学成分或有效成分】沙棘提取物具有多种化学成分和生物活性物质，富含多种维生素、氨基酸、不饱和脂肪酸、黄酮类化合物、磷脂类化合物和甾醇类化合物、微量元素和蛋白质等营养成分。其中维生素 C 含量高于大部分水果，维生素 E 与 β-胡萝卜素含量也远高于同类植物；沙棘中还含有 12 种人体必需的微量元素，其中以钙、铁、锌、钾、硒的含量较高；沙棘籽中不饱和脂肪酸高达 80%以上。

【性质】黄色或棕色粉末。

【提取来源】胡颓子科植物中国沙棘或云南沙棘的成熟果实。

【制备方法】①将沙棘果以乙醇为提取溶剂进行提取，得提取液；②将提取液离心后再采用陶瓷膜进行处理，收集透过液；③将透过液进行蒸馏，回收乙醇溶液，得浓缩物；④将浓缩物用大孔吸附树脂进行初步分离，分别用纯化水和乙醇进行洗脱，收集的溶液浓缩，冷冻干燥，即得沙棘提取物。

【药理作用】①抗衰老：沙棘提取物中所含的维生素 C、维生素 E 及其衍生物可保护皮肤细胞中的不饱和脂肪酸在光、热和辐射条件下不被氧化，能有效防止皮肤的变态、发皱以及脂褐质的堆积，并能改善微循环，所含的 β-胡萝卜素可以通过皮肤直接进入表皮细胞并转化为维生素 A 而提供给皮肤营养；②美白、消炎：沙棘中含有的异黄酮类化合物和半胱氨酸、赖氨酸等可有效抑制酪氨酸酶活性，防止色素沉着，祛除雀斑，并且对皮癣等炎症有疗效，沙棘中含有蒽基苷与肉桂酸酯，能有效吸收日光中的紫外线，保护皮肤不被晒黑；③抗皱、保湿：沙棘中含有丰富的矿物盐与黏度蛋白，能提高皮肤中水分的保持能力，增加皮肤湿度，防止由于日晒造成的皮肤干燥，所含的氨基酸、黄酮等可以紧致皮肤，提高弹性，减少皱纹，起到使皮肤收敛的作用。

【用途】沙棘提取物是一种较理想的天然营养疗效型化妆品添加剂，现已投入生产的有洗发香波、护肤霜、美容霜、浴液等。

原料 8　木瓜提取物（Papaya extract）

【化学成分或有效成分】木瓜提取物中含有木瓜蛋白酶、番木瓜碱、木瓜凝乳酶、维生素 B、维生素 C、维生素 E、多糖、蛋白质、脂肪、胡萝卜素和多种氨基酸等活性成分，还含有大量五环三萜类化合物，其中三萜酸有齐墩果酸、熊果酸、乙酰熊果酸、羟基熊果酸、马斯里酸、白桦脂酸、羟基白桦脂酸、香豆酰基白桦脂酸等，三萜醇有香豆酰基白桦脂醇、羽扇三醇等；皱皮木瓜果实中有机酸的含量为 6.1%，以苹果酸和柠檬酸为主，此外还含有酒石酸、维生素 C、苯甲酸、琥珀酸、苯基乳酸、乌头酸等；光皮木瓜中检测出了香草酸与藜芦酸，光皮木瓜中香草酸的相对含量为皱皮木瓜的 13.41 倍；木瓜中总黄酮含量为 4.7%。

【性质】棕色或淡黄色粉末。

【提取来源】蔷薇科植物木瓜的近成熟果实。

【制备方法】①将木瓜粉碎，与甲醇水溶液混合，超声提取，离心，得到滤渣和滤液；②向滤渣中加入甲醇水溶液，超声提取，离心，得到滤渣和滤液；③合并所得滤液，减压浓缩得残渣；④向残渣中加入蒸馏水复溶，过滤，滤液冷冻干燥，得木瓜提取物。

【药理作用】①美白：木瓜提取物具有抑制黑色素细胞的作用，并具有促进血液循环等功效；②抗氧化：木瓜蛋白酶中的主要活性成分木瓜巯基酶能有效地清除机体内超氧化自由基和羟基自由基，降低皮肤中过氧化脂质的含量，进而延缓皮肤衰老。

【用途】可用于洗面奶、睡眠面膜、番木瓜膏、面膜等护肤品中。

11.2.6　花瓣提取物

化妆品中常用的花瓣类植物提取物有红花提取物、番红花提取物、玫瑰提取物、槐花提取物、金银花提取物、丁香花提取物等。

原料 1　红花提取物（Safflower extract）

【化学成分或有效成分】红花提取物的化学成分有黄酮类、聚炔类、生物碱类、醌式查尔酮类、木脂素类、亚精胺类、烷基二醇类、有机酸类、甾族类、甾醇类等，黄酮类是红花中最主要的化学成分，此外，红花还含有天然色素，其中红色素含量为 0.4%~0.5%，水溶性黄色素为 20%~36%，不溶于水溶于碱的黄色素含量为 2.1%~6.1%。

【性质】棕色粉末。

【提取来源】菊科植物红花的干燥花。

【制备方法】将红花粉末加入低共熔溶剂水溶液中，超声提取、离心、干燥，即得红花提取物。

【药理作用】红花提取物具有活血、抗炎、抗氧化等作用，可改善皮肤血液循环、促进皮肤新陈代谢、清除自由基、抑制黑色素沉积、加速消斑脱色、吸收紫外线等，具有美白、防晒、抗衰老的功效，并且对接触性皮炎、溢脂性皮炎、瘙痒症、神经性皮炎有治疗作用。

【用途】从红花中提取的红色素处理后，可制成色泽范围从玫瑰红到樱桃红的染色剂，可用在口红胭脂等高档美容化妆品中，还可用于各种美白、防晒护肤品中。

原料 2　番红花提取物（Saffron extract）

【化学成分或有效成分】①水溶性色素成分：主要是藏红花酸与糖形成的一系列酯类化合物，它是番红花的主要药用和色素成分，其结构主要为全反式藏红花苷，包括 α-藏红花素、β-藏红花素、γ-藏红花素以及藏红花素-Ⅰ~藏红花素-Ⅴ，另有一个特殊的顺式藏红花苷酯类化合物——果素-6'-O-藏红花酰基-1″-O-β-D-葡萄糖苷酯；②脂溶性色素成分：主要有 α-胡萝卜素、β-胡萝卜素、玉米黄质、八氢番茄烃、六氢番茄烃、番茄烯；③挥发油类：由玉米黄质等胡萝卜素类降解产生，目前发现的有近 60 种，其中最主要的是番红花醛，番红花醛是番红花苦素的降解产物。

【性质】棕红色精细粉末。

【提取来源】鸢尾科番红花属的多年生花卉。

【制备方法】①将番红花加入浸提溶剂中，进行常温浸提后，分离出浸提液和残渣；②将浸提液在浓缩后，分离出浓缩液和挥发溶剂；③将挥发溶剂和残渣进行常温浸提-浓缩的循环操作后，合并每次操作得到的浓缩液以及步骤②得到的浓缩液，蒸发干燥，即得番红花提取物。

【药理作用】番红花提取物中的番红花醛对自由基有较高的清除能力，具有抗衰老的效果，此外其中多种有效成分对酪氨酸酶有显著的抑制作用，具有美白祛斑的效果。

【用途】可用于美白面膜、护肤膏霜等皮肤调理剂。

原料3　槐花提取物（Sophora japonica extract）

【化学成分或有效成分】①黄酮类：黄酮类化合物是槐花中的主要活性成分，主要有芦丁（芸香苷）、槲皮素、山奈酚-3-O-芸香糖苷、异鼠李素-3-O-芸香糖苷、山奈酚、染料木素、槐花米甲素等；②皂苷类：从槐花中分离出的三萜皂苷包括赤豆皂苷Ⅰ、赤豆皂苷Ⅱ、赤豆皂苷Ⅴ，大豆皂苷Ⅰ、Ⅲ，槐花皂苷Ⅰ、槐花皂苷Ⅱ、槐花皂苷Ⅲ等；③脂肪酸类：槐花中含有19种脂肪酸，主要有棕榈酸、二丁基邻苯二甲酸、硬脂酸、亚油酸和亚麻酸；④多糖类；⑤挥发性成分：在槐花中测得含量较高的挥发性成分有氧化石竹烯、芳樟醇、1-辛烯-3-醇、植酮、环氧化蛇麻烯等；⑥其他：含有17种氨基酸，且含钙、磷、镁、钾、铁、锰、锌、铜等多种微量元素，还含有鞣质类、甾体类物质。

【性质】棕色粉末。

【提取来源】豆科植物槐的干燥花及花蕾，前者习称"槐花"，后者习称"槐米"。

【制备方法】①将槐花晒干，粉碎，过100～200目筛，得槐花粉末；②将槐花粉末加入乙醇中，回流浸提，过滤，得固体和乙醇提取液；③将固体加入碳酸钠溶液中，回流浸提，过滤，得碳酸钠浸提液；④将乙醇提取液和碳酸钠提取液混合，减压浓缩，将浓缩液蒸发干燥，即得。

【药理作用】黄酮类化合物是槐花中主要的活性成分，可抑制酪氨酸酶活性，其抑制强度是熊果苷的50倍，同时清自由基的能力也较强，因此具有良好的美白和抗衰老效果。

【用途】可用作抗氧剂、皮肤美白剂、抗炎剂和保湿剂，是一种良好的化妆品原料。

原料4　金盏花提取物（Calendula Extract）

【化学成分或有效成分】金盏花提取物中糖类、脂类、蛋白质含量高，氨基酸组成全面，富含类胡萝卜素、类黄酮、维生素C和有益的矿质元素如Fe、Mg、Si、Sr等；金盏花中含有多种脂肪酸，如肉豆蔻酸、软脂酸、硬脂酸、油酸和月桂酸等，其中肉豆蔻酸占40.3%；金盏花中可溶性糖类有鼠李糖、木糖、甘露糖、半乳糖和葡萄糖等7种糖类。

【性质】棕黄色精细粉末，易溶于水。

【提取来源】菊科金盏菊属植物金盏花的花瓣。

【制备方法】将金盏花与浓度为50%～70%的乙醇混合，进行多次组织破碎后，得混合液；将混合液过滤得到的料液进行蒸馏，得精料；将精料进行油水分离，得到金盏花提取物。

【药理作用】金盏花提取物可以杀菌、收敛伤口，可用于改善暗疮、毛孔粗大等问题；还可以镇定皮肤，改善敏感性肤质；同时具有滋润干燥唇部，促进皮肤的新陈代谢等功效。

【用途】金盏花提取物在护肤类化妆中主要作用是舒缓抗敏、保湿、抗菌，目前金盏花相关的化妆产品有面膜、爽肤水、保湿霜等。

原料5　金银花提取物（Honeysuckle extract）

【化学成分或有效成分】主要成分为黄酮类物质、有机酸、三萜类物质、无机元素以及挥发油。其中黄酮类主要有忍冬苷、木犀草素等；有机酸主要有绿原酸、棕榈酸、咖啡酸和异绿原酸等；金银花中还含有钙、铁、磷等多种微量元素。

【性质】棕黄色粉末。

【提取来源】忍冬科、忍冬属落叶性灌木植物的花和叶子。

【制备方法】①绿原酸的提取：绿原酸可以用水煎法、乙醇回流法、渗漉法、水提醇沉法、超声波法、微波法、酶解法、超临界萃取、超滤法提取；②金银花挥发油的提取：可采用压榨法、微波法、超声波法、水蒸气蒸馏、分子蒸馏、溶剂萃取、微胶囊双水相、酶提取、超临界萃取和固相微提取法等方法提取挥发油。

【药理作用】金银花具备抗菌、抗病毒、增强机体免疫力、抗氧化及抗自由基等生物活性，加入化妆品中可达到清热祛痘、促进细胞代谢、抗衰老、为皮肤提供营养、促进皮肤排出毒素、令皮肤光滑润白等功效。

【用途】在化妆品、护肤品里主要用作抗炎剂、抗氧化剂、美白祛斑剂。

11.2.7　其他植物提取物

原料 1　积雪草提取物（Centella asiatica extract）

【化学成分或有效成分】积雪草提取物含多种 α-香树脂醇型三萜成分，其中有积雪草苷、参枯尼苷、异参枯尼苷、羟基积雪草苷、玻热模苷、玻热米苷和玻热米酸、马达积雪草酸等；含有积雪草糖、叶绿素、积雪草碱、内消旋肌醇、积雪草低聚糖、谷甾醇，以及山奈酚、槲皮素和葡萄糖、鼠李糖的黄酮苷；当然也含有维生素 C、胡萝卜素以及树脂状物质。其中积雪草提取物可用于化妆品中的主要活性成分为积雪草酸、羟基积雪草酸、积雪草苷和羟基积雪草苷。

【性质】外观棕黄色至白色精细粉末，口感微苦，不溶于水，溶于乙醇。

【提取来源】双子叶伞形科植物积雪草的全草或带根全草。

【制备方法】①取积雪草清洗，干燥，粉碎，得到积雪草粉末；②用有机溶剂对积雪草粉末进行脱脂，得脱脂积雪草粉末；③将脱脂积雪草粉末用乙醇溶液超声提取多次，合并提取液；④活性炭脱色、离心、过滤后，壳聚糖絮凝除杂后，离心，过滤，减压浓缩，过滤，干燥，即得积雪草提取物。

【药理作用】①积雪草可以紧致表皮与真皮连接部分，使皮肤变柔软；②积雪草能够促进真皮层中胶原蛋白形成，使纤维蛋白再生，从而从根本上消除皱纹；③积雪草还可帮助受损组织愈合，并抑制脂肪细胞的增加。

【用途】主要用于修复面霜、精华液、修复霜、舒缓爽肤水、补水修护面膜等。

原料 2　何首乌提取物（Polygonum multiflorum extract）

【化学成分或有效成分】何首乌提取物主要含有二苯乙烯类（1.0%）、卵磷脂（3.7%）、蒽醌类（1.1%）、黄酮类、鞣质、微量元素等物质，此外还含有淀粉（45.2%）和脂肪（3.1%）。其中二苯乙烯类包括二苯乙烯苷、白藜芦醇、白藜芦醇苷；蒽醌类包括大黄素、大黄素甲醚、拟石黄衣醇、大黄素-8-甲醚、橘红青霉素、ω-羟基大黄素、大黄素-8-O-β-D-吡喃葡萄糖苷、大黄素-8-O-(6-O-乙酰基)-β-D-吡喃葡萄糖苷、大黄素甲醚-8-O-β-D-吡喃葡萄糖苷等；磷脂类包括磷脂酰甘油、磷脂酰乙醇胺、磷脂酰胆碱、溶血磷脂酰胆碱等；黄酮类包括芦丁、木犀草素、槲皮素、槲皮苷、山奈酚、异红草素等；糖类有 D-葡萄糖、D-果糖、蔗糖等；微量元素主要有锌、钙、锰、铁等。

【性质】棕黄色精细粉末。

【提取来源】蓼科植物何首乌的干燥块根。

【制备方法】①将粉碎的何首乌用乙醇水溶液提取多次，过滤，合并滤液，得粗提取物；②将粗提取物采用大孔树脂吸附柱和硅胶柱依次分离纯化后，浓缩，干燥，即得。

【药理作用】①乌发作用：何首乌中二苯乙烯苷在体外能显著刺激 B16 黑素瘤细胞中黑色素的生成，增强酪氨酸酶的活性，因此具有乌发功效，当何首乌提取液用量为 15% 时，洗发香波配伍性能和梳理性效果最好，具有改善头发梳理性能、修复头发、乌发的作用；②保水润肤：何首乌根富含卵磷脂、矿物盐和黏蛋白，能促进皮肤对水分的吸收，若与鞣酸共存时，则保水性能更佳。

【用途】何首乌是护发化妆品中最为常用的一种天然组分，此外也用于护肤类化妆品的配方设计，如洗发水、护发液、香波等。

11.3　动物提取物

动物提取物是由动物体内成分或代谢物等化学成分得到的一类提取物。动物性成分及其提取物作为护肤品的有效添加物，尽管与包括中药在内的植物性成分相比稍有逊色，但它在护肤品中所发挥的作用和效能却是其他天然或合成物质不可比拟的。典型动物性原料提取物有胎盘提取物、蜂产品（蜂蜜提取物、蜂胶提取物、蜂王浆等）、水貂油、马油、水解珍珠液等。

原料 1　胎盘提取物（Placenta extract）

【化学成分或有效成分】哺乳动物胎盘提取物含有丰富的糖类、酸性黏多糖（玻璃糖醛酸、软骨素硫酸等）、脂肪、蛋白质、核酸、激素（雌激素、甾类激素）、维生素、有机酸及微量元素等，随动物种类、所取胎盘妊娠时间以及提取方法的不同，胎盘提取物的组成及其含量差别较大，其中羊胎素及羊胎盘营养液是应用于护肤品的典型代表。

【性质】类白色、浅棕色或棕黄色精细粉末。

【提取来源】哺乳动物胎盘的干燥体，常用的为羊胎盘或鹿胎盘。

【制备方法】①将羊胎盘用含抗生素的生理盐水清洗干净，切块，粉碎，然后按一定比例向组织中添加提取溶剂，匀浆；②然后调 pH 值为 4.9～5.0，离心，取上清液，调 pH 值为 6.3～6.4，然后于一定温度下热处理，重复该操作；③离心，取上清液，进行灭活，并调节 pH 值至 7.0～7.4，用超滤膜包处理，即得羊胎盘提取物。

【药理作用】①抗老化：胎盘提取物具有显著的促进细胞新陈代谢、增强血液循环、调节皮肤腺的功能，从而能够缓解皮肤老化，改善皮肤干燥萎缩；②保湿和软化：胎盘提取物中含有的蛋白质水解成分和黏多糖，对人皮肤表皮角质层水分散失有明显的抑制作用，可使皮肤角质层软化并产生缓和的溶解作用，有助于皮肤中的异物和排泄物上浮到表皮排出；③美白：胎盘提取物可抑制酪氨酸酶的活性，因此，具有一定的减退面部黑色素沉着和防晒的功效；④其他：胎盘提取物具有与胶原水解物相似的蛋白质水解多肽，具有护发、护肤的功效。

【用途】可用于营养霜、面膜、润肤液、乳液、修复补水液、洗发水等化妆品中。

原料 2　蜂蜜提取物（Honey）

【化学成分或有效成分】主要成分是糖类和水分，此外，蜂蜜提取物中还含有多种氨基酸、维生素、矿物质、芳香物、酶类、酚酸类化合物、黄酮类化合物等。蜂蜜的糖类成分含量占蜂蜜干物质的 95%～99%，主要以果糖、葡萄糖等单糖为主，两者总含量占蜂蜜糖类总量的 85%～95%，且均可以被人体直接吸收利用，此外，蜂蜜提取物中也存在少量的低聚糖，如麦芽糖、蔗糖、异麦芽糖等。

【性质】蜂蜜为蜜蜂采集花蜜，经自然发酵而成的黄白色黏稠液体，其提取物一般为淡黄色、白色粉末。

【提取来源】蜜蜂从开花植物的花中采得的花蜜在蜂巢中酿制的蜜。

【制备方法】①用水、乙醇、乙酸乙酯的混合溶液溶解蜂蜜，并进行固液分离去除不溶物，得上清液；②取上清液用反相萃取柱吸附，用超纯水洗涤得到流出液 A，用乙酸-乙醇溶解洗脱得洗脱液 B；③将流出液 A 吸附于阳离子树脂柱，NaCl 溶液洗脱得洗脱液 C；④将洗脱液 B 和洗脱液 C 混合，浓缩，干燥，即得。

【药理作用】①保湿作用：蜂蜜中具有与 NMF 接近的物质，可以直接参与角质层的水合作用，因此具有较好的水分调节功效和吸湿性，能够增强皮肤角质层的吸水性，调节皮肤水分平衡，并起到软化角质层，恢复皮肤弹性和柔润性，改善皮肤粗糙度的功效；②抗氧化作用：蜂蜜中含有酚类化合物、黄酮类化合物、类胡萝卜素、氨基酸及抗氧化酶等多种天然抗氧化剂，在体外和体内均有显著的抗氧化活性。

【用途】可用于多种类型的膏霜、护肤乳液、浴用制品和化妆水等护肤品中。

原料 3　蜂胶提取物（Colla apis）

【化学成分或有效成分】蜂胶总的活性成分包括高良姜素、乔松素、白杨素、柚木杨素、刺槐素等黄酮类化合物；肉桂酸、咖啡酸、阿魏酸、苯甲酸、对香豆酸、对香豆酸苄酯等 59 种芳香酸与芳香酸酯类化合物；肉桂醇、苯甲醇、丁子香酚、七叶亭、莨菪因等酚类、醇类物质；香草醛、异香草醛、二羟基苯乙酮、羟基甲氧基苯乙酮等醛与酮类化合物；丙氨酸、β-丙氨酸、α-氨基丁酸、δ-氨基丁酸、精氨酸、天冬氨酸、胱氨酸、谷氨酸、甘氨酸、组氨酸等 25 种氨基酸；肉豆蔻酸、山梨酸、2,8-二甲基十一烷酸甲酯、廿六烷酸等脂肪酸与脂肪酸酯；丁香烯、α-愈创木烯、β-芹子烯、β-桉叶油醇、鲨烯、愈创木醇、麝子油醇等萜类化合物；羊毛甾醇、胆甾醇、岩藻甾醇、豆甾醇和 β-二氢岩藻甾醇等甾体化合物；D-葡萄糖、D-呋喃核糖、D-葡萄糖醇、D-果糖、塔罗糖、D-古乐糖、蔗糖、山梨糖醇和木糖醇等糖类化合物；廿一烷、廿三烷等烃类化合物。

【性质】在常温下是胶状的固体，呈黄褐色、棕褐色、青绿色或黑色，特有芳香气味，不溶于水，溶于乙醇，易溶于乙醚、氯仿。

【提取来源】蜜蜂从植物芽孢或树干上采集的树脂（树胶），混入其上腭腺、蜡腺的分泌物加工而成的一种具有芳香气味的胶状固体物。

【制备方法】①将原料蜂胶冷冻，打粉，加入乙醇回流提取，过滤，减压抽滤，得浓缩液；②用石油醚萃取浓缩液后得到石油醚层和母液层，将母液层浓缩，干燥，冷冻，得蜂胶提取物。

【药理作用】蜂胶具有广谱抗菌作用，它能抑制和杀灭多种细菌、真菌、病毒和原虫，还可促进生物机体防护能力、改善血液循环、促进肉芽生长、加速伤口愈合，并具有滋润皮肤、止痒、除臭、祛斑、减皱和防晒作用。蜂胶还对痤疮、疱疹、毛囊炎、黄褐斑、汗腺炎等皮肤疾病有治疗作用。

【用途】可用于膏霜、乳液、发乳、香波、生发水等制品。

原料 4　蜂王浆（Royal jelly）

【中文别名】蜂皇浆，蜂皇乳，蜂王乳，蜂乳

【化学成分或有效成分】主要含有极丰富的蛋白质、17～18 种氨基酸（如精氨酸、亮氨

酸、异亮氨酸、组氨酸、蛋氨酸、缬氨酸、苯丙氨酸、色氨酸、苏氨酸、赖氨酸等)、维生素、糖类、脂类、激素、酶类、微量元素及多种生物活性物质，还含有一种只有蜂王浆中才含有的不饱和脂肪酸——10-羟基-2-癸烯酸（又称王浆酸）。

【性质】类白色或淡黄色精细粉末。

【提取来源】蜜蜂巢中培育幼虫的青年工蜂咽头腺的分泌物，是供给将要变成蜂王的幼虫的食物，也是蜂王终身的食物。

【药理作用】蜂王浆中的氨基酸是皮肤角质层中天然保湿因子的主要成分，可以使老化和硬化的皮肤恢复水合性，防止角质层水分损失，保持皮肤的湿润和健康；蜂王浆中含有的维生素 A、维生素 C、维生素 E、维生素 B_2、维生素 B_5 等都是人体生存所不可缺少的维生素；蜂王浆所含的王浆酸具有抑制酪氨酸酶活性的作用，可防止皮肤变黑；蜂王浆所含的激素能直接起到美容作用，能保持皮肤的湿润和毛发生长。总体而言，蜂王浆的生理活性成分还可促进和增强表皮细胞的生命力，改善细胞的新陈代谢，防止代谢产物的堆积，防止胶原、弹力纤维变性及硬化，能够滋养皮肤，使皮肤柔软、富有弹性，减少皮肤皱纹和皮肤色素沉着，从而推迟和延缓皮肤的衰老，并对痤疮、褐斑、脂溢性皮炎等多种皮肤疾病有预防和治疗的效果。

【用途】可应用于膏霜、乳液、面膜、化妆水等多种制品中，添加量一般在 0.3%～1.5% 之间。

原料 5　水貂油（Mink oil）

【化学成分或有效成分】由各种脂肪酸所组成，其中不饱和脂肪酸含量高达 70%以上，具有特殊生理作用的脂肪酸如亚油酸、亚麻酸、花生酸所占的比例均在 9%以上，此外在水貂油内还含有大量的不饱和甘油酯，其中占多数的是不对称的异构体，如棕榈酸的含量就在 20%左右。

【性质】无色或淡黄色透明油状液体。

【提取来源】水貂皮下脂肪中提取制得的油脂。

【制备方法】①水貂脂肪与水在减压下加热混合后得到粗油；②粗油在搅拌下加入碱液，在加热条件下进行中和反应，然后水洗、水蒸气蒸馏脱臭、油水分离，即得。

【药理作用】①紫外线吸收性：水貂油的紫外线吸收性能超过鳄梨油、芝麻油；②抗氧化：貂油的抗氧化性比猪油、棉籽油要高 8～10 倍，贮存时不易变质；③安全性高：精炼的貂油无异味，对人眼和皮肤不显任何刺激，对人体皮肤作用温和，经皮肤斑贴试验呈阴性；④营养作用：水貂油中含有大量的不饱和脂肪酸和具有特殊生理作用的脂肪酸，能够提供给皮肤营养。

【用途】用于各种护肤膏霜、护肤乳液以及发油、唇膏、口红、清洁霜、香皂等用品。

原料 6　马油（Horse oil）

【化学成分或有效成分】马油含有多种脂肪酸，马油中脂肪酸以 C_{16} 和 C_{18} 脂肪酸为主，其占比在 94%以上，主要有棕榈酸、油酸、亚油酸、亚麻酸等。其中，油酸具有抗氧化性性能。此外，马油还含有维生素 A、维生素 D_3、维生素 E 等脂溶性维生素和其他营养成分。

【性质】黄色或橙黄色的软膏状。

【提取来源】我国主要从马鬃（马颈）提取马油，日本和韩国主要以马的皮下脂肪作为主要的提取原料。

【制备方法】①用含抗氧化剂以及氯化钠的水溶液浸泡新鲜马脂肪颗粒，至浸泡液无色，沥干浸泡液，得到净化马脂肪颗粒；②向净化马脂肪颗粒中加入氧化剂，加热并进行机械破壁处理，得到液体马脂肪；③向液体马脂肪中加入甘油及脂肪酶，搅拌至混合均匀，离心，获得粗马油；④向粗马油中加入吸附剂，搅拌至混合均匀，离心，即得马油。

【药理作用】①渗透性：马油中不饱和脂肪酸含量较其他动物油高，其组成与人体脂肪极为相似，较易被人体表皮吸收，对人体皮肤的渗透速度较其他动物油快，因此可帮助其他物质的透皮吸收，并可加速皮肤新陈代谢，增强细胞活力，使肌肤清爽不油腻；②消炎和抗过敏：马油含的不饱和脂肪酸，有很强的消炎和防过敏作用，能抑制皮炎，因此一直以来都被用来治疗皮肤烧伤；③抗氧化和提供给皮肤营养：马油中有效成分渗入皮下组织后，还能作为营养成分被血液吸收，渗透到内部的马油，将内部的空气逐出后，产生油膜和外部隔绝，故而可发挥其对皮肤的营养作用，同时阻断氧化。

【用途】精制马油没有异味，易被人们接受，近年来马油美容护肤产品的种类越来越丰富，如手工皂、按摩霜、护肤乳、护手霜、洗发水等，甚至，在日常使用时可以直接用马油清洁脸部和卸除彩妆，直接用马油以涂抹晚霜方式按摩皮肤能够隔绝空气和水分，达到保湿的效果。

原料 7　水解珍珠液（Hydrolyzed pearl）

【化学成分或有效成分】①氨基酸类：一般淡水珍珠含 18 种氨基酸，包含了人体必需氨基酸；②微量元素：约 22 种；③钙类：含量在 38%～40%，水解珍珠液所含的钙离子更容易被人体吸收；④牛磺酸：非蛋白质氨基酸；⑤小分子活性肽：水解珍珠蛋白产生的中间产物；⑥其他：卟啉及金属卟啉、维生素类、核酸等。

【性质】白色或类白色溶液。

【提取来源】淡水珍珠研磨粉。

【制备方法】①将珍珠粉用纯水调成糊状，再加入盐酸或乳酸，静置分层后，去上清液，用纯水洗涤沉淀物至上清液无钙离子；②抽滤得胶状壳角蛋白，加酸回流水解至完全，加热除去酸性气体，脱色，得无色或淡黄色水解珍珠液。

【药理作用】①水解珍珠液能促进新生细胞生成，并不断补充营养到皮肤表层，使皮肤光滑、细腻、有弹性；②水解珍珠液对有细小瘢痕和较为敏感的面部肌肤具有显著的改善效果；③水解珍珠液可促进人体皮肤中的 SOD 的活性，抑制黑色素的形成，能够保持皮肤白皙，抵抗皮肤衰老。

【用途】用于护肤膏霜类、露类、水剂、洁面素、洗发液和香皂等多种产品，添加量一般在 2%～5%，且在水相中添加。

11.4　其他天然提取物

除了常用的动植物提取物以外，还可以将菌类、微生物、海洋产物以及体内代谢所产生的物质应用到化妆品中，例如灵芝、茯苓等真菌类，海洋动物胶原蛋白，海洋生物中含有的甲壳素、壳聚糖类，微生物酵素，以及深层海洋水、海盐、深海淤泥等。这些天然物质很多都是优良的保湿剂，广泛应用于清洁、保湿等功效的化妆品中。

原料 1　灵芝提取物（Ganoderma extract）

【化学成分或有效成分】灵芝提取物化学成分复杂，因所用菌种的培养方式、提取方法等不同而有所差异，目前，已经从中分离得到 150 多种具有生物活性的化合物，包括糖类（多糖和低聚糖）、三萜类、蛋白类、多肽类、生物碱、挥发油、氨基酸等，此外，还含有 Ag、Al、Cu、Ca、Fe、K、Na、Mg、Mn、Pb、Sn、Zn 等元素。其中，糖类、三萜类以及蛋白类是研究最多的灵芝活性成分。

【性质】棕褐色或棕黄色粉末，易吸湿，易溶于水。

【提取来源】多孔菌科灵芝的干燥子实体。

【制备方法】①将灵芝孢子粉经提取、离心分离、微滤后，将微滤截留液经真空浓缩、乙醇沉淀、沉淀收集干燥得第一灵芝提取物；②将微滤清液经膜浓缩、乙醇沉淀、沉淀收集干燥得第二灵芝提取物；③合并第一灵芝提取物与第二灵芝提取物，干燥，即得。

【药理作用】①抗衰老：灵芝多糖能够提高皮肤中羟脯氨酸和 SOD 的含量，能修复 DNA 损伤，促进细胞生长，具有延缓皮肤衰老的效果；②抗氧化：灵芝多糖和三萜皂苷具有良好的还原能力，对超氧阴离子自由基和羟自由基具有良好的清除效果；③美白：灵芝的灵芝萜烯酮醇和过氧化麦角甾醇能有效地抑制黑色素的分泌和释放，具有良好的美白功效；④抗炎、抗过敏：灵芝三萜能够抑制脂多糖引起的炎症反应，具有较好的抗炎作用；⑤抗菌：灵芝酸对大肠杆菌、产气杆菌、金黄色葡萄球菌和肠炎杆菌的抑制效果较好，灵芝三萜类化合物对大肠杆菌、金黄色葡萄球菌、枯草芽孢杆菌、黑曲霉和青霉有明显的抑制作用；⑥其他作用：灵芝还具有促进皮肤微循环、增加皮肤含水量以及防止冻伤等功效。

【用途】可用于护肤乳、化妆水、润肤霜、抗皱霜、美白柔肤水等制品中。

原料 2　茯苓提取物（Poria extract）

【化学成分或有效成分】主要化学成分为茯苓糖，含量约 84.2%，主要有 β-茯苓聚糖、葡萄糖、蔗糖及果糖；其次为四环三萜类化合物，主要以酸的形式存在，包括茯苓酸、松苓酸、松苓新酸等；此外，还含麦角甾醇、硬烷（0.68%）、纤维素（2.84%），还含有三萜类、辛酸、月桂酸、十二酸、组氨酸、胆碱、蛋白质、脂肪、酶、腺嘌呤、树胶等成分。

【性质】棕色或棕黄色粉末。

【提取来源】多孔菌科真菌茯苓的干燥菌核。

【制备方法】将茯苓原料用水进行回流提取，抽滤，脱色，抽滤，得到浓缩提取液，冷冻干燥，得到茯苓提取物。

【药理作用】①抗炎作用：茯苓中的三萜类化合物和茯苓多糖均具有抗炎作用；②保湿作用：茯苓多糖具有较好的吸湿性和保湿性；③美白抗衰老作用：茯苓能不同程度增加血清中 SOD 活性，降低 MDA 含量，具有抗寒、抗衰老作用，茯苓水提液还可通过提高皮肤中羟脯氨酸的含量来延缓皮肤衰老，此外，白茯苓对酪氨酸酶有显著的抑制作用，通过抑制酪氨酸酶活性可减少黑色素生成量，具有显著的美白效果。

【用途】可用于润肤霜、茯苓凝胶、美白面霜、面膜等化妆品中。

原料 3　银耳提取物（Tremella powder）

【化学成分或有效成分】银耳中含有多种活性成分，包括银耳多糖、黄酮类、多酚类物质等，其中主要活性成分为多糖类化合物，最具代表性的是银耳酸性异多糖，其结构是以 α-甘露聚糖为主链，以 β-(1,2)-L-木糖、β-(1,2)-葡萄糖醛酸和少量的岩藻为侧链，其他几种多糖体是中性杂多糖，通常由木糖、甘露糖、半乳糖和葡萄糖醛酸组成。

【性质】棕黄色精细粉末，易溶于水。

【提取来源】真菌类银耳科银耳属植物银耳的子实体。

【制备方法】主要有水/醇提法、酸碱提法、酶解提取法、超临界法及超声萃取法等。

【药理作用】银耳能提高机体免疫力，具有清除自由基的作用，能够诱导人体产生抗体和干扰素，并具有降低高血压、高血脂等多种功效；银耳中的银耳多糖具有保湿、美白和抗氧化作用。

【用途】可用于护肤膏霜、精华液、修护面膜、口腔护理等化妆品中。

原料 4　酵素（Enzyme）

【化学成分或有效成分】酵素含有丰富的糖类、有机酸、矿物质、维生素、酚类与萜类等营养成分以及一些重要的酶类等生物活性物质。

【性质】类白色粉末。

【提取来源】新鲜蔬菜、水果等植物原料。

【制备方法】以新鲜蔬菜、水果等植物为原料，经多种益生菌（如乳酸菌等）发酵而产生的微生物制剂。

【药理作用】①清洁和修复皮肤：酵素具有清洁皮肤、去除油脂、促进表皮细胞新陈代谢、消化分解老化细胞、加速老化细胞脱落、促进真皮纤维的再生、抑制皮脂腺和汗腺分泌等作用，对于老化或病变的皮肤，酵素能够加速血液循环，赋予细胞活力，并使肌肤长时间保持湿润；②抑菌作用：研究显示酵素对大肠杆菌、铜绿假单胞菌、金黄色葡萄球菌以及三种痤疮病原菌都具有抑制作用；③抗氧化作用：酵素中的蛋白酶、超氧化物歧化酶含量较高，有很好的抗衰老和清洁皮肤能力，有研究显示植物酵素具有一定的超氧阴离子自由基、羟自由基、DPPH 自由基的清除效果。

【用途】酵素在化妆品中应用较为广泛，是一类新兴的化妆品功效添加剂，可用于眼霜、精华、洁面凝胶、酵素面膜等制品中。

第 12 章 护肤化妆品配方实例

12.1 保湿类护肤化妆品

12.1.1 保湿乳液

配方 1：山茶籽油护肤乳

组分		质量分数/%
A 组分	水	加至 100
	对羟基苯乙酮	0.6
	海藻糖	2.9
	甘油	4.6
	丁二醇	2.9
	透明质酸钠	0.1
	烟酰胺	1.2
B 组分	山茶籽油	5.8
	水貂油	5.8
	甘草酸二钾	0.1
	鲸蜡硬脂醇	0.6
	椰油基葡糖苷	0.6
	霍霍巴油	1.7
	澳洲坚果籽油	1.7
	油橄榄果油	2.9
	环五聚二甲基硅氧烷	1.2
	角鲨烷	2.3
	聚二甲基硅氧烷	1.7
	异壬酸异壬酯	1.2
	甘油酸（乙基己酸）酯	2.3
	维生素 E	1.2
C 组分	丙烯酸羟乙酯/丙烯酰二甲基牛磺酸钠共聚物	0.6
D 组分	1,2-己二醇	0.6

制备工艺：

① 将 A 组分物料混合，升温至 85℃，搅拌溶解，备用；

② 将 B 组分物料依次加入油相锅，加热至 85℃，搅拌溶解，备用；

③ 将 A 组分、B 组分投入乳化锅中，1500r/min 搅拌 5min；

④ 将 C 组分加入体系中，搅拌均匀，均质 5min；

⑤ 升温至 80℃，在 800r/min 转速下恒温乳化 30min，150r/min 搅拌冷却至 50℃；

⑥ 将 D 组分加入体系中，150r/min 匀速搅拌 15min，冷却至室温，检验，出料，即得山茶籽油护肤乳。

配方 2：三七多糖平衡保湿乳

组分		质量分数/%
A 组分	液体石蜡	6.0
	C_{16} 醇	3.0
	羊毛脂	1.0
	尼泊金丙酯	0.3
B 组分	丙二醇	8.0
	卡波姆 941	0.2
	甘油	5.0
	三七多糖	3.0
	HA	1.0
	水	加至 100
C 组分	香精	适量

制备工艺：

① 在油相锅中加入 A 组分物料，开夹层蒸汽加热，低速搅拌缓慢升温至 80℃使其混合均匀；

② 在水相锅中加入 B 组分物料，开夹层蒸汽加热，低速搅拌缓慢升温至 80℃混合均匀；

③ 将 A 组分加入 B 组分中，2500r/min 均质 4min，继续搅拌保温 20min，夹套冷却水使其速冷至 55℃，加入香精混合均匀，继续冷却至 35℃，停止搅拌，分装，即得三七多糖平衡保湿乳。

配方 3：百里香精油护肤乳

组分		质量分数/%
A 组分	乳化剂 G57	0.7
	合成角鲨烷	6.0
	辛酸	5.0
	棕榈酸乙基己酯	5.0
	聚二甲基硅氧烷	4.0
B 组分	卡波姆	0.07
	海藻糖	2.5
	甘油	5.0
	丙二醇	4.0
	水	加至 100
C 组分	三乙醇胺	0.1
	水溶性氮酮	1.0
	百里香精油	0.15

制备工艺：

① 取 A 组分物料，混合，在油浴锅中 75℃加热搅拌 30min，得油相；

② 取 B 组分物料，混合，在油浴锅中 45℃加热搅拌 30min，得水相；

③ 将水相加入油相中，搅拌均匀，乳化 30min，冷却至 45℃，加入 C 组分物料，均质，冷却至室温，即得百里香精油护肤乳。

配方 4：改善依赖性皮炎的护肤乳

组分		质量分数/%
A 组分	卡波姆 U20	0.1
	甘油	5.0
	海藻糖	3.0
	烟酰胺	2.0
	寡肽-1	3.0
	尿囊素	0.2
	汉生胶	0.1
	甘草酸二钾	0.15
	水	加至 100
B 组分	辛酸/癸酸三甘油酯（GTCC）	3.0
	肉豆蔻酸异丙酯（IPM）	6.0
	C$_{16\sim18}$醇	4.0
	201 硅油	1.5
	棕榈酸异辛酯	1.0
	单甘酯	1.0
	平平加 O	1.5
	维生素 E	0.35
	BHT	0.03
	角鲨烷	0.25
	尼泊金甲酯	0.2
	尼泊金丙酯	0.1
C 组分	芦荟提取物	3.0
	积雪草提取物	3.0
D 组分	三乙醇胺	0.1
E 组分	薰衣草精油	0.3

制备工艺：

① 将 A 组分物料加入油相锅中，加热至 75～85℃，使物料熔化，得油相；

② 将水加入水相锅中，在搅拌下加入 B 组分其他物料，搅拌加热至 75～85℃，得水相；

③ 将水相用真空泵抽到均质乳化机的主锅中，在搅拌下，将油相真空抽吸到主锅中，在 2800r/min 转速下均质 10～15min；

④ 均质后，60r/min 慢速搅拌，75～85℃保温 15～20min；

⑤ 保温后，打开冷却水，冷却至 40～45℃，加入 C 组分物料，充分搅拌均匀，然后加入三乙醇胺，调节 pH 值为 6.0～6.5，再加入 E 组分，继续搅拌 5～10min，使其均匀；

⑥ 出料，取半成品检验，陈化，合格后灌装，即得改善依赖性皮炎的护肤乳。

配方 5：含大秃马勃菌水溶性粗多糖和大秃马勃菌醇提物的护肤乳

	组分	质量分数/%
A 组分	硬脂醇聚氧乙烯醚-2	2.32
	硬脂醇聚氧乙烯醚-21	2.89
	二甲基硅油（液体油脂）	0.57
	辛酸/癸酸三甘油酯（液体油脂）	0.76
	白油（液体油脂）	0.67
	$C_{16\sim18}$ 醇	1.48
	BHT	0.5
B 组分	汉生胶	3.0
	大秃马勃菌水溶性粗多糖	10.0
	水	加至 100
C 组分	无水乙醇	5.0
	大秃马勃菌醇提物	0.05
D 组分	辛甘醇	0.13
	乙基己基甘油	0.13
	苯氧乙醇	0.54

制备工艺：

① 将 A 组分物料依次加入油相锅，升温至 80℃，450r/min 搅拌混匀，得油相；

② 将 B 组分物料依次加入水相锅，升温至 80℃，450r/min 搅拌混匀，得水相：

③ 将 C 组分物料依次加入预混锅，升温至 40℃，500r/min 搅拌混匀，得醇相；

④ 在 450r/min 转速下，控制滴加速率为 150mL/min，将油相逐步加入水相中，15000r/min 均质 4min，然后加入醇相，混合均匀后得混合相；

⑤ 将混合相控制转速为 450r/min，80℃搅拌 35min，然后自然降温至 55℃，加入 D 组分，450r/min 搅拌 40min，即得含有大秃马勃菌水溶性粗多糖和大秃马勃菌醇提物的护肤乳。

配方 6：维生素 E 护肤乳

	组分	质量分数/%
A 组分	甘油	2.0
	丙二醇	2.0
	丁二醇	3.0
	尿囊素	0.05
	水	加至 100
B 组分	鲸蜡硬脂基葡糖苷	0.78
	硬脂酸	2.4
	甘油硬脂酸酯	1.8
	硬脂醇	1.0
	液体石蜡	2.5
	聚二甲基硅氧烷	2.0
	鲸蜡醇聚醚-25	0.36
	PEG-6 硬脂酸酯	0.84
	鲸蜡硬脂醇	0.5
	PEG-100 硬脂酸酯	1.0
	牛油果树果脂	0.8

组分		质量分数/%
C 组分	透明质酸钠	0.02
	卡波姆	0.08
	水	25.0
D 组分	羟苯甲酯	0.1
	羟苯乙酯	0.1
	羟苯丙酯	0.1
	丁二醇	2.0
E 组分	三乙醇胺	0.06
F 组分	天然维生素 E	1.0
	维生素 E 醋酸酯	1.0
	库拉索芦荟叶提取物	0.5
	香精	0.01

制备工艺：

① 取 C 组分混合，提前室温浸泡，搅拌，使充分溶胀，作为凝胶溶液备用；

② 取 D 组分混合溶解，作为防腐剂溶液备用；

③ 将 A 组分投入水相配制罐中，设定温度为 95～100℃，搅拌至完全溶解，封盖，并保温 20min，加入凝胶溶液，开启冷却，设定温度为 85～90℃，降至 85℃后关闭冷却水；

④ 将 B 组分物料投入油相配制罐中，封盖，设定温度为 75～80℃，加热，搅拌，至完全溶解；

⑤ 设定乳化罐温度为 75～80℃，2000r/min 乳化搅拌 5min，60r/min 慢速搅拌 120min，冷却至 50℃，启动真空泵，将油相配制罐中的物料抽入乳化罐内，再将水相配制罐中的物料抽入乳化罐内，并加入 E 组分；

⑥ 关闭真空泵，打开吹气阀，排除真空，启动均质器均质 10min；

⑦ 加入防腐剂溶液，搅拌，打开夹层冷却水阀门，待温度降至 50℃，加入 F 组分，关闭罐盖，启动真空泵，打开真空阀门，均质 10min；

⑧ 均质完毕，打开夹层冷却水阀门，冷却至 35～40℃后，即得维生素 E 护肤乳。

配方 7：以文冠果油为基础油的护肤乳

组分		质量分数/%
A 组分	尿囊素	0.12
	EDTA-2Na	0.02
	卡波姆	0.12
	甘油	1.21
	HA	0.12
	水	加至 100
B 组分	$C_{16\sim18}$ 醇	1.21
	乳木果油	2.43
	硬脂酸甘油酯	1.21
	氢化聚癸烯	1.21
	文冠果油	6.07
	聚二甲基硅氧烷	1.21

制备工艺：

① 将 A 组分物料混合加热至 85℃ 及以上，均质 2min 备用；

② 再将 B 组分物料混合加热至溶解；

③ 将 A 组分加入 B 组分中并加热至 90℃，均质乳化 10min 以上，即得以文冠果油为基础油的护肤乳。

配方 8：复配青刺果油层状液晶保湿乳

组分		质量分数/%
A 组分	二十烷基醇、二十二烷基醇和二十烷基葡萄糖苷（Montanov 202）	3.0
	鲸蜡硬脂醇	1.5
	青刺果油	4.0
	15#白油	4.0
	GTCC	3.0
	聚丙烯酰胺/月桂醇聚醚-7/$C_{13\sim14}$异链烷烃（Sepigel 305）	1.5
B 组分	甘油	5.0
	水	加至 100
C 组分	尼泊金甲酯	0.2
	尼泊金丙酯	0.1
	苯氧乙醇	0.4

制备工艺：

① 分别称量油相（A 组分）和水相（B 组分）并置于 85℃ 水浴中，使两相溶解；

② 油水两相溶解后，将水相倒入油相中，以转速 3000r/min 均质乳化 3min；

③ 200r/min 低转速搅拌降温，降温至 45℃，加入 C 组分并搅拌均匀，出样，即得复配青刺果油层状液晶保湿乳。

配方 9：林蛙油保湿乳液

组分	质量分数/%	组分	质量分数/%
乳木果油	3.0	1,3-丁二醇	2.0
橄榄油	4.0	海藻糖	1.0
$C_{16\sim18}$醇	1.0	林蛙油	0.2
乳化蜡	2.0	水	加至 100
甘油	3.0	桑普 IPBC Ⅱ	0.1

制备工艺：

① 林蛙油干品粉碎后过 40 目筛，备用；

② 将除林蛙油与桑普 IPBC-Ⅱ 以外的其余各组分混合，加热至 85℃，搅匀，冷却至 70℃ 恒温水浴，加入林蛙油粉末并均质乳化，常温下加入桑普 IPBC-Ⅱ，即得林蛙油保湿乳液。

配方 10：油茶籽油与虫白蜡复配润肤乳

组分		质量分数/%
A 组分	虫白蜡	1.52
	油茶籽油	4.56
	高级烷醇混合物	0.1

组分		质量分数/%
A 组分	3%的 NaOH 乙醇溶液	6.08
	20%的柠檬酸水溶液	0.1
	凡士林	6.67
	三乙醇胺	0.37
	尼泊金甲酯	0.1
B 组分	甘油	3.66
	羧甲基纤维素钠	1.87
	水	加至 100
	尼泊金丙酯	0.1
C 组分	鱼鳞胶原蛋白肽	1.47
	水	适量

制备工艺：

① 在 85℃水浴条件下，将虫白蜡粉末和高级烷醇混合物溶于油茶籽油中，加入质量分数为 3%的 NaOH 乙醇溶液进行皂化反应，变为胶黏态结束加热，冷却至室温得油茶籽油与虫白蜡复配物基质，20%的柠檬酸水溶液调节 pH 至中性；

② 将凡士林、三乙醇胺和尼泊金甲酯加入上述基质中，于 85℃条件下加热搅拌至熔融，得 A 组分；

③ 在此温度下将搅拌加热至 85℃的 B 组分缓慢加入 A 组分中，并高速搅拌（2000r/min）乳化 15min，得乳化液；

④ 搅拌降温至 40℃，将 C 组分溶于一定量水后在高速搅拌（2000r/min）下加入乳液中，冷却即得润肤乳产品。

配方 11：层状液晶型护肤乳液

组分		质量分数/%					
		配方 1	配方 2	配方 3	配方 4	配方 5	配方 6
A 组分	Nikkomulese LC	5.0	5.0	5.0	5.0	5.0	5.0
	鲸蜡醇	3.0	3.0	3.0	3.0	3.0	3.0
	橄榄油	3.5	3.5	3.5	1.5	1.5	1.5
	乳木果油	3.5	3.5	3.5	1.5	1.5	1.5
	白矿油	1.0	1.0	1.0	2.3	2.3	2.3
	凡士林	1.0	1.0	1.0	2.3	2.3	2.3
	角鲨烷	1.0	1.0	1.0	2.3	2.3	2.3
B 组分	卡波姆 940	0.15	—	—	0.15	—	—
	Aristoflex AVC	—	0.15	—	—	0.15	—
	Sepigel 305	—	—	0.5	—	—	0.5
	三乙醇胺（98%）	0.15	—	—	0.15	—	—
	甘油	10.0	10.0	10.0	10.0	10.0	10.0
	水	加至 100	加至 100	加至 100	加至 100	加至 100	加至 100
C 组分	防腐剂	0.1	0.1	0.1	0.1	0.1	0.1

Nikkomulese LC：山嵛醇、硬脂醇、PEG-20 植物甾醇、鲸蜡醇、植物甾醇类、甘油硬脂酸酯、氢化卵磷脂、辛酸/癸酸三甘油酯混合物。

Aristoflex AVC：丙烯酰二甲基牛磺酸铵/VP（乙烯基吡咯烷酮）共聚物。

制备工艺：

① 将 A 组分、B 组分分别加热，再搅拌混合制成油相混合物；

② 将混合的 A 组分和 B 组分进行乳化，乳化温度为 68℃，乳化速度为 3200r/min，乳化时间为 8min；

③ 降温至宰温，降温搅拌速度为 500r/min，加入 C 组分混合均匀后即得。

配方 12：液晶护肤乳

	组分	质量分数/%
A 组分	Montanov L	2.0
	IMEX ININ 1449	4.0
	角鲨烷	4.0
	$C_{16\sim18}$醇	1.0
B 组分	水	加至 100
	EDTA-2Na	0.03
	甘油	6.0
	SEPINOV™ EMT10	0.3
	卡波姆 980	0.1
	透明质酸钠	0.1
	保湿活性成分	2.0
C 组分	防腐剂	0.65
	香精	0.1

Montanov L：$C_{14\sim22}$烷基醇/$C_{12\sim20}$烷基葡糖苷。

IMEX ININ 1449：异壬酸异壬酯。

SEPINOV™ EMT10：丙烯酸羟乙酯/丙烯酰二甲基牛磺酸钠共聚物。

制备工艺：

① 取 A 组分原料（除 $C_{16\sim18}$醇外），搅拌加热至 80～85℃，保温灭菌 10min；

② 取 B 组分原料（除保湿活性成分外），搅拌加热至 80～85℃，保温灭菌 10min；

③ 将 A 组分加入 B 组分中，均质 5min 后调低搅拌速度，保温 10min；

④ 降温至 60℃时加入 $C_{16\sim18}$醇，再均质 2min；

⑤ 搅拌降温至 45℃后添加保湿活性成分、防腐剂和香精。

配方 13：乌拉草乳液

	组分	质量分数/%
A 组分	液体石蜡	12.25
	硬脂酸	2.45
	羊毛脂	2.45
	白凡士林	2.45
	Tween-80	2.45
	甘油	3.67
	单硬脂酸甘油酯	1.29
	丙二醇	6.12
	三乙醇胺	1.22

续表

组分		质量分数/%
B 组分	卡波姆 940	0.91
	乌拉草纯露	加至 100
	透明质酸钠	0.07
	羧甲基纤维素钠	0.61
	PEG-1000	2.45
C 组分	氮酮	1.22

制备工艺：

① 挑选干燥乌拉草，粉碎、过筛后加热提取制得乌拉草提取液，蒸馏乌拉草提取液得到乌拉草纯露备用；

② 将 A 组分原料混合，加热至 70℃直至全部溶解后作为油相备用；

③ 取卡波姆 940 加入乌拉草纯露中，搅匀静置溶胀 8h 备用；

④ 在③液中匀速加入透明质酸钠至溶解，缓慢加入羧甲基纤维素钠至溶解并呈透明黏稠状，加入 PEG-1000 搅拌至溶解，作为水相备用；

⑤ 将油相加热后，逐渐缓慢倒入加热的水相中，溶液呈均匀的乳白色后停止加热；

⑥ 搅拌冷却至 40℃时加入氮酮，搅拌冷却至室温即得乌拉草保湿乳液。

配方 14：山药多糖保湿乳

组分		质量分数/%
A 组分	液体石蜡	4.0
	辛酸	4.0
	IPM	4.0
	二甲基硅油	2.0
	单甘酯	1.0
	C_{18} 醇	1.5
B 组分	Felige-329	3.0
C 组分	丙二醇	3.0
	甘油	3.0
	尼泊金甲酯	0.4
	水	至 100
D 组分	F-338	1.6
E 组分	柠檬酸	0.15
F 组分	香精	0.1
	山药多糖	0.4
	HA	0.2

制备工艺：

① 将 A 组分加热至 75～85℃，搅拌至溶解；

② 将 B 组分和 C 组分混合加热至 75～85℃，搅拌至溶解；

③ 搅拌下将 A 组分加入 B、C 混合组分，恒温均质 3min；

④ 80℃加入 D 组分，搅拌至光亮的膏体；

⑤ 降温至 45～50℃时，加入山药多糖溶液、HA、柠檬酸、香精搅拌均匀，即可。

配方 15：灵芝乳液

组分		质量分数/%
A 组分	水	加至 100
	灵芝多糖提取液	15.0
	EDTA-2Na	0.03
	甘油	4.0
	丁二醇	2.0
	1,3-丙二醇	6.0
	汉生胶	0.1
	尼泊金甲酯	0.1
B 组分	Brij 721	1.6
	Brij 72	1.0
	白油	8.0
	霍霍巴油	5.0
	乳木果油	1.6
	水	适量
C 组分	Glydant Plus Liquid	3.0
	香精	0.1

Glydant Plus Liquid：由 1,3-二羟甲基-5,5-二甲基乙内酰脲和丁氨基甲酸-3-碘代-2-丙炔基组成。

制备工艺：

① 取 A 组分混合并置于 90℃水浴中溶解，备用；

② 取水，将 B 组分中的各物料按顺序分散于水中，90℃水浴搅拌加热；

③ 当 A、B 两组分达到 90℃时，搅拌，将 A 组分匀速加入 B 组分中，并维持搅拌分散 5min，之后 10000r/min 均质 2min；

④ 均质结束后保持慢速搅拌，待体系温度降至 55℃左右时将 C 组分添入，继续搅拌 20～30min 至体系均一即可。

12.1.2　保湿面霜

配方 1：芦荟美白保湿面霜

组分	质量分数/%	组分	质量分数/%
甘油	12.0	精氨酸	0.5
芦荟	10.0	羧甲基脱乙酰壳多糖	2.0
透明质酸钠	5.0	薄荷	0.5
聚谷氨酸钠	5.0	墨鱼骨	0.5
汉生胶	4.0	维生素 E	0.5
水	加至 100	桉叶油	0.5
异抗坏血酸	8.0	寡肽	0.5
桑白皮提取物	7.5	地衣	0.5
烟酰胺	2.0	猴头菌	4.0
海藻	4.0		

制备工艺：

按比例称取各原料研磨后，加入搅拌釜，2400r/min 搅拌混合 30min，即得芦荟美白保湿面霜。

配方 2：茶油高分子面霜剂

组分	质量分数/%	组分	质量分数/%
茶籽油	15.0	丁二醇	2.0
丙烯酸	0.5	护肤三肽	1.0
PEG（分子量 8000）	1.0	大豆磷脂	0.5
过硫酸铵	0.1	水	74.9
甘油	5.0		

制备工艺：

① 将茶籽油和丙烯酸混合均匀，加热至 60℃，加入过硫酸铵，1000r/min 搅拌反应 0.5h，再加入 PEG 继续搅拌并升温至 120℃，保温 0.5h；

② 冷却至 30℃时，加入其他组分，10000r/min 搅拌 20min，即得茶油高分子面霜剂。

配方 3：高渗透性保湿面霜

	组分	质量分数/%
A 组分	水	加至 100
	甘油	9.0
	EDTA-2Na	0.02
B 组分	水	10.0
	卡波姆	0.35
C 组分	水	7.0
	PEG-150	3.0
D 组分	垂盆草提取物	0.01
	杨桃叶提取物	0.3
	弗来歇氏柳叶菜提取物	0.1
	沙漠蔷薇叶细胞提取物	0.05
	梓树树皮/叶提取物	0.2
	麦冬根提取物	0.2
	甘油磷酸肌醇胆碱盐	0.15
E 组分	双丙甘醇	3.0
	汉生胶	0.1
F 组分	双丙甘醇	4.0
	苯氧乙醇/乙基己基甘油	0.1
G 组分	丁二醇	6.0
	甘油	2.0
	水	2.0
	PEG-40 氢化蓖麻油	0.7
	二（月桂酰胺谷酰胺酸）赖氨酸钠	0.2
H 组分	双丙甘醇	2.0
	羟苯甲脂	0.15

续表

组分		质量分数/%
I 组分	氢化聚癸烯	5.0
	聚二甲基硅氧烷	5.5
	山嵛醇	0.5
	霍霍巴油	0.5
	维生素 E 乙酸酯	0.05
J 组分	水	4.0
K 组分	水	2.0
	氢氧化钠	0.9

制备工艺：

① 将 B 组分中卡波姆提前浸泡润湿完全，备用；

② 将 C 组分、E 组分、F 组分、K 组分物料分别混合搅拌溶解或者分散均匀，备用；

③ 将 H 组分物料混合加热到 75℃ 溶解均匀，备用；

④ 将 I 组分各物料混合加热到 85℃，搅拌溶解均匀，备用；

⑤ 将 A 组分、J 组分各物料加入乳化锅中，搅拌加热到 90℃，溶解后，再加入预处理好的 B 组分和 E 组分，搅拌均质 10min，90℃ 保温消泡 20min；

⑥ 降温到 80℃，依次加入 G 组分、I 组分，搅拌均匀，降温到 50℃，然后分别加入 C 组分、F 组分和 H 组分，搅拌均匀，再加入 D 组分各原料，搅拌均匀，最后加入 K 组分，搅拌均匀。

配方 4：含牛油果成分的保湿面霜

组分	质量分数/%	组分	质量分数/%
牛油果精华	3.0	丁二醇	10.0
橄榄油	0.5	卡波姆	0.5
杏仁油	0.5	聚二甲基硅氧烷	0.5
玫瑰果油	0.5	维生素 E	0.5
甘油	15.0	水	加至 100

制备工艺：

① 取牛油果洗净后去皮切块，然后压榨得到果汁和果泥；向果汁中加 5 倍量的纯水搅拌，2℃ 静置 8h，纱布过滤，保留果汁滤液，合并滤渣与果泥；向滤渣和果泥中加入脂肪酶（0.3g/g）35℃ 酶解 10h，超声波灭酶活，得酶解物；将酶解物在有机溶剂中分散均匀后，20℃ 搅拌后静置 4h，5℃/30min 降温至 -5℃，再 3℃/30min 降温至 -20℃，保温 4h，过滤得有机滤液；将有机滤液与果汁滤液混合，真空浓缩至体积的 30%，巴氏灭菌得牛油果精华。

② 向乳化锅中加入水，2000r/min 搅拌下缓慢投加卡波姆分散均匀，在 400r/min 搅拌下加热升温至 80℃，保持 15min，然后向乳化锅中加入甘油混合。

③ 保温下依次加入丁二醇、橄榄油、杏仁油、玫瑰果油、聚二甲基硅氧烷，然后 400r/min 搅拌下保温 15min。

④ 将乳化锅抽真空至真空度不低于 0.05MPa，2000r/min 搅拌 2min，400r/min 搅拌 25min，待温度降至 50℃ 后，向乳化锅中加入维生素 E。

⑤ 待乳化锅内温度继续降至 30℃时，再向乳化锅中加入牛油果精华搅拌均匀，待冷却至 20℃时得到保湿面霜。

配方5：含有花旗松素的润活凝时面霜

	组分	质量分数/%
A 组分	甘油	4.0
	西伯利亚落叶松木提取物	0.28
B 组分	玫瑰甘油提取液	2.0
	对羟基苯乙酮	0.3
	己二醇	0.3
C 组分	霍霍巴油	5.5
	角鲨烷	5.0
	鲸蜡硬脂醇橄榄油酸酯	3.5
	山梨坦橄榄油酸酯	1.5
	聚二甲基硅氧烷	1.0
	氢化卵磷脂	2.2
D 组分	玫瑰甘油提取液	5.0
	透明质酸钠	0.3
E 组分	玫瑰蒸馏水	加至 100

制备工艺：

① 将新鲜玫瑰花与 5 倍量的水混合加入蒸馏锅内，升温煮沸，蒸馏，在 15min 内蒸馏出 85%的水，获玫瑰蒸馏水；

② 将蒸馏锅内剩余物 80℃敞口加热 10min，加入与新鲜玫瑰花重量相同的甘油，100℃敞口加热处理 20min，过滤收集甘油滤液，活性炭脱色，过滤收集得玫瑰甘油提取液；

③ 将 A 组分物料混合均匀，加热至 50℃静置 5min；

④ 常温下，将 B 组分物料混合均匀；

⑤ 将 D 组分和 E 组分物料分别混合后加热至 75℃；

⑥ 将 C 组分物料混合后加热至 70℃；

⑦ 在 60r/min 搅拌下将 D 组分和 E 组分混合物加入 C 组分，3000r/min 均质 10min 后降温；

⑧ 温度降至 45℃时，分别加入 A 组分和 B 组分，2000r/min 再次均质 2min；

⑨ 温度降至 35℃时，过滤出料即得含有花旗松素的润活凝时面霜。

配方6：含有银耳芽孢胞外多糖的保湿面霜

	组分	质量分数/%
A 组分	橄榄乳化蜡	20.0
	甜杏仁油	7.0
	小麦胚芽油	7.0
	油溶性维生素 E	3.0
B 组分	水	加至 100
C 组分	胞外多糖	1.0
	甘油	10.0
	杰马 BP	1.0

制备工艺：

① 将 A 组分物料混合后水浴加热至 80℃，搅拌使物料完全熔化，待用；

② 将 B 组分物料加热至 80℃待用，趁热将 A 组分倒入 B 组分中，搅拌形成乳状液，搅拌降温至 40℃；

③ 分多次加入 C 组分，每加一次都要搅拌均匀，直至加完；

④ 待温度降至室温后，静置，装瓶即得有银耳芽孢胞外多糖的保湿面霜。

配方 7：黄瓜保湿面霜

组分	质量分数/%	组分	质量分数/%
黄瓜提取物	20.8	氢化大豆卵磷脂	2.0
氨基己酸	2.1	美拉白	1.3
当归提取物	4.2	月见草油	0.4
甘蔗酸	4.2	羧甲基纤维素钠	1.3
紫草液	1.3	鲸蜡硬脂醇异壬酸酯	1.7
膜荚黄芪根提取物	0.8	PEG-30 二聚羟基硬脂酸酯聚山梨醇酯-80	1.7
洋甘菊提取物	2.0	聚甘油-3 二异硬脂酸酯	1.3
牛蒡根提取物	5.8	燕麦多肽	1.7
海藻提取物	4.6	卵磷脂	1.3
接骨木提取物	2.0	水	加至 100
茶多酚	2.0		

制备工艺：

① 将所有组分置于反应器中，超声高速分散，超声波频率为 20～40kHz，分散速度为 5500r/min，分散时间为 50min；

② 将体系移入预热的均质乳化锅中加热均质乳化，乳化时的温度为 70℃，均质乳化 3min，自然冷却至常温，即得黄瓜保湿面霜。

配方 8：男士保湿面霜

组分		质量分数/%
A 组分	汉生胶	0.1
	海藻糖	2.0
	丙烯酸（酯）类/C$_{10\sim30}$烷醇丙烯酸酯交联聚合物	0.2
	丙烯酸（酯）类共聚物钠/卵磷脂	0.6
	精氨酸	0.16
	水	加至 100
B 组分	角鲨烷	1.5
	植物甾醇/山嵛醇/辛基癸醇月桂烯谷氨酸酯	0.8
C 组分	透明质酸钠	0.05
	吡哆素	0.1
	交替单胞菌发酵产物提取物	5.0
	马齿苋	5.0

制备工艺：

① 将 A 组分物料混合加热到 75℃，溶解搅拌均匀，待用；

② 将 B 组分物料加入油相锅加热到 80℃，搅拌均匀，待用；

③ 将 B 组分加入搅拌中的 A 组分中均质乳化 5min，加入 C 组分，降温，出料，即得男士保湿面霜。

配方 9：植物精粹面霜

组分		质量分数/%
A 组分	浓甘油	8.0
	高分子透明质酸钠	0.04
B 组分	三乙醇胺	0.2
	水	适量
C 组分	食用乙醇	1.0
	二氢杨梅素提取物	0.5
D 组分	1,3-丁二醇	4.0
	水	加至 100
	卡波姆	0.6
E 组分	GTCC	8.0
	硬脂酸甘油酯和 PEG-100 硬脂酸酯	1.0
	甲基聚硅鲨烷	1.0
	植物角鲨烷	1.5
	乳木果油	0.4
	维生素 E	0.05
F 组分	大豆卵磷脂	0.4
	D-泛醇	0.4
G 组分	甜橙精油	0.6

制备工艺：

① 将 A 组分、B 组分、C 组分物料分别搅拌分散均匀；

② 在水相槽中加入剩余的水、1,3-丁二醇、已分散均匀的 A 组分，搅拌溶解，停止搅拌，加入卡波姆搅拌溶解至完全分散，制成水相，抽入乳化槽；

③ 在油相槽中加入 GTCC、硬脂酸甘油酯和 PEG-100 硬脂酸酯、甲基聚硅氧烷、植物角鲨烷搅拌加热至 85℃，溶解完全，再加入乳木果油、维生素 E 溶解完全，制成油相（E 组分）；

④ 乳化槽加热至 80℃，加入 F 组分，搅拌溶解，2500r/min 均质，抽真空，经过滤将油相缓慢抽入乳化槽中，均质 10min，分散均匀；

⑤ 降温至 70℃，加入 B 组分，均质 5min，降温至 60℃，再加入 C 组分、G 组分 1500r/min 均质，搅拌 10min 直至分散均匀，搅拌降温至 40℃后过 100 目滤网，即得植物精粹面霜。

配方 10：保湿修复面霜

组分		质量分数/%
A 组分	水	加至 100
	甘油	3.0
	玉米胚芽提取物	2.0
	丁二醇	5.0
	月桂酰乳酰乳酸钠	0.5
	植物鞘氨醇	0.1

续表

组分	组分	质量分数/%
A 组分	神经酰胺 3	0.1
	苯氧乙醇	0.2
	神经酰胺 6 Ⅱ	0.1
	胆甾醇	0.1
	汉生胶	0.05
	乙基己基甘油	0.13
	卡波姆	0.3
	神经酰胺 1	0.00001
	羟苯甲酯	0.2
	EDTA-2Na	0.02
B 组分	卡波姆	0.3
	聚丙烯酸钠	0.1
	水	1.0
	透明质酸钠	0.05
C 组分	环五聚二甲基硅氧烷	3.0
	山梨坦三硬脂酸酯	6.0
	鲸蜡醇	2.0
	聚甘油-3 甲基葡糖二硬脂酸酯	2.0
	氢化椰油甘油酯类	1.0
D 组分	聚二甲基硅氧烷	2.0
	聚二甲基硅氧烷/乙烯基聚二甲基硅氧烷交联聚合物	0.1
	聚二甲基硅氧烷醇	0.05
E 组分	PEG/PPG/聚丁二醇-8/5/3 甘油	3.0
	维生素 E	0.045
	水	10.0
	苯氧乙醇	0.03
	生物糖胶-1	0.05
	甘油	4.5
	裙带提取物	0.05
	羊栖菜醇提取物	0.05
	PEG-8	0.05
	维生素 C 棕榈酸酯	0.01
	维生素 C	0.0006
	柠檬酸	0.0006
	香精	0.05
	水解植物蛋白	0.0005
	辛甘醇	0.0001
	乙酰基六肽-8	0.0001
	棕榈酰三肽-5	0.00001
	二肽二氨基丁酰苄基酰胺二乙酸盐	0.0001
	CI19140	0.0002
	CI15985	0.0002
F 组分	氢氧化钠	0.1

制备工艺：

① 将 A 组分、B 组分、C 组分、D 组分、E 组分、F 组分各物料分别混合均匀；

② 向 A 组分中加入 B 组分，溶解得到混合组分，然后加入 F 组分，形成凝胶体系；

③ 在 75℃条件下向凝胶体系中加入 C 组分，溶解后在搅拌条件下加入 D 组分，混合均匀后加入 E 组分，并混合均匀。

④ 冷却至 25℃用 100 目滤网过滤，即得保湿修复面霜。

配方 11：天然保湿面霜

组分	质量分数/%	组分	质量分数/%
白术提取物	1.0	矿物土	3.0
白芷提取物	5.0	乳木果油	1.0
青稞苗提取物	5.0	甘油	5.0
重楼提取物	1.0	HA	0.1
积雪草提取物	1.0	维生素 B6	3.0
透明质酸钠	0.1	水	加至 100

制备工艺：

① 将白术提取物、白芷提取物、青稞苗提取物、重楼提取物和积雪草提取物混合搅拌均匀；

② 在搅拌速度为 5000r/min 的条件下，加入透明质酸钠、矿物土、乳木果油、甘油、HA、维生素 B6 和水，并搅拌 10min，即得天然保湿面霜，封装。

配方 12：含白玉兰提取物的保湿美白面霜

	组分	质量分数/%
A 组分	鲸蜡硬脂醇	13.0
	甘油硬脂酸酯 SE	2.0
	1,2-己二醇	0.3
B 组分	甘油	9.0
	卡波姆	0.15
	透明质酸钠	0.02
	尿囊素	0.03
	香精	0.02
	水	加至 100
C 组分	三乙醇胺	0.15
	白玉兰提取物	0.5
	二葡糖基梧酸	0.5
	烟酰胺	1.0
	金叉石斛提取物、当归提取物、马鞭草提取物、三七提取物、野玫瑰提取物、赤芍药提取物混合物（质量比 1:1:1:1:1:1）	2.0

制备工艺：

① 取 A 组分物料，加入油相锅，搅拌加热至 80℃，使其溶解完全，保温 15min 备用；

② 取 B 组分物料加入乳化釜，搅拌加热至 80℃，使其溶解完全；

③ 将 A 组分油相物料吸入乳化釜内，搅拌均匀，抽真空均质 8min，保温搅拌 15min；

④ 当温度降到 60℃时，加入配方量的三乙醇胺调节物料 pH 值；

⑤ 当温度降到 45℃时，加入 C 组分其余物料，当温度降至 40℃以下，过滤出料即得含白玉兰提取物的保湿美白面霜。

配方 13：含紫菜头多糖的天然面霜

组分	质量分数/%	组分	质量分数/%
紫菜头多糖	0.4	鲸蜡硬脂醇	0.7
油橄榄果油	5.0	丙二醇/双（羟甲基）咪唑烷基脲/碘丙炔醇丁基氨甲酸酯	0.15
丁二醇	3.0	维生素 E	0.3
甘油	2.5	汉生胶	0.165
GTCC	1.5	透明质酸钠	0.05
鲸蜡硬脂醇/鲸蜡硬脂基葡糖苷	1.4	迷迭香叶提取物	0.004
氢化霍霍巴油	2.3	对羟基苯乙酮	0.43
牛油果树果脂	3.5	1,2-己二醇	0.18
甘油硬脂酸酯/PEG-100 硬脂酸酯	0.9	甲基异噻唑啉酮	0.003
丙烯酸钠/丙烯酰二甲基牛磺酸钠共聚物/聚山梨醇酯-80/异十六烷	1.0	水	加至 100

制备工艺：

按配比将原料加入高速旋转搅拌机中，5000r/min 均匀搅拌 10min，即得含紫菜头多糖的天然面霜。

配方 14：玉竹多糖保湿霜

组分	质量分数/%	组分	质量分数/%
角鲨烷	10.0	甘油	5.0
Sepigel 305	2.0	水	加至 100
玉竹多糖	5.0	防腐剂	1.0

制备工艺：

① 将角鲨烷和 Sepigel 305 混合作为油相；

② 将甘油、玉竹多糖、水和防腐剂混合作为水相；

③ 将水相缓慢加入油相，边加入边搅拌至完全乳化，即得玉竹多糖保湿霜。

配方 15：松子油保湿面霜

组分		质量分数/%
A 组分	精制松子油	2.0
	精制鹿油	1.0
	GTCC	4.0
	异十六烷（HD）	3.0
	$C_{16\sim18}$ 醇	4.0
	硅油（DC-100）	1.0
	甘油硬脂酸酯和 PEG-100 硬脂酸酯（Simulsol 165）	1.5
	维生素 E 乙酸酯	1.0
	红没药醇	0.2

组分		质量分数/%
B 组分	甘油	3.0
	1,3-丁二醇	5.0
	EDTA-2Na	0.1
	2%卡波姆 934	4.0
	1%大分子 HA	7.0
	尿囊素	0.2
	水	加至 100
C 组分	euxyl PE 9010	0.4
	euxyl K220	0.1
	马齿苋提取物	1.0
	MD100	0.3
	香精	0.1

制备工艺：

① 将 A 组分与 B 组分分别加热至 80℃、85℃，保持此温度使原料充分溶解，不断搅拌下将油相（A 组分）加入水相（B 组分）中，剪切均质 5min；

② 待冷却至 40～45℃时将 C 组分加入混合液中，用搅拌机搅拌均匀即可出料。

配方 16：多效润肤霜

组分		质量分数/%
A 组分	异硬脂酸异丙酯	1.5
	棕榈酸异辛酯	4.0
	辛酸/癸酸三甘油酯	6.0
	聚二甲基硅氧烷	1.0
	角鲨烷	2.0
	$C_{12\sim15}$ 醇苯甲酸酯	2.0
	硬脂酸	1.0
	C_{16} 醇	2.0
	单硬脂酸甘油酯	2.5
	硬脂醇聚氧乙烯醚-2	2.0
	尼泊金丙酯	0.1
	BHT	0.01
B 组分	甘油	3.0
	丙二醇	2.0
	0.5%魔芋胶 KJ-30	50.0
	硬脂醇聚氧乙烯醚-21	2.5
	尼泊金甲酯	0.2
	EDTA-2Na	0.02
	水	加至 100
C 组分	无水乙醇	10.0
	胡椒碱	0.36
	槲皮素	0.39
	阿魏酸	0.25

续表

	组分	质量分数/%
D 组分	HA	0.05
	重氮烷基咪唑脲	0.2
	水	5.0

制备工艺：

① 将 A 组分和 B 组分分别置于 80℃水浴锅中搅拌 30min，使固状物溶解，然后边搅拌边把 B、C 组分加入 A 组分中；

② 快速搅拌 30min 后降温，冷却至 45℃时将 D 组分加入并搅拌至均匀，温度降至 35℃时停止搅拌，出料。

配方 17：高效保湿霜 1

	组分	质量分数/%
A 组分	水	加至 100
	卡波姆	0.2
	汉生胶	0.12
	透明质酸钠	0.05
	甘油	5.0
	1,3-丁二醇	3.0
	尿囊素	0.1
	EDTA-2Na	0.03
B 组分	鲸蜡硬脂醇	1.0
	硬脂酸	1.0
	Simulsol 165	3.33
	植物甾醇类	0.5
	聚二甲基硅氧烷	2.0
	棕榈酸乙基己酯	6.0
	乳木果油	2.0
	霍霍巴油	5.0
	Montanov 68	1.67
C 组分	Sepigel 305	0.6
	三乙醇胺	0.2
D 组分	尼泊金甲酯	0.2
	尼泊金丙酯	0.1
	PE9010	0.2
	神经酰胺	2.0
	香精	0.1

制备工艺：

① 将卡波姆分散于水中，搅拌分散至无颗粒，加入用甘油分散好的透明质酸钠和汉生胶，搅拌均匀后加入 A 组分其他原料，升温至 80～85℃，保温 15min，备用；

② 将 B 组分原料加热至 75～80℃，混合均匀，保温 10min，备用；

③ 将步骤②中所得 B 组分加入 A 组分中，3000r/min 下均质 3min，冷却至 60℃；

④ 加入助乳化剂 Sepigel 305 和三乙醇胺，冷却至 45℃；

⑤ 加入 D 组分原料，再冷却至室温，即得高效保湿霜。

配方 18：高效保湿霜 2

	组分	质量分数/%
A 组分	白池花籽油	6.0
	轻质液状石蜡	6.0
	聚二甲基硅氧烷	6.0
	神经酰胺 3	0.2
	鲸蜡硬脂醇	1.0
	Arlacel 165	3.0
B 组分	水	加至 100
	甘油	9.0
	透明质酸钠	0.1
	卡波姆	0.3
	EDTA-2Na	0.05
	防腐剂	适量
	香精	适量
C 组分	氨甲基丙醇	0.18

制备工艺：

① 将 A 组分油相原料在 80℃下搅拌溶解至均匀，备用；

② 将 B 组分在 80℃下搅拌至分散均匀；

③ 将 A 组分匀速加到 B 组分中，同时以 600r/min 的转速搅拌 3min；

④ 均质乳化（转速 6000r/min）3min，降温至 50℃加入氨甲基丙醇(C 组分)，搅拌均匀；

⑤ 降温至 40℃真空脱泡即可，制品外观呈膏体状。

配方 19：海蜇胶原蛋白保湿霜

	组分	质量分数/%
A 组分	月桂醇硫酸钠	2.1
	甘油	6.0
	水	加至 100
B 组分	硅油	0.8
	液体石蜡	1.9
	羊毛脂	0.6
	凡士林	0.7
	棕榈酸异丙醇	1.9
	C_{16} 醇	1.2
C 组分	防腐剂	适量
	香精	适量
	海蜇胶原蛋白	20.0

制备工艺：

① 将 A 组分和 B 组分分别加热到一定温度并维持该温度一段时间；

② 将两相慢慢混合到一起，一边混合一边以一定的速度搅拌，直至室温变相成膏体，再用水浴加热一段时间；

③ 在适宜的温度下加入 C 组分，再在室温下继续搅拌直到成膏停止搅拌。

配方 20：银耳多糖液晶霜

组分		质量分数/%				
		配方 1	配方 2	配方 3	配方 4	配方 5
A 组分	Montanov^{TM} L	4.0	4.0	4.0	4.0	4.0
	C$_{16~18}$醇	2.0	2.0	2.0	2.0	2.0
	GTCC	15.0	—	—	5.0	5.0
	白矿油	—	15.0	—	5.0	5.0
	聚二甲基硅氧烷	—	—	15.0	5.0	5.0
	聚丙烯酰胺（和）C$_{13~14}$异链烷烃（和）月桂醇聚醚-7	0.1	0.1	0.1	0.1	0.1
	异壬酸异壬酯	—	—	—	—	2.0
	角鲨烷	—	—	—	—	2.0
B 组分	银耳多糖	0.2	0.2	0.2	0.2	0.2
	水	适量	适量	适量	适量	适量
C 组分	甘油	8.0	8.0	8.0	8.0	8.0
	丙烯酸羟乙酯/丙烯酰二甲基牛磺酸钠共聚物	0.3	0.3	0.3	0.3	0.3
	HA	0.05	0.05	0.05	0.05	0.05
	水	加至 100	加至 100	加至 100	加至 100	加至 100
D 组分	复合防腐剂	0.5	0.5	0.5	0.5	0.5

Montanov^{TM} L：二十烷基醇、二十二烷基醇和二十烷基葡萄糖苷混合物。

制备工艺：

① 称取液晶乳化剂（Montanov^{TM} L）、助乳化剂（C$_{16~18}$醇）、油脂（白矿油、GTCC、聚二甲基硅氧烷、异壬酸异壬酯、角鲨烷）在 75℃的水浴锅中搅拌至溶解，再加入增稠剂［聚丙烯酰胺（和）C$_{13~14}$异链烷烃（和）月桂醇聚醚-7］，在 1800r/min 转速下，继续搅拌 5min，得 A 组分；

② 称取银耳多糖，加入适量水，在 1800r/min 转速下，75℃的水浴中搅拌至液体透明；

③ 称取 HA 和丙烯酸羟乙酯/丙烯酰二甲基牛磺酸钠共聚物，加入甘油，搅拌，加入水；

④ 在 75℃下，将上述液体进行混合；

⑤ 在高剪切仪中 12000r/min 剪切 5min，在剪切过程中将 A 组分均匀快速倒入 B、C 混合组分中；

⑥ 待液晶霜冷却至室温后，加入复合防腐剂，搅拌至均匀。

配方 21：芹菜素抗氧化保湿霜

组分		质量分数/%
A 组分	甘油	15.0～25.0
	RH40	47.2～62.5
	PEG-400	17.5～32.8
B 组分	HA	0.05
	芹菜素	5.96
	水	加至 100

制备工艺：

将油相（A 组分）和水相（B 组分中除芹菜素外其余组分）在 70℃ 水浴中加热并搅拌 5min，然后加入芹菜素进行搅拌，迅速进行超声溶解，最后用均质机均质 3min。

配方 22：贻贝多糖润肤霜

组分		质量分数/%
A 组分	单硬脂酸甘油酯	8.0
	硬脂酸	8.0
	C_{16}醇	1.0
	对羟苯甲酸丙酯	0.1
	二甲基硅油	1.0
B 组分	甘油	10.0
	三乙醇胺	1.0
	水	加至 100
C 组分	贻贝多糖	0.5
	香精	0.5

制备工艺：

① 将 A 组分加热至 80℃ 搅拌混合，持续 20min 灭菌，冷却，制成油相混合物。

② 将 B 组分搅拌下加热至 80℃，恒温 20min 灭菌，冷却，制得水相混合物。

③ 将贻贝多糖缓慢加入水相混合物中搅拌乳化后，加入油相混合物中，温度降至 45℃ 时加入香精，继续搅拌，冷却成膏状物质，即得贻贝多糖润肤霜。

配方 23：柑橘保湿霜

组分	质量分数/%	组分	质量分数/%
柑橘黄酮类提取液	20.0	乳木果脂	6.0
卡波姆	0.8	氢化聚癸烯	24
柠檬酸	0.2	维生素 E	1.0
海藻糖	4.0	鲸蜡硬脂醇	5.0
丁二醇	10.0	尼泊金甲酯	0.3
神经酰胺	2.0	HA	0.8
水	加至 100	乙醇	适量

制备工艺：

① 取 HA 加入适量水，搅拌至完全溶解；

② 取卡波姆，加入少许无水乙醇，搅拌均匀，加入柑橘黄酮类提取液，微波加热 20～30min，搅拌至卡波姆完全溶解；

③ 冷却至室温，加入柠檬酸和海藻糖，搅拌使之溶解，过滤；

④ 加入丁二醇、神经酰胺搅拌混匀，60℃ 水浴保温；

⑤ 取乳木果脂 60℃ 水浴至熔化，加入氢化聚癸烯和维生素 E；

⑥ 取鲸蜡硬脂醇 60℃ 水浴至熔化；

⑦ 将④溶液冷却后，加入 HA 溶液，搅拌均匀；

⑧ 将⑤溶液在搅拌的条件下加入⑦中，混合均匀，加入尼泊金甲酯；

⑨ 将⑥混合物快速倒入⑧中，匀速搅拌乳化，调 pH 值至 5～6 即得。

配方 24：林蛙皮银耳保湿霜

组分		质量分数/%
A 组分	卡波姆 940	0.5
	甘油	8.0
	水	加至 100
B 组分	单硬脂酸甘油酯	3.0
	C_{18} 醇	0.2～1.0
	棕榈酸异辛酯	2～6
	三乙醇胺	0.8
C 组分	对羟基苯甲酸丁酯	0.1
D 组分	林蛙皮极细粉	1.5
	银耳粗多糖提取液	2.0

制备工艺：
① 将卡波姆 940 用水预先溶解，加入甘油，45℃加热搅拌至甘油完全溶解；
② 将 B 组分加热至 80℃溶解，搅拌条件下将 A 组分加入 B 组分并搅拌 45min 以上；
③ 自然冷却至 45℃，加入 C 组分搅拌 20～25min，加入 D 组分继续搅拌至室温，成霜体即得。

配方 25：含胶原蛋白肽润肤霜

组分	质量分数/%	组分	质量分数/%
硬脂酸	3.0	海藻酸钠	1.0
橄榄油	8.0	香精（百里香）	0.5
Tween-80	4.5	防腐剂	适量
羧甲基壳聚糖	9.0	罗非鱼皮肽	1.0
Span-80	2.0	水	加至 100

制备工艺：
① 将油相原料（硬脂酸、橄榄油、Tween-80）在搅拌下加热（65℃）混合，维持 40min；
② 将水相原料（海藻酸钠、Span-80、防腐剂、香精、溶解完罗非鱼皮肽剩余的水、羧甲基壳聚糖）在搅拌下加热至 65℃溶解；
③ 将油相缓慢加到水相中搅拌乳化；
④ 搅拌降温至 50℃，将用适量水溶解好的罗非鱼皮肽液加入基体中，继续在恒温搅拌乳化，待冷却成膏，即得润肤霜。

配方 26：柠檬酸单硬脂酸甘油酯保湿霜

组分		质量分数/%
A 组分	二甲基硅氧烷	2.0
	GTCC	5.0
	IPP	2.0
	IPM	1.0

续表

组分		质量分数/%
A 组分	C_{16~18}醇	1.0
	C₁₆醇	2.0
	茶籽油	4.0
	柠檬酸单甘酯	1.8
	单甘酯	0.5
	尼泊金丙酯	0.1
B 组分	Tween-60	1.2
	卡波姆 940	0.1
	甘油	2.0
	丙二醇	2.0
	山梨醇	3.0
	D-泛醇	0.5
	HA	0.05
	尼泊金甲酯	0.2
	水	加至 100
C 组分	三乙醇胺	0.15
D 组分	香精	适量

制备工艺：

① 将 A 组分原料在搅拌下混合加热至 80～85℃，维持此温度进行灭菌 30min；

② 将 B 组分原料在搅拌下加热至 85～95℃，维持此温度进行灭菌 30min，然后冷却至 80～85℃；

③ 将 A 组分缓慢加到 B 组分后搅拌均匀，趁热均质 3min，搅拌并自然冷却；

④ 当体系降温至 50℃时，添加 C 组分，加入 D 组分，搅拌均匀，即得柠檬酸单硬脂酸甘油酯保湿霜。

配方 27：天麻多糖润肤霜

组分	质量分数/%	组分	质量分数/%
石蜡油	6.0	丙二醇	2.0
C₁₆醇	1.0	Tween-80	1.0
C₁₈醇	3.0	Span-60	1.0
羊毛脂	1.0	天麻多糖	0.4
凡士林	2.0	水	加至 100
甘油	2.0	薰衣草精油	0.2
防腐剂	适量		

制备工艺：

① 将基础组分（石蜡油、C₁₆醇、C₁₈醇、羊毛脂、凡士林、Span-60、Tween-80、甘油、丙二醇）混合后置于 70℃恒温水浴加热搅拌溶解；

② 将天麻多糖溶解于水中后，加入精油和防腐剂，置于 70℃恒温水浴加热；

③ 将②加入①中，使用磁力加热搅拌器在 40～50℃，乳化 35min，搅拌速度 400～600r/min 乳化即得。

配方 28：天然可可脂护肤霜

组分		质量分数/%
A 组分	单甘酯	1.0
	环甲基硅油	6.0
	硬脂酸	5.0
	棕榈酸异丙酯	4.0
	$C_{16 \sim 18}$ 醇	4.0
	天然可可脂	0.5、1.5、2.5、3.0
	羧甲基纤维素	1.5
	聚氧乙烯（2）硬脂醇醚	1.5
	聚氧乙烯（21）硬脂醇醚	1.8
B 组分	1,2-丙二醇	6.0
	甘油	3.0
	汉生胶	0.1
	水	加至 100
C 组分	防腐剂	0.3

制备工艺：

① 将 A 组分各物质混合，加热至 80℃，搅拌熔化均匀，作为油组分；

② 将 B 组分各物质混合，加热至 85℃，搅拌溶解均匀，作为水组分；

③ 将 A 组分和 B 组分加到乳化锅中，搅拌均匀，乳化均质 6min，搅拌冷却至 50℃时，加入 C 组分，搅拌均匀；

④ 冷却至 38℃，即得可可脂护肤霜。

配方 29：雪梨保湿霜

组分	质量分数/%	组分	质量分数/%
大豆卵磷脂	4.12	维生素 E	0.16
凡士林	16.50	雪梨提取物	20.62
汉生胶	0.31	甘油	4.12
HA	2.06	尼泊金甲酯	0.05
EDTA-2Na	0.05	氨甲基丙醇	0.19
柠檬酸	0.21	香精	适量
维生素 C	0.04	无水乙醇	适量
水	加至 100		

制备工艺：

① 取汉生胶加入适量的水，加热，搅拌至全部溶解呈胶状；

② 70℃水浴，缓慢加入 HA，搅拌，使其完全溶解，依次加入 EDTA-2Na、柠檬酸、维生素 C、维生素 E，搅拌溶解，最后加入雪梨提取物和甘油；

③ 取大豆卵磷脂，加入少许无水乙醇，搅拌混匀 5min，70℃水浴搅拌 5～10min；

④ 取凡士林，70℃水浴至熔融状态，加入②液中，搅拌，充分混匀，再加入③液，搅拌混匀；

⑤ 冷却至室温，加入尼泊金甲酯、氨甲基丙醇、香精，搅拌均匀，即得。

配方 30：椰子油脂质体保湿霜

组分		质量分数/%
A 组分	卡波姆 U20	0.6
	甘油	3.0
	1,3-丁二醇	2.0
	维生素 C	0.35
	维生素 E	0.55
	椰子油脂质体（椰子油含量为 5g/100mL）	加至 100
B 组分	三乙醇胺	0.6
	角鲨烷	0.7
	棕榈酸异辛酯	5.0
	C_{18} 醇	4.0
C 组分	苯氧乙醇	0.7
D 组分	薰衣草精油	0.02

制备工艺：

① 将卡波姆 U20 加入椰子油脂质体中预先溶解，依次加入甘油、1,3-丁二醇、维生素 C、维生素 E，搅拌并水浴加热至 90℃，保温搅拌 10min 至完全溶解，得到 A 组分；

② 将 A 组分降温至 60℃后，依次加入 B 组分原料充分搅拌均匀；

③ 降温至 45℃后加入苯氧乙醇、薰衣草精油水浴恒温（45℃）搅拌均匀，即得。

配方 31：茶油润肤霜

组分		质量分数/%
A 组分	茶油	7.0
	橄榄油	1.0
	乳木果油	2.0
	蜂蜡	3.0
	水溶性霍霍巴油	3.0
	甘油单硬脂酸酯	0.5
	PEG-40 氢化蓖麻油	2.0
B 组分	卡波姆 U20	0.3
	山梨醇	7.0
	三乙醇胺	0.3
	水	加至 100
C 组分	复合防腐剂	0.2
	香精	0.1

制备工艺：

① 将 A 组分和 B 组分原料分别加热至 85℃，搅拌溶解，保温 10min；

② 将 A 组分以细流方式缓缓加入 B 组分中，不断搅拌混合，均质 10min；

③ 搅拌冷却至 45℃，加入复合防腐剂、香精，继续搅拌冷却至室温，即可。

配方 32：O/W 保湿面霜

	组分	质量分数/%
A 组分	硬脂醇	2.0
	牛油果树果脂	3.0
	氢化橄榄油不皂化物	1.0
	燕麦仁提取物	1.0
	辛酸/癸酸三甘油酯	1.5
	霍霍巴油	1.0
	角鲨烷	1.0
	辛基十二醇	1.0
	聚甘油-3-硬脂酸酯	2.0
	甘油硬脂酸柠檬酸酯	1.0
	单硬脂酸甘油酯	0.5
B 组分	丙烯酸共聚物	0.35
	汉生胶	0.3
	透明质酸钠	0.01
	丙二醇	3.0
	甘油	3.0
	EDTA-2Na	0.05
	水	加至 100
C 组分	β-葡聚糖	2.0
	芦荟提取物	1.0
	防腐剂	适量
	香精	0.4
D 组分	三乙醇胺	0.35

制备工艺：

① 将汉生胶和透明质酸钠分别预分散在部分水中；

② 将 A 组分和 B 组分分别加热至 85℃，搅拌均匀；

③ 缓慢将 B 组分加入 A 组分，充分搅拌，12000r/min 均质 5min；

④ 继续搅拌降温至 45℃，将 C 组分物料逐一加入，搅拌均匀；

⑤ 最后加入三乙醇胺，调节 pH 值至 6 左右，搅拌均匀，即得 O/W 保湿面霜。

配方 33：葫芦巴保湿霜

	组分	质量分数/%
A 组分	MSG	4.0
	C_{16} 醇	1.0
	IPM	2.5
	GTCC	1.5
	聚二甲基硅氧烷	2.0
	霍霍巴油	0.6
	甜杏仁油	2.0
	小麦胚芽油	0.2～1.0
	葡萄籽油	0.8～1.5
	CAB	1.0

组分		质量分数/%
A 组分	AE-15	1.0
	尼泊金甲酯	0.05
	尼泊金丙酯	0.15
B 组分	甘油	4.0
	1,3-丙二醇	4.0
	山梨醇	4.0
	PEG-400	2.0
	汉生胶	0.5~1.0
	PCA-Na	2.0
	水	加至 100
C 组分	2%葫芦巴多糖水溶液	2~3
	葫芦巴浸膏	2~3
	维生素 E	4.0

制备工艺：

① 称取一定量的葫芦巴种子粉末，按照质量比 1∶20 加入体积分数 75%的乙醇，在 70℃下提取 3 次，每次 1h，过滤，旋蒸浓缩，制得葫芦巴浸膏（固含量 40%）；

② 取葫芦巴种子粉末 10g，按质量比 1∶20 加入水，过滤，旋蒸浓缩至 5mL。按体积比 1∶3 加入无水乙醇溶液，4℃静置过夜，6000r/min 离心 15min，洗涤，真空冷冻干燥，得到葫芦巴多糖；

③ 将 A 组分置于 80℃水浴锅中不断搅拌，完全熔化成均相；

④ 加入 B 组分并在 80℃下保温 20min，灭菌后过滤；

⑤ 降温至 60℃时加入维生素 E、2%葫芦巴多糖水溶液、葫芦巴浸膏，搅拌降温至 35℃，出料，即可。

配方34：芦荟保湿面霜

组分		质量分数/%
A 组分	透明质酸钠	0.5
	丁二醇	2.0
B 组分	水	加至 100
	尿囊素	0.2
	甘油	5.0
C 组分	异棕榈酸乙基己酯	5.0
	矿油	3.5
	聚二甲基硅氧烷	2.0
	鲸蜡硬脂醇	2.5
	甘油硬脂酸酯	1.5
	鲸蜡硬脂基葡糖苷	2.0
	矿脂	1.5
	牛油果树果脂	2.0
	维生素 E 乙酸酯	0.2
D 组分	库拉索芦荟叶汁	4.0
	自制银质量分数为 2.0%纳米银溶液	2.0
	香精	0.1

制备工艺：

① 将 A 组分原料充分搅拌至浸润分散完全，备用；

② 将 B 组分原料混合，搅拌加热到 75℃，至完全溶解均匀；

③ 将 A 组分加入至 B 组分中，均质 3min，至完全均匀；

④ 将 C 组分加热至 85℃，搅拌至完全溶解后，加入预配好的③液，均质 10min，至完全乳化均匀，消泡；

⑤ 降温到 40℃以下，依次加入 D 组分物料，搅拌均匀，即得芦荟保湿面霜。

配方 35：灵芝膏霜

组分		质量分数/%
A 组分	水	至 100
	灵芝多糖提取液	15.0
	EDTA-2Na	0.03
	甘油	4.0
	丁二醇	2.0
	1,3-丙二醇	6.0
	汉生胶	0.1
	尼泊金甲酯	0.1
B 组分	Brij 721	1.6
	Brij 72	1.0
	白油	8.0
	霍霍巴油	5.0
	乳木果油	1.6
	蜡	1.8
	水	适量
C 组分	Glydant Plus Liquid	1.0
	香精	0.1

制备工艺：

① 取 A 组分原料混合并置于 90℃水浴中熔化，备用；

② 将 B 组分中的各物料按顺序分散于适量水中，90℃水浴搅拌加热；

③ 当 A、B 两组分达到 90℃时，搅拌，将 A 组分匀速加入 B 组分中，并维持搅拌分散 5min，之后 10000r/min 均质 2min；

④ 均质结束后保持慢速搅拌，待体系温度降至 55℃左右时将 C 组分添入，继续搅拌 20～30min 至体系均一即可。

12.1.3　保湿化妆水

配方 1：积雪草保湿化妆水

组分		质量分数/%
A 组分	海藻酸钠	4.3
	EDTA-2Na	1.4
	甘油	8.7

续表

组分		质量分数/%
A 组分	红没药醇	1.4
	苯氧乙醇	1.4
B 组分	苦橙花提取物	4.3
	北美金缕梅水	2.9
	积雪草提取物	4.3
C 组分	透明质酸钠	4.3
	水解胶原蛋白	1.4
	丁二醇	2.9
	丙二醇	4.3
	水	加至 100
D 组分	羟苯甲酯	2.9
	甘油聚醚-26	4.3

制备工艺：

① 取 A 组分物料加入乳化锅中，60℃均质处理 7min；

② 将 A 组分放入超声波处理器中，加入 B 组分提取物，在 55℃下超声波处理 15min，出料，获混合物 1；

③ 取 C 组分物料，加入乳化锅中，70℃均质处理 5min；

④ 将 C 组分所在的乳化锅降温至 50℃，然后将混合物 1 加入乳化锅中，均质 10min，获混合物 2；

⑤ 将混合物 2 的乳化锅降温至 20℃，然后将 D 组分物料加至乳化锅中，均质处理 5min，出料，即得积雪草保湿化妆水。

配方 2：保湿柔肤水

组分		质量分数/%
A 组分	卡波姆 940	0.1
	10%氢氧化钠水溶液	2.0
	水	加至 100
B 组分	水溶性霍霍巴油	0.2
	SM2115 氨基硅氧烷微乳液	5.0
	水	17.2
C 组分	1,3-丁二醇	2.0
	中药当归提取液	5.0
	香精	0.3
	杰马 BP	0.3

制备工艺：

① 在搅拌下慢慢将卡波姆 940 加入水中，至完全分散，随后加入 10%氢氧化钠水溶液，搅拌均匀得 A 组分；

② 边搅拌边将 A 组分慢慢加入混合好的 B 组分，搅拌均匀；

③ 加入 C 组分物料，搅拌均匀即得保湿柔肤水。

配方 3：含油化妆水

组分		质量分数/%
A 组分	水	25.0
	PEG/PPG 聚丁二醇 8/5/3 甘油	2.0
	双丙二醇	10.0
	甘油	4.0
B 组分	水	加至 100
	EDTA-2Na	1.2
	柠檬酸	0.1
	柠檬酸钠	0.3
	铁皮石斛	0.5
	马齿苋提取物	0.5
	海藻提取物	0.2
	糖基海藻糖	0.2
C 组分	甜橙精油	0.7
	迷迭香精油	0.1
	天竺葵精油	0.1
	茉莉精油	0.1
	PPG-26-丁醇聚醚-26：PEG-40 氢化蓖麻油（1∶1）	1.8
	甘油	4.0
	PEG-400	4.0
D 组分	馨鲜酮	0.1
	己二醇	0.1

制备工艺：

① 将 B 组分缓慢加入 A 组分当中，搅拌均匀；

② 将步骤①得到的混合物加入 C 组分中，搅拌均匀；

③ 将步骤②得到的混合物加入 D 组分中，搅拌均匀即得含油化妆水。

配方 4："爆水"保湿化妆水

组分		质量分数/%
A 组分	水	加至 100
	甘油	5.0
	丁二醇	6.0
	海藻糖	1.0
	卡波姆	0.2
	EDTA-2Na	0.1
B 组分	三乙醇胺	0.18
C 组分	PEG-90M	0.03
	银耳子实体提取物	0.5
	蜂蜜提取物	0.5
	辛基十二醇聚醚-16	0.06
	PEG-60 氢化蓖麻油	0.24

续表

组分		质量分数/%
C 组分	香精	0.01
	1,2-己二醇	0.5
	乙基己基甘油	0.1
	PEG-75	2.0

制备工艺：

① 将水置于反应容器中，依次加入 A 组分其他物料，搅拌并加热至 78℃至溶解完全；

② 降温至 50℃，在反应容器中加入 B 组分，搅拌分散均匀；

③ 降温至 45℃，在反应容器中加入 C 组分，搅拌均匀；

④ 降温至 35℃，过滤，制备得到一种具有"爆水"（指皮肤上的化妆水经轻轻拍打后会进出水珠的状况）效果的化妆水。

配方 5：黄瓜保湿化妆水

组分	质量分数/%	组分	质量分数/%
黄瓜提取物	30.0	甘油	0.1
甲基三氯硅烷	20.0	丙烯酸甲酯	0.04
二甲基甲酰胺	5.0	香精	0.02
硫酸亚铁	3.0	脂肪酸	0.01
三乙醇胺	0.8	水	加至 100
胶原蛋白	0.4		

制备工艺：

称取各组分，并将各组分混合搅拌均匀出料；

配方 6：收敛控油纯露爽肤水

组分	质量分数/%	组分	质量分数/%
薰衣草纯露	42.5	甘油	1.9
迷迭香纯露	47.2	海藻糖	1.9
金缕梅提取物	4.7	β-葡聚糖	1.4
苯酚磺酸锌	0.1	苯氧乙醇	0.1
甘草酸二钾	0.2		

制备工艺：

将以上各物质依次加入容器中，不断搅拌混合，使其完全溶解，经紫外线照射灭菌，灌装，即得收敛控油纯露爽肤水。

配方 7：透明化妆水

组分		质量分数/%
A 组分	甘油	0.5
	丁二醇	1.0
	丙二醇	1.5

续表

组分		质量分数/%
A 组分	羟苯甲酯	0.12
	透明质酸钠	0.03
	聚谷氨酸钠	0.02
	EDTA-2Na	0.02
	水	加至 100
B 组分	苯氧乙醇	0.2
	甘油聚丙烯酸酯	0.5
C 组分	香精	0.03
	双苯基聚二甲基硅氧烷	1.0

制备工艺：

① A 组分制备步骤：将水加入水相搅拌锅中，加入 A 组分其他物料，搅拌加热到 80℃至溶解完全；

② 搅拌降温至 45℃后加入 B 组分，搅拌分散均匀，搅拌降温至 30℃过滤出料，得水相；

③ 室温下，将 C 组分添加至油相搅拌锅中，搅拌均匀，过滤出料，得到油相；

④ 将水相和油相混合后灌装，即得透明化妆水。

配方 8：长效滋润提亮美肌爽肤水

组分		质量分数/%
A 组分	双丙甘醇	5.0
	PEG/PPG-17/6 共聚物	1.0
	由水和山梨（糖）醇组成的复合物（质量比 5∶2）	2.0
	EDTA-2Na	0.1
	乙酰化透明质酸钠	0.01
	PEG/PPG-14/7 二甲基醚	0.1
	甘油	5.0
	水	加至 100
B 组分	香精	0.01
	柠檬酸	0.1
C 组分	PPG-13-癸基十四醇聚醚-24、水和维生素 E 复合物（质量比 4∶10∶1）	0.1
	维生素 E 乙酸酯	0.01
	柠檬酸钠	0.01
D 组分	凝血酸	0.1
	聚季铵盐-51	1.5
	苯氧乙醇	0.1
	1,2-己二醇	0.3
	甘草酸二钾	0.1
	水、丁二醇和柑橘果皮提取物复合物（质量比 5∶1∶0.1）	0.1
	水、丁二醇、野葛根提取物、库拉索芦荟叶提取物、小球藻提取物组成的复合物（质量比 5∶1∶0.1∶0.1）	0.1

制备工艺：

① 将 A 组分物料依次投入水相锅中，升温加热至(80±2)℃，搅拌均匀，抽入主锅，保温30min，搅拌降温至(50±2)℃；

② 将 B 组分物料预先分散均匀后投入主锅，搅拌均匀，控制 pH 值在 5.0～7.0；

③ 取 C 组分物料并分散均匀；

④ 待主锅降温到(45±1)℃时，将分散均匀的 C 组分缓慢抽入主锅，搅拌均匀；

⑤ 持续搅拌降温至(40±1)℃，加入 D 组分物料，搅拌均匀；

⑥ 降温至(38±1)℃，检验合格，即得长效滋润提亮美肌爽肤水。

配方 9：长效保湿化妆水

	组分	质量分数/%
A 组分	水	加至 100
	甘油	5.0
	乙醇	2.0
	卡波姆	0.1
	汉生胶	0.1
	苯氧乙醇	0.4
	羟苯甲酯	0.2
	丁二醇	3.0
B 组分	三乙醇胺	0.1
	柠檬酸	0.02
	柠檬酸钠	0.08
C 组分	紫松果菊提取物	0.8
	糖槭提取物	1.2
	酵母菌/大米发酵产物滤液	0.92
	神经酰胺 3	0.16
	神经酰胺 6 Ⅱ	0.08
	神经酰胺 1	0.08
	月桂酰乳酰乳酸钠	0.6
	植物鞘氨醇	0.08
	胆甾醇	0.08
	PEG-40 氢化蓖麻油	0.24
	香精	0.06

制备工艺：

① 称取 A 组分，搅拌混合均匀；

② 称取 B 组分，混合待用；

③ 称取 C 组分，搅拌混合均匀至透明，待用；

④ 将 A 组分加热到 85℃，保温搅拌 30min；

⑤ 搅拌降温至 45℃，加入 B 组分、C 组分，搅拌至均匀透明即得长效保湿化妆水。

配方 10：抗过敏保湿化妆水

组分		质量分数/%			
		配方 1	配方 2	配方 3	配方 4
高级脂肪醇	鲸蜡硬脂醇	4.5	4.5	4.5	—
	鲸蜡醇	—	—	—	4
润肤油脂	角鲨烷	6.0	5.0	6.0	5.0
	棕榈酸异丙酯	4.0	3.0	4.0	3.0
	油橄榄果油	—	—	—	2.0
	聚二甲基硅氧烷	2.0	4.0	2.0	2.0
液晶乳化剂	植物甾醇 PEG-20 植物甾醇	2.0	4.0	2.0	—
	PEG-25 植物甾醇	—	—	—	4.0
	葡糖苷 花生醇葡糖苷	1.0	3.0	1.0	—
	鲸蜡硬脂基葡糖苷	—	—	—	2.0
增稠剂	卡波姆	0.3	0.2	0.3	0.2
	丙烯酸钠/丙烯酰二甲基牛磺酸钠共聚物	0.5	0.6	0.5	0.6
多元醇	甘油	3.0	5.0	3.0	4.0
	丁二醇	2.0	—	2.0	2.0
保湿修复剂	甘油葡糖苷	1.5	2.0	1.5	2.5
	酵母提取物	0.3	0.2	0.3	0.1
	洋甘菊提取物	0.2	0.3	—	0.4
	尿囊素	0.3	0.2	0.3	0.1
	甘草酸二钾	0.1	0.1	0.1	0.05
防腐剂	乙基己基甘油	1.0	1.0	1.0	1.0
	辛酰羟肟酸	0.6	0.6	0.6	0.6
水		加至 100	加至 100	加至 100	加至 100

制备工艺：

① 将保湿修复剂、增稠剂、多元醇和水混合，加热至 80℃后，保温搅拌 20min，得水相；

② 将高级脂肪醇、液晶乳化剂和润肤油脂混合，加热至 80℃后，保温搅拌 15min 至完全溶解，得油相；

③ 将油相加入水相中，3000r/min 均质 10min，降温至 45℃，加入防腐剂搅拌 20min，即得。

配方 11：含柚皮苷单宁成分收敛水

组分		质量分数/%
A 组分	丙二醇	8.0
	1,3-丁二醇	2.0
	甘油	6.0
	尼泊金甲酯	0.1
	吡咯烷酮羧酸钠	0.8
	水	加至 100
B 组分	石榴皮单宁	0.015
	无水乙醇	3.0
	柚皮苷	0.1
	EDTA-2Na	0.05
	丙氨基维生素 C 磷酸酯	1.0

组分		质量分数/%
C 组分	杰马 BP	0.2
D 组分	聚氧乙烯（40）氢化蓖麻油	1.0
	玫瑰香精	适量

制备工艺：

将 A 组分和 B 组分分别加热溶解后混合，搅拌乳化，降温后添加 C 组分、D 组分混合均匀，即得含柚皮苷单宁成分收敛水。

配方 12：纳米浓缩液化妆水

组分		质量分数/%		
		配方 1	配方 2	配方 3
A 组分	纯水	加至 100	加至 100	加至 100
	EDTA-2Na	0.05	0.05	0.05
	羟苯甲酯	0.1	0.1	0.1
	甘油	8.0	8.0	8.0
	卡波姆	0.08	0.08	0.08
	甜菜碱	1.0	1.0	1.0
	透明质酸钠	0.02	0.02	0.02
B 组分	氨甲基丙醇	0.012	0.024	0.012
C 组分	苯氧乙醇	0.5	0.5	0.5
	D-泛醇	0.5	0.5	0.5
D 组分	纯水	2.0	2.0	2.0
	鲸蜡醇聚醚-20/硬脂醇聚醚-20/甘油硬脂酸酯/鲸蜡硬脂醇/新戊二醇二癸酸酯/鲸蜡醇乙基己酸酯/甘油	2.0	2.0	2.0
E 组分	PEG-40 氢化蓖麻油	0.08	—	0.1
	聚山梨醇酯	—	0.08	0.1
	香精	0.02	0.02	0.05

制备工艺：

① 将 A 组分搅拌加热至 82℃溶解完全，降温至 45℃备用；

② 将 B 组分加入搅拌均匀，降温至 40℃，加入 C 组分、D 组分、E 组分原料搅拌均匀，降至室温即得纳米浓缩液化妆水。

配方 13：高保湿化妆水

组分名称	质量分数/%	组分名称	质量分数/%
甘油	5.0	乙醇	10.0～15.0
甜菜碱	2.0	水溶性霍巴巴油	2.0
吡咯烷酮羧酸	2.0	EDTA-2Na	0.1
透明质酸钠	1.0	氢氧化钾	0.03
曲拉通 X-100	0.5～1.0	水	加至 100
Tween-20	1.5～2.0		

制备工艺：

将各物料混合搅拌溶解均匀即得高保湿化妆水。

配方 14：灵芝多糖化妆水

组分		质量分数/%
水		加至 100
A 组分	灵芝多糖提取液	15.0
	EDTA-2Na	0.03
	甘油	40.0
	丁二醇	2.0
	1,3-丙二醇	6.0
	汉生胶	0.1
	海藻糖	1.0
	尼泊金甲酯	0.1
B 组分	水溶性油脂	3.0
C 组分	香精	0.1
	PEG-40 蓖麻油	1.0

制备工艺：

① 取 A 组分物料并添加水，搅拌至分散均匀；

② 加入 B 组分物料，将 C 组分成分熔化备用，当 B 组分中各组分分散均一后，加入 C 组分成分，搅拌 20～30min 至体系均一，即得灵芝多糖化妆水。

配方 15：中药抗氧化保湿护肤水

组分	质量分数/%	组分	质量分数/%
乙醇	1.75	甘草提取液	0.0072
柠檬酸	0.22	丹参提取液	0.0166
氢氧化钠	0.17	香精	0.06
甘油	6.97	卡松	0.06
丙二醇	1.15	水	加至 100
六胜肽	1.11		

制备工艺：

① 分别将丹参、甘草分散于一定量水中，于 90℃水浴加热 1h，过滤，滤液稀释定容至初始质量浓度为 1.0g/L，备用；

② 将物料按照质量配比进行混合，搅拌均匀即可。

12.1.4　保湿精华

配方 1：含灵芝孢子粉提取物的精华霜

组分		质量分数/%
A 组分	卡波姆	0.2
	甘油	3.0
	汉生胶	0.3

组分		质量分数/%
A 组分	EDTA-2Na	0.06
	1,3-丁二醇	4.0
	海藻糖	2.0
	透明质酸钠	3.0
	水	加至 100
B 组分	C_{16~18} 醇	3.0
	季戊四醇双硬脂酸酯	2.0
	维生素 E 醋酸酯	1.0
	二甲基硅油	1.8
	IPM	2.0
	合成角鲨烷	3.0
	辛酸/癸酸三甘油酯	2.0
	澳洲坚果籽油聚甘油-6 酯类山嵛酸酯	2.0
C 组分	灵芝孢子粉提取物	3.0
	10%氢氧化钠溶液	0.4
	乙酰酪氨酸	0.5
	北美金缕梅提取物	0.8
	库拉索芦荟提取物	2.0
	苦参根提取物	1.0
	墨角藻提取物	1.0
	胀果甘草根提取物	0.7
	银耳提取物	0.7
	人参提取物	0.6
	香橙果提取物	1.0
	大米发酵滤液	2.0
	胶原蛋白粉	0.2
	燕麦 β-葡聚糖	3.0
D 组分	对羟基苯乙酮	0.3
	辛酰羟肟酸	1.5

制备工艺：

① 将 A 组分物料加入主锅中,搅拌均匀,加热至 85℃,搅拌至物料完全溶解,保温 10min,得水相;

② 将 B 组分物料加入油相锅中，搅拌至均匀，加热至 85℃，搅拌至物料完全溶解，得到油相;

③ 将水相与油相抽入主锅中，3500r/min 均质 8min，得到乳液，搅拌保温消泡;

④ 待体系无气泡后降温至 60℃，加入 C 组分物料，200r/min 搅拌 30min 至均匀;

⑤ 降温至 40℃温度下加入 D 组分物料，150r/min 搅拌 40min，即得含灵芝孢子粉提取物的精华霜。

配方 2：马齿苋保湿精华

组分	质量分数/%	组分	质量分数/%
甘油	3.0	1,2-戊二醇	1.0
1,3-丁二醇	4.0	PEG-8	2.5
丙烯酸（酯）类共聚物钠	0.5	葡聚糖 MC-Glucan NP（EF）	6.0
丙烯酸二甲基牛磺酸/VP 共聚物	0.4	马齿苋提取物	10.0
PEG-32	1.6	甘草酸二钾	0.2
海藻糖	0.5	香精香料	0.3
双-PEG-18 甲基醚二甲基硅烷	2.0	防腐剂	0.1
油凝胶组合物	0.5	水	加至 100

油凝胶组合物

成分	质量分数/%	成分	质量分数/%
水	10.0	甘油酸（乙基乙酸）酯	40.0
甘油	30.0	PEG-60 氢化蓖麻油	20.0

制备工艺：

① 将甘油酸（乙基乙酸）酯、甘油、水按比例于 40℃溶解混合均匀，在搅拌条件下，将 PEG-60 氢化蓖麻油缓缓加入，混合均匀，即得油凝胶组合物；

② 取甘油、丙烯酸（酯）类共聚物钠、PEG-32 加入水中，加热至 60℃搅拌或低速均质至固体物料分散均匀后开始降温；

③ 取油凝胶组合物、香精香料混合均匀备用；

④ 搅拌降温至 45℃左右，依次加入功效成分和防腐剂；

⑤ 将体系④不断搅拌，把体系③缓缓加入，搅拌均匀，即得马齿苋保湿精华。

配方 3：玻尿酸精华液

	组分	质量分数/%
	水	加至 100
A 组分	Nexira NexPC FUCOSEGUM 300	5.0
	甘油	4.2
	透明质酸钠	2.8
B 组分	丙烯酰二甲基牛磺酸铵/VP 共聚物	0.5
	汉生胶	0.3
C 组分	PEG/PPG/聚丁二醇-8/5/3 甘油	1.4
	安琪 E-100	0.5
	Sinerga Tri-Solve	0.5
	CLR ProRenew Complex	0.5
D 组分	吡咯烷酮羧酸钠	0.14
	PEG-40 氢化蓖麻油	0.07
	香精	0.1

制备工艺：

① 在主罐中加入 A 组分，搅拌 15min，加热至 50℃至溶解透明；

② 将 B 组分加入主罐中，搅拌 15min，检查无颗粒物；

③ 加入 C 组分，继续搅拌 10min 至完全均匀；

④ 冷却至 30℃，分别加入 D 组分物料，继续搅拌 15min 至完全均匀，即得玻尿酸精华液。

配方 4：长效保湿精华液

组分		质量分数/%
A 组分	甘油	3.0
	丁二醇	5.0
	山梨（糖）醇	2.0
	卡波姆	0.15
	汉生胶	0.1
	羟苯甲酯	0.2
	苯氧乙醇	0.4
	水	加至 100
B 组分	三乙醇胺	0.15
	柠檬酸	0.02
	柠檬酸钠	0.08
C 组分	蜂蜜提取物	1.08
	糖碱提取物	1.8
	酵母菌/大米发酵产物滤液	1.32
	精氨酸 HCl	0.06
	赖氨酸 HCl	0.06
	鸟氨酸 HCl	0.06
	神经酰胺 3	0.24
	神经酰胺 6Ⅱ	0.12
	神经酰胺 1	0.12
	月桂酰乳酰乳酸钠	0.9
	植物鞘氨醇	0.12
	胆甾醇	0.12
	氢化卵磷脂	0.5
	棕榈酰三肽-1	0.1
	棕榈酰四肽-7	0.1
	香精	0.06

制备工艺：

① 取 A 组分物料，搅拌混合均匀；

② 取 B 组分物料混合，待用；

③ 取 C 组分物料，搅拌混合均匀，待用；

④ 将 A 组分加热到 85℃，保温搅拌 30min 后降温；

⑤ 降温到 45℃，加入 B 组分、C 组分，搅拌至均匀即得长效保湿精华液。

配方 5：双层保湿精华液

组分		质量分数/%
A 组分	EDTA-2Na	0.05
	氯化钠	0.7
	甘油	9.0
	甘油聚醚-26	3.0
	Solubilisant LRI	1.6
	PPG-13-癸烷十四醇聚醚-24	0.4
	水	加至 100
B 组分	聚二甲基硅氧烷	10.0
	异十二烷	7.0
	异十六烷	3.0
	氢化聚异丁烯	6.0
C 组分	1,2-乙二醇	0.4
	1,2-戊二醇	0.4
	辛酰羟肟酸/1,3-丙二醇	0.7
D 组分	Biophytex LS 9832	0.15
	IrriSooths Ⅱ	0.15

制备工艺：

① 将 B 组分混合搅拌溶解均匀，备用；

② 将 A 组分加入乳化锅中，搅拌加热至 80℃，均质 3min，保温 20min；

③ 将 B 组分加入乳化锅中，均质 2min；

④ 降温至 70℃后将 C 组分加入乳化锅中，搅拌 10min；

⑤ 降温至 45℃后将 D 组分加入乳化锅，搅拌 10min，即得双层保湿精华液。

配方 6：杏鲍菇贴式面膜精华液

组分		质量分数/%
A 组分	水	加至 100
	透明质酸钠	0.05
	甘油	10.0
	丙二醇	3.0
	尿囊素	0.2
	卡波姆	0.2
	汉生胶	0.03
	甜菜碱	2.0
	PEG-40 氢化蓖麻油	0.5
B 组分	三乙醇胺	0.2
	杏鲍菇提取液	3.0
C 组分	丙二醇	适量
	山梨酸钾	0.1
	香精	0.05
	水	适量

制备工艺：

① 将 A 组分依次加入烧杯中，搅拌至均匀无不溶物，然后加热至 80～85℃，保持 20min；

② 降温至 45℃ 以下，先加入三乙醇胺，搅拌 5min 后，再加入杏鲍菇提取液，搅拌至均匀无不溶物；

③ 将香精溶于适量的丙二醇中，山梨酸钾溶于适量的水中，然后将二者混合，加入 45℃ 体系中搅拌均匀，即得杏鲍菇贴式面膜精华液。

12.1.5 保湿眼霜

配方1：保湿抗皱眼霜

	组分	质量分数/%
A 组分	聚丙烯酸钠	7.25
	卵磷脂	7.25
B 组分	谷胱甘肽	4.35
	神经酰胺与维生素 B$_6$ 和透明质酸的均混物	8.70
	植物源提取物（海藻提取物、金银花提取物、红茶提取物和大花红景天提取物组成）	10.14
	水	加至 100
C 组分	小麦胚芽油	11.59

制备工艺：

① 将 A 组分加入搅拌釜，经 60℃、30min 和 1000r/min 加热搅拌后，保温 5min，备用；

② 将 B 组分加入分散釜，经 75℃、15min 和 1200r/min 加热搅拌后，保温 10min，备用；

③ 将 A 组分均分为三份，其中一份与小麦胚芽油一同加入反应釜，经 90℃、10min 和 1500r/min 加热搅拌后，再将一份 A 组分与 B 组分同时导入反应釜，经 75℃、15min 和 1200r/min 加热搅拌后，加入最后一份 A 组分，经 60℃、30min 和 600r/min 加热搅拌后，降温至 30℃ 并保温 15min，即得保湿抗皱眼霜。

配方2：含美洲大蠊精提物的滋润修复眼霜

	组分	质量分数/%
A 组分	维生素 E 醋酸酯	5.0
	青刺果油	5.0
	鲸蜡硬脂醇	14.0
B 组分	山梨醇与 1,2-戊二醇混合物（质量比 7:4）	7.0
	甘油	7.0
	硫酸镁	3.5
	水	加至 100
C 组分	美洲大蠊精提物	1.0
	透明质酸钠	2.5
	羟苯甲酯	0.25
	香精	0.75

制备工艺:

① 取 A 组分物料置于油相锅中,搅拌并加热至 50℃至均匀;

② 取水放入水相锅中,加入 B 组分其他物料,搅拌并加热至 60℃;

③ 将 A 组分和 B 组分混合均匀;

④ 将混合物降温至 40℃,加入 C 组分物料,高速均质搅拌 15min,即得含美洲大蠊精提物的滋润修复眼霜。

配方 3: 含有艾叶的保湿抗皱眼霜

	组分	质量分数/%
A 组分	维生素 E	3.0
	小麦胚芽油	6.5
	乳化剂	2.0
B 组分	维生素 B_5	6.0
	岩藻多糖	1.8
	壳寡糖	2.5
	水	加至 100
C 组分	棕榈酰六肽-12	0.003
	谷胱甘肽	0.03
	胶原蛋白	2.5
D 组分	艾叶精油	0.1
	蓝莓提取物	3.5
	神经酰胺	2.0
	HA	0.3
	防腐剂	0.3

制备工艺:

① 将 A 组分物料置于油相锅中,搅拌并加热至 70℃,搅拌均匀;

② 水相锅中放入水,并加入 B 组分其他物料,搅拌并加热至 60℃,搅拌均匀;

③ 将 A 组分和 B 组分混合得混合物料;

④ 将混合物料降温至 30℃,加入 C 组分,搅拌均匀,降至室温后加入 D 组分搅拌均匀即得含有艾叶的保湿抗皱眼霜。

配方 4: 含有金莲花成分的保湿抗皱眼霜

	组分	质量分数/%
A 组分	青刺果油	7.0
	山茶籽油	2.0
	白芥子油	1.0
	乳木果油	2.0
	甜杏仁油	1.0
	维生素 E	1.0
	乳化剂(甲基葡萄糖苷倍半硬脂酸酯和 PEG-20 甲基葡萄糖苷倍半硬脂酸酯质量比 2:1 组成)	3.0

组分		质量分数/%
B 组分	汉生胶	0.3
	金莲花提取物	7.0
	芦荟纳豆汁	4.0
	抗氧化剂（由三聚磷酸钠、海藻糖和 L-吡咯烷酮-5-羧酸钠质量比 1：9：16 组成）	0.01
	水	加至 100
C 组分	防腐剂（GC-04）	0.1
	香精	0.03

制备工艺：

① 将 A 组分物料混合，水浴加热至完全溶解，搅拌，至 75℃保温；

② 将 B 组分物料混合，搅拌至完全溶解，至 70℃保温；

③ 向 A 组分中加入 B 组分，4000r/min 均质 5min，得均质液；

④ 将均质液搅拌降温至 35℃后，加入防腐剂、香精，搅拌均匀，冷却即得含有金莲花成分的保湿抗皱眼霜。

配方 5：抗蓝光多效修护眼霜

组分		质量分数/%
A 组分	异十六烷	4.0
	异壬酸异壬酯	4.0
	深海两节荠籽油	2.0
	鲸蜡硬脂醇	2.0
	Montanov 202	0.8
	SENSANOVTN™ WR	0.5
	植物甾醇油酸酯	0.2
	维生素 E 乙酸酯	0.1
	羟苯丙酯	0.1
B 组分	苯氧乙醇	0.5
	丙烯酸钠/丙烯酰二甲基牛磺酸钠共聚物	0.2
	聚山梨醇酯-80	0.2
	三乙醇胺	0.05
C 组分	褐藻提取物	0.5
	β-葡聚糖	0.1
	薄荷叶提取物	0.1
	金黄洋甘菊提取物	0.1
	马齿苋提取物	0.1
	苦参根提取物	0.1
	香叶天竺葵提取物	0.1
	甘油	0.1
	苯甲酸钠	0.1
	山梨酸钾	0.1

续表

组分		质量分数/%
	焦糖色素	0.05
	柠檬黄色素	0.05
C 组分	香精	0.01
	红没药醇	0.05
	金合欢醇	0.05
	丁二醇	5.0
	甘油聚醚-26	3.0
	生物糖胶-1	1.5
	PEG/PPG-17/6 共聚物	0.5
	水解小核菌胶	0.2
	丙烯酸（酯）类/$C_{10\sim30}$ 烷醇丙烯酸酯交联聚合物	0.1
	丙烯酸（酯）类共聚物钠	0.1
D 组分	卵磷脂	0.1
	尿囊素	0.1
	葡糖基芦丁	0.1
	对羟基苯乙酮	0.5
	1,2-己二醇	0.5
	羟苯甲酯	0.2
	水	加至 100

制备工艺：

① 将 A 组分物料混合，搅拌均质，分散均匀，70r/min 搅拌加热至 85℃；

② 将 D 组分物料混合，搅拌加热至 90℃，得到混合物；

③ 将 A 组分缓慢加入 D 组分中，均质 5min，60r/min 搅拌保温 30min 后冷却；

④ 将体系降温至 55℃，加入 B 组分物料进行混合，40r/min 搅拌均匀；

⑤ 将体系降温到 40℃，加入 C 组分物料进行混合，50r/min 搅拌均匀；

⑥ 检验合格后出料、灌装，包装，即得抗蓝光多效修护眼霜。

配方 6：植物保湿抗皱眼霜

组分	质量分数/%	组分	质量分数/%
紫蕊草提取液	7.0	乳木果油	1.0
海藻提取物	3.0	辅酶 Q_{10}	0.5
小米草提取物	10.0	维生素 A 棕榈酸酯	2.3
接骨木提取物	4.0	保湿剂	5.0
聚合杏仁蛋白	2.2	小麦胚芽乳化剂	2.2
六胜肽原液	0.3	甘草酸二钾	0.3
混合纯露	12	水	加至 100
角鲨烷	1.5		

制备工艺：

① 称取紫蕊草适量，清水洗净后水中浸泡 48min，加热至 100℃，煎煮提取 3 次，第 1 次加 20 倍量水，提取 3h，第 2 次加 18 倍量水，提取 2h，第 3 次加 13 倍量水，提取 1.5h，

每次过滤并合并滤液，浓缩滤液至紫蕊草重量的 5 倍，过滤，得紫蕊草提取液，备用；

② 取紫蕊草提取液、海藻提取物、小米草提取物、接骨木提取物、聚合杏仁蛋白、六胜肽原液、混合纯露、保湿剂和甘草酸二钾，混合均匀后备用；

③ 将乳木果油加热至熔化，然后加入配方比例的角鲨烷、辅酶 Q_{10} 和维生素 A 棕榈酸酯，混合后搅拌均匀，备用；

④ 将小麦胚芽乳化剂加入水中，加热至 55℃ 搅拌溶解均匀备用；

⑤ 将步骤③所得的混合物缓慢加入步骤④所得的混合物中，搅拌混合均匀，直至形成基质；

⑥ 待基质降温至 40℃ 时，加入步骤②所得的混合物，搅拌混合均匀后，室温出料，即得植物保湿抗皱眼霜。

配方 7：植物保湿消除眼袋和浮肿眼霜

组分	质量分数/%	组分	质量分数/%
接骨木提取物	10.0	角鲨烷	1.5
小米草提取物	7.0	辅酶 Q_{10}	0.5
中药提取物	5.0	维生素 A 棕榈酸酯	2.3
牛油果提取物	4.0	维生素原 B_5 与 HA 复配物（质量比 1∶3）	5.0
积雪草提取物	3.0	小麦胚芽乳化剂	2.3
混合纯露	13.0	薰衣草精油	0.2
水解弹性蛋白	0.4	甘草酸二钾	0.3
水解胶原蛋白	1.0	水	加至 100
甜杏仁油	1.4		

制备工艺：

① 取接骨木提取物、小米草提取物、中药提取物、牛油果提取物、积雪草提取物、混合纯露、水解弹性蛋白、水解胶原蛋白、维生素原 B_5 与 HA 复配物、薰衣草精油和甘草酸二钾，混合均匀后备用；

② 将甜杏仁油、角鲨烷、辅酶 Q_{10} 和维生素 A 棕榈酸酯加热至 60℃ 搅拌溶解混合均匀后备用；

③ 将小麦胚芽乳化剂加入水中，加热至 60℃ 搅拌溶解均匀，备用；

④ 在步骤②所得的混合物和步骤③所得的混合物处于相同温度时，将步骤②所得的混合物缓慢加入步骤③所得的混合物中，同方向搅拌混合均匀，直至形成基质；

⑤ 待基质降温至 40℃ 时，加入步骤①所得的混合物，搅拌混合均匀后，室温出料，即得植物保湿消除眼袋和浮肿眼霜。

12.1.6 保湿面膜

配方 1：海地瓜生物活性肽保湿面膜

制备工艺：

① 将海地瓜加水打浆，水和海地瓜的质量比为 5∶1，得海地瓜浆液；

② 将芽孢杆菌和双歧杆菌、乳酸菌接种到海地瓜浆液中，培养 1 天，得微生物浆液。

③ 用食品级 $NaHCO_3$ 调节海地瓜浆液 pH 值至 7.1，加入微生物浆液（微生物浆液和海地瓜浆液的质量比为 1∶100），搅拌均匀并发酵 5h，随后加入乙醇，进行多糖沉淀，取上清液；

④ 加入溶菌酶，温度为 30℃，维持 3h，继续加入胰蛋白酶、组织蛋白酶和溶菌酶（其添加量比为 3：2：1），酶添加量 4000U/g，升温到 37℃，酶解时间 12h，酶解结束后，将温度升高灭酶；

⑤ 然后离心取上清液，得海地瓜生物活性肽提取液；

⑥ 将无纺棉浸泡在海地瓜生物活性肽提取液中，充分浸泡即得海地瓜生物活性肽保湿面膜。

配方 2：含活性多肽的保湿修复面膜

组分	质量分数/%	组分	质量分数/%
大分子 HA（分子量 1300000）	0.05	卡波姆（增稠剂）	0.1
小分子 HA（分子量 10000）	0.1	Ⅲ型胶原蛋白序列无菌复合多肽（分子量 4000～8000）（活性多肽）	0.1
甘油	3.0	生物糖胶-1（多糖）	0.5
1,3-丁二醇	2.0	甘露聚糖（多糖）	1.5
1,2-己二醇	0.5	糖类同分异构体	1.0
对羟基苯乙酮（防腐剂）	0.5	三乙醇胺（中和剂）	0.13
HEC（增稠剂）	0.1	去离子水	加至 100

制备工艺：

① 将去离子水、HA、甘油、1,3-丁二醇、1,2-己二醇、防腐剂、增稠剂依次加入乳化锅中，在 85℃下搅拌至溶解，形成均一液体后降温；

② 降温至 60℃，加入中和剂，再次搅拌均匀，降温；

③ 降温至 45℃，加入活性多肽、多糖、糖类同分异构体，搅拌均匀，于 40℃下检测，过滤，出料，即得面膜液；

④ 将上述面膜液复合到水刺无纺布面膜纸，即得含有多肽的保湿修复面膜。

配方 3：芦荟魔芋葡甘聚糖面膜

组分	质量分数/%	组分	质量分数/%
芦荟细粉	2.0	水 1	20.0
乙醇	8.0	焦磷酸钠溶液（0.1mol/L）	适量
魔芋葡甘聚糖	0.12	水 2	加至 100
羟甲基纤维素	0.1	汉生胶	0.06

制备工艺：

① 将芦荟清洗后，去皮，粉碎，60℃真空干燥 12h，过 80 目筛，得到芦荟细粉，加入乙醇，超声提取 30min，超声温度 30℃，水浴加热挥干，减压干燥 1h，得芦荟浸膏；

② 取芦荟浸膏，加入配方量 50% 的魔芋葡甘聚糖、羟甲基纤维素、水 1，50℃水浴加热，搅拌均匀形成黏稠状液体，用焦磷酸钠溶液调 pH 值至 5，室温冷却，得膜剂；

③ 取水 2 水浴加热至 90℃，取汉生胶和剩余的魔芋葡甘聚糖混合加入，300r/min 搅拌 10min，冷却至室温，静置溶胀 4h，得混合胶；

④ 将③步混合胶均匀涂抹于模具上，厚度为 1.5mm，静置 15min，得成型膜；

⑤ 将成型膜浸入膜剂中，溶胀吸附 10min；

⑥ 将浸泡后的成型膜，杀菌、包装，即得芦荟魔芋葡甘聚糖面膜。

配方 4：无防腐剂面膜

组分	质量分数/%	组分	质量分数/%
壳寡糖	6.5	环氧氯丙烷	1.96
水	加至 100	黏胶纤维	16.3

制备工艺：

① 将壳寡糖加入水中，滴加乙酸调节 pH 值为 4，搅拌溶解，配制成质量浓度为 8% 的壳寡糖水溶液，向其中加入与壳寡糖的质量比为 0.3：1 的环氧氯丙烷，升温至 70℃，搅拌反应 2.5h；

② 调节 pH 值为 8，加入与壳寡糖的质量比为 2.5：1 的黏胶纤维中，搅拌反应 2h，减压抽滤除去环氧氯丙烷；

③ 将物料平铺，厚度为 (2±0.5)cm，用 ^{60}Co-γ 射线辐照，辐照的剂量为 3.0～5.0kGy，加入与物料质量比为 50：1 的水中，浸泡 5h 后，将物料湿法纺丝，即得无防腐剂面膜。

配方 5：油茶面膜精华液和面膜

组分	质量分数/%	组分	质量分数/%
大豆分离蛋白-茶皂素山茶油纳米乳液	4.0	宁夏枸杞提取物	5.0
甘油	14.0	子松果菊提取物	0.5
丁二醇	3.0	透明质酸钠	0.4
甜菜碱	2.0	1,2-己二醇	2.0
β-葡聚糖	4.0	对羟基苯乙酮	0.02
金钗石斛茎提取物	0.5	氢化卵磷脂	3.0
库拉索芦荟叶提取物	0.5	EDTA-2Na	1.0
苦参提取物	1.0	水	加至 100

制备工艺：

① 将质量比为 2：1 的大豆分离蛋白和茶皂素混合溶于 0.04mol/L、pH 值为 7.0 的磷酸盐缓冲液中，室温搅拌 1h 至完全溶解，3℃冰箱过夜，得复合乳化剂，并加入水作为水相；

② 将山茶油与草果精油混合均匀后，加入水相中，并 10000r/min 高速分散均质 1min，形成粗乳液，其中复合乳化剂、山茶油和草果精油的质量比为 3：10：0.8；

③ 将粗乳液采用高压均质机进行 6 次高压微射流均质乳化，均质压力为 90MPa，得到大豆分离蛋白-茶皂素山茶油纳米乳液。

④ 将大豆分离蛋白-茶皂素山茶油纳米乳液、甘油、丁二醇、甜菜碱、β-葡聚糖、1,2-己二醇、透明质酸钠、对羟基苯乙酮、氢化卵磷脂和 EDTA-2Na 加入水中，置于乳化锅中搅拌均匀，形成预混液；

⑤ 依次加入金钗石斛茎提取物、库拉索芦荟叶提取物、苦参提取物、宁夏枸杞提取物和子松果菊提取物，搅拌均匀，即得油茶面膜精华液；

⑥ 将生物凝胶型面膜贴片浸入上述所得的油茶面膜精华液中 10～20h，取出，包装，即得油茶面膜。

配方 6：美容保护面膜

组分		质量分数/%
A 组分 （合计 100%） 面霜型美容面膜	可可脂	16.8
	玫瑰果精油	0.2
	鲸蜡醇	13.4
	地蜡	5.6
	金盏花提取物	2.2
	壳聚糖	4.9
	淀粉	0.7
	聚山梨酯-80	0.9
	甲基异噻唑啉酮	0.4
	香叶醇	0.2
	柠檬烯	1.7
	水	53.0
B 组分 （合计 100%）	蜜蜂花水	94.0
	柠檬酸	2.0
	硫酸镁	4.0

制备工艺：

① 取可可脂、地蜡、鲸蜡醇和金盏花提取物混合，加热至 65℃，使用浸入式混合器 250r/min 离心 5min，直到完全溶解；

② 将水加热到 70℃倒入加热至 65℃的步骤①的混合物中，停止加热，并 500r/min 搅拌 15min；

③ 将壳聚糖、聚山梨酯-80、淀粉、甲基异噻唑啉酮、香叶醇、玫瑰果精油和柠檬烯加入混合物中，冷却至室温；

④ 500r/min 搅拌条件下，将步骤②的混合物加入③中混合 25min，得 A 组分；

⑤ 将硫酸镁和柠檬酸添加到聚乙烯容器中，添加加热到 50℃的蜜蜂花水，用浸没式混合器以 250r/min 搅拌 10min，得 B 组分；

⑥ A 组分为面霜型美容面膜，A 组分施用于皮肤后进行暴露，5min 后再将 B 组分施用在 A 组分上再次暴露。

配方 7：红薯叶面膜

组分	质量分数/%	组分	质量分数/%
红薯叶总黄酮提取液	70.0	尼泊金甲酯	0.04
甘油	15.0	汉生胶	0.1
丙二醇	3.0	香精	适量
羧甲基纤维素钠	1.5	水	加至 100

制备工艺：

① 取羧甲基纤维素钠、丙二醇和甘油，80℃搅拌至溶解，得到 A 组分备用；

② 取对应量尼泊金甲酯、红薯叶总黄酮提取液、汉生胶、香精放置于 100mL 烧杯中，80℃搅拌至溶解，得到 B 组分备用；

③ 将 A 组分缓慢倒入 B 组分中，加水至面膜液，继续搅拌 20min 至均匀，即得红薯叶面膜。

配方 8：柿果胶面膜

组分	质量分数/%	组分	质量分数/%
羧甲基纤维素钠	1.0	甘油	5.0
海藻酸钠	1.5	山梨酸钾	1.0
PEG-6000	1.6	香精	适量
柿果胶	2.6	水	加至 100

制备工艺：
① 取羧甲基纤维素钠、海藻酸钠、PEG-6000，加入一定的水中，80℃搅拌至彻底溶解；
② 将柿果胶溶解于适量的水中，加入甘油后，加入步骤①的溶液中，80℃搅拌均匀；
③ 加入山梨酸钾、香精搅拌均匀，即得柿果胶面膜。

配方 9：桃胶、皂荚豆胶舒缓嫩肤面膜

	组分	质量分数/%
A 组分	原胶液	加至 100
	甘油	8.64
	丙二醇	7.20
	尼泊金甲酯	0.07
B 组分	水	12.00
	尿囊素	0.07

制备工艺：
① 称量 6g 桃胶（或 6g 皂角米或 3g 桃胶+3g 皂角米）粉末，加入 300mL 水，搅拌至均匀，加热至沸腾 3h，得原胶液；
② 取原胶液，加入甘油，置于 85℃水浴中充分搅拌至混合均匀；
③ 取丙二醇和尼泊金甲酯，置于 85℃水浴中充分混匀至溶解；
④ 趁热将上述两种溶液混合均匀，制成 A 组分；
⑤ 取尿囊素加入到一定量的水中，于 85℃水浴中混合均匀至完全溶解，制成 B 组分；
⑥ 趁热将 A 组分与 B 组分混合搅拌均匀，即得桃胶、皂荚豆胶舒缓嫩肤面膜。

配方 10：天然水洗面膜

组分	质量分数/%	组分	质量分数/%
透明质酸钠	0.4	1,2-丙二醇	4.0
硫酸软骨素	0.4	D-氨基葡萄糖盐酸盐	0.06
PEG-40 氢化蓖麻油	8.0	尼泊金甲酯	适量
甘油	2.0	水	加至 100

制备工艺：
① 将 PEG-40 氢化蓖麻油分散于适量的水中，搅拌使其充分吸水溶胀；
② 将 D-氨基葡萄糖盐酸盐用水溶解后，与甘油、1,2-丙二醇一起加入①液中，搅拌均匀；

③ 将透明质酸钠和硫酸软骨素用适量水溶解，加入②液中，搅拌均匀；

④ 将尼泊金甲酯加入③液中，搅拌均匀，即得天然水洗面膜。

配方 11：贻贝壳海藻多糖面膜

组分	质量分数/%	组分	质量分数/%
贻贝壳粉	0.7	维生素 E	1.0
海藻多糖	0.95	苯甲酸钠	1.0
PVA	1.0	水	加至 100
羧甲基纤维素钠	1.6	香精	适量
甘油	6.0		

制备工艺：

① 将贻贝壳粉与水混合超声波混合 20min，搅拌升温至 80℃，加入 PVA，搅拌 25min；

② 待 PVA 完全溶解，温度降至 75℃将羧甲基纤维素钠和海藻多糖加入，搅拌 30～35min；

③ 当温度降至 60℃时，加入甘油，搅拌 5min；

④ 搅拌物料至均匀，将苯甲酸钠和香精加入，并继续搅拌至室温；

⑤ 将维生素 E 加入，搅拌至均匀即得贻贝壳海藻多糖面膜。

配方 12：刺云实胶面膜

组分		质量分数/%
A 组分	水	加至 100
	EDTA-2Na	0.05
	甘油	5.0
	丁二醇	3.0
	刺云实胶	0.5
B 组分	皮肤调理剂	3.0
C 组分	防腐剂	0.8
	香精	0.01

制备工艺：

① 将 A 组分原料混合，水浴搅拌加热至 80～85℃，均质 10min，保温 30min；

② 搅拌降温至 50～55℃，投入 B 组分原料，搅拌 10min；

③ 冷却降温至 38～42℃，投入 C 组分原料，搅拌 10min，降温至 35℃，即得刺云实胶面膜。

配方 13：胶原蛋白/壳聚糖微球保湿面膜

组分	质量分数/%	组分	质量分数/%
7.5g/L 的胶原蛋白/壳聚糖微球	33.3	7.5g/L 的胶原蛋白/壳聚糖溶液的乙醇悬浊液	33.4
7.5g/L 的胶原蛋白溶液	33.3		

制备工艺：

分别取 8mL 三种溶液将其均匀喷洒在生物纤维面膜上后，60℃干燥处理，即得胶原蛋白/壳聚糖微球保湿面膜。

配方14：壳聚糖中药面膜

组分	质量分数/%	组分	质量分数/%
3%的壳聚糖溶胶	50.0	8%的白芷提取液	3.3
1%羧甲基纤维素钠和1%明胶复合溶胶	33.3	8%黄芩、栀子、金银花、蒲公英混合提取液	13.4

制备工艺：

① 取黄芩、金银花、栀子、蒲公英于煎煮罐中，加入适量水，煎煮2次，每次煮沸2h，合并煎煮液放置过夜，过滤，将滤液浓缩至所需量，备用；

② 白芷按同法单独煎煮并浓缩，使用时混合即可；

③ 将3g壳聚糖、6g柠檬酸溶于100mL水中制成3%的壳聚糖溶胶；

④ 取羧甲基纤维素钠和明胶各1g溶于100mL水中制成1%羧甲基纤维素钠和1%明胶复合溶胶；

⑤ 在加热并搅拌条件下，将1%羧甲基纤维素钠和1%明胶复合溶胶加入3%的壳聚糖溶胶中，待混合均匀后加入①、②所得中药提取液，混匀，用胶体磨处理两次即得壳聚糖中药面膜。

配方15：中药凝胶水洗面膜

组分	质量分数/%	组分	质量分数/%
卡波姆940	5.0	水	加至100
银耳、天冬、红花浓缩液	4.0	三乙醇胺	适量

制备工艺：

① 称取银耳6g、天冬6g、红花0.8g，第一次加入40倍水，浸泡1h，煎煮1h，过滤，滤渣用20倍水煎煮30min，过滤，合并2次滤液，70℃减压浓缩至与生药材质量比为3∶1的浓缩液；

② 配制0.5%卡波姆940溶液，溶胀过夜，缓慢加入药液，边加边搅拌使其溶解，加入适量三乙醇胺，调节pH值为6～7，即得中药凝胶水洗面膜。

配方16：白及可溶性面膜

组分	质量分数/%	组分	质量分数/%
白及胶液	6.0	水	加至100
甘油	1.5		

制备工艺：

① 将白及块茎干制品粉碎过60目筛，称取一定量的粉末，加入20倍质量的水，在70℃下加热提取2h，趁热过滤，滤渣再重复提取1次，合并两次滤液；

② 离心取上清液，减压浓缩，加入适量乙醇，使体系中乙醇的含量达70%（每100g体系含乙醇70mL），放置过夜，过滤得粗多糖，再加入90%（v/m）的乙醇浸泡，过滤，真空干燥得白及多糖，粉碎、过100目筛备用；

③ 称取一定量的白及多糖粉末，用水配制成一定浓度的白及多糖胶液，加热、搅拌至全部溶解，加入添加剂甘油搅匀后过筛；

④ 在有机玻璃板上涂布一层均匀的膜液，干燥后揭膜；

⑤ 切割成型后进行灭菌、包装，每片面膜均独立包装。

配方 17：果胶水洗面膜

组分	质量分数/%	组分	质量分数/%
羧甲基纤维素钠	1.0	甘油	1.9
海藻酸钠	1.5	防腐剂（山梨酸钾）	适量
PEG	1.6	水	加至 100
果胶	5.7		

制备工艺：

① 取羧甲基纤维素钠、海藻酸钠和 PEG 加入适量的水，60℃水浴加热搅拌，至完全溶解；

② 在果胶溶液中加入保湿剂（甘油），置于 60℃水浴中搅拌至溶解；

③ 将①液缓慢倒入②液中，搅拌均匀后加入防腐剂，即得果胶水洗面膜。

配方 18：微乳凝胶面膜

组分		质量分数/%
A 组分	混合 HA	0.3
	海藻酸钠	0.1
	卡波姆 980	0.5
	水	适量
B 组分	尿囊素	0.1
	胶原蛋白	0.5
	甘油	5.0
	熊果苷	1.0
	尼泊金甲酯钠	0.025
	尼泊金丙酯钠	0.025
C 组分	无醇橄榄油（OL）	2.383
	维生素 E 琥珀酸酯（VES）	0.397
	RH40	3.475
	Span-80	0.695
	水	加至 100
D 组分	三乙醇胺	0.5
	薰衣草精油	数滴

制备工艺：

① 按质量比为 6∶1 精密称取定量油相 OL 和 VES，按质量比 5∶1 称取表面活性剂 RH40 和 Span-80，旋涡混合，加热到 60℃，然后在磁力搅拌下逐滴滴加水，直至澄清透明的微乳形成；

② 用适量水分别溶胀混合 HA、海藻酸钠和卡波姆 980，备用；

③ 将 B 组分加入 OL/VES 微乳中，在 40℃左右加热溶解；

④ 将步骤②所得液体加入步骤③所得液体中，再加入 D 组分，搅拌均匀即得微乳凝胶面膜。

配方19：箬叶缓释补水面膜

组分		质量分数/%
箬叶活性凝胶配制	箬叶黄酮	0.4
	明胶	1.0
	羧甲基纤维素钠	1.0
	水	加至100
壳寡糖保湿凝胶配制	壳寡糖	1.0
	柠檬酸	0.5
	水	加至100
面膜的配制	箬叶活性凝胶	4.6
	壳寡糖保湿凝胶	2.4
	水	加至100

制备工艺：

① 取羧甲基纤维素钠，按等比例添加明胶，后加入水中，水浴搅拌充分溶解，稍冷，加入箬叶黄酮冻干粉，继续搅拌至完全溶解，得淡黄色箬叶活性凝胶；

② 取壳寡糖，按壳寡糖与柠檬酸2:1的比例，添加柠檬酸，后加入水中，在70℃下充分搅拌，持续水浴加热2h，冷却至室温，得壳寡糖保湿凝胶；

③ 按照箬叶活性凝胶含量4.6%，壳寡糖保湿凝胶含量2.4%，余量为水配制该面膜。

12.1.7 保湿护手霜

配方1：保湿修复护手霜

组分		质量分数/%
A组分	白池花籽油	8~12
	聚二甲基硅氧烷	5~8
	碳酸二辛酯	3~5
	鲸蜡硬脂醇	1~3
	硬脂酸	1~3
	PEG-100硬脂酸酯	1~2
	甘油硬脂酸酯	1~2
	蜡硬脂醇橄榄油酸酯	1~2
	山梨坦橄榄油酸酯	1~2
	辅酶Q$_{10}$	0.1~0.3
B组分	乳木果油	0.5~1
	红花籽油	0.1~0.3
	椰子油	0.1~0.3
	维生素E	0.1~0.3
C组分	EDTA-2Na	0.01~0.1
	甘油	8~15
	透明质酸钠	0.02~0.1
	尿囊素	0.05~0.2
	卡波姆	0.2~0.5
	水	加至100

续表

组分		质量分数/%
D 组分	1,2-己二醇	1～1.5
	乙基己基甘油	0.1～0.3
E 组分	三乙醇胺	0.2～0.5
F 组分	金纽扣花/叶/茎提取物	0.1～0.3
	膜荚黄芪根提取物	0.1～0.3
	蜂胶提取物	0.1～0.3
	栎树提取物	0.1～0.3
	日用香精	0.01～0.1

制备工艺：

① 将 A 组分物料混合加入油相锅，加热至 80～85℃，熔解、混合、分散均匀，得油相，备用；

② 将 C 组分物料混合加入乳化锅，搅拌升温至 80～85℃，完全熔解均匀；

③ 将 B 组分物料依次加入油相锅，与 A 组分混合搅拌均匀，抽真空，利用负压将油相锅中的物料经滤网缓慢抽入乳化锅内进行乳化，同时搅拌并均质 5～10min，循环水降温，真空消泡；

④ 待乳化锅中的物料降温至 50～60℃后，加入 D 组分物料，搅拌并均质 3～5min；

⑤ 继续降温至 40～50℃，依次加入 E 组分物料和 F 组分物料，搅拌均匀并均质 3～5min，抽真空脱泡，继续降温至 38℃，检验合格后出料。

配方 2：草本滋养润白舒缓补水护手霜

组分	质量分数/%	组分	质量分数/%
金盏花油	1.34	银杏叶提取液	1.34
芝麻油	1.34	茭白提取液	0.67
菜籽油	2.0	桑葚提取液	0.67
橄榄乳化剂	2.0	豌豆提取液	0.67
万用自乳化复合型乳化剂 AC-402	2.0	大米提取液	1.34
水	加至 100	甲基硅油	1.34
羧甲基纤维素钠	0.33	甘油	1.34
卡波姆 941	0.33	尼泊金乙酯	0.33
黄花菜提取液	0.67	75%乙醇	0.67
山竹皮提取液	0.67	鼠尾草香精	0.13
柿子叶提取液	0.67		

制备工艺：

① 称取羧甲基纤维素钠，加入适量水中，50℃水浴加热搅拌后，让其充分溶胀，形成羧甲基纤维素钠凝胶液，备用；

② 取卡波姆 941，加入适量水中，60℃水浴加热搅拌后，静置让其充分溶胀，形成卡波姆凝胶液，备用；

③ 取尼泊金乙酯，加入 75%乙醇中，搅拌均匀形成防腐剂溶液，备用；

④ 取芝麻油、金盏花油、菜籽油、橄榄乳化剂和 AC-402 混合，75℃水浴加热搅拌使其

混合均匀，得到油相；

⑤ 取适量水 75℃ 水浴加热，作为水相；

⑥ 将水相呈细流状缓慢倒入油相中，搅拌 10min，至呈均匀淡黄色乳状基质，停止搅拌，自然冷却至室温；

⑦ 加入各种提取液，再依次加入羧甲基纤维素钠凝胶液、卡波姆 941 凝胶液、甲基硅油、甘油、鼠尾草香精，最后加入防腐剂溶液，搅拌均匀，即得草本滋养润白舒缓补水护手霜。

配方 3：复合果香型护手霜

组分		质量分数/%
A 组分	Span-60	10.57
	百香果油	26.41
	芒果核仁油	10.57
	椰子油	5.28
	羊毛脂	5.28
	硬脂酸	5.28
	硬脂酸单甘油酯	2.64
	C_{16} 醇	5.28
	维生素 E	0.53
	尼泊金丙酯	0.21
B 组分	Tween-60	5.28
	甘油	21.13
	茶皂素	0.53
	尿囊素	0.26
	尼泊金甲酯	0.26
C 组分	百香果香精	0.26
	芒果香精	0.21

制备工艺：

① 将 A 组分物料混合，并在 70℃ 下恒温搅拌至完全分散，即为油相；

② 将 B 组分物料混合，在 70℃ 下恒温搅拌至完全分散，即为水相；

③ 把水相迅速倒入油相中并剧烈搅拌，使其形成乳浊液；

④ 继续缓慢搅拌冷却至 40℃，而后加入 C 组分物料，并搅拌冷却至室温，得到混合膏体，备用；

⑤ 将所得混合膏体在 20℃ 环境下静止陈化 2 天，使膏体稳定，即得复合果香型护手霜。

配方 4：含深层海水的滋润防护手霜

组分		质量分数/%
A 组分	维生素 E 乙酸酯	0.1～0.3
	鲸蜡硬脂醇	1～3
	鲸蜡硬脂醇聚醚-25	0.1～0.5
	聚二甲基硅氧烷	2～4
	牛油果树果脂	8～12

组分		质量分数/%
A 组分	矿脂	0.5～1
	甘油硬脂酸酯	0.4～1
	PEG-100 硬脂酸酯	0.6～1
	角鲨烷	0.2～0.5
	太阳花籽油	0.8～1.5
	卵磷脂	0.3～0.5
B 组分	汉生胶	0.05～0.15
	尿素	0.05～0.15
	甘油	3～6
	羟苯甲酯	0.05～0.1
	羟苯丙酯	0.05～0.1
	水	加至 100
C 组分	聚丙烯酰胺	0.05～0.2
	$C_{13\sim14}$ 异链烷烃	0.05～0.2
	月桂醇聚醚-7	0.1～0.3
D 组分	淀粉辛烯基琥珀酸铝	0.5～1
	二（月桂酰胺谷氨酰胺）赖氨酸钠	0.01～0.05
	苯氧乙醇	0.15～0.3
	乙基己基甘油	0.1～0.3
	PEG/PPG/聚丁二醇-8/5/3 甘油	0.2～0.5
	D-泛醇	0.05～0.3
E 组分	水解红藻提取物	0.2～0.6
	深层海水	0.3～0.5
	牛油果树果脂提取物	0.1～0.2

制备工艺：

① 将 A 组分物料混合后进行加热，并搅拌均匀，保温备用；

② 利用超声波将 B 组分物料进行分散，加热使其完全溶解，保温备用；

③ 在 A 组分中，依次加入 C 组分物料，并加入 B 组分，超声波乳化至完全均匀，降温备用；

④ 边搅拌边依次加入 D 组分物料，使其搅拌均匀，备用；

⑤ 依次添加 E 组分物料，边搅拌边添加，利用超声乳化 0.5min，即得含深层海水的滋润防护手霜。

配方 5：高保湿护手霜

组分		质量分数/%
A 组分	IPM	1～4
	霍霍巴油	1～4
	山茶油	0.5～2
	角鲨烷	2～5
	硬脂酸甘油酯/PEG-100 硬脂酸酯	1～3

组分		质量分数/%
A 组分	聚山梨醇酯-60	1~3
	山梨醇酐单硬脂酸酯	1~3
	C_{16}醇	1~5
	山嵛醇	1~5
	维生素 E	0.5~1.5
	鳄梨油	0.5~2.5
	聚二甲基硅氧烷	3~6
B 组分	丁二醇	4~7
	山梨醇	2~5
	卡波姆 940	0.1~0.5
	汉生胶	0.1~0.5
	EDTA-2Na	0.05~0.09
	海藻糖	3~6
	水	加至 100
C 组分	尿囊素	0.1~0.5
	香精	0.1~0.2
	羟苯甲酯	0.1~0.5
	苯氧乙醇	0.1~0.5
	植物提取物	0.02~0.09
D 组分	烟酰胺	2~5

制备工艺：

① 依次将 A 组分物料加入油相锅中，加热升温至 80~85℃，熔解、混合、分散均匀，得油相，备用；

② 依次将 B 组分物料加入乳化锅，搅拌升温至 80~85℃，溶解均匀；

③ 将 A 组分加入乳化锅，与 B 组分混合搅拌均匀，抽真空，乳化 5~10min，循环水降温，并保持真空消泡；

④ 待乳化锅中的物料降温至 50~60℃后，加入 C 组分物料，搅拌 3~5min，继续降温至 40~50℃，加入 D 组分物料，搅拌 3~5min，抽真空脱泡，继续降温至 38℃，检验合格后出料即得保湿护手霜。

配方 6：桃胶保湿护手霜

组分		质量分数/%
A 组分	鲸蜡硬脂醇	7.84
	霍霍巴油	5.88
	聚二甲基硅氧烷	3.92
	角鲨烷	5.88
	卵磷脂	0.98
	维生素 E	0.98
	IPM	1.96
	十八醇油基葡糖多苷	1.96

续表

组分		质量分数/%
B 组分	椰油基葡糖多苷	7.84
	单脂肪酸甘油酯	1.76
	硬脂酸	1.76
C 组分	甘油	加至 100
	卡波姆	0.39
	桃胶冻干粉	1.96
	透明质酸钠	0.39
	山梨糖醇	0.39
	尿囊素	1.96
	三乙醇胺	1.76
D 组分	EDTA-2Na	0.98
	对羟基苯甲酸甲酯	0.39
	香精	适量
E 组分	红花提取物	1.96

制备工艺：

① 精确挑选优质桃胶，制备桃胶冻干粉；

② 取 A 组分物料和 B 组分物料将其加热熔融成油相；

③ 取卡波姆分散于水中，溶胀 24h，再与 C 组分其他物料和 E 组分混合并搅拌均匀，加热得到水相；

④ 将水相混合迅速倒入油相混合相中，搅拌，再加入 D 组分，持续搅拌使膏体冷却至室温，即得保湿护手霜。

配方 7：润肤防裂驼峰脂护手霜

组分		质量分数/%
A 组分	驼峰脂	6.4
	羊毛脂	1.2
	单硬脂酸甘油酯	1.6
	聚二甲基硅氧烷	2.2
	甘油	2.4
	异噻唑烷酮	0.1
B 组分	单硬脂酸甘油酯	1.6
	聚二甲基硅氧烷	0.4
	甘油	3.2
	水	加至 100
C 组分	卡波姆	0.1
	甘油	0.2
	维生素 E 乙酸酯	0.2
	三乙醇胺	0.3
	木瓜香精	0.1

制备工艺：

① 将 A 组分物料混合，在温度 75℃下搅拌至全部熔化，得到油相；

② 将 B 组分物料混合，在温度 75℃下搅拌至这些原料全部溶解，得到水相混合物；

③ 在搅拌的条件下，把油相混合物倒入水相混合物中，15r/min 持续搅拌 2min，10000r/min 60℃均质 6min；

④ 继续搅拌 5min 后，搅拌降温至 45℃，再加入 C 组分，搅拌混合均匀，将其温度降至室温，得润肤防裂驼峰脂护手霜。

配方 8：修护保湿护手霜

组分		质量分数/%
A 组分	水	加至 100
	卡波姆	1.0
	透明质酸钠	0.3
B 组分	甘油	6.0
	尿囊素	0.5
	尼泊金甲酯	0.2
	EDTA-2Na	0.05
C 组分	环五聚二甲硅氧烷	3.0
	植物甾醇脂	1.0
	$C_{16\sim18}$ 醇	2.0
	尼泊金丙酯	0.1
	2-EHP	5.0
	Simulsol 165	3.0
	单甘酯	3.0
D 组分	Simulgel EG	1.2
E 组分	三乙醇胺	1.0
F 组分	透皮寡肽-1	2.0
	EUXYLPE9010 防腐剂	0.4
	SC-Glucan	1.0
	积雪草提取液	2.0
	BSASM	2.0
	尿素	12.0
	柠檬酸三乙酯	3.0
	海洋香精	0.05

制备工艺：

① 将透明质酸钠加入纯水中，搅拌均匀并浸泡 2h，加入卡波姆，升温至 85℃，保温浸泡 30min；

② 依次加入 B 组分，均质 15min，均质转速 10000～15000r/min；

③ 依次加入 C 组分混合，保温搅拌 30min，随后加入 Simulgel EG，均质 20min，均质转速 15000～20000r/min；

④ 搅拌降温至 60℃，加入三乙醇胺，搅拌 15min，转速 3000～3500r/min；

⑤ 搅拌降温至 45℃后，依次加入 F 组分（除尿素外）进行混合后，再加入尿素，得到产物。

配方 9：山羊奶护手霜

组分		质量分数/%
A 组分	甘油	6～8
	水	加至 100
	三乙醇胺	0.5～1.0
	丙烯酸羟乙酯	0.5～1.2
B 组分	尿素	3～6
	甘油硬脂酸酯	1～2
	辛酸/癸酸三甘油酯	3～7
	IPM	2～4
	聚二甲基硅氧烷	1～4
	鲸蜡醇磷酸酯	1.5～2.5
C 组分	羟苯丙酯	0.5～0.8
	香精	0.02～0.2
D 组分	山羊奶提取物	5～8
	黄瓜提取物	5～8

制备工艺：

① 将新鲜黄瓜研磨、过滤、取出滤液得黄瓜提取物；

② 按配比将 A 组分混合加热至 70℃，作为水相；

③ 按配比将 B 组分搅拌加热至 70℃，作为油相；

④ 将油相倒入水相中，均质乳化一定时间，降温到 45℃，加入 C 组分继续搅拌至室温；

⑤ 最后加入 D 组分，搅至均一即可得到所需的护手霜。

配方 10：防治皮肤皲裂白及护手霜

组分	质量分数/%	组分	质量分数/%
白及提取物	2.5～7.5	卡波姆	0.1～0.2
硬脂酸	4～6	三乙醇胺	2～3
蜂蜡	3～5	Span-60	1～3
二甲基硅油	1～3	尼泊金乙酯	0.1～0.3
高级脂肪醇	1～2	水	加至 100
棕榈酸异丙酯	0.8～1.2		

制备工艺：

将白及提取物、油相（硬脂酸、蜂蜡、二甲基硅油、高级脂肪醇、棕榈酸异丙酯、尼泊金乙酯）、水相（卡波姆、三乙醇胺、Span-60、水）混合后，在 70～80℃下乳化 15min，乳化温度为 80℃。

配方 11：中药发酵物护手霜

组分		质量分数/%
A 组分	山茶籽油	1.34
	藏红花半角鲨烷萃取油	1.34
	艾叶半角鲨烷萃取油	1.34

组分		质量分数/%
A 组分	山茶花角鲨烷萃取油	1.34
	丹参角鲨烷萃取油	1.34
	当归角鲨烷萃取油	1.34
	蔗糖多硬脂酸酯	1.34
	菊粉月桂基氨基甲酸酯	0.13
	神经酰胺Ⅱ	0.01
	氢化卵磷脂	0.13
	维生素 A 棕榈酸酯	0.13
B 组分	水	加至 100
	中药发酵物	40.09
	汉生胶	0.13
	对羟基苯乙酮	0.27
	EDTA-2Na	0.01
C 组分	改性木薯淀粉	0.27
	1,3-丁二醇	1.34
	1,2-戊二醇	0.67
	1,2-己二醇	0.67
D 组分	香精	0.01

中药组合物配方

组分	浓度/(g/kg)	组分	浓度/(g/kg)
三七	50.7	芦荟	33.8
山茶叶	25.4	荷叶	50.7
甘草	27.0	桑椹	30.4
木瓜	33.8	枸杞子	22.0
丹参	33.8	银杏叶	20.3
藏红花	25.4	紫草	33.8
当归	27.0	黄芩	25.4
艾叶	42.3	厚朴	42.3
沙棘	50.7	麸皮	250.0
金铁锁	25.4	豆粕	150.0

制备工艺：

① 称取 A 组分物料置于水浴锅上保持温度 75℃水浴加热熔融，作为油相；

② 称取 B 组分物料置于 75℃水浴加热，搅拌直至完全溶解，得到水相；

③ 将水相缓慢倒入油相中，边加边搅拌，均质机均质 5min，至呈均匀乳黄色膏状，即得基质，将基质缓慢冷至 45℃；

④ 取 C 组分物料搅拌成乳状物，边搅拌边向体系中缓慢添加 C 组分，最后添加 D 组分，均质机均质 5min，即得到多效护手霜；

⑤中药发酵物制备：称取配方量的中药组合物 1kg，组分粉碎后，过 100 目筛。将各组分加入 5L 的发酵罐中，添加 2.5kg 的水，0.2kg 蔗糖，另加入磷酸二氢钾 1.5g、磷酸氢二钾 3.0g、氯化钠 1.5g，按接种量为 5%接种酿酒酵母菌，厌氧发酵 24h，发酵温度 28℃，高温灭

菌 20min，400 目过滤，取滤液，即得中药发酵物。

配方 12：紫苏精华护手霜

组分		质量分数/%
A 组分	紫苏叶油	0.15
	单甘酯	6.0
	羊毛脂	1.0
	黄凡士林	1.0
	Tween-80	1.0
	Span-80	1.0
B 组分	甘油	35.0
	1,2-丙二醇	5.0
	水	加至 100
C 组分	紫苏黄酮	5.0
	紫苏多糖	6.0

制备工艺：

① 取 A 组分物料混合，并水浴加热至 85～95℃后保温；

② 取 B 组分物料混合，并水浴加热至 60～70℃后保温；

③ 将 A 组分缓慢地加入 B 组分中混合均匀；

④ 取紫苏黄酮和紫苏多糖加入，搅拌均匀后，经均质处理，降温至 20～25℃，即可得到紫苏精华护手霜。

配方 13：含香蕉皮多糖护手霜

组分		质量分数/%
A 组分	硬脂酸甘油酯	6.0
	硬脂酸	9.0
	凡士林	11.5
	液体石蜡	9.0
B 组分	甘油	11.0
	十二烷基硫酸钠	0.8
	香蕉皮多糖	7.5
	水	加至 100
	防腐剂	适量
	香精	适量

制备工艺：

① 将硬脂酸甘油酯、硬脂酸、凡士林、液状石蜡混合，78～80℃水浴保温，作为 A 组分；

② 将甘油、十二烷基硫酸钠、香蕉皮多糖、水、防腐剂和香精混合，78～80℃水浴溶解保温，作为 B 组分；

③ 将 A 组分缓慢加入 B 组分中，边加边搅拌至室温，即得含香蕉皮多糖护手霜。

配方14：香蕉皮保湿护手霜

组分	质量分数/%	组分	质量分数/%
甘油	7.0	Tween-60	0.85
白油	8.0	防腐剂	适量
白凡士林	17.0	香精	适量
蜂蜡	10.0	香蕉皮提取液	2.0
单硬脂酸甘油酯	4.62	水	加至100

制备工艺：

① 新鲜香蕉皮沸水中烫5min，用捣碎机捣碎，捣碎液和70%乙醇按质量比1:6、温度70℃、微波浸提60min，浸提后，用高速离心机对浸提液以4000 r/min离心15min，80℃蒸馏回收乙醇，得香蕉皮提取液。

② 称取适量白凡士林、单硬脂酸甘油酯、白油、蜂蜡、Tween-60，将其搅拌加热至70℃，得油相；

③ 甘油、香蕉皮提取液和水加热至70℃，得水相；

④ 将油相加入水相中，75℃下600r/min均质乳化3min，降温到45℃时，加入防腐剂、香精继续搅拌至室温，即可得到所需的护手霜。

配方15：乳木果油护手霜

组分	质量分数/%	组分	质量分数/%
乳木果油	10.0	甘油	2.0
棕榈酸异丙酯	5.0	1,3-丁二醇	2.0
蔗糖脂肪酸酯	1.0	苯氧乙醇	0.5
单甘酯	2.5	水	加至100
鲸蜡硬脂醇	3.0		

制备工艺：

① 油相（乳木果油、棕榈酸异丙酯、蔗糖脂肪酸酯、单甘酯、鲸蜡硬脂醇、苯氧乙醇）与水相（甘油、1-3-丁二醇、水）分别各自溶解；

② 使水相与油相维持80℃后混合，80℃均质5min，转速为5000r/min；

③ 30℃温水水浴冷却，并低速均质后以凉水水浴搅拌降温。

配方16：桃胶护手霜

组分		质量分数/%
A组分	鲸蜡硬脂醇	0.5
	霍霍巴油	0.4
	二甲基硅油	0.225
	角鲨烷	0.225
	硬脂酸	0.15
	卵磷脂	0.0675
	白蜡	1.0

	组分	质量分数/%
B 组分	甘油	3.0
	卡波姆	0.04
	桃胶	0.3
	HA	0.0275
	水	加至 100
C 组分	椰油基葡糖苷	0.4
	单硬脂酸甘油酯	0.09
D 组分	尼泊金甲酯	适量
	精油	适量
	EDTA-2Na	适量

制备工艺：

① 取 A 组分混合，搅拌加热至 80℃，作为油相；

② 取 B 组分（其中卡波姆使用前提前用热水完全溶胀）混合加热至 80℃，分散均匀后保温 20min，记作水相；

③ 将水相缓慢搅拌加入油相，加入 C 组分（乳化剂）均质乳化 15min，冷却到 50℃左右时，加入 D 组分，继续搅拌至室温，即得桃胶护手霜。

12.1.8　保湿身体乳

配方 1：含丝素蛋白的身体乳

	组分	质量分数/%
A 组分	丝素蛋白	2.0
	碳酸二辛酯	1.0
	尼泊金丙酯	0.1
	PEG-600	0.5
	IPM	0.5
B 组分	维生素 C	1.0
	单甘酯	2.0
	透明质酸钠	1.0
	油酸二乙醇酰胺	0.3
	硬脂酸	1.0
	水	15.0

制备工艺：

① 将 A 组分混合均匀，升温至 40℃，搅拌 60min，得到油相；

② 将 B 组分搅拌混合均匀，得到水相；

③ 将油相加入水相，80r/min 搅拌混合均匀，于高压均质机中 40MPa 均质 5min，即得到含丝素蛋白的身体乳。

配方 2：紧致滋润柔滑肌肤身体乳

组分		质量分数/%
A 组分	羧甲基纤维素钠	0.5
	水	加至 100
B 组分	海藻酸钠	0.5
	水	15
C 组分	AVC	0.1
	水	10
D 组分	有机草莓籽油	0.5
	沙棘油	0.5
	月见草油	0.5
	澳洲坚果油	0.5
	天然 APG 液晶型乳化剂	1.0
	AC-402 复合型乳化剂	1.0
E 组分	水	10.0
F 组分	尼泊金乙酯	0.1
	1,2-丙二醇	1.0
G 组分	茉莉花提取液	5.0
	柠檬提取液	5.0
	迷迭香提取液	5.0
	洛神花提取液	5.0
	蜂蜜	5.0
	LiponicEG-1	0.5
	海藻灵	1.0
H 组分	玫瑰香精	0.05

制备工艺：

① 取 A 组分物料混合后，静置 12h，待其自然溶胀溶解，得到均匀透明的羧甲基纤维素钠溶液，备用；

② 取 B 组分物料搅拌，60℃水浴搅拌 3min，取出，常温静置 2h，得均匀、黏稠度适中的海藻酸钠溶液，备用；

③ 取 C 组分物料混合搅拌后 60℃水浴搅拌 5min，取出，常温下静置 2h，得到均匀透明的冰晶形成剂 AVC 溶液，备用；

④ 取 F 组分，搅拌溶解，作为防腐剂溶液，备用；

⑤ 取 G 组分混合，搅拌溶解；

⑥ 取 D 组分混合，75℃水浴加热搅拌使其混合均匀，得油相；

⑦ 取 E 组分，75℃水浴加热，作为水相；

⑧ 将水相呈细流状缓慢加入油相中，边加热边匀速搅拌，15min 后，乳化完成，即得到 O/W 型乳剂基质；

⑨ 将上述 A 组分溶液、B 组分溶液、C 组分溶液、G 组分溶液、F 组分溶液、玫瑰香精加入乳剂基质中，搅拌混合均匀，即得紧致滋润柔滑肌肤身体乳。

配方 3：玫瑰香氛身体乳

组分		质量分数/%
A 组分	甘油	5.0
	水	加至 100
	丙二醇	10.0
	羟苯甲酯	0.2
	卡波姆	0.3
	汉生胶	0.3
B 组分	月桂醇磷酸酯钾	1.5
C 组分	GTCC	1.0
	霍霍巴油	5.0
	聚二甲基硅氧烷	1.0
	PEG-100 硬脂酸酯	0.1
	鲸蜡硬脂醇	3.0
D 组分	精氨酸	0.3
E 组分	处理后的玫瑰花瓣	5.0
	烟酰胺	5.0
	白花蛇舌草提取物	1.0
	斑点红门兰花提取物	5.0
	大花田菁花提取物	1.0
	玫瑰花油	0.001
	苯氧乙醇	0.3
	己二醇	0.1

制备工艺：

① 将玫瑰花瓣室内阴干，加入 70℃的饱和蔗糖水溶液中，搅拌均匀，加入蜂蜜（蜂蜜的添加量为饱和蔗糖水溶液重量的 20%），搅拌均匀，冷却至室温，将处理好的花瓣捞出，晾干，得处理后的玫瑰花瓣；

② 将 A 组分物料加入乳化锅中，搅拌加热到 85℃，开启均质 3～5min，溶解分散均匀，然后加入 B 组分，搅拌溶解；

③ 将 C 组分物料投入油相锅中，加热溶解；

④ 在搅拌下将油相抽入乳化锅中，开启均质 5～10min，加入 D 组分，保温 85℃搅拌 30min；

⑤ 然后降温到 48℃，加入 E 组分物料，搅拌均匀，降温到室温，检验合格出料。

配方 4：喷雾型的保湿身体乳

组分		质量分数/%
润肤剂	IPM	3.5
	甲基聚三甲基硅氧烷	3.0
	矿脂	3.0
	硬脂酸	0.5
乳化剂	聚山梨醇酯-60	1.0
	聚甘油-3 二异硬脂酸酯	0.5

续表

组分		质量分数/%
防腐剂	羟苯甲酯	0.2
	羟苯丙酯	0.1
	苯氧乙醇	0.2
	乙基己基甘油	0.2
流感改良剂	丙烯酰二甲基牛磺酸铵/VP 共聚物	0.2
	汉生胶	0.16
	丙烯酸（酯）类/C$_{10\sim30}$烷醇丙烯酸酯交联聚合物	0.12
保湿剂	甜菜碱	1.0
	1,3-丙二醇	2.0
	甘油聚醚-20	1.5
	透明质酸钠	0.05
增稠剂	丙烯酸（酯）类/山嵛醇聚醚-25 甲基丙烯酸酯共聚物	1.0
	木薯淀粉	0.15
	聚甲基硅倍半氧烷	0.15
其他	三乙醇胺	0.14
	EDTA-2Na	0.03
	甘草酸二钾	0.15
	香精	0.08
	芦荟提取物	2.0
	银耳提取物	2.0
	水	加至 100

制备工艺：

① 将丙烯酸（酯）类/山嵛醇聚醚-25 甲基丙烯酸酯共聚物搅拌均匀分散在适量水中后加入三乙醇胺搅拌至透明，得到混合体系 A；

② 将流感改良剂、木薯淀粉、聚甲基硅倍半氧烷、保湿剂、EDTA-2Na、甘草酸二钾加入剩余水中，加热至 85～90℃，均质，加入混合体系 A，均质并加热至 85～90℃，得混合体系 B；

③ 将润肤剂、乳化剂、羟苯甲酯、羟苯丙酯混合加热至 80～85℃，然后加入混合体系 B 中，加热至 85～90℃，均质，得混合体系 C；

④ 待混合体系 C 降温至 45℃ 以下时，加入苯氧乙醇和乙基己基甘油、香精、芦荟提取物和银耳提取物，均质，即得。

配方 5：益母草精华身体乳

组分		质量分数/%
A 组分	水	加至 100
	十二烷基硫酸钠	1.1
	尿素	0.8
	丙二醇	6.0
	甘油	3.0
	卡波姆 2020	0.1

组分		质量分数/%
B 组分	C$_{16\sim18}$醇	1.5
	单、双硬脂酸甘油酯	0.8
	二甲基硅油	2.3
	GTCC	2.3
	液体石蜡	1.0
	凡士林	0.4
	油溶性维生素 E	0.08
C 组分	益母草提取物	0.15
	积雪草提取物	0.09
D 组分	玫瑰香精	0.04

制备工艺：

① 将 A 组分预先混合后在 70～80℃温度下缓缓加入 B 组分，3000r/min 搅拌均匀，至完全溶解；

② 降温至 60～70℃，加入 C 组分，3000r/min 搅拌均匀；

③ 降温至 50～60℃，加入 D 组分，3000r/min 搅拌均匀，即得。

配方 6：滋润保湿身体乳

组分		质量分数/%
A 组分	辛酸/癸酸三甘油酯	8.8
	IPM	8.8
	棕榈酸异丙酯	5.3
	C$_{12\sim15}$醇苯甲酸酯	3.5
	聚二甲基硅氧烷	3.5
	鲸蜡硬脂醇	5.3
	山梨坦硬脂酸酯	1.8
	牛油果脂	0.9
	甘油硬脂酸酯	3.5
	PEG-100 甘油硬脂酸酯	1.8
	霍霍巴油	1.8
	维生素 E 乙酸酯	0.9
	泛醌	0.5
	对羟基苯乙酮	0.5
	辛酰羟肟酸	0.5
	乙基己基甘油	0.5
B 组分	水	加至 100
	甘油	7.0
	汉生胶	0.175
	卡波姆	0.018
	HA	0.9
C 组分	EDTA-2Na	0.35
	香精	0.018
	氢氧化钠	0.035

制备工艺：

① 将 A 组分投入油相锅，加热至 85℃并保温搅拌至物料完全熔化，得油相；

② 将 B 组分投入水相锅，加热至 85℃并保温搅拌至物料完全溶解，得水相；

③ 将油相和水相混合后，加入 C 组分，搅拌混合均匀后，均质 10min，再继续搅拌 30min，得到滋润保湿身体乳。

配方7：滋润美肤身体乳

	组分	质量分数/%
A 组分	水	加至 100
	甘油	5.0
	1,3-丙二醇	3.0
	海藻糖	2.0
	聚甘油-10	2.0
	丙烯酸羟乙酯/丙烯酰二甲基牛磺酸钠共聚物（框式型乳化增稠剂）	1.0
	羟苯甲酯	0.15
	汉生胶	0.15
B 组分	可可籽脂	5.0
	GTCC	4.0
	矿脂	4.0
	棕榈酸乙基己酯	4.0
	聚二甲基硅氧烷	4.0
	鲸蜡硬脂醇	1.6
	维生素 E 乙酸酯	0.3
	羟苯丙酯	0.08
C 组分	苯氧乙醇	0.5
	母菊花提取物	0.01
	欧蒲公英根茎/根提取物	0.01
	库拉索芦荟叶提取物	0.01
	欧锦葵花提取物	0.01
	芍药树皮/树液提取物	0.01
	忍冬花提取物	0.01
	紫花地丁提取物	0.01
	香精	0.03

制备工艺：

① 将 A 组分物料混合加热至 85℃搅拌均匀，得到水相；

② 将 B 组分物料混合加热到 80℃至完全溶解，得到油相；

③ 将 B 组分加入 A 组分中进行乳化，均质 2min，搅拌均匀；

④ 降温至 45℃，加入 C 组分，搅拌混合均匀即得所述滋润美肤身体乳。

12.1.9　保湿润唇膏

配方 1: 不含地蜡的润唇膏

组分		质量分数/%
A 组分	蜂蜡	20.0
	小烛树蜡	8.0
	牛油果油	4.5
	凡士林	10.0
	蓖麻油	21.0
	辛酸/癸酸三甘油酯	9.0
	十三烷醇偏苯三酸酯	16.0
B 组分	白池花籽油	9.5
	羊毛甾醇	2.0

制备工艺:

① 预热保温锅至 95～100℃,依次加入 A 组分中各物料,加热搅拌 45～75min 至完全溶解呈乳液状,停止搅拌;

② 待保温锅中的乳液温度降至 75～80℃时,保温,并逐步加入 B 组分物料,搅拌 30～45min,直至充分溶解并相互混溶后停止搅拌;

③ 卸料,浇入准备好的唇膏模具中,保持温度在 75～80℃,直至浇注完成,待成型后,装入唇膏容器,得到成品。

配方 2: 纯天然可食用润唇膏

组分	质量分数/%	组分	质量分数/%
雪亚脂(乳木果果脂、牛油果树果脂)	28.8	维生素 E	2.5
植物芳疗油脂(如甜扁桃油)	49.0	植物芳疗复方精油(如玫瑰天竺葵、薄荷茉莉)	0.5
蜂蜡	19.2		

制备工艺:

70℃熔化蜂蜡后依次加入雪亚脂、植物芳疗油脂,全部溶解后取出,加维生素 E 和精油,灌装,室温下固化成型。

配方 3: 含芦荟多糖保湿润唇膏

组分		质量分数/%		
		实施例 1	实施例 2	实施例 3
A 组分	棕榈酸异辛酯	加至 100	加至 100	加至 100
	氢化蓖麻油二聚亚油酸酯	8.0	8.0	8.0
	辛酸/癸酸三甘油酯	10.0	10.0	10.0
	氢化聚异丁烯	10.0	10.0	10.0
	聚甘油-2 三异硬脂酸酯	4.0	4.0	4.0

组分		质量分数/%		
		实施例 1	实施例 2	实施例 3
B 组分	植物甾醇酯类	3.0	3.0	3.0
	乳木果油树脂	1.0	1.0	1.0
	太阳花油	5.0	5.0	5.0
	霍霍巴油	2.0	2.0	2.0
	澳大利亚坚果油	10.0	10.0	10.0
	氢化椰油甘油酯类	10.0	10.0	10.0
	白池花籽油	0.5	0.5	0.5
	橄榄油	10.0	10.0	10.0
	摩洛哥坚果油	2.0	2.0	2.0
C 组分	小烛树蜡	3.0	3.0	3.0
	天然蜂蜡	2.0	2.0	2.0
	微晶蜡	1.0	1.0	1.0
	聚乙烯	3.0	3.0	3.0
	地蜡	3.0	3.0	3.0
D 组分	天然维生素 E	0.1	0.1	0.1
	季戊四醇四(双叔丁基羟基氢化肉桂酸)酯	0.1	0.1	0.1
E 组分	芦荟多糖提取物	0.5	1	2
F 组分	甘油辛酸酯	0.3	0.3	0.3
	薄荷叶油	0.3	0.3	0.3

制备工艺：

① 将保湿润肤剂（A 组分）、调理剂（B 组分）、黏合剂（C 组分）、抗氧化剂（D 组分）和添加剂（F 组分）在加热缸中加热至 90℃溶解均匀，再加入芦荟多糖提取物（E 组分）溶解均匀；

② 降温至 70～80℃浇注入模具成型，脱模得到所述保湿润唇膏。

配方 4：具有抗裂功效修护润唇膏

组分		质量分数/%
植物油和驼峰脂	蓖麻油	12.9
	橄榄油	7.8
	乳木果油	10.3
	霍霍巴油	7.8
	驼峰脂	加至 100
蜡	白蜂蜡	7.8
	小烛树蜡	2.6
	棕榈树蜡	6.5
	地蜡	3.9
成膜剂	氢化聚异丁烯	5.2
	单硬脂酸甘油酯	1.3
	聚丁烯	1.3

续表

组分		质量分数/%
保湿剂	凡士林	6.5
	角鲨烷	2.6
	HA	3.9
柔润剂	辛基十二醇	1.3
香精	苹果香精	0.1
	水蜜桃香精	0.1
防腐剂	丁羟基甲苯	0.1
抗氧化剂	维生素 E 乙酸酯	0.1

制备工艺：

① 将植物油与驼峰脂加入水浴锅中 55℃ 加热溶解，搅拌至透明液体；

② 将水浴锅升温到 85℃，添加蜡、成膜剂、保湿剂与柔润剂，搅拌均匀；

③ 85℃、0.02MPa 真空脱气 1min 后加入香精、防腐剂与抗氧化剂，混合均匀；

④ 用口红模具加热台将口红模具预热至 35℃，将 70℃ 的混合物注入口红模具中，冷却至室温，装管，即得具有抗裂功效修护润唇膏。

配方 5：驴油润唇膏

组分	质量分数/%	组分	质量分数/%
橄榄油	38.5	乳木果脂	5.8
驴油	19.2	白凡士林	3.8
甜杏仁油	19.2	维生素 E	1.9
白蜂蜡	7.7	沙枣花花瓣	2~3 片
小烛树蜡	3.8		

制备工艺：

① 先将白蜂蜡、小烛树蜡、乳木果脂混合于 80℃ 恒温水浴锅中加热熔化；

② 再将橄榄油、驴油、甜杏仁油加入其中继续加热至所有油脂熔解，得液态复合基料；

③ 加入保湿剂（白凡士林）、抗氧化剂（维生素 E）搅拌均匀，再加入沙枣花花瓣，将液态复合基料倒入模具，将模具置于 -60℃ 的超低温环境下冷冻成型 15min；

④ 将成型润唇膏插入唇膏管中，利用抽真空原理使唇膏与模具分离，即得驴油润唇膏产品。

配方 6：全天然润唇膏

组分	质量分数/%	组分	质量分数/%
鸸鹋油	20.0	紫草油	5.0
绵羊油	8.0	橄榄油	12.0
蛋黄油	15.0	蜂蜡	18.0
乳木果油	20.0	甜橙精油	2.0

制备工艺：

① 将设定比例的鸸鹋油、绵羊油、蛋黄油、乳木果油、紫草油、橄榄油和蜂蜡，混合加热至 70~80℃，充分混合熔化；

② 将融化后的混合物冷却降温至 50～55℃，加入甜橙精油搅匀，趁热灌装到唇膏管中冷却，加盖即可获全天然唇膏成品。

配方 7：深层保湿润唇膏

组分	质量分数/%	组分	质量分数/%
蜂蜡	8.0	燕麦仁油	1.0
小烛树蜡	6.5	维生素 E	0.2
山茶籽油	33.0	辛甘醇	0.3
蓖麻油	加至 100	酸性红 87	0.05
油橄榄果油	16.0	酸性红 92	0.01
$C_{10\sim30}$酸胆甾醇/羊毛甾醇混合酯	7.0	二氧化钛混合物	0.05
牛油果树果脂	3.0	柠檬酸	0.01
透明质酸钠混合物	0.3	香精	0.1
牛油果树果脂提取物	0.3		

制备工艺：

① 取蓖麻油与着色剂（酸性红 87、酸性红 92）、二氧化钛混合物、pH 调节剂（柠檬酸）混合，过研磨机制成色浆；

② 取适量的蓖麻油与透明质酸钠混合物混合，过研磨机制成分散浆；

③ 将增稠剂（蜂蜡、小烛树蜡）加入料锅中，搅拌至完全溶解；

④ 将剩余润肤剂（山茶籽油、蓖麻油、油橄榄果油、牛油果树果脂）和 $C_{10\sim30}$酸胆甾醇/羊毛甾醇混合酯加入③中；

⑤ 将①的色浆加入③中，搅拌均匀；

⑥ 待⑤降温至 60～70℃，加入②的分散浆，并搅拌均匀；

⑦ 将赋香剂（香精）、抗氧化剂（维生素 E）、抗菌剂（辛甘醇）、燕麦仁油、牛油果树果脂提取物加入⑥中，搅拌均匀后出料。

配方 8：食用级润唇啫喱

组分		质量分数/%
氢化橄榄油		8.0
功效活性成分 A	燕麦仁油	5.0
功效活性成分 B	向日葵籽油	0.225
	蜂胶提取物	0.075
维生素 E		1.0
润肤剂	乙酸异丁酸蔗糖酯	19.7
	山茶籽油	18.0
	油橄榄果油	3.0
	蔗糖油酸酯	10.0
	植物甾醇低芥酸菜籽油甘油酯类	35.0

制备工艺：

① 将氢化橄榄油和润肤剂混合并在 450r/min 下搅拌均匀，升温至 82℃；

② 待体系完全溶解至澄清后，降温至 70℃，保温 10min；

③ 加入功效活性成分 B、功效活性成分 A 和维生素 E，搅拌至均匀，即得食用级润唇啫喱。

配方 9：液晶型润唇膏

组分	质量分数/%	组分	质量分数/%
白蜂蜡	4.0～10.0	牛油果树果脂	5.0～15.0
小烛树蜡	1.0～10.0	白池花籽油	1.0～15.0
巴西棕榈蜡	1.0～6.0	橄榄油	20.0～45.0
微晶蜡	1.0～8.0	$C_{16\sim18}$ 烷基葡萄糖苷	2.0～5.0

制备工艺：

① 取 $C_{16\sim18}$ 烷基葡萄糖苷在 105℃烘干 30min；

② 取其余的物料混合，升温至 85℃至完全溶解后保温搅拌 10min，制得油相；

③ 将烘干的 $C_{16\sim18}$ 烷基葡萄糖苷加入油相中，搅拌均匀，趁热倒入唇膏模具，冷却凝固即得液晶型润唇膏。

配方 10：抑制出汗及损伤修复的润唇膏

	组分	质量分数/%
A 组分	微晶蜡	3.0
	地蜡	7.0
	蜂蜡	5.0
	乙烯/丙烯共聚物	1.0
	辛基十二醇	25.0
	蓖麻油	30.0
	矿油	7.0
	氢化聚异丁烯	20.0
	抗氧化剂（维生素 E 类、丁基羟基茴香醚、二丁基羟基甲苯等）	0.5
B 组分	$C_{10\sim30}$ 酸胆甾醇/羊毛甾醇混合酯	1.0
	C19140	0.38
	CI77492	0.12

制备工艺：

① 称取 A 组分物料混合后，加热到 90～95℃，搅拌至完全溶化；

② 温度降到 80～90℃加入 $C_{10\sim30}$ 酸胆甾醇/羊毛甾醇混合酯，搅拌溶解均匀；

③ 温度降到 50～70℃加入着色剂（C19140、CI77492），搅拌均匀，继续升温到 70～85℃，搅拌均匀；

④ 灌装，冷却静置即得抑制出汗及损伤修复的润唇膏。

配方 11：植物润唇膏

组分	质量分数/%	组分	质量分数/%
氢化棕榈仁油	8.0	巴巴苏籽油	29.0
巴西棕榈树蜡提取物	2.0	柠檬果皮油	0.5
氢化葵花油	8.0	维生素 E	0.5
向日葵籽蜡	2.0	澳洲坚果籽油	加至 100
霍霍巴油	5.0		

制备工艺：

① 将氢化棕榈仁油、巴西棕榈树蜡提取物、氢化葵花籽油、向日葵籽蜡、霍霍巴油、澳洲坚果籽油以及巴巴苏籽油依次加入混合，在100r/min搅拌加热至85℃；

② 降温至60℃，依次加入柠檬果皮油和维生素E，搅拌分散均匀，即得植物润唇膏。

配方12：滋润保湿润唇膏

组分		质量分数/%
A组分	蜂蜡	9.8
	玫瑰蜡	6.6
B组分	茉莉花汁	加至100
	葵花籽油	10.9
	甘油	9.8
	橘皮	6.0
	蜂蜜	5.5
	薄荷油	1.1
	甜杏仁油	5.5
	茶多酚	4.4
	酵母素	5.5
	水	7.7
	精油（玫瑰精油或茉莉精油）	4.4
	防腐剂（苯氧乙醇或凯松）	0.3
	氯化钠	0.2
C组分	维生素C和维生素E[质量比为(2~4):(1~3)]	3.3

制备工艺：

① 取A组分混合加热至60~75℃，搅拌20~30min，搅拌冷却至室温，备用；

② 取B组分，加入A组分中，80~100r/min搅拌混合20~30min至均匀，降温至35~40℃，加入C组分，搅拌均匀，灌装，冷却成型，即得滋润保湿润唇膏。

配方13：紫草变色保湿润唇膏

组分	质量分数/%	组成	质量分数/%
白蜂蜡	16.5	紫草油	40.0（10%紫草）
小烛树蜡	1.6	凤仙花提取物	0.05~0.2
甜橙脂	1.5	维生素E	1.5
橄榄油	加至100	蜂蜜	适量
精油	适量		

制备工艺：

① 取所有蜡质和甜橙脂于水浴85℃熔融为液体状，加入橄榄油与紫草油搅拌，待充分混合后，稍冷，加入凤仙花提取物、维生素E、蜂蜜、精油，同时搅拌混匀。

② 将混合均匀的物料浇注于空唇膏管中（唇膏管事先预热），并静置冷却6h得成品。

配方 14：蜂蜡润唇膏

组分	质量分数/%	组分	质量分数/%
蜂蜡	13.3	维生素 E	6.7
橄榄油	加至 100		

制备工艺：

取蜂蜡和橄榄油水浴搅拌加热，待蜂蜡完全熔化后停止加热，加入维生素 E，搅拌均匀后趁热灌装，待 30min 后，油脂和蜡冷却凝固后得到蜂蜡唇膏。

配方 15：人参皂苷润唇膏

组分	质量分数/%	组分	质量分数/%
橄榄油	69.06	人参皂苷	0.55
蜂蜡	30.39		

制备工艺：

① 取蜜蜂巢脾切碎进行熬制与纯化，最终将溶解的蜂蜡倒入模具得到淡黄色或黄色的蜂蜡块。

② 在加热条件下加入橄榄油、蜂蜡，再加入人参皂苷粉末充分混合，得到熔融状混合物灌入铝合金模具中，于 0℃恒温箱中放置 20min 后脱模得到成品。

12.1.10　保湿洁面乳

配方 1：氨基酸泡泡洁面乳

组分			质量分数/%
A 组分	第一溶剂	水	加至 100
	第一增稠剂	齿叶乳香树脂提取物	2.0
B 组分	清洁剂	椰油酰甘氨酸钾	8.0
		椰油酰甲基牛磺酸钠	10.0
		椰油酰胺丙基甜菜碱	5.0
		AES	5.0
	整合剂	EDTA-2Na	5.0
	保湿剂	甘油	5.0
	第一防腐剂	羟苯甲酯	0.2
C 组分	第二增稠剂	丙烯酸（酯）类共聚物	3.0
	第二溶剂	水	10.0
D 组分	pH 调节剂	三乙醇胺	0.3
	第二防腐剂	苯氧乙醇	0.6
	芳香剂	香精	0.4
E 组分	第三溶剂	乙基全氟丁基醚	4.0

制备工艺：

① 将 A 组分于 80℃下搅拌分散均匀后，加入 B 组分搅拌分散均匀，保温 30min；

② 搅拌降温至 50℃后加入 C 组分，搅拌均匀；

③ 搅拌降温至 40℃后加入 D 组分，搅拌均匀；

④ 搅拌降温至 30℃后加入 E 组分，搅拌均匀，即得氨基酸泡泡洁面乳。

配方 2：氨基酸型洁面乳

组分	质量分数/%	组分	质量分数/%
U20	1.0	椰油酰胺丙基甜菜碱	5.0
椰油酰甘氨酸钠	3.0	聚季铵盐-39	1.0
椰油酰甘氨酸钾	17.0	苯氧乙醇	0.45
三乙醇胺	0.72	乙基己基甘油	0.05
甘油	10.0	氯化钠	0.5
乙二醇二硬脂酸酯	1.0	二氧化钛	0.5
肉豆蔻酸钾	1.2	水	加至 100

制备工艺：

① 将 U20（丙烯酸或丙烯酸酯/$C_{10\sim30}$ 烷醇丙烯酸酯交联聚合物）与水一起加入乳化锅中，搅拌使之分散均匀，然后向乳化锅中加入椰油酰基甘氨酸钠和椰油酰基甘氨酸钾，加热至 80～85℃，搅拌溶解 45min，静置 30～60min 以消除液面气泡；

② 搅拌降温至 45～55℃，加入三乙醇胺中和；

③ 搅拌降温至 45～50℃，加入其他组分，搅拌 30min 并保温，使之完全分散均匀；

④ 出料后，静置 12h 后即得氨基酸型洁面乳。

配方 3：高含油量的洁面乳

组分	质量分数/%	组分	质量分数/%
月桂酸	12.07	丙烯酸酯/山嵛醇聚醚-25 甲基丙烯酸酯共聚物	12.07
肉豆蔻酸	6.04	甘油硬脂酸酯	2.41
棕榈酸	6.04	EDTA-2Na	0.06
甘油	12.07	聚季铵盐 22	1.21
氢氧化钾	5.55	防腐剂	0.24
橄榄油	24.14	水	加至 100

制备工艺：

① 向反应釜内加入 EDTA-2Na，加水加热溶解，加丙烯酸酯/山嵛醇聚醚-25 甲基丙烯酸酯共聚物，搅拌混合；

② 加入甘油、脂肪酸（月桂酸、肉豆蔻酸、棕榈酸）搅拌均匀，加入氢氧化钾，保温搅拌，再加入甘油硬脂酸酯，加热低速搅拌至充分混合；

③ 低速搅拌下加入润肤油脂（橄榄油），加入完毕后开启高速搅拌，均质 3～5min，冷却至 40～50℃后，低速搅拌加入余下组分，得到高含油量的洗面奶。

配方 4：含有富勒烯、沉香精油洁面乳

组分		质量分数/%
A 组分	甘油	6.0
	氢氧化钾	2.0

续表

组分		质量分数/%
B 组分 （饱和脂肪酸）	月桂酸	1.5
	棕榈酸	1.5
	肉豆蔻酸	1.5
	硬脂酸	1.5
C 组分	AES	10.0
	椰油酰胺基丙酸钠溶液	8.0
	椰油酰胺 DEA	2.0
	鲸蜡硬脂醇	1.0
	甘油硬脂酸酯	0.5
	PEG-100 硬脂酸酯	0.5
	羟甲基纤维素	1.0
	PEG-150 二硬脂酸酯	1.0
D 组分	柠檬酸	1.0
	水	2.0
E 组分	椰油酰胺丙基甜菜碱	3.0
F 组分 （植物提取物）	水	0.6
	甘油	0.1
	洋蔷薇花提取物	1.0
	素方花提取物	1.0
	雏菊花提取物	1.0
	汉生胶	0.1
	苯甲酸钠	0.1
	山梨酸钾	0.1
G 组分	沉香精油	1.0
H 组分 （抗菌剂）	双（羟甲基）咪唑烷基脲	0.1
	碘丙炔醇丁基氨甲酸酯	0.1
	丙二醇	0.3
I 组分 （抗氧化剂）	富勒烯	0.2
	汉生胶	0.1
	丁二醇	0.1
	水	0.1
溶剂	水	加至 100

制备工艺：

① 将水和 A 组分加入乳化装置内 35r/min 搅拌升温至 83～85℃，至完全溶解；

② 加入 B 组分，搅拌并加热至 82～85℃；

③ 降温至 60℃，加入预先溶解好的 C 组分和 D 组分，35r/min 搅拌均匀；

④ 降温至 50℃，加入 E 组分、F 组分、G 组分、H 组分，30r/min 搅拌均匀；

⑤ 降温至 40℃，加入 I 组分，30r/min 搅拌均匀，降温至 28℃，出料。

配方 5：净润氨基酸洁面乳

	组分	质量分数/%
	水	加至 100
	甘油	4.94
	甲基椰油酰基牛磺酸钠	19.8
	椰油酰甘氨酸钠	32.9
A 组分	肉豆蔻酸	1.65
	棕榈酸	0.66
	硬脂酸	1.65
	乙二醇二硬脂酸酯	26.3
	羟苯甲酯	0.13
B 组分	丙烯酸（酯）类/棕榈油醇聚醚-25 丙烯酸酯共聚物	3.3
C 组分	氢氧化钾	0.16
D 组分	甲基异噻唑啉酮	0.1
	香精	0.16

制备工艺：

① 将 A 组分混合加热至 85℃，600r/min 搅拌 30min 至完全溶解；

② 将 B 组分加入 A 组分中 600r/min 搅拌 30min 至均匀；

③ 将 C 组分加入体系中 600r/min 搅拌 20min，降温至 60℃静置；

④ 降温至 45℃并将 D 组分加入体系中 500r/min 搅拌 30min，即得净润氨基酸洁面乳。

配方 6：透明质酸温和保湿洁面乳

	组分	质量分数/%
	水	加至 100
	甘油	2.64
	丁二醇	1.32
	小核菌胶	0.03
	卡波姆	0.13
A 组分	水解透明质酸钠	0.03
	辛甘醇	0.01
	乙基己基甘油	0.00
	D-泛醇	0.03
	EDTA-2Na	0.03
	棕榈酸乙基己酯	2.64
	山嵛醇	0.66
	二辛基十二醇月桂酰谷氨酸酯	1.06
	鲸醋硬脂醇	0.26
B 组分	乙二醇二硬脂酸酯	0.66
	聚山梨醇酯-60	0.07
	聚甘油-10 二异硬脂酸酯	0.66
	聚甘油-10 硬脂酸酯	0.13

组分		质量分数/%
C 组分	月桂基葡糖苷液（由质量比 4.5∶5.5 的月桂基葡糖苷和水组成）	5.29
	月桂基羟基磺基甜菜碱溶液（由质量比 14∶3∶31 的月桂基羟基磺基甜菜碱、氧化钠和水组成）	6.61
	甘油辛酸酯	0.13
	1,2-戊二醇	0.49
	辛酰羟肟酸	0.04
	黄龙胆根提取液（由质量比 1∶13∶36 的黄龙胆根提取物、丁二醇、水组成）	0.13
	海星枝管藻多糖（由 0.3∶24∶75.7 的海星枝管多糖、苯氧乙醇、水组成）	0.13
	PEG-7 橄榄油羧酸钠	0.13

制备工艺：

① 将 A 组分物料混合后加热至 80℃，搅拌至完全溶解，均质 3min；

② 将 B 组分中各物料混合，加热至 85℃，混合搅拌均匀；

③ 将 A 组分和 B 组分混合，500r/min 高速均质 8min，80℃保温搅拌 13min；

④ 搅拌降温至 60℃时，加入 C 组分的混合物，均质 10min 至混合均匀；

⑤ 真空搅拌降温至 37℃出料，即得 HA 温和保湿洁面乳。

12.1.11 保湿凝胶

配方 1：含 AQUAXYL 保湿凝胶

组分	质量分数/%	组分	质量分数/%
水	加至 100	AQUAXYL	3.0
LANOL 1688	10.0	EUXYL K220	0.1
流变调节剂	适量		

制备工艺：

① 称取 LANOL 1688，加入流变调节剂搅拌分散均匀，然后加入水，均质 4 min；

② 分别加入 AQUAXYL、EUXYL K220，200r/min 搅拌至均匀，即得含 AQUAXYL 保湿凝胶。

配方 2：菌类多糖保湿凝胶剂

组分	质量分数/%	组分	质量分数/%
卡波姆	0.6	EDTA-2Na	0.05
甘油	5.0	菌类复配多糖	0.1
三乙醇胺	0.5	水	加至 100
聚乙烯吡咯烷酮	0.1		

制备工艺：

① 将卡波姆树脂均匀地分散于甘油和大部分水的混合溶液中，剩余水一部分来溶解多糖，然后将不溶物过滤掉；

② 剩余水另一部分与其他原料混合均匀，最后将后者和多糖溶液加入卡波姆分散液中即得菌类多糖保湿凝胶剂。

配方3：茶树油微乳凝胶

组分		质量分数/%
A 组分	茶树油	0.3
	Cremophor RH-40	0.59
	PEG-400	0.1
	水	29.7
B 组分	卡波姆 980	0.1
	甘油	0.99
	水	18.71
C 组分	20%三乙醇胺	适量
	水	加至 100

制备工艺：

① 称取茶树油、Cremophor RH-40 加入 PEG-400，30℃加热至完全溶解，搅拌均匀得澄清透明油相混合物；

② 将油相混合物于 30℃搅拌下滴入水中乳化，得茶树油微乳（A 组分）；

③ 称取卡波姆 980、甘油、水搅拌均匀，静置 24h 充分溶胀得凝胶基质（B 组分）；

④ 将 A 组分慢加至已溶胀好的 B 组分中，搅拌均匀，滴加三乙醇胺溶液调 pH 值至 5.5，加余量的水，3000r/min 离心 10min 除去气泡，得茶树油微乳凝胶。

配方4：美白保湿滋养凝胶

组分	质量分数/%	组分	质量分数/%
卡波姆	0.34	柠檬提取物	0.67
三乙醇胺	0.06	芦荟榨取物	1.34
甘油	4.02	百合提取物	1.34
橄榄油	2.68	薏苡仁提取物	1.34
70%山梨醇溶液	1.68	对羟基苯甲酸乙酯	0.21
蜂蜜	1.34	95%乙醇	适量
白及提取物	1.34	水	加至 100
黄瓜提取物	1.34	Tween-80	0.47

制备工艺：

① 取卡波姆、甘油加适量水，搅拌溶胀过夜后，加入蜂蜜、白及提取物、黄瓜提取物、柠檬提取物、芦荟榨取物、百合提取物、薏苡仁提取物、橄榄油、Tween-80，搅拌直至橄榄油均匀分散；

② 加入三乙醇胺搅拌，依次加入 70%山梨醇溶液和剩余的水，搅拌混合均匀；

③ 将对羟基苯甲酸乙酯溶解于适量的 95%乙醇中后加入基质中，搅拌直至形成晶莹透明、细腻均匀的凝胶。

配方 5：无醇橄榄油润唇啫喱

组分	质量分数/%	组分	质量分数/%
无醇橄榄油（OL）	14.71	香精	0.01
VES	2.45	苯氧乙醇	0.1
聚氧乙烯（40）氢化蓖麻油（RH-40）	21.4	甘油	5.0
Span-80	4.29	胶原蛋白	0.5
薄荷醇	0.2	HA	0.3
当归提取物	1.0	水	加至 100

制备工艺：

将当归提取物、薄荷醇、香精、苯氧乙醇溶于油相（OL、VES），向其中加入表面活性剂（RH-40、Span-80）混合均匀后，用水滴定法制备双连续型微乳，再将 HA 和胶原蛋白加入其中搅拌均匀，最后加入甘油即得润唇啫喱。

12.2　美白类护肤化妆品

12.2.1　美白乳液

配方 1：含特纳卡提取物的抗氧化护肤乳

组分		质量分数/%
A 组分	牛油果树果脂	3.0
	聚甘油-3 甲基葡糖二硬脂酸酯	2.0
	油溶性特纳卡提取物	0.5
B 组分	丁二醇	3.0
	水溶性特纳卡提取物	8.0
	汉生胶	0.1
	水	加至 100
C 组分	苯氧乙醇	0.1

制备工艺：

① 将特纳卡粉末加入水中（质量比为 1∶10），45℃超声提取 30min，用 0.45μm 微孔滤膜过滤；

② 将步骤①的滤液 0.095MPa 减压蒸馏，得水溶性特纳卡提取物；

③ 取 A 组分物料混合，加热至 80℃，制成油相；

④ 取 B 组分物料混合，加热至 80℃，制成水相；

⑤ 均质水相，加入油相，15000r/min 均质 3min；

⑥ 搅拌降温，至 50℃时加入 C 组分，继续搅拌 20min 得含特纳卡提取物的抗氧化护肤乳。

配方2：含有铁皮石斛提取物的护肤乳

组分		质量分数/%
A 组分	水	加至100
	对羟基苯乙酮	2.0
	海藻糖	2.0
	甘油	5.0
	丁二醇	5.0
	透明质酸钠	0.1
	烟酰胺	5.0
B 组分	甘草酸二钾	0.1
	鲸蜡硬脂醇和椰油基葡糖苷	2.0
	霍霍巴油	5.0
	澳洲坚果籽油	5.0
	油橄榄果油	5.0
	环五聚二甲基硅氧烷	5.0
	角鲨烷	5.0
	聚二甲基硅氧烷	5.0
	异壬酸异壬酯	5.0
	甘油三（乙基己酸）酯	4.0
	维生素E	3.0
C 组分	丙烯酸羟乙酯/丙烯酰二甲基牛磺酸钠共聚物	1.0
D 组分	铁皮石斛提取物	15.0
	1,2-己二醇	1.0

制备工艺：

① 将 A 组分物料加入反应锅内，加热至 80～85℃，搅拌溶解均匀，制得水相；

② 将 B 组分物料加入反应锅内，加热至 80～85℃，搅拌溶解均匀，制得油相；

③ 将制得的水相和油相加入乳化锅中，用 15Hz 的搅拌机搅拌均匀，搅拌时间为 2～3min，得乳液体系；

④ 加入 C 组分，并用 18Hz 的均质机进行均质化，均质时间为 3～5min，接着 80～85℃恒温搅拌 30min，然后冷却至 50℃；

⑤ 加入 D 组分，用 15Hz 的搅拌机搅拌 15min，即可得含有铁皮石斛提取物的护肤乳。

配方3：含姜黄素类似物的护肤乳

组分		质量分数/%
A 组分	角鲨烷	5.0
	碳酸二辛酯	5.0
	环五聚二甲基硅氧烷	3.0
	羟苯甲酯	0.1
	羟苯丙酯	0.1
	植物仿生皮脂	1.0
	乳木果油	2.0

续表

组分		质量分数/%
A 组分	GTCC	5.0
	山梨坦倍半油酸酯	1.0
	Tween-80	2.5
B 组分	EDTA-2Na	0.05
	D-泛醇	0.5
	甘油	4.0
	甜菜碱	1.0
	汉生胶	0.2
	尿囊素	0.2
	HEC	0.5
	1,3-丙二醇	2.0
	透明质酸钠	0.05
	水	加至 100
C 组分	积雪草提取物	0.02
	雪莲花提取物	0.03
	姜黄素类似物	0.08
	PEG-40 氢化蓖麻油	0.6
	1,3-丙二醇	2.0
	水	0.32
D 组分	熊果苷	0.2
	维生素 C	0.2
	水溶性维生素 E	0.5
	亚硫酸氢钠甲萘醌	0.3
	香精	0.08

制备工艺：

① 在油相锅中，加入 A 组分物料，加热到 80℃，并搅拌至溶解；

② 在水相锅中，加入 B 组分物料（其中 HEC 预先用 1,3-丙二醇分散），加热到 80℃，搅拌至溶解；

③ 把油相锅中的物料加入水相锅中，8000r/min 均质 10min；

④ 降温至 50℃，加入 C 组分（预先将姜黄素类似物溶于 1,3-丙二醇，并加入 PEG-40 氢化蓖麻油和一定量的水），搅拌充分至均匀；

⑤ 降温到 30℃，加入 D 组分，充分搅拌至室温后真空脱气，即得含姜黄素类似物的护肤乳。

配方 4：含有葛根提取物的草本美白护肤乳

组分		质量分数/%
A 组分	水	加至 100
	葛根提取物	10.0
	金银花叶提取物	2.0
	HA	0.1

组分		质量分数/%
A 组分	汉生胶	0.1
	蚕丝蛋白肽	0.8
	羧甲基壳聚糖	0.3
B 组分	茶油	5.0
	小麦胚芽油	2.0
	角鲨烷	3.9
	聚二甲基硅氧烷	2.0
	没食子酸	0.1
	维生素 E	1.0
	Tween-80	7.0
	Span-20	9.0
C 组分	山茶花精油	0.7
	甘油	6.0

制备工艺：

① 取 A 组分物料混合均匀，70℃水浴加热，搅拌至溶解，得水相；

② 取 B 组分物料混合均匀，70℃水浴加热，搅拌至充分溶解；

③ 取 C 组分物料混合后 70℃加热 3min，并将其加入②液中，得油相；

④ 将油相缓慢加入水相中，600r/min 搅拌 60min，并用胶体磨（23MPa）进行处理，2h 后流出乳液，冷却后即得含有葛根提取物的草本美白护肤乳。

配方 5：金花茶美白乳液

组分	质量分数/%	组分	质量分数/%
金花茶叶提取物	0.5	苯氧乙醇	0.3
左旋维生素 C	0.3	羟苯甲酯	0.2
维生素 E	0.03	EDTA-2Na	0.1
总精油（茉莉精油：薰衣草精油：茶树精油：檀香精油=1：1：1：1）	0.04	Sepigel 305	3.0
甘油	3.0	霍霍巴油	10.0
吡咯烷酮羧酸钠	5.0	羟苯乙醇	适量
透明质酸钠	0.1	水	加至 100

制备工艺：

① 取水，加热至 60℃左右，加入羟苯乙醇，待全部溶解，加入 EDTA-2Na、透明质酸钠，混合均匀，冷却至室温。加入甘油、吡咯烷酮羧酸钠，混合均匀，加入苯氧乙醇、羟苯甲酯，加入金花茶叶提取物、左旋维生素 C 混合均匀，得水相；

② 取霍霍巴油，加入维生素 E 混合，再加入乳化剂（Sepigel 305）混合，加入精油混合，得油相；

③ 将水相料液缓慢加入油相料液中，缓慢搅拌至乳液均匀光滑，即得金花茶美白乳液。

配方 6：槐米抗氧化乳液

组分		质量分数/%	
		配方 1	配方 2
A 组分	棕榈酸异丙酯	2.0	2.0
	$C_{16\sim18}$醇	1.5	1.5
	二甲基硅油	1.5	1.5
	白油	1.0	1.0
	霍霍巴油	4.0	4.0
	角鲨烷	2.0	2.0
	Brij 72	1.0	1.0
	Brij 721	1.5	1.5
	杏仁油	2.0	2.0
B 组分	1,3-丁二醇	10.0	10.0
	甘油	5.0	5.0
	尿囊素	0.3	0.3
	HEC	0.25	0.25
	汉生胶	0.2	0.2
	EDTA-2Na	0.05	0.05
	水	加至 100	加至 100
C 组分	槐米提取液	5.0	10.0
	香精	适量	适量
	防腐剂	适量	适量

制备工艺：

① 将 A 组分各物质混合，加热至 80℃，熔化后搅拌均匀，作为油相；

② 将 B 组分各物质混合，加热至 85℃，搅拌溶解均匀，作为水相；

③ 将油相和水相加到乳化锅中，搅拌均匀，乳化均质 6min；

④ 搅拌冷却至 50℃时，加入 C 组分，搅拌均匀，冷却至 38℃，即得槐米抗氧化乳液。

配方 7：红葱乳液

组分		质量分数/%
A 组分	聚二甲基硅氧烷	3.5
	棕榈酸乙基己酯	4.0
	鲸蜡硬脂醇	0.8
	GTCC	3.0
	烷基葡萄糖苷	2.0
	甘油硬脂酸酯	0.2
B 组分	尿囊素	0.15
	汉生胶	0.05
	卡波姆 941	0.3
	甘油	5.0
	1,3-丙二醇	3.0
	甜菜碱	1.0
	红葱提取物	6.0

	组分	质量分数/%
C 组分	三乙醇胺	0.2
D 组分	尼泊金甲酯	0.18
	尼泊金丙酯	0.02
	苯氧乙醇	0.5
	水	加至 100

制备工艺：

① 将 A 组分加热到 85℃，使其完全溶解，将 B 组分（除红葱提取物外）加热至 85℃，用均质机搅拌分散均匀；

② 将 A、B 组分混合均质并搅拌 2～3min，当温度降到 60℃时，加入 C 组分，40℃时加入 D 组分，并搅拌 20min，再加红葱提取物，即得红葱乳液。

配方 8：羊栖菜多糖润肤乳

	组分	质量分数/%
A 组分	橄榄乳化蜡	5.0
	甜杏仁油	3.5
	小麦胚芽油	3.5
	油溶维生素 E	1.5
B 组分	水	50.0
C 组分	40%氨基酸保湿剂	3.5
	24 小时保湿因子	1.5
	杰马 BP	0.3
	羊栖菜多糖提取液	加至 100

制备工艺：

① 将 A 组分水浴加热至 80℃，搅拌使物料完全熔化，待用；

② 将 B 组分加热至 80℃待用；

③ 趁热将 A 组分加入 B 组分中，搅拌直至温度降至 40℃；

④ 分多次把添加成分（C 组分）加入已经搅拌乳化的试样中，搅拌均匀充分乳化，直至加完，待温度降至室温后，静置，装瓶即得羊栖菜多糖润肤乳。

配方 9：黄芩低敏美白乳液

	组分	质量分数/%
A 组分	EDTA-2Na	0.05
	汉生胶	0.2
	HA	0.1
	甘油	2.0
	1,3-丁二醇	4.0
	山梨醇	2.0
	水	加至 100

续表

	组分	质量分数/%
B 组分	Tego Care 45	2.0
	酶解卵磷脂	1.0
	角鲨烷	2.0
	GTCC	2.0
	IPM	2.0
	乳木果油	1.0
	碳二十二醇	1.0
	二甲基硅油 5#	2.0
	Sepiplus 400	0.1
C 组分	黄芩提取液	1.5
	PE 9010	0.5
	K220	0.1

制备工艺：

① 用多元醇（甘油、1,3-丁二醇、山梨醇）预分散汉生胶后加入水，搅拌溶解均匀后再加入 A 组分剩余的其他成分，边搅拌溶解边升温至 80℃，保温 10min，待用；

② 称量 B 组分成分，加热搅拌熔化，升温至 80℃，保温 10min，待用；

③ 搅拌并将 B 组分加入 A 组分中，搅拌均匀后，均质 3min，降温；

④ 当温度降至 40℃时，加入 C 组分，搅拌降至室温即得黄芩低敏美白乳液。

配方 10：含光果甘草美白乳液

	组分	质量分数/%
A 组分	甲氧基肉桂酸乙基己酯	3.0
	辛基十二醇	6.0
	HA	0.1
	苯乙基间苯二酚	0.4
	油相乳化剂	3.0
	合成油脂、硅油	16.0
	羟苯甲酯	2.0
	聚甘油硬脂酸酯	1.0
	6-羟基黄酮	0.5
	烟酰胺	0.5
	糊精棕榈酸酯	1.5
	苯氧乙醇	0.5
B 组分	甘油	5.0
	丁二醇	3.0
	汉生胶	0.4
	光果甘草提取物	0.05
	熊果苷	0.2
	松茸	0.6
	维生素 C 衍生物	0.3
	维生素 B₅	0.3

续表

组分		质量分数/%
B 组分	甘露聚糖	0.6
	水杨酸	0.3
	硫酸镁	1.5
	氯化钠	1.0
	水	加至 100
C 组分	聚二甲基硅氧烷醇	3.0
	蚕丝胶蛋白	0.3
	香精	适量

制备工艺：

① 按配方称量原料，制成水相（B 组分）和油相（A 组分），加热至 80℃搅拌至完全溶解；

② 将油相加入乳化锅中，在真空条件下，搅拌速度由 2500r/min 升至 4500r/min，缓慢加入水相，搅拌均质 15min，得到均匀白色乳液；

③ 冷却至 40℃，加入聚二甲基硅氧烷醇、蚕丝胶蛋白和香精等；

④ 转速由 2500r/min 升至 4500r/min，再次均质；

⑤ 静置，冷却至室温，即得含光果甘草美白乳液。

配方 11：多花黄精柔肤乳

组分		质量分数/%
A 组分	鲸蜡基葡萄糖苷	2.0
	$C_{16\sim18}$ 醇	1.0
	对羟基苯甲酸甲酯	0.2
	对羟基苯甲酸丙酯	0.1
	葡萄籽油	3.0
	葵花籽油	3.0
B 组分	EDTA-2Na	0.03
	甘油	6.0
	1,2-丙二醇	3.0
	汉生胶	0.1
	4%卡波姆 940	5.0
	水	加至 100
C 组分	甲基硅油（5cs 黏度）	2.0
	聚二甲基硅氧烷聚合物	3.0
	1%HA	2.0
	多花黄精提取液	1～5
D 组分	甲基异噻唑啉酮	0.08

① 将 A 组分和 B 组分分别混合加热搅拌至溶解；

② 将 B 组分物料倒入 A 组分中，搅拌混合后，在 5000r/min 条件下均质 1min，转移到 450r/min 条件下搅拌冷却；

③ 待温度降至 75℃左右，加入 C 组分；

④ 继续搅拌冷却至 45℃左右加入 D 组分；

⑤ 600r/min 继续搅拌冷却至室温，即得多花黄精柔肤乳。

配方 12：薏仁美白润肤乳

组分	质量分数/%	组分	质量分数/%
薏仁提取液	50.0	香精（日用）	0.1
C_{18} 醇	2.0	防腐剂	0.3
霍霍巴油	8.0	单硬脂酸甘油酯	1.0
甘油	2.0	Span-60	1.0
烟酰胺	2.0	Tween-60	1.7
汉生胶	0.3	水	加至 100

制备工艺：

① 搅拌下将汉生胶加入一定量的水中，溶胀后依次加入甘油、薏仁提取液、Tween-60、烟酰胺，混合均匀并升温至 80℃；

② 将 C_{18} 醇、单硬脂酸甘油酯、Span-60、霍霍巴油混合加热熔融，温度升到 80～85℃；

③ 搅拌下将②液加入①液中，保持 80℃左右搅拌 10min，均质乳化 7min；

④ 80℃搅拌 30min 后降温至 40℃，加入香精与防腐剂，混合均匀即得薏仁美白润肤乳。

配方 13：美白乳液

组分	质量分数/%	组分	质量分数/%
Glucamate SSE-20	2.0	十一碳烯酰基苯丙氨酸	0.8
Glucate SS	1.0	苯乙基间苯二酚	0.4
硬脂酸	2.0	EDTA-2Na	0.05
甲氧基肉桂酸乙基己酯	3.0	丁二醇	4.0
辛基十二醇	7.0	甘油	4.0
季戊四醇四(双叔丁基羟基氢化肉桂酸)酯	0.1	Amphisol K (Eumulgin SG)	1.50(0.30)
汉生胶	0.1	水	加至 100
丙烯酸羟乙酯/丙烯酰二甲基牛磺酸钠共聚物	0.4	β-葡聚糖	4.0
柠檬酸	适量	防腐剂	适量
芳香剂	适量		

制备工艺：

① 将油相乳化剂（Glucamate SSE-20、Glucate SS）、硬脂酸、甲氧基肉桂酸乙基己酯、辛基十二醇、季戊四醇四（双叔丁基羟基氢化肉桂酸）酯、十一碳烯酰基苯丙氨酸混合，搅拌，水浴加热至 85℃，使固体完全溶解，得到油相；

② 先将水加入水相锅中，在搅拌下将丙烯酸羟乙酯/丙烯酰二甲基牛磺酸钠共聚物、水相乳化剂（Amphisol K 或 Eumulgin SG）、丁二醇、甘油、EDTA-2Na 和汉生胶加入水中，搅拌并水浴加热至 85℃，使原料溶解分散均匀，得到水相；

③ 将苯乙基间苯二酚、β-葡聚糖加入上述已溶解均匀的油相中，搅拌至溶解，在均质速度 9000r/min 下，将油相缓慢倒入水相，加完后继续均质乳化 3min，乳化过程中保持温度 85℃；

④ 搅拌冷却至室温，加入柠檬酸、芳香剂、防腐剂，真空脱泡即得美白乳液。

配方 14：沙棘维生素 P 粉乳液

组分	质量分数/%	组分	质量分数/%
沙棘维生素 P 粉	0.8	乙醇	3.0
棕榈酸异丙酯	2.0	柠檬酸	0.1
C_{16} 醇	8.0	尼泊金丙酯	0.1
橄榄油	3.0	NaOH	0.3
乳化硅油	1.0	柠檬精油	0.4
K12	1.0	水	加至 100
甘油	3.0		

制备工艺：

① 将棕榈酸异丙酯、C_{16} 醇、橄榄油、柠檬精油混合作为油相，将甘油、乙醇、柠檬酸、尼泊金丙酯、K12、水混合作为水相，将油相及水相水浴加热至 70～80℃，充分搅拌将其全溶解；

② 将 NaOH 取适量的水溶解，并将沙棘维生素 P 粉溶于 NaOH 溶液中，并与水相混合；

③ 在搅拌情况下，把油相加入水相中，继续搅拌，加入乳化硅油，搅拌均匀即得沙棘维生素 P 粉乳液。

配方 15：核桃多酚淡斑乳

组分		质量分数/%
A 组分	1,2-丙二醇	12.0
	维生素 E	0.3
	单硬脂酸甘油酯	4.0
	卵磷脂	10.5
	对羟基苯甲酸甲酯	0.2
B 组分	核桃粕提取物	12.0
	透明质酸钠	0.3
	甘油	10.0
	吡咯烷酮羧酸钠	3.0
	丝肽粉	0.3
	重氮烷基咪唑脲	0.3
	水	加至 100
C 组分	茉莉香精	0.03

制备工艺：

① 将核桃粉干燥、破碎、过 60 目筛，得到核桃粗粉，40%乙醇以 1：20 混合密封放置在 50℃水浴浸提 20min，真空抽滤三次，将滤液减压蒸馏至无乙醇后，用 5 倍体积的水稀释，中空纤维膜过滤除杂，冷冻干燥，获得核桃粕多酚提取物冻干粉；

② 将 A 组分和 B 组分分别加热到 70℃，并混合均匀；

③ 将 A 组分加入 B 组分中，搅拌均匀加入 C 组分，静置冷却后即得核桃多酚淡斑乳。

配方 16：榆黄菇乳液

组分		质量分数/%
A 组分	硬脂醇聚氧乙烯醚-2	1.2
	硬脂醇聚氧乙烯醚-21	1.5
	C$_{16\sim18}$醇	0.5
	二甲基硅油	3.0
	氢化蓖麻油	3.5
	辛基/癸基三甘油酯	4.0
	白油	3.0
	BHT	0.05
	丙二醇	6.0
B 组分	甘油	8.0
	卡波姆 20（1%）	10.0
	榆黄菇提取液	5.0
	水	加至 100
C 组分	防腐剂	0.2
	香精	0.2
	NaOH	适量

制备工艺：

① 取 A 组分混合并置于 90℃水浴中溶化，备用；

② 取适量水，将 B 组分中的各组分按顺序分散于水中，在 90℃水浴中边搅拌边加热；

③ 当 A、B 两组分达到 90℃时，搅拌，将 A 组分匀速加入 B 组分中，并维持搅拌分散 5min，之后 10000r/min 均质 2min；

④ 均质结束后保持慢速搅拌，待体系温度降至 55℃左右时将 C 组分添入，搅拌 20～ 30min，体系均匀后，即得榆黄菇乳液。

配方 17：葡萄多酚乳液

组分		质量分数/%
A 组分	单甘酯	1.5
	角鲨烷	3.0
	苯氧乙醇	0.5
	硬脂酸异丙酯	1.0
	二甲基硅油	1.0
B 组分	甘油	5.0
	丁二醇	3.0
	戊二醇	2.0
	D-泛醇	0.3
	卡波姆	5.0
	海藻糖	6.0
	汉生胶	3.0
	活性成分（葡萄多酚）	15.0
C 组分	EDTA-2Na	0.2
	水	加至 100

制备工艺：

① 将 A 组分混合搅拌并加热至 85℃，保持 15min，使之溶解均匀；

② 将 B 组分混合搅拌并加热至 40℃，保持 10min，使之溶解均匀；

③ 将 A 组分和 B 组分混合置于乳化设备中乳化 30min；

④ 加入 C 组分物质，搅拌均匀，冷却至室温，即得葡萄多酚乳液。

12.2.2 美白面霜

配方 1：枸杞美白修护面霜

组分		质量分数/%
A 组分	水	加至 100
	1,3-丙二醇	1.0
	甘油	2.0
	甜菜碱	1.0
	汉生胶	0.1
	丙烯酸（酯）类/$C_{10\sim30}$ 烷醇丙烯酸酯交联聚合物	0.1
B 组分	角鲨烷	3.0
	环五聚二甲基硅氧烷	2.0
	甘油三（乙基己酸）酯	1.6
	$C_{18\sim36}$ 酸甘油三酯	0.2
	$C_{12\sim18}$ 酸甘油三酯	0.2
	牛油果提取物	1.0
	霍霍巴酯类	0.4
	维生素 E	0.3
	植物甾醇澳洲坚果油酸酯	0.3
	维生素 E 醋酸酯	0.1
	鲸蜡醇乙基己酸酯	3.0
	鲸蜡硬脂醇	2.0
	氢化葵花籽油	2.0
	硬脂酰乳酰乳酸钠	1.0
	聚甘油-3 甲基葡糖二异硬脂酸酯	1.0
	氢化卵磷脂	0.3
C 组分	氢氧化钠	0.2
D 组分	4D 透明质酸原液	2.0
	水解酵母蛋白	2.0
	洛神花提取物	1.0
	莲子提取物	1.0
	维生素 C 乙基醚	1.0
	红枸杞提取物	0.01
	黑果枸杞花青素	0.01
	苯氧乙醇	0.5
	乙基己基甘油	0.15
	氯苯甘醚	0.1
	兰花香精	0.03

制备工艺：

① 将 A 组分物料浸泡在配制锅中，完全润湿后升温加热至 85℃，50Hz 搅拌 15min 后，30Hz 继续搅拌 20min 至均匀；

② 将 B 组分物料加入油相锅中加热至 80℃熔化混合均匀后，将其抽入上述配制锅中，开启均质 60Hz，真空-0.04MPa，均质 5min 后，30Hz 搅拌；

③ 降温至 70℃，加入氢氧化钠（C 组分）继续搅拌降温；

④ 待温度降至 45℃以下，将 D 组分物料加入配制锅中以 25Hz 搅拌至均匀，即得枸杞美白修护面霜。

配方 2：含灵芝提取物面霜

	组分	质量分数/%
A 组分	丙烯酸（酯）类/C$_{10\sim30}$烷醇丙烯酸酯交联聚合物	0.2
	甘油	5.0
	甘油聚醚-26	3.0
	透明质酸钠	0.03
	甜菜碱	0.5
	云母	0.5
	二氧化钛	1.0
	氧化锡	0.1
	水	加至 100
B 组分	鲸蜡硬脂基葡糖苷	3.0
	鲸蜡硬脂醇	3.0
	葡萄糖	0.1
	维生素 E 乙酸酯	0.3
	环五聚二甲基硅氧烷	3.0
	聚二甲基硅氧烷	1.5
	白蜂蜡	0.3
	蔗糖四异硬脂酸酯	1.0
	微晶蜡	1.0
	液体石蜡	5.0
C 组分	三乙醇胺	0.2
D 组分	苯氧乙醇	0.5
	对羟基苯乙酮	0.5
	乙基己基甘油	0.1
E 组分	灵芝提取物	0.01
	烟酰胺	5.0
	尿素	1.0
	棕榈酰三肽-5	0.01
	肌肽	0.01
	二肽二氨基丁酰苄酰胺二乙酸盐	0.1
	糖类同分异构体	0.03
	高山植萃提取物	0.3
	羟苯基丙酰胺苯甲酸	0.01

组分		质量分数/%
E组分	维生素 C 棕榈酸酯	0.0001
	母菊花提取物	0.0045
	芍药根提取物	0.0045
	忍冬花提取物	0.0045
	欧蒲公英根茎/根提取物	0.0045
	紫花地丁提取物	0.0045
	库拉索芦荟叶汁	0.0045
	酵母菌发酵产物滤液	1.0
	当归根提取物	0.06
	膜荚黄芪根提取物	0.06
	甘草根提取物	0.01
	富勒烯	0.0001
	聚乙烯吡咯烷酮	0.001
	柠檬酸三乙酯	0.8
	香精	0.1

制备工艺：

① 将 A 组分投入水相锅中，搅拌加热至 75℃，使其溶解完全后，将 B 组分物料投入到油相锅中，搅拌加热至 75℃；

② 将水相物料吸入乳化釜内，搅拌降温到 70℃，然后将油相物料吸入乳化釜内，均质 5min，保温搅拌 10min 后开始降温；

③ 当温度降到 60℃时，加入 C 和 D 组分，保温搅拌 5min 后继续降温；

④ 当温度降到 45℃时，加入 E 组分，继续搅拌降温；

⑤ 当温度降到 40℃以下时，出料，即得含灵芝提取物面霜。

配方 3：茶叶美白面霜

组分		质量分数/%
A组分	水	加至100
	甘油	6.0
	茶叶提取物	9.0
B组分	鲸蜡醇	3.0
	羟苯丙酯	0.02
	角鲨烷	8.0
	羟苯甲酯	0.02
	月桂醇聚醚-11 羧酸钠	3.0
	维生素 E	3.0
	矿油	10.0
	聚二甲基硅氧烷	3.0
C组分	薄荷醇乳酸酯	0.02
	香精	0.8

制备工艺：

① 将 A 组分物料混合后加入水锅中，加热至 80℃，搅拌均匀；

② 将 B 组分物料混合后加入油锅中，加热至 85℃，搅拌均匀；

③ 将预混合后的 A 组分和 B 组分分别抽至乳化锅中，开启均质机，2800r/min 均质 15min，85℃保温 15min；

④ 将步骤③保温后的组分冷却至 35℃，加入 C 组分并调节 pH 值至 6.5，结膏后继续搅拌 10min，放料分装、陈化 24h，检验，合格后灌装、包装，即得美白面霜。

配方 4：抗初老美白保湿修护面霜

组分	组分	质量分数/%
A 组分	甘油	4.0
	汉生胶	0.05
	卡波姆	0.2
	甘草酸二钾	0.1
	EDTA-2Na	0.01
	烟酰胺	3.0
	凝血酸	1.0
	透明质酸钠	0.08
	水	加至 100
B 组分	鲸蜡硬脂醇	1.0
	牛油果树果脂	1.0
	GTCC	2.0
	角鲨烷	2.0
	白池花籽油	0.1
	聚甘油-3-甲基葡糖二硬脂酸酯	0.5
	PVA217	1.0
	维生素 C	0.1
C 组分	对羟基苯乙酮	0.3
D 组分	精氨酸	0.02
	1,2-己二醇	1.0
	视黄醇棕榈酸酯	0.05
	黄芩提取物	0.25
	北美金缕梅提取物	0.25

制备工艺：

① 将 A 组分物料混合，加热至 80℃并保温，混合均匀；

② 将 B 组分物料混合，加热至 80℃并保温，混合均匀；

③ 将预混合后的 B 组分加到 A 组分中，持续保温至 80℃，均质 20min 后加入 C 组分物料，搅拌均匀；

④ 将体系降温至 45℃，加入 D 组分物料，搅拌均匀即得抗初老美白保湿修护面霜。

配方 5: 辣木总黄酮面霜

组分	质量分数/%	组分	质量分数/%
辣木总黄酮提取物	1.12	Tween-80	0.56
山苍子油	0.06	70%山梨醇溶液	1.12
橄榄油	0.11	泊洛沙姆	1.12
玫瑰精油	1.12	尼泊金乙酯	0.11
卡波姆	0.56	三乙醇胺	1.12
甘油	3.36	水	加至 100

制备工艺:

① 取卡波姆、甘油,加适量水,振摇充分混合,于 50℃水浴加热溶胀,完全溶胀后,放置过夜;

② 加入 Tween-80,搅拌至均匀分散;

③ 依次加入 70%山梨醇溶液、剩余水、辣木总黄酮提取物、泊洛沙姆、尼泊金乙酯、山苍子油、橄榄油、玫瑰精油;

④ 加入三乙醇胺,将 pH 值调至 6.0,搅拌,直至形成晶莹透明、细腻均匀的凝胶,即得辣木总黄酮面霜。

配方 6: 美白嫩肤面霜

组分		质量分数/%
A 组分	猴面包树油	7.0
	玫瑰果籽油	6.0
	绿咖啡籽油	7.0
	草莓籽油	7.0
	乳木果油	6.0
	仙人掌油	6.0
	橄榄油乳化蜡	6.0
B 组分	玫瑰纯露	13.0
	橙花纯露	8.0
	乳香纯露	10.0
	甘油	7.0
C 组分	玫瑰精油	7.0
	檀香精油	1.0
	橙花精油	3.0
	乳香精油	6.0

制备工艺:

① 将 A 组分物料混合,在 70℃条件下搅拌;

② 将 B 组分物料混合,在 70℃条件下搅拌;

③ 将预混合后的 A 组分与 B 组分混合搅拌,均质 20min,降温凝固成霜;

④ 加入 C 组分物料,搅拌,均质后,即得美白嫩肤面霜。

配方 7：虫草美白保湿面霜

组分	质量分数/%	组分	质量分数/%
虫草水提物	4.0	甘油	6.0
维生素 E 乙酸酯	2.0	1,3-丁二醇	6.0
HA	2.0	抗菌剂	0.3
卡波姆	1.0	水	加至 100

制备工艺：

① 取 200 目兰坪虫草干燥粉末 10g，加入 100mL 水，50℃超声波提取 20min，过滤后获得虫草水提物；

② 将虫草水提物、维生素 E 乙酸酯、HA、甘油、1,3-丁二醇、抗菌剂充分混匀，备用；

③ 将卡波姆在水中充分溶胀后，调 pH 值到 7.0 左右；

④ 将步骤②混合物缓慢加入步骤③卡波姆凝胶中，均质 2min，充分混匀后，即得虫草美白保湿面霜。

配方 8：绣球菌抗氧化美白面霜

组分	质量分数/%	组分	质量分数/%
桑白皮	6.3	维生素 C	9.0
白蔹	5.4	鸵鸟油	5.4
白术	10.8	广叶绣球菌提取物	21.6
当归	2.7	HA	18.0
白蒺藜	9.0	甘草黄酮	1.0
白茯苓	10.8		

制备工艺：

按照常规乳液的制备方式来制备该面霜。

配方 9：浮萍润肤霜

组分	质量分数/%	组分	质量分数/%
白油	0.5	水	5.0
硬脂酸	0.3	甘油	0.2
C_{18} 醇	0.3	叶绿素锌钠	0.3
单甘酯	0.1	香精	适量

制备工艺：

① 将单甘酯、硬脂酸、白油、C_{18} 醇混合在水浴中熔化，得到油相；

② 将甘油、水加热至 85℃溶解，得到水相；

③ 将水相加入油相中，恒温搅拌 15min，搅拌冷却至 55～60℃时，加入叶绿素锌钠溶液，搅拌均匀；

④ 冷却至 35～40℃时，加入香精，搅拌均匀后即得浮萍润肤霜。

配方 10：复方当归美白淡斑霜

组分	质量分数/%	组分	质量分数/%
当归提取物	1.0	甘油	1.5
白芍提取物	1.0	Tween-60	1.0
白术提取物	1.0	三乙醇胺	0.2
甘草提取物	1.0	卡波姆 940	0.2
蜂蜡	1.0	水溶性霍霍巴油	2.0
液体石蜡	1.5	尼泊金丙酯	0.15
C_{16} 醇	1.5	杰马 BP	0.1
单硬脂酸甘油酯	1.0	茉莉香精	适量
二甲基硅油	1.0	水	加至 100

制备工艺：

① 将水相（甘油、Tween-60、三乙醇胺、卡波姆 940、水溶性霍霍巴油、水）和油相（蜂蜡、液体石蜡、C_{16} 醇、单硬脂酸甘油酯、二甲基硅油）原料分别加热至 80℃左右，分别保温 10min，然后将油相以细流方式缓缓加入水相中，乳化温度为 85℃，乳化时间 5～10min；

② 乳化匀质后加入中药提取物继续搅拌均匀，待温度降到 45℃左右再加入防腐剂（尼泊金丙酯、杰马 BP）和香精，搅拌均匀，即得复方当归美白淡斑霜。

配方 11：羊栖菜多糖润肤霜

组分		质量分数/%
A 组分	山茶油	7.0
	橄榄油	5.0
	$C_{16\sim18}$ 混醇	5.0
	单硬脂酸甘油酯	3.0
	自乳化蜡	2.0
	甲基硅油	1.0
B 组分	羊栖菜多糖提取物	0.3
	甘油	5.0
	Tween-60	1.0
	尿囊素	1.0
	1% CMC-Na	1.0
	甜菜碱	3.0
	水	加至 100
C 组分	GPL 复合防腐剂	0.1

制备工艺：

① 分别将 A 组分和 B 组分加热至 80～85℃，完全溶化后保温 30min；

② 搅拌条件下将 B 组分加入 A 组分，高速搅拌 5min，而后在 65～75℃低速搅拌 30～40min；

③ 自然冷却至 55℃时加入 C 组分，低速搅拌均匀，冷却至室温，陈化 24h，即得羊栖菜多糖润肤霜。

配方 12：甘草、山药美白保湿护肤霜

组分		质量分数/%
A 组分	硬脂酸	4.5
	C$_{18}$醇	5.0
	白油	3.1
	Tween-80	0.5
	橄榄油	0.5
	单硬脂酸甘油酯	4.0
B 组分	甘草提取物	1.5
	甘油	6.5
	三乙醇胺	0.31
	水	加至 100
C 组分	香精	适量
	山药浸膏	适量

制备工艺：

① 分别以甘草和山药为原料提取甘草提取物及山药浸膏；

② 将 A 组分和 B 组分分别置于水浴内搅拌加热至 90℃至均相，保温 20min，并过滤；

③ 在 90℃下，在 B 组分中缓慢加入 A 组分，继续搅拌 30min；

④ 缓慢降温至 65℃，加入山药浸膏，搅拌降温至 45℃时加入香精，待温度降至 35℃左右时，停止搅拌，静置，冷却，即得甘草、山药美白保湿护肤霜。

配方 13：抗氧化活肤霜

组分		质量分数/%
A 组分	聚二甲基硅氧烷	2.0
	石榴籽油	0.5
	氢化聚异丁烯	5.0
	异硬脂醇异硬脂酸酯（ISIS）	2.0
	季戊四醇四硬脂酸酯	2.0
	辛酸/癸酸三甘油酯	6.0
	C$_{16\sim18}$醇	2.5
	单硬脂酸甘油酯	2.5
	硬脂酸	1.0
	聚氧乙烯（40）硬脂酸酯	2.5
	BHT	0.02
B 组分	甘油	5.0
	丁二醇	2.0
	聚氧乙烯（100）硬脂酸酯、丙烯酸羟乙酯/丙烯酰二甲基牛磺酸钠共聚物（和）异十六烷（和）聚山梨醇酯 60	2.0
	聚氧乙烯（100）硬脂酸酯	2.0
	Tween-60	1.0
	EDTA-2Na	0.05
	水	加至 100

续表

组分		质量分数/%
C 组分	聚二甲基硅氧烷及 C$_{16\sim18}$ 烷基聚二甲基硅氧烷交联聚合物	2.0
	环五聚二甲基硅氧烷	3.0
D 组分	β-葡聚糖	5.0
	透明质酸钠	0.2
	葡萄糖酸镁	0.2
	神经酰胺	0.2
	维生素 C 乙基醚	0.1
	谷胱甘肽	0.1
	硫辛酸	0.05
	红景天提取物	0.1
	灵芝提取物	0.1
	水	10.0
E 组分	白藜芦醇	0.2
	维生素 A 棕榈酸酯	0.1
	维生素 E 醋酸酯	0.5
	辅酶 Q$_{10}$	0.05
	1,2-辛二醇和 2-苯氧基乙醇的混合物（PCG）	1.0

制备工艺：

① 称取相应质量比例的各物质。将 A 组分和 B 组分分别置于 80℃水浴锅中搅拌 30min，使固状物溶解，然后边搅拌边把 B 组分加入 A 组分中；

② 快速搅拌 30min 后降温，冷却至 45℃时将 C 组分、D 组分和 E 组分加入其中并搅拌至均匀，温度降至 35℃时停止搅拌，出料，即得抗氧化活肤霜。

配方 14：复方甘草美白保湿霜

组分		质量分数/%
A 组分	卡波姆 U20	1.0
	水	加至 100
	对羟基苯甲酸甲酯	0.15
	甘油	10.0
	丙二醇	2.0～3.0
	丁二醇	4.0～6.0
	EDTA-2Na	0.1
B 组分	三乙醇胺	1.0
	透明质酸钠	0.05
C 组分	水溶性霍霍巴油	1.0～2.0
	中药美白剂（白芍、白术醇取液、甘草水溶液质量比 1：1：1）	15.0
D 组分	汉生胶	0.1
E 组分	水溶性氮酮	0.5
	杰马 BP	0.45

制备工艺：

① 卡波姆 U20 预先溶解，A 组分搅拌加热至 90℃，保温搅拌 10min 至完全溶解；

② 降温至 60℃，加入 B 组分后充分搅拌均匀；

③ 降温到 45℃后加入 C、D、E 组分搅拌均匀即得复方甘草美白保湿霜。

配方 15：抗氧化润肤霜

组分		质量分数/%
A 组分	单硬脂酸甘油酯	4.0
	C_{16} 醇	1.0
	GTCC	1.5
	棕榈酸乙基己酯	2.5
	甜杏仁油	2.0
	霍霍巴油	0.6
	二甲基硅油	2.0
	蔗糖酯-15（AE-15）	1.0
	尼泊金甲酯	0.05
	尼泊金丙酯	0.15
	苯氧乙醇	0.1
B 组分	1,3-丙二醇	4.0
	吡咯烷酮羧酸钠（PCA-Na）	2.0
	山梨醇	4.0
	甘油	4.0
	PEG-400	2.0
	CAB	1.0
	水	加至 100
C 组分	小麦胚芽油	0.7
	葡萄籽油	1.3
	维生素 E	0.7
D 组分	葫芦巴浸膏	2.7
	葫芦巴多糖	2.7

制备工艺：

① 按照配方称取各物质，将 A 组分和 B 组分分别置于 80℃水浴锅中搅拌 30min，使其溶解；

② 将 B 组分加入 A 组分中，快速搅拌 15min 后降温，冷却至 45℃时将 C 组分、D 组分加入其中并搅拌至均匀；

③ 温度降至 35℃时停止搅拌，出料即得抗氧化润肤霜。

配方 16：三白美白霜

组分	质量分数/%	组分	质量分数/%
白鲜皮	3.79	单硬脂酸甘油酯	0.88
白芍	3.79	无水羊毛脂	1.14
白芷	3.79	二甲基硅油	1.96

组分	质量分数/%	组分	质量分数/%
丙二醇	1.89	甘油	1.52
硬脂酸	3.16	C$_{16}$醇	3.16
液体石蜡	3.79	茉莉香精	适量
尼泊金乙酯	0.09	水	加至100
Tween-60	1.58	氮酮	适量

制备工艺：

① 把白芷回流提取，白鲜皮、白芍进行乙醇回流提取，把提取液进行合并，浓缩成膏体；

② 取无水羊毛脂、C$_{16}$醇、单硬脂酸甘油酯、硬脂酸、液体石蜡、二甲基硅油、尼泊金乙酯加热到82℃，过滤获得油相；

③ 取丙二醇、甘油、水、Tween-60加热到82℃，过滤后获得水相；

④ 搅拌把油相缓慢加入水相中，高速均质4min；

⑤ 搅拌冷却至43℃加入香精和氮酮，搅拌均匀，即得三白美白霜。

配方17：舒缓美白霜

	组分	质量分数/%
A组分	水	加至100
	EDTA-2Na	0.05
	尿囊素	0.2
	甘油	5.0
	汉生胶	0.3
	海藻糖	2.0
B组分	甘油硬脂酸酯/PEG-100硬脂酸酯	1.5
	山嵛醇/甘油硬脂酸酯/甘油硬脂酸酯柠檬酸酯/二椰油酰乙二胺PEG-15二硫酸酯二钠	2.5
	鲸蜡硬脂醇	3.5
	IPM	5.0
	甘油三(乙基己酸)酯	4.0
	聚二甲基硅氧烷	2.0
	可可籽脂/狭翅莎罗双籽脂	2.0
	季戊四醇四(双-叔丁基羟基氢化肉桂酸)酯	0.1
	维生素E乙酸酯	1.0
	红没药醇	0.2
	甲氧基肉桂酸乙基己酯	1.0
	羟苯丙酯钠	0.1
	羟苯甲酯钠	0.2
C组分	聚丙烯酸酯-13/聚异丁烯/聚山梨醇酯-20	1.0
D组分	传明酸	2.5
	烟酰胺	2.0
	4-甲氧基水杨酸钾	0.5
	水	18.0

续表

	组分	质量分数/%
E 组分	光果甘草根提取物	0.03
	丙二醇	3.0
F 组分	抗敏剂	适量
	防腐剂	适量
	色素	适量

制备工艺：

① 将 D 组分和 E 组分分别在室温和 70℃下预先搅拌溶解，备用；

② 分别将 A 组分和 B 组分在 80℃溶解均匀后，将 B 组分缓慢且匀速地加入 A 组分中，以 3000r/min 均质乳化 2～4min，再加入 C 组分，以 4500r/min 均质乳化 3～5min，保温搅拌 20min；

③ 降温至 55℃加入预先制得的 D 组分，搅拌均匀；

④ 降温至 40℃，加入预先制得的 E 组分以及 F 组分，搅拌均匀，出料，即得舒缓美白霜。

配方 18：高效美白霜

	组分	质量分数/%
A 组分	水	加至 100
	丙二醇	3.0
	丁二醇	3.0
	尿囊素	0.3
	卡波姆 2020	0.2
	α-熊果苷	2.7
	光甘草定	0.02
	维生素 C 乙基醚	2.32
	烟酰胺	1.04
B 组分	GTCC	5.0
	异壬酸异壬酯	3.0
	氢化蓖麻油-345	3.0
	硬脂醇聚醚-21	2.0
	硬脂醇聚醚-2	1.0
	$C_{16\sim18}$ 醇	2.0
C 组分	三乙醇胺	0.2
	丙烯酸钠/二甲丙烯酰牛磺酸钠/异十六碳烷/聚山梨酸酯 80 丙烯酸	0.5
D 组分	防腐剂	适量

制备工艺：

① 将 B 组分各原料置于 75℃水浴锅中搅拌 30min，使原料熔融；

② 将 A 组分各原料置于 75℃水浴锅中搅拌均匀加入 B 组分，使用分散仪 12000r/min 下剪切 5min；

③ 冷却至室温后，加入 C 组分和 D 组分，搅拌均匀，即得高效美白霜。

配方 19：沙棘维生素 P 粉面霜

组分	质量分数/%	组分	质量分数/%
沙棘维生素 P 粉	0.8	PEG-400	5.0
棕榈酸异丙酯	3.0	柠檬酸	0.1
凡士林	0.5	尼泊金丙酯	0.1
C_{16} 醇	8.0	NaOH	0.3
单硬脂酸甘油酯	3.0	柠檬精油	0.4
K12	5.0	水	加至 100
丙二醇	5.0		

制备工艺：

① 将棕榈酸异丙酯、凡士林、C_{16} 醇、柠檬精油、单硬脂酸甘油酯混合，以其作为油相，将丙二醇、PEG-400、柠檬酸、尼泊金丙酯、K12、水混合作为水相，将油相及水相水浴加热至 70～80℃，充分搅拌将其全溶解；

② 将 NaOH 用适量水溶解后，将沙棘维生素 P 粉溶于 NaOH 溶液中，并与水相混合；

③ 在搅拌情况下，把油相加入水相中，继续搅拌，加入乳化硅油，搅拌均匀即得沙棘维生素 P 粉面霜。

配方 20：桑枝美白霜

	组分	质量分数/%
A 组分	C_{18} 醇	2.0
	硬脂酸	5.0
	羊毛脂	1.0
	棕榈酸异丙酯	6.0
	尼泊金甲酯	0.15
	尼泊金丙酯	0.05
	乳化剂 E1800	0.3
B 组分	三乙醇胺	0.5
	甘油	8.0
	乳化剂 E1802	1.5
	桑枝提取物	1.0
	水	加至 100

制备工艺：

① 取 A 组分和 B 组分（除桑枝提取物）原料分别混合在水浴上搅拌加热到 80℃；

② 将桑枝提取物加入 B 组分中；

③ 将 A 组分加入 B 组分中，搅拌乳化，搅拌降温至室温，即得桑枝美白霜。

配方 21：人参丝瓜美白润肤霜

	组分	质量分数/%
A 组分	卡波姆 940	1.8
B 组分	橄榄油	3.0
	C_{18} 醇	0.2

续表

组分		质量分数/%
B 组分	单硬脂酸甘油酯	2.5
	硬脂酸	1.0
C 组分	人参提取液	2.0
D 组分	丝瓜汁	1.0
	水	加至 100
	甘油	8.0
	尼泊金酯类（防腐剂）	0.1
	香精	0.1
E 组分	大麦粉	0.1

制备工艺：

① 将 A 组分预先溶于水中混合搅拌加热至 85℃，保温直至完全溶解；

② 将 B 组分加热至 80～85℃，完全溶解后保温 30min 备用；

③ 搅拌条件下将 B 组分加入 A 组分，搅拌约 5min，然后在 65～75℃下搅拌 30～40min；

④ 自然冷却至 55℃，加入 D 组分和大麦粉（E 组分），低速搅拌均匀，冷却至室温，放置 24h，即得人参丝瓜美白润肤霜。

配方 22：曲酸美白护肤霜

组分		质量分数/%
A 组分	肉豆蔻酸异丙酯	3.0
	C_{18} 醇	3.0
	单甘酯	2.0
	二甲基硅油	1.0
	凡士林	6.0
	棕榈酸异丙酯	4.0
	橄榄油	8.0
	维生素 E	0.4
	Tween-20	2.0
B 组分	甘油	3.0
	卡拉胶	0.5
	曲酸	1.0
	EDTA-2Na	0.1
	焦亚硫酸钠	0.1
	水	加至 100
C 组分	甜橙香精	0.5
	羟苯甲酯	0.1

制备工艺：

① 先按比例称取原料，将 A 组分部分混合后加热至 80℃，直至全部溶解为止；

② 将 B 组分部分加热至 80℃溶解，然后把 A 组分缓缓倒入 B 组分中，反应 20min，停止加热；

③ 待降温至 45℃时，依次加入甜橙香精和羟苯甲酯，充分搅拌降温至常温，即得曲酸美白护肤霜。

配方 23：奇亚籽面霜

组分	质量分数/%	组分	质量分数/%
汉生胶	1.0	透明质酸钠	适量
奇亚籽凝胶	0.2	尿囊素	适量
奇亚籽护肤水	10.0	角鲨烷	适量
甘油	8.0	尼泊金甲酯	适量
三乙醇胺	适量	水	加至 100

制备工艺：

配方 24：栝楼籽油美白霜

组分	质量分数/%		
	配方 1	配方 2	配方 3
硬脂酸	2.0	2.0	2.0
单硬脂酸甘油酯	3.0	3.0	3.0
$C_{16\sim18}$ 醇	3.0	3.0	3.0
凡士林	5.0	5.0	5.0
白油	10.0	6.0	2.0
栝楼籽油	—	4.0	8.0
甘油	5.0	5.0	5.0
丙二醇	5.0	5.0	5.0
三乙醇胺	0.3	0.3	0.3
香精	适量	适量	适量
水	加至 100	加至 100	加至 100

制备工艺：

油相（硬脂酸、单硬脂酸甘油酯、$C_{16\sim18}$ 醇、凡士林、白油、栝楼籽油）、水相原料（甘油、丙二醇、三乙醇胺、水）分别溶解，混合两相、均质、乳化，匀速搅拌冷却至 50℃ 加入香精，搅匀，静置即得栝楼籽油美白霜。

配方 25：黄芩苷美白霜

组分		质量分数/%
A 组分	GD-9022 乳化剂	1.5
	单甘酯	3.0
	$C_{16\sim18}$ 醇	2.0
	角鲨烷	4.0
	霍霍巴油	3.0
	二甲基硅油	2.0
	辛酸/癸酸三甘油酯	8.0

续表

组分		质量分数/%
A 组分	维生素 E	1.2
	氮酮	1.3
B 组分	甘油	4.0
	曲酸棕榈酸酯	1.0
	维胺酯（Vitaminatum）	0.1
	黄芩苷	3.8
	水	加至 100
C 组分	杰马 BP（防腐剂）	适量
	BHT	适量
	香精	适量
	人体胎盘提取液	3.0

制备工艺：

① 将 A 组分、B 组分分别加热至 85℃，保温 30min；

② 搅拌下将 B 组分加入 A 组分中，高速均质乳化 4min；

③ 搅拌冷却至 45℃时加入 C 组分，充分混合均匀即得黄芩苷美白霜。

配方 26：樟木脂素美白霜

组分		质量分数/%
A 组分	脱色茶油	10.0
	白毛羊脂	3.0
	白凡士林	3.0
	植醇	3.0
	硬脂酸	1.0
B 组分	甘油	4.0
	钛白粉	2.0
	樟木脂素	10.0
	樟叶皂苷	5.0
	水	加至 100
C 组分	防腐剂	适量
	香精	适量

制备工艺：

① 将 A 组分、B 组分分别加热至 85℃，保温 15min；

② 搅拌下将 B 组分加入 A 组分中，保温乳化 10min，搅拌至 40℃加入 C 组分，充分搅拌均匀即得樟木脂素美白霜。

配方 27：雪花膏

组分		质量分数/%
A 组分	硬脂酸	10.0
	单硬脂酸甘油酯	1.5
	C_{16}醇	3.0

续表

组分		质量分数/%
A 组分	甘油	10.0
	丙二醇	4.0
B 组分	氢氧化钾	0.5
	尼泊金酯	0.05
	柠檬酸	0.1
	香精	适量
	精制水	加至 100

制备工艺：

① 取 A 组分混合，边加热边搅拌，加热至 90℃，控制温度不变，得到油相；

② 将氢氧化钾和精制水混合加热到 90℃，得到水相；

③ 将水相在搅拌下缓慢加入油相中，加完后保持温度 45min 以上，进行皂化；

④ 添加防腐剂搅拌 5～10min，缓慢冷却至呈胶状（大约 55℃）加入香精，保持温度搅拌 5～10min，冷却到 30℃ 左右即得雪花膏。

配方 28：榆黄菇膏霜

组分		质量分数/%
A 组分	硬脂醇聚氧乙烯醚-2	1.8
	硬脂醇聚氧乙烯醚-21	2.2
	$C_{16\sim18}$ 醇	1.0
	单硬脂酸甘油酯	1.0
	二甲基硅油	2.0
	氢化蓖麻油	5.0
	辛基/癸基三甘油酯	3.0
	白油	5.0
	水溶性羊毛脂	2.0
	BHT	0.05
	丙二醇	6.0
B 组分	甘油	8.0
	卡波姆 20（1%）	20
	榆黄菇提取液	5.0
	水	加至 100
C 组分	防腐剂	0.2
	香精	0.2
	NaOH	适量

制备工艺：

① 取 A 组分物料混合并置于 90℃ 水浴中溶解均匀，备用；

② 取适量水，将 B 组分中的各组分按顺序分散于水中，在 90℃ 水浴中边搅拌边加热；

③ 当 A、B 两组分达到 90℃ 时，搅拌，将 A 组分匀速加入 B 组分中，并维持搅拌分散 5min，之后 10000r/min 均质 2min；

④ 均质结束后保持慢速搅拌，待体系温度降至 55℃ 左右时将 C 组分添入，此时继续搅拌 20～30min，体系均匀后即可。

配方 29：鱼腥草洁面霜
配方 29：鱼腥草洁面霜

组分	质量分数/%	组分	质量分数/%
丙二醇	5.0	AES	12.0
甘油	3.0	透明质酸钠	0.5
CAB-35	8.0	EDTA-2Na	0.1
6501	2.0	鱼腥草提取物	6.0
珠光剂	0.5	水	加至 100

制备工艺：

① 取丙二醇、甘油、CAB-35、6501、AES 混合搅拌加热至完全溶解，90℃杀菌 20min；

② 取水于 90℃中杀菌 20min；

③ 将②液缓慢加入①液中，加热反应 60min；

④ 于 60～70℃中加入珠光剂和透明质酸钠，完全溶解后降温至 40～45℃，加入 EDTA-2Na 和鱼腥草提取物；

⑤ 搅拌溶解均匀后超声 10min，降至 40℃以下，调节 pH 值于 4.0～8.0 之间，冷却至室温即可。

配方 30：黄芩石榴皮面霜

组分	质量分数/%	组分	质量分数/%
黄芩提取物	1.5	丙二醇	6.0
石榴皮总多酚	2.0	十二烷基硫酸钠	1.0
白凡士林	8.0	单硬脂酸甘油酯	2.0
硬脂酸	2.0	依地酸二钠	0.1
C_{16} 醇	4.0	羟苯乙酯	0.1
C_{18} 醇	4.0	水	加至 100
甘油	6.0		

制备工艺：

① 分别取油相（白凡士林、硬脂酸、C_{16} 醇、C_{18} 醇、单硬脂酸甘油酯）水浴中搅拌熔融，控制温度在 80～85℃之间，水相（甘油、丙二醇、十二烷基硫酸钠、依地酸二钠、羟苯乙酯、水）于水浴上加热搅拌溶解，控制温度在 80～85℃之间；

② 将油相慢慢加入水相中，边加边搅拌，乳化 15min 后冷却至 50℃，随后将粉碎过 60 目筛的黄芩提取物、石榴皮总多酚加至基质中，搅拌均匀，即得黄芩石榴皮面霜。

12.2.3　美白化妆水

配方 1：美白化妆水

组分		质量分数/%
A 组	甘油	10.0
	丁二醇	2.0
	PEG/PPG/聚丁二醇-8/5/3 甘油	10.0
	羟苯甲酯	0.1
	水	加至 100

续表

组分		质量分数/%
B 组	烟酰胺	1.0
	凝血酸	1.5
	谷胱甘肽	0.01
	赖氨酸	0.092
	组氨酸	0.038
	精氨酸	0.084
	天冬氨酸	0.17
	苏氨酸	0.07
	丝氨酸	0.286
	谷氨酸	0.266
	脯氨酸	0.07
	甘氨酸	0.51
	丙氨酸	0.098
	缬氨酸	0.07
	异亮氨酸	0.064
	亮氨酸	0.03
	酪氨酸	0.078
	苯丙氨酸	0.074
	柠檬酸	0.01
	柠檬酸钠	0.02
	动物脐带提取物	0.01
C 组	苯氧乙醇	0.32
	乙基己基甘油	0.03

制备工艺：

① 将 A 组分物料依次加入反应锅中混合，搅拌 70℃加热至完全溶解，降温至 40℃；

② 取 B 组分物料混合均匀，B 组分加入 A 组分中，搅拌至完全溶解，得混合相；

③ 称取 C 组分物料，搅拌混合均匀后，加入混合相中，搅拌至完全溶解，即得美白化妆水。

配方 2：抗氧化化妆水

组分	质量分数/%	组分	质量分数/%
QP100MH	0.05	柠檬酸钠	0.3
甘油	3.0	C040	0.01
1,3-丁二醇	5.0	丙二醇	2.0
聚谷氨酸钠	0.05	绿叶香精	0.0005
寡聚 HA	0.01	己二醇	0.6
柠檬酸	0.045	苯氧乙醇	0.2
对羟基苯乙酮	0.6	UCON 75-H-450	0.4
海藻糖	0.5	多酚	0.12
EU80	5.0	蜂胶	0.18
EDTA-2Na	0.05	水	加至 100
DC2501	0.2		

制备工艺：

取各组分物料，混合均匀即得抗氧化化妆水。

配方 3：纯露酵母精华液爽肤水

组分	质量分数/%	组分	质量分数/%
玫瑰纯露	加至 100	甘油	1.89
二裂酵母精华液	1.42	海藻糖	1.89
酵母精华液	3.77	β-葡聚糖	1.41
透明质酸钠	0.01	苯氧乙醇	0.09
维生素 C 葡萄糖苷	0.52		

制备工艺：

将以上各物质依次分别加入容器中，搅拌混合，使其完全溶解，经紫外线照射灭菌，灌装，即得纯露酵母精华液爽肤水。

配方 4：抗氧化保湿水

组分	质量分数/%	组分	质量分数/%
大溪地泻湖水	1.25	尿囊素	0.15
葡糖基芦丁	0.125	甘油葡糖苷	1.5
生物糖胶-4	1.5	羟苯甲酯	0.15
二裂酵母发酵产物滤液	2.0	苯氧乙醇	0.5
丙二醇	5.5	水	加至 100

制备工艺：

将丙二醇、尿囊素、羟苯甲酯加入水中，50r/min 搅拌溶解，加热至 80℃，搅拌 30min，降至室温，加入剩余的原料，继续搅拌 10min，搅拌转速为 50r/min，即得抗氧化保湿水。

配方 5：人参美白去皱保湿化妆水

组分	质量分数/%	组分	质量分数/%
人参提取物（包括生晒参提取物和黑参提取物）	0.01	丁二醇	0.5
芦荟原液	0.2	甘油	5.0
汉生胶	0.05	防腐剂	0.1
透明质酸钠	0.05	水	加至 100
烟酰胺	0.1		

制备工艺：

① 将生晒参和黑参切片；

② 分别将生晒参和黑参浸泡在 75% 乙醇中加热回流提取 2h，滤过，重复提取 3 次，合并滤液，浓缩分别得生晒参提取物和黑参提取物，分别脱色，得黄白色粉末；

③ 将生晒参提取物、黑参提取物、芦荟原液加入 80～100℃水中，充分溶解；

④ 加热待温度升至 80℃时，加入汉生胶、透明质酸钠和烟酰胺，搅拌至完全溶解；

⑤ 搅拌加入甘油和丁二醇，待温度降至 30～40℃时加入防腐剂，持续搅拌至状态稳定即得人参美白去皱保湿化妆水。

配方 6：自增稠珍珠化妆水

组分	质量分数/%	组分	质量分数/%
海藻酸钠	0.08	海藻糖	0.2
二丙二醇	8.0	普鲁兰多糖	0.3
甘油	4.0	植酸钠	0.005
珍珠颗粒	0.4	水	加至 100
季铵盐-73	0.004		

制备工艺：

① 向反应器中加入水，搅拌下加入用二丙二醇和甘油分散好的海藻酸钠，充分溶解均匀，加热至 85℃，保温 20min 后，冷却降温至 45℃；

② 将海藻糖和普鲁兰多糖加入上述乳化锅中搅拌均匀至溶解，加入步骤①溶液，充分搅拌均匀；

③ 加入植酸钠、季铵盐-73，调节 pH 值为 4.0～6.0 后过滤出料后得化妆水基料；

④ 检测合格后，加入经水洗净和 75%乙醇消毒的珍珠颗粒，灌装，即得自增稠珍珠化妆水。

配方 7：美白保湿抗紫外线薄荷化妆水

组分	质量分数/%	组分	质量分数/%
薄荷提取物	0.19	鲜火龙果皮	14.4
石榴籽多酚	0.11	小麦若叶	9.4
破壁松花粉	0.17	蒲公英多糖	0.12
鲜葡萄皮	16.2	磁化水	加至 100

制备工艺：

① 将新鲜薄荷和其重量 1.7 倍量乙醇（74%）混合打浆，高压提取处理，过滤，得第一滤液，向滤渣中加入重量 2.6 倍量的水，文火煮沸 34min，超声处理 22min（55℃、功率 200W），过滤得第二滤液，合并滤液得薄荷提取物；

② 将水加热至 62℃，磁化处理 5min（磁场强度为 280mT），磁化处理 3min（磁场强度为 600mT），暂停 14min，磁化处理 5min（磁场强度为 470mT），循环上述操作 2 次得磁化水；

③ 将鲜葡萄皮、鲜火龙果皮、小麦若叶和磁化水混合打浆，加入纤维素酶混合搅拌均匀，34℃恒温密闭酶解 120h，得叶皮酶解浆；

④ 将叶皮酶解浆进行超声处理，文火煮沸 15min，超微过滤，取滤液，加入薄荷提取物、石榴籽多酚、破壁松花粉和蒲公英多糖，360r/min 搅拌 17min，510r/min 搅拌 23min，得美白保湿抗紫外线薄荷化妆水。

配方 8：羊栖菜多糖润肤水

组分	质量分数/%	组分	质量分数/%
20%原维生素 B$_5$	5.0	杰马 BP	0.5
24 小时保湿因子	2.0	水	加至 100
羊栖菜多糖提取液	30.0		

制备工艺：

搅拌使配方中物料溶解均匀即可。

配方 9：滋润型玫瑰水

组分	质量分数/%	组分	质量分数/%
甘油	5.0	尿囊素	0.03
1%HA	5.0	乙醇	3.0
丝氨酸	0.25	玫瑰水	加至 100

制备工艺：

在玫瑰水中加入各组分室温搅拌溶解即可。

配方 10：清爽型玫瑰水

组分	质量分数/%	组分	质量分数/%
柠檬精油	0.1	柠檬酸钠	0.1
芦荟原液	5.0	乙醇	3.0
柠檬酸	0.01	玫瑰水	加至 100

制备工艺：

在玫瑰水中加入各组分室温搅拌溶解即可。

配方 11：沙棘维生素 P 粉润肤水

组分	质量分数/%	组分	质量分数/%
甘油	3.0	尼泊金丙酯	0.1
丙二醇	4.0	NaOH	0.3
柠檬酸	0.1	柠檬精油	0.4
OP-10	1.0	沙棘维生素 P 粉	0.8
乙醇	15.0	水	至 100

制备工艺：

① 将甘油、丙二醇、柠檬酸溶于水；

② 将 NaOH 用适量的水溶解，将沙棘维生素 P 粉溶于 NaOH 溶液中，再与①液混合；

③ 将 OP-10、尼泊金丙酯、柠檬精油溶于乙醇中，并与②液混合均匀，-10～-5℃冷却一段时间后过滤，即可得到透明澄清的润肤水。

配方 12：奇亚籽护肤水

组分	质量分数/%	组分	质量分数/%
奇亚籽凝胶	0.2	D-泛醇	适量
奇亚籽提取物	1.5	辛酰基甘氨酸	适量
甘油	12.0	三乙醇胺	适量
氢化蓖麻油	1.5	水	加至 100
尿囊素	适量		

制备工艺：

① 取奇亚籽 20g 加入 500mL 水，在 50℃条件下搅拌 2h，将种子溶液置于 55℃烘箱中 12h，待种子完全烘干后刮下，过 200 目筛，将凝胶与种子分离，得奇亚籽凝胶；

② 将各原料溶于水后搅拌混匀，并用三乙醇胺调节 pH 值，过滤，即得产品。

配方 13：多花黄精柔肤水

组分	质量分数/%	组分	质量分数/%
1%HEC	25.0	50%三乙醇胺	0.08
甘油	4.0	甲基异噻唑啉酮	0.08
1,2-丙二醇	3.0	多花黄精提取液	1～5
对羟基苯甲酸甲酯	0.15	水	加至 100
1%HA	3.0		

制备工艺：

① 取 1%HEC、甘油、1,2-丙二醇、对羟基苯甲酸甲酯、50%三乙醇胺和水加热搅拌溶解；

② 450r/min 条件下搅拌冷却，待温度降至 75℃左右，加入 1%HA 和多花黄精提取液；

③ 搅拌冷却至 45℃左右加入甲基异噻唑啉酮；

④ 600r/min 继续搅拌冷却至室温。

配方 14：榆黄菇化妆水

组分		质量分数/%
A 组分	水	加至 100
	汉生胶	0.1
	HA	0.02
	榆黄菇提取液	5.0
B 组分	甘油	8.0
	丙二醇	7.0
	水溶性羊毛脂	3.0
C 组分	香精	0.1
	氢化蓖麻油	1.0
	防腐剂	0.2

制备工艺：

① 取 A 组分成分，边搅拌边分散均匀后，依次加入 B 组分中的原料；

② 将 C 组分成分溶解，并将 C 组分加入体系，搅拌 20～30min 至体系均一，即得榆黄菇化妆水。

12.2.4 美白精华

配方 1：光感美白精华液

组分		质量分数/%
A 组分	水	加至 100
	甘油	6.0
	EDTA-2Na	0.1

续表

组分		质量分数/%
A 组分	丁二醇	4.0
	透明汉生胶	0.3
	透明质酸钠	0.2
	双-PEG-15 甲基醚聚二甲基硅氧烷	1.0
	肌肽	1.0
	PEG-60 氢化蓖麻油	0.5
	1,2-己二醇	1.2
	乙氧基二甘醇	5.0
B 组分	精氨酸	1.0
	羟乙基哌嗪乙烷磺酸	2.0
	维生素（氰钴胺）	1.2
	复合植物提取液	0.3
	马齿苋提取物	0.5
	水解欧洲李提取物	0.5
	防腐剂	0.1
C 组分	苯乙基间苯二酚	0.5
	维生素 C 葡糖苷	0.5
	海藻糖	4.0

复合植物提取液各原料的配比

组分	质量分数/%	组分	质量分数/%
水	加至 100	茶叶提取物	2.0
丁二醇	30.0	光果甘草提取物	1.0
积雪草提取物	3.0	母菊花提取物	1.0
虎杖根提取物	3.0	迷迭香叶提取物	1.0
黄芩根提取物	2.0		

制备工艺：

① 将 A 组分物料加入水相锅中，加热至 70℃，搅拌至完全溶解；

② 将 A 组分冷却至 40℃，将 B 组分物料加入 A 组分中，搅拌至完全溶解，得到混合物料，降温至 30℃，经检验、过滤出料，得精华液半成品；

③ 将精华液半成品灌装入化妆品包装瓶内，将 C 组分混合均匀后装入粉仓，即得光感美白精华液。

配方 2：酵素水解珍珠粉精华液

组分		质量分数/%
A 组分	甲基丙二醇	9.6
	聚谷氨酸	3.2
	马脂	0.3
	丁二醇	1.6
	PEG-10 氢化蓖麻油	1.0
	PEG-60 氢化蓖麻油	1.6

组分		质量分数/%
A 组分	氢化聚异丁烯	1.3
	卡波姆	3.2
	尿囊素	16.1
	水	9.6
B 组分	玫瑰花提取物	6.4
	烟酰胺	4.8
	甘氨酸	3.2
	维生素 C	3.2
	神经酰胺	1.3
	HEC	3.2
	HA	9.6
C 组分	聚丙烯酰胺	2.3
D 组分	酶素	3.2
E 组分	1,2-丁二醇	4.8
	水	加至 100
F 组分	1,2-戊二醇	1.9
	1,2-己二醇	1.6
	珍珠粉	0.3

制备工艺：

① 将 A 组分和 B 组分物料置于混合锅中混合，70℃加热搅拌 30min 以上至完全溶解；

② 冷却降温至 55℃后在体系中加入 C 组分和 D 组分物料，搅拌混合；

③ 继续冷却降温至 45℃，再依次加入 E 组分和 F 组分物料，搅拌均匀，冷却至 30℃出料，即得酶素水解珍珠粉精华液。

配方 3：虎杖美白精华液

组分	质量分数/%	组分	质量分数/%
双丙甘醇	16.0	氢化卵磷脂	1.6
汉生胶	0.6	牛油果树果脂	15.9
丙烯酸（酯）类/$C_{10\sim30}$ 烷醇丙烯酸酯交联聚合物	1.6	氢氧化钠	0.3
EDTA-2Na	0.3	美白组合物	63.7

美白组合物			
组分	质量分数/%	组分	质量分数/%
烟酰胺	38.5	1,3-丙二醇	32.0
虎杖提取物	25.6	PEG-40 氢化蓖麻油	2.6
胡椒提取物	1.3		

制备工艺：

① 将丙烯酸（酯）类/$C_{10\sim30}$ 烷醇丙烯酸酯交联聚合物、双丙甘醇、汉生胶、EDTA-2Na、氢化卵磷脂加入乳化罐，加热至 80℃，搅拌均匀；

② 将牛油果树果脂加入油相罐，加热至 85℃，搅拌均匀；

③ 将油相罐中的油相抽入乳化罐中，均质，转速为 4000r/min，均质 10min；

④ 降温至 50℃，加入氢氧化钠；

⑤ 加入美白组合物，搅拌均匀即得虎杖美白精华液。

配方 4：提亮美白精华液

组分		质量分数/%
A 组分	甘油	4.0
	1,3-丁二醇	4.0
	透明质酸钠	0.05
	EDTA-2Na	0.03
	聚甘油-10	4.0
	聚丙烯酸钠	0.3
	汉生胶	0.3
	对羟基苯乙酮	0.4
	甘草酸二钾	0.4
	水解小核菌胶	0.5
	水	加至 100
B 组分	葡糖酸钠	5.0
	甘油聚醚-26	5.0
C 组分	辛酰羟肟酸	0.3
	甘油辛酸酯	0.3
	维生素 C 乙基醚	1.0
	氨甲环酸	3.0
	神经酰胺	2.0
	苯乙基间苯二酚	1.0
	二葡糖基棓酸	3.0

制备工艺：

① 将 A 组分物料混合加入乳化锅，升温至 85℃，3000r/min 均质 4min，搅拌均匀；

② 当乳化锅降温至 60℃时，加入 B 组分物料，搅拌均匀，继续降温；

③ 当乳化锅降温至 45℃时，加入 C 组分物料，搅拌均匀，即得提亮美白精华液。

配方 5：美白祛斑精华组合物

组分		质量分数/%
A 组分	水	加至 100
	卡波姆	0.1
	PEG/PPG-17/6 共聚物	2.0
	丙二醇	3.0
	1,3-丁二醇	3.0
	PEG-32	2.0
B 组分	花椒提取物	0.25
	连翘提取物	0.25
	香柠檬果提取物	0.2

续表

组分		质量分数/%
C 组分	二裂酵母发酵产物溶胞物	1.0
	酵母提取物	4.0
	糖类同分异构体	0.3
	海藻糖	1.0
	乙酰壳糖胺	0.3
	烟酰胺	1.0
	透明质酸钠	0.02
	辛甘醇	0.2
	己二醇	0.5
	PEG-7 橄榄油酸酯	0.1
	PEG-40 氢化蓖麻油	0.05
	氨丁三醇	0.08
	香精	0.005

制备工艺：

① 将 A 组分物料混合，加热至 80℃，搅拌至完全溶解；

② 降温至 60℃后，加入 B 组分提取物，搅拌至完全溶解，继续降温至 40℃，加入 C 组分物料，搅拌均匀，脱气，过滤出料，即得美白祛斑精华组合物。

配方 6：羊栖菜多糖精华液

组分	质量分数/%	组分	质量分数/%
海藻糖	5.0	羊栖菜多糖提取液	加至 100
杰马 BP	0.5		

制备工艺：

搅拌使配方中物料溶解均匀。

配方 7：玫瑰美白保湿啫喱

组分	质量分数/%	组分	质量分数/%
HA	0.05	氨基酸美白剂 ATB-2600	1.5
芦荟粉	0.1	Aristoflex AVC	1.5
水溶性霍霍巴油	1.0	桑普 IPBC-Ⅱ	0.1
天然活力素 GC-1800	0.5	玫瑰水	加至 100

制备工艺：

① 取水溶性霍霍巴油、芦荟粉、天然活力素 GC-1800、HA 加入玫瑰水中，室温混合，加热至 85℃至溶解；

② 加入氨基酸美白剂 ATB-2600，降温至 70℃，加入 Aristoflex AVC 搅拌溶解；

③ 降温至 50℃加入桑普 IPBC-Ⅱ，搅拌均匀后即得。

12.2.5　美白眼霜

配方：去黑眼圈的眼霜

组分		质量分数/%
A 组分	硬脂醇聚醚-21	2.0
	硬脂醇聚醚-2	1.2
	橄榄油	2.0
	碳酸二辛酯	3.0
	辛酸	1.0
	牛油果树果脂	0.8
	植物甾醇类	0.3
	红没药醇	0.5
	维生素 E 醋酸酯	0.2
	山嵛醇	2.5
	羟苯丙酯	0.1
B 组分	水	加至 100
	甘油	8.0
	丁二醇	4.0
	丙烯酰二甲基牛磺酸铵	1.5
	尿囊素	0.1
	EDTA-2Na	0.05
	羟苯甲酯	0.2
C 组分	寡肽-1	2.0
	蛭提取物	3.5
	丹参提取物	0.5
	白芍提取物	0.5
	双羟丙基咪唑烷基脲	0.2

制备工艺：

① 将 A 组分的橄榄油、碳酸二辛酯、辛酸、牛油果树果脂、植物甾醇类、红没药醇、维生素 E 醋酸酯、山嵛醇、羟苯丙酯混合在 85℃搅拌溶解，再将 A 组分中的固体乳化剂（硬脂醇聚醚-21、硬脂醇聚醚-2）也溶解在其中；

② 将丙烯酰二甲基牛磺酸铵分散到水中，并与 B 组分中的其他物质混合加热至 85℃完全溶解；

③ 在 B 组分中缓缓加入 A 组分，一边加一边均质（3000r/min）15min；

④ 将混合体系自然冷却，降温至 50℃以下时，加入 C 组分，300r/min 搅拌 30min，自然冷却至室温即得去黑眼圈的眼霜。

12.2.6　美白面膜

配方 1：多肽美白修复免洗面膜

组分		质量分数/%
A 组分	卡波姆 940	0.6
	水	加至 100
B 组分	甲基丙二醇	0.06
	异戊二醇	0.03

组分		质量分数/%
B 组分	小分子透明质酸钠	0.5
	三乙醇胺	0.1
	甘草酸二钾	0.2
C 组分	棕榈酰三肽-1	1.5
	乙酰基六肽-8	1.0
	肌肽	1.0
	三肽-1	1.0
	九肽-1	1.0
	二肽-2	1.5
	四寡肽混合液	1.0
	马齿苋提取物	0.2
	深海胶原蛋白粉	0.3
	β-葡聚糖	0.5
	维生素 B$_3$	0.3
	纤维素	0.5
D 组分	EDTA-2Na	0.05

制备工艺:

① 将水、卡波姆 940 升温至 85℃,至完全溶解得 A 组分;

② 降温至 45℃,投入 B 组分物料,真空混合均匀;

③ 降温至 40℃,加入 C 组分物料,保持真空混合;

④ 降温至 35℃,加 EDTA-2Na(D 组分)调 pH 值至 6.0,检验合格后出料,即得多肽美白修复免洗面膜。

配方 2: 纳米寡肽水溶免洗面膜

组分		质量分数/%
A 组分	卡波姆 940	0.55
	水	加至 100
B 组分	HA	0.3
	甲基丙二醇	0.06
	异戊二醇	0.03
	甘草酸二钾	0.1
C 组分	九肽-1	1.0
	二肽-2	1.0
	肌肽	1.0
	四寡肽混合液	1.0
	β-葡聚糖	2.3
	纤维素	5.0
D 组分	EDTA-2Na	0.03

制备工艺:

① 将水、卡波姆 940 升温至 85℃,至完全溶解得 A 组分;

② 降温至 50℃,将 B 组分物料投入步骤①制得的 A 组分混合液中,真空混合均匀;

③ 降温至 45℃，加入 C 组分物料，保持真空混合；

④ 降温至 38℃，加 EDTA-2Na（D 组分）调整 pH 值至 7.0，检验合格后出料，即得纳米寡肽水溶免洗面膜。

配方 3：纯天然美白嫩肌祛斑除痘印面膜

组分	质量分数/%	组分	质量分数/%
茯苓粉	11.0	沙棘粉	11.0
葛根粉	11.0	蜂蜜	67.0

制备工艺：

① 将沙棘粉、茯苓粉、葛根粉分别打磨成粒径为 50~70μm 的细粉；

② 将打磨后的沙棘粉和茯苓粉与蜂蜜混合充分搅拌为糊状；

③ 向糊状物中加入打磨后的葛根粉，充分搅拌，使葛根粉均匀混合，即得纯天然美白嫩肌祛斑除痘印面膜。

配方 4：含高山火绒草提取物的美白修护面膜

组分		质量分数/%
A 组分	水	加至 100
	卡波姆	0.6
	HEC	0.4
B 组分	对羟基苯乙酮	0.08
	花椒果提取物	0.1
	黄芩根提取物	0.12
	丙二醇	3.0
C 组分	蛋清提取物/丙烯酸酯类共聚物	0.1
	甘油聚醚-26	1.0
D 组分	烟酰胺	0.5
	尿囊素	0.05
	EDTA-2Na	0.02
	甜菜碱	3.0
	水	适量
E 组分	PEG/PPG-17/6 共聚物	0.5
	鞣花酸	0.5
	凝血酸	0.5
	肌肽	0.1
	燕麦麸皮提取物	0.05
	牡丹根提取物	0.05
	膜荚黄芪根提取物	0.05
	白术根提取物	0.05
	防风根提取物	0.05
	抗敏剂母菊提取物	0.05
	柠檬酸	0.02
	羟乙基脲	5.0
	高山火绒草花/叶提取物*	0.5

* 高山火绒草花/叶提取物组成为：高山火绒草花/叶提取物、水和丁二醇，质量比为 3:30:67。

制备工艺：

① 将 A 组分物料混合充分溶胀均匀后，备用；

② 将 B 组分物料混合，搅拌加热至 50℃，待溶解完全后冷却备用；

③ 将 C 组分物料混合搅拌均匀，备用；

④ 将 D 组分物料、步骤①所得溶液和步骤③所得混合物依次加入乳化锅中，90℃加热，60r/min 搅拌至溶解，保温搅拌 20min，2500r/min 高速均质 5min；

⑤ 停止加热，待步骤④所得混合物降温到 50℃，加入步骤②所得的溶液，60r/min 搅拌均匀；

⑥ 待步骤⑤所得的混合物降温到 35℃，依次加入 E 组分物料，60r/min 搅拌 40min 至均匀，即得含高山火绒草提取物的美白修护面膜。

配方5：含益生菌发酵液的美白面膜液

	组分	质量分数/%
A 组分	甘油	7.0
	儿茶胶	0.4
	琼脂糖	1.5
	EDTA-2Na	0.06
	水	加至 100
B 组分	L-抗坏血酸硬脂酸酯	1.2
	花生醇山嵛酸酯	0.3
	花生甘醇	3.0
	印蒿油	1.1
	聚二甲基硅氧烷	4.2
	硼硅酸钠钙	0.05
	磺基琥珀酸-1,4-二戊酯钠盐	0.7
	鲸蜡硬脂醇橄榄油酸酯	2.4
	维生素 E 醋酸酯	1.1
	二氢羊毛甾醇	2.2
C 组分	己二酸/环氧丙基二亚乙基三胺共聚物	0.3
	尿囊素半乳糖醛酸	2.1
	丙二醇	5.0
D 组分	益生菌发酵液	3.3
	2-氨基丁醇	0.4
	三甘醇	2.1
E 组分	山梨酸	0.4
	抗氧剂抗坏血酸	0.2

制备工艺：

① 将 A 组分、B 组分物料分别混合，70℃下搅拌均匀，备用；

② 将 C 组分物料混合，60℃下搅拌均匀，备用；

③ 将 D 组分物料混合均匀，备用；

④ 将 B 组分均匀滴加到 A 组分中，滴加过程中以 3000r/min 转速均质，滴加结束后升温至 80℃继续均质 3min；

⑤ 加入 C 组分，在 4000r/min 的转速下均质 10min；

⑥ 降温至 45℃加入 D 组分，在 500r/min 的转速下均质 20min；

⑦ 降温至室温，加入 E 组分物料，并在 300r/min 的转速下均质 30min，即得含益生菌发酵液的美白面膜液。

配方 6：具有美白功效的面膜

组分	质量分数/%	组分	质量分数/%
烟酰胺	0.1	EDTA-2Na	0.01
虎杖提取物	0.5	丙烯酸（酯）类/$C_{10\sim30}$ 烷醇丙烯酸酯交联聚合物	0.05
胡椒提取物	0.01	氢氧化钠	0.01
1,3-丙二醇	0.01	氯苯甘醚	0.1
PEG-40 氢化蓖麻油	0.02	水	加至 100
双丙甘醇	1.0		

制备工艺：

① 将胡椒提取物与 1,3-丙二醇、PEG-40 氢化蓖麻油混合、溶解，得混合液；

② 向混合液中加入烟酰胺、虎杖提取物，搅拌均匀，得美白组合物；

③ 将水、EDTA-2Na、双丙甘醇、丙烯酸（酯）类/$C_{10\sim30}$ 烷醇丙烯酸酯交联聚合物、氯苯甘醚加入乳化罐中，搅拌升温至 85℃；

④ 搅拌降温至 45℃，加入氢氧化钠，随后加入步骤②制备的美白组合物，搅拌均匀，即得具有美白功效的面膜。

配方 7：亮肤美白面膜

组分		质量分数/%
A 组分	泊洛沙姆 188	1.12
	甘草酸二钾	0.94
	咪唑烷基脲	0.19
	2-溴-2-硝基丙烷-1,3-二醇	0.04
	水	加至 100
B 组分	甘油	5.15
	透明质酸钠	0.37
C 组分	丙二醇	0.94
	羟苯甲酯	0.09
D 组分	洋蔷薇花油	0.04
	椰油醇聚醚-7	0.07
	PPG-1-PEG-9 月桂二醇醚	0.03
	PEG-40 氢化蓖麻油	0.01
亮肤美白中药组合物	连翘果提取物	0.7
	防风提取物	0.93
	红花提取物	0.7
	甘草根提取物	0.93
	当归提取物	0.7

续表

组分		质量分数/%
亮肤美白中药组合物	丹参提取物	0.7
	紫草根提取物	0.7
	白及提取物	0.7
	桃仁提取物	0.93
	银杏提取物	0.93
	水溶性珍珠粉	0.52

制备工艺：

① 将 A 组分、B 组分、C 组分、D 组分、亮肤美白中药组合物分别进行预混合；

② 将 B 组分加入 A 组分中，混合均匀后，加入 C 组分，混合均匀；

③ 加入亮肤美白中药组合物，混合均匀；

④ 加入 D 组分物料，混合均匀，即得亮肤美白面膜。

配方 8：抗皱美白面膜

组分		质量分数/%
A 组分	水	加至 100
	辛酸/癸酸三甘油酯	1.3
	PEG-400	3.48
	Plantern 2000	1.3
	甘油	4.35
	丙二醇	4.35
	月桂醇聚醚-23	0.35
	丙烯酸羟乙酯	2.61
	汉生胶	3.48
	尿囊素	2.61
	Tween-80	4.35
B 组分	卡波姆	1.3
	HA	0.87
C 组分	水	26.09
	维生素 E	0.87
	维生素 C	1.3
	六肽-10	2.17
	根皮素	1.3
	糖基化根皮素	2.17
	肌肽	0.87
D 组分	香精	0.09

制备工艺：

① 将 A 组分物料加入乳化罐中，开启搅拌，待搅拌均匀后，缓慢升温至 45℃，将 B 组分物料边搅拌边加入乳化罐中；

② 将 C 组分物料包裹在 HA-g-聚 ε-己内酯衍生物载体纳米胶束中；

③ 将①液、②液和香精混合均匀，即得抗皱美白面膜。

配方 9：美白祛黄面膜

组分	质量分数/%	组分	质量分数/%
山嵛醇	2.0	水解大米提取物	2.0
甘油	4.0	D-泛醇	0.3
丁二醇	2.0	富勒烯	0.0005
精氨酸	1.0	香精	0.05
鲸蜡硬脂基葡糖苷	1.0	油橄榄果油	8.0
金盏花提取物	0.5	甘油	4.0
六味臻白	0.5	水	加至 100

制备工艺：

① 将油橄榄果油和甘油加入水中，加热使其发生皂化反应，保温 30min；

② 在室温至 45℃的温度下，将其余物料加入皂化反应后的溶液中，经搅拌即得美白祛黄面膜。

配方 10：松茸美白面膜液

组分	质量分数/%	组分	质量分数/%
松茸预处理液	加至 100	银耳粉	5.0
燕麦粉	0.5	橄榄油	1.0

制备工艺：

① 低温保存新鲜松茸，切块，液氮研磨，与水 1:400 混匀打浆，得松茸预处理液；

② 将燕麦干燥粉碎，过 150 目筛，得到燕麦粉；

③ 将银耳干燥粉碎，过 200 目筛，得到银耳粉；

④ 将燕麦粉和银耳粉按质量比，加入松茸预处理液中，80℃搅拌加热 10h，过滤除杂；

⑤ 向步骤④得到的除杂后液体中加入橄榄油，20000r/min 均质 5min，即得面膜液。

配方 11：天然美白面膜

组分	质量分数/%	组分	质量分数/%
万寿菊多糖	5.0	百蕊草提取液	3.0
芦荟提取液	5.0	玫瑰花精油	1.0
海藻糖	3.0	水	加至 100
HA	3.0		

制备工艺：

① 将水加热至 45℃后加入万寿菊多糖、芦荟提取液、海藻糖、HA、百蕊草提取液搅拌至完全溶解；

② 降温至 20℃，加入玫瑰花精油，制得面膜液；

③ 使用 0.22μm 滤膜对面膜液进行无菌过滤；

④ 将面膜纸放入面膜袋中，加入面膜液，即得天然美白面膜。

配方 12：含干细胞分泌因子面膜

组分	质量分数/%	组分	质量分数/%
干细胞分泌因子粉	0.1	维生素 B_3	1.0
HA	10.0	芦荟粉	3.0
纯露	5.0	水	加至 100
维生素 C	1.0		

制备工艺：

① 将干细胞分泌因子粉、HA（分子量范围为 10000～500000）、纯露（茉莉花纯露或玫瑰纯露）、维生素 C、维生素 B_3、芦荟粉与水混匀制备成面膜液；

② 将面膜纸浸润在面膜液中 5min，即得具有美白和淡化痘印功效的含干细胞分泌因子面膜。

配方 13：薏苡仁油美白及保湿面膜

组分	质量分数/%	组分	质量分数/%
CMC-Na	2.5	薏苡仁油脂	10.0
明胶	2.5	尼泊金丙酯	适量
聚丙烯酰胺	1.0	香精	适量
甘油	4.0	水	加至 100
山梨醇	2.0		

制备工艺：

① 取明胶加入少量热水，置于(80±5)℃水浴中搅拌溶解；

② 取羧甲基纤维素钠（CMC-Na）、甘油和山梨醇，加入适量水中，置于(80±5)℃水浴中搅拌溶解；

③ 趁热将①和②溶液充分混匀，(80±5)℃水浴中保温，得到 A 组分；

④ 取薏苡仁油脂，加入聚丙烯酰胺，充分溶解，得到 B 组分；

⑤ 取适量尼泊金丙酯和香精用少量水溶解，得到 C 组分；

⑥ 在 A 组分中加入 B 组分和 C 组分，加剩余水，搅拌均匀，待冷却至室温后用高速分散器内切式匀浆机搅拌充分混合，即得薏苡仁油美白及保湿面膜。

配方 14：奇亚籽面膜

组分	质量分数/%	组分	质量分数/%
卡波姆	0.2	透明质酸钠	适量
奇亚籽凝胶	0.4	尼泊金甲酯	适量
甘油	10.0	甜菜碱	适量
奇亚籽护肤水	10.0	水	加至 100
尿囊素	适量		

制备工艺：

将各组分（卡波姆、奇亚籽凝胶、甘油、尿囊素、透明质酸钠、尼泊金甲酯、甜菜碱）溶于水后，与奇亚籽护肤水进行混合，混合均匀后过滤，并调节 pH 值，蚕丝面膜纸浸渍即得奇亚籽面膜。

配方 15：黑莓籽抗氧化面膜

组分	质量分数/%	组分	质量分数/%
PVP	12.5	黑莓籽提取液	20.8
甘油	4.2	水	加至 100

制备工艺：

取 PVP，加入甘油，加入黑莓籽提取液，最后加入水（加入纯水时，先加入 2/3 水，再加入 1/3 水）进行制膜（制膜的过程中微加热搅拌使 PVP 完全溶解，得到膜剂）。

配方 16：铁皮石斛抗氧化面膜

组分		质量分数/%		
		配方 1	配方 2	配方 3
A 组分	HEC	1.07	1.13	1.17
	尿囊素	0.32	0.40	0.27
	水	加至 100	加至 100	加至 100
B 组分	二丙二醇	10.70	11.29	11.70
	甘油	7.49	7.91	7.44
	PEG-40 氢化蓖麻油	0.27	0.28	0.27
	丙二醇	0.27	0.28	0.27
	胶原蛋白	1.60	1.69	3.19
	蜂蜜	5.35	—	3.19
	碘代丙炔基丁基氨基甲酸酯	0.21	0.23	0.21
C 组分	铁皮石斛萃取液	8.56	9.03	8.51

制备工艺：

① 将 B 组分混合加热至 85℃，维持 30min 灭菌，得油相；

② 将 A 组分搅拌加热至 90℃，维持 30min 灭菌，得水相；

③ 将油相加到水相中搅拌得基料；

④ 当基料的温度下降到 40℃时，将铁皮石斛萃取液加到基料中，继续搅拌 20min，搅拌均匀，得铁皮石斛面膜液，将面膜纸浸泡其中，即得铁皮石斛抗氧化面膜。

配方 17：中药抗氧化面膜

组分	质量分数/%	组分	质量分数/%
海藻酸钠	1.57	中药提取液	加至 100
PVA	19.69	橄榄油	7.87
甘油	23.62	角鲨烷	7.87

制备工艺：

① 取甘草 2g 和丹参 4g，用水 40mL 浸泡 30min 后用 90℃水浴加热 1h，过滤，滤液稀释定容至初浓度为 0.75g/L；

② 用热水溶解海藻酸钠和 PVA，加入甘油橄榄油和角鲨烷提取液，快速搅拌均匀，降温后加入中药提取液搅拌均匀得中药抗氧化面膜液，将面膜纸浸泡其中，即得中药抗氧化面膜。

配方18：苦丁茶面膜液

组分	质量分数/%	组分	质量分数/%
甘油	15.0	尼泊金甲酯	0.02
羧甲基纤维素钠	1.0	苦丁茶总黄酮提取物水溶液	10.0
丙二醇	1.0	香精	适量
汉生胶	0.1	水	加至100

制备工艺：

① 称取适量汉生胶加至少量水中，置于80～85℃水浴中搅拌使其充分溶解；

② 待其溶解至澄清透明状，加入羧甲基纤维素钠，搅拌使其充分溶解；

③ 当混合液温度降至40℃左右，依次加入甘油、丙二醇，并充分搅拌；

④ 加入苦丁茶总黄酮提取物、尼泊金甲酯、香精，充分搅拌使其混合均匀，即得苦丁茶面膜液。

配方19：白芷与茯苓美白保湿面膜液

	组分	质量分数/%
A组分	水	加至100
	汉生胶（胶凝剂）	0.2
	尼泊金甲酯（保湿剂）	0.15
	甜菜碱（流量调节剂）	3.0
	海藻糖（保湿剂）	2.0
	甘油（保湿剂）	10.0
B组分	辛酸癸酸聚乙二醇甘油酯（增溶剂）	0.5
	苯氧乙醇（保湿剂）	0.4
	甜橙精油	0.15
	白芷提取液	2.0
	白茯苓提取液	4.0
	水	35.45

制备工艺：

① 搅拌下，将水加热至70℃保持20min，依次加入汉生胶、尼泊金甲酯、甜菜碱、海藻糖、甘油，并搅拌至溶解，灭菌完毕后，降温到40℃，得A组分。

② 搅拌下，在水中依次加入辛酸癸酸聚乙二醇甘油酯、苯氧乙醇、甜橙精油、白芷提取液、白茯苓提取液，并搅拌至溶解，得B组分。

③ 将A组分物质灭菌完毕后，降温到40℃，将B组分缓慢加入A组分中，继续搅拌至溶液清亮、均一，即得白芷与茯苓美白保湿面膜液。

配方20：红薯叶面膜液

组分	质量分数/%	组分	质量分数/%
红薯叶总黄酮提取物	70.0	尼泊金甲酯	0.04
甘油	15.0	汉生胶	0.1
丙二醇	3.0	香精	适量
羧甲基纤维素钠	1.5	水	加至100

制备工艺：

① 取羧甲基纤维素钠、丙二醇和甘油置于 80℃水浴下搅拌至完全溶解，备用；

② 取尼泊金甲酯、红薯叶总黄酮提取液、汉生胶、香精放置在 80℃水浴下搅拌至完全溶解；

③ 搅拌下，将①液缓慢倒入②液中，补充水，搅拌 20min 至各相均匀分布，即得红薯叶面膜液。

配方 21：鸡蛋花面膜液

组分		质量分数/%
A 组分	水	加至 100
	卡波姆 U20	0.1
	甘油	4.0
	山梨醇	3.0
	辛甘醇	0.2
B 组分	HEC	0.3
	1,3-丁二醇	6.0
	尿囊素	0.1
	EDTA-2Na	0.05
C 组分	透明质酸钠	0.15
	β-葡聚糖	3.0
	吡咯烷酮羧酸钠	0.1
D 组分	鸡蛋花提取液（1g/mL）	1.00
	PEG-40 氢化蓖麻油	0.1
	杰马 BP	0.3
E 组分	三乙醇胺	0.1

制备工艺：

① 分别称取透明质酸钠和卡波姆 U20，加入适量的水预溶；

② 称取 A 组分中的甘油、山梨醇、辛甘醇，加入适量的水加热溶解（70℃），后加入预溶的卡波姆 U20，用均质机 4000r/min 均质 5min；

③ 称取 B 组分 1,3-丁二醇和 HEC，搅拌，使 HEC 在 1,3-丁二醇中分散均匀，后称取尿囊素和 EDTA-2Na，亦搅拌分散均匀，后加入适量的水，于 80℃水浴中快速搅拌 10min；

④ A 组分加入 B 组分中，继续中速搅拌 10min；

⑤ 待温度降到 50℃时，依次加入 C 组分剩余各组分，搅拌均匀；

⑥ 待温度降至 40℃左右时依次加入 D 组分各组分，并搅拌均匀；

⑦ 最后温度接近室温时加入 E 组分，搅拌均匀即得鸡蛋花面膜液。

配方 22：枸杞多糖面膜

组分	质量分数/%	组分	质量分数/%
魔芋葡甘聚糖	3.0	山梨醇	2.0
枸杞多糖	0.2	防腐剂	适量
甘油	6.0	水	加至 100

制备工艺：

① 精密称取枸杞样品 25g，按料液比（g/mL）1∶10 加入 250mL80% 的乙醇中，于 80℃加热回流 1h，抽滤、洗涤，于 250mL80℃ 的热水中加热回流 1h，抽滤，将提取液用旋转蒸发仪浓缩至 30mL，用 80% 的乙醇醇沉，静置 48h，取沉淀至培养皿中在烘箱中干 48h，得到枸杞多糖，枸杞多糖含量为 18.4%；

② 取适量枸杞多糖配制成溶液，向其中加入适量魔芋葡甘聚糖，于 50℃ 水浴中搅拌 30min 使其溶胀，得到 A 组分；

③ 取适量水，向其中加入适量的山梨醇、甘油和防腐剂，搅拌使其充分溶解，得到 B 组分；

④ 将 A 组分缓慢加入搅拌的 B 组分中，混合均匀，即得枸杞多糖面膜。

配方 23：白芷与薏苡仁美白面膜

组分		质量分数/%
A 组分	明胶	0.94
	羧甲基纤维素钠	0.94
	甘油	3.02
B 组分	异欧前胡素	1.89
	薏苡仁油脂	1.89
	聚丙烯酰胺	0.75
	乙醇	15.09
C 组分	尼泊金丙酯	0.02
	香精	适量
D 组分	水	加至 100

制备工艺：

① 取明胶加入适量的水，置于 80℃ 水浴中使其充分溶解，取羧甲基纤维素钠和甘油加入适量水，于 80℃ 水浴中使其充分溶解，将上述两种溶液混合，水浴保温；

② 取适量的异欧前胡素和薏苡仁油脂，加入聚丙烯酰胺、乙醇，使其充分溶解；

③ 取适量尼泊金丙酯和香精分散于水中；

④ 将以上三个液体充分混合，并补足水混匀，冷却至室温即得白芷与薏苡仁美白面膜液。

配方 24：抗氧化美白面膜

组分		质量分数/%
A 组分	甘油	5.0
	EDTA-2Na	0.05
	PEG-400	4.0
	甜菜碱	0.5
	PEG-40 氢化蓖麻油	0.2
	HEC100	0.5
	水	加至 100
B 组分	烟酰胺	0.5
	维生素 C 乙基醚	0.5
	D-泛醇	0.5
	HA	0.1
	苯氧乙醇	0.5
	甲基异噻唑啉酮	0.05

制备工艺:

① 将 HEC100 预先分散入水中,再加入 A 组分中其余物质,75℃加热搅拌使其完全溶解;

② 降温至 40℃左右加入 B 组分物料,搅拌至均匀透明状,即得抗氧化美白面膜。

配方 25:桃胶-银耳-米糠自制免洗面膜

组分	质量分数/%	组分	质量分数/%
桃胶	0.65	米糠	0.65
银耳	0.65	水	加至 100

制备工艺:

用粉碎机分别将桃胶、银耳、米糠粉碎成粉,与一定量的水混合,加热一定时间后,冷却至室温,即得桃胶-银耳-米糠自制免洗面膜。

配方 26:驼乳面膜

	组分	质量分数/%
A 组分	汉生胶	1.5
B 组分	甘油	5.0
C 组分	Tween	1.8
D 组分	椰子油	2.3
	凡士林	1.8
	二甲基硅油	1.6
	羟乙基尿素	11.0
E 组分	驼乳乳脂	2.5
	驼乳乳清	30.0
	甘油	2.5
F 组分	水	加至 100
G 组分	香精、防腐剂	适量

制备工艺:

① 将 A 组分和 B 组分混合分散至均匀;

② 将 C 组分和 F 组分加入上述①液中,搅拌均匀,水浴加热至 75℃,保温 30min;

③ 将 D 组分物料混合后,放入水浴锅中加热至 75℃,保温 30min;

④ 搅拌条件下将步骤③所得的油相混合物料逐渐加入步骤②液体中,全部加入后加大搅拌转速,将其搅拌分散均匀,静置乳化 8min;

⑤ 将步骤④所得的乳化体搅拌降温至 45℃,然后将 E 组分物料搅拌均匀后加入其中;

⑥ 搅拌降温至 40℃,加入 G 组分,搅拌均匀即得驼乳面膜液。

配方 27:抹茶凝胶面膜液

组分	质量分数/%	组分	质量分数/%
碳酸钙	28.8	玉米淀粉	5.2
海藻酸钠	26.2	茶氨酸	0.5
抹茶粉	10.5	高岭土	5.2
葡萄糖酸-δ-内酯	15.7	山梨醇	7.9

制备工艺：

① 称取各原料研磨粉碎混合；

② 使用时取 0.4g 粉料加 4.5g 水搅拌溶解分散后即得抹茶凝胶面膜。

配方 28：薏苡仁面膜

组分	质量分数/%	组分	质量分数/%
薏苡仁油	10.0	山梨醇	2.0
CMC-Na	1.25	香精	适量
明胶	1.25	尼泊金丙酯	适量
聚丙烯酰胺	1.0	水	加至 100
甘油	4.0		

制备工艺：

① 将明胶和加入少量热水，置于(80±5)℃水浴中加热搅拌至完全溶解；

② 将 CMC-Na、甘油、山梨醇，加入适量水中，于(80±5)℃水浴中充分搅拌至完全溶解；

③ 趁热将上述 2 种溶液充分混匀，在(80±5)℃水浴中保温；

④ 取薏苡仁油，加入聚丙烯酰胺，充分混合；

⑤ 取适量尼泊金丙酯和香精，用少量水溶解；

⑥ 在步骤③溶液中加入步骤④溶液和步骤⑤溶液，加水搅拌均匀，待冷却至室温后，用内切式匀浆机充分混合，即得薏苡仁面膜液。

配方 29：白术可剥离粉状面膜

组分	质量分数/%	组分	质量分数/%
硅藻土	40.0	白术粉末	40.0
海藻酸钠	8.0	茉莉花粉末	2.0
硫酸镁	10.0		

制备工艺：

将白术、茉莉花干燥、粉碎后过 120 目筛，随后与海藻酸钠、硅藻土、硫酸镁充分研磨、混匀，12K 辐照灭菌，分装即得。

配方 30：去脂美白面膜

组分		质量分数/%
A 组分	赛比克	0.59
	卡波姆	0.59
	水 1	59.35
	20%的桑叶提取液	适量
B 组分	水 2	29.67
	冰片	0.30
	炭黑	0.59
	维生素 E	适量
	二甲基硅油	8.90

制备工艺：

① 取中药桑叶置于煎煮罐中，加适量水煎煮两次，每次煎煮 1h，两次煮液合并放置 12h 后过滤，所得滤液浓缩至所需桑叶提取液；

② 取赛比克和卡波姆溶于水 1 中，加入桑叶提取液溶解，制成 A 组分；

③ 另取 B 组分物料混合均匀，并将 A 组分和 B 组分混合，37℃水浴加热 20min，混匀制得面膜液。

配方 31：中药美白保湿面膜液

组分		质量分数/%
A 组分	羧甲基纤维素钠	0.6
	甘油	14.0
	丁二醇	8.0
	芦荟提取液	0.5
	水	适量
B 组分	薏苡仁提取物	10.0
	水	适量
C 组分	苯氧乙醇	0.9
	水	加至 100

制备工艺：

① 取羧甲基纤维素钠，加入适量水，置于 75℃水浴，均匀搅拌，使其逐渐溶解；

② 取芦荟提取液、甘油和丁二醇，加入适量水，搅拌至充分溶解；

③ 将①和②溶液混匀，水浴保温，得到 A 组分；

④ 称取适量薏苡仁提取物，加入适量水，使其充分溶解，得到 B 组分；

⑤ 将 A 组分与 B 组分充分混合并加余量的水，搅拌均匀后静置，待冷却至室温后加入 C 组分，用高速分散器内切式匀浆机搅拌，使其充分混合即得。

配方 32：富硒豆类面膜

组分		质量分数/%
A 组分	PVA	1.0
	羧甲基纤维素钠	2.0
	海藻糖	1.0
	甘油	5.0
	水	适量
B 组分	羊毛脂	2.5
	三乙醇胺	0.5
	C_{16} 醇	5.5
	白油	0.5
	无水乙醇	2.0
C 组分	尼泊金甲酯	0.1
	植物提取物	5.0
	水	加至 100

制备工艺：

① 取 PVA 加入少量热水，置于(70±5)℃水浴中不断搅拌，直至充分溶解；

② 取羧甲基纤维素钠和海藻糖，加入适量水中，于(70±5)℃水浴中充分搅拌，直至完全溶解混匀；

③ 混合①和②液，降温至 40℃，加入甘油，搅拌至完全溶解混匀得到 A 组分；

④ 取 B 组分混合，放入(70±5)℃水浴锅中加热搅拌混匀，至充分溶解；

⑤ 取适量植物提取物和尼泊金甲酯，用少量水溶解得到 C 组分；

⑥ 在 A 组分中加入 B 组分和 C 组分，加余量的水，搅拌均匀，待冷却至室温后，用高速磁力搅拌器搅拌充分混合，即得富硒豆类面膜液。

12.2.7 美白护手霜

配方 1：中药护手霜

	组分	质量分数/%
A 组分	硬脂酸	5.6
	白凡士林	3.6
	C_{18} 醇	7.2
	液体石蜡	5.4
	单硬脂酸甘油酯	7.2
	Span-80	1.44
B 组分	甘油	7.2
	月桂氮卓酮	3.6
	十二烷基硫酸钠	0.36
	Tween-80	3.6
	维生素 C	0.72
	亚硫酸氢钠	0.36
	鹿茸水提物	3.2
	水	加至 100

制备工艺：

① 将鹿茸粉与水以质量比为 1:13 进行混合，混合后，在油浴中加热至 80℃，继续搅拌浸提 5h，1000r/min 离心分离 10min，取上清液即得鹿茸水提物；

② 将 A 组分混合，在油浴中加热至 80℃，搅拌溶解后保温 17min，制得油相；

③ 将 B 组分混合，在水浴中加热至 79℃，搅拌溶解后保温 18min，制得水相；

④ 在 80℃下，将油相缓慢滴加到水相中，滴加速度为 1 滴/s，800r/min 充分搅拌 10min 后，放置在空气中自行冷却至室温，制得中药护手霜。

配方 2：玫瑰护手霜

	组分	质量分数/%
A 组分	水	加至 100
	甘油	2.06
	玫瑰花提取物	3.43
	茶叶提取物	3.43

续表

	组分	质量分数/%
A 组分	尿囊素	2.06
	汉生胶	0.41
B 组分	棕榈酸乙基己酯	2.06
	鲸蜡醇	3.43
	矿油	2.06
	聚二甲基硅氧烷	1.37
	鲸蜡硬脂醇聚醚-18	2.75
	甘油硬脂酸酯	2.75
	维生素 E	3.43
	水貂油	1.37
	羟苯甲酯	0.21
	羟苯丙酯	0.14
C 组分	日用香精	0.34

制备工艺：

① 将 A 组分物料投入水相锅中加热至 80～85℃溶解完全得水相；

② 将 B 组分投入油相锅中加热至 80～85℃溶解完全得油相；

③ 将 A 组分、B 组分抽至乳化锅中，开启均质机，2800r/min 均质 8～10min，均质后，在 80～85℃下保温 30min，保温过程中搅拌器转速降为 50～60r/min；

④ 冷却至 40～45℃，加入 C 相，结膏后继续搅拌 5～10min，放料分装、陈化 24h，得玫瑰护手霜。

配方 3：白及护手霜

	组分	质量分数/%
A 组分	白油	6.0
	GTCC	4.0
	硬脂酸	0.2
	白凡士林	1.0
	羊毛脂	0.5
	C_{16} 醇	0.5
B 组分	白及提取液	30.0
	甘油	8.0
	卡波姆 U20	0.1
	水	加至 100
C 组分	三乙醇胺	0.5
	香精	0.2
	尼泊金甲酯	0.2

制备工艺：

① 取白及，回流提取 2 次，每次 1h，第一次加药材 10 倍量水，第二次加药材 8 倍量水，将两次提取液 2500r/min 离心 20min，取上清液，浓缩至 0.1g（药材）/mL 后备用；

② 取 A 组分物料混合，置水浴锅中 70℃加热至完全熔融，得到油相；

③ 取卡波姆 U20 粉末分散于水中，溶胀 7h，再与 B 组分中其他物料混合并搅拌均匀，70℃加热，得到水相；

④ 将水相迅速倒入油相中，在搅拌过程中加入少量的三乙醇胺，70℃下乳化 15min 后，再加入香精和防腐剂。

配方 4：茶多酚美白保湿护手霜

组分		质量分数/%
A 组分	甜杏果油	12.0
	甘油	12.0
	橄榄油	14.4
	凡士林	4.8
	Tween-80	8.0
	维生素 E	4.0
B 组分	水	加至 100
	茶多酚	4.8
C 组分	玫瑰精油	4.0

制备工艺：

① 将 A 组分（除维生素 E）混合，取维生素 E 加入上述混合液加热至 70～75℃，搅拌至材料溶解得油相；

② 将 B 组分物料混合，加热至 70～75℃并搅拌均匀得水相；

③ 将 B 组分加入 A 组分中，在 70～75℃条件下继续搅拌 1～2h；

④ 搅拌冷却至 40～50℃后加入玫瑰精油并均质三次，每次 3min；

⑤ 80～90℃条件下恒温灭菌 10～15min，静置冷却即得茶多酚美白保湿护手霜。

12.2.8 美白身体乳

配方 1：使皮肤光滑亮泽的身体乳

组分	质量分数/%	组分	质量分数/%
薰衣草精油	0.1	钛白粉	2.5
迷迭香精油	1.0	增稠剂	0.9
柠檬精油	0.5	棕榈酸乙基己酯	1.0
纳米蓝蓟油	1.0	乳化剂	0.1
植物仿生皮脂	0.05	水	加至 100
银耳多糖	0.001	苯氧乙醇	0.8

制备工艺：

① 将银耳多糖加入水中加热到 80℃溶解，得水相；

② 分别将棕榈酸乙基己酯、纳米蓝蓟油、植物仿生皮脂和乳化剂加热到 80℃溶解，得油相；

③ 将溶解后的水相、油相物质和乳化剂混合，加入增稠剂和钛白粉，高速剪切 5min；

④ 降温到 40℃，加入三种精油和防腐剂（苯氧乙醇），温度降到 35℃时，出料。

配方 2：含溶栓酶 QK 的身体乳

	组分	质量分数/%
A 组分	乳油木果脂	8.0
	霍霍巴油	2.0
	硅油	2.0
	油溶性维生素 E	3.0
	有机橄榄油乳化蜡	3.0
B 组分	甘油	5.0
	海藻糖	2.0
	溶栓酶 QK 浓缩液（1400IU/mL）	7.0
	高分子 HA 液	3.0
	玫瑰纯露	58.0
C 组分	馨鲜酮复合防腐剂	2.0
D 组分	丁二醇	3.0
	成纤维细胞生长因子	2.0

制备工艺：

① 将 A 组分、B 组分物料分别混合，加热到 75℃，搅拌均匀；

② 将 B 组分加入 A 组分中搅拌，均质 5min，加入 C 组分搅拌 5min，搅拌均匀后冷却降温至 30℃，加入 D 组分搅拌均匀，即可。

配方 3：含洋槐提取物的美白保湿身体乳

组分	质量分数/%	组分	质量分数/%
大米	21.68	洋槐提取物	0.26
黑豆	12.04	香椿粉	0.16
秋葵	6.62	蚂蚁粉	0.08
葡萄皮	15.66	蚕蛹粉	0.19
魔芋胶	1.14	水	加至 100

制备工艺：

将水加热至温度为 41℃，与秋葵和葡萄皮混合打浆，27℃恒温密闭发酵 40h，文火煮沸，36℃恒温密闭发酵 56h，过滤，得发酵液；

将黑豆 65℃旋转恒温炒制 11min，降温至 54℃，加入大米恒温炒制 14min，与发酵液混合打浆，31℃恒温密闭发酵 52h，在功率为 310W 频率为 138kHz 的条件下超声处理 26min，文火煮沸，36℃恒温密闭发酵 70h，得发酵浆；

向发酵浆中加入魔芋胶、洋槐提取物、香椿粉、蚂蚁粉和蚕蛹粉，文火加热至 88℃并不断搅拌，0.4℃恒温冷藏 70min，16MPa、41℃均质 18min，39MPa、50℃均质 26min，得含洋槐提取物的美白保湿身体乳。

配方 4：美白保湿抑菌防蚊身体乳

	组分	质量分数/%
A 组分	小分子 HA	0.01～0.03
	光甘草定	0.03～0.06
	汉生胶	0.05～1

组分		质量分数/%
A组分	蒲公英提取物	5～8
	百部提取物	5～8
	苦参碱	0.05～1
	蛇床子素	0.05～1
	SOD	2～4
	烟酰胺	1～4
	维生素C	1～4
	水	加至100
B组分	矿物油	1～5
	肉豆蔻异丙酯	3～5
C组分	毛麝香精油	0.05～0.2
	香茅精油	0.05～0.2

制备工艺：

① 将A组分混合搅拌至完全溶解，得到水相；

② 将B组分混合搅拌10～20min，得到油相；

③ 将水相及油相混合搅拌10～20min，加入C组分搅拌混匀后，在均质机中均质30～40min，得到乳化均匀的混合物；

④ 调pH值至5.5～6.5，灭菌灌装即得美白保湿抑菌防蚊身体乳。

12.2.9 美白洗面奶

配方1：美白保湿氨基酸洁面乳

组分		质量分数/%
A组分	水	加至100
	甘油	20.0
	卡波姆	0.05
B组分	椰油酰甘氨酸钠	30
	椰油酰胺丙基甜菜碱	5.0
	月桂酰谷氨酸钠	5.0
	椰油酰水解燕麦蛋白钾	5.0
	甲基月桂酰基牛磺酸钠	5.0
	月桂酰-天冬氨酸钠和PEG-150二硬脂酸酯的混合物	5.0
	PEG-150硬脂酸酯	3.0
	柠檬酸	0.5
	EDTA-2Na	0.05
C组分	丁二醇与芍药根提取物的混合物	3.0
	月桂酰精氨酸乙酯盐酸盐与1,2-己二醇的混合物	0.5
	白兰花油	0.06

制备工艺：

① 将A组分和C组分分别混合均匀；

② 将 B 组分、混合均匀后的 A 组分加入乳化锅，升温至 85℃后保温 30min，搅拌均匀后降温至 45℃；

③ 混合均匀 C 组分加入乳化锅，充分混合均匀后搅拌冷却至室温得到半成品；

④ 灌装、包装、入库即得美白保湿氨基酸洁面乳成品。

配方 2：美白保湿敏感肌肤用洗面奶

组分	质量分数/%	组分	质量分数/%
霍霍巴油	5～10	丁二醇	5～10
氢化卵磷脂	0.1～1	维生素 C	1～5
椰油酰甘氨酸钠	15～25	SOD	1～5
中药提取物	10～20	水	加至 100
甘油	5～10		

中药提取物配比

组分	质量分数/%	组分	质量分数/%
白附子	11.1	紫草根	16.7
白及	11.1	玉竹	16.7
白蔹	11.1	莲花	5.6
白芷	11.1	生姜	16.7

制备工艺：

① 将配方量的中药洗净后，加入药材 10 倍量的水，浸泡 1h，加热煮沸熬制 3h，将药液倒出，加入 5 倍量的水，煎熬 3h，混合两次药液，蒸馏浓缩得固体中药提取物；

② 将霍霍巴油、椰油酰甘氨酸钠、中药提取物、甘油、丁二醇、水加入乳化罐内乳化均匀，再加入配方量的维生素 C、SOD、氢化卵磷脂搅拌混匀后，均质 30～40min，得乳化物；

③ 调 pH 值至 5.5～6.5，灭菌。

配方 3：诺丽精油洗面奶

组分	质量分数/%	组分	质量分数/%
椰油酰羟乙磺酸酯钠	36.3	乙二醇二硬脂酸酯	0.1
甘油	5.2	诺丽纯露	加至 100
诺丽精油	0.2	山梨酸钾	6.2

制备工艺：

① 将 500g 诺丽果洗净切碎，放入减压蒸馏罐，向罐中加入 300mL 水，蒸馏，油水分离，油相为诺丽精油，水相为诺丽纯露；

② 将椰油酰羟乙磺酸酯钠、山梨酸钾加入诺丽纯露中，加热至 60～75℃，得到阴离子表面活性剂水溶液；

③ 将乙二醇二硬脂酸酯加入甘油中，加热至 60～75℃，得甘油溶液；

④ 将阴离子表面活性剂水溶液加入甘油溶液中，搅拌均匀；

⑤ 待温度降至室温后，加入诺丽精油，混匀即得诺丽精油洗面奶。

配方 4：葡萄籽弹力洁面乳

组分	质量分数/%	组分	质量分数/%
葡萄籽提取物	1.0	月桂酰谷氨酸	1.0
卡波姆	0.01	PEG-150 二硬脂酸酯	0.5
甘油	10.0	香精	0.05
柠檬酸	0.1	苯氧乙醇	0.02
椰油酰胺甘氨酸钠	15.0	水	加至 100
椰油酰胺丙基甜菜碱	5.0		

制备工艺：

① 将卡波姆、甘油和水依次投入主锅中，均质 90s；

② 将柠檬酸、椰油酰胺甘氨酸钠、椰油酰胺丙基甜菜碱、月桂酰谷氨酸和 PEG-150 二硬脂酸投入主锅搅拌均匀；

③ 升温到 85℃搅拌溶解，保温 15min；

④ 搅拌降温至 45℃以下后，加入葡萄籽提取物、香精和苯氧乙醇，搅拌均匀即得葡萄籽弹力洁面乳。

12.3 抗衰老类护肤化妆品

12.3.1 抗衰老乳液

配方 1：抗皱的酒糟护肤乳膏

组分		质量分数/%
A 组分	啤酒酒糟	33.08
B 组分	鲜茶叶	19.85
	鲜桂花	9.45
C 组分	白附子提取液	1.23
	白芷提取液	0.95
	甘松提取液	1.42
D 组分	甘油	9.45
	海藻酸钠	6.62
	蜂蜜	4.73
	水	加至 100

制备工艺：

① 将啤酒酒糟在 45℃下打浆，得 A 组分；

② 将鲜茶叶、鲜桂花在 28℃下打浆，得 B 组分；

③ 将白附子、白芷、甘松加 20 倍量的水煎煮 1~2h，过滤取滤液，得 C 组分；

④ 将 A 组分、B 组分和 C 组分混合，然后加入 D 组分，搅拌均匀至形成膏状，分量包装即得护肤乳膏。

配方 2: 添加珍珠水解液脂质体的抗皱乳

	组分	质量分数/%
A 组分	丙烯酸（酯）类/VP 共聚物	0.2～0.8
	甘油	5.0～15.0
	丁二醇	5.0～15.0
	三甲基甘氨酸	2.0～5.0
	藻提取物	2.0～8.0
	羟苯甲酯	0.05～0.2
	水	加至 100
B 组分	异壬酸异壬酯	0.5～5.0
	维生素 E	0.5～2.0
	羟苯丙酯	0.05～0.1
C 组分	珍珠水解液脂质体	0.5～2.0
	聚季铵盐-51	0.5～3.0
	小核胶菌	0.5～2.0
	HA	0.01～0.2
D 组分	香精	0.05～0.5

制备工艺:

① 将丙烯酸（酯）类/VP 共聚物用水浸泡 0.5～1.5h 后加 A 组分其他物料混合投入乳化锅搅拌加热至 80～85℃，得水相；

② 将 B 组分投入油锅搅拌加热至 80～85℃，得油相；

③ 在 80～85℃条件下将油相抽入水相均质 5～8min；

④ 冷却至 50～60℃，加入 C 组分搅拌均匀；

⑤ 冷却至 40～50℃加入 D 组分搅拌均匀出料即得到添加珍珠水解液脂质体的抗皱乳。

配方 3: 复合胶原蛋白组合物及其护肤乳

	组分	质量分数/%
A 组分	硬脂酸	3～5
	甘油单硬脂酸酯	2～4
	棕榈酸异丙酯	5～7
	三乙醇胺	0.4～0.7
	C_{18} 醇	3～8
	凡士林	6～8
	IPM	3～7
	维生素 E	2～4
	小麦胚芽油	2～4
B 组分	可溶性弹性蛋白	2～5
	鱼胶水解液	5～10
	丝素蛋白	2～5
	PEG	0.5～1.2
	纯水	加至 100
C 组分	防腐剂、香料	适量

制备工艺：

① 将 A 组分原料混合，搅拌均匀，缓慢加热至 75～85℃，得到油相；

② 将 B 组分混合，加热至 75～80℃，制成水相；

③ 将水相加入油相中，搅拌；

④ 冷却至 45～50℃，按比例加入 C 组分，搅拌均匀；

⑤ 待降至室温之后，即可出料。

配方 4：抗衰老乳液

	组分	质量分数/%
A 组分	水	加至 100
	甘油	4.0
	EDTA-2Na	0.05
	1,3-丙二醇	3.0
	甜菜碱	0.5
	AVC	0.2
	HEC	0.2
	聚甘油-10 异硬脂酸酯	1.5
	蔗糖硬脂酸酯	1.0
B 组分	霍霍巴油	3.5
	角鲨烷	3.0
	牛油果油	1.0
	聚二甲基硅氧烷	2.0
	鲸蜡硬脂醇	0.5
C 组分	尼泊金甲酯	0.2
	己二醇	0.3
D 组分	玉竹提取物	3.0

制备工艺：

① 用甘油和 1,3-丙二醇预分散增稠剂（AVC、HEC）、EDTA-2Na 和甜菜碱，再加入水，搅拌均匀后，加入聚甘油-10 异硬脂酸酯、蔗糖硬脂酸酯加热至 80℃，并保温 10min，记为 A 组分；

② 取 B 组分物料加热搅拌溶解，加热至 80℃，保温 10min，待用；

③ 将 B 组分加入 A 组分中，搅拌后均质 2～3min，取出后，继续搅拌；

④ 待温度降至 40～45℃时，加入 C、D 组分，搅拌均匀后，降至室温，即得抗衰老乳液。

配方 5：含羊胎盘抗氧化肽 S12 乳液

	组分	质量分数/%
A 组分	去离子水	加至 100
	EDTA-2Na	0.1
	1,3-丁二醇	4.0
	汉生胶	0.3
	HA	2.0

续表

	组分	质量分数/%
B 组分	C$_{18}$ 醇	1.0
	鳄梨油	4.0
	聚二甲基硅氧烷	2.0
	GTCC	2.0
	乳木果油	2.0
	液体石蜡	2.0
	维生素 E 醋酸酯	0.5
	Brij 72	1.5
	Brij 721	1.5
C 组分	羊胎盘抗氧化肽 S12	适量
	Germall Plus	0.6
	香精	0.5

制备工艺：

① 取 A 组分，100℃水浴加热 15min 后补齐蒸发掉的水分；

② 取 B 组分，100℃水浴加热 15min；

③ 降温至 80℃，将 B 组分缓慢倒入 A 组分中，4000r/min 均质 5min，冷却至 45℃，加入香精、Germall Plus 和羊胎盘抗氧化肽 S12；

④ 抽真空脱气泡，搅拌冷却，即得含羊胎盘抗氧化肽 S12 乳液。

配方 6：抗衰老乳膏

	组分	质量分数/%
A 组分	液体石蜡	9.41
	凡士林	1.88
	乳化剂单硬脂酸甘油酯	1.88
	Tween-80	1.88
	硬脂酸	3.76
B 组分	甘油	7.53
	中药提取物	5.0
	C$_{18}$ 醇	7.53
	三乙醇胺	0.75
	海藻酸钠	0.38
	水	加至 100
C 组分	苯甲酸钠	适量
	茉莉香精	适量

制备工艺：

① 称取等量的人参、黄芪、白芷药材饮片共 150g，粉碎至适当粒度，加入 8 倍量水，煎煮两次（每次 1h），加入 6 倍量水，煎煮 0.5h，合并煎液，静置，过滤，浓缩至 300mL，备用；

② 取 A 组分、B 组分分别研磨，充分混合后置于 80℃的水浴锅，搅拌使其均匀；

③ 将 B 组分倒入 A 组分中，在匀浆机中以 3000r/min、85℃下搅拌 10min，冷却至室温加入 C 组分，搅拌均匀，即得抗衰老乳膏。

配方7：人参乳液

	组分	质量分数/%
A 组分	天然乳化剂	0.5、1.0、1.5、2.0、2.5
	环聚二甲基硅氧烷	5.0
	聚二甲基硅氧烷	2.0
	GTCC	6.0
	氢化聚癸烯	5.0
B 组分	水	加至 100
	NMFS 保湿剂	3.0
	天然保湿因子（1%）	10.0
	EDTA-2Na	0.05
	尿囊素	0.2
C 组分	植物保湿剂	8.0
	水溶性增稠剂	0.1、0.2、0.3、0.4、0.5
D 组分	人参提取液	3.0
	人参类脂质体	5.0
E 组分	维生素 C	5.0
	人参精油	0.1
	增稠乳化剂	0.5、0.6、0.7、0.8、0.9
	植物舒敏剂	0.5
	苯氧乙醇	0.5

制备工艺：

① 将油相（A 组分）加热至 90℃完全融解；

② 取水相（B 组分和 C 组分），加热至 85℃搅拌溶解；

③ 将 B 组分倒入 A 组分后迅速均质 5min，待均质完全后，降温搅拌 30min；

④ 降温至 60℃以下，加入 D 组分，均质 3min；

⑤ 待体系降温至 40℃时加入 E 组分继续搅拌降温至 38℃以下即为制备完成。

12.3.2　抗衰老面霜

配方1：多肽紧致提拉面霜

	组分	质量分数/%
A 组分	丁二醇	6.0
	透明质酸钠	0.08
	甘油	3.5
	海藻糖	1.5
	生物糖胶-1	1.0
	丙烯酸钠/丙烯酰二甲基牛磺酸钠共聚物（和）异十六烷（和）聚山梨醇酯-80	1.2
	EDTA-2Na	0.05
	卡波姆	0.3
	水	加至 100

续表

	组分	质量分数/%
B 组分	异壬酸异壬酯	3.0
	氢化聚异丁烯	3.0
	牛油果树果脂	3.0
	植物甾醇油酸酯	1.5
	维生素 E 乙酸酯	1.0
	聚二甲基硅氧烷	0.8
	聚二甲基硅氧烷醇	0.5
	鲸蜡硬脂基葡糖苷	1.2
	鲸蜡硬脂醇橄榄油酸酯	1.2
	山梨坦橄榄油酸酯	1.2
	鲸蜡硬脂醇	0.5
	鲸蜡醇磷酸酯钾	0.5
	羟苯甲酯	0.2
	羟苯丙酯	0.1
	季戊四醇四（双叔丁基羟基氢化肉桂酸）酯	0.05
	苯氧乙醇和乙基己基甘油混合物	0.4
C 组分	乙酰基六肽	1.5
	棕榈酰三肽-5	2.5
	二肽二氨基丁酰苄基酰胺二乙酸盐	1.5
	硅氧烷三醇藻酸酯/咖啡因	3.0
	硅烷二醇水杨酸酯	2.0
	仙人掌提取物	1.5
	三乙醇胺	0.3

制备工艺：

① 将 A 组分物料混合，搅拌加热到 80℃，均质 6min；

② 加入预先混好热溶好的 B 组分物料，均质 10min；

③ 降温到 50℃以下，加入 C 组分搅拌均匀，即得多肽紧致提拉面霜。

配方 2：多肽修护面霜

	组分	质量分数/%
A 组分	棕榈酰三肽-5	1.2
	棕榈酰四肽-7	0.8
	棕榈酰五肽-4	0.9
	乙酰基六肽-8	1.1
	多糖类物质 β-葡聚糖	0.96
	小核菌胶	0.04
	HA	0.04
	保湿剂丁二醇	1.0
	保湿剂甘油	1.0
	山梨坦橄榄油酸酯	1.1
	鲸蜡硬脂醇橄榄油酸酯	0.9
	水	加至 100

续表

组分		质量分数/%
B 组分	椰油醇-辛酸酯/癸酸酯	1.2
	碳酸二辛酯	3.8
	辛酸/癸酸三甘油酯	1.8
	异壬酸异壬酯	1.8
	角鲨烷	1.4
C 组分	尿囊素	0.08
	维生素 E	0.17
	EDTA-2Na	0.02
	霍霍巴油	1.5
	牛油果树果脂	1.5
	马齿苋提取物	1.0
	芦荟提取物	1.0
	D-泛醇	0.1

制备工艺：

① 依次加入 A 组分物料，搅拌均匀，得到初级混合物；

② 将 B 组分加至①所述初级混合物中，搅拌分散，再加入 C 组分，搅拌均匀，即得多肽修护面霜。

配方 3：具有抗衰老功效的驼乳滋润面霜

组分		质量分数/%
A 组分	单硬脂酸甘油酯	1.0
	鲸蜡硬脂醇	1.0
	Tween-80	2.0
	Span-80	2.0
	C_{16} 醇	1.0
	霍霍巴油	1.0
	GTCC	2.0
	角鲨烷	1.0
	C_{18} 酸	2.0
	羊毛脂	1.0
	聚二甲基硅氧烷	4.0
	EDTA-2Na	4.0
B 组分	甘油	1.2
	丙二醇	1.2
	透明质酸钠	1.2
	1,3-丁二醇	1.5
	乙基己基甘油	1.5
	HA	1.4
	汉生胶	0.3
	卡波姆	0.3
	丙烯酸羟乙酯/丙烯酰二甲基牛磺酸钠共聚物	0.3

续表

组分		质量分数/%
C 组分	青苹果香精	0.2
	三乙醇胺	0.2
	驼乳乳脂	4.0
	苯氧乙醇	0.04
	羟苯丙酯	0.02
	水	加至 100

制备工艺：

① 在温度 78℃下，将 A 组分物料搅拌混合至全部溶解，得油相混合物；

② 将 B 组分物料混合，接着在温度 78℃下搅拌至全部溶解，得水相混合物；

③ 在搅拌的条件下，把油相混合物倒入水相混合物中，100r/min 搅拌 4min，2500r/min、60℃均质 10min；

④ 降温至 45℃以下，加入 C 组分，4000r/min 均质 8min，降温至室温，即得具有抗衰老功效的驼乳滋润面霜。

配方 4：具有祛皱修复功效的面霜

组分		质量分数/%
A 组分	EDTA-2Na	0.02
	透明质酸钠	0.02
	甘油	3.0
	丙二醇	5.0
	对羟基苯乙酮	0.5
	1,2-己二醇	0.55
	聚丙烯酸钠	0.1
	PEG-240/HDI 共聚物双-癸基十四醇聚醚-20 醚	3.0
	水	加至 100
B 组分	乳化剂 ABILCARE XL80	1.0
	鲸蜡硬脂醇	0.2
	环五聚二甲基硅氧烷	2.0
	异壬酸异壬酯	3.0
	丁羟甲苯	0.02
C 组分	香精	0.02
	盐生杜氏藻提取物	0.1
	乳酸杆菌/豆浆发酵产物滤液	0.5
	水解酵母蛋白	0.1

制备工艺：

① 将 A 组分投入乳化锅中，加热到 85℃，搅拌均匀，2000r/min 均质处理 5min，保温搅拌 30min；

② 将 B 组分投入油相锅，搅拌下加热溶解，制得油相；

③ 在搅拌下将油相抽入乳化锅中，3000r/min 均质处理 5min，保温搅拌 30min；

④ 降温到38℃，加入C组分，搅拌均匀，检验合格后即得具有祛皱修复功效的面霜。

配方5：多肽抗衰老面霜

组分		质量分数/%
A 组分	牛油果树果脂	2.0
	环己硅氧烷	2.0
	聚二甲基硅氧烷/乙烯基聚二甲基硅氧烷交联聚合物	1.0
	辛基聚甲基硅氧烷	3.0
	角鲨烷	1.0
	鲸蜡硬脂醇	1.0
	甲氧基肉桂酸乙基己酯	0.3
	丁基甲氧基二苯甲酰基甲烷	0.15
	羟苯丙酯	0.1
	聚甘油-6 二硬脂酸酯	0.8
	霍霍巴酯	0.8
	聚甘油-3 蜂蜡酸酯	0.7
	鲸蜡醇	0.7
	三山嵛精 PEG-20 酯	2.5
B 组分	环五聚二甲基硅氧烷	6.7
	环己硅氧烷	0.3
	维生素 E 乙酸酯	2.5
C 组分	水	加至 100
	甘油	5.0
	1,3-丙二醇	5.0
	透明质酸钠	0.03
	汉生胶	0.15
	EDTA-2Na	0.03
	卡波姆	0.2
	甜菜碱	1.5
D 组分	聚丙烯酰胺	0.15
	C$_{13\sim14}$ 异链烷烃	0.22
	月桂醇聚醚 7	0.13
E 组分	苯氧乙醇	0.5
	香精	0.15
	甘油丙烯酸酯/丙烯酸共聚物	0.5
	丙二醇	0.2
	PVM/MA 共聚物	0.6
	羟苯丙酯	0.7
	精氨酸	0.1
	三肽-1 铜（含量大于 97%）	0.2
	九肽-1（含量 0.01%）	5.0
	乙酰基八肽-3（含量 0.05%）	5.0
	乙基己基甘油	10.0
	棕榈酰三肽-5（含量 0.1%）	5.0

制备工艺：

① 将 A 组分于油相锅中加热至 85℃，乳化前加入 B 组分，保温 10min；

② 将 C 组分于水相锅中加热至 80℃，搅拌到完全溶解为止；

③ 乳化锅预热蒸干，抽步骤②溶解完混合物入乳化锅，预留部分步骤②溶解完混合物冲洗管道；

④ 快速搅拌和均质状态下，将步骤①混合物抽入乳化锅，抽步骤②溶解完混合物冲洗管道，3000r/min 均质 4min，然后边搅拌边冷却；

⑤ 60℃时加入 D 组分，均质 2min，600r/min 转速搅拌降温；

⑥ 降温至 43℃时，加入溶解均匀的 E 组分，搅拌均匀，降至 36℃出料，即多肽得抗衰老面霜。

配方 6：抗皱保湿面霜

组分	质量分数/%	组分	质量分数/%
甘油	20.0	甘松提取物	7.0
白凡士林	3.0	小分子活性肽	3.0
桃花提取物	7.0	水	加至 100
当归提取物	3.0		

制备工艺：

① 将甘油和白凡士林混合，加热至 60℃，搅拌均匀，保温；

② 将桃花提取物、当归提取物和甘松提取物混合均匀，加入步骤①得到的物料中，在 60℃下搅拌 3h，之后离心处理；

③ 将小分子活性肽和水在室温下混合，搅拌均匀；

④ 待步骤③所得物料冷却到 30℃以下，加入步骤②所得物料中，搅拌均匀，即得抗皱保湿面霜。

配方 7：灵芝面霜

组分	质量分数/%	组分	质量分数/%
灵芝提取物	2.0	生姜发酵提取物	1.0
聚甘油-10	3.0	蓝莓发酵提取物	3.0
甘油	2.0	微晶蜡	6.0
棕榈醇	2.0	角鲨烷	8.0
辛基十二烷醇	2.0	水	加至 100

制备工艺：

① 将聚甘油-10、甘油和生姜发酵提取物在 80℃下搅拌混合至完全溶解，加入微晶蜡和灵芝提取物（灵芝提取物在加入之前，先对其超声处理 10min）继续搅拌 1h；

② 边搅拌边降温至 35℃，加入蓝莓发酵提取物、棕榈醇、辛基十二烷醇和水超声 120min，之后加入角鲨烷搅拌混合均匀，即得灵芝面霜。

配方8：人参鹿茸润肤面霜

组分	质量分数/%	组分	质量分数/%
白蜂蜡	15.0	人参提取物	5.0
C_{16}醇	3.0	鹿茸提取物	5.0
角鲨烷	2.0	水解胶原蛋白	0.8
白凡士林	5.0	矿物油	20.0
单硬脂酸甘油酯	5.0	甘油	3.5
鲸蜡	5.0	苯氧乙醇	0.01
米糠油	4.0	水	加至100
三乙醇胺	0.5		

制备工艺：

① 将水解胶原蛋白溶于水中组成水相，加热至80℃；

② 将人参提取物、鹿茸提取物、防腐剂、水解胶原蛋白之外的其他组分混合组成油相加热至80℃，并把步骤①所述水相加入其中，乳化；

③ 乳化完成后，待温度降至35℃以下时加入人参提取物、鹿茸提取物、苯氧乙醇，搅拌均匀，即得人参鹿茸润肤面霜。

配方9：臻颜清润面霜

	组分	质量分数/%
A组分	鲸蜡硬脂醇	2.5
	卵磷脂	1.0
	GTCC	5.0
	异壬酸异壬酯	4.0
	山嵛醇	1.2
	牛油果树果脂	2.0
	鲸蜡硬脂基葡糖苷	0.2
	季戊四醇四异硬脂酸酯	2.0
	霍霍巴油	2.0
	$C_{10\sim30}$酸胆甾醇/羊毛甾醇混合酯	0.5
	红没药醇	0.1
B组分	透明质酸钠	0.05
	丙烯酸（酯）类共聚物	0.6
	汉生胶	0.2
	丁二醇	3.0
	甘油聚醚-26	3.0
	甜菜碱	2.0
	芦芭油	2.0
	烟酰胺	3.0
	D-泛醇	0.5
C组分	乙酰基六肽-8	2.0
	酵母菌溶胞物	1.0

续表

组分		质量分数/%
C 组分	白藜芦醇	1.5
	鞣花酸	3.0
	胶原	2.5
	水	加至 100
D 组分	苯氧乙醇	0.5

制备工艺：

① 按配方取 A 组分物料，混合，然后升温至 80℃，使组分完全溶解，备用；

② 取 B 组分物料，混合，然后升温至 90℃，加入水，均质 5min，并保温 10min；

③ 将步骤①所得产物加入步骤②中，7000r/min 搅拌均质 5min，待料体呈现光泽度无颗粒后保温搅拌 10min；

④ 保温结束后，降温至 40℃，再加入 C 组分，搅拌至料体无泛粗、析出、油水分离等现象为止，然后加入 D 组分，搅拌均匀，然后静置、灌装、封口、灭菌，即得臻颜清润面霜。

配方 10：美白抗衰老面霜

组分		质量分数/%
A 组分	椰油醇-辛酸酯/癸酸酯	5.0
	氢化聚异丁烯	6.0
	碳酸二辛酯	6.0
	辛基十二醇	5.0
	鲸蜡硬脂醇	1.5
	GTCC	2.0
	$C_{14\sim22}$ 醇	1.5
	$C_{12\sim20}$ 烷基葡糖苷	2.0
B 组分	水	加至 100
	鲸蜡硬脂醇橄榄油酸酯	0.5
	山梨坦橄榄油酸酯	0.5
	甘油	5.0
	1,3-丙二醇	2.0
	汉生胶	0.5
C 组分	山梨坦辛酸酯	0.3
	己二醇	0.3
	葡糖酸内酯	0.05
	烟酰胺	0.25
	麦角硫因	0.38
	花青素	0.08
	视黄醇棕榈酸酯	0.08
	丁二醇	0.4
	苯氧乙醇	0.1
	对羟基苯乙酮	0.3

制备工艺：

① 将 A 组分投入油锅，60℃下搅拌分散均匀，作为油相，将 B 组分原料（水相）投入乳化锅中，60℃下溶解分散均匀；

② 将油相在搅拌条件下匀速加入水相中，耗时 3min，加入完毕后，1000r/min 均质乳化 0.5min，乳化结束后开启搅拌（600r/min）；

③ 降温到 40℃将 C 组分加入乳化锅，搅拌均匀，抽真空，降温到 35℃出料，即得美白抗衰老面霜。

配方 11：抗皱淡斑面霜

	组分	质量分数/%
A 组分	$C_{16\sim18}$ 醇	5.0
	分子蒸馏单甘酯	1.0
	鲸蜡硬脂基葡糖苷	10.0
	月桂醇磷酸酯钾	9.0
	氢化棕榈油甘油酯	9.0
	羊毛脂	2.0
	聚甲氧基硅氧烷	6.0
	角鲨烷	3.0
	阿拉伯胶	3.0
B 组分	HA	5.0
	聚甘油	8.0
	丁二醇	0.14
	对羟基苯甲酸丁酯	0.12
	水杨酸苯酯	0.09
	碳酸氢钠	0.2
	水	加至 100
C 组分	珍珠粉	1.4
	维生素 E	1.2
	水溶性 β-葡聚糖	0.7
	叶黄素	0.2

制备工艺：

① 将 A 组分物料混合，在(85±5)℃的水浴中加热搅拌，得到油相溶液；

② 将 B 组分物料混合在(85±5)℃的水浴中搅拌使溶解，得水相溶液；

③ 将油相溶液缓慢加入水相溶液中，在(85±5)℃水浴中均质乳化 15min；

④ 继续搅拌，待混合物降温至 50℃时，加入 C 组分物料，充分搅拌，使其混合均匀，即得抗皱保湿面霜。

配方 12：含刺梨种子油雪花膏

	组分	质量分数/%
A 组分	硬脂酸	8.0
	C_{16} 醇	3.0
	单硬脂酸甘油酯	1.5
	甘油	12.0

续表

	组分	质量分数/%
B 组分	氢氧化钾	0.5
	氢氧化钠	0.05
	水	加至 100
	苯甲酸钾	适量
C 组分	刺梨种子油提取物	适量

制备工艺：

① 分别取 A 组分、B 组分，水浴加热到 80～90℃，保持该温度 20min 灭菌；

② 将 B 组分加入 A 组分中，使油相和水相充分进行皂化反应；

③ 皂化完成后，室温冷却，稍冷后加入适量 C 组分，继续搅拌至室温，即得含刺梨种子油雪花膏。

配方 13：含林蛙卵油脂肪酸的护肤霜

组分	质量分数/%	组分	质量分数/%
东北林蛙卵油脂肪酸	2.0	凡士林	3.0
单硬脂酸甘油酯	3.0	Tween-80	3.0
C_{16} 醇	1.5	三乙醇胺	5.0
C_{18} 醇	1.0	维生素 E	0.75
甘油	4.0	水	加至 100

制备工艺：

将原料混合后，进行乳化即可，乳化温度 70℃，乳化时间 40min，搅拌速度 800r/min。

配方 14：含羊胎盘抗氧化肽 S12 晚霜

	组分	质量分数/%
A 组分	去离子水	加至 100
	EDTA-2Na	0.1
	1,3-丁二醇	4.0
	卡波姆 940	20.0
	HA	2.0
B 组分	C_{18} 醇	6.0
	鳄梨油	6.0
	聚二甲基硅氧烷	2.0
	GTCC	2.0
	乳木果油	2.0
	液体石蜡	2.0
	维生素 E 醋酸酯	0.5
	Brij 72	1.5
	Brij 721	1.5
C 组分	羊胎盘抗氧化肽 S12	适量
	Germall Plus	0.6
	香精	0.5
	NaOH	适量

制备工艺：

① 取 A 组分，在 100℃ 水浴加热 15min 后补齐蒸发掉的水分；

② 取 B 组分，在 100℃ 水浴加热 15min；

③ 降温至 80℃，将 B 组分缓慢倒入 A 组分中，4000r/min 均质 5min，冷却至 45℃，加入香精、Germall Plus 和羊胎盘抗氧化肽 S12；

④ 加入 0.1mol/L NaOH 溶液将膏霜的 pH 值调至 6.5 左右。

⑤ 静置 24h，抽真空脱气泡，搅拌冷却，即得含羊胎盘抗氧化肽 S12 晚霜。

配方15：丝瓜护肤花蜜（霜）

组分	质量分数/%	组分	质量分数/%
丝瓜茎汁液	6.0	丙二醇	8.0
丝瓜提取液	2.5	氢氧化钾	0.4
丝瓜籽油	0.5	氢氧化钠	适量
硬脂酸	12.0	香精	0.2
单硬脂酸甘油酯	0.8	防腐剂	0.2
C_{16} 醇	0.8	水	加至 100
白油	0.6		

制备工艺：

① 取丝瓜籽油、丙二醇、硬脂酸、白油、单硬脂酸甘油酯、C_{16} 醇搅拌均匀，为油相；

② 取 KOH 及微量 NaOH 加入水，并依次加入丝瓜茎汁液、丝瓜提取液，升温至 90℃ 使原料充分溶解，为水相；

③ 保持温度为 90℃，搅拌油相，并将水相缓慢加入，继续搅拌直至温度降至 48℃，加入防腐剂；

④ 温度降至 38℃，加入香精，搅拌均匀，静置冷却至室温，即得丝瓜护肤花蜜（霜）。

配方16：营养护肤霜

组分	质量分数/%	组分	质量分数/%
水	加至 100	KOH	0.4
硬脂酸	10.0	平平加	2.0
C_{18} 醇	4.0	绞股蓝皂苷	0.05
硬脂酸丁酯	8.0	硼砂	0.3
丙二醇	10.0	香料	0.25
甘油	4.0		

制备工艺：

① 把称量好的硬脂酸、C_{18} 醇、硬脂酸丁酯和保湿剂丙二醇、甘油及平平加的混合物加入 80℃ 的定量水中，高速搅拌；

② 加入 KOH，使其与一部分硬脂酸反应生成硬脂酸盐；

③ 搅拌乳化 20min 后将绞股蓝皂苷、硼砂及香料加入，继续用匀质机搅拌 10min，使乳状液粒子均匀一致，即得营养护肤霜。

配方 17：白芷薏米美容霜

组分	质量分数/%	组分	质量分数/%
白芷提取物	10.0	单硬脂酸甘油酯	7.5
薏米提取物	10.0	丙二醇	5.0
白凡士林	3.75	透明质酸钠	10.0
硬脂酸	3.75	月桂氮卓酮	6.3
卡波姆	10.0	尼泊金乙酯	1.2
甘油	5.0	水	加至 100
三乙醇胺	7.5		

制备工艺：

① 将硬脂酸、白凡士林和单硬脂酸甘油酯水浴加热至 80℃，保温备用为油相；

② 将甘油、卡波姆、丙二醇、水和三乙醇胺搅拌加热至 80℃，为水相；

③ 将水相加入油相搅拌乳化成霜后加入白芷提取物和薏米提取物继续研磨，加入尼泊金乙酯、透明质酸钠和月桂氮卓酮研磨至均匀，冷却至室温，即得白芷薏米美容霜。

配方 18：互花米草护肤霜

组分		质量分数/%
A 组分	硬脂酸	11.7
	单硬脂酸甘油酯	0.7
	白油	0.7
	C_{16} 醇	0.7
	丙二醇	7.0
B 组分	氢氧化钾	0.4
	氢氧化钠	微量
	水	加至 100
	米草提取液	5.0
C 组分	香精	0.2
	防腐剂	0.2

制备工艺：

① 将 A 组分加入容器中搅拌均匀，为油相；

② 在另一容器中加入 KOH 及微量 NaOH，然后加入水，加热至 90℃使原料均匀溶解，加入米草提取液为水相；

③ 保持 90℃，在搅拌状态下将水相慢慢加入油相中，继续搅拌，降温至 50℃时，加入防腐剂，降温至 40℃后，加入香精，搅拌均匀，静置冷却至室温，即得互花米草护肤霜。

配方 19：辅酶 Q_{10} 纳米结构的护肤乳霜

组分		质量分数/%
A 组分	C_{18} 醇	2.0
	角鲨烷	2.0
	霍霍巴油	2.0
	橄榄油	1.0

组分		质量分数/%
A 组分	硅油	2.0
	Brij 72	1.5
	Brij 721	1.5
B 组分	卡波姆 941（1%）	15
	丁二醇	5.0
	EDTA-2Na	0.1
	水	加至 100
C 组分	QCS-CoQ$_{10}$-NLC	10.0
	苯甲酸钠	0.5
	三乙醇胺	0.3
	香精	0.2

QCS-CoQ$_{10}$-NLC：运载辅酶 Q$_{10}$ 的纳米结构脂质载体。

制备工艺：

① A 组分加热至 80～90℃作为油相；

② 将卡波姆 941 用水配成 1%溶液，并与丁二醇、EDTA-2Na 和水混合加热至 80～90℃，得到水相；

③ 将油相缓慢加入水相，8000r/min 均质 6min，80～90℃下继续搅拌 1min；

④ 冷却至 42～45℃，加入 C 组分，5000r/min 均质 5min，抽真空脱气泡，搅拌冷却至室温，即得护肤乳霜。

配方 20：月季花抗衰老润肤霜

组分		质量分数/%
A 组分	C$_{16\sim18}$醇	4.0
	甲基葡糖倍半硬脂酸酯	1.0
	维生素 E	2.0
	GTCC	6.0
	橄榄油	4.0
B 组分	甘油	6.0
	1,3-丁二醇	3.0
	PEG-20-甲基葡糖倍半硬脂酸酯（SSE-20）	1.0
	丙烯酰二甲基牛磺酸铵/VP 共聚物（AVC）	0.7
	水	加至 100
C 组分	香精	适量
	防腐剂	适量
	月季花提取物	1.0

制备工艺：

① 将 A 组分、B 组分加热至 80℃溶解；

② 将 A 组分倒入 B 组分中并在 60r/min 条件下搅拌，乳化时间为 15min，搅拌过程中降温，直至温度降到 40℃以下；

③ 加入 C 组分，搅拌 30min 后取出，无菌条件下灌装，即得月季花抗衰老润肤霜。

配方 21：含阴香籽油单甘酯的润肤霜

组分		质量分数/%	
		配方 1	配方 2
A 组分	硬脂酸	3.0	3.0
	单甘酯	—	2.0
	$C_{16\sim18}$ 醇	3.0	3.0
	凡士林	2.0	2.0
	白油	10.0	10.0
	阴香籽油合成单甘酯	2.0	3.0
	Span-80	0.5	—
B 组分	Tween-80	1.5	—
	甘油	6.0	6.0
	丙二醇	6.0	6.0
	水	加至 100	加至 100
	三乙醇胺	0.3	0.3
C 组分	香精	适量	适量
	抗氧化剂	适量	适量
	防腐剂	适量	适量

制备工艺：

① 将油相 A 组分和水相 B 组分分别加热至 90～95℃，溶解均匀；

② 将油相匀速加入水相中，搅拌约 1min 后，再用高剪切分散乳化机进行均质乳化约 1min。乳化后，继续匀速搅拌；

③ 冷却至约 50℃时加入适量的抗氧化剂、防腐剂、香精，冷却到 21℃左右时停止搅拌，静置，即得含阴香籽油单甘酯的润肤霜。

配方 22：葡萄籽润肤霜

组分		质量分数/%
A 组分	葡萄籽油	10.0
	凡士林	3.0
	无水羊毛脂	3.0
	C_{16} 醇	3.0
	C_{18} 醇	3.0
	单硬脂酸甘油酯	4.0
B 组分	甘油	6.0
	水	加至 100
	三乙醇胺	3.0
	PEG-20-鲸蜡硬脂醇醚	2.0
	聚氧乙烯氢化蓖麻油	3.0
C 组分	维生素 E	1.5
	香精	适量
	防腐剂	适量

制备工艺：

① 将 A 组分混合，加热至 75℃溶解后待用；

② 将 B 组分混合，加热至 75℃溶解后待用；

③ 将 A 组分在搅拌下缓慢加入 B 组分中，乳化 35min，搅拌速度 1000r/min，即得葡萄籽润肤霜。

配方 23：茶籽油润肤霜

组分		质量分数/%
A 组分	茶籽油	12.0
	C₁₆ 醇	3.0
	聚山梨酸酯-80	4.0
	单硬脂酸甘油酯	5.0
	硅油羊毛脂	1.5
B 组分	甘油	5.0
	水	加至 100
C 组分	香精	适量
	抗氧化剂	适量

制备工艺：

① 将 A 组分和 B 组分分别加热至 80℃溶解后待用；

② 将 A 组分在搅拌下缓慢加入 B 组分中，乳化 40min，搅拌速度 1000r/min，加入 C 组分搅拌均匀，即得茶籽油润肤霜。

配方 24：人参面霜

组分		质量分数/%
A 组分	硬脂酸	0.5、1.0、1.5、2.0、2.5
	羊毛脂	2.0
	甘油硬脂酸酯	1.0
	牛油果树果脂	2.0
	聚二甲基硅氧烷	2.0
	棕榈酸异丙酯	5.0
	GTCC	5.0
	植物乳化剂 B	1.5、2.0、2.5、3.0、3.5
	植物乳化剂 A	0.5、1.0、1.5、2.0、2.5
	维生素 E 乙酸酯	0.3
B 组分	水	加至 100
	NMFS 保湿剂	3.0
	三乙醇胺	0.2
	尿囊素	0.2
	甘油	5.0
C 组分	水溶性增稠剂	3.0
D 组分	人参类脂质体	5.0
	天然保湿因子	0.8
	人参提取液	3.0
	维生素 C	5.0
	人参精油	0.1
	植物舒敏剂	5.0
	苯氧乙醇	0.5

制备工艺：

① 将油相（A 组分）加热至 90℃完全溶解；

② 取水相（B 组分和 C 组分）加热至 85℃搅拌溶解；

③ 将油相倒入水相中均质 5min，待均质完全后，降温搅拌 30min；

④ 降温过程中加入剩余待添加原料 D 组分；

⑤ 待体系降温至 38℃以下即可。

配方 25：木槿树皮提取物面霜

组分		质量分数/%
A 组分	水	加至 100
	甘油	8.0
	丁二醇	5.0
	丙烯酸（酯）类/$C_{10\sim30}$烷醇丙烯酸酯交联聚合物	0.6
	丙烯酸羟乙酯/丙烯酰二甲基牛磺酸钠共聚物	0.2
	羟苯甲酯	0.15
	EDTA-2Na	0.05
	透明质酸钠	0.03
	汉生胶	0.05
B 组分	聚二甲基硅氧烷	5.0
	霍霍巴油	1.0
C 组分	氨甲基丙醇	0.3
D 组分	1,2-己二醇	0.6
	苯氧乙醇	0.36
	乙基己基甘油	0.04
	木槿树皮提取物	1.2
	香精（日用）	0.04

制备工艺：

① 将 A 组分混合作为水相，搅拌加热至 80～85℃，恒温 20min；

② 将 B 组分混合作为油相，搅拌加热至 80～85℃，恒温 20min；

③ 将水相与油相充分混合，加入 C 组分，搅拌降温至 45℃，加入 D 组分后搅拌均匀即得产品。

12.3.3　抗衰老化妆水

配方 1：含生物活性因子的化妆水

组分	质量分数/%	组分	质量分数/%
透明质酸钠	2.0	成纤维细胞生长因子 FGF	0.00004
羟苯甲酯	0.1	角质细胞生长因子 KGF	0.0006
甘油	3.0	辣蓼提取物	1.0
丁二醇	4.0	酵母提取物	0.6
人表皮细胞生长因子 hEGF	0.0003	水	加至 100

制备工艺：

① 取足量水加热至 85℃，加入透明质酸钠、羟苯甲酯、甘油、丁二醇，充分搅拌溶解后，冷却至 35℃以下，得到溶液 A；

② 取人表皮细胞生长因子 hEGF、成纤维细胞生长因子 FGF、角质细胞生长因子 KGF、

酵母提取物、辣蓼提取物加入水中，在 35℃ 以下进行溶解，得到溶液 B；

③ 溶液 A 与溶液 B 充分地搅拌混匀，即得含生物活性因子的化妆水。

配方 2：抗衰老化妆水

组分	质量分数/%	组分	质量分数/%
苯甲酸	3.0	香精	10.0
甘油	14.0	原蛋白	4.0
乙醇	11.0	水	加至 100
绿茶提取物	8.0		

制备工艺：

① 取足量水加热至 80℃，然后加入苯甲酸、甘油、乙醇、原蛋白，充分搅拌溶解后，冷却至 35℃ 以下，得到溶液 A；

② 取绿茶提取物、香精加入水中，在 35℃ 以下进行溶解，得到溶液 B；

③ 将①的溶液 A 与②的溶液 B 充分地搅拌混匀，得到抗衰老化妆水。

配方 3：紧致抗皱的化妆水

	组分	质量分数/%
A 组分	植物提取液	15.0
	甘油	7.0
	葡萄糖酸锌	3.0
	硅酸铝镁	1.0
B 组分	乳酸	2.0
	透明质酸钠	2.0
	丙二醇	4.0
	水	加至 100
C 组分	骨胶原	6.0
	羟苯甲酯	3.0
	柠檬酸钠	1.0

制备工艺：

① 将 A 组分物料在 50℃ 下搅拌混合 10min；

② 将 B 组分物料在 70℃ 下搅拌混合 20min；

③ 将 A 组分和 B 组分均加入乳化锅中，在 75℃ 下均质处理 8min；

④ 乳化锅降温至 35℃，加入 C 组分物料，均质处理 6min，出料，即得紧致抗皱的化妆水。

配方 4：含铁皮石斛干细胞的抗衰老用化妆水

组分	质量分数/%	组分	质量分数/%
铁皮石斛干细胞	1.0	丁二醇	5.0
三氯乙酰三肽-2	0.8	苯氧乙醇	0.1
茶树提取物	1.2	水	加至 100

制备工艺：

分别取适量各原料组分混合均匀，即得含铁皮石斛干细胞的抗衰老用化妆水。

配方 5：天然有机紧肤化妆水

组分		质量分数/%
A 组分	丁二醇	8.0
	EDTA-2Na	0.1
	尿囊素	0.2
	辛酰甘氨酸	2.0
	三乙醇胺	1.0
	水	加至 100
B 组分	三甲基甘氨酸	5.0
	透明质酸钠	0.1
	脱水木糖醇	2.0
	燕麦麦粒提取物	4.0
C 组分	茉莉香精	0.2

制备工艺：

① 将 A 组分物料混合加热至 90℃，保温 30min；

② 将 B 组分物料混合加热至 60℃，搅拌均匀；

③ 将 A 组分降温至 50℃，加入 B 组分，混合搅拌 10min，待其温度降至 35℃时加入茉莉香精混合均匀，静置至室温，即得天然有机紧肤化妆水。

配方 6：普洱茶抗皱化妆水

组分	质量分数/%	组分	质量分数/%
普洱茶提取液	11.0	甘油	3.0
硫酸钠	0.6	香精	0.1
乙酸	7.0	防腐剂	0.1
L-乳酸	0.2	水	加至 100
草酸钠	0.1		

制备工艺：

① 将普洱茶经粉碎、煎煮、粗滤、细滤、精滤、脱色、提纯，得普洱茶提取液；

② 将硫酸钠、乙酸、L-乳酸、草酸钠、甘油和水混合加热至 85℃，搅拌均匀；

③ 待体系冷却至 70℃时加入普洱茶提取液，边加料边搅拌至均匀溶解，降温至 45℃时，再加入香精和防腐剂，边加料边搅拌至均匀溶解，冷却后灌装入瓶，封口，紫外线杀菌消毒后，即得普洱茶抗皱化妆水。

配方 7：抗衰老和保湿化妆水

组分	质量分数/%	组分	质量分数/%
三色堇提取物	3.0	汉生胶	2.0
甲鱼活性多肽	6.0	D-泛醇	3.0
酵母提取物	10.0	HA	6.0
蛋黄卵磷脂	4.0	芦荟油	8.0
大豆共生物提取物	5.0	牛磺酸	2.0
硅油	9.0	鱼鳞胶原蛋白肽	7.0
葡萄糖	3.0	竹叶提取物	8.0
植物氨基酸	4.0	水	加至 100

制备工艺：

分别称取适量各原料组分混合均匀，即得抗衰老和保湿化妆水。

配方8：丝瓜水护肤液

组分	质量分数/%	组分	质量分数/%
丝瓜茎汁液	25.0	聚谷氨酸	0.4
丝瓜籽油	0.5	透明质酸钠/维生素E乙酸酯	0.2
白及黏多糖	1.5	香精	0.2
甘油	2.5	防腐剂	0.2
PEG-400	1.5	水	加至100
维生素C乙基醚	0.6		

制备工艺：

在搅拌釜中依次加入所有原料，温度升至70～75℃，使体系均匀，静置冷却至室温即可。

配方9：人参爽肤水

组分		质量分数/%
A组分	水	加至100
	尿囊素	5.0
	EDTA-2Na	0.05
B组分	甘油	1.0、3.0、5.0、7.0、9.0
	植物保湿剂	1.0、3.0、5.0、7.0、9.0
	出芽短梗霉多糖	0.3
	NMFS保湿剂	0.5
C组分	天然保湿因子（1%）	1.0、3.0、5.0、7.0、9.0
	多酚类抗氧化分子B	1.5、2.0、2.5、3.0、3.5
	多酚类抗氧化分子A	0.5、1.0、1.5、2.0、2.5
	人参类脂质体	1.0、2.0、3.0、4.0、5.0
	人参提取液	1.0、2.0、3.0、4.0、5.0
	苯氧乙醇	0.5

制备工艺：

① 将A组分混合加热至80～85℃，搅拌溶解均匀，保温1h后开始降温；

② 降温过程中依次加入B组分中的原料，搅拌均匀；

③ 待温度降至50℃以下后将C组加入，搅拌30min，待温度降至30℃以下后即可。

12.3.4 抗衰老精华

配方1：时光深处冻龄修护精华面膜

组分	质量分数/%	组分	质量分数/%
水	加至100	黄芩根提取物	2.5
积雪草提取物	3.0	茶叶提取物	2.5
虎杖根提取物	3.0	光果甘草根提取物	4.0

组分	质量分数/%	组分	质量分数/%
母菊花提取物	2.5	PEG-12 聚二甲基硅氧烷	0.6
迷迭香叶提取物	2.5	甘草酸二钾	0.4
甘油	2.0	三乙醇胺	0.03
卡波姆	0.5	羟苯甲酯	0.06
HEC	0.3	甲基异噻唑啉酮	0.005
透明质酸钠	0.4		

制备工艺：

① 按比例将水、甘油和卡波姆加入配料釜内，加热至 80～85℃，搅拌转速 35r/min，搅拌 5～10min，保温 30min；

② 再降温至 45℃，按比例加入积雪草提取物、虎杖根提取物、黄芩根提取物、茶叶提取物、光果甘草根提取物、母菊花提取物、迷迭香叶提取物、HEC、透明质酸钠、PEG-12 聚二甲基硅氧烷、甘草酸二钾、三乙醇胺、羟苯甲酯、甲基异噻唑啉酮并进行搅拌，搅拌速度 30r/min，搅拌 20min；

③ 降温至 38℃取样送化验室检测，合格后过滤得滤液，静置冷却后浸入椰果纤维膜、杀菌、密封包装即得面膜。

配方 2：修护精华

组分	质量分数/%	组分	质量分数/%
水	加至 100	黄连根提取物	0.325
赤藓醇	4.0	苦参根提取物	0.275
透明质酸钠	0.3	盐肤木虫瘿提取物	0.175
汉生胶	0.1	蛇床子提取物	0.15
贻贝提取物	0.015	花椒果皮提取物	0.15
乙基己基甘油	0.075	樟树根和/或茎提取物	0.125
裂褶菌素	0.025	葡聚糖硫酸酯钠	1.0
对羟基苯乙酮	0.0025	1,2-己醇	0.217
1,2-己二醇	0.0025	丁醇	0.406
丁二醇	3.0	辛酰甘氨酸	0.035
黄檗树皮提取物	0.475	辛酰羟肟酸	0.042

制备工艺：

向主釜中依次加入水、赤藓醇、透明质酸钠、汉生胶，升温至 85℃搅拌使完全溶解，保温 30min，然后开始降温，降温至 46℃时，依次加入其他原料，搅拌均匀，即得。

配方 3：含党参提取物抗衰老精华护肤液

组分	质量分数/%	组分	质量分数/%
党参提取物水溶性浸膏	40.0	HA	10.0
天然多糖改性凹凸棒石	5.0	水	加至 100
牛磺酸	2.0		

制备工艺：

① 将党参提取物水溶性浸膏、天然多糖改性凹凸棒石、牛磺酸、HA 和水混合后，300MPa 高压加热至 80℃，超声波分散，机械搅拌直至无色或者浅黄色透明状（超声功率 120kHz，300r/min，25min）。

② 紫外线（≥90μW/cm² 的紫外灯照射不少于 25s）灭菌消毒，即得含党参提取物抗衰老精华护肤液。

配方 4：含 NMN 抗衰老精华液

组分		质量分数/%
A 组分	水	加至 100
	甘油	5.0
	丁二醇	5.0
	甘油聚醚-26	1.0
	寡聚透明质酸钠	0.5
	小分子透明质酸钠	0.3
	中分子透明质酸钠	0.3
	大分子透明质酸钠	0.3
	HEC	0.2
B 组分	甘油聚甲基丙烯酸酯	2.0
	丙二醇	5.0
	1,2-己二醇	5.0
	β-葡聚糖	0.5
	对羟基苯乙酮	0.5
C 组分	水	5.0
	丙二醇	5.0
	烟酰胺	1.0
	硫辛酸	0.5
	烟酰胺单核苷酸	0.5
	烟酰胺腺嘌呤二核苷酸	0.5
	岩藻多糖	1.0
	马齿苋提取物	0.5
	大高良姜提取物	0.5
	黄葵籽提取物	0.5
D 组分	水	5.0
	甘油	5.0
	乙基己基甘油	5.0
	1,2-己二醇	5.0
	二肽二氨基丁酰苄基酰胺二乙酸盐	0.5
	乙酰基六肽-8	0.3
	棕榈酰五肽-4	0.3
	棕榈酰三肽-1	0.3
	肌肽	0.3
	水解胶原蛋白	1.0

制备工艺：

① 将 A 组分的水加热至 85℃，将 A 组分其余物料混匀后加入上述加热后的水中搅拌溶解，保温 30min，冷却至 70℃；

② 将 B 组分物料预先混匀，加入步骤①中得到的料体中，混匀后保温 30min，冷却至 45℃；

③ 将 C 组分物料预先在 45℃混匀后，然后加入步骤②中得到的料体中并混匀；

④ 将 D 组分物料预先在 45℃混匀后，然后加入步骤③中得到的料体中并混匀；

⑤ 冷却到室温，静置 24h，出料，即得含 NMN 抗衰老精华液。

配方 5：具有紧致抗皱功效的酵母精华液

组分		质量分数/%
A 组分	甘油	5.0
	羟苯甲酯	0.2
	海藻糖	0.8
	羧甲基脱乙酰壳多糖	0.8
	低分子透明质酸钠	0.1
	水	加至 100
B 组分	丙烯酸羟乙酯/丙烯酰二甲基牛磺酸钠共聚物	0.3
	甘油硬脂酸酯	0.5
	猴面包树籽油	0.8
	山茶籽油	0.5
	维生素 E	0.1
C 组分	二裂酵母发酵产物溶胞物	9.0
	乙酰基六肽-8	1.5
	棕榈酰五肽-4	1.5
	类蛇毒三肽	2.0
D 组分	银耳提取物	8.0
	猴面包树籽提取物	2.5
	水解胶原	2.5
	水解燕麦蛋白	5.0
	水解酵母蛋白	1.0
	铁皮石斛提取物	9.0
	玫瑰花水	8.0
E 组分	辛甘醇	0.5
	苯氧乙醇	0.5

制备工艺：

① 将 A 组分与 B 组分物料分别加热到 75℃和 85℃溶解分散；

② 将 B 组分加入 A 组分中搅拌均质分散完全，再降温至 50℃依次加入 C 组分、D 组分、E 组分物料搅拌均匀；

③ 降温至 38℃以下出料，即得具有紧致抗皱功效的酵母精华液。

配方 6：抗衰老精华液

组分		质量分数/%
A 组分	IPM	5.0
	辛酸/癸酸三甘油酯	6.0
	氢化蓖麻油	3.0
	聚二甲基硅氧烷	1.5
	羟苯甲酯	0.05
B 组分	水	加至 100
	PEG	5.0
	卡波姆	0.03
	甘油	7.0
	HA	0.03
	木糖醇	4.0
C 组分	海带多糖	2.0
	黄精多糖	1.5
	香菇多糖	2.0
	香精	0.05

制备工艺：

① 将 A 组分物料加入油相锅中，加热至 85℃，搅拌至完全溶解，得到油相；

② 将 B 组分物料加入水相锅中，加热至 90℃，搅拌至完全溶解，得到水相；

③ 将油相和水相抽入乳化锅中，均质 15min，保温搅拌 25min；

④ 降温至 40℃，加入 C 组分物料，搅拌均匀，即得抗衰老精华液。

配方 7：抗衰修复精华液

组分		质量分数/%
A 组分	水	加至 100
	甲基丙二醇	5.0
	聚谷氨酸钠保湿剂	2.0
	聚天冬氨酸钠保湿剂	0.6
	糖醇保湿剂	1.0
	甘油聚醚-26	0.8
	双-PEG-15 甲基醚聚二甲基硅氧烷	0.8
	增稠剂	0.8
	赤藓醇	0.6
	乙酰壳糖胺	0.5
B 组分	椰子油	0.2
	刺阿干树仁油	0.2
	石榴籽油	0.2
	芒果籽脂	0.3
	碳酸二辛酯	2.0
	乳化剂	1.2
	硅油类润肤剂	0.5

续表

组分		质量分数/%
C 组分	丁二醇	3.0
	对羟基苯乙酮	0.6
	1,2-己二醇	0.6
D 组分	二裂酵母发酵产物溶胞物组合物	3.0
	肽类组合物	2.5
	三氟乙酰三肽-2 组合物	2.0

制备工艺：

① 取 A 组分物料以 2℃/min 的速度升温至 84℃，均质 5min，保温 9min，备用；

② 取 B 组分物料以 2℃/min 的速度升温至 84℃，2000r/min 搅拌 5min，保温 9min，备用；

③ 取 C 组分物料以 500r/min 的速度，搅拌 15min，搅拌均匀备用；

④ 取 D 组分物料以 500r/min 的速度，搅拌 15min，搅拌均匀备用；

⑤ A 组分中加入 B 组分，在温度为 84℃，转速为 10000r/min 的条件下，剪切搅拌 15min，形成 O/W 乳液；

⑥ 将 O/W 乳液降温至 45℃以下，然后加入 C 组分以及 D 组分，在 30MPa 的条件下，高压均质 15min；

⑦ 在 100r/min 的速度下，搅拌 1.5h，再在 0.3MPa 的条件下，真空脱气，过 200 目筛后，即得抗衰修复精华液。

配方 8：抗炎抗氧化抗皱稻糟精华液

组分	质量分数/%	组分	质量分数/%
稻糟提取物	50.0	辛甘醇	2.0
水	加至 100	F-聚谷氨酸	1.0
甘油	2.0	大分子量透明质酸钠（分子量 140 万）	0.1
丁二醇	5.0	小分子量透明质酸钠（分子量 10 万）	0.1

制备工艺：

① 取发酵后的稻糟原料于烘箱中 55℃烘至其含水量为 2.5%；

② 取烘后的稻糟原料，按固液比为 1：20 的比例用水超声提取，超声温度为 60℃，超声提取时间为 30min，超声频率为 40kHz；

③ 超声后依次用 1μm 滤纸板，0.45μm 滤膜过滤，即得稻糟提取物；

④ 将各组分按质量比加入后，加热搅拌至透明均一溶液，加热温度为 45℃，后冷却至室温，即得抗炎抗氧化抗皱稻糟精华液。

配方 9：抗皱精华液

组分	质量分数/%	组分	质量分数/%
小分子 HA	0.05	黄葵籽提取物	0.5
乙酰壳糖胺	0.5	甘油	3.0
大高良姜提取物	0.8	丁二醇	5.0
乙酰基四肽-9	1.0	卡波姆	1.5
皱波角叉菜提取物	3.0	水	加至 100

制备工艺：

① 将水、甘油、丁二醇、卡波姆加入搅拌锅中搅拌，升温至 80℃，搅拌均匀后降温；

② 冷却至 40℃将余下组分依次加入搅拌锅，搅拌均匀即得抗皱精华液。

配方 10：小分子多肽青春精华

组分		质量分数/%
A 组分	水	加至 100
	有机橄榄油乳化蜡	2.0
	脂肪醇聚氧乙烯醚	0.5
	单硬脂酸甘油酯	2.3
	白蜂蜡	1.0
	卡波姆 940	1.0
	白油	4.0
	硅油	2.0
	甘油	5.0
B 组分	对羟基苯甲酸甲酯	1.0
C 组分	四肽-30	1.0
	棕榈酰五肽-4	1.0
	三肽-1 铜	1.0
	九肽-1	1.0
	二肽-2	1.0
	四肽-7	1.0
	四肽-15	1.0
	寡肽-1	0.16
	寡肽-3	0.32
	寡肽-4	0.16
	寡肽-5	0.32
	深海胶原蛋白粉	3.0
	β-葡聚糖	2.0
	金缕梅提取物	3.0
D 组分	EDTA-2Na	0.05
	维生素 B	2.0

制备工艺：

① 将 A 组分升温至 80℃，搅拌至溶解；

② 降温至 50℃，投入 B 组分物料，真空混合均匀；

③ 降温至 45℃，加入 C 组分物料，保持真空混合；

④ 降温至 38℃，加入 D 组分物料，pH 调节至 7.0，检验合格后即得小分子多肽青春精华。

配方 11：小分子肽肌底修护精华液

组分	质量分数/%	组分	质量分数/%
水	加至 100	熊果苷	0.5
甘油	8.0	烟酰胺	0.5
橄榄果提取物	7.0	白藜芦醇	0.5
富勒烯	2.0	尿囊素	0.4
银耳提取物	2.0	小核菌胶	0.4
油茶叶提取物	3.0	寡肽	0.3
角鲨烷	2.0	EDTA-2Na	0.2
霍霍巴油	2.0	甘草酸二钾	0.2
马齿苋提取物	3.0	维生素 C	0.2
C$_{12\sim20}$烷基葡糖苷	1.0	辛酰羟肟酸	0.1
C$_{14\sim22}$醇	0.5	甘油辛酸酯	0.1
积雪草根提取物	0.5		

制备工艺：

按上述配方称好所有原料，混合均匀，得到混合精华液，将混合精华液进行过滤，滤除杂质，即得小分子肽肌底修护精华液。

配方 12：延缓皮肤老化的精华

组分	质量分数/%	组分	质量分数/%
水	加至 100	4-叔丁基环己醇	0.18
EDTA-2Na	0.14	己基癸醇	2.37
对羟基苯乙酮	0.71	红没药醇	0.18
神经酰胺 3	0.035	N-棕榈酰羟基脯氨酸鲸蜡酯	0.14
神经酰胺 6 II	0.018	油菜甾醇类	0.028
神经酰胺 1	0.000004	聚丙烯酸	0.212
植物鞘氨醇	0.018	虾青素	0.035
卡波姆	0.011	水解胶原	0.35
汉生胶	0.0011	肌肽	0.71
乙基己基甘油	0.011	甘草酸二钾	0.35
丁二醇	6.12	β-葡聚糖	0.035
神经酰胺 2	0.056	1,2-己二醇	0.72
胆甾醇	0.060	辛甘醇	0.0018
维生素 E	0.014	菊粉	1.27
甘油	10.87	褐藻提取物	0.14
透明质酸钠	0.71	羟苯基丙酰胺苯甲酸	0.035
丙烯酸（酯）类/C$_{10\sim30}$烷醇丙烯酸酯交联聚合物	0.71	腐植酸	0.014
GTCC	3.53	矿物质	0.035
1,2-戊二醇	2.96	乙酰基六肽-8	0.0071
		姜根提取物	0.071

制备工艺：

① 依次将神经酰胺3、神经酰胺6Ⅱ、神经酰胺1、神经酰胺2、植物鞘氨醇、卡波姆、汉生胶、乙基己基甘油、丁二醇、胆甾醇、对羟基苯乙酮、维生素E、EDTA-2Na、水加入水锅，加热搅拌升温至75℃；

② 将甘油、透明质酸钠，以及丙烯酸（酯）类/C10~30烷醇丙烯酸酯交联聚合物预混分散后加入水锅，均质1min；

③ 将 GTCC、1,2-戊二醇、4-叔丁基环己醇、己基癸醇、红没药醇、N-棕榈酰羟基脯氨酸鲸蜡酯、油菜甾醇类和聚丙烯酸依次加入油锅，加热至75℃，得到油锅混合料；

④ 将步骤③中的油锅混合料加入水锅，均质2min，5000r/min 搅拌降温；

⑤ 降温至50℃，依次加入虾青素、水解胶原、肌肽、甘草酸二钾、β-葡聚糖、1,2-己二醇、辛甘醇、菊粉、褐藻提取物、羟苯基丙酰胺苯甲酸、腐植酸、矿物质、乙酰基六肽-8 以及姜根提取物，加入完成后均质4min；

⑥ 继续搅拌，降温到35℃，检测出料即得延缓皮肤老化的精华。

配方13：抗衰老精华液

组分	质量分数/%	组分	质量分数/%
水	加至100	透明质酸钠	0.2
聚丙烯酸钠/C13~14异链烷烃/十三烷醇聚醚-6	0.1	卡波姆（HV-505）	0.25
辛酸/癸酸甘油酯类聚甘油-10酯类	0.3	精氨酸	0.25
甘油聚醚-26	2.0	1,2-戊二醇	2.0
EDTA-2Na	0.05	对羟基苯乙酮	0.4
1,3-丙二醇	3.0	玉竹提取物	3.0
甘油	3.0	香精	适量

制备工艺：

① 取部分水，搅拌慢慢加入卡波姆（HV-505），将其分散均匀，作为 A 组分；

② 准确称取 EDTA-2Na、透明质酸钠和对羟基苯乙酮，加入1,3-丙二醇、甘油和1,2-戊二醇，分散均匀，记为 B 组分；

③ 将 B 组分加入 A 组分中，分散均匀后，依次加入剩余水、聚丙烯酸钠/C13~14异链烷烃/十三烷醇聚醚-6、辛酸/癸酸甘油酯类聚甘油-10 酯类、甘油聚醚-26、玉竹提取物和香精，最后慢慢加入精氨酸，搅拌均匀，即得。

配方14：抗衰老精华乳液

	组分	质量分数/%
A 组分	水	加至100
	EDTA-2Na	0.05
	丁二醇	2.0
	HA-LQH	0.02
	β-Gel®CM	10.0
B 组分	Natrulon®H-10	2.0
	Mikrokill™ COS	0.75
	Polyaldo 10-1-O	0.3
	水	2.0
	香精	0.05
C 组分	复合辅酶 Q_{10} 和硫辛酸纳米乳液	5.0

制备工艺：

将 A、B 组分分别混合加热后，混合乳化，然后加入 C 组分混合均匀，即得抗衰老精华乳液。

配方 15：富番茄红素酵母面膜精华液

组分	质量分数/%	组分	质量分数/%
丁二醇	3.0	HA	0.03
HEC	0.2	γ-聚谷氨酸	0.03
天来可 GL	1.0	富番茄红素酵母提取物	1.0
聚甘油-10	3.0	AVC	0.2
甘油	8.0	水	加至 100
银耳子实体提取物	0.03		

制备工艺：

先将增稠剂 HEC 、AVC 预先分散在水中，然后加入剩余原料，搅拌均匀即可。

配方 16：人参精华素

组分		质量分数/%
A 组分	水	加至 100
	尿囊素	0.2
	NMFS 保湿剂	0.5
	出芽短梗霉多糖	0.3
	EDTA-2Na	0.05
B 组分	甘油	5.0
	1,2-丙二醇	1.0、3.0、5.0、7.0、9.0
	聚多糖（2%）	5.0、7.5、10.0、12.5、15
	植物保湿剂	7.0
	天然保湿因子（1%）	5.0
C 组分	三乙醇胺	2.5
	多酚类抗氧化分子 B	1.0、1.5、2.0、2.5、3.0
	多酚类抗氧化分子 A	0.5、1.0、1.5、2.0、2.5
	人参类脂质体	3.0
	人参提取液	1.0、2.0、3.0、4.0、5.0
	植物舒敏剂	0.5
	苯氧乙醇	0.5

制备工艺：

① A 组分加热至 80～85℃，搅拌溶解均匀，保温 1h 后开始降温；

② 降温过程中依次加入 B 组分中的原料，搅拌均匀，B 组分中天然保湿因子需用水预处理成 1%的凝胶状，聚多糖需用水预处理成 2%的凝胶状；

③ 待温度降至 50℃以下后将 C 组分加入体系中，搅拌 30min，待温度降至 30℃以下即可。

12.3.5 抗衰老眼霜

配方1：快速祛皱眼霜

组分		质量分数/%
A 组分	丁二醇	15.0
	甘油	12.0
	1,2-戊二醇	3.0
	丙烯酸（酯）类/C$_{10\sim30}$烷醇丙烯酸酯交联聚合物	1.0
	汉生胶	2.0
	卡波姆	1.0
	水	加至 100
B 组分	异壬酸异壬酯	5.0
	聚二甲基硅氧烷	3.0
	山嵛醇	4.0
	山梨坦硬脂酸酯	2.0
	聚乙烯吡咯烷酮	2.0
	蜂蜡	2.0
	PEG-40 硬脂酸酯	0.5
	月桂醇聚醚-9	0.2
	牛油果树果脂	0.1
	辛甘醇	0.5
	聚山梨醇酯-20	0.3
	苯氧乙醇	0.3
C 组分	氢氧化钠	0.2
D 组分	乙酰基六肽-8	0.08
	棕榈酰寡肽	0.08
	棕榈酰四肽-7	0.06
	肌肽	0.5
	五味子提取物	0.2
	日本扁柏水	0.08
	东当归根提取物	0.1
	茶叶提取物	0.1
	苦瓜果提取物	0.2
	1,2-己二醇	0.08
E 组分	全氟己烷	2.0
	全氟全氢化菲	0.8
	全氟萘烷	1.2
	全氟二甲基环己烷	1.3

制备工艺：

① 将 A 组分物料投入水锅，升温加热至(80±2)℃，搅拌均匀；

② 将 B 组分物料投入油锅，升温加热至(80±2)℃，搅拌均匀；

③ 先将 A 组分抽入主锅，然后将 B 组分匀速抽入主锅，均质乳化彻底；

④ 降温至(60±2)℃，投入 C 组分，搅拌均质均匀；

⑤ 持续降温至(45±1)℃，依次投入 D 组分原料，搅拌均匀；

⑥ 降温至(40±1)℃，预先抽真空，将料体内气泡排除彻底，然后投入 E 组分原料，常压下搅拌均匀；

⑦ 降温至(38±1)℃，检验合格，隔绝空气，密封出料即得快速祛皱眼霜。

配方 2：祛眼袋眼霜

组分		质量分数/%
A 组分	丙二醇	8.0
	水	加至 100
B 组分	聚二甲基硅氧烷交联聚合物	10.0
	C$_{12\sim14}$ 链烷醇聚醚-7	40.0
	环聚二甲基硅氧烷	4.0
	PEG-10 聚二甲基硅氧烷交联聚合物	16.0
C 组分	硅氧烷三醇藻酸酯	3.0
	咖啡因	2.0
	小米椒果提取物	0.1
	葡萄柚果提取物	0.1
	假叶树根提取物	0.1
	问荆提取物	0.1
	光果甘草根提取物	0.2
	抗坏血酸甲基硅烷醇果胶酸酯	0.2
	甲基硅烷醇羟脯氨酸酯天冬氨酸酯	0.1
	二甲基甲硅烷醇透明质酸酯	0.2
	氨乙基次膦酸	0.3
	提取物棓酸丙酯	0.2
	二葡糖基棓酸	0.4
	表棓儿茶酚棓酸葡糖苷	0.4
	芍药根提取物	0.1
	水解人参皂草苷类	0.3
	玄参提取物	0.2
	防腐剂丙二醇	0.8
	对羟基苯乙酮	0.4
	1,2-己二醇	0.4
D 组分	聚山梨醇酯-80	2.0

制备工艺：

① 在无菌环境下，称取丙二醇和水置于水相锅中，升温搅拌至 85℃，保温 20min，得 A 组分；

② 取 B 组分依次置入乳化锅中，搅拌速度为 120r/min，搅拌 5min，搅拌均匀；

③ 降低乳化锅中混合物的搅拌速度至 60r/min，边搅拌边加入步骤①水相锅所得的混合物，设置乳化锅真空负压-400mbar（1bar=0.1MPa），均质 3min，3000r/min 均质均匀，搅拌

降温，降温至 40℃；

④ 取 C 组分物料依次置入乳化锅中，搅拌均匀，搅拌速度为 60r/min；

⑤ 加入 D 组分，2500r/min 均质 2min，开启搅拌，搅拌速度为 150r/min，搅拌均匀，降温至 36℃，送检合格后，100 目滤网过滤出料，灌装即得祛眼袋眼霜。

配方 3：水飞蓟素纳米抗皱眼霜

	组分	质量分数/%
A 组分	水飞蓟素	0.1
	聚乳酸-羟基乙酸共聚物	0.1
	PVA-0588	0.2
B 组分	单硬脂酸甘油酯	1.0
	山梨坦异硬脂酸酯	2.5
	羊毛脂	4.0
	聚甘油-10 硬脂酸酯	0.15
	硬脂酸	2.5
	维生素 E	1.0
	角鲨烷	3.0
	聚二甲基硅氧烷	0.5
	尼泊金乙酯	0.05
	三癸酸甘油三酯	2.0
C 组分	甘油	5.0
	植酸	0.1
	蜂蜜	2.0
	透明质酸钠	0.1
	水	加至 100
D 组分	超氧歧化酶	0.02
	水解胶原蛋白	5.0
	蛋黄卵磷脂	3.0

制备工艺：

① 取水飞蓟素与聚乳酸-羟基乙酸共聚物溶于丙酮中，得到水飞蓟素和聚乳酸-羟基乙酸共聚物的丙酮溶液；

② 取 PVA-0588，溶于水中，得到 PVA-0588 溶液；

③ 在 40℃下，将水飞蓟素和聚乳酸-羟基乙酸共聚物的丙酮溶液边快速搅拌边缓慢滴加或喷加至 PVA-0588 溶液中，加完后调节 pH 值至 6，继续搅拌 40min；

④ 60℃水浴条件下减压蒸馏去除丙酮，得到水飞蓟素聚乳酸-羟基乙酸共聚物纳米粒胶体溶液（A 组分）；

⑤ 取 B 组分物料，混合均匀后于 80℃水浴加热熔化，得油相；

⑥ 取 C 组分物料，加入水中，搅拌溶解，得水相；

⑦ 将水相置于 80℃水浴条件下加热，搅拌，升温至 80℃，边快速搅拌水相边缓慢向水相中加入油相，继续搅拌至乳化均匀后冷却至 50℃得到乳化混合液；

⑧ 取 D 组分物料，逐份缓慢加入乳化混合液中，缓慢加入水飞蓟素聚乳酸-羟基乙酸共

聚物纳米粒胶体溶液, 搅拌均匀后用纳米胶体磨 28000r/min 研磨 3min, 重复 3 次即得水飞蓟素纳米抗皱眼霜。

配方 4: 抗衰老眼霜

	组分	质量分数/%
A 组分	火麻油	3.0
	角鲨烷	3.2
B 组分	甘油	2.4
	HA	0.8
	神经酰胺	0.5
	烟酰胺	0.9
	增稠剂	0.4
	葡萄籽提取物	4.2
	芦荟提取物	3.5
	苯氧乙醇	0.005
	三乙醇胺	0.15
	水	加至 100
C 组分	大麻二酚脂质体	1.0
	虾青素脂质体	1.5

制备工艺:

① 将 A 组分物料混合加热至 80℃, 得到油相;

② 将 B 组分物料, 依次加入乳化锅中, 加热至 80℃, 搅拌分散至完全溶解, 形成水相;

③ 将油相缓慢加入乳化锅中, 与水相混合, 均质 10min;

④ 待物料温度降至 40℃, 依次加入 C 组分物料, 充分搅拌均匀; 静置 2h 后, 过滤、出料, 即得抗衰老眼霜。

配方 5: 抗皱修复眼霜

	组分	质量分数/%
A 组分	丙二醇	2.0
	燕麦肽	0.8
	水解胶原蛋白	1.0
	甘油	3.0
	1,2-己二醇	2.0
	丁二醇	3.0
	透明质酸钠	0.3
	D-泛醇	1.0
	聚丙烯酰胺	0.8
	水	加至 100
B 组分	聚二甲基硅氧烷	3.0
	甘油聚甲基丙烯酸酯	4.0
	环五聚二甲基硅氧烷	3.0
	维生素 E	0.5
	霍霍巴油	4.0

续表

组分		质量分数/%
C 组分	泛醌	0.1
	寡肽-1	0.8
	寡肽-3	0.8
	寡肽-5	0.8
	乙酰半胱氨酸	0.6
	乙酰酪氨酸	0.5
	丙氨酸	0.5
	北美金缕梅提取物	0.8
	芦荟提取物	2.0
	苦参根提取物	1.0
	胀果甘草根提取物	0.7
	银耳提取物	0.7
	人参提取物	0.6
	月见草籽提取物	0.5
	中国地黄根提取物	0.5
	黄檗树皮提取物	0.5
	墨角藻提取物	1.0
	香橙果提取物	1.0
D 组分	辛酰羟肟酸	0.5
	对羟基苯乙酮	0.3

制备工艺：

① 将 A 组分物料放入主锅中，搅拌至均匀，加热至 80℃，搅拌至物料完全溶解，保温 10min；

② 将 B 组分物料加入油相锅中，搅拌至均匀，加热至 80℃，搅拌至物料完全溶解；

③ 将 B 组分抽入主锅中，开启均质，3000r/min 均质 5min，保温消泡；

④ 待体系无气泡后降温至 60℃，加入 C 组分物料，200r/min 搅拌 30min 至均匀；

⑤ 在 40℃温度下加入 D 组分物料，150r/min 搅拌 40min，出料即得抗皱修复眼霜。

配方 6：弹力紧致眼霜

组分		质量分数/%
A 组分	硬脂酰乳酰乳酸钠	3.0
	聚二甲基硅氧烷/乙烯基聚二甲基硅氧烷交联聚合物	8.0
	聚二甲基硅氧烷	6.0
	霍霍巴油	2.0
	山嵛醇	0.3
	聚谷氨酸钠	0.1
	$C_{10\sim30}$ 酸胆甾醇/羊毛甾醇混合酯	0.5
B 组分	刺云实胶	1.0
	芦芭油	2.0
	聚谷氨酸钠	1.0
	聚甲基丙烯酸酯	1.0

续表

组分		质量分数/%
B 组分	甘油聚醚-26	3.0
	羟乙基脲	5.0
	甜菜碱	2.0
	1,2-戊二醇	2.0
	丁二醇	3.0
	水	加至 100
C 组分	乙酰基六肽-8	4.0
	烟酰胺	1.0
	肝素钠	0.2
	乙酰基四肽-5	2.0
D 组分	对羟基苯乙酮	0.5
	羟苯甲酯	0.1

制备工艺：

① 将 A 组分物料混合，升温至 75℃，备用；

② 将 B 组分物料混合，升温至 85℃；

③ 将步骤①所得产物加入步骤②所得产物中，7000r/min 均质 5min 后，500r/min 搅拌，保温 30min 后，降温至 40℃；

④ 向体系加入 C 组分物料搅拌均匀，加入 D 组分，搅拌均匀，静置、质检、灌装、包装即得弹力紧致眼霜。

配方 7：富番茄红素酵母眼霜

组分		质量分数/%
油相	硅酮粉	1.0
	霍霍巴油	2.0
	KSG-210	2.0
	PMX-345	10.0
	EM90	1.75
	PMX-1501	0.5
水相	本通胶	0.5
	富番茄红素酵母提取物	1.0
	甘油	10.0
	丁二醇	8.0
	硫酸镁	1.0
	水	加至 100

制备工艺：

将油相和水相分别溶解后，将水相缓慢加入油相中，水相的加料时间为 20min，2000r/min 均质 5min，降温后即得。

配方 8：抗皱紧致眼霜

组分		质量分数/%
A 组分	350-CS	1.0
	IBIP	4.0
	ISIS	2.5
	MSG	2.0
	$C_{16\sim18}$ 醇	1.5
	SA	1.0
	Span-65	2.0
	茶多酚	0.1
B 组分	甘油	4.0
	丁二醇	2.0
	戊二醇	1.0
	EDTA-2Na	0.05
	PCG	1.0
	Tween-60	1.0
	Simulgel-600	4.0
	水	加至 100
C 组分	白藜芦醇	0.1
	乳香提取物	0.1
	SF-1202	2.0
	DM	1.5
D 组分	烟酰胺	0.2
	谷胱甘肽	0.1
	硫辛酸	0.05
	维生素 C 乙基醚	0.1
	β-葡聚糖	5.0
	多糖紧肤剂	3.0
	HA	0.2
	茯苓提取物	0.2
	红景天提取物	0.2
	水	10
E 组分	辅酶 Q_{10}	0.05
	维生素 A 棕榈酸酯	0.2
	维生素 E 醋酸酯	0.5

制备工艺：

① 将 A 组分和 B 组分分别加热（75℃）溶解；

② 在 A 组分中加 C 组分物料后，与 B 组分混合，75℃搅拌乳化 30min；

③ 冷却至 45℃加入 D 组分、E 组分，搅拌至均匀，即得抗皱紧致眼霜。

配方 9：抗衰老眼霜

组分		质量分数/%
A 组分	水	加至 100
	甘油	7.0
	透明质酸钠	0.1
B 组分	Cetio CC	1.5
	$C_{16\sim18}$ 醇	2.0
	IPM	2.0
	Eumulgin S2	0.1
	Eumulgin S21	0.2
C 组分	聚二甲基硅氧烷	1.0
	GB1020	2.0
D 组分	Simulgel EG	1.5
E 组分	石榴提取物	0.2
	岩藻多糖	0.4
	乙基己基甘油	0.08
	苯氧乙醇	0.5
	香精	0.05

制备工艺：

① 分别混合 A 组分和 B 组分物料，搅拌混合均匀后加热温度至 85℃；

② 将 C 组分搅拌混合均匀；

③ 将 B 组分加入 A 组分中，开始乳化同时加入 C 组分和 D 组分，均质搅拌 4min；

④ 搅拌消泡，降温至 45℃时加入 E 组分，搅拌均匀，调节体系 pH 值至 5.5～7.0，降温至室温后出料。

配方 10：含羊胎盘抗氧化肽 S12 眼霜

组分		质量分数/%
A 组分	鲸蜡醇磷酸酯钾	1.0
	鲸蜡醇	3.0
	鲸蜡醇棕榈酸酯	1.5
	$C_{12\sim15}$ 醇苯甲酸酯	2.5
	辛基十二醇	3.0
B 组分	丙烯酸（酯）类//$C_{10\sim30}$ 烷醇丙烯酸酯交联聚合物	0.1
C 组分	甘油	3.0
	去离子水	加至 100
D 组分	羊胎盘抗氧化肽 S12	适量
	苯氧乙醇	0.5
	苯甲酸钠	0.3
	山梨酸钾	0.2

制备工艺：

① 将 A 组分加热至 75℃，低速搅拌缓慢加入 B 组分；

② 将 C 组分加热至 75℃，边搅拌边缓慢加入①液中，5000r/min 均质 5min；

③ 将②液冷却至 40℃，加入 D 组分；

④ 搅拌下冷却至室温，即可。

配方 11：五大连池矿泉接骨木眼霜

组分	质量分数/%	组分	质量分数/%
五大连池偏硅酸矿泉水	65.0	接骨木果油	30.0
甲基葡糖倍半硬脂酸酯	5.0		

制备工艺：

① 取五大连池偏硅酸矿泉水与甲基葡糖倍半硬脂酸酯搅拌混匀后加热到 70℃ 制备成水相备用；

② 取接骨木果油加热到 70℃ 制备成油相备用；

③ 将油相加入水相中，剪切 15min，剪切速度为 800r/min，剪切温度为 70℃，即得成品。

配方 12：人参眼霜

组分		质量分数/%
A 组分	牛油果树果脂	2.0
	霍霍巴油	3.0
	聚二甲基硅氧烷	1.0
	GTCC	5.0
	角鲨烷	6.0
	植物乳化剂 B	1.5、2.0、2.5、3.0、3.5
	植物乳化剂 A	0.5、1.0、1.5、2.0、2.5
	维生素 E 乙酸酯	0.5
B 组分	水	加至 100
	甘油	3.0
	NMFS 保湿剂	3.0
	EDTA-2Na	0.05
	尿囊素	0.2
	植物保湿剂	10.0
	水溶性增稠剂	0.3
C 组分	增稠乳化剂	0.1、0.3、0.5、0.7、0.9
	天然保湿因子	10.0
	人参提取液	3.0
	人参类脂质体	5.0
	维生素 C	5.0
	人参精油	0.1
	植物舒敏剂	0.5
	苯氧乙醇	0.5
	甘油聚甲基丙烯酸酯、丙二醇	3.0

制备工艺：

① 分别取 A 组分、B 组分，并将植物保湿剂和水溶性增稠剂混合搅拌均匀，再加入其他原料，加热至 80～85℃，直至完全溶解均匀；

② 将 B 组分倒入 A 组分中均质 5min，待均质完全后，降温搅拌 30min；

③ 在 30min 后加入 C 组分，均质 5min，后搅拌 30min；

④ 待体系降温至 38℃ 以下即可。

12.3.6　抗衰老面膜

配方 1：含龙牙百合多糖抗衰老面膜

组分		质量分数/%
A 组分	龙牙百合多糖	12.5
	灵芝多糖	2.5
	桑葚提取物	1.7
	虎杖提取物	2.5
	甘油	4.2
	维生素 E	2.5
B 组分	熊果苷	0.8
	卡波姆	2.5
	EDTA-2Na	1.7
	IPM	1.7
	PEG-400	12.5
	山梨醇	2.5
	蜂蜜	2.5
	三乙醇胺	4.2
	水	加至 100
C 组分	天然植物香料（玫瑰花提取物）	0.8
	辅酶 Q_{10}	0.8
	紫外线吸收剂（甲氧基肉桂酸乙基己酯和丁基甲氧基二苯甲酰基甲烷）	1.7
植物源防腐剂	绿茶提取物	0.2
	柑橘提取物	0.26
	金银花叶提取物	0.08
	茶树精油	0.17
	天竺葵提取物	0.03
	大黄提取物	0.05
	阿魏酸	0.02
	p-茴香酸	0.02

制备工艺：

① 取 A 组分物料依次加入反应器，加热至 70℃，搅拌均匀；

② 取 B 组分物料依次加入反应器，加热至 70℃，搅拌均匀；

③ 趁热将 A 组分倒入 B 组分中，超声均质 3min，降至 40℃ 后加入 C 组分物料、植物

源防腐剂等，搅拌均匀，冷却至室温，用喷雾枪将其均匀喷洒在空白桑蚕丝面膜纸上后装袋，即得含龙牙百合多糖抗衰老面膜。

配方2：紧肤面膜粉

组分	质量分数/%	组分	质量分数/%
淀粉	86.0	谷氨酸	0.05
四氢甲基嘧啶羧酸	0.7	赖氨酸	0.05
积雪草提取物	0.25	脯氨酸	0.11
腺苷	0.5	甘氨酸	0.43
肌肽	0.75	聚苯乙烯磺酸钠	11.0
天冬氨酸	0.16		

制备工艺：

① 将淀粉放置于反应釜中，加入聚苯乙烯磺酸钠，在1000r/min下搅拌，85℃搅拌30min，降温至室温；

② 将其余物料加入步骤①的混合物中，搅拌均匀即得紧肤面膜粉。

配方3：具有抗衰老美白功效的红酒面膜

组分		质量分数/%
A组分	甘油	1.0
	寡聚透明质酸钠	0.05
	小分子透明质酸钠	0.05
	中分子透明质酸钠	0.05
	大分子透明质酸钠	0.05
	HEC	0.05
B组分	肉碱	0.3
	烟酰胺	0.3
	核苷酸类化合物	0.05
C组分	丙二醇	1.0
	1,2-己二醇	1.0
	甘油聚醚-26	0.3
	对羟基苯乙酮	0.1
	茶树精油	0.1
D组分	红酒	5.0
	铁皮石斛提取物	0.5
	金钗石斛提取物	0.5
	洋甘菊提取物	0.5
	植物提取物	0.5
E组分	水	加至100

制备工艺：

① 将水加热至90℃，将A组分物料混匀后加入水中搅拌溶解；

② 冷却至45℃后，加入B组分物料；

③ 将 C 组分物料预先在 45℃ 温度下混合后，加入步骤②中所得到的混合液中，搅拌混合均匀；

④ 再在步骤③的混合液中加入 D 组分物料，搅拌均匀，冷却到室温，静置 24h，出料，即得护肤液；

⑤ 将护肤液加入装有空白无纺布基材的包装袋中，封口，即得具有抗衰老美白功效的红酒面膜。

配方 4：含花青素提取物面膜

组分	质量分数/%	组分	质量分数/%
果胶提取物	1.0	花青素提取物	3.0
氯化钠	1.0	海藻酸钠	3.0
甘油	5.0	水	加至 100
硬脂酸	8.0		

制备工艺：

① 将氯化钠、甘油、硬脂酸、海藻酸钠混合，加入水，70℃ 混合搅拌溶解；

② 加入果胶提取物，搅拌均匀，降温至 43℃，再加入花青素提取物，保温搅拌至溶解，即得。

配方 5：天然抗衰老面膜

组分	质量分数/%	组分	质量分数/%
鼠尾藻多肽	8.3	绿茶提取物	1.6
海藻糖	1.1	木瓜提取物	1.1
透明质酸钠	1.1	玫瑰花精油	0.3
丁香提取物	1.6	水	加至 100
葡萄提取物	1.6		

制备工艺：

① 取海藻糖、透明质酸钠、丁香提取物、葡萄提取物、绿茶提取物、木瓜提取物、水，加热到 50℃ 后，搅拌至完全溶解；

② 降温至 35℃，加入鼠尾藻多肽，搅拌至完全溶解；

③ 降温至 25℃，加入玫瑰花精油，制得面膜液；

④ 使用 0.22μm 的滤膜进行无菌过滤；

⑤ 将面膜纸放置到面膜袋中，加入无菌面膜液，得到所述天然抗衰老面膜。

配方 6：无纺布面膜液

组分		质量分数/%
A 组分	甘油	3.0
	1,3-丁二醇	2.0
	丙烯酸（酯）类/C$_{10\sim30}$ 烷醇丙烯酸酯交联聚合物	0.25
	透明质酸钠	0.02
	聚甘油-10	2.0
	甜菜碱	1.5

组分		质量分数/%
A 组分	EDTA-2Na	0.05
	烟酰胺	1.0
	水	加至 100
B 组分	NaOH 溶液（10%）	0.4
C 组分	六肽-11	0.5
	红景天提取物	0.5
	防腐剂	适量
D 组分	香精	0.4
	Tween-20	0.5
	柠檬酸	适量

制备工艺：

① 将丙烯酸（酯）类/$C_{10\sim30}$ 烷醇丙烯酸酯交联聚合物加入水中，升温至 75℃，充分水合后加入 A 组分其余成分搅拌均匀；

② 加入 B 组分，进行中和增稠；

③ 冷却至 45℃时加入 C 组分各成分，搅拌均匀；

④ D 组分香精用增溶剂（Tween-20）预增溶，然后加入，用柠檬酸调节 pH 值至 5～6。

配方 7：火山泥面膜

组分		质量分数/%
A 组分	硬脂醇	0.8
	牛油果树果脂	2.0
	角鲨烷	1.0
	鲸蜡硬脂醇乙基己酸酯	3.0
	IPM	1.0
	异构十六烷	1.0
	聚甘油-3-硬脂酸酯	1.0
	蔗糖二硬脂酸酯	1.0
	PEG-7 橄榄油羧酸钠	0.4
B 组分	甘油聚醚-26	2.0
	汉生胶	0.15
	1,3-丁二醇	10.0
	甘油	10.0
	水	加至 100
	铬绿	0.12
C 组分	火山泥	30.0
	炭黑	1.0
D 组分	香精	0.4
	绿茶提取物	0.5
	防腐剂	适量

制备工艺：

① 将 A 组分和 B 组分分别加热至 80℃，溶解，搅拌均匀；

② 将 A 组分缓慢加入 B 组分中，搅拌均匀，再 12000r/min 均质 10min；

③ 当温度降低至 60℃时，搅拌状态下缓慢加入 C 组分，至均匀膏体；

④ 当温度降低至 40℃时，加入 D 组分各物料，搅拌均匀，冷却至室温即可。

配方 8：藻泥面膜

组分	质量分数/%	组分	质量分数/%
藻泥	10.0	烟酰胺	1.0
水	加至 100	传明酸	0.5
甘油	5.0	海藻糖	2.0
NMF-50	3.0	维生素 B_6	0.5
丙二醇	0.5	甘醇酸	1.0
丁二醇	0.5	杜鹃花酸	1.0
透明质酸钠（分子量 20 万～40 万）	0.1	水溶性 α-红没药醇	0.5
透明质酸钠（分子量 90 万～120 万）	0.1	甘草酸二钾	0.1
透明质酸钠（分子量 120 万～160 万）	0.1	神经酰胺	0.2
红酒多酚	1.0	蚕丝蛋白粉	0.2
左旋维生素 C	1.0	胶原蛋白粉	0.2
柠檬酸	2.0	燕麦 β-葡聚糖	0.2
苯氧乙醇	0.025	聚合杏仁蛋白	0.2
桑普 K15	0.025	六胜肽	0.1
熊果苷	0.5	珍珠水解液	0.2
高分子纤维素	1.4	汉生胶	0.4

制备工艺：

① 取藻泥加入适量水溶胀、搅拌、备用；

② 将除高分子纤维素和汉生胶以外的辅料溶于适量水中；

③ 将溶胀搅拌后的原料与上述辅料混合均匀，边搅拌边加入均匀混合后的高分子纤维素和汉生胶，用水补充余量，即得藻泥面膜。

配方 9：茶多酚功能性面膜（抗衰老）

组分		质量分数/%
液体组分	透明汉生胶	0.3
	HA	0.05
	甘油	3.0
	香精	0.005
	RH-40	0.1
	杰马 BP	0.2
	水	加至 100
粉末组分	茶多酚粉末	每 25mL 液体组分配 0.075g 粉末组分

制备工艺：

① 将水加热至 90℃，维持 20min，取 5g 备用；

② 将 HA、汉生胶加入①水中，搅拌溶解，降温至 40℃；

③ 将香精、RH-40 搅匀，加入 5g 冷却的水，搅拌溶解，加入体系，搅拌均匀；

④ 加入甘油、杰马 BP，搅拌均匀，出料，得到液体组分；

⑤ 液体 25mL，配备独立铝膜袋密封包装的茶多酚粉末 0.075g，在使用前将茶多酚粉末倒入液体组分中，搅拌溶解即可。

配方 10：小核菌胶抗衰老面膜

组分	质量分数/%	组分	质量分数/%
丁二醇	3.0	透明质酸钠（分子量为 800000）	0.03
HEC	0.2	纳豆胶（γ-聚谷氨酸）	0.03
小核菌胶（天来可 GL）	1.0	富番茄红素酵母提取物（LYE）	1.0
聚甘油-10	3.0	AVC	0.2
甘油	8.0	水	加至 100
银耳子实体提取物（WSK）	0.03		

制备工艺：

首先将增稠剂（AVC、HEC）预先分散在水中，然后加入剩余原料，搅拌均匀即得小核菌胶抗衰老面膜。

配方 11：绿茶面膜

组分		质量分数/%
A 组分	PVA	6.7
	水 1	加至 100
B 组分	羧甲基纤维素钠	1.55
	水 2	7.74
	水 3	23.21
C 组分	钛白粉	0.15
	水 4	1.29
D 组分	绿茶粉	1.55
	水 5	7.74
E 组分	尼泊金甲酯	0.05
	95%乙醇	5.16
	色素	适量

制备工艺：

① 取 A 组分物料混合溶胀放置一天，于 90℃的恒温水浴磁力搅拌器中充分搅拌，直至完全溶解；

② 取 B 组分中羧甲基纤维素钠，加入水 2，搅拌，再加入水 3，水浴加热至完全溶解；

③ 取 C 组分物料混合，加热至完全混合均匀，将其加入①、②液的混合液中，于 90℃

的水浴搅拌，混合均匀；

④ 将 D 组分物料混合，浸泡 10min，适当超声得到混合均匀的悬油液；

⑤ 待③混合液降温至 40℃，将④液加入③混合液中，充分搅拌，直至混合均匀；

④ 将尼泊金甲酯用 95%乙醇溶解后，加入体系中，并加适量色素，搅拌均匀，即得绿茶面膜。

配方 12：葫芦巴微乳液面膜

组分		质量分数/%
A 组分	烷基糖苷	16.0
	AEO-3	8.0
	棕榈酸异丙酯	4.0
	辛癸酸甘油酯	4.0
B 组分	甘油	4.0
	1,2-丙二醇	6.0
	山梨醇	4.0
	葫芦巴多糖提取液	4.0
	葫芦巴蛋白提取液	8.0
	水	加至 100
C 组分	防腐剂	适量

制备工艺：

① 将 A、B 组分物料分别加热混合后备用；

② 将 A、B 组分混合乳化后加入 C 组分，即得葫芦巴微乳液面膜。

配方 13：金银花黄芪抗衰老面膜

组分	质量分数/%	组分	质量分数/%
甘油	5.0	水溶性氮酮	0.5
丙二醇	3.0	三乙醇胺	0.1
卡波姆 941	0.1	金银花提取液	8.0
HEC	0.2	黄芪提取液	6.0
透明质酸钠	0.02	β-葡聚糖	0.5
尿囊素	0.15	杰马 C	0.5
水	加至 100		

制备工艺：

① 预先将卡波姆 941 分散于一定量的水中；

② 将 HEC 分散于甘油和丙二醇中，再加入透明质酸钠、尿囊素和剩余水，搅拌并加热至 85～90℃，保温 15min；

③ 混合①和②液后，搅拌降温至 60℃时加入水溶性氮酮，搅拌均匀；

④ 搅拌降温至 55℃时加入三乙醇胺，搅拌均匀；

⑤ 搅拌降温至 45℃时加入植物提取液，β-葡聚糖和杰马 C，搅拌均匀，冷至室温即得金银花黄芪抗衰老面膜。

配方14：富硒绿豆发酵液面膜

组分	质量分数/%	组分	质量分数/%
水	加至 100	对羟基苯乙酮	0.5
丁二醇	4.0	粉防己提取物	0.4
绿豆发酵液	2.0	PE9010	0.2
石斛多糖	2.0	水解小核菌胶	0.15
燕麦蒽酰胺	2.0	卡波姆 U20	0.1
甘油	2.0	精氨酸	0.1

制备工艺：

将各物料混合搅拌溶解均匀，即得富硒绿豆发酵液面膜。

12.3.7 抗衰老护手霜

配方1：滋润保湿护手霜

	组分	质量分数/%
保湿剂	甘油	3.34
	丙二醇	4.36
羟基类抗氧剂	羟苯甲酯	0.165
	羟苯丙酯	0.198
	苯氧乙醇	1.65
乳化剂	甘油硬脂酸酯	1.90
	鲸蜡硬脂醇	1.33
	聚甘油-3 甲基葡糖二硬脂酸酯	4.76
润肤剂	GTCC	4.76
	$C_{12\sim15}$ 醇苯甲酸酯	5.24
油脂	乳木果油	5.0
	霍霍巴油	2.0
水相	透明质酸钠	7.5
	玫瑰香精	0.2
	纯水	加至 100

制备工艺：

① 将透明质酸钠溶于纯水中，4℃贮存备用；

② 室温下将保湿剂、羟苯甲酯以及纯水混合，加热溶解，80～85℃保温 20min，得水相；

③ 室温下将润肤剂、乳化剂、乳木果油、霍霍巴油以及羟苯丙酯混合，加热搅拌溶解，80～85℃保温，得到油相；

④ 将水相通过抽真空的方式加入油相，均质 10min，75～80℃搅拌 30min；

⑤ 冷却至 40～50℃，加入透明质酸钠溶液、苯氧乙醇以及玫瑰香精，搅拌 10min，降至室温，即得滋润保湿护手霜。

配方 2: 含互花米草护手霜

组分		质量分数/%
A 组分	白凡士林	1.0
	羊毛脂	0.5
	白油	5.0
	GTCC	5.0
	$C_{16\sim18}$ 醇	1.0
	Simulsol 165	2.0
B 组分	甘油	15.0
	卡波姆 U20	0.3
	水	加至 100
C 组分	互花米草提取液	5.0
	香精	0.2
	防腐剂	0.2
D 组分	三乙醇胺	0.3

制备工艺:

① 将 A 组分和 B 组分分别加热至 85℃, 搅拌均匀;

② B 组分快速加入 A 组分中搅拌, 加入少量三乙醇胺, 再搅拌并乳化一定时间, 降温至 55℃, 加入 C 组分, 继续搅拌, 静置冷却至室温。

配方 3: 丝瓜护手霜

组分	质量分数/%	组分	质量分数/%	组分	质量分数/%
白凡士林	1.2	甘油	14.0	丝瓜提取液	2.0
羊毛脂	0.5	丝瓜茎汁液	4.0	丝瓜籽油	0.5
白油	4.5	卡波姆 U20	0.4	香精	0.2
GTCC	5.0	三乙醇胺	0.4	防腐剂	0.2
C_{16} 醇	1.2	水	加至 100	Simulsol 165	1.8

制备工艺:

① 取白油、白凡士林、GTCC、羊毛脂、Simulsol 165、C_{16} 醇经搅拌并加热至 75℃, 制成油相;

② 取甘油、丝瓜茎汁液、卡波姆 U20、水混合, 加热至 85℃ 搅拌, 制成水相 I;

③ 防腐剂、香精、丝瓜籽油与丝瓜提取液混合制成水相 II;

④ 将水相 I 快速加入油相中并搅拌均匀, 然后加入三乙醇胺, 搅拌乳化, 待温度降至 55℃ 后再加入水相 II, 搅拌均匀后静置冷却至室温即可。

配方 4: 四君子汤护手霜

组分		质量分数/%
A 组分	卡波姆 940	0.35
	水	3.5
B 组分	聚二甲基硅氧烷	5.0
	硬脂醇	4.0

组分		质量分数/%
B 组分	棕榈酸异辛酯	6.0
	硬脂酸	1.0
	三乙醇胺	0.35
C 组分	甘油	7.5
	丙二醇	6.0
	EDTA-2Na	0.5
	水	加至 100
D 组分	人参、白术、茯苓、甘草提取液（体积比，3∶3∶3∶2）	5.5
	苯氧乙醇	0.7
	香精	0.5

制备工艺：

① 将卡波姆 940 加入水中，搅拌后冷藏 24h 后备用；

② 将 B 组分和 C 组分分别在 80℃ 水浴加热，完全溶解后保温 30min 备用；

③ 搅拌条件下将 B 组分加入 C 组分中，待温度下降至 65℃ 时加入 A 组分并搅拌 30min；

④ 自然冷却至 55℃ 时加入 D 组分，6000r/min 均质乳化 3min，冷却至室温后陈化 24h 即可。

配方 5：枇杷酒提取物护手霜

组分		质量分数/%
A 组分	白凡士林	1.5
	羊毛脂	0.5
	GTCC	8.0
	白油	8.0
	$C_{16\sim18}$ 醇	1.0
	Montanov 202	1.0
B 组分	$C_{12\sim20}$ 烷基葡糖	1.0
	甘油	10.0
	卡波姆 U20	0.3
	水	加至 100
	Simulsol 165	1.0
C 组分	香精	0.2
	防腐剂	0.2
	枇杷酒浓缩液	5.0
D 组分	三乙醇胺	0.2

制备工艺：

① 取 A 组分混合，搅拌并加热至 75℃，备用；

② 取 B 组分搅拌并加热至 85℃，备用；

③ 防腐剂与香精等附加剂与枇杷酒浓缩液混合制成 C 组分；

④ 将 A 组分快速加入 B 组分中搅拌，加入少量三乙醇胺，再搅拌并乳化（乳化温度 75℃，乳化时间 15min）一定时间，降温至 55℃，加入 C 组分，继续搅拌至室温。

配方 6：橘子皮提取物护手霜

	组分	质量分数/%
A 组分	白凡士林	1.5
	羊毛脂	0.5
	白油	8.0
	GTCC	8.0
	$C_{16\sim18}$ 醇	1.0
	果胶	1.5
	$C_{12\sim20}$ 烷基葡糖苷	1.0
B 组分	甘油	10.0
	卡波姆 U20	0.2
	水	加至 100
	橘子皮提取物	2.0
C 组分	三乙醇胺	0.2
	香精	0.6
	复方抗菌剂	1.0

制备工艺：

① 将卡波姆 U20 溶于水中制成溶液；

② 将 A 组分混合，将其在水浴锅中搅拌加热到 75～85℃并进行保温 15min；

③ 将 B 组分（含①液）混合，将其在水浴锅中搅拌加热到 85～90℃并进行保温 15min；

④ 将 B 组分快速加到 A 组分中，同时加入 C 组分，搅拌降温至 55℃，降温至室温即得。

12.3.8　抗衰老身体乳

配方 1：淡化肌肤橘皮纹及补水美白型身体乳

	组分	质量分数/%
功能添加剂	改性胶原蛋白	15.2
	天然植物提取物	6.1
保水剂	食用型 PVA	8.1
	水	加至 100
	甘油	1.2
	HA	0.8
润肤剂	蜂蜡	5.4
	水	8.9
	单甘油酯	3.6
	脂肪酸	1.4
	木质纤维素	3.6
强吸附剂	中空纳米二氧化硅	2.8
	硅胶吸附剂	3.3
	蜂蜡	1.5
辅助剂	淀粉	12.2
	木质素纤维	1.8
	蔗糖	1.2
天然香料	玫瑰花精油、薰衣草精油、桂花精油（选一）	3.0

续表

改性胶原蛋白的组成		天然植物提取物的组成	
组分	质量分数/%	组分	质量分数/%
矿泉水	59.5	陈皮粉末	23.1
胶原蛋白	35.7	迷迭香秆粉末	15.4
柠檬酸	2.4	酒精	61.5
淀粉	2.4		

制备工艺：

① 将反应釜温度控制在 100～120℃，向反应釜中加入矿泉水和胶原蛋白，进行水解反应 2～3h，再加入柠檬酸、淀粉反应 1～2h 后，冷却至室温后，得改性胶原蛋白；

② 将陈皮和迷迭香秆粉碎至 100～200 目，取陈皮粉末、迷迭香秆粉末、酒精，70～80℃回流 4～5h，过滤，旋蒸除去酒精，得天然植物提取物；

③ 将食用型 PVA 和水，90～100℃、300r/min 搅拌至完全溶解后，加入甘油和 HA，继续搅拌 2h 后，停止加热，冷却至室温，得保水剂；

④ 将蜂蜡和水加入反应釜中，600r/min、70℃高速搅拌 1～2h，加入单甘油酯、脂肪酸、木质纤维素，混合搅拌 1～2h，停止加热，冷却至室温，得润肤剂；

⑤ 将强吸附剂物料在 60℃条件下搅拌 1～2h 得强吸附剂，具有较强吸附性；

⑥ 将反应釜温度控制在 60℃，控制搅拌转速为 250r/min，向反应釜中依次加入改性胶原蛋白、天然植物提取物、保水剂、润肤剂、强吸附剂、天然香料，恒温 1～2h，再加入辅助剂，反应 1h 后，停止加热，冷却至室温后，即得淡化肌肤橘皮纹及补水美白型身体乳。

配方 2：紧致焕肤身体乳

组分		质量分数/%			
		配方 1	配方 2	配方 3	配方 4
A 组分	十六、十八烷基醇	2.5	3.3	4.5	3.8
	单硬脂酸甘油酯	3	4.2	2.8	3.3
	$C_{16\sim18}$ 醇	2.7	2.1	1.4	3.6
	氢化橄榄油	4.3	1.8	3.4	2.7
	氢化霍霍巴油	3.8	3.7	4.2	2.4
	氢化葡萄籽油	2.5	3.4	3.9	1.7
	角鲨烷	3.2	2.3	2.58	4.2
	棕榈酸异辛酯	7.2	8.6	6.8	9.2
	白油	8.5	9.1	7.2	8.2
	尼泊金甲酯	0.2	0.3	0.4	0.3
	尼泊金丙酯	0.02	0.01	0.03	0.01
	香精	0.03	0.02	0.04	0.01
	茴香精油	0.3	0.4	0.2	0.3
	香兰基丁基醚	0.4	0.3	0.5	0.2
B 组分	透明质酸钠	0.03	0.02	0.04	0.02
	聚丙烯酸交联聚合物-6	0.2	0.4	0.3	0.2
	卡波姆	0.4	0.3	0.2	0.1
	尿囊素	0.3	0.4	0.2	0.4
	甘草酸二钾	0.2	0.3	0.5	0.4

续表

组分		质量分数/%			
		配方 1	配方 2	配方 3	配方 4
B 组分	大黄提取物	2.4	3.8	3.2	4.5
	干姜提取物	3.1	2.5	3.6	4.1
	茯苓提取物	3.6	2.9	4.5	1.2
	野菊花提取物	4.1	3.4	3.8	1.8
	绿茶提取物	3.7	1.6	2.4	4.8
	丙二醇	7.8	6.9	8.8	9.6
	薄荷脑	3.4	4.2	2.6	3.8
	葡萄籽提取物	0.3	0.4	0.2	0.3
	茶多酚	0.08	0.05	0.07	0.06
	水	加至 100	加至 100	加至 100	加至 100
	海藻提取液	3.9	2.8	4.5	4.2
	三乙醇胺	0.2	0.4	0.3	0.5
	双（羟甲基）咪唑烷基脲	0.3	0.3	0.2	0.1

制备工艺：

① 将 A 组分与 B 组分分别加热至 84～86℃，然后将 A 组分加入 B 组分中，搅拌均质 10min，保温 30min；

② 停止加热，边搅拌边降温至室温即可。

配方 3：新型沉香身体乳

组分		质量分数/%
A 组分	水	加至 100
	C_{16} 醇	2.4
	甘油	3.4
	PEG-400	2.4
	羧甲基纤维素钠	0.5
B 组分	凡士林	6.3
	二甲基硅油	1.2
	硬脂酸山梨醇	1.5
	椰油酸蔗糖酯	1.5
	单硬脂酸甘油酯	3.9
	聚氧乙烯（100）硬脂酸酯	3.9
	尼泊金甲酯	0.2
C 组分	沉香	4.4

制备工艺：

① 将 A 组分加热溶解得到水相；

② 将 B 组分加热溶解得到油相；

③ 将油相加入水相中，乳化；

④ 冷却后，与沉香混合均匀即可得乳液。

12.3.9 抗衰老润唇膏

配方 1: 多重植物菁萃润唇膏

组分			质量分数/%
A 组分		二异硬脂醇苹果酸酯	10.0
		二聚季戊四醇三-聚羟基硬脂酸酯	3.0
		霍霍巴酯类	3.0
		十三烷醇偏苯三酸酯	3.0
		GTCC	3.0
		C$_{10\sim30}$ 酸胆甾醇/羊毛甾醇混合酯	3.0
		聚甘油-2 三异硬脂酸酯	1.0
B 组分		聚乙烯	2.0
		小烛树蜡	1.0
		氢化蓖麻油二聚亚油酸酯	1.0
		蜂蜡	1.0
		地蜡	1.0
C 组分	油脂	橄榄角鲨烷	加至 100
		白池花籽油	3.0
		猴面包树籽油	3.0
		植物甾醇油酸酯	3.0
		欧洲甜樱桃籽油	1.0
	保湿剂	野大豆油	0.2
		胡萝卜根提取物	0.2
		β-胡萝卜素	0.2
		维生素 E	0.2
		椰子油	0.4
		栎根提取物	0.4
		欧洲栓皮栎树皮提取物	0.4
	润肤剂	红花籽油	0.25
		金纽扣花/叶/茎提取物	0.25
		膜荚黄芪根提取物	0.25
		泛醌	0.125
		维生素 E	0.125
		向日葵籽油	0.036
		棓酸	0.036
		甘油硬脂酸酯	0.014
		巴西棕榈树蜡	0.014
	抗氧化剂	维生素 E	0.1

制备工艺:

① 将 A 组分与 B 组分分别预混合后, 混合加热至 90℃, 保温搅拌 10min 至均匀;

② 温度降至 60℃, 再将 C 组分物料加入, 充分搅拌均匀, 出料灌装, 即得多重植物菁萃润唇膏。

配方 2：淡化唇纹的润唇膏

组分	质量分数/%	组分	质量分数/%
氢化葵花籽油	12.0	椰子油	20.0
燕麦仁油	32.0	植物甾醇类	5.0
山茶籽油	30.0	向日葵籽油与蜂胶提取物复合物	1.0

制备工艺：

① 将氢化葵花籽油、燕麦仁油、山茶籽油、植物甾醇类加入加热搅拌器中，200r/min 搅拌，升温至 85～90℃；

② 完全溶解至澄清透明后，降温至 75～80℃，保温 10～20min；

③ 依次加入向日葵籽油与蜂胶提取物复合物、椰子油，至完全溶解，出料，即得淡化唇纹的润唇膏。

12.3.10 抗衰老洗面奶

配方 1：白芷洁面乳

组分		质量分数/%
A 组分	白芷提取物	6.5
	茯苓提取物	2.2
	甘草提取物	2.2
	甘油	2.2
	维生素 E	2.2
	玫瑰精油	0.5
	椰油酰胺丙基甜菜碱	5.4
	月桂酰谷氨酸钠	5.4
	山梨醇	0.2
	海藻糖	1.1
	维生素 E 乙酸酯	0.5
	羟丙甲基纤维素	0.5
	苯氧乙醇	0.2
B 组分	人参提取液	5.4
	聚乙二醇椰油基甘油酯	3.3
	月桂酸二乙醇酰胺	3.3
	聚氧乙烯月桂醇醚	0.1
	角鲨烷	3.3
	白油	10.8
C 组分	肉豆蔻酰肌氨酸钠	4.3
	椰油酰两性基乙酸钠	2.2
	月桂醇磺基乙酸酯钠	2.2
	椰油酰胺丙基甜菜碱	1.1
	辛基葡糖苷	1.1
	水	加至 100
D 组分	葡糖酸内酯	0.2
	甘油	1.1

制备工艺：

① 将 A 组分物料加入搅拌装置中加热搅拌混匀；

② 将 B 组分加入搅拌装置中充分搅拌并加热至 50℃，保持温度搅拌 30～60min 至均匀；

③ 将水加热至 70℃，将 C 组分中的其余物料加入反应釜，混合均匀，降温至 30℃，再加入 D 组分，搅拌均匀；

④ 将①、②和③液倒入搅拌装置中进行搅拌加热 20～30min，冷却至室温，即得白芷洁面乳。

配方 2：红梨酵素洗面奶

组分		质量分数/%
A 组分	硬脂酸	10.0
	甘油硬脂酸酯	10.0
	椰油酰胺丙基甜菜碱	5.0
	月桂醇聚磷酸钾	5.0
	月桂酰肌氨酸钠	1.0
	水	加至 100
B 组分	三甲基甘氨酸	5.0
	HA	0.5
	烟酰胺	1.0
	甘油	5.0
	C_{18} 醇	5.0
C 组分	橄榄油	5.0
	三乙醇胺	0.5
	氢氧化钾	0.5
D 组分	红梨酵素活性精华液	10.0

制备工艺：

① 向装有水的反应釜中加入 A 组分其余物料，水浴加热至 50℃，200r/min 搅拌至溶解；

② 加入 B 组分物料，继续搅拌并保温 2h；

③ 缓慢加入 C 组分物料，控制 pH 值为 4.0～4.6，搅拌 3h，得混合乳液；

④ 将混合乳液置于均质机中均质，冷却至室温后，113～115MPa 超高压杀菌 30min；

⑤ 将 D 组分加入混合乳中，均质 2h，即得红梨酵素洗面奶。

配方 3：燕窝氨基酸洁面乳

组分		质量分数/%
A 组分	水	加至 100
	甘油	3.6
	月桂醇磺基琥珀酸酯二钠	9.7
	EDTA-2Na	0.1
B 组分	椰油酰胺丙基甜菜碱	1.2
	甲基月桂酰基牛磺酸钠	4.8
	椰油酰甘氨酸钠	1.8
C 组分	PEG-250 二硬脂酸酯	0.9
	甘草黄酮	1.8

组分		质量分数/%
D 组分	水	1.2
	柠檬酸	0.1
E 组分	水	6.1
	氯化钠	1.2
F 组分	乳酸杆菌/大豆发酵产物提取物	0.6
	白果槲寄生叶提取物	3.0
	燕窝提取物	1.8
	薰衣草油	0.003
G 组分	水	1.2
	亚硫酸氢钠	0.091

制备工艺：

① 将 A 组分物料加入主锅中，25r/min 搅拌，加热至 82℃，搅拌至溶解，保温消泡；

② 加入 B 组分物料，78℃保温，搅拌至溶解，加入 C 组分物料，78℃保温，搅拌至溶解，加入溶解完的 D 组分物料，搅拌均匀后降温至 38℃；

③ 加入 E 组分物料、预先溶解的 F 组分物料，搅拌 18min，加入 G 组分搅拌均匀；

④ 经 200 目滤网过滤即得燕窝氨基酸洁面乳。

配方 4：人参洗面奶

组分		质量分数/%
A 组分	水	加至 100
	氨基酸表面活性剂	5.0、10.0、15.0、20.0、25.0
	甘油	10
	PEG-400	5.0
B 组分	月桂酸	5.0
	脂肪酸	7.0
	鲸蜡硬脂醇	2.0
	PEG-200	1.5、2.0、2.5、3.0、3.5
	DOE-120S	1.5
	TIS-120	2.0
	乙二醇双硬脂酸酯	0.5、1.0、1.5、2.0、2.5
C 组分	HE	5.0
D 组分	苯氧乙醇	0.5
	人参类脂质体	5.0
	人参提取液	2.0
	维生素 C	0.5

制备工艺：

① 将甘油、PEG-400 加入冷水中，搅拌下慢慢加入氨基酸表面活性剂进行分散，分散后加热至 85℃得到 A 组分；

② 加入 B 组分，在 85℃下保温 30min；

③ 降温至 50℃，加入 C 组，搅拌 10min 后，加入 D 组分，搅拌均匀后待膏体呈乳白色

后停止搅拌,即可。

12.3.11　抗衰老润肤油、凝胶

配方 1：茶油抗衰老润肤油

组分	质量分数/%	组分	质量分数/%
甜杏仁油	25.0	维生素 E	0.5
GTCC	15.0	角鲨烯	0.5
茶树精油	0.8	精制茶油	加至 100

制备工艺：

① 将精制茶油加热至 50℃，加入甜杏仁油、GTCC，搅拌，使油相混合均匀，注意控制搅拌力度，尽量减少空气流入和气泡产生；

② 加入功效成分维生素 E、角鲨烯，搅拌使其充分溶解于油相；

③ 待溶解完全，冷却至 10℃左右，加入茶树精油，得润肤油成品。

配方 2：丝瓜水护肤凝胶

组分	质量分数/%	组分	质量分数/%
丝瓜茎汁液	6.0	卡波姆 U20	1.0
丝瓜籽油	0.5	三乙醇胺	1.0
甘油	5.0	香精	0.2
1,3-丁二醇	5.0	防腐剂	0.2
维生素 B$_3$	2.0	水	加至 100

制备工艺：

① 混合丝瓜茎汁液、维生素 B$_3$、卡波姆 U20、水，加热并充分搅拌至均匀，制得 A 组分；

② 混合甘油与 1,3-丁二醇、丝瓜籽油，制得 B 组分；

③ 将 B 组分加入 A 组分中搅拌乳化，搅拌降温至 48℃时，依次加入香精、防腐剂和三乙醇胺，再次搅拌均匀，静置冷却至室温即可。

配方 3：互花米草护肤凝胶

组分		质量分数/%
A 组分	米草提取液	4.0
	维生素 B$_3$	2.0
	卡波姆 U20	1.0
	水	加至 100
B 组分	甘油	5.0
	1,3-丁二醇	5.0
C 组分	三乙醇胺	1.0
	香精	0.2
	防腐剂	0.2

制备工艺：

① 将 A 组分加热并充分搅拌均匀；

② 将 B 组分混合均匀，在搅拌状态下将 B 组分加入 A 组分中，待体系降温至 50℃时加入 C 组分，搅拌均匀，静置冷却至室温即可。

12.4　抗过敏类护肤化妆品

12.4.1　抗过敏乳液

配方：不含化学防腐剂的舒缓抗敏护肤乳

	组分	质量分数/%
其他组分	刺阿甘树仁油	20.14
	β-甲基羧酸聚葡萄糖	2.68
	维生素 C 葡糖苷	0.67
	角鲨烷	4.03
修复消炎组分	牛油果树果脂	0.91
	神经酰胺	5.49
	植物甾醇	0.31
柔润调理剂	季戊四醇四（乙基己酸）酯	2.68
香料	香紫苏内酯	4.03
渗透保湿因子	HA	10.35
	丝氨酸	8.28
	甲壳素	5.52
舒缓抗敏因子		20.14
乳化稳定剂	PPG-6-癸基十四醇聚醚-30	1.34
溶剂	水	2.74
	甘油	6.58
	甲基丙二醇	4.11

舒缓抗敏因子组成

组分	质量分数/%	组分	质量分数/%
洋甘菊提取物	21.7	甘草酸二钾	4.3
芦荟提取物	加至 100	燕麦 β-葡聚糖	8.7
红没药醇	13.0		

制备工艺：

将刺阿甘树仁油、β-甲基羧酸聚葡萄糖和维生素 C 葡糖苷加入溶剂中，55℃搅拌 15min，依次加入角鲨烷、舒缓抗敏因子、渗透保湿因子、修复消炎组分、柔润调理剂、香料，加入每一组分在 45℃下搅拌 12min，然后再加入乳化稳定剂，搅拌 25min 后得到不含化学防腐剂的舒缓抗敏护肤乳。

12.4.2 抗过敏面霜

配方1：大麻叶焕颜祛痘面霜

	组分	质量分数/%
A 组分	水	加至 100
	甘油	3.0
	1,3-丙二醇	3.0
	卡波姆	0.1
	甜菜碱	1.0
	羟苯甲酯	0.1
B 组分	牛油果树果脂	1.0
	$C_{15\sim19}$ 烷	1.5
	聚二甲基硅氧烷	1.0
	环五聚二甲基硅氧烷	1.0
	聚二甲基硅氧烷醇	1.0
	鲸蜡硬脂醇	1.0
	PEG-20 甲基葡糖倍半硬脂酸酯	1.5
	甘油硬脂酸酯/PEG-100 硬脂酸酯	0.5
	双-PEG-18 甲基醚二甲基硅烷	0.5
C 组分	大麻叶提取物	0.2
	地黄根提取物	0.3
	番石榴果提取物	0.3
	绿豆发酵物	0.2
	烟酰胺	1.0
	D-泛醇	0.5
	尿囊素	0.1
	甜橙精油	0.02
	洋甘菊精油	0.01
	聚丙烯酰胺/$C_{13\sim14}$ 异链烷烃/月桂醇聚醚-6	0.2
	三乙醇胺	0.1
	着色剂	0.005
	苯氧乙醇	0.45
	乙基己基甘油	0.05

制备工艺：

① 将 A 组分物料加入水相锅中搅拌，并升温至 80℃；

② 将 B 组分物料加入油相锅中搅拌，并升温至 80℃；

③ 先将步骤①中得出的水相抽入乳化锅中，再将步骤②中得出的混合物抽入乳化锅中，快速搅拌后均质 5min，降温冷却至 45℃以下；

④ 加入 C 组分物料，搅拌均匀即得大麻叶焕颜祛痘面霜。

配方 2：防过敏面霜

组分	质量分数/%	组分	质量分数/%
甘油	12.0	玫瑰花	0.5
蜂蜜	10.0	甘草黄酮	2.0
番茄汁	5.0	薄荷	0.5
洋甘菊	5.0	三乙醇胺	0.5
汉生胶	4.0	辛酰羟肟酸	0.5
水	加至 100	桉叶油	0.5
金缕梅提取液	7.5	寡肽	0.5
黄芪提取液	7.5	地衣	0.5
烟酰胺	2.0	猴头菌	4.0
丁二醇	4.0		

制备工艺：

① 按比例称取上述各原料研磨；

② 研磨后的原料加入搅拌釜中，2400r/min 搅拌混合 30min，即得防过敏面霜。

配方 3：抗过敏清香霜

组分	质量分数/%	组分	质量分数/%
银柴胡提取液	5.5	大黄	4.1
五倍子提取液	8.2	维生素 E	8.2
白油	11.0	小麦胚芽油	11.0
羊毛醇	11.0	甘油	8.2
凡士林	1.4	阿拉伯树胶	13.7
月桂酸	2.7	水	8.2
紫胶	6.8		

制备工艺：

① 将银柴胡和五倍子分别放入 60℃的水中提取 1h，分离上清液，合并，浓缩后得提取液；

② 将白油、羊毛醇、凡士林加热到 50℃混合均匀作为油相，将月桂酸、水加热到 50℃时混合均匀作为水相；

③ 将油相顺时针搅拌，然后边搅拌边缓慢倒入水相，加入阿拉伯树胶、紫胶、大黄、维生素 E、小麦胚芽油、甘油的同时加入步骤①的提取液，继续顺时针搅拌，搅拌温度为 50℃直至形成霜剂，即得抗过敏清香霜。

配方 4：抗过敏修复面霜

	组分	质量分数/%
A 组分	mv68	2.0
	乳木果	1.0
	维生素 E	0.2
	Simulsol 165	1.5
	$C_{16\sim18}$醇	3.0
	白油 15#	8.0
	DC350	1.0

续表

组分		质量分数/%
A 组分	尼泊金甲酯	0.15
	尼泊金丙酯	0.1
B 组分	汉生胶	0.1
	尿囊素	0.2
	甘油	5.0
	丙二醇	5.0
	水	加至 100
C 组分	Sepigel 305	1.0
D 组分	PHCPH	0.6
	高纯度无患子皂苷（纯度≥96%）	0.3

制备工艺：

① 取 A 组分物料加入油相锅中，升温至 80℃，将 B 组分物料加入水相锅中，搅拌升温至 85℃，搅拌至完全溶解后，保温 10min；

② 将 A 组分抽入 B 组分中，真空均质 3min 后，80℃加入 C 组分物料，真空均质 3min 至完全溶解，恒温 10min；

③ 消泡后降温至 45℃以下加入 D 组分，搅拌均匀，合格后即得抗过敏修复面霜。

配方 5：抗敏倍润面霜

组分	质量分数/%	组分	质量分数/%
维生素 C	12.3	防腐剂	1.0
银杏叶提取精华	9.8	硬脂酰乳酸钠	4.9
抹茶提取液	8.8	维生素 C 磷酸酯镁	1.0
蜂王浆冻干粉	12.3	水	加至 100
乳化剂	1.0		

制备工艺：

① 按比例称取上述各原料研磨；

② 研磨后的原料加入搅拌釜中，1500r/min 搅拌混合 30min，即得抗敏倍润面霜。

12.4.3 抗过敏化妆水

配方 1：防过敏保湿化妆水

组分	质量分数/%	组分	质量分数/%
磷脂胆碱	10.0	羧甲基脱乙酰壳多糖	1.0
叶绿素	2.0	木糖醇	1.0
芽孢杆菌/大豆发酵产物提取物	1.0	柠檬酸	0.01
叶酸	1.0	ε-聚赖氨酸	0.3
丁二醇	4.0	汉生胶	0.03
1,2-己二醇	1.0	水	加至 100
透明质酸钠	0.01		

制备工艺：

① 取丁二醇、1,2-己二醇、透明质酸钠、柠檬酸、汉生胶和水，加热至 75℃，保温下搅

拌 20min，搅拌的速度为 40r/min；

② 自然降温至 30℃，加入磷脂胆碱、叶绿素、芽孢杆菌/大豆发酵产物提取物、叶酸、羧甲基脱乙酰壳多糖、木糖醇和 ε-聚赖氨酸，均质 5min，检测合格出料，即得防过敏保湿化妆水。

配方 2：玫瑰保湿抗菌化妆水

组分	质量分数/%	组分	质量分数/%
甘油	5.0	魔芋葡甘聚糖	0.5
茶树油	0.1	Tween-60	0.5
玫瑰水	加至 100		

制备工艺：

① 将甘油与茶树油混合，800r/min 搅拌，升温至 45℃，搅拌 30min，制得溶液；

② 在玫瑰水中加入魔芋葡甘聚糖，常温下搅拌溶解；

③ 在②溶液中加入①制得的溶液，同时加入 Tween-60，2000r/min 搅拌，升温至 40℃，搅拌 50min，使混合物充分溶解，乳化和均质；

④ 将③所得物静置陈化 20h，即得玫瑰保湿抗菌化妆水。

配方 3：仙人掌抗过敏化妆水

名称	质量分数/%	名称	质量分数/%
仙人掌提取物	2.0	1,2-己二醇	0.3
能量矿石复合物	2.0	对羟基苯乙酮	0.5
1,3-丙二醇	4.0	聚谷氨酸钠	0.05
EDTA-2Na	0.05	水	加至 100
酵素	4.0		

制备工艺：

① 将 EDTA-2Na 在 80℃溶解于水中，冷却至 50℃获得 EDTA-2Na 溶液；

② 将配方中的其余组分在 50℃添加入 EDTA-2Na 溶液中，溶解至透明即得仙人掌抗过敏化妆水。

配方 4：过敏皮肤用化妆水

组分	质量分数/%	组分	质量分数/%
温泉水	加至 100	尿囊素	4.0
纳米二氧化硅	5.0	复合多肽	3.0
二丙二醇	6.0	纳米硒	3.0
甘草酸二钾	1.5	芦荟提取物	2.0
丁苯基甲基苯醛	3.0	仙人掌提取物	2.0
透明质酸钠	3.0	洋甘菊提取物	1.0
白藜芦醇	0.06	维生素 E	2.0
水杨酸苄酯	3.0	茶树精油	2.0
神经酰胺	0.2	香味剂	0.5
红没药醇	0.5	苯氧乙醇	0.05
烟酰胺	6.0		

制备工艺：

称取配方量原料，加热至60℃，保温下搅拌30min，自然降温至30℃，均质5min，检验合格出料，即得过敏皮肤用化妆水。

配方5：天然植物抗过敏化妆水

组分	质量分数/%	组分	质量分数/%
甘油	5.0	茶叶提取物	0.1
玉米丙二醇	5.0	母菊花提取物	0.1
明串球菌/萝卜根发酵产物滤液	1.0	迷迭香叶提取物	0.1
积雪草提取物	0.1	北美金缕梅花水	0.1
虎杖根提取物	0.1	水	加至100
黄芩提取物	0.1		

制备工艺：

① 取甘油、玉米丙二醇加入水中，搅拌均匀，加热到80℃，保温30min；

② 搅拌下降温到室温，依次加入明串球菌/萝卜根发酵产物滤液、积雪草提取物、虎杖根提取物、黄芩提取物、茶叶提取物、母菊花提取物、迷迭香叶提取物和北美金缕梅花水，搅拌均匀，即得天然植物抗过敏化妆水。

配方6：保湿舒缓化妆水

组分	质量分数/%	组分	质量分数/%
水	加至100	钩沙菜提取物	0.15
HA	0.1	拟石花菜提取物	0.15
甜菜碱	15.0	齿缘墨角藻提取物	0.15
丁二醇	15.0	钝马尾藻提取物	0.15
D-泛醇	3.0	山梨（糖）醇	1.0
皱波角叉菜提取物	0.15		

制备工艺：

① 将HA加入丁二醇中，搅拌分散均匀后加入水相锅；

② 将甜菜碱加入水相锅，搅拌加热到85℃，保温搅拌25min；

③ 冷却水搅拌降温至45℃时，加入D-泛醇（预先用水分散稀释）、皱波角叉菜提取物、钩沙菜提取物、拟石花菜提取物、齿缘墨角藻提取物、钝马尾藻提取物、山梨（糖）醇，搅拌20min；

④ 搅拌冷却至温度低于38℃，停止搅拌，检测合格后，即得保湿舒缓化妆水。

配方7：高保湿抗过敏化妆水

	组分	质量分数/%
A组分	甘油	5.0
	水溶性霍霍巴酯	0.5
	母菊花提取物	3.0
	丙二醇	8.0
	积雪草提取物	0.3

组分		质量分数/%
A 组分	明串球菌/萝卜根发酵产物滤液	3.0
	黄芩提取物	2.0
	尿囊素	0.07
	水	加至 100
B 组分	吡咯烷酮羧酸钠	0.08
	金缕梅花水	3.5
	丙二醇	2.0
	无患子皂苷	0.7
	超薄层状聚硅氧烷基聚合物	3.0

制备工艺：

① 将无患子果实置于水下清洗，取果浸泡后捣碎，按照 1∶3 的物料比添加体积分数为 70%乙醇，75℃恒温水浴回流 3 次，时间分别为 3h、2.5h、2h，合并醇提液，调 pH 值至 8.5，滤除沉淀；

② 采用泡沫分离法分离无患子皂苷；

③ 将甘油、水溶性霍霍巴酯和丙二醇依次加入盛有水的反应器内，搅拌混合后加入其他物料得 A 组分；

④ 在快速搅拌的条件下将化妆水 A 组分均匀加入 B 组分中，搅拌速度为 50r/min，搅拌时温度控制在 75～85℃之间。

⑤ 均质 5min（真空均质乳化）。

12.4.4　抗过敏精华

配方 1：大麻叶提取物精华液

组分		质量分数/%
A 组分	水	加至 100
	大麻叶提取物	0.05
	透明质酸钠	0.07
	蚕丝胶蛋白	0.2
	丁二醇	0.16
	三乙醇胺	0.02
	积雪草提取物	0.02
	齿叶乳香提取物	0.05
	小核菌胶	0.05
	EDTA-2Na	0.02
	1,2-己二醇	0.5
	1,2-戊二醇	0.2
	D-泛醇	0.15
	裂褶菌素	1.2
B 组分	卡波姆	0.8
	辛酰羟肟酸	1.0
	甘油辛酸酯	0.02
	香精	0.02

制备工艺：

① 将 A 组分物料依次加入主锅中，加热至 80℃，搅拌均匀并充分溶解；

② 当降温到低于 50℃时，加入 B 组分，搅拌 25min；

③ 冷却至室温，使用 200 目的滤网过滤，即得大麻叶提取物精华液。

配方 2：抗过敏精华乳

组分		质量分数/%
A 组分	水	加至 100
	EDTA-2Na	0.01
	甘油	7.0
	硬脂酰谷氨酸钠	0.01
	丙烯酰二甲基牛磺酸铵/VP 共聚物	0.3
	汉生胶	0.04
	丁二醇	1.0
	透明质酸钠	0.03
B 组分	月桂醇聚醚-7 柠檬酸酯	0.8
	氢化聚癸烯	2.0
	聚二甲基硅氧烷	2.0
	异壬酸异壬酯	2.0
	季戊四醇二硬脂酸酯	0.5
	聚甲基硅倍半氧烷	0.2
C 组分	Symcalmin（德敏舒）	0.2
	龙胆提取物	1.0
	粉防己提取物	0.5
	β-葡聚糖	0.5
D 组分	香精	0.75
	西曲溴铵	0.75

制备工艺：

① 取 A 组分物料在主锅中混合后，升温至 90℃；

② 取 B 组分物料混合后，通过真空泵抽入主锅中与 A 组分混合；

③ 开启均质机，3000r/min 均质 5min，同时降温至 45℃；

④ 将 C 组分加入主锅中，与 A 组分及 B 组分混合，保温并搅拌 5min；

⑤ 降温至 40℃，加入 D 组分物料，在 50r/min 转速下搅拌 5min，即得抗过敏精华乳。

配方 3：毛孔收敛精华液

组分		质量分数/%
A 组分	水	加至 100
	丙烯酸（酯）类/C$_{10\sim30}$ 烷醇丙烯酸酯交联聚合物	0.2
B 组分	1,2-己二醇	0.6
	对羟基苯乙酮	0.6
	丁二醇	6.0
	透明质酸钠	0.15

续表

	组分	质量分数/%
B 组分	海藻糖	1.0
	β-葡聚糖	2.0
C 组分	精氨酸	0.2
D 组分	北美金缕梅提取物	1.5
	三肽-1 铜	0.35
	烟酰胺	0.5
	酵母提取物	0.2
	欧洲七叶树籽提取物	0.4
	甘草酸铵	0.56
	D-泛醇	0.3
	葡糖酸锌	0.42
	咖啡因	0.2
	生物素	0.35
	药用层孔菌提取物	2.6
	红木籽提取物	1.5
E 组分	硅石	1.0
	水	适量

制备工艺：

① 将水加入乳化锅中，再将丙烯酸（酯）类/C$_{10~30}$烷醇丙烯酸酯交联聚合物均匀地撒在表面，静置沉降得到 A 组分；

② 将乳化锅加热至 85℃，保温 30min，适当搅拌，然后再将 B 组分物料加入，均质 6min，至无颗粒后停止加热，真空消泡 20min；

③ 降温至 60℃，加入 C 组分，搅拌均匀；

④ 降温至 45℃，加入 D 组分，然后将硅石用适量冷水分散后加入乳化锅，搅拌均匀，抽样检测合格后，在 38℃出料即得毛孔收敛精华液。

配方 4：全天然植物抗敏修复精华液

组分	质量分数/%	组分	质量分数/%
马齿苋	15.0	蒲公英	0.5
粉防己	34.0	芦荟	12.0
甘草	8.0	石斛	8.3
仙人掌	8.0	银耳	6.0
燕麦	3.0	洋甘菊精油	0.2
积雪草	5.0	水	加至 100

制备工艺：

① 100℃蒸馏洋甘菊，获洋甘菊精油；

② 将马齿苋、粉防己、甘草、仙人掌、燕麦、积雪草、蒲公英、芦荟、石斛、银耳，分别精磨成粉，混合，加水煎煮 2 次，每次 1h，加水量是混合物的两倍；

③ 将两次煎煮的提取液合并，过滤，采用薄膜蒸发器对提取液进行蒸发浓缩成 1：1 的

浸膏，加 2 倍量的 70%酒精搅拌，去掉纤维素和植物蛋白等，静置 12h 后过滤，将洋甘菊精油加入浸膏中均匀混合，即得抗敏修复精华液。

配方 5：新型祛痘抗敏修复精华素

组分		质量分数/%
A 组分	水	加至 100
	植物抗菌剂 SabiLize Alpha	0.1
B 组分	烟酰胺	2.0
	乙酰化透明质酸钠	0.01
	甘油葡萄糖苷	2.0
	植物丙二醇	4.0
	水解小核菌胶	1.0
	芦巴油	0.5
	氢化软磷脂	0.1
	EDTA-2Na	0.01
	HA	0.1
	尿囊素	0.1
	海藻糖	0.5
	甘草酸二钾	0.1
	根瘤菌胶	0.1
C 组分	水	3.0
	精氨酸	0.1
	丝氨酸	0.1
D 组分	橄榄乳化蜡 Olivem 1000	0.5
	澳洲坚果油	0.1
	霍霍巴油	0.5
	甜杏仁油	0.5
	向日葵油	0.1
	氢化椰汁油脂	0.5
E 组分	草绿盐角草提取物	0.3
	苹果干细胞提取物	0.3
F 组分	苯氧乙醇	0.1
	水	3.0
G 组分	依克多因	0.5
	己二醇	0.5
	积雪草提取物	0.8

制备工艺：

① 取 A 组分物料混合，水浴加热至 80℃，依次加入 B 组分物料，搅拌 60min 直至 A、B 两组分全部溶解；

② 取 C 组分物料冷水预分散待用；

③ 取 D 组分物料混合并加热至 85℃，保温 30min；

④ 取出 A、B 混合组分 3000r/min 均质 3min，然后缓慢加入 D 组分均质 3min，取出放

入搅拌器 800r/min 的搅拌条件下加入 C 组分，并继续搅拌 10min；

⑤ 开启冷却模式，降温至 50℃时加入 F 组分，搅拌均匀后，加入 G 组分，搅拌 30min；

⑥ 检测、包装、入库即得新型祛痘抗敏修复精华素。

配方 6：植萃舒缓精华霜

组分		质量分数/%
A 组分	牛油果树果脂	2.2
	GTCC	2.5
	氢化聚异丁烯	3.0
	鲸蜡硬脂醇	0.68
	鲸蜡硬脂基葡糖苷	0.6
	甘油硬脂酸酯	1.25
	聚二甲基硅氧烷	0.1
	燕麦仁油	1.5
	PEG-100 硬脂酸酯	1.0
	甘油硬脂酸	1.22
B 组分	甘油	6.0
	甜菜碱	1.2
	燕麦 β-葡聚糖	0.05
	维生素 E 乙酸酯	0.42
	透明质酸钠	0.03
	汉生胶	0.04
	丙二醇	0.1
	丁二醇	2.5
C 组分	水	加至 100
	EDTA-2Na	0.03
	羟苯甲酯	0.15
	羟苯丙酯	0.13
D 组分	山梨酸钾	0.0032
	苯氧乙醇	0.35
	乙基己基甘油	0.03
E 组分	苦参根提取物	0.5
	胀果甘草根提取物	0.2
	黄芩根提取物	1.0
	忍冬花提取物	0.2
	紫草提取物	0.01
	掌叶大黄提取物	0.06
	黄连根提取物	0.3
F 组分	卤虫提取物	0.05

制备工艺：

① 将 A 组分物料混合均匀，加热到 85℃，待用；

② 将 B 组分混合后与 C 组分混合均匀，加热到 85℃，得到混合物，待用；

③ 将步骤①混合物和步骤②混合物混合，搅拌乳化均匀，降温至 60℃；

④ 降温至 45℃后加入 D 组分，搅拌均匀，待用；

⑤ 将 E 组分物料加入搅拌均匀，降温至 45℃，待用；

⑥ 将 F 组分均匀加入，搅拌均匀，降温至 38℃后，过滤即得植萃舒缓精华霜。

12.4.5　抗过敏眼霜

配方 1：植萃舒缓眼霜

	组分	质量分数/%
A 组分	甘油	5.56
	丁二醇	3.83
	水解透明质酸钠	0.3
	透明质酸钠	0.3
	汉生胶	0.06
B 组分	水	加至 100
	EDTA-2Na	0.04
	甘草酸二钾	0.8
	羟苯甲酯	0.25
C 组分	牛油果树果脂	2.32
	角鲨烷	3.35
	辛酸/癸酸三甘油酯	5.0
	鲸蜡硬脂醇	0.72
	聚二甲基硅氧烷	1.95
	氢化聚异丁烯	4.0
	鲸蜡硬脂基葡糖苷	1.38
	甘油硬脂酸酯	1.38
	PEG-100 硬脂酸酯	1.35
	羟苯丙酯	0.08
D 组分	燕麦仁油	0.005
	维生素 E 乙酸酯	0.09
E 组分	苯氧乙醇	0.5
	乙基己基甘油	0.05
F 组分	忍冬花提取物	0.75
	紫草提取物	0.35
	掌叶大黄提取物	0.09
	黄连根提取物	1.2
G 组分	卤虫提取物	0.02
	山梨酸钾	0.003
	二棕榈酰羟脯氨酸	3.35
	六肽-9	0.02
	千日菊提取物	2.5
	二肽二氨基丁酰基酰胺二乙酸盐	0.01
	苦参根提取物	1.0
	胀果甘草根提取物	0.4
	黄芩根提取物	1.2

制备工艺：

① 将 A 组分物料加入 B 组分物料中，混合均匀，加热到 85℃；

② 将 C 组分物料加热到 85℃，加入①所得混合物中，混合搅拌均匀；

③ 将 D 组分物料加热至 85℃，加入②所得混合物中，混合均匀，降温至 45℃；

④ 将 E 组分物料加入③所得混合物中，搅拌均匀；

⑤ 将 F 组分物料加入④所得混合物中，混合均匀，降温至 40℃；

⑥ 将 G 组分物料加入⑤所得混合物中，搅拌均匀，降温至 38℃，即得植萃舒缓眼霜。

配方 2：补水舒缓眼霜

组分	质量分数/%	组分	质量分数/%
甘草提取液	0.7	黄芩提取液	0.98
茯苓提取液	1.41	山枝子提取液	0.7
当归提取液	1.05	益母草提取液	0.7
白蔹提取液	0.84	丹参提取液	0.98
红花提取液	1.05	HA	0.07
荆芥提取液	0.7	卡波姆	0.07
川芎提取液	0.84	柠檬酸钠	0.21
黄柏提取液	1.05	水	加至 100

制备工艺：

① 将清洗后的原料和水依次投入不锈钢锅，煮沸后沸腾 100min，经 500 目的过滤网过滤，即得中药提取液；

② 将中药提取液和卡波姆依次投入搅拌锅 A 中并搅拌，搅拌转速为 30r/min，使卡波姆均匀溶胀于中药提取液中；

③ 将 4.22%的水和柠檬酸钠依次投入搅拌锅 B 中搅拌溶解；

④ 将步骤③柠檬酸钠溶液、HA 依次投入搅拌锅 A 中，20r/min 搅拌即得补水舒缓眼霜。

12.4.6　抗过敏面膜

配方 1：美容抗过敏面膜

组分	质量分数/%	组分	质量分数/%
火麻仁油	2.0	丁二醇	6.0
火麻叶提取物	1.0	甘油	8.0
白桦叶提取物	2.0	苯氧乙醇	0.4
谷胱甘肽	0.08	乙基己基甘油	0.12
γ-聚谷氨酸	2.0	香精	0.1
维生素 E	1.0	水	加至 100
卡拉胶	0.4		

制备工艺：

按质量分数称取各组分，搅拌均匀，即得。

配方2：舒缓修护保湿面膜液

组分	质量分数/%	组分	质量分数/%
甘油	3.0	北美金缕梅提取液	3.0
1,3-丁二醇	6.0	β-葡聚糖	2.0
中分子透明质酸钠	0.18	D-泛醇	2.5
小分子透明质酸钠	0.06	亮肽抗菌液	2.0
汉生胶	0.2	洋甘菊花水	3.5
甘草酸二钾	0.15	水	加至100
活性酵母细胞精华	2.0		

制备工艺：

① 将汉生胶、甘油及80%~90%的水加热至80~85℃，搅拌溶解；

② 将中分子透明质酸钠与小分子透明质酸钠均匀分散于1,3-丁二醇中；

③ 将步骤①的溶液降温至50℃加入步骤②的溶液，搅拌直到完全溶解；

④ 在剩余水量的50%中加入甘草酸二钾，搅拌到溶解；

⑤ 在剩余水量的50%中加入D-泛醇，搅拌到溶解；

⑥ 将步骤③降温至45℃左右加入步骤④、⑤及北美金缕梅提取液、β-葡聚糖、活性酵母细胞精华、亮肽抗菌液、洋甘菊花水搅拌均匀，调节体系pH值至5.5~6.5，搅拌均匀，检验合格后即得舒缓修护保湿面膜液。

⑦ 将步骤⑥所得到的液体以一定的质量灌装到折叠好面膜纸的袋中，封口，即得舒缓修护保湿面膜。

配方3：植萃舒缓面膜

组分		质量分数/%
A组分	甘油	6.15
	汉生胶	0.57
	甘草酸二钾	0.76
	丁二醇	2.36
	透明质酸钠	0.28
	HEC	0.57
B组分	水	加至100
	甘油丙烯酸酯/丙烯酸共聚物	2.84
	丙二醇	2.84
	PVM/MA共聚物	0.28
	甜菜碱	0.06
	EDTA-2Na	0.04
C组分	1,2-己二醇	2.18
	对羟基苯乙酮	1.04
D组分	苦参根提取物	0.95
	胀果甘草根提取物	0.38
	黄芩根提取物	1.14
	忍冬花提取物	0.57
	紫草提取物	0.85

续表

组分		质量分数/%
D 组分	掌叶大黄提取物	0.08
	黄连根提取物	1.14
	糖类同分异构体	0.14
	生物糖胶-1	0.06
	乙基己基甘油	0.07
	苯氧乙醇	0.52
E 组分	棕榈酰三肽-5	0.38

制备工艺：

① 将 A 组分物料加入 B 组分物料中，混合均匀，加热到 85℃，恒温 20min，降温至 45℃；

② 将 C 组分物料加入步骤①所得混合物中，搅拌均匀；

③ 将 D 组分物料加入步骤②所得混合物中，搅拌均匀；

④ 将 E 组分物料均匀加入步骤③所得混合物中，搅拌均匀，降温至 38℃，即得植萃舒缓面膜。

配方 4：无纺布面膜（抗过敏）

组分	质量分数/%	组分	质量分数/%
甘油	10.0	丁二醇	5.0
透明质酸钠	0.1	红没药醇	0.2
天然抗过敏物	1.0	Tween-80	0.5
EDTA-2Na	0.05	防腐剂	适量
营养滋润或其他功能性添加剂	适量	水	加至 100
香精	0.05		

制备工艺：

① 将透明质酸钠、EDTA-2Na 与水混合后，在高速分散盘搅拌下加热溶解，加入耐热的营养滋润或其他功能性添加剂；

② 将 Tween-80、红没药醇、香精加入甘油和丁二醇中，与①溶液混合之后加入防腐剂，即得面膜液，加入无纺布面膜纸包装后即得无纺布面膜。

配方 5：舒缓修复面膜

组分	质量分数/%	组分	质量分数/%
Lecigel	2.0	卡波姆	0.3
美藤果油（印加果油）	1.0	功能活性物组合	0.7
深海两节荠籽油	2.0	橙花水	2.0
角鲨烷	2.0	L-精氨酸	0.2
植物甾醇异硬脂酸酯	0.5	神经酰胺	0.5
甘油	5.0	防腐剂	0.3
透明质酸钠	0.1	水	加至 100

制备工艺：

① 将油相〔Lecigel、美藤果油（印加果油）、深海两节荠籽油、角鲨烷、植物甾醇异硬脂酸酯〕及水相（甘油、透明质酸钠、卡波姆、L-精氨酸、神经酰胺、防腐剂、水）分别用恒温水浴加热至 75～85℃，充分搅拌使其完全溶解；

② 保持温度不变，在搅拌水相情况下，把油相加入水相中，继续搅拌，均质 5～10min；

③ 降温至 40℃，加入功能活性物组合、橙花水等，搅拌 15～20min 直至膏体均匀，即得制成品。

12.4.7 抗过敏护手霜

配方 1：含牡丹全株提取物的舒敏保湿抗衰护手霜

纯植物滤液配方

组分	质量分数/%	组分	质量分数/%
牡丹皮提取物	7.14	青刺果提取物	7.14
牡丹花提取物	7.14	甘草提取物	7.14
牡丹叶提取物	7.14	水	加至 100
牛油果提取物	7.14		

护手霜基质配方

组分	质量分数/%	组分	质量分数/%
神经酰胺	0.77	鲸蜡硬脂醇	3.85
角鲨烯	0.77	卡波姆	3.85
HA	3.85	丁二醇	3.85
维生素 E 乙酸酯	1.92	羟苯甲酯	0.38
尿囊素	3.85	水	加至 100

制备工艺：

① 按配比称取各种植物提取物，混合后加入 100℃的水搅拌溶解，过滤，得纯植物滤液；

② 按配比称取护手霜基质物料加入 100℃水中搅拌溶解，搅拌均匀后得乳液备用；

③ 称取步骤①中制得的滤液和步骤②中制得的乳液按质量比 1∶2 混合，加热至 45～50℃混合搅拌均匀即得。

配方 2：含油性桃叶提取物护手霜

组分		质量分数/%
A 组分	卡波姆	0.3
	甘油	4.0
	多功能特种高分子聚合物 W-10	2.0
	甜菜碱	5.0
	水	加至 100
B 组分	油性桃叶提取物	5.0
	草莓种子油	5.0
	霍霍巴油	0.5
	角鲨烷	2.0

组分		质量分数/%
B 组分	甘油硬脂酸酯	0.5
	聚山梨酯-20	0.5
	鲸蜡硬脂醇	3.0
	聚二甲基硅氧烷	0.2
C 组分	苯氧乙醇	0.6
	氯苯甘醚	0.2
	香精	0.15

制备工艺：

按配比将 A 组分物料混合加热至 75～80℃，作为水相；

按配比将 B 组分物料混合均匀后加热至 75～80℃，作为油相；

将油相加入水相中，均质 5min，搅拌降温至 45℃，依次加入 C 组分物料搅拌均匀，得到含有油性桃叶提取物护手霜。

12.4.8　抗过敏身体乳

配方：植萃舒缓身体乳

组分		质量分数/%
A 组分	甘油	7.0
	丁二醇	3.5
	汉生胶	0.06
	透明质酸钠	7.0
B 组分	水	78
	甜菜碱	50
	甘草酸二钾	0.8
	羟苯甲酯	0.2
C 组分	GTCC	6.0
	牛油果树果脂	2.55
	氢化聚异丁烯	4.0
	聚二甲基硅氧烷	0.2
	$C_{14\sim22}$ 醇	2.08
	$C_{12\sim20}$ 烷基葡糖苷	2.08
	甘油硬脂酸酯	1.42
	鲸蜡硬脂醇	0.15
	PEG-100 硬脂酸酯	1.45
D 组分	燕麦仁油	0.005
	维生素 E 乙酸酯	0.55
E 组分	苯氧乙醇	0.5
	羟苯丙酯	0.1
	乙基己基甘油	0.07

组分		质量分数/%
F 组分	忍冬花提取物	0.5
	紫草提取物	0.82
	掌叶大黄提取物	0.09
	黄连根提取物	2.53
G 组分	苦参根提取物	0.8
	胀果甘草根提取物	0.2
	黄芩根提取物	1.1

制备工艺：

① 将 A 组分原料加入 B 组分原料中，加热到 85℃混合均匀；

② 将 C 组分原料加热到 85℃，加入 D 组分原料，混合均匀；

③ 将①所得混合物及②所得混合物混合均匀，降温至 45℃；

④ 加入 E 组分原料，搅拌均匀；

⑤ 加入 F 组分原料，搅拌均匀，降温至 40℃；

⑥ 加入 G 组分原料，搅拌均匀，降温至 38℃，即得植萃舒缓身体乳。

12.4.9　抗过敏洗面奶

配方 1：抗敏舒缓洁面乳

组分		质量分数/%
A 组分	水	加至 100
	金盏花提取物	1.8
	马齿苋提取物	2.1
	金盏花/玉米发酵提取物	1.4
B 组分	甘油	0.9
	单酸甘油酯柠檬酸酯	0.9
	鲸蜡醇	0.9
	IPM	0.9
C 组分	HEC	0.5
	柠檬黄酮	0.5
	月桂酸	0.9

制备工艺：

① 将 A 组分依次加入搅拌釜中，800r/min 混合搅拌至完全溶解，加热至 70℃，形成水相；

② 将 B 组分依次加入搅拌釜中，混合搅拌，加热至 70℃，800r/min 搅拌 20min 形成油相；

③ 在 70℃下，将上述油相加入水相中，3000r/min 混合搅拌 20min，依次加入 C 组分，8000r/min 搅拌 20min，冷却至室温，即得抗敏舒缓洁面乳。

配方 2：刺梨花洁面乳

组分	质量分数/%	组分	质量分数/%
刺梨花提取物	30.0	月桂酰肌氨酸钠	4.0
聚丙烯酸	18.0	CAB-35	2.0
甘油	17.0	苯甲酸钠	0.15
单硬脂酸甘油酯	1.6	香精	0.03
棕榈酸异丙酯	0.04	水	加至 100
椰油酰甘氨酸钾	4.0		

制备工艺：

① 将聚丙烯酸在水中溶解后均质 3～5min，加入椰油酰甘氨酸钾、月桂酰肌氨酸钠、CAB-35、甘油、单硬脂酸甘油酯，搅拌均匀；

② 升温至 55～60℃，继续搅拌 5～20min，保温 15～25min 后冷却水降温至 45℃ 以下；

③ 加入刺梨花提取物、棕榈酸异丙酯、苯甲酸钠和香精，充分搅拌均匀后出料，静置即得刺梨花洁面乳。

配方 3：低刺激性的清洁组合物

组分	质量分数/%	组分	质量分数/%
水	加至 100	月桂酰胺丙基甜菜碱	3.0
甘油	5.0	月桂醇	5.0
1,3-丙二醇	7.0	苯氧乙醇	1.0

制备工艺：

① 将水、甘油、1,3-丙二醇和月桂酰胺丙基甜菜碱加入乳化锅搅拌溶解，加热到 90℃ 保温 15min；

② 将月桂醇投入乳化锅，在 80～90℃ 下搅拌溶解分散均匀，1000～3000r/min 均质乳化 1～5min，乳化完后以 20～30r/min 搅拌 5min；

③ 降温至 40～45℃ 时，加入苯氧乙醇，搅拌均匀；

④ 抽真空，搅拌均匀，降温到 35℃，出料即得低刺激性的清洁组合物。

配方 4：富含大豆多糖氨基酸纳米洁面乳

组分	质量分数/%	组分	质量分数/%
亮氨酸	4～6	苯氧乙醇	0.4～0.7
甘氨酸	4～6	蜂蜜提取物	0.5～1
缬氨酸	4～6	生姜汁	0.5～1
丝氨酸	5～8	维生素 E	0.5～0.8
苏氨酸	5～8	丙氨酸	0.5～1
甲基椰油酰基牛磺酸钠	2～5	大豆多糖	2～6
椰油酰胺丙基甜菜碱	1～3	精氨酸	0.8～1
组氨酸	1～2	香精	0.4～0.5
丝胶蛋白	1～3	水	加至 100

制备工艺：

① 将甲基椰油酰基牛磺酸钠、椰油酰胺丙基甜菜碱和水加入乳化锅中，在 75～85℃混合均匀；

② 在 55～65℃下，加入亮氨酸、甘氨酸、缬氨酸、丝氨酸、苏氨酸，搅拌 2～3h 至均匀；

③ 在 50～60℃下，依次加入组氨酸、丝胶蛋白、蜂蜜提取物、生姜汁、维生素 E、丙氨酸、苯氧乙醇、精氨酸、香精，搅拌 3～5min 至均匀，形成乳状液；

④ 在 40～55℃下，加入大豆多糖，高速剪切 3～5min 后，超声高压均质，制得氨基酸纳米乳状液；

⑤ 将氨基酸乳状液在 100～500r/min 下低速搅拌，冷却至 30～45℃，调节 pH 值至 6～6.8，即得氨基酸纳米洁面乳。

配方 5：氨基酸洁面乳

组分	质量分数/%	组分	质量分数/%
1,3-丙二醇	15.0	马齿苋提取物	1.0
月桂酰谷氨酸钠	10.0	对羟基苯乙酮	0.4～1.0
椰油酰甘氨酸钠	20.0	1,2-己二醇/辛二醇	0.5～1.0
丙烯酸酯类共聚物	0.5	水	加至 100
β-葡聚糖	4.0		

制备工艺：

① 将抑菌剂（对羟基苯乙酮和 1,2-己二醇/辛二醇）加热至 65℃，预溶解待用；

② 将水的 50%～90%、1,3-丙二醇、月桂酰谷氨酸钠、椰油酰甘氨酸钠加热至 80～85℃，溶解至透明状，保温 10～15min；

③ 继续搅拌降温，将丙烯酸酯类共聚物与剩余量的水混合搅拌均匀，待体系降温至 60～70℃时加入体系中；

④ 搅拌降温至 45℃，加入预溶好的抑菌剂、β-葡聚糖和马齿苋提取物；

⑤ 继续搅拌至体系变白变稠，35℃时出料即得氨基酸洁面乳。

配方 6：温和结晶型氨基酸洁面乳

组分		质量分数/%
A 组分	水	11.68
	卡波姆	0.18
	PEG-14M	0.05
	EDTA-2Na	0.07
	甘油	32.33
	对羟基苯乙酮	0.09
	鲸蜡硬脂醇聚醚-20	1.35
B 组分	椰油酰甘氨酸钠	34.13
	月桂基羟基磺基甜菜碱	7.19
	月桂酰两性基二乙酸二钠	6.29
C 组分	柠檬酸	1.71
	水	2.25
D 组分	PEG-7 甘油椰油酸酯	1.62
	苯氧乙醇	0.9
	香精	0.18

制备工艺：

① 将 B 组分的表面活性剂过 300～400 目滤网；

② 将 C 组分的柠檬酸加入水中溶解完全成透明溶液；

③ 将 A 组分的甘油加入水相锅，30～35Hz 搅拌，加入 PEG-14M 分散均匀，搅拌将 A 组分中的卡波姆缓慢加入，随后加入水、EDTA-2Na、对羟基苯乙酮，升温至 80～85℃，保温搅拌 15～20min；

④ 预热乳化锅，在 18～25r/min 搅拌条件下将水相经 300～400 目过滤网抽入乳化锅内，3000～3500r/min 均质，加入 A 组分的鲸蜡硬脂醇聚醚-20，85～90℃ 搅拌 3～5min，0.03～0.07MPa 抽真空，均质 3～5min，保温搅拌 3～5min；

⑤ 维持 18～25r/min 搅拌，-0.05～0.03MPa 抽真空，抽入预制的 B 组分，搅拌升温至 80～85℃，保温搅拌 5～10min，确保溶解完全后，加入预制 C 组分，搅拌 3～5min 后，降温；

⑥ 降温至 55～60℃ 时，加入 D 组分的 PEG-7 甘油椰油酸酯、苯氧乙醇、香精（如果配方中无苯氧乙醇和香精则无需加入），保持温度，搅拌 5～10min，降温；

⑦ 降温至 40℃ 取样检测，合格后即得温和结晶型氨基酸洁面乳。

12.5 防晒类护肤化妆品

12.5.1 防晒乳液

配方 1：保湿隔离乳

	组分	质量分数/%
A 组分	水	加至 100
	甘油	6.0
	丙二醇	4.0
	硫酸镁	0.3
	柠檬酸钠	0.3
B 组分	二氧化钛/月桂酰赖氨酸/氢氧化铝	1.5
	群青类/三乙氧基辛基硅烷	2.0
	二氧化钛/三乙氧基辛基硅烷	1.0
	新戊二醇二庚酸酯	6.0
C 组分	月桂基 PEG-9 聚二甲基硅氧乙基聚二甲基硅氧烷	3.0
	聚二甲基硅氧烷 PEG-10/15 交联聚合物	2.0
	聚二甲基硅氧烷/聚甘油-3 交联聚合物	0.2
	环五聚二甲基硅氧烷/二硬脂基二甲铵锂蒙脱石/碳酸丙二醇酯	4.0
	甲氧基肉桂酸乙基己酯	3.0
	聚二甲基硅氧烷	2.0
	环五聚二甲基硅氧烷/环己硅氧烷	7.0
D 组分	三甲基戊二醇/己二酸/甘油交联聚合物	0.3
	聚甲基丙烯酸甲酯	0.6
	乙烯基聚二甲基硅氧烷/聚甲基硅氧烷硅倍半氧烷交联聚合物	6.0
	辛甘醇/己二醇/乙基己基甘油/苯氧乙醇	0.8

制备工艺：

① 把 A 组分物料依次加入水相锅，升温至 75℃时，继续搅拌升温至 90℃，保温 15min；

② 将 B 组分物料混合均匀，润湿并初步混匀后，用三辊机研磨 2 次成色浆，备用；

③ 将 C 组分物料加入乳化锅中，升温至 75℃，250r/min 均质 2min，搅拌至完全溶解均匀后，停止加热；

④ 在搅拌下缓慢将水相锅内的水相抽入乳化锅，抽完后维持真空和搅拌 10min，3100r/min 均质 4min，25Hz 搅拌消泡 10min；

⑤ 加入 D 组分、B 组分物料，2000r/min 均质 4min，搅拌消泡 12min；

⑥ 降温至 40℃以下，出料，得到保湿隔离乳。

配方 2：嗜热栖热菌发酵产物防晒化妆品

组分		质量分数/%
水		加至 100
保湿剂	甘油	5.0
增稠剂	聚季铵盐-37	0.2
水性防晒剂	苯基苯并咪唑磺酸（PBSA）	2.0
pH 调节剂	氨甲基丙醇	2.0
防腐剂	苯氧乙醇	0.5
	辛甘醇	0.5
皮肤调理剂	依克多因	0.3
	嗜热栖热菌发酵产物	0.2
油脂	微晶蜡	0.5
	己二酸二丁酯	2.0
油性防晒剂	甲基辛亚基樟脑（MBC）	0.5
	双-乙基己氧苯酚甲氧苯基三嗪（BEMT）	2.0
	二乙氨基羟苯甲酰基苯甲酸己酯（DHHB）	3.0
	甲氧基肉桂酸乙基己酯（EHMC）	1.0
	水杨酸乙基己酯（EHS）	3.0
	乙基己基三嗪酮（EHT）	1.5
	OCR	8.0
	TiO_2	4.0

制备工艺：

① 将保湿剂和增稠剂分散均匀，加水后升温至 80～85℃，搅拌均匀；

② 用适量水溶解水性防晒剂后，加入 pH 调节剂，搅拌溶解均匀后加至①液中，同时加入防腐剂和皮肤调理剂，充分搅拌均匀后，在 60～65℃保温，备用；

③ 将油性防晒剂和油脂混合，加热至 85～90℃，充分搅拌溶解均匀，并在 60～70℃保持熔融状态；

④ 将②得到的水相保持 60～65℃，使用锚式搅拌器开启搅拌，转速为 200～250r/min，将③得到的油相倒入搅拌中的水相，搅拌 10～30s 直至形成均匀分散的油珠胶囊，停止搅拌，待其冷却至室温即得嗜热栖热菌发酵产物防晒化妆品。

配方 3：一种能提高防晒效果的组合物乳

组分		质量分数/%
野大豆提取物		1.5
氢化橄榄油不皂化物		7.0
防晒剂	二氧化钛粉浆	2.0
	甲氧基肉桂酸乙基己酯	8.0
	丁基甲氧基二苯甲酰基甲烷	4.0
	乙基己基三嗪酮	3.0
	双乙基己氧苯酚甲氧苯基三嗪	5.0
	水杨酸辛酯	3.0
油质基质	$C_{16\sim18}$ 醇	2.0
	丙二醇二辛酸酯/二癸酸酯	1.5
溶剂基质	水	加至 100
表面活性剂	甲基葡萄糖苷倍半硬脂酸酯	0.05
	PEG-20 甲基葡萄糖苷倍半硬脂酸酯	0.05
	硬脂酸甘油酯	0.25
	十二烷基磷酸酯钾盐	2.25
增稠剂	汉生胶	0.4
螯合剂	EDTA-2Na	0.05
防腐剂	苯氧乙醇	0.5

制备工艺：

① 先把增稠剂加入水中，搅拌 3～5min，均质 2min，完全溶解后再加入螯合剂与表面活性剂中的十二烷基磷酸酯钾盐，加热至 80～85℃，保温 15min 以上，制得 A 相；

② 先将防晒剂中二氧化钛粉浆预分散于丙二醇二辛酸酯/二癸酸酯中，再加入野大豆提取物、氢化橄榄油不皂化物和其余的防晒剂、表面活性剂与油质基质，加热至 80～85℃，制得 B 相；

③ 把 B 相加入 A 相中，混合均匀后均质 4min，降温至 45～50℃，加入防腐剂，搅拌 5～10min，即可。

配方 4：W/O 防晒乳液

组分		质量分数/%
A 组分	鲸蜡基 PEG/PPG-10/1 聚二甲基硅氧烷	1.8
	聚二甲基硅氧烷	4.0
	$C_{12\sim15}$ 醇苯甲酸酯	4.0
	碳酸二辛酯	3.0
	BELSIL® WO 5000	4.0
	甲氧基肉桂酸辛酯	6.0
	辛三嗪酮	1.5
	丁基甲氧基二苯甲酮	4.0
	双-乙基苯酸甲氧基苯基三嗪	3.0
	二苯酮-3	2.5
	奥克立林	2.0
	二甲基甲硅烷基化硅石	0.5

续表

组分		质量分数/%
B 组分	氯化钠	0.5
	1,3-丁二醇	5.0
	甘油	3.0
	EDTA-2Na	0.05
	水	加至 100
C 组分	维生素 E 醋酸酯	0.3
	红没药醇	0.2
	Tinosorb M	1.0
	水	10.0
D 组分	环五聚二甲基硅氧烷	9.0
	BELSIL® EG2	3.0
E 组分	防腐剂	适量

BELSIL® WO 5000：聚二甲基硅氧烷、辛基聚二甲基硅氧烷乙氧基葡萄苷混合物。

Tinosorb M：亚甲基双苯并三唑基四甲基丁基酚、水、癸基葡糖苷、丙二醇、汉生胶混合物。

BELSIL® EG2：环五聚二甲基硅氧烷、聚二甲基硅氧烷/乙烯基聚二甲基硅氧烷交联聚合物混合物。

制备工艺：

① 将 A 组分和 B 组分分别加热至 85℃，搅拌均匀；

② 缓慢将 B 组分加入 A 组分中，搅拌均匀，趁热 1200r/min 均质 5min；

③ 将 C 组分中 Tinosorb M 和水分散均匀，待②液温度降低至 55℃时，加入 C 组分，搅拌均匀；

④ 将 D 组分混合均匀后，待温度降低至 50℃时加入体系中；

⑤ 当温度降低至 40℃时加入 E 组分，即可。

配方 5：黄芩苷防晒乳液

组分		质量分数/%
A 组分	P-135 乳化剂	2.0
	白油	8.0
	二甲基硅油	7.0
	角鲨烷	7.0
	硬脂酸镁	1.0
B 组分	甘油	3.0
	超细二氧化钛	3.0
	黄芩苷	3.0
	水	加至 100
C 组分	香精	适量
	杰马 BP	适量
	BHT	适量

制备工艺：

① 将 A 组分、B 组分分别加热至 85℃，保温 30min；

② 搅拌下将 B 组分加入 A 组分中，高速均质乳化 4min；

③ 搅拌冷却至 45℃时加入 C 组分，充分混合均匀，即得黄芩苷防晒乳液。

配方 6：含茶多酚防晒乳

	组分	质量分数/%
A 组分	二硬脂基二甲基氯化铵	3.5
	甘油硬脂酸酯	2.0
	硬脂醇	1.0
	$C_{12\sim15}$ 烷基苯甲酸酯	5.0
	碳酸二乙基己酯	3.5
	鲸蜡醇蓖麻醇酸酯	1.0
	三异硬脂酸酯	1.0
	二氧化钛、碳酸二乙基己酯及聚甘油-6 聚羟基硬脂酸酯	5.0
	氰双苯丙烯酸辛酯	3.0
	甲氧基肉桂酸乙酸己酯	4.0
	丁基甲氧基二苯甲酰基甲烷	2.0
B 组分	甘油	3.0
	茶多酚	10.0
	水	加至 100

制备工艺：

① 称 A 组分物料混合，水浴加热至 70℃；

② 将 B 组分按照比例配制好，加热至 75℃分散均匀；

③ 将 A 组分缓慢加入 B 组分中，搅拌至二相混合均匀，均质，直至冷却，即得含茶多酚防晒乳。

配方 7：汉麻籽油防晒乳液

组分	质量分数/%	组分	质量分数/%
丙二醇	6.0	HA	0.1
甘油	3.0	汉生胶	0.5
HEC	0.5	C_{16} 醇	1.0
甲氧基肉桂酸乙基己酯	6.0	汉麻籽油乳液	69.0
2-羟基 4-甲氧基二苯甲酮	2.0	尼泊金甲酯	适量
水杨酸辛酯	3.0	防腐剂	适量
IPM	5.0	香精	适量
聚二甲基硅氧烷	3.0		

制备工艺：

按照一般的乳霜的制备工艺加热乳化即得汉麻籽油防晒乳液。

配方 8：液晶型防晒乳

组分		质量分数/%		
		配方 1	配方 2	配方 3
A 组分	Montanov 202	3.0	—	—
	DS-HPC70S	—	3.0	—
	自乳化单甘酯	—	—	3.0
	防晒组分/油脂	17.0	17.0	17.0
	鲸蜡硬脂醇	2.0	2.0	2.0
B 组分	水	加至 100	加至 100	加至 100
	甘油	5.0	5.0	5.0
	脱氢还原胶	0.2	0.2	0.2
C 组分	防腐剂	适量	适量	适量

制备工艺：

① 将 A 组分加入混合，75～80℃溶解均匀为油相备用；

② 将脱氢还原胶与甘油取一适当的容器预分散均匀，检查无细小颗粒后，加入水中溶胀分散均匀为 B 组分，同时加热到 75～80℃保温备用；

③ 将 A 组分和 B 组分混合乳化，乳化温度 70℃，乳化速度 4000r/min（10min）；

④ 降温时的搅拌速度为 700r/min，降至室温，加入防腐剂（C 组分）搅拌均匀，即得液晶型防晒乳。

配方 9：含粉类液晶型防晒乳

组分		质量分数/%		
		配方 1	配方 2	配方 3
A 组分	Montanov 202	3.0	—	—
	DS-HPC70S	—	1.0	—
	自乳化单甘酯	—	—	2.0
	防晒组分/油脂	17～21	17～21	17～21
	鲸蜡硬脂醇	2.0	2.0	2.0
B 组分	硅处理纳米二氧化钛	2.0	2.0	2.0
	硅处理纳米氧化锌	2.0	2.0	2.0
	聚羟基硬脂酸	0.5	0.5	0.5
C 组分	水	加至 100	加至 100	加至 100
	甘油	5.0	5.0	5.0
	脱氢还原胶	0.2	0.2	0.2
D 组分	防腐剂	适量	适量	适量

制备工艺：

① 将 A 组分混合，75～80℃溶解为均匀油相备用；

② 将 B 组分加入 A 组分中均质（4000r/min，10min），使其分散均匀，75～80℃保温；

③ 将脱氢还原胶与甘油预分散均匀，检查无细小颗粒后，加入水中溶胀分散均匀备用，同时加热到 75～80℃保温备用；

④ 混合②和③液后在 70℃、4000r/min 下搅拌 10min，700r/min 搅拌降温至室温，加入

防腐剂（D 组分）搅拌均匀，即得含粉类液晶型防晒乳。

配方 10：苦丁茶防晒乳

组分		质量分数/%
A 组分	单辛酸甘油酯	3.0～5.0
	二甲基硅油	2.0～4.0
	油溶性维生素 E	2.0～3.0
	$C_{16\sim18}$ 醇	0.5
	Simulsol 165	2.0～4.0
	硬脂酸甘油酯	2.0～3.0
	尼泊金甲酯	0.1～0.2
B 组分	甘油	3.0～5.0
	氨基酸保湿剂	2.0～3.0
	纯水	加至 100
C 组分	苦丁茶提取物	0.25～2.0
D 组分	香精（檀香香精、香兰素）	0.1～0.5

制备工艺：

① 取 A 组分、B 组分分别加热至 85～90℃完全溶解呈均相；

② 当 A、B 两相温度差不超过 5℃时，缓慢将 A 组分加入 B 组分后混匀，均质 3～5min 使乳化膏体稳定有光泽；

③ 75～80℃保温消泡 30min，搅拌至温度降至 45℃，添加 C 组分，继续均质 3～7min 后加入 D 组分，降至室温，即得苦丁茶防晒乳。

配方 11：含微藻提取物防晒乳

组分		质量分数/%
A 组分	鲸蜡硬脂醇（和）鲸蜡硬脂基葡糖苷	2.5
	甘油硬脂酸酯	0.5
	$C_{12\sim15}$ 醇苯甲酸酯	5.0
	聚二甲基硅氧烷	3.0
	甲氧基肉桂酸乙基己酯	1.2
	乙基己基三嗪酮	0.5
	双-乙基己氧苯酚甲氧基苯基三嗪	0.4
	二乙氨基羟苯甲酰基苯甲酸己酯	0.05
B 组分	水	加至 100
	甘油	2.0
	丙二醇	2.0
	海藻糖	0.5
	透明质酸钠	0.1
	丙烯酸（酯）类/$C_{10\sim30}$ 烷醇丙烯酸酯交联聚合物	0.2
	精氨酸	0.15
C 组分	微藻提取物	10.0
	香精	0.1
	防腐剂	0.8

制备工艺:

① 将 A 组分、B 组分物料分别混合加热至 75~85℃,至完全溶解;

② 将 A 组分加入 B 组分中,2000r/min 均质 10min;

③ 搅拌冷却至 40℃,加入 C 组分,搅拌冷却至 30℃以下,即得含微藻提取物防晒乳。

配方 12:芦荟防晒保湿乳液

组分		质量分数/%
A 组分	硬脂酸	8.0
	甘油	20.0
	单硬脂酸甘油酯	2.0
	TiO_2	2.0
B 组分	无水碳酸钠	1.5
	C_{16} 醇	2.0
	三乙醇胺	3.2
	水	加至 100
C 组分	香精	适量
	山梨酸	适量
	芦荟原汁	6.5

制备工艺:

① 按配方将油性原料(A 组分)水浴加热熔化,保温在 60~90℃;

② 取碱性物质 B 组分混合溶解,加热至 60~90℃;

③ 在不断搅拌下缓慢将 B 组分加入 A 组分中直至完全中和乳化,得乳白色稠糊状软膏后,停止搅拌,继续加热 10min;

④ 当温度降至 50℃以下,加入防腐剂(山梨酸)、香精搅拌均匀;

⑤ 加入芦荟原汁,搅拌均匀,即得芦荟防晒保湿乳液。

配方 13:芳樟叶浸膏防晒乳

组分		质量分数/%
A 组分	白油	8.0
	棕榈酸异丙酯	3.0
	二甲基硅油	3.0
	C_{18} 醇	1.0
	硬脂酸	1.0
	尼泊金丙酯	0.1
B 组分	甘油	5.0
	钛白粉	2.0
	樟叶浸膏	10.0
	樟叶皂苷	5.0
	尼泊金甲酯	0.1
	水	加至 100
C 组分	防腐剂	适量
	香精	适量

制备工艺：

① 将 A 组分、B 组分分别加热至 90℃，保温 20min；

② 搅拌下将 B 组分加入 A 组分中，保温乳化 5min，搅拌降温至 45℃加入 C 组分，充分搅拌均匀，即得芳樟叶浸膏防晒乳。

配方 14：松果菊苷防晒乳膏剂

组分		质量分数/%
A 组分	硬脂酸	10.0
	单硬脂酸甘油酯	5.0
	液状石蜡	5.0
	白凡士林	10.0
B 组分	三乙醇胺	4.0
	松果菊苷	5.0
	氮酮	3.0
	尼泊金乙酯	0.1
	水	加至 100

制备工艺：

① 将 A 组分加热至 80℃，直至熔化；

② 将 B 组分中松果菊苷先用水溶解，后与其他物料混合加热至 80℃，直至溶解；

③ 趁热边搅拌边将 B 组分加入 A 组分中，搅拌加入剩余的水；

④ 继续搅拌至完全乳化，冷却即得。

12.5.2　防晒霜

配方 1：蚕丝蛋白防晒霜

组分		质量分数/%
A 组分	石蜡油	8.5
	碳酸二辛酯	3.5
	二甲基硅油	4.0
B 组分	ZnO	5.0
	甘油	6.5
	PCA-Na	4.0
	深层保湿剂	1.0
	水	加至 100
C 组分	乳化剂 SS	2.5
	乳化剂 SSE	2.5
D 组分	增稠剂硬脂酸	6.5
E 组分	蚕丝蛋白粉	5~10
	香精	适量
	DMDM 乙内酰脲	适量

制备工艺：

① 将 A 组分在 100℃下搅拌 20min；

② 将 B 组分、C 组分分别加热至 75℃，搅拌 20min；

③ 控制 B 组分温度至 80℃左右，将 A 组分、C 组分缓慢加入搅拌中的 B 组分中，调整温度至 78℃，搅拌 20min；

④ 缓慢加入已经熔化的 D 组分并搅拌冷却 10min，待温度冷却至 45℃后，加入适量 E 组分，之后减速搅拌至室温，即得蚕丝蛋白防晒霜。

配方 2：锌钛复合浆料防晒霜 1

组分		质量分数/%
A 组分	水	加至 100
	1,3-丁二醇	3.0
	卡波姆	0.2
	10%NaOH 溶液	0.8
	聚甘油-4 异硬脂酸酯	1.0
B 组分	聚甘油-3-甲基糖苷硬脂酸醇	3.0
	鲸蜡基硬脂醇	2.0
	醇苯甲酸酯（$C_{12~15}$）	5.0
	PEG-11 甲醚聚二甲基硅氧烷	0.5
	环戊硅氧烷	5.0
	聚羟基硬脂酸	3.0
	锌钛复合浆料	16.0
C 组分	苯氧乙醇/辛甘醇	0.8

制备工艺：

① 将 A 组分和 B 组分分别加热至 80℃并搅拌均匀；

② 将 B 组分 6500r/min 均质 20min 后，加入 A 组分，8000r/min 均质 10min；

③ 搅拌冷却，降温至 60℃时加入 C 组分，继续搅拌冷却至室温，静置 24h，即得锌钛复合浆料防晒霜 1。

配方 3：锌钛复合浆料防晒霜 2

组分		质量分数/%	
		配方 1	配方 2
A 组分	水	加至 100	加至 100
	1,3-丁二醇	5.0	5.0
	汉生胶	0.4	0.4
B 组分	聚羟基硬脂酸	1.5	1.5
	鲸蜡基硬脂醇	1.0	1.0
	羟乙基丙烯酸酯/丙烯酰基二甲基牛磺酸钠共聚物	0.4	0.4
	聚丙烯酸酯交联聚合物-6	0.2	0.2
	PEG-100 硬脂酸酯/甘油硬脂酸	3.0	3.0
	花生醇/脂肪酸醇/花生葡萄糖苷	1.0	1.0
	苯乙基苯甲酸酯	5.0	5.0

续表

组分		质量分数/%	
		配方 1	配方 2
B 组分	环戊硅氧烷	6.0	6.0
	异十六烷	1.5	1.5
	辛酸/癸酸三酸甘油酯	3.0	3.0
	锌钛复合浆料	16	0
	TiO$_2$ 浆	0	8.0
	ZnO 浆	0	8.0
C 组分	苯氧乙醇/辛甘醇	0.8	0.8

制备工艺：

同锌钛复合浆料防晒霜 1。

配方 4：防晒 BB 霜

组分		质量分数/%	
		配方 1	配方 2
A 组分	C$_{30\sim45}$ 烷基鲸蜡硬脂基聚二甲基硅氧烷交联聚合物	1.02	0.85
	聚二甲基硅氧烷	4.98	4.15
	鲸蜡基 PEC/PPC-10/1 聚二甲基硅氧烷	2.5	1.8
	苯基聚三甲基硅氧烷	0.8	0.5
	硬脂酸镁	0.9	0.8
	羟苯甲酯	0.1	0.1
	羟苯丙酯	0.05	0.05
	GTCC	3.0	2.0
	甲氧基肉桂酸乙基己酯	6.0	5.0
	水杨酸乙基己酯	1.0	2.0
B 组分	环五聚二甲基硅氧烷	8.0	6.0
	二氧化钛	8.0	6.0
	聚甘油-3 二异硬脂酸酯	2.2	2.0
	辛基聚甲基硅氧烷	1.2	1.0
	氧化铁类	0.9	0.8
C 组分	水	加至 100	加至 100
	甘油	3.0	5.0
	丙二醇	5.0	3.0
	EDTA-2Na	0.05	0.08
D 组分	硫酸镁	1.0	0.8
	红没药醇	0.15	0.1
	香精	0.2	0.1
	甲基异噻唑啉酮	0.009	0.009
	碘丙炔醇丁基氨甲酸酯	0.005	0.005

制备工艺：

① 将 B 组分混合均匀后用胶体磨研磨至细腻无颗粒；

② 将 A 组分物料加入油相锅，搅拌升温至 80～85℃，完全分散好后抽入乳化锅；

③ 将研磨好的 B 组分混合物加入乳化锅，搅拌升温到 80～85℃；

④ 将 C 组分混合物加入水相锅，搅拌升温至 80~85℃溶解；

⑤ 抽真空（0.04MPa），1200r/min 搅拌，将水相锅中的物料经过滤网缓慢抽入乳化锅内，加完后，搅拌 10~15min，均质 5min，循环水降温；

⑥ 搅拌降温至 45℃，加入 D 组分，搅拌均匀后适当均质；

⑦ 搅拌降温至 40℃，检验合格，即得防晒 BB 霜。

配方 5：复配式防晒霜

	组分	质量分数/%
A 组分	Simulsol 165	1.2
	AxolC62	1.5
	cetiol AB	3.0
	$C_{16~18}$ 醇	2.0
	Parsol 5000	1.0
	Escalol 557	7.0
	Lanol 99	2.0
	Escolol 567	2.0
B 组分	甘油	8.0
	水	加至 100
C 组分	NT-200A	2.0
D 组分	香精	0.015

制备工艺：

① 取 A 组分物料加入油相锅，搅拌加热至 80℃（不超过 85℃），恒温 10min 搅拌至完全溶解；

② 取 B 组分物料加入油相锅，充分润湿后均质 3~4min，再加入 C 组分，搅拌下加热至 80~85℃，恒温 10min 后，均质 3min；

③ 温度降至 45℃，加入 D 组分，搅拌均匀后继续降温；

④ 温度降至 39℃，即得。

配方 6：海藻防晒霜

	组分	质量分数/%
A 组分	硬脂酸	12.0
	甘油	10.0
	羊毛脂	2.0
	C_{18} 醇	2.0
	鲸蜡醇	2.0
B 组分	三乙醇胺	1.0
	氢氧化钾	0.1
	EDTA-2Na	0.1
	水	加至 100
C 组分	尼泊金甲酯	0.1
	香精	0.1
	透明质酸钠	0.1
	海藻活性成分提取液	1.5

制备工艺：

① 将 A 组分物料水浴加热熔化，并在一定温度下持续保温；

② 将 B 组分物料溶解，水浴加热至一定的温度；

③ 将 B 组分混合溶液加到 A 组分混合液中，在均质机中不断搅拌直至完全乳化；

④ 当温度下降至常温时，加入 C 组分物料，搅拌均匀即可。

配方 7：含镰形棘豆黄酮纳米 TiO_2 防晒霜

组分		质量分数/%
A 组分	凡士林	6.0
	液体石蜡	10.0
	C_{18} 醇	3.0
	甲基硅油	3.0
	Span-60	2.0
	维生素 E	0.5
B 组分	Tween-80	3.5
	甘油	10.0
	三乙醇胺	0.3
	EDTA-2Na	0.2
	亚硫酸氢钠	0.3
	水	加至 100
C 组分	尼泊金甲酯	0.15
	尼泊金丙酯	0.05
D 组分	镰形棘豆黄酮提取物	2.0
	50%乙醇	适量
E 组分	纳米 TiO_2	1.0
	甘油	适量

制备工艺：

① 将 A 组分和 B 组分分别于水浴锅上加热至 80℃，加热搅拌 20min；

② 搅拌下将 B 组分以细流状缓缓加入 A 组分中，乳化一定时间，待乳化完成后加入 C 组分，保温搅拌 20min；

③ 持续搅拌下降温至 60℃，加入预先溶于 50%乙醇的镰形棘豆黄酮提取物（即黄酮提取物加适量 50%乙醇溶解，配成 100mg/mL 溶液），继续搅拌 5min；

④ 再降温至 45℃，加入与适量甘油研磨成浆状的纳米 TiO_2 浆，搅拌 5min，最后在室温水中进行快速冷却，降低搅拌速度，持续搅拌 5min，即得含镰形棘豆黄酮纳米 TiO_2 防晒霜。

配方 8：含芦荟防晒霜

组分		质量分数/%	
		配方 1	配方 2
A 组分	聚氧乙烯（2）硬脂醇醚	2.0	2.0
	聚氧乙烯（21）硬脂醇醚	3.0	3.0
	霍霍巴油	4.0	4.0
	$C_{16~18}$ 醇	3.0	3.0
	单硬脂酸甘油酯	/	3.0
	硬脂酸	4.0	4.0

组分		质量分数/%	
		配方 1	配方 2
B 组分	肌酸	0.2	0.2
	水	加至 100	加至 100
C 组分	芦荟提取物	0.5	1.0
	乙醇	0.5	1.0
	水	适量	适量
D 组分	尼泊金甲酯	0.5	0.5

制备工艺：

① 将 A 组分物料混合后加热至 90℃搅拌溶解，保温备用；

② 将 B 组分肌酸溶于水中，加热至 90℃，保温备用；

③ 将 C 组分中冷冻干燥后的芦荟提取物固体粉末加水和乙醇溶解；

④ 在均质机搅拌状态下，将 B 组分缓慢加入 A 组分，同时用均质机继续均质 3min 左右；

⑤ 控制温度在 75～80℃左右保温搅拌消泡，当体系降温至 45℃时，加入 C 组分，同时加入尼泊金甲酯，继续缓慢搅拌，室温时出料，即得含芦荟防晒霜。

配方 9：碱性抗炎防晒霜

组分		质量分数/%
A 组分	白油	15.0
	聚丙二醇单硬脂酸酯	3.0
	单硬脂酸甘油酯	3.0
B 组分	甘油	8.0
	山梨糖醇液	14.0
	碱性膨润土	4.0
	TiO_2	1.0
	水	加至 100
C 组分	尼泊金复合酯	0.15
	香精	适量

制备工艺：

① 将 A 组分物料混合后，加热至 80～90℃，搅拌溶解均匀，保温 10min；

② 将 B 组分中亲水性成分（甘油、山梨糖醇液、TiO_2）混合后，加入碱性膨润土、水，加热至 80～90℃，搅拌使其充分混合均匀，保温 10min；

③ 将 A 组分缓慢加入 B 组分中，不断搅拌使其混合均匀，保温 10min，停止加热；

④ 冷却至 45℃，添加适量防腐剂和香精，搅拌均匀，冷却至室温，即得碱性抗炎防晒霜。

配方 10：红花油茶籽油防晒霜

组分	质量分数/%		
	配方 1	配方 2	配方 3
红花油茶籽油果糖酯	20.02	25.84	26.96
纳米茶多酚稀土配合物	10.24	8.19	12.75
砭石	6.0	3.95	8.32

组分	质量分数/%		
	配方 1	配方 2	配方 3
茶皂素	4.01	5.9	6.24
牛至油	4.0	2.1	4.24
高纯水	加至 100	加至 100	加至 100

制备工艺:

将各物料进行混合,1200r/min 搅拌 2h,即得红花油茶籽油防晒霜。

配方 11: 天然色素 BB 霜

组分		质量分数/%
A 组分	聚二甲基硅氧烷	2.0
	月桂酸己酯	2.0
	阿伏苯宗	2.0
	二苯酮-3	2.0
	OMC	3.0
	C$_{12\sim15}$ 醇苯甲酸酯	2.0
	PEG-100 硬脂酸酯	2.0
	C$_{16\sim18}$ 醇	2.5
	BHT	0.02
	SS	1.0
	SSE-20	3.0
	二氧化钛和氢氧化铝和硬脂酸（TiO$_2$M）	6.0
	桑黄醇提物	0.15
B 组分	水	35.0
	卡波姆 2020	0.15
	甘油	4.0
	EDTA-2Na	0.05
	甜菜碱	0.6
C 组分	三乙醇胺	0.15
	辣椒红色素	0.4
D 组分	D-泛醇	0.5
	透明质酸钠	0.1
	维生素 C 乙基醚	1.0
	烟酰胺	1.0
	PCG	1.0
	水	加至 100

制备工艺:

① 将 A 组分和 B 组分物料分别置于 70～75℃水浴锅中搅拌 25～30min,使固状物溶解;

② 将 C 组分加入 B 组分后,搅拌下缓慢加入 A 组分中,快速搅拌 30min;

③ 降温至 45℃时加入 D 组分并搅拌至均匀,至 35℃时停止搅拌,出料即得天然色素 BB 霜。

配方 12：含葡萄芪类物质的防晒霜

	组分	质量分数/%
A 组分	ABIL@EM90	9.0
	Span-80	0.04
	二甲基硅油	11.0
	液体石蜡	2.0
	羊毛脂	5.0
	角鲨烷	3.0
	凡士林	9.0
	芪类物质	0.08
	水	加至100
B 组分	丁二醇	21.0
	甘油	17.0
	2%汉生胶	0.04
	肉桂酸	0.5
	维生素 C	1.0
	奥克立林	4.0
	氯化钠	2.0
C 组分	尼泊金甲酯	0.1
	精油	0.1

制备工艺：

① 分别将 A 组分和 B 组分加热到 90℃并维持 60min；

② 先将 B 组分取出恒温匀质搅拌 3min 后，再将 A 组分取出恒温匀质搅拌 3min；

③ 将 B 组分匀速加入 A 组分中，并持续恒温匀质搅拌 25min；

④ 降低搅拌温度，待温度降至 45～50℃时加入 C 组分，匀质搅拌后快速降至室温即得含葡萄芪类物质的防晒霜。

配方 13：兔毛蛋白防晒霜

	组分	质量分数
A 组分	水	加至100
	三乙醇胺	1.8
B 组分	尼泊金甲酯	0.2
	硬脂酸单甘酯	12
	高级脂肪醇	0.4
	尼泊金丙酯	0.1
	兔毛蛋白	5、10、15

制备工艺：

将 A 组分和 B 组分分别搅拌均匀，置于 70℃加热并保温，搅拌下将 A 组分倒入 B 组分中，在 45℃下充分混合均匀，即得兔毛蛋白防晒霜。

配方 14：虾青素防晒霜

组分		质量分数/%		
		配方 1	配方 2	配方 3
A 组分	硬脂酸	10	10	10
	C_{16} 醇	1.5	1.5	1.5
	羊毛脂	1.0	1.0	1.0
	石蜡油	5.0	5.0	5.0
B 组分	单硬脂酸甘油酯	2.13	4.26	6.4
	十二烷基硫酸钠	0.87	1.74	2.6
C 组分	甘油	2.5	2.5	2.5
	水	加至 100	加至 100	加至 100
	虾青素	0.00018	0.00018	0.00018

制备工艺：

① 分别加热溶解 A 组分、C 组分（除虾青素外），混合两组分并加入 B 组分，加热搅拌乳化；

② 搅拌待温度降至 60℃ 左右时，向膏基中添加虾青素，并将转速升至 300r/min 搅拌，直至降到室温，即得虾青素防晒霜。

配方 15：汉麻植物成分防晒霜

组分		质量分数/%
A 组分	EC-FixSE	2.0
	单甘酯	1.0
	混醇	2.5
	白油 15#	3.0
	IPM	3.0
	维生素 E 乙酸酯	0.5
	DM100	3.0
	二甲基硅油处理的 TiO_2	2.6
	517	3.8
	567	4.0
	557	5.8
	甘油	2.0
	丁二醇	3.0
	汉生胶	0.2
B 组分	EDTA-2Na	0.03
	水	加至 100
	海藻糖	2.0
	烟酰胺	2.0
	芦荟粉	0.1
C 组分	Microcare®MTI	0.05
	PE9010	0.4
D 组分	汉麻籽油	3.4
	汉麻秆芯粉	1.2
	汉麻叶提取液	1.5

制备工艺：

① 将 A 组分、B 组分分别混合，将 B 组分加热至 85℃，A 组分加热至 70℃；

② 均质 B 组分的同时趁热将 A 组分加入，均质 4min 后边搅拌边冷却，冷却至 40℃时加入 C 组分和 D 组分，搅拌均匀，即得汉麻植物成分防晒霜。

配方 16：基于藏药的防晒膏

组分		质量分数/%
水相	安久普拉浸膏	2.1
	水	8.8
油相	石蜡油	2.6
	凡士林	2.3
	羊毛脂	1.4
	硅油	0.9
	C_{18} 醇	0.5
	硬脂酸甘油酯	0.5
	Span-60	1.4
	水	加至 100

制备工艺：

① 取安久普拉浸膏溶于 60℃左右的水中配制成稀释液即为水相；

② 取石蜡油、凡士林、羊毛脂、硅油、C_{18} 醇、硬脂酸甘油酯、Span-60 置于真空乳化机中，并加入 60℃左右的水乳化 15min 即为油相；

③ 把油相和水相分别搅拌加热至 75℃左右，最后在真空乳化机中将水相和油相合并再乳化 30min，温度控制在 75℃，出料温度为 40℃，即得基于藏药的防晒膏。

配方 17：三七总皂苷/纳米 TiO_2 防晒霜

组分		质量分数/%
A 组分	白油	8～9
	碳酸二辛酯	3～4
	二甲基硅油	3～5
	甲氧基肉桂酸辛酯	1.8
	纳米 TiO_2 浆（45%）	2.0
B 组分	甘油	6～7
	吡咯酸烷酮羧酸钠	4.0
	深层保湿剂	1.0
	三七总皂苷	2.0
	水	加至 100
C 组分	乳化剂 SS	2.5
	乳化剂 SSE	2.5
D 组分	硬脂酸	6～7
F 组分	香精	适量

制备工艺：

① 混合 B 组分物料在 100℃下均质搅拌，灭菌 20min；

② 将 A 组分和 C 组分分别混合加热至 75℃，均质搅拌 20min；

③ B 组分降温至 80℃左右后，将 A 组分和 C 组分缓慢加入正在搅拌中的 B 组分，调整

温度至 78℃，乳化 20min；

④ 缓慢加入已经熔化的 D 组分，冷却搅拌 10min；

⑤ 降温至 45℃时加入 F 组分，之后减速搅拌至凝固出料，即得三七总皂苷/纳米 TiO$_2$ 防晒霜。

12.5.3　防晒油

配方：醇基防晒油

组分			质量分数/%
A 组分（油相）	防晒剂	4-甲基苄亚基樟脑	3.0
		甲氧基肉桂酸乙基己酯	6.0
		双-乙基己氧苯酚甲氧苯基三嗪	1.0
		二苯酮-3	2.0
		奥克立林	4.0
		乙氨羟苯甲酰基苯甲酸己酯	2.0
		p-甲氧基肉桂酸异戊酯	1.0
	抗水剂	氢化二聚亚油醇碳酸酯/碳酸二甲酯共聚物	2.0
		VP/十六碳烯共聚物	3.0
	油脂	椰子油	2.0
		C$_{12\sim15}$醇苯甲酸酯	20.0
		碳酸二辛酯	14.0
		季戊四醇四异硬脂酸酯	3.0
B 组分（醇相）	醇基	乙醇	加至 100
	多元醇	甘油	1.0
		丙二醇	3.0
		辛基十二醇	6.0
C 组分	添加剂	维生素 E 乙酸酯	0.2
		维生素 C 四异棕榈酸酯	0.1
		香精	0.1

制备工艺：

① 将 A 组分在 70℃下加热溶解均匀；

② 将 B 组分在常温下搅拌混合均匀；

③ 将 B 组分在常温搅拌条件下缓慢匀速加入 A 组分中，混合均匀；

④ 将 C 组分加入混合体系中，混合均匀。

12.5.4　晒后修复护肤品

配方 1：晒后修复、抗氧化、美白功效的组合物

组分	质量分数/%	组分	质量分数/%
松茸、赤芝、银耳组合物	15.0	皱波角叉菜提取物	2.0
乳酸杆菌/豆浆发酵产物	10.0	甘露糖	3.0
可溶性蛋白多糖	1.0	化妆品外用剂型的常用基质以及水或水	加至 100

制备工艺：

① 按配比称取原料松茸 2 份、赤芝 2 份、银耳 1 份，粉碎，混合；

② 按照①原料 1 份，水 20 份，提取温度 55～65℃，提取 3 次，每次提取 30min，过滤得提取液；

③ 收集合并②所得提取液，浓缩至料液比（以生药计）1∶20，即得松茸、赤芝、银耳组合物；

④ 混合所有物料即得具有晒后修复、抗氧化、美白功效的化妆品。

配方 2：高硫酸化的海藻多糖晒后修复面膜

组分	质量分数/%	组分	质量分数/%
高硫酸化的海藻多糖	2.0	维生素 B₅	3.0
甘油	5.0	水	加至 100
橄榄油	5.0		

制备工艺：

① 配制 2%高硫酸化的海藻多糖溶液；

② 向溶液中加入维生素 B₅，搅拌，溶解后加入甘油和橄榄油搅拌；

③ 将纸膜放入面膜液中浸泡 1h，得到高硫酸化海藻多糖晒后修复面膜。

配方 3：苦参晒后修复护理原液

组分	质量分数/%	组分	质量分数/%
苦参根提取物	49.0	忍冬花提取物	15.0
马齿苋提取物	15.0	天竺葵提取物	10.0
艾纳香提取物	8.5	尿囊素	2.5

制备工艺：

按照原料质量配比混合即得苦参晒后修复护理原液。

配方 4：晒后修复精华

组分	质量分数/%	组分	质量分数/%
透明质酸钠	0.2	肌肽	0.2
丙烯酸（酯）类/C₁₀～₃₀烷醇丙烯酸酯交联聚合物	0.25	芦荟提取物	2.0
甘油	6.0	丝氨酸	0.1
1,3-丁二醇	5.0	精氨酸	0.1
芦丁	1.0	尿囊素	0.2
β-葡聚糖	2.0	防腐剂	0.3
卷柏提取物	1.2	水	加至 100
海藻多糖	1.1		

制备工艺：

① 先在搅拌锅中加入水、透明质酸钠、丙烯酸（酯）类/C₁₀～₃₀烷醇丙烯酸酯交联聚合物、甘油、1,3-丁二醇、芦丁、尿囊素，搅拌至透明无颗粒均匀溶液，然后加热至 83℃，然后搅拌降温；

② 在搅拌锅温度降至 44℃后依次加入 β-葡聚糖、卷柏提取物、海藻多糖、肌肽、芦荟

提取物、丝氨酸、精氨酸搅拌均匀，并搅拌降温；

③ 待温度降至 35℃时加入防腐剂搅拌 30min，检测合格后过滤出料。

配方 5：晒后修复面膜

组分	质量分数/%
增稠剂（汉生胶）	0.01
保湿剂（甜菜碱、透明质酸钠交联聚合物、透明质酸钠按质量比 1:1:1 混合）	0.1
润肤剂（PEG/PPG-17/6 共聚物、甘油聚醚-26、水解果胶按质量比 1:1:1 混合）	0.1
抗敏剂（甘草酸二钾）	0.1
抗炎剂（甘草酸二钾、积雪草提取物按质量比 1:1 混合）	0.1
皮肤调理剂（烟酰胺、卵磷脂、乙酰谷氨酰胺、寡肽-1 按质量比 1:1:1:1 混合）	0.1
防腐剂（1,2-戊二醇）	1.0
水	加至 100

制备工艺：

① 将增稠剂、保湿剂和水搅拌升温至 80～85℃，恒温搅拌 30min，搅拌均匀至无颗粒状态，得混合液一；

② 向步骤①所得混合液一中加入润肤剂，在 75～80℃温度下恒温搅拌 30min，降温至 40～45℃后再加入皮肤调理剂、抗敏剂、抗炎剂和防腐剂，再搅拌均匀，得混合液二；

③ 将步骤②所得混合液二依次进行灭菌、质检、灌装和包装，得晒后修复面膜。

配方 6：晒后修复乳

组分		质量分数/%
A 组分	C14~22 烷基醇	2.5
	硬脂酸甘油酯	3.0
	IPM	1.0
	棕榈酸乙基己酯	3.0
	鲸蜡硬脂醇	3.0
	聚二甲基硅氧烷	3.5
	维生素 E	3.0
B 组分	晒后修复组合物	10.0
	芦荟提取物	10.0
	芍药根提取物	2.0
	卡波姆 940	0.2
	EDTA-2Na	0.15
	水	加至 100
C 组分	甲基异噻唑啉酮	0.01

晒后修复组合物

组分	质量分数/%	组分	质量分数/%
玫瑰茄提取物	50.0	酪朊酸钠	12.5
金花葵提取物	37.5		

制备工艺：

① 将 A 组分物料加入油相锅中，搅拌加热至 80～85℃，保温，备用；

② 将水加入水相锅中，边搅拌边加入卡波姆 940，分散均匀后加入 B 组分其他物料，加

热至 80～85℃，保温 30min 后备用；

③ 将 B 组分抽入乳化锅中，边搅拌边加入 A 组分，均质乳化 3～10min 后缓慢降温至 40～45℃后调节物料 pH 值，加入 C 组分，搅拌均匀，检测合格后出料，灌装。

晒后修复组合物的制备：

将玫瑰茄花自然干燥、粉碎，加入质量体积比为 1：50（g/mL）的 75%乙醇溶液，450W 微波处理 3min，500W 超声提取 45min，过滤，滤液浓缩，得玫瑰茄提取物；

将金花葵自然干燥、粉碎，加入质量体积比为 1：20（g/mL）的水，加热回流提取 1.5h，过滤，滤渣加入质量体积比为 1：10（g/mL）的水，加热回流提取 1h，过滤，合并滤液，浓缩，得金花葵提取物；

将玫瑰茄提取物、金花葵提取物与酪朊酸钠按比例混合，即得晒后修复乳。

配方 7：黄蜀葵花晒后修护凝胶睡眠面膜

组分	质量分数/%	组分	质量分数/%
黄蜀葵花总黄酮	0.08	羧甲基纤维素钠	0.15
沙棘叶总黄酮	0.02	氢化蓖麻油	0.9
箬叶总黄酮	0.02	HA	0.06
肉苁蓉多糖	0.025	三乙醇胺	0.4
金银花精油	0.027	甘油	11.5
栀子花精油	0.027	1,3-丁二醇	3.5
野菊花精油	0.027	对羟基苯甲酸甲酯	0.012
卡波姆 940	0.4	水	加至 100

制备工艺：

植物精油为金银花精油、栀子花精油、野菊花精油按质量比 1：1：1 组成。

保湿剂为甘油与 1,3-丁二醇按质量比 1：0.3 组成。

制备工艺：

① 将卡波姆 940 与羧甲基纤维素钠混合均匀后，加入水总量的 3/5，边搅拌边升温至 85℃，加入肉苁蓉多糖，搅拌 28min，冷却至室温，静置 15h，得混合凝胶，该步骤搅拌速度均为 600r/min；

② 向保湿剂（甘油和 1,3-丁二醇）中加入黄蜀葵花总黄酮、沙棘叶总黄酮、箬叶总黄酮、植物精油（金银花精油、栀子花精油、野菊花精油）、氢化蓖麻油、对羟基苯甲酸甲酯，搅拌均匀后，加入步骤①的混合凝胶中，在 65℃下搅拌 25min 后，加入 HA、三乙醇胺以及剩余量的水，搅拌 12min，过 150 目筛，继续搅拌 40min 后，脱气，该步骤搅拌速度均为 1000r/min；

③ 脱气后将物料冷却至 35℃以下，包装为成品。

配方 8：晒后修护睡眠面膜

组分	质量分数/%	组分	质量分数/%
水	加至 100	维生素 B$_5$	0.5
甘油	8.0	杰马 BP	0.2
卡波姆	0.5	三乙醇胺	0.4
HA	0.05	氢化蓖麻油	0.1
丙二醇	3.0	艾纳香油	0.015
尼泊金甲酯	0.1		

制备工艺：

首先将凝胶剂卡波姆在水、甘油、HA 的混合介质中充分分散和溶胀，形成凝胶液后，再添加其他的原料，用三乙醇胺调节酸碱度，并不断搅拌消除气泡，即得晒后修护睡眠面膜。

12.5.5 防晒唇膏

配方1：含丹皮酚多效修复防晒唇膏

组分	质量分数/%	组分	质量分数/%
橄榄油	加至 100	丹皮酚	0.3
牡丹籽油	16.5	甜橙精油	0.2
大豆蜡	16.5	叶黄素	0.2
蜂蜡	16.5		

制备工艺：

① 取橄榄油、牡丹籽油、大豆蜡和蜂蜡加热至 85～90℃，并搅拌至完全溶解、混匀；

② 趁热加入丹皮酚混匀，随后降温至 60～70℃，并加入甜橙精油和叶黄素继续搅拌至完全溶解，得混合物料；

③ 将混合物料趁热注模，自然降温或冷却凝固，即得含丹皮酚多效修复防晒唇膏。

配方2：UVA、UVB 双重防护效果的唇膏

组分	质量分数/%	组分	质量分数/%
丁基甲氧基二苯酰甲烷（TBMD）	3.0	蓖麻油	26.8
OMC	6.0	液体石蜡	21.4
蜂蜡	42.8		

制备工艺：

取 OMC、TBMD、蜂蜡、蓖麻油、液体石蜡各物料于 75℃ 水浴加热至熔化，搅拌混匀，灌入预热至 75℃ 的空唇膏壳中，冷却至室温，即得 UVA、UVB 双重防护效果的唇膏。

配方3：珍珠红曲防晒润唇膏

组分		质量分数/%
A 组分	白蜂蜡	20.5
	小烛树蜡	2.05
	玫瑰蜡	0.8
	凡士林	5.0
B 组分	橄榄油	加至 100
	红曲粉	3.2
	正红色素	0.8
	纳米珍珠粉	0.875
C 组分	维生素 E	适量
	蜂蜜	适量
	精油	适量

制备工艺：

① 取白蜂蜡、小烛树蜡、玫瑰蜡和凡士林于 85℃ 熔化得 A 组分；

② 取橄榄油与红曲素、正红色素、珍珠粉搅拌研磨至均匀得 B 组分；

③ 将 B 组分加入 A 组分中，待充分搅拌混合后，稍冷，加入 C 组分，搅拌混匀；

④ 将混合均匀的物料浇注于空唇膏管中（唇膏管事先预热），并静置冷却 6h 得成品。

12.5.6 晒黑护肤品

配方 1：晒黑油

组分	质量分数/%	组分	质量分数/%
对甲氧基肉桂酸酯	4.0	抗氧化剂	适量
芝麻油	20.0	肉豆蔻酸肉豆蔻酯	25.0
液体石蜡	加至 100	香精	适量

制备工艺：

将对甲氧基肉桂酸酯和香精溶于肉豆蔻酸肉豆蔻酯中，加入液体石蜡和芝麻油、抗氧化剂，混合即得。

配方 2：晒黑剂

组分	质量分数/%	组分	质量分数/%
6-羟基-5-甲氧基吲哚	0.75	IPM	4.0
硅油	10.0	凡士林	11.0
十六烷基聚氧乙烯醚	7.0	香精	适量
丙二醇	5.0	防腐剂	适量
硬脂醇	4.0	水	加至 100
山梨醇（70%水溶液）	10.0		

制备工艺：

① 将丙二醇、水、山梨醇溶液混合后加热到 80℃ 溶解，得到水相；

② 将 6-羟基-5-甲氧基吲哚、硅油、十六烷基聚氧乙烯醚、硬脂醇、IPM、凡士林混合后加热到 80℃ 溶解，得到油相；

③ 在 80℃ 下，将油相加入水相中，乳化制得乳液；

④ 降温至 50℃ 加入香精和防腐剂，混合均匀冷却后即得晒黑剂。

配方 3：大枣晒黑化妆液

组分	质量分数/%	组分	质量分数/%
白油	加至 100	椰子油	6.5
山梨醇	2.8	四羟基二苯酮	9.3
橄榄油	9.3	聚丙烯酸溶液	0.9
亚苄基樟脑	3.7	叔丁基羟基苯甲醛	0.9
硬脂酸	1.9	水	27.8
十四酸乙丙酯	3.7	大枣萃取液	5.6

制备工艺：

将所有的物料混合，加热乳化即得大枣晒黑化妆液。

12.5.7 防晒凝胶

配方 1：UVA/UVB 防晒凝胶

OMC-固体脂质纳米粒的配方		TBMD-固体脂质纳米粒的配方	
组分	质量分数/%	组分	质量分数/%
泊洛沙姆 188（乳化剂）	4.08	泊洛沙姆 188（乳化剂）	4.08
Tween-80（乳化剂）	2.55	Tween-80（乳化剂）	2.55
大豆磷脂（基质）	1.53	大豆磷脂（基质）	1.53
水	加至 100	水	加至 100
硬脂酸甘油酯	1.02	硬脂酸甘油酯	2.04
OMC	4.08	TBMD	3.06

UVA/UVB 防晒凝胶的配方	
组分	质量分数/%
OMC-固体脂质纳米粒∶TBMD-固体脂质纳米粒（1∶6，体积比）	54.05
纳米 TiO_2	7.21
HA	2.70
水	加至 100

制备工艺：

① 取泊洛沙姆 188、Tween-80、大豆磷脂、水，80℃水浴加热溶解，作为水相，取硬脂酸甘油酯、TBMD 85℃熔融，作为油相，将油相缓慢滴加到高速搅拌的水相中，保持 80℃搅拌 1h，超声破碎仪超声 2min，冷却至室温，得 TBMD-固体脂质纳米粒；

② 按照①的方法制得水相，另外取硬脂酸甘油酯、OMC 85℃熔融，作为油相，得 OMC-固体脂质纳米粒；

③ 将 OMC-固体脂质纳米粒与 TBMD-固体脂质纳米粒按体积比混合，取纳米 TiO_2 加至其中；

④ 另取 HA 加入水中，4℃溶胀至溶解；

⑤ 将 HA 水溶液与含纳米 TiO_2 的固体脂质纳米粒混悬液混合均匀，即得 UVA/UVB 防晒凝胶。

配方 2：纳米结构脂质载体防晒凝胶

组分		质量分数/%
凝胶基质	羧甲基纤维素钠	0.36
	透明质酸钠	0.24
	Neolone TMMXP（防腐剂）	1.21
	甘油	12.21
	水	41.78
RES/辛癸酸甘油酯分散液	白藜芦醇（RES）	1.0
	辛癸酸甘油酯	1.0

续表

组分		质量分数/%
A 组分	乳木果酯	5.0
	复配乳化剂（Olivem 1000：Olivem 800=5：3，质量比）	4.0
	维生素 E	0.61
	红没药醇	0.11
B 组分	4-甲基苄亚基樟脑（Parsol 5000）	1.21
	丁基甲氧基二苯甲酰基甲烷（Parsol 1789）	2.42
	甲氧基肉桂酸乙基己酯（Parsol MCX）	6.06
C 组分	尿囊素	0.24
	EDTA-2Na	0.12
	水	加至 100

制备工艺：

① 取凝胶基质的物料，快速搅拌，充分溶胀，形成凝胶基质；

② 取处方量的 A 组分物料混合，置于 80℃水浴混合加热，熔化后加入 B 组分，待温度降至 60℃，加入 RES/辛癸酸甘油酯分散液，搅拌均匀，制成油相；

③ 称取 C 组分，于 80℃水浴中加热至溶解，制成水相；

④ 剪切水相的同时，将油相匀速加至水相中，剪切速度为 2000r/min，剪切时间为 5min，超声乳化（超声功率为 180W，超声时间为 10min），得载药纳米结构脂质载体分散液；

⑤ 将载药纳米结构脂质载体分散液室温放置至 40℃，加到凝胶基质中，边加边搅拌至均匀，即得纳米结构脂质载体防晒凝胶。

配方 3：槲-芦美白防晒凝胶

组分	质量分数/%	组分	质量分数/%
卡波姆 940	0.75	水	加至 100
甘油	10.0	无水乙醇	适量
1,2-丙二醇	5.0	三乙醇胺	适量
水溶性氮酮	5.0	芦荟苷和槲皮素	0.2

制备工艺：

① 将卡波姆 940、甘油、1,2-丙二醇、水溶性氮酮混合研磨润湿后，逐步加水溶胀过夜，形成凝胶基质；

② 将芦荟苷和槲皮素溶于无水乙醇中，混合均匀，倒入溶胀好的凝胶基质中，用三乙醇胺调 pH 值至 5.0，加水至全量，搅拌均匀即可。

12.5.8 防晒喷雾

配方：乳液型防晒喷雾

组分		质量分数/%
A 组分	Montanov L	2.0
	Arlacel 165	0.5
	双-乙基己氧苯酚甲氧苯基三嗪	1.0

续表

组分		质量分数/%
A 组分	二乙氨羟苯甲酰基苯甲酸己酯	2.0
	甲氧基肉桂酸乙基己酯	5.0
	碳酸二辛酯	2.0
	羟苯甲酯	0.2
	羟苯丙酯	0.1
B 组分	水	加至 100
	鲸蜡醇磷酸酯钾	0.5
	EDTA-2Na	0.05
	甘油	2.0
	丁二醇	4.0
	汉生胶	0.10
C 组分	Tinosorb M	2.0
	苯基苯并咪唑磺酸	3.0
	氨甲基丙醇	0.67
	苯氧乙醇	0.3
	香精	0.2

制备工艺:

① 将 A 组分投入油相锅中,加热到 80℃,并搅拌溶解均匀;

② 将 B 组分加入乳化锅中,其中汉生胶预先在丁二醇中分散均匀,加热到 80℃,并搅拌溶解均匀;

③ 80℃,9000r/min 均质下,将 A 组分缓慢加入乳化锅中,加入完毕后继续均质 3min;

④ 乳化结束后边搅拌边降温,当温度降至 50℃时加入 C 组分(苯基苯并咪唑磺酸先用氨甲基丙醇完全中和),搅拌均匀;

⑤ 降温至室温,真空脱泡,即得乳液型防晒喷雾。

12.6 抑菌清洁类护肤化妆品

12.6.1 抑菌润肤霜乳

配方 1:抗菌护肤乳

组分	质量分数/%	组分	质量分数/%
植物提取物(鱼腥草提取物和金钟藤提取物的质量比为 3:4)	4.9	海泥	1.2
白凡士林	5.2	银耳多糖	1.5
硬脂酸甘油酯	5.8	水溶性珍珠粉	1.5
异硬脂醇新戊酸酯	2.4	白油	1.8
聚丙烯酸钠	3.4	尿囊素	2.4
甘油硬脂酸 GSM	4.3	水	加至 100
环甲基硅油	4.6		

制备工艺：

① 鱼腥草提取物的制备：按料液（1：20）～（1：30）将鱼腥草药材用 60%乙醇于 50℃恒温浸提 24h，过滤，于 30℃左右减压浓缩至膏状，真空干燥箱中烘干，粉碎，即得；

② 金钟藤提取物的制备：将金钟藤粉碎，加入 10～15 倍量的水浸泡 2h，加热煮沸 2h，重复煎煮 3 次，过滤，合并滤液，减压浓缩，干燥即得；

③ 抗菌护肤乳可以采用常规乳化方法进行制备。

配方 2：山茶油护肤乳

	组分	质量分数/%
A 组分	山茶油	9.57
	提取物	8.13
	黄胶原	0.96
	卡波姆	0.48
	异壬酸异壬酯	0.48
B 组分	烷基糖苷	0.19
	单硬脂酸甘油酯	0.14
	氢化卵磷脂	1.10
	聚山梨酸酯	0.48
	聚氧乙烯脂肪酸	0.48
	Tween-80	0.48
	水	加至 100
C 组分	尿素	4.78
	木糖醇	3.35
	维生素 E 乙酸酯	1.91

提取物配方

组分	质量分数/%	组分	质量分数/%
木贼草	29.3	三七	13.8
款冬叶	25.9	积雪草	8.6
白茅根	17.2	香蕉皮	5.2

制备工艺：

① 将木贼草、积雪草、香蕉皮混合，粉碎，过 80 目筛，得粉末，加入 4 倍量的盐酸溶液（pH=5.4，含 5%甘油），80℃下回流提取 3h，得提取液，加入碱液调节 pH 值为 7.0，过滤，得滤液，加入 1/3 倍滤液质量的乙酸乙酯，取乙酸乙酯层，得提取液 A；

② 取款冬叶、白茅根、三七混合，粉碎，过 80 目筛，得粉末，加入 5 倍量的 0.5mol/L 的氢氧化钠溶液，超声提取 30min，过滤，得滤液，加入等体积的丙酮、乙醇、甲醇混合液（体积比 3：1：10），10℃静置 30min，过滤，取沉淀，加入 2 倍水溶解沉淀后加入等体积的乙醇搅拌 5min，过滤，滤液减压回流回收乙醇，得提取液 B；

③ 将提取液 A 与提取液 B 混合，加入活性炭，过滤，滤液中加入 1/5 倍三氯甲烷，70℃ 80r/min 搅拌 3h，过滤取沉淀，即为提取物；

④ 取 A 组分物料混合，70℃加热搅拌 30min，40℃静置 50min；

⑤ 加入 B 组分物料，80℃搅拌 50min，加 C 组分搅拌 10min；

⑥ 30℃静置 20min，1000～2000r/min 搅拌 20min 即得。

配方 3：黄芩苷抗粉刺喱霜

	组分	质量分数/%
A 组分	丙烯酸树脂 940	0.4
	水	40.0
	甘油	3.0
	黄芩苷	3.0
	辛酸/癸酸三甘油酯	3.0
B 组分	乙醇	18.0
	三乙醇胺	0.5
	水	加至 100
C 组分	香精	0.1
	Tween-20	0.3
	杰马 BP	0.3

制备工艺：

将 A 组分混合后用高速均质机高速剪切 5min，脱除泡沫后加入 B 组分和 C 组分，搅拌均匀，即得透明状喱霜。

配方 4：抗污染霜

	组分	质量分数/%
A 组分	聚二甲基硅氧烷	5.0
	氢化聚异丁烯	2.0
	GTCC	6.0
	ISIS	2.0
	$C_{16\sim18}$ 醇	2.0
	单硬脂酸甘油酯	2.5
	硬脂酸	1.0
	SSE-20	3.0
	SS	2.0
	BHT	0.05
B 组分	三乙醇胺	0.2
	卡波姆 21	0.2
	甘油	5.0
	甜菜碱	1.0
	EDTA-2Na	0.05
	水	加至 100
C 组分	D-泛醇	0.2
	烟酰胺	0.2
	PCG	1.0
	水	10.0
	DCFA4001CM	6.0
D 组分	红景天提取液	2.0
	荞麦籽修护因子	2.0
E 组分	桑黄醇提物	0.05

制备工艺：

将 A 组分和 B 组分分别加热溶解后混合，搅拌乳化得到基质霜，降温后将 C 组分、D 组分、E 组分添加至基质霜中即得抗污染霜。

配方 5：金银花护肤乳液

组分		质量分数/%
A 组分	水	加至 100
	甘油	5.0
	汉生胶	0.2
	双丙甘醇	3.0
B 组分	$C_{16\sim18}$ 醇	2.0
	烷基糖苷乳化剂	1.0
	自乳化单甘酯	1.0
	GTCC	2.0
	聚二甲基硅氧烷	2.5
C 组分	增稠剂	适量
	香精	适量
	金银花提取物	0.5
	PE9010	0.2

制备工艺：

① 在搅拌下分别将 A 组分、B 组分加热至（80±2）℃，至各组物料充分溶解（熔化）后，保温待用；

② 将 B 组分加入 A 组分中，搅拌使两相充分混合，均质乳化 8min；

③ 继续搅拌并冷却降温至 55℃ 以下，加入 C 组分搅拌使各相物料混合均匀；

④ 搅拌降温至 40℃ 以下，停止搅拌，检验合格后分装，即得金银花护肤乳液。

配方 6：祛痘乳霜

组分		质量分数/%
A 组分	IPM	3.0
	鲸蜡硬脂醇	2.5
	霍霍巴油	3.0
	芒果脂	1.0
	维生素 E	1.0
	Olivem 1000	2.8
	Alacel 165	1.5
	对羟基苯甲酸丙酯	0.1
B 组分	芦荟提取液	5.0
	白芷提取液	4.0
	绿茶提取液	2.0
	速溶珍珠粉	1.0
	纳米银溶液	2.0
	汉生胶	0.3

	组分	质量分数/%
B 组分	尿囊素	0.2
	水	加至 100
C 组分	水杨酸（BHA）	2.0
	1,3-丁二醇	5.0
D 组分	薄荷醇	0.5
E 组分	三乙醇胺（TEA）	适量
	水	适量
F 组分	SF-945 硅油	5.0
	尼泊金甲酯	0.2
	GPL	0.2
	香料	适量

制备工艺：

① 将水杨酸和 1,3-丁二醇预先加热至 65℃左右，使其完全溶解至透明，待用；

② 取 TEA 按 1∶2 比例溶于水中，待用；

③ 取 A 组分物料加入油相锅中，加热至 76～82℃，不断搅拌固体原料熔融完全；

④ 将 B 组分原料放入水相锅中加热至 76～82℃，再将①液加入水相锅中混合得到水相，将水相抽入预热保温的乳化主锅中；

⑤ 将 D 组分加入油相锅中片刻后，将油相抽入乳化主锅中后，低速搅拌，并均质 5min，而后 40r/min 搅拌，0.03～0.06MPa 真空保温搅拌 30min；

⑥ 循环水降温至 65～60℃时，缓慢加入②液，然后加入 SF-945 硅油，搅拌至均匀；

⑦ 待温度降到 45℃左右时，加入 GPL、尼泊金甲酯、香料；

⑧ 待温度降低至 40℃以下时，停止降温和搅拌，恢复锅内常压，放料、陈化、检测、灌装、包装即得祛痘乳霜。

配方 7：祛痘调理精华乳

	组分	质量分数/%
A 组分	水	加至 100
	卡波姆	0.1
	汉生胶	0.05
	1,3-丙二醇	5.0
	EDTA-2Na	0.03
B 组分	鲸蜡硬脂醇	0.5
	聚二甲基硅氧烷	2.0
	棕榈酸乙基己酯	3.0
	异构十六烷	3.0
	S2	1.2
	S21	1.8
C 组分	三乙醇胺	0.1
D 组分	苯氧乙醇	0.25
	乙基己基甘油	0.15
	祛痘因子 EG	8.0

制备工艺：

① 将 A 组分中的汉生胶和 EDTA-2Na 依次加入 1,3-丙二醇中，搅拌分散均匀后，加入水，再将卡波姆加入水相，搅拌均匀后升温至 80～85℃，保温 10min，备用；

② 将 B 组分物料混合后加热至 75～80℃，完全溶解并搅拌均匀；

③ 将 B 组分加入 A 组分中，2800r/min 均质 3min，搅拌冷却至 45℃，加入 C 组分和 D 组分，搅拌均匀后冷却至室温，即得祛痘调理精华乳。

12.6.2　抑菌清洁面膜

（1）抑菌抗痘面膜

配方 1：祛痘修复面膜

组分	质量分数/%	组分	质量分数/%
水	加至 100	羧甲基纤维素钠	0.36
甘氨酸	0.18	复合果蔬酵素	2.72
泊洛沙姆 188	0.05	甘油	5.45
HA	0.45		

制备工艺：

① 取水，加入甘氨酸、透皮吸收促进剂泊洛沙姆 188，搅拌溶解得到初步溶液；

② 取 HA、增黏剂羧甲基纤维素钠，均匀撒在初步溶液液面上，保鲜膜覆膜，4℃自然溶胀溶解 24h，得中间溶液；

③ 在中间溶液中加入复合果蔬酵素（包括苹果酵素、柚子酵素、梨子酵素、生姜酵素，质量比为 1∶1∶1∶1）和甘油，混合均匀得祛痘修复面膜液；

④ 将面膜纸浸泡 20mL 在上述的祛痘修复面膜液中 6h，制得祛痘修复面膜。

配方 2：大麻叶净颜平衡面膜

组分		质量分数/%
细胞能量生物肽	水	0.11
	甘油	0.064
	丁二醇	0.022
	胶原	0.0064
	HA	0.002
	寡肽-1	0.00004
	寡肽-5	0.00006
	寡肽-2	0.00004
植物抗敏复合物	水	0.17
	甘油	0.11
	丁二醇	0.016
	胶原	0.0008
	HA	0.00063
	芍药提取物	0.0003
	欧洲椴花提取物	0.00063

续表

组分		质量分数/%
植物抗敏复合物	山金车花提取物	0.000003
	药蜀葵根提取物	0.000008
	寡肽-1	0.000003
	寡肽-6	0.000003
清凉剂	水	0.09
	PEG-40 氢化蓖麻油	0.008
	薄荷醇乳酸酯	0.002
增稠剂和溶剂	HEC	0.05
	汉生胶	0.1
	水	加至 100
油相	香精	0.002
	PEG-40 氢化蓖麻油	0.01
其余组分	1,3-丙二醇	5.0
	羟乙基脲	3.0
	1,2-己二醇	0.5
	赤藓醇	0.5
	β-葡聚糖	0.5
	大麻叶提取物	0.5
	马齿苋提取物	1.0
	甘油磷酸肌醇胆碱盐	0.2
	双-PEG-18 甲基醚二甲基硅烷	0.5
	基质组分	3.0

制备工艺：

① 取增稠剂和溶剂，混合均匀并加热到 80～85℃，均质 3min；

② 取油相，混合并搅拌均匀；

③ 将步骤①中制得的混合物降温至 45℃，依次加入其余组分、细胞能量生物肽、植物抗敏复合物、清凉剂中的物料，每加入一个物料，搅拌均匀，再加入下一个物料；

④ 向步骤③的混合物中加入步骤②制得的混合物，搅拌均匀，降温至常温；

⑤ 将步骤④中制得的混合物按每片 25 克的重量灌装到面膜袋中封口，即得大麻叶净颜平衡面膜。

配方 3：艾纳香舒缓修护面膜

组分		质量分数/%
A 组分	水	加至 100
	卡波姆	0.76
	甘油	5.2
	HA	0.05
	三乙醇胺	适量
B 组分	1,3-丁二醇	3.0
	尼泊金甲酯	0.1
	丁氨基甲酸-3-碘代-2-丙炔基酯（IPBC）	0.03

组分		质量分数/%
C 组分	尿囊素	0.1
	艾纳香油	0.015
	马齿苋提取物	0.05
	薄荷醇	0.10

制备工艺：

① 取一定质量的水，加入甘油，搅拌至完全溶解，加入 HA，均质至完全溶解，然后再加入卡波姆，1000r/min 搅拌至均匀无气泡，得 A 组分；

② 取 1,3-丁二醇，将尼泊金甲酯加入其中，60℃水浴搅拌至溶解，加入 IPBC，得 B 组分；

③ 将 A 组分、B 组分混合搅拌均匀后，逐一加入 C 组分中的营养添加剂，最后用三乙醇胺调节至合适的酸碱度，搅拌消泡，即得艾纳香舒缓修护面膜。

配方 4：箬叶黄酮低聚壳聚糖面膜

组分	质量分数/%	组分	质量分数/%
箬叶提取液（含 10%箬叶黄酮）	10.0	柠檬酸	1.33
羧甲基纤维素钠	2.5	珍珠粉	0.6
明胶	2.5	水	加至 100
低聚壳聚糖	0.67		

制备工艺：

① 将低聚壳聚糖、柠檬酸溶于一定量的水中制得保湿剂溶胶；

② 将羧甲基纤维素钠、明胶溶于余量的水中制得成膜剂溶胶；

③ 将保湿剂溶胶和成膜剂溶胶混合，加热至 70℃，搅拌 1.5h，静置过夜；

④ 加入箬叶提取液、珍珠粉，并在 70℃下加热搅拌 0.5h，使其混合均匀，静置过夜即得箬叶黄酮低聚壳聚糖面膜。

（2）清洁类面膜

配方 1：牡丹清洗毛孔面膜

组分	质量分数/%	组分	质量分数/%
牡丹籽油	0.2	马齿苋水提物	0.5
牡丹芍药苷	1.0	Tween-20	0.2
牡丹精油	1.0	透明质酸钠	0.3
氢化蓖麻油	0.5	PEG-400	4.0
月桂酰胺丙基甜菜碱	0.5	HEC	0.2
光触媒	1.5	EDTA-2Na	0.05
金荞麦叶乙醇提取物	1.0	苯氧乙醇	0.1
黄精乙醇提取物	0.5	水	加至 100

制备工艺：

① 将水加入搅拌锅中，加热至温度为 45℃；

② 取 PEG-400，混合均匀，且加入透明质酸钠、HEC，搅拌均匀后投入搅拌锅中，搅拌

均质 3 次至完全溶解；

③ 加热至 80℃，加入牡丹籽油、氢化蓖麻油、月桂酰胺丙基甜菜碱、Tween-20 和 EDTA-2Na，搅拌均质 2 次；

④ 降温至 35℃，加入牡丹芍药苷、牡丹精油、光触媒、金荞麦叶乙醇提取物、黄精乙醇提取物以及马齿苋水提物，均质后得到面膜基液；

⑤ 在面膜基液中加入苯氧乙醇，且调节 pH 值至 6，均质 2 次，即得牡丹清洗毛孔面膜。

配方 2：亚马逊白泥面膜

	组分	质量分数/%
A 组分	玉米淀粉	2.0
	水	3.1
B 组分	燕麦仁粉	0.2
	水	2.5
C 组分	甘油	3.0
	己二醇	1.0
	1,3-丙二醇	3.0
D 组分	亚马逊白泥	2.0
	膨润土	8.0
	月桂醇聚醚-23	1.0
	氢氧化铝	1.0
	水	加至 100
E 组分	汉生胶	0.3
	1,3-丙二醇	2.0
F 组分	尿囊素	0.3
	棕榈酸	0.2
	$C_{12\sim16}$醇	0.2
	氢化卵磷脂	0.2
G 组分	Simulsol 165	1.0
	GTCC	4.0
	聚二甲基硅氧烷	3.0
	鲸蜡硬脂醇	2.5
	维生素 E 醋酸酯	0.3
H 组分	库拉索芦荟提取物	0.5
I 组分	消炎抗敏剂（含 3%马齿苋提取物、10%丁二醇、0.7%苯氧乙醇以及 86.3%水）	1.0
J 组分	苯氧乙醇	0.3
	乙基己基甘油	0.3

制备工艺：

① 将 A 组分物料和 B 组分物料分别预混合；

② 将 C 组分物料先混合，再加入 D 组分物料，搅拌均匀后研磨至分散均匀，得到粉浆；

③ 将 E 组分物料混合后，加入步骤②的粉浆中，再加入 F 组分，加热至 85℃，恒温均质后搅拌；

④ 将 G 组分物料混合，搅拌加热至 80℃后加入步骤③的混合液中，85℃先均质再搅拌，

之后降温至 50℃，加入 A 组分、H 组分、B 组分、I 组分，搅拌均匀，降温至 45℃，加入 J 组分物料，搅拌均匀，即得亚马逊白泥面膜。

配方3：人参囊泡清洁面膜

组分	质量分数/%	组分	质量分数/%
人参提取液	28.55	丙二醇	2.44
PVA	12.18	人参细粉	2.44
人参精油	0.04	烟酰胺	0.19
人参囊泡混悬液	1.25	氯苯甘醚	0.14
复合透明质酸钠	0.15	羟苯甲酯	0.14
杏仁油	0.10	水	加至 100
甘油	2.44		

制备工艺：

① 取人参粗粉，加入 7～9 倍水，煎煮 4 次，每次 30min，合并煎煮液，得到人参提取液；取一部分人参提取液，喷雾干燥，制得人参水溶性提取物粉末；将 Span-60、胆固醇加入乙醇中，使溶解，控制温度下旋转蒸发形成薄膜，将干燥的薄膜溶于乙醚中，加入含有人参水溶性提取物粉末的 PBS 溶液，超声，水合，制成人参囊泡混悬液，高压均质，即得人参囊泡混悬液。

② 取人参提取液和 PVA 混合溶解。

③ 依次加入杏仁油、甘油、丙二醇、烟酰胺、复合透明质酸钠、氯苯甘醚、羟苯甲酯、制备好的人参囊泡混悬液、人参精油，均质混匀，过 200 目筛网。

④ 加入人参细粉，混匀即得人参囊泡清洁面膜。

配方4：竹炭深层清洁面膜

组分		质量分数/%
A 组分	水	加至 100
	甘油	7.5
	丁二醇	7.5
	海藻糖	1.25
	透明质酸钠	0.3
	酶切寡聚透明质酸钠	0.3
	水解小核菌胶	0.2
	乙酰壳糖胺	1.0
	EDTA-2Na	0.04
B 组分	1,2-戊二醇	7.5
	1,2-己二醇	7.5
	神经酰胺	0.75
	酸豆籽多糖	1.25
	氢化卵磷脂	0.75
C 组分	有机母菊花提取物	4.0
D 组分	馨鲜酮	0.2
	香精	0.03

制备工艺：

① 将 A 组分物料依次加入主锅，加热至 80℃，600r/min 搅拌直至溶解；

② 将 B 组分物料依次加入油锅中，加热至 80℃，600r/min 搅拌直至溶解；

③ 将油锅物料加入主锅中，600r/min 搅拌，2000r/min、80℃均质 15min；

④ 降温至 38℃，加入 C 组分物料，保持温度 38℃，继续 600r/min 搅拌，2000r/min 均质，直至均一；

⑤ 依次加入 D 组分物料，600r/min 搅拌 15min 后，抽真空，过滤；

⑥ 检验合格后，与竹炭面膜布一同灌装至包装袋中，即得竹炭深层清洁面膜。

配方 5：深层清洁面膜

组分	质量分数/%	组分	质量分数/%
绿豆	10.4	珍珠	5.6
红豆	10.4	百合	3.5
白芷	6.9	食盐	3.5
干菊花	8.3	蛋清	4.2
金银花	6.9	牛奶	加至 100
黄豆	3.5	蜂蜜	10.4
白及	5.6	水	适量

制备工艺：

① 取绿豆、红豆、白芷、干菊花、金银花、黄豆、白及、珍珠、百合、食盐进行混合，将混合后的固体原料加工粉碎至 300 目细粉；

② 将牛奶和蜂蜜加入水中，搅拌混合得到混合液；

③ 将蛋清倒入混合液中，充分搅拌，直至均匀形成面膜液；

④ 将面膜液倒入固体原料细粉中，搅拌均匀至糊状后，静置 10min 即得深层清洁面膜。

配方 6：可剥离型热硬膜粉（清洁）

组分	质量分数/%	组分	质量分数/%
熟石膏粉（食品级）	98.2	香精	0.3
粉状表面活性剂（如月桂酰谷氨酸钠）	0.5	营养滋润或其他功能性添加剂（如维生素 C 磷酸酯镁）	1.0

制备工艺：

在粉体混合设备（如 V 型粉体混合机、双螺旋粉体混合机、和面机等）中常温混合物料即得可剥离型热硬膜粉。

配方 7：可剥离型冷硬膜粉（清洁）

组分	质量分数/%	组分	质量分数/%
熟石膏粉（食品级）	加至 100	冰片	0.5
粉状表面活性剂	0.5	香精	0.3
薄荷脑	1.0	营养滋润或其他功能性添加剂	适量

制备工艺：

在粉体混合设备（如 V 型粉体混合机、双螺旋粉体混合机、和面机等）中常温混合物料即得可剥离型冷硬膜粉，其中薄荷脑、冰片可先在少量乙醇中溶解后加入。

配方8：可剥离型软膜粉（清洁）

组分	质量分数/%	组分	质量分数/%
生粉（食用淀粉）	加至100	香精	0.3
海藻酸钠（细粉）	2.0	营养滋润或其他功能性添加剂	适量
滑石粉（化妆品级）	18.0		

制备工艺同可剥离型热硬膜粉。

配方9：可剥离型膏状面膜胶（清洁）

组分	质量分数/%	组分	质量分数/%
1788PVA	10.0	香精	0.2
甘油	10.0	营养滋润或其他功能性添加剂	适量
吐温-80	0.8	水	加至100
水溶性防腐剂	适量		

制备工艺：

① 在水中加入1788PVA，80～90℃加热，待完全溶胀后加入甘油；

② 降温到50～60℃时加入香精、防腐剂、吐温-80及营养滋润或其他功能性添加剂的混合物。

配方10：可剥离型膏状鼻贴胶（清洁）

组分	质量分数/%	组分	质量分数/%
1788PVA	15.0	水溶性防腐剂	适量
甘油	2.0	香精	0.2
A100钛白粉	1.0	水	加至100
吐温-80	1.0		

制备工艺：

① 在水中加入1788PVA，80～90℃加热，待1788PVA完全溶胀后冷却到50～60℃备用；

② 将甘油、吐温-80、A100钛白粉、防腐剂、水溶性香精混合（均质或研磨）；

③ 将②加入①中，搅匀即得可剥离型膏状鼻贴胶。

配方11：眼角贴（清洁）

组分	质量分数/%	组分	质量分数/%
卡拉胶/鹿角菜胶	2.0～3.0	水溶性防腐剂	适量
甘油	5.0	香精	0.1
刺槐豆胶	0.8	营养滋润或其他功能性添加剂	适量
吐温-80	0.5	水	加至100

制备工艺：

在水中加入卡拉胶/鹿角菜胶、刺槐豆胶、甘油、吐温-80，80～90℃加热，待完全溶胀后冷却至 50～60℃，加入水溶性防腐剂、香精和营养滋润或其他功能性添加剂，即得眼角贴。

配方 12：不可剥离型面膜泥（清洁）

组分	质量分数/%	组分	质量分数/%
高岭土	30.0	吐温-80	2.0
甘油	20.0	HEC	2.0
膨润土	10.0	防腐剂	适量
死海泥	10.0	香精	0.3
营养滋润或其他功能性添加剂	适量	水	加至 100

制备工艺：

将 HEC 加入水和甘油的混合物中高速分散搅拌，并加热至 80～90℃，加入吐温-80 后加入其他粉类物料、防腐剂及各种添加剂，抽真空脱气泡，最后加入香精，即得不可剥离型面膜泥。

配方 13：紫菜藻粉面膜或藻泥面膜（清洁）

组分	质量分数/%	组分	质量分数/%
甘油	5.0	维生素 B_6	0.5
氨基酸保湿剂	3.0	甘醇酸	1.0
丙二醇	0.5	杜鹃花酸	1.0
丁二醇	0.5	水溶性 α-红没药醇	0.5
透明质酸钠（分子量 20 万～40 万）	0.1	甘草酸二钾	0.1
透明质酸钠（90 万～120 万）	0.1	神经酰胺	0.2
透明质酸钠（120 万～160 万）	0.1	蚕丝蛋白粉	0.2
红酒多酚	1.0	胶原蛋白粉	0.2
左旋维生素 C	1.0	燕麦 β-葡聚糖	0.2
柠檬酸	2.0	聚合杏仁蛋白	0.2
苯氧乙醇	0.025	六胜肽	0.1
桑普 K15	0.025	珍珠水解液	0.2
熊果苷	0.5	紫菜藻粉或紫菜藻泥	10.0
烟酰胺	1.0	高分子纤维素	1.4
传明酸	0.5	汉生胶	0.4
海藻糖	2.0	去离子水	加至 100

制备工艺：

① 将紫菜用自来水洗至电导率小于 20μS/s，脱水机甩干，60℃烘 24h 后，用药物捣碎机捣碎至长度短于 5mm 的紫菜藻粒，充分研磨，用 50 目不锈钢筛子过滤，得到紫菜藻粉；

② 将紫菜藻粒用 75%酒精浸泡 12h，100 目筛绢过滤得滤渣，在 70℃下用水煮 1h，用 200 目筛绢滤除上清液，得藻泥，采用 1000g 离心 5min，脱除水分，真空冷冻干燥，充分研磨后得到紫菜藻泥；

③ 将甘油、氨基酸保湿剂、丙二醇、丁二醇、透明质酸钠、红酒多酚、左旋维生素 C、

柠檬酸、苯氧乙醇、桑普 K15、熊果苷、烟酰胺、传明酸、海藻糖、维生素 B_6、甘醇酸、杜鹃花酸、水溶性 α-红没药醇、甘草酸二钾、神经酰胺、蚕丝蛋白粉、胶原蛋白粉、燕麦 β-葡聚糖、聚合杏仁蛋白、六胜肽、珍珠水解液溶于去离子水总质量 $\frac{2}{10}$ 的去离子水中；

④ 紫菜藻粉或紫菜藻泥加入去离子水总质量 $\frac{3}{10}$ 的去离子水中，搅拌溶胀，与步骤③溶液混合均匀；

⑤ 搅拌条件下加入高分子纤维素和汉生胶，加入剩余去离子水，得紫菜藻粉面膜或藻泥面膜。

配方 14：伊利石美容面膜（清洁）

组分	质量分数/%	组分	质量分数/%
甘油	11.2	维生素 E	0.2
双碱基调和剂	5.6	伊利石矿物粉	79.5
水	3.0	汉生胶	0.5

制备工艺：

① 粉碎伊利石粗矿得到伊利石粗矿粉，并将其用变频挂槽浮选机进行水浮选，絮凝、离心、干燥得到伊利石矿物粉；

② 混合甘油、双碱基调和剂、水和维生素 E 得基料（BM）；

③ 在 25℃下，取 88%的 BM 加入汉生胶，缓慢搅拌，待汉生胶溶胀分散后，在不断搅拌下加入伊利石矿物粉；

④ 待伊利石矿物粉充分润湿后，向混合体系中再加入 12%的 BM，200r/min 搅拌 20min，得到伊利石美容面膜。

12.6.3 抗菌止痒护手霜

配方 1：抗菌抗病毒护手霜

组分	质量分数/%	组分	质量分数/%
银离子-氨基基团配体化合物溶液	0.000001	甘油脂肪酸酯（表面活性剂）	5.0
无水乙醇	5.0	甘油	20.1
地衣提取物	0.1	凡士林	20.1
硬脂醇（乳化安定剂）	5.0	亚油酸	1.0
聚乙烯醇脂肪酸酯（表面活性剂）	5.0	水	加至 100

制备工艺：

① 银离子-氨基基团配体化合物溶液的配制：取氧化银 23.2g 和乙二胺 9g，加 100g 明胶，加水至 1000mL，室温搅拌 30min，获得黏稠银离子-氨基基团配体化合物溶液。

② 地衣提取物的制备：取 100g 地衣粉碎后，至 50%乙醇浸泡 24h，过滤、低温干燥，24h 获得糊状物 10g。

③ 抗菌抗病毒护手霜的配制：取除水以外的各物料加热溶化后加热水，冷却到 70℃后搅拌（8000r/min）混合 2min，通过偏光显微镜确认微粒子粒径小于 50μm 即得抗菌抗病毒护手霜。

配方 2：藤椒精油抗菌护手霜

组分	质量分数/%	组分	质量分数/%
藤椒精油	10.0	水	加至 100
藤椒油脂	10.0	甘油硬脂酸酯	6.0
二氧化钛纳米粒	4.0		

制备工艺：

按配比将藤椒精油和藤椒油脂混合均匀，得到混合液，将二氧化钛纳米粒加入混合液中，然后将混合液缓慢倒入水中，最后加入甘油硬脂酸酯，进行充分混合，均质乳化，加热至 50℃，搅拌、冷却后即得藤椒精油抗菌护手霜。

12.6.4　抑菌止痒身体乳

配方 1：含大麻提取物的祛痘身体乳

组分		质量分数/%
A 组分	辛酸/癸酸三甘油酯	3～7
	合成角鲨烷	4～6
	二甲基硅油（100cs）	1～5
	烷基糖苷	0.5～4
	鲸蜡硬脂醇	0.5～2.5
	大麻提取物	0.1～5
	维生素 C 乙基醚	0.1～1.5
B 组分	水	加至 100
	甘油	2～6
	汉生胶	0.1～0.8
	尿囊素	0.1～1
	EDTA-2Na	0.1～0.5
C 组分	燕麦 β-葡聚糖	0.5～4
	甜菜碱	0.2～2
	香精	0.05～0.5
	防腐剂	0.05～0.3

制备工艺：

① 将 A 组分各物料混合，80℃水浴加热熔化，形成均一油相；

② 将 B 组分汉生胶及尿囊素加入甘油中，搅拌使其分散均匀后加入水和 EDTA-2Na，90℃水浴中加热搅拌 15min，形成均匀水相；

③ 将油相趁热快速加入水相中，搅拌 30min；

④ 降温至 50℃，依次加入 C 组分物料，搅拌 5min 后，降至室温即可。

配方 2：长效滋润止痒身体乳

组分		质量分数/%
A 组分	壬二酸	6.4
	蜂蜡	5.0
	角鲨烷	28.7
	维生素 F	5.7

组分		质量分数/%
A 组分	IPM	4.3
	山嵛酸	2.9
	鲸蜡醇	5.7
	精制水	加至 100
B 组分	蛋壳膜粉	0.4
	丁基羟基茴香醚	0.3
C 组分	苯甲酸钠	0.3
	香料	0.2
D 组分	苦参提取液	5.7
	龙胆草提取液	5.7
	十大功劳叶提取液	5.7

制备工艺：

① 将 D 组分药材混合后煎煮三次，第一次用 5～7 倍水煎煮 2～4h，第二次用 3～5 倍水煎煮 1～3h，第三次用 1～3 倍水煎煮 0.5～1.5h，合并煎液，滤出，浓缩至无溶剂得到中药浓缩液；

② 将 A 组分在室温下混合均匀，升温至 60～80℃，加入 B 组分，混合均匀后得到乳液；

③ 将中药浓缩液、乳液以及 C 组分混合均匀，即得长效滋润止痒身体乳。

12.6.5 抗炎润唇膏

配方 1：含天然车厘子提取物润唇膏

组分	质量分数/%	组分	质量分数/%
蜂蜡	加至 100	鳄梨油	3.8
蜂蜜	12.4	鲨鱼肝油	3.8
天然车厘子提取物（含 70%芳香提取物与 30%浓缩果汁）	16.2	维生素 E	1.4
霍霍巴油	3.8	维生素 C	1.4

制备工艺：

① 将蜂蜡加热至完全熔化；

② 将霍霍巴油、鳄梨油和鲨鱼肝油加热至 75℃后加入熔化的蜂蜡中，混合均匀后保持温度；

③ 将蜂蜜与天然车厘子提取物混合搅拌 30min，充分混合后，加热至 65℃后加至体系中；

④ 加入维生素 E 和维生素 C，搅拌均匀，加入模具冷却成型，降温后包装，即得含天然车厘子提取物润唇膏。

配方 2：含中药提取物夜用润唇膏

组分	质量分数/%	组分	质量分数/%
麦冬提取液	8.0	维生素 E	6.7
石斛提取液	4.0	五味子	12.0
白芍提取液	8.0	雪蛤油	20.0
北沙参提取物	6.7	蜂蜡	加至 100

制备工艺：

① 取北沙参，加入 2～7 倍的橄榄油，浸泡 12～48h 后，30～60℃微波提取 30～80min，

过滤，得第一滤液，再在滤渣中加入 2～5 倍量橄榄油，60～180℃恒温提取 10～60min，过滤，得第二滤液，合并两次滤液，得脂溶性成分；

② 取麦冬、石斛、白芍、五味子混合，加入 2～10 倍量水浸泡 30～120min，煎煮 40～90min，过滤，得第一滤液，在滤渣中加入 2～5 倍量水，煎煮 40～90min，过滤，得第二滤液，合并两次滤液，减压浓缩干燥过八号筛，得极细水溶性粉；

③ 将脂溶性成分与水溶性成分混合均匀，加入维生素 E、雪蛤油，并与蜂蜡混合加热至蜂蜡熔化，倒入唇膏管中室温冷却，即得含中药提取物夜用润唇膏。

配方 3：紫草抗炎润唇膏

组分	质量分数/%	组分	质量分数/%
蜂蜡	31.0	茶树精油	4.0
橄榄油	18.0	洋甘菊提取液	4.0
乳木果油	12.0	玫瑰精油	1.0
紫草萃取物	12.0	维生素 E	1.3
霍霍巴油	10.0	HA	0.4
金缕梅提取液	6.0	苯氧乙醇	0.3

制备工艺：

① 取蜂蜡、橄榄油、乳木果油和霍霍巴油于 80℃水浴加热搅拌 20min 至溶解；

② 取紫草萃取物、金缕梅提取液、茶树精油、洋甘菊提取液、玫瑰精油、维生素 E、HA、苯氧乙醇，于室温下搅拌混合均匀，将该混合液加入①液中，于 55℃的水浴快速搅拌 1min 至分散均匀；

③ 消泡后趁热倒入唇膏管中，常温冷却凝固即得紫草抗炎润唇膏。

配方 4：抑菌润唇乳

	组分	质量分数/%
A 组分	西吡氯铵	0.1
	尿囊素	0.3
	木糖醇	6.0
	甘油	8.0
	丙二醇	6.0
	甜菜碱	0.4
	橄榄苦苷	5.0
	苯氧乙醇	0.1
	聚山梨酯	1.0
	水	加至 100
B 组分	山梨坦倍半油酸酯	4.0
	二甲基硅油	18.0
	液体石蜡	14.0
	蜂蜡	3.0
	橄榄油	4.0
	角鲨烷	1.0
C 组分	维生素 E	0.5
	茉莉花精油	0.15

制备工艺：

① 取 A 组分其他物料加入水中，搅拌均匀，备用；

② 取 B 组分混合，将其水浴加热使各成分溶解，混合均匀，备用；

③ 待 A、B 两组分水浴至 75～80℃，将 A 组分缓慢加至 B 组分中，并匀速搅拌，使其乳化；

④ 待乳液冷却至 40℃时，加入 C 组分，搅拌至冷却，即得抑菌润唇乳。

12.6.6　抑菌清洁洗面奶

（1）清洁抗炎洗面奶

配方1：含有谷物和苦碟子发酵物的皮肤清洁产品

组分		质量分数/%
水相	汉生胶	0.1
	丙二醇	7.0
	玉米发酵产物	30.0
	甘油	3.0
	纯水	加至 100
油相	十二酸	2.0
	十四酸	3.0
	C_{18} 酸	4.0
	棕榈酸异辛酯	4.0
	$C_{16\sim18}$ 醇	1.0
	Simulsol 165	0.5
	单甘酯	0.5
	白油	1.0

制备工艺：

① 取 100g 玉米糁（粒径为 0.15～0.25mm，60～80 目）加热至 900mL 饮用水中，加热灭菌（105℃，15min），冷却至室温后接入干酪乳杆菌，接种量为 5%体积，37℃发酵 24～48h，调节 pH 值至 5.5～6.0，灭活菌体（105℃，15min），即得玉米发酵产物；

② 按照正常乳液的制备来制备该洁面乳。

配方2：氨基酸洁面乳

组分		质量分数/%
A 组分	水	加至 100
	甲基椰油酰基牛磺酸钠	35.0
	月桂酰谷氨酸钠	30.0
	甘油	25.0
B 组分	氯化钠	0.5
	EDTA-4Na、水、氢氧化钠混合物	0.05

续表

	组分	质量分数/%
C 组分	含生草提取物、乳酸杆菌发酵产物混合物	0.3
	水、甘油、翼籽辣木籽提取物混合物	0.2
	水	0.01
	四氢甲基嘧啶羧酸	0.8
	肌肽	0.1
	水、丁二醇、水前寺紫菜多糖混合物	0.3
	二裂酵母发酵产物溶胞物	0.04
	低聚果糖、葡萄糖、果糖、蔗糖混合物	0.2
	水、乳酸杆菌/大豆发酵产物提取物、丁二醇混合物	0.08
	水、丙二醇、软毛松藻提取物混合物	0.1
D 组分	苯氧乙醇	0.3
	氯苯甘醚	0.1
E 组分	香精	0.05

注：EDTA-4Na、水、氢氧化钠混合物的组成包括 EDTA-4Na 84%～88%、水 10.1%～15.5%、氢氧化钠 0.5%～1.9%；

含生草提取物、乳酸杆菌发酵产物混合物的组成包括含生草提取物 98%、乳酸杆菌发酵产物 2%；

水、甘油、翼籽辣木籽提取物混合物的组成包括水 31.4%、甘油 67%、翼籽辣木籽提取物 1.6%；

水、丁二醇、水前寺紫菜多糖混合物的组成包括水 69.5%、丁二醇 30%、水前寺紫菜多糖 0.5%；

低聚果糖、葡萄糖、果糖、蔗糖混合物的组成包括低聚果糖 93%、葡萄糖 3%、果糖 2%、蔗糖 2%；

水、乳酸杆菌/大豆发酵产物提取物、丁二醇混合物的组成包括水 79.6%、乳酸杆菌/大豆发酵产物提取物 10.2%、丁二醇 10.2%；

水、丙二醇、软毛松藻提取物混合物的组成包括水 49.5%、丙二醇 49%、软毛松藻提取物 1.5%。

制备工艺：

① 将 A 组分物料加热至 85℃搅拌溶解均匀后，再加入 B 组分物料搅拌溶解均匀，80℃保温消泡；

② 搅拌降温至 75℃后加入 D 组分物料搅拌溶解均匀；

③ 搅拌降温至 40℃后加入 C 组分、E 组分物料搅拌至料体均匀细腻，并具有轻微珠光，降温至 35℃即得氨基酸洁面乳。

配方 3：干湿两用洗面奶

	组分	质量分数/%
A 组分	丙烯酸（酯）类/C$_{10\sim30}$烷醇丙烯酸酯交联聚合物	0.3
	汉生胶	0.2
	羟丙基甲基纤维素	0.4
	丙二醇	1.0
	水	加至 100
B 组分	甘油硬脂酸酯柠檬酸酯	2.5
	甘油硬脂酸酯	0.5
	辛酸癸酸甘油酯类聚甘油-10 酯类	3.0
	甘油辛酸酯	0.2

组分		质量分数/%
B 组分	硬脂酸	2.0
	棕榈酸	2.0
	GTCC	5.0
C 组分	迷迭香提取物	0.5
	山茶油	10.0
D 组分	脱氢乙酸钠（防腐剂）	0.5
	柠檬酸（调节 pH 值至 5.0～5.8）	0.4

制备工艺：

① 将 A 组分其他物料加入水中溶解并混合均匀，预热至 70～75℃；

② 将 B 组分物料混合，并预热至 70～75℃使其充分溶解均匀，随后再加入 C 组分，维持 70～75℃的预热温度；

③ 将①和②液混合，抽真空在 2000～3000r/min 的转速条件下均质 5～15min，并以柠檬酸调节 pH 值至 5.0～5.8，随后降温至≤50℃后加入防腐剂，搅拌混匀，即得到干湿两用洗面奶。

配方 4：含水溶性大麻二酚洁面乳

组分		质量分数/%
A 组分	水	30
	EDTA-2Na	0.01
	聚季铵盐-10	0.1
B 组分	月桂酰肌氨酸钠	10.0
	透明质酸钠	1.0
	乙二醇双硬脂酸酯	0.1
C 组分	水溶性大麻二酚	0.1
	橄榄油	0.1
	苯氧乙醇	0.001
	柠檬酸	0.001
D 组分	水	加至 100

制备工艺：

① 取 A 组分加入反应釜中，搅拌至完全溶解后，加热至 70℃，加入 B 组分，搅拌至完全溶解；

② 搅拌降温至 50℃，依次加入 C 组分物料，完全溶解后搅拌均匀；

③ 补足余量水，待溶液冷却至 25℃，调 pH 值至 5.5，过滤出料即得含水溶性大麻二酚洁面乳。

配方 5：控油祛痘洗面奶

组分	质量分数/%	组分	质量分数/%
草木灰	10.5	海藻胶	2.0
水	加至 100	泡桐花	1.3
淘米水	18.4	人参粉末	1.3
茶树油	2.0	牛奶	9.9
抗菌植物提取液	1.3	保护剂	2.0
芦荟提取液	5.3		

制备工艺：

① 将草木灰加入水中，200r/min 搅拌 30min，加入淘米水，200r/min 搅拌 15min 后，150℃蒸煮 40min，冷却后制得原液一；

② 向原液一中加入茶树油、抗菌植物提取液、芦荟提取液和海藻胶，250r/min 搅拌 1h，制得原液二；

③ 向原液二中加入泡桐花、人参粉末和牛奶，300r/min 搅拌 1h，制得半成品 A；

④ 向半成品 A 中加入保护剂，150r/min 搅拌 20min，制得半成品 B；

⑤ 将半成品 B 放入冷藏室中存储 2h 后，包装即得控油祛痘洗面奶。

配方 6：具有细胞修复功能护理洁面乳

组分		质量分数/%
A 组分	白柳树皮提取物	0.3
	丹皮酚	0.5
	银耳多糖	1.0
	生物炭（火龙果皮生物炭，粒径为 50～100μm）	18
	虎耳草提取物	0.3
	小麦胚芽油	4.0
B 组分	月桂醇聚醚硫酸酯铵	1.0
	椰油酰胺丙基甜菜碱	2.0
	椰油酰甘氨酸钾	0.3
	β-葡聚糖	3.0
	乙基己基甘油	5.0
	椰油酰胺 DEA	0.8
	三乙醇胺	0.3
	氯化钠	2.0
	HEC	1.0
	甘油	35.0
	水	加至 100
C 组分	透明质酸钠	5.0
	胶原蛋白	5.0
	卡波姆	5.0
	抗菌肽（天蚕素）	0.01

制备工艺：

① 将 A 组分中的白柳树皮提取物、丹皮酚、银耳多糖和生物炭混合搅拌后，加入虎耳草提取物、小麦胚芽油搅拌；

② 加入 B 组分物料，升温至 65～75℃，保温并 50～70r/min 搅拌 15min；

③ 搅拌降温至 60℃后，加入 C 组分，20～40r/min 搅拌 50min；

④ 搅拌降温至室温，即得具有细胞修复功能护理洁面乳。

配方 7：控油焕肤祛痘修复洗面奶

组分		质量分数/%
A 组分（油相）	椰子油	0.51
	霍霍巴油	0.51
	榛果油	0.51
	金盏花油	0.51
	甜杏仁油	0.51
	芦荟油	0.51
	GOC 乳化剂	1.54
	AC-402 乳化剂	1.54
B 组分（水相）	水	加至 100
C 组分	月桂醇聚醚硫酸铵（AESA）	2.06
	氨基酸起泡剂	1.03
	高泡粉	1.54
	水	4.11
D 组分	羧甲基纤维素钠	0.51
	水	30.83
E 组分	海藻酸钠	0.51
	水	30.83
F 组分	薰衣草提取液	2.06
	金缕梅提取液	2.06
	薄荷提取液	2.06
	无患子提取液	2.06
	氯化钠	1.03
	维生素 E	0.51
	甘油	1.03
	吡咯烷酮羧酸钠	1.03
G 组分	尼泊金乙酯	0.21
	1,2-丙二醇	2.06
H 组分	青瓜香精	0.10

制备工艺：

① 取 A 组分物料混合，置于 70℃恒温水浴中，加热搅拌至混合均匀，即得油相；

② 取 B 组分水，置于 70℃恒温水浴中加热，作为水相；

③ 取 C 组分物料混合，搅拌溶解，得表面活性剂溶液；

④ 取 D 组分和 E 组分，分别混合，搅拌加热并继续搅拌 3min，常温下静置 2h，分别制得羧甲基纤维素钠溶液和海藻酸钠溶液；

⑤ F 组分物料混合，搅拌溶解，得溶液 1；

⑥ 取尼泊金乙酯，加入 1,2-丙二醇，搅拌溶解，得防腐剂溶液；

⑦ 当油相、水相达到相同温度时，将水相呈细流状缓慢加入油相中，边加热边匀速搅拌，15min 后，即得到 O/W 型乳剂基质；

⑧ 将羧甲基纤维素钠溶液、海藻酸钠溶液、溶液 1、表面活性剂溶液、防腐剂溶液、香精加入乳剂基质中，搅拌混合均匀，即得控油焕肤祛痘修复洗面奶。

配方 8：控油祛痘洗面奶

	组分	质量分数/%
A 组分	霍霍巴油	2～12
	椰子油	1～10
	羟苯甲酯	0.01～0.2
B 组分	水	加至 100
	甘油	2～10
	丙二醇	2～8
	山梨醇	0.05～0.15
	汉生胶	0.01～0.1
	卡波姆	0.01～0.1
C 组分	三乙醇胺	0.1～0.25
D 组分	姜黄素	0.1～1
	重楼皂苷	0.1～1
	罗勒精油	0.01～0.2
	甘松精油	0.01～0.2
	芦荟提取物	1～5

制备工艺：

① 将 A 组分物料混合搅拌加热至 70～90℃，充分溶解均匀，得油相；

② 将 B 组分物料混合，搅拌加热至 70～90℃，充分溶解均匀，得水相；

③ 将水相和油相分别加到乳化锅中，搅拌 5～10min，加入三乙醇胺调节体系的 pH 值为 5～7，真空均质 2～3min，保温搅拌 20～30min；

④ 搅拌降温至 45℃以下，加入 D 组分搅拌均匀即得控油祛痘洗面奶。

配方 9：纳米微乳化卸妆乳

	组分	质量分数/%
A 组分	微乳化剂	PEG-20 甘油三异硬脂酸酯	7.0
		PEG-20 甘油异硬脂酸酯	7.0
		聚山梨醇酯-20	3.0
	皮肤清洁剂	PEG-6 辛酸/癸酸甘油酯类	5.0
		橄榄油 PEG-7 酯	1.0
	甘油三（乙基己基）酯		5.0
	油橄榄果油		5.0
	鲸蜡醇乙基己酸酯		8.0
	维生素 E 乙酸酯		0.15

组分			质量分数/%
B 组分	透明质酸钠		0.01
	柠檬酸		0.01
	柠檬酸钠		0.02
	水		加至 100
C 组分	防腐剂	对羟基苯甲酸甲酯	0.1
		苯氧乙醇	0.3
	甘油		15.0
	乙基己基甘油		0.2
	辛甘醇		0.2
	丁二醇		15.0
D 组分	香精		0.05

制备工艺：

① 将除维生素 E 乙酸酯以外的 A 组分物料混合加热至 70～75℃，搅拌溶解后，加入维生素 E 乙酸酯搅拌均匀；

② 将透明质酸钠慢速加入水中，500～800r/min 搅拌，加入柠檬酸和柠檬酸钠搅拌 30min 至完全均匀；

③ 将对羟基苯甲酸甲酯和丁二醇混合，70℃加热至溶解，然后依次加入 C 组分其他物料，300～600r/min 搅拌 15min 至均匀；

④ 边搅拌边将 B 组分混合物料慢速倒入 C 组分物料中，搅拌均匀；

⑤ 500～800r/min 搅拌条件下，将④液缓慢匀速加入 A 组分中；

⑥ 搅拌降温至 45℃，加入香精持续搅拌 15min，降温至 40℃以下即得纳米微乳化卸妆乳。

配方 10：松针纯露氨基酸洗面奶

组分	质量分数/%	组分	质量分数/%
纯露	10.0	HA	1.5
粉状物料	22.0	甘油	5.0
阴离子表面活性剂（月桂酰谷氨酸钠）	25.0	EDTA-2Na	0.1
氨基酸起泡剂（椰油酰甘氨酸钾或椰油酰甘氨酸钠）	14.0	辛酰羟肟酸	0.5
非离子型表面活性剂（聚甘油-10 肉豆蔻酸酯）	10.0	水	加至 100
氨基酸表面活性剂（月桂醇磺基琥珀酸酯二钠）	10.0		

制备工艺：

① 纯露制备：将 50%的松针、30%的柳叶蜡梅叶和 20%的积雪草放入研磨设备中，在氮气保护下，研磨至 120 目，得混合细粉；将混合细粉与水按 1：10 放入酶解罐中，然后加入 1000U/mL 的生物酶（纤维素酶、半纤维素酶、木聚糖酶 1：1：1 混合），45℃、180r/min 搅拌酶解 2h，得酶解液；将酶解液与离子溶液按质量比 1：5 混合，45℃、35kHz 超声波处理 30min，得混合溶液；加压蒸馏，得到馏出液；馏出液静置分层后收集水层，离心，收集下

层物质，即得纯露。

②　粉状物料制备：将 30 份库拉索芦荟、25 份金银花、30 份蒲公英和 5～25 份银杏粉碎后得到混合粉；将混合粉和水按 1∶3 混合，搅拌得混合浆液；对混合浆液进行蒸汽爆破，得蒸汽爆破后混合浆液；蒸汽爆破后混合浆液与水按 1∶5 混合后沸腾提取 120min，过滤，收集滤液，喷雾干燥，即得粉状物料。

③　将各物料混合后高剪切乳化得乳化混合物，真空脱气后 40MPa 均质，即得松针纯露氨基酸洗面奶。

配方 11：天然洁面乳

组分		质量分数/%
A 组分	菊花脑提取液	28.2
	茉莉花提取液	7.0
	皂角提取液	14.1
	薄荷提取液	7.0
	首乌提取液	7.0
	荨麻提取液	7.0
B 组分	乳木果油	14.1
	椰油	14.1
C 组分	天然乳化剂	1.4

制备工艺：

①　取 A 组分提取液混合，加热至 55℃，混合均匀；

②　取 B 组分植物油，加热至 55℃，混合均匀；

③　将相同温度的 A 组分提取液和 B 组分植物油进行混合，搅拌均匀，加入天然乳化剂，55℃搅拌 5min 后停止加热，倒入磨具，冷却至室温，即得天然洁面乳。

配方 12：酵素洗面奶

组分		质量分数/%
A 组分	椰油酰甘氨酸钠	14.34
	氨基酸	8.06
	羟乙基脲	10.75
	椰油酰甘氨酸	9.86
	氢氧化钾	2.69
	水	加至 100
	珠光片	2.69
	PEG-120 甲基蕾糖三油酸酯	0.18
	PEG-150 二硬脂酸酯	0.18
	羟丙基甲基纤维素	0.09
	PEG-120 甲基葡糖二油酸酯	0.27
	氯化钠	2.69
B 组分	中药复合酵素	4.48
	苯氧乙醇	0.72
	无患子果提取液	2.69

中药复合酵素

组分	质量分数/%	组分	质量分数/%
黄柏	40.0	三七	4.0
艾叶	15.0	金银花	3.0
藏红花	4.0	赶黄草	8.0
益母草	10.0	灵芝	6.0
何首乌	3.0	人参	2.0
白芷	5.0		

制备工艺：

① 将 A 组分物料混合，加热到 80～85℃，搅拌均匀，保温 20min；

② 降温至 45℃后，加入 B 组分物料，搅拌均匀，过滤出料即得酵素洗面奶。

配方13：卸妆、洁面及抑菌三效合一洗面奶

组分	质量分数/%	组分	质量分数/%
无患子皂苷液	17.9	甘油	7.1
月桂酰肌氨酸钠	16.7	丙二醇	3.6
椰油酰基羟乙基磺酸钠	3.6	辅酶 Q_{10}	2.4
橄榄油	19.0	山梨酸钾	0.012
乙二醇二硬脂酸酯	8.3	水	加至 100

制备工艺：

① 将橄榄油、月桂酰肌氨酸钠、椰油酰基羟乙基磺酸钠和乙二醇二硬脂酸酯加入油相锅内，搅拌加热至 70℃，得油相；

② 在搅拌下将甘油、丙二醇和水缓慢加入①得到的油相中，搅拌均匀，得乳化液；

③ 将②得到的乳液降温至 40℃后，加入无患子皂苷液、辅酶 Q_{10} 和山梨酸钾，待均匀分散后，冷却出锅，即得卸妆、洁面及抑菌三效合一洗面奶。

配方14：皂基洗面奶1

组分		质量分数/%
A 组分	月桂酸	6.0
	肉豆蔻酸	5.0
	棕榈酸	6.0
	硬脂酸	15.0
	羟苯丙酯	0.12
	单甘酯	3.0
B 组分	氢氧化钾（90%）	6.0
	甘油	20.0
	水	加至 100
	EDTA-2Na	0.1
	羟苯甲酯	0.13
C 组分	羟丙基淀粉磷酸酯	3.0
	丙二醇	3.0
	椰油酰胺丙基羟基磺基甜菜碱	5.0

续表

组分		质量分数/%
D 组分	椰油酰甘氨酸钠	5.0
	PEG-7 甘油椰油酸酯	1.0
	椰油酰胺丙基羟基磺基甜菜碱	0.8
E 组分	苯氧乙醇	0.5
	香精	0.2

制备工艺：

① 将 A 组分和 B 组分分别混合后加热至 80～85℃；

② 将 A 组分缓慢加入 B 组分中，搅拌速度由慢到快，保持 80～85℃皂化 40min；

③ 皂化结束加入 C 组分，继续搅拌降温至 60℃，加入 D 组分，降温至 48℃时，加入 E 组分，持续搅拌 30min 以上，即得皂基洗面奶。

配方 15：皂基洗面奶 2

组分		质量分数/%
A 组分	月桂酸	3.0
	肉豆蔻酸	8.0
	棕榈酸	9.0
	硬脂酸	10.0
	单甘酯	1.0
	CMEA	0.2
B 组分	氢氧化钾	5.9
	甘油	25.0
	丁二醇	5.0
	水	加至 100
	尿囊素	0.1
	EDTA-2Na	0.1
C 组分	椰油酰基甜菜碱	5.0
	PEG-7 甘油椰油酸酯	1.0
	月桂酰谷氨酸钠	5.0
D 组分	活性提取物	0.8
E 组分	杰马 BP	0.5
	香精	0.2

制备工艺：

① 将 A 组分和 B 组分分别混合后加热至 80～85℃；

② 将 A 组分缓慢加入 B 组分中，搅拌速度由慢到快，保持 80～85℃皂化 40min；

③ 皂化结束加入 C 组分，继续搅拌降温至 50℃时，加入 D 组分，继续搅拌至珠光出现后加入 E 组分，持续保温搅拌 30min 以上，出料即得皂基洗面奶。

配方16：无患子洗面奶

组分	质量分数/%	组分	质量分数/%
羊毛脂	3.0	月桂醇硫酸酯铵	1.0
IPM	2.0	氯苯甘醚	0.25
棕榈仁油酰胺DEA	2.5	苯氧乙醇	0.5
月桂醇聚醚-3	2.5	香精	适量
无患子提取物	1.5	水	加至100
PEG-150二硬脂酸酯	1.8		

制备工艺：

① 将羊毛脂和IPM混合水浴加热至80℃，使羊毛脂完全溶解；

② 依次加入棕榈仁油酰胺DEA、苯氧乙醇和月桂醇聚醚-3，搅拌均匀得到油相；

③ 将无患子提取物、PEG-150二硬脂酸酯和月桂醇硫酸酯铵、氯苯甘醚依次混合后加入水后水浴搅拌加热至80℃，使物料完全溶解得到水相；

④ 将油相加入水相成分中，80℃搅拌20～30min至均匀后，搅拌至常温，加入香精，搅拌均匀，调节pH值至6.8～7.0，即得。

（2）去角质洗面奶

配方1：海盐颗粒磨砂洁面乳

	组分	质量分数/%
A组分	海盐	加至100
	癸基葡糖苷	9.0
	椰油酰甘氨酸钠	8.0
	丙二醇	5.0
	椰油酰胺丙基甜菜碱	5.0
	蔗糖	5.0
	椰油酰羟乙磺酸酯钠	2.0
	椰油酰胺DEA	2.0
	甘油葡糖苷	2.0
	月桂基甘醇羧酸钠	2.0
	聚二甲基硅氧烷	0.5
B组分	神经酰胺2	0.15
	寡肽-1	0.15
	DMDM乙内酰脲	0.3

制备工艺：

① 将A组分加入反应釜中，升温至80～100℃，600～800r/min搅拌20～40min；

② 降温至40～50℃，加入B组分，300～500r/min搅拌40～60min，即得海盐颗粒磨砂洁面乳。

配方 2：含有纤维素磨砂颗粒的洗面奶

组分	质量分数/%	组分	质量分数/%
预处理后的纤维素磨砂颗粒（粒径为 50μm）	1.51	聚丙烯酸（分子量为 2000）	6.05
羧甲基纤维素（分子量为 3000）	1.51	甘油	7.56
椰油酰谷氨酸钠	15.13	珠光剂	0.15
脂肪醇聚氧乙烯醚	7.56	水	加至 100

制备工艺：

① 将纤维素磨砂颗粒加入 50℃的水中浸泡 2h，然后将其加入-10℃的水中浸泡 1h，收集纤维素磨砂颗粒，自然风干，即得预处理后的纤维素磨砂颗粒；

② 室温下，向反应釜中加入预处理后的纤维素磨砂颗粒、羧甲基纤维素、聚丙烯酸和水混合并搅拌 1h，随后加入椰油酰谷氨酸钠和脂肪醇聚氧乙烯醚，搅拌 1h；

③ 加入甘油、珠光剂，搅拌 1h，即得含有纤维素磨砂颗粒的洗面奶。

12.7　婴儿、儿童护肤化妆品

12.7.1　婴儿、儿童护肤霜乳

配方 1：儿童润肤护肤霜

组分	质量分数/%	组分	质量分数/%
水	加至 100	羊毛脂	4.2
鲜奶	6.8	氧化锌	3.4
白矿物油	5.9	丙二醇	2.5
白蜡	3.4	聚甘油	6.8
柠檬油	3.4	积雪草提取物	4.2
杏仁提取物	2.5	硅油	3.4
单硬脂酸甘油酯	5.1	维生素 E	5.9
人参提取物	10.2	甜杏仁油	6.8

制备工艺：

按照常规乳液的制备方式制备该儿童润肤护肤霜。

配方 2：天然的婴儿护肤霜

组分		质量分数/%
A 组分	植物胶质乳化剂	4.0
	聚甘油-6-二硬脂酸酯	2.5
	澳洲坚果油	2.0
	芒果脂	3.0
	谷维素	0.1

续表

组分		质量分数/%
B 组分	水	加至 100
	甘油	8.0
	木糖醇	3.0
C 组分	茶树籽油	5.0
	迷迭香叶提取物	0.5
D 组分	Spectrastat OEL	0.8

制备工艺：

① 将 A 组分加入油相锅中，加热至 80℃的同时搅拌均匀，作为油相保温备用；

② 依次将 B 组分物料加入水相锅，加热至 75℃的同时搅拌均匀，作为水相保温备用；

③ 将 C 组分物料加入油相中，加热搅拌使温度升至 65℃后，将水相和油相混合，2500r/min 均质乳化 3min；

④ 继续搅拌至温度降至 45℃，加入 D 组分，继续搅拌至常温，即得婴儿护肤霜。

配方 3：婴儿护肤山茶油面霜

组分	质量分数/%	组分	质量分数/%
双甘油	1.0	白池花籽油	1.0
水	加至 100	海棠果籽油	0.55
山茶籽油	5.0	透明质酸钠	0.05
丁二醇	1.0	龙胆根提取物	3.5
甘油	11.5	D-泛醇	1.0
甘油三（乙基己酸）酯	1.5	维生素 E 乙酸酯	0.3
牛油果树果脂油	0.65	丙烯酸（酯）类/$C_{10\sim30}$ 烷醇丙烯酸酯交联聚合物	0.3
聚二甲基硅氧烷	3.0	尿囊素	0.25
鲸蜡硬脂醇	3.0	硬脂酰谷氨酸钠	0.3
硬脂酸甘油酯	3.0	辛甘醇	0.3
柠檬酸酯	1.0	汉生胶	0.25
植物甾醇油酸酯	1.0	精氨酸	0.3
1,2-乙二醇	0.25		

制备工艺：

按照常规乳液的制备方式制备该婴儿护肤山茶油面霜。

配方 4：婴童舒缓保湿滋润护肤乳霜

组分		质量分数/%
润肤剂	矿油	10.0
	聚二甲基硅氧烷	2.0
	棕榈酸乙基己酯	2.0
	角鲨烷	2.0
助乳化剂	甘油硬脂酸酯	0.5
	PEG-100 硬脂酸酯	0.3

续表

组分		质量分数/%
抗氧化剂	丁羟甲苯	0.05
	鲸蜡硬脂基葡糖苷	1.5
	十三烷醇聚醚-6	0.04
	硬脂酸乙基己酯	0.12
	聚丙烯酸钠	0.24
保湿剂	甘油	10.0
	透明质酸钠	0.01
增稠剂	鲸蜡硬脂醇	1.5
	汉生胶	0.1
皮肤调理剂	D-泛醇	1.0
	红没药醇	0.1
	金黄洋甘菊提取物	0.5
	库拉索芦荟叶提取物	0.5
	牛奶蛋白提取物	0.1
防腐剂	羟苯甲酯	0.2
	羟苯丙酯	0.1
	双（羟甲基）咪唑烷基脲	0.2
	苯氧乙醇	0.2
防腐增效剂	乙基己基甘油	0.002
	香精	0.2
	水	加至 100

制备工艺：

① 将润肤剂、助乳化剂、鲸蜡硬脂基葡糖苷和抗氧化剂投入油相溶解锅中，加热至 95℃，并搅拌至混合均匀，得第一混合物，备用；

② 将保湿剂、增稠剂和水投入水相溶解锅中，加热至 95℃，搅拌，使物料完全溶解，得到第二混合物，备用；

③ 将第二混合物、第一混合物加入真空乳化锅中预乳化，3000r/min 均质 4min，得第三混合物；

④ 将十三烷醇聚醚-6、硬脂酸乙基己酯和聚丙烯酸钠加入第三混合物中，3000r/min 均质 4min，得到第四混合物；

⑤ 对第四混合物进行真空脱气（真空度-0.06MPa），逐渐降温至 45℃；

⑥ 依次将皮肤调理剂、防腐剂、防腐增效剂、香精加入第四混合物中，并搅拌均匀，即得婴童舒缓保湿滋润护肤乳霜。

配方 5：婴儿滋润护肤霜

组分		质量分数/%
A组分	辛酸甘油三酯	5.0
	山梨坦橄榄油酸酯	0.2
	鲸蜡硬脂醇橄榄油酸酯	1.2
	甘油硬脂酸酯	2.3

组分		质量分数/%
A 组分	山梨糖醇	3.0
	汉生胶	0.05
	维生素 E	0.6
	HA	0.01
	赤藓醇	0.5
	水	加至 100
B 组分	牛油果油脂	3.5
	油橄榄果油	3.5
	稻糠油	0.5
	小麦胚芽油	3.5
	燕麦胚芽油	0.1
	牡丹根提取物	0.96
	迷迭香叶油	0.001
	蜂蜜提取物	0.5
	水解牛奶蛋白	0.5
	苯甲酸钠	0.5
	甘油	2.8

制备工艺:

① 取 A 组分其余物料,依次加入搅拌器中,同时加入水,边搅拌边加热,直至充分溶解;

② 待温度降至 58℃时,依次加入 B 组分混合均匀,即得婴儿滋润护肤霜。

12.7.2 婴儿、儿童护肤凝露

配方 1: 婴儿护肤凝露 1

组分		质量分数/%
A 组分	丁二醇	2.4
	甘油	3.1
	卡波姆	0.4
	水	加至 100
B 组分	氨丁三醇	0.32
C 组分	薄荷脑	0.5
	香茅油	0.42
	茶树精油	0.15
	聚氧乙烯氢化蓖麻油	4.5
D 组分	马齿苋提取物	5.6
	侧柏叶提取物	2.6
	燕麦提取物	0.5
	甘草酸二钾	0.55
	苯氧乙醇	0.76

制备工艺：

① 将 A 组分物料混合搅拌加热至 80℃，保温搅拌 20min，使物料充分混合；

② 将 B 组分用水分散溶解至透明，备用；

③ 将 C 组分物料混合搅拌至均匀澄清，备用；

④ 将步骤①中的混合物转入乳化锅中，当乳化锅中的混合物温度降至 65℃ 以下时，加入步骤②制得的氨丁三醇溶液，保持搅拌，降温；

⑤ 温度降至 48℃ 以下时加入 D 组分及步骤③混合物料，并搅拌均匀，当温度降至 42℃ 时出料，即得婴儿护肤凝露。

配方 2：婴儿护肤凝露 2

组分	质量分数/%	组分	质量分数/%
甘油	4.5	芦荟粉	0.5
EDTA-2Na	0.04	三乙醇胺	0.5
卡波姆	0.5	马齿苋提取物	0.5
海藻灵	2.8	苯氧乙醇	0.42
水	加至 100		

制备工艺：

① 将甘油、EDTA-2Na、卡波姆、海藻灵加入适量水中并搅拌加热至 70℃，保温 13min；

② 将芦荟粉用剩余水分散溶解至透明，备用；

③ 将步骤①液过滤后抽入乳化锅中，并抽真空均质 1.5min，当乳化锅中体系温度降至 55℃ 时，加入三乙醇胺和步骤②溶解分散的芦荟粉，再均质 1.5min，搅拌均匀后降温；

④ 当温度降至 42℃ 时加入马齿苋提取物和苯氧乙醇，并搅拌均匀，当温度降至 32℃ 时出料，即得婴儿护肤凝露。

12.7.3　婴儿、儿童洗面奶

配方：儿童洗面奶

组分	质量分数/%	组分	质量分数/%
甘油	25.7	水	加至 100
纯化凹土	36.7	香精	0.1
蓝莓花青素	11.0		

制备工艺：

① 称取凹土，加 10 倍质量纯水，于打浆机下 8000r/min 打浆 40min 后，3000r/min 离心 30min，取上层浅色凹土，打浆，离心，收集凹土，冻干，研碎，过 500 目筛，得纯化凹土；

② 取纯化凹土与蓝莓花青素混合均匀，加入水充分研磨 15min 至水分完全蒸发，得吸附花青素的凹土；

③ 取水、步骤②制得的吸附花青素的凹土混合，升温至 90℃，保温 30min 灭菌，得水相；

④ 将甘油升温至 80℃，保温溶解后，得油相；

⑤ 将油相与水相混合，均质 5min 后，保温 15min 至消泡完全；

⑥ 降温至 55℃ 搅拌均匀后，降温至 45℃ 以下加入香精；

⑦ 体系过 200 目筛，真空搅拌，降温至 38℃，陈化 24h 后分装，即得儿童洗面奶。

12.7.4　婴儿、儿童防晒护肤品

配方1：儿童防晒乳

组分			质量分数/%
油脂	鲸蜡醇乙基己酸酯		3.0
	碳酸二辛酯		5.0
防晒剂	甲氧基肉桂酸乙基己酯		6.0
	4-甲基苄基亚基樟脑		2.0
	二乙氨羟苯甲酰基苯甲酸己酯		2.0
	亚甲基双-苯并三唑基四甲基丁基酚		3.0
	二氧化钛		3.0
皮肤调理剂	积雪草提取物		0.4
	虎杖根提取物		0.4
	黄芩根提取物		0.3
	茶叶提取物		0.3
	光果甘草根提取物		0.3
	母菊花提取物		0.3
	迷迭香叶提取物		0.3
	糖脂		0.3
	糖鞘脂类		0.3
	尿囊素		0.1
助剂	乳化剂	鲸蜡醇磷酸酯钾	1.3
		椰油基葡糖苷	1.0
		甘油硬脂酸酯/甘油/PEG-100硬脂酸酯	0.5
	保湿剂	甘油	3.0
		丙二醇	5.0
		丁二醇	3.0
	抗氧化剂	维生素E乙酸酯	0.3
	抗菌剂	对羟基苯乙酮	0.5
		1,2-己二醇	0.5
	稳定剂	EDTA-2Na	0.1
		精氨酸	0.25
		丙烯酸（酯）类共聚物	0.2
		丙烯酰二甲基牛磺酸铵/VP共聚物	1.0
溶剂	小麦胚芽提取物		加至100

制备工艺：

① 将尿囊素、保湿剂、稳定剂和小麦胚芽提取物混合，加热至85℃，搅拌，得到水相；

② 将油脂、乳化剂、防晒剂、抗氧化剂混合，加热至82℃，搅拌，得到油相；

③ 将油相加入水相中，在82℃下，4000r/min均质10min，得乳液；

④ 加入抗菌剂和除尿囊素以外的皮肤调理剂，在30℃下混合搅拌，真空脱泡，即得儿童防晒乳。

配方 2：儿童防晒玫瑰护肤品

组分	质量分数/%	组分	质量分数/%
N-反式阿魏酰基去甲辛弗林的分散液	加至 100	精氨酸	3.1
聚硅氧烷-15	12.3	鲜奶	18.5
丙烯酸酯/C$_{10\sim30}$ 烷醇丙烯酸酯交联聚合物	1.2	聚甘油	6.2
PEG-11 甲醚聚二甲基硅氧烷	2.5	AVC	0.6
玫瑰精油	24.7	水	适量

制备工艺：

① 用 20g 无水乙醇溶解 80g N-反式阿魏酰基去甲辛弗林后，加 200g 水混匀即得 N-反式阿魏酰基去甲辛弗林的分散液；

② 将丙烯酸酯/C$_{10\sim30}$ 烷醇丙烯酸酯交联聚合物加入适量水中，再加入 PEG-11 甲醚聚二甲基硅氧烷搅拌溶解，即得水相；

③ 将玫瑰精油和聚硅氧烷-15 搅拌溶解即得油相；

④ 将步骤③的油相加入步骤②的水相中，均质乳化；

⑤ 加入 AVC，加入步骤①分散液，分散均匀，加入聚甘油、精氨酸和鲜奶，搅拌溶解，即得儿童防晒玫瑰护肤品。

配方 3：天然防腐儿童植物防晒乳

组分		质量分数/%
A 组分	鲸蜡基葡萄糖苷	1.5
	单甘酯	1.0
	C$_{16\sim18}$ 醇	2.0
	26$^{\#}$ 白油	8.0
	甲基硅油	2.5
B 组分	EDTA-2Na	0.02
	甘油	7.0
	丙二醇	2.0
	卡波姆	10
	尿囊素	0.1
	汉生胶	0.1
	水	加至 100
C 组分	芦荟提取液	15.0
	竹叶提取液	2.5
	荷叶提取液	2.5
D 组分	三乙醇胺	0.2
	D-泛醇	2.0
	龙舌兰提取物	0.2

制备工艺：

① 将 A 组分物料混合后加热到 90℃搅拌溶解，保温备用；

② 将 B 组分物料混合加热到 90℃左右搅拌溶解，保温备用；

③ 将预混合后的 B 组分加入 A 组分中，6000r/min 均质 2min；

④ 将 C 组分物料预混合后加入混合液中，均质 3min 后在 75℃下消泡 3min，3500r/min搅拌冷却；

⑤ 冷却温度到 40℃，加入 D 组分物料，继续搅拌至室温后出料，即得天然防腐儿童植物防晒乳。

12.7.5 婴儿、儿童抗过敏、防湿疹霜乳

配方 1：保湿、抗敏型婴儿身体乳

组分		质量分数/%
A 组分	水	加至 100
	C₁₆~₁₈醇	5.0
	苯氧乙醇	0.5
	牛油果油	1.0
	甘油	4.0
	辛酸癸酸甘油三酯	4.5
	矿油	5.0
	维生素 E 乙酸酯	0.05
	二甲基硅油	0.5
	燕麦提取物	0.5
	芦荟粉	5.0
	硬脂酸	1.0
	甘油硬脂酸酯	3.5
	鲸蜡硬脂醇	3.0
B 组分	三乙醇胺	0.12
C 组分	环五聚二甲基硅氧烷	1.5
	C₁₃~₁₄异链烷烃	0.5
	甲基异噻唑啉酮	0.08

制备工艺：

① 将乳化缸加热至 70℃，将 A 组分加入乳化缸内，一边搅拌，一边抽真空；

② 当乳化缸达到 70℃时，停止加热，均质；

③ 在搅拌条件下，乳化缸降温至 45℃时，将 B 组分物料加入乳化缸内，搅拌均匀，均质，同时抽真空；

④ 在搅拌条件下，乳化缸降温至 40℃时，加入 C 组分；

⑤ 搅拌均匀，均质，同时抽真空；

⑥ 关闭搅拌及均质器，取样检测合格后，灌装存储即得保湿、抗敏型婴儿身体乳。

配方 2：基于小麦胚芽提取液的舒缓婴童面霜

组分		质量分数/%
A 组分	西班牙橄榄物	2.0
	乳木果油	1.5
	椰果油	1.0
	高效皮肤屏障复合修复剂 SymRepairf®（德肤修）	0.5

续表

组分		质量分数/%
A 组分	维生素 E	0.3
	小麦乳化剂	0.5
	MON-L	2.0
	Simulsol 165	0.5
	C$_{16~18}$醇	2.0
	GTCC	6.0
	道康宁硅油 DC200（100cst）	2.5
B 组分	小麦胚芽提取物（溶剂）	加至 100
	卡波姆 940	0.2
	汉生胶	0.1
	EG	0.8
	甘油	5.0
	丙二醇	5.0
	甜菜碱	1.0
	1,2-己二醇	0.5
	尿囊素	0.3
	EDTA-2Na	0.05
C 组分	三乙醇胺	0.3
D 组分	小麦神经酰胺	1.0
	植物抗敏剂	3.0
	SymCalmin（德敏舒）	0.2
	马齿苋提取物	1.0
	卡卡杜里提取物	0.4
	水解小麦蛋白物	0.3
	植物组合物	0.1
	馨酰酮	0.5

制备工艺：

① 将 A 组分物料在 80℃下混合搅拌，得油相；

② 将 B 组分物料在 85℃下混合搅拌，得水相；

③ 将水相和油相在 80℃下混合均质，得均质液；

④ 降温至 60℃后，向均质液中加入三乙醇胺（C 组分）调节 pH 值；

⑤ 降温至 42℃后，加入 D 组分物料混合均匀，即得舒缓婴童面霜。

配方 3：温和舒缓婴幼儿面霜

组分		质量分数/%
A 组分	甘油	10.0
	戊二醇	2.0
	水	加至 100
	丙烯酸羟乙酯/丙烯酰二甲基牛磺酸钠共聚物	1.0
	丙烯酸（酯）类/C$_{10~30}$烷醇丙烯酸酯交联聚合物	0.3

续表

组分		质量分数/%
B组分	乳木果油	5.0
	GTCC	5.0
	维生素E醋酸酯	1.0
	单甘酯	1.0
	椰油基葡糖苷	1.5
C组分	氢氧化钠	0.05
D组分	香精	0.1
	防腐剂	0.8
	牛奶精华	1.5
	甜扁桃油	1.5
	D-泛醇	1.5

制备工艺：

① 将A组分物料混合加热至85℃，保温搅拌20min；

② 将B组分物料混合搅拌加热至85℃，搅拌至溶解；

③ 将步骤②混合物加入步骤①混合物中，2000r/min搅拌10min；

④ 搅拌冷却至50℃，加入氢氧化钠；

⑤ 继续搅拌冷却至45℃，加入D组分物料，降温至40℃检验，即得温和舒缓婴幼儿面霜。

配方4：婴儿护肤品

组分	质量分数/%	组分	质量分数/%
艾叶浓缩液	5.0	鳄梨油	7.0
甘草浓缩液	6.0	乳木果油	25.0
黄芩浓缩液	4.0	维生素E	4.0
白茯苓浓缩液	4.0	丁二醇	0.8
葛根浓缩液	4.0	甘油	3.0
金银花浓缩液	3.0	水	加至100
柴胡浓缩液	6.0		

制备工艺：

① 取清洗风干后的艾叶、甘草、黄芩、白茯苓、葛根、金银花、柴胡研磨成碎料，超声波提取，过滤分离得滤液，浓缩至原体积的1/2，得浓缩中药液，备用；

② 取丁二醇、水与步骤①得到的浓缩中药液放入配料罐中，在无菌状态下，搅拌混合均匀，得到混合液；

③ 取鳄梨油、乳木果油、维生素E和甘油混合均匀，并加热至70℃，持续加热20min，得到加热物；

④ 将步骤②得到的混合液和步骤③得到的加热物放入乳化锅内，在真空度为-0.04MPa的条件下，恒温搅拌18min，得到预成品；

⑤ 将步骤④得到的预成品降至室温，密封包装，即得婴儿护肤品。

配方 5：婴儿护肤乳

组分	质量分数/%	组分	质量分数/%
蛋黄提取物	10.0	异硬脂醇	2.0
金丝燕窝提取物	8.0	尼泊金丙酯	7.0
水解胶原蛋白	8.0	三乙氧基辛基硅烷	6.0
海藻提取物	7.0	甘油	8.0
银耳提取物	12.0	水	加至 100
C_{16}醇	13.0		

制备工艺：

将油相（C_{16}醇、异硬脂醇、尼泊金丙酯、三乙氧基辛基硅烷）和水相（蛋黄提取物、金丝燕窝提取物、水解胶原蛋白、海藻提取物、银耳提取物、甘油、水）分别预混合后，混合加热乳化，即得婴儿护肤乳。

配方 6：婴儿湿疹护肤品

	组分	质量分数/%
A 组分	甘油	8.0
	山梨（糖）醇	5.0
	透明质酸钠	5.0
	丙烯酸羟乙酯/丙烯酰二甲基牛磺酸钠共聚物	0.5
	红没药醇	0.3
	尿囊素	0.5
	甘草酸二钾	0.3
	水	加至 100
B 组分	鲸蜡硬脂基葡萄糖苷	3.0
	$C_{16\sim18}$醇	2.0
	辛酸/癸酸三甘油酯	5.0
	大红桔果皮油	2.0
	甜扁桃油	2.0
	氢化植物油	1.0
	植物甾醇	3.0
	维生素 E	0.3
C 组分	秦椒果提取物	0.4
	朝鲜白头翁提取物	0.7
	须松萝提取物	0.7

制备工艺：

① 将 A 组分物料依次加入乳化锅中，搅拌升温至 85℃，保温 20min；

② 将 B 组分物料依次加入油相锅中，搅拌升温至 80℃，保温备用；

③ 真空条件下将 B 组分混合物加入 A 组分混合物中，混合均质乳化后保温 30min，搅拌下降温至 45℃，得到总混合物；

④ 将 C 组分加入上述总混合物中，搅拌混合，降温至 30℃左右，出料，放置 24h，即得婴儿湿疹护肤品。

配方 7：婴儿用多效修护面霜

	组分	质量分数/%
A 组分	水	加至 100
	$C_{10\sim30}$ 烷醇丙烯酸酯交联聚合物	0.4
	甘油	3.0
	1,2-戊二醇	0.05
	透明质酸钠	0.05
	汉生胶	0.2
	尿囊素	0.1
	EDTA-2Na	0.05
	甘草酸二钾	0.1
B 组分	鲸蜡硬脂醇橄榄油酸酯	1.0
	山梨坦橄榄油酸酯	1.0
	角鲨烷	1.0
	印度藤黄籽脂	5.0
	牛油果树果脂	2.0
	维生素 E	0.2
	向日葵籽油	10.0
	水	5.0
C 组分	1,3-丙二醇	2.0
	辛酸	3.0
	丙烯酸羟乙酯或丙烯酰二甲基牛磺酸钠共聚物	1.2
D 组分	氢氧化钾	0.13
E 组分	己基癸醇、N-棕榈酰羟基脯氨酸鲸蜡酯、硬脂酸、油菜甾醇类	1.0
	1,2-戊二醇、丁二醇、羟苯基丙酰胺苯甲酸	0.5
	4-叔丁基环己醇	0.6
	红没药醇、姜根提取物	0.1
	甘油、乙酰丙酸钠、p-茴香酸	2.5

制备工艺：

① 在调制釜中，将水加热至 70℃保温，然后 A 组分其他物料在不锈钢桶中预分散后投入调制釜中，温度保持在 70℃，搅拌转速 10r/min 和均质转速 500r/min 的情况下搅拌溶解，持续 30min；

② 在溶解槽中，将 B 组分物料（除水以外）混合加热至 70℃，300r/min 搅拌 30min 充分溶解，然后利用水冲洗溶解槽并将溶解槽中的原料冲入调制釜中，保持 80℃；

③ 在不锈钢桶中分散 C 组分物料后，使用料斗缓慢将其加入调制釜中，保持温度 80℃，进行乳化；

④ 将调制釜降温至 60℃后加入氢氧化钾（D 组分），再将调制釜降温至 40℃后加入 E 组分物料，搅拌保持 10min，出料即得婴儿用多效修护面霜。

12.7.6　婴儿、儿童润唇膏

配方 1：富含牡丹籽油的天然儿童润唇膏

	组分	质量分数/%
润唇膏基质	牡丹籽油	37.0
	天然蜂蜡	15.0
	油橄榄果油	18.0
	大豆磷脂	5.0
	水	加至 100
	甘油	20.0
唇膏辅料	苯氧乙醇	0.5
	维生素 E 乙酸酯	2.0

制备方法：

① 将牡丹籽油、天然蜂蜡、油橄榄果油，加入油相锅中，混合，并搅拌混匀；

② 将物料放进 0℃ 水浴锅内，隔水加热至天然蜂蜡完全融化；

③ 将大豆磷脂加入步骤②混合物，80℃ 下均质 10min，使其完全溶解，获得油相料；

④ 将水、甘油、苯氧乙醇、维生素 E 乙酸酯加入水相烧杯，搅拌混匀，得水相，将烧杯放进 90℃ 水浴锅里隔水加热 3min，待温度冷却至 75℃，备用；

⑤ 将水相迅速倒入油相中，75℃ 下均质 15min；

⑥ 乳化完毕后，将润唇膏溶液倒入润唇膏管，并盖上盖子，-18℃ 冷冻 2h 成型，包装。

配方 2：花生衣原花青素儿童润唇膏

组分	质量分数/%	组分	质量分数/%
蜂蜡	42.4	花生衣原花青素提取物	4.2
橄榄油	42.4	桂花精油	2.5
蜂蜜	8.5		

制备工艺：

① 将蜂蜡于 70℃ 水浴加热至熔化，加入橄榄油，200r/min 条件下搅拌混匀；

② 加入蜂蜜，200r/min 条件下搅拌混匀；

③ 降温至 45℃ 时加入花生衣原花青素提取物和桂花精油，200r/min 条件下搅拌混匀；

④ 灌入唇膏管中，冷却至室温即得花生衣原花青素儿童润唇膏。

配方 3：婴幼儿润唇膏

组分	质量分数/%	组分	质量分数/%
蜂蜡	10.0	维生素 E 乙酸酯	2.0
小烛树蜡	4.5	角鲨烷	13.0
牛油果树果脂	15.0	二异硬脂醇苹果酸酯	10.0
霍霍巴油	15.0	蜂蜜	4.0
白池花籽油	12.0	油橄榄果油	3.0
刺阿干树仁油	10.0	植豆酵素	1.5

制备工艺：

① 将蜂蜡、小烛树蜡、牛油果树果脂、霍霍巴油、白池花籽油、刺阿干树仁油、角鲨烷、维生素E乙酸酯、二异硬脂醇苹果酸酯加入不锈钢混合罐中，搅拌加热至80℃，保温搅拌30min后冷却至45℃；

② 加入蜂蜜、油橄榄果油、植豆酵素，控温40℃，搅拌20min，出料、包装，即得婴幼儿润唇膏。

12.7.7　婴儿、儿童止痒抗菌类护肤品

配方1：婴儿护肤山茶油

组分	质量分数/%	组分	质量分数/%
山茶籽油	33.0	维生素E	6.0
甜杏仁油	10.0	乳木果油	12.5
氢化蓖麻油	4.5	水	加至100
椰子油PEG-10	6.0	罗马洋甘菊精油	2.5

制备工艺：

① 在常温下借助重力、压力、真空或离心力的作用过滤出萃取自花、叶和种子的山茶籽油，并将山茶籽油重复过滤一次以上，使其的杂质含量小于0.2%；

② 取山茶籽油、椰子油PEG-10、甜杏仁油、维生素E、乳木果油混合水浴加热，并反复研磨，搅拌混合为液态混合油脂，加入水，搅拌15min，静置4h，沉降分离去除下层杂质和水；

③ 加入罗马洋甘菊精油，加热体系至50℃，加入氢化蓖麻油，搅拌20min，加入水，静置8h；

④ 过滤，并加热体系至90℃，加入活性白土，在-0.1MPa下，经过20min冷却到72℃，棉布过滤；

⑤ 在温度150℃，真空260Pa，蒸馏60min，得到粗山茶油，缓慢冷却到5℃，冷却的速率为10℃/h，并用震荡装置震荡2h，得到精山茶油，将其静置36h后，去除杂质，常压过滤后收集过滤油液，即得到婴儿护肤山茶油。

配方2：婴宝护肤霜

组分		质量分数/%
A组分	凡士林	5.0
	C_{16~18}醇	6.0
	硬脂酸	0.5
	IPM	2.0
	Span-60	0.3
	脂肪酸甲酯	0.1
	脂肪酸丙酯	0.5
	微晶蜡	0.2
	Simulsol 165	0.3

组分		质量分数/%
B 组分	甘油	7.0
	丙二醇	11.0
	平平加	0.3
	水	加至 100
C 组分	冰片	0.02
	防腐剂	0.02
	蜂蜜精华	3.0
	忍冬花提取物	0.9
	薄荷叶提取物	0.8
	洋葱鳞茎提取物	0.5
	雪莲花提取物	0.7
E 组分	香精	适量

制备工艺：

① 将 A 组分物料混合后加入油相锅，升温到 85℃，搅拌 10min，分散均匀；

② 将 B 组分物料混合后加入水相锅，升温到 80℃，搅拌 10min，分散均匀；

③ 将步骤①、②液混合均质乳化 15min，乳化后将混合液冷却至 50℃，加入 C 组分物料，搅拌均匀，在 40℃时加入香精，搅拌 20min，冷却至 35℃出料，即得婴宝护肤霜。

12.7.8 婴儿、儿童护肤油

配方 1：大米儿童护肤品

组分	质量分数/%	组分	质量分数/%
卵磷脂	1.0	稻胚芽提取物	加至 100
稻糠甾醇	0.75	米胚芽油	5.7
乳酸杆菌/大米发酵产物	2.5	谷维素	2.9
稻米氨基酸	1.0	大米神经酰胺	1.4

制备工艺：

① 取卵磷脂、稻糠甾醇与功效组合物（米胚芽油、谷维素和大米神经酰胺质量比为 4：2：1）混合，650r/min 搅拌，加热至 80℃，混合均匀，得油相；

② 取稻胚芽提取物、稻米氨基酸类和乳酸杆菌/大米发酵产物混合，650r/min 下搅拌，加热至 72℃，至混合均匀，得水相；

③ 将水相倒入油相中，使用高速剪切机在 10000r/min 的速度下剪切 3min，再使用高压均质机，在 38MPa 的压力下，均质 4 次，即得大米儿童护肤品。

配方 2：含纯天然山茶油婴儿护肤油

组分	质量分数/%	组分	质量分数/%
山茶油	99.75	乙酸薰衣草酯	0.08
橙花叔醇	0.05	石竹烯	0.02
母菊薁	0.1		

制备工艺：

按照质量分数混合各物料，混合均匀后即得含纯天然山茶油婴儿护肤油。

12.7.9　婴儿臀部护肤品

配方1：抗菌防糜烂婴儿臀部护肤油

组分	质量分数/%	组分	质量分数/%
向日葵籽油	30.0	薄荷叶油	3.0
茶油	20.0	紫草根提取液	5.0
茶多酚	2.0	谷氨酸	3.0
油酸	5.0	鲸蜡	7.0
角鲨烯	4.0	木糖醇	16.0
维生素 E	5.0		

制备工艺：

① 取向日葵籽油、茶油，在 70℃下水浴加热 20min，边加热边缓慢搅拌，冷却后进行低温冷藏处理 10h 得混合液；

② 取油酸、角鲨烯、鲸蜡、木糖醇加入混合液中磁力搅拌 30min，室温冷却 30min 得中间液；

③ 将茶多酚、维生素 E、薄荷叶油、紫草根提取液、谷氨酸依次加入中间液均质完全后即得抗菌防糜烂婴儿臀部护肤油。

配方2：婴儿护臀膏

组分	质量分数/%	组分	质量分数/%
有机乳木果油	14.0	芦荟浸泡椰子油	21.0
天然蜜蜡	28.0	维生素 E	3.0
金盏花浸泡橄榄油	14.0	洋甘菊精油	3.0
紫草根浸泡橄榄油	14.0	玫瑰精油	3.0

制备工艺：

① 将有机乳木果油、天然蜜蜡，80℃水浴加热 30min 后，冷却至 50℃；

② 加入金盏花浸泡橄榄油、紫草根浸泡橄榄油、芦荟浸泡椰子油、维生素 E，混合搅拌 20min，得黏稠状混合液；

③ 加热至 50℃，滴加洋甘菊精油、玫瑰精油并搅拌 2min 至均匀，制得混合精油液；

④ 将混合精油液趁热倒入马口铁罐中，抽空气，密封、冷藏、压平、杀菌、封装，即得婴儿护臀膏。

12.8　孕妇用护肤化妆品

12.8.1　孕妇霜乳、化妆水

配方1：含油茶籽油孕妇面霜

组分		质量分数/%
A 组分	金银花提取物	1～5
	甘菊提取物	1～5
	玫瑰提取物	1～2

续表

组分		质量分数/%
A 组分	蜂蜜	1～5
	水	加至 100
B 组分	油茶籽油	30～50
	核桃油	5～10
	液状石蜡	5～6
	凡士林	2～3
	蜂蜡	5～6
	C$_{18}$ 醇	5～6
	C$_{18}$ 酸	5～6
	明胶	0.2～0.8
	十二烷基硫酸钠	0.2～0.4
	尼泊金	0.2～0.3
C 组分	甘油	3～5

制备工艺：

① 取 A 组分物料混合制备得水相；

② 取 B 组分物料混合制备得油相；

③ 将水相和油相在 80～90℃搅拌混合使其乳化，再加入 C 组分，搅拌混合使其乳化，放冷，陈化后即得含油茶籽油孕妇面霜。

配方 2：孕妇保湿化妆水 1

组分		质量分数/%
A 组分	鲸蜡硬脂醇	1.5
	甘油硬脂酸酯	1.0
	棕榈酰水解小麦蛋白钾	0.5
	乳木果油	6.0
	椰子油	2.0
	霍霍巴油	2.0
	维生素 E 乙酸酯	0.01
B 组分	水	加至 100
	甘油	5.0
	丙烯酰二甲基牛磺酸钠/丙烯酰胺/VP 共聚物	0.2
	透明质酸钠	0.1
	EDTA-2Na	0.1
	对羟基苯乙酮	0.5
C 组分	焦亚硫酸钠	0.01
	银耳提取物	1.0
	银耳多糖	1.0
	燕麦肽	0.5
	1,2-己二醇	0.5

制备工艺：

① 在反应釜中加入 A 组分物料，在 85℃下搅拌 30min；

② 在另一反应釜中加入 B 组分物料，在 85℃下搅拌 30min；

③ 将 A 组分加入 B 组分中，均质完全后加入 C 组分，搅拌均匀后即得孕妇保湿化妆水。

配方3：孕妇保湿化妆水2

组分		质量分数/%
A 组分	EDTA-2Na	0.08
	甘油	10.0
	水	加至 100
B 组分	氢化聚癸烯	4.2
	GTCC	5.0
	IPM	2.5
	聚二甲基硅氧烷	2.5
	鲸蜡硬脂醇	3.3
	甘油硬脂酸酯柠檬酸酯	1.7
	羟苯丙酯	0.08
C 组分	野大豆油	3.3
	小麦谷蛋白	4.2
	乳酸杆菌/豆浆发酵产物滤液	0.4
	羟苯基丙酰胺苯甲酸	0.2
	苯氧乙醇	0.3

制备工艺：

① 将 EDTA-2Na 溶于水中，加热至 60～80℃后，加入甘油，迅速搅拌至完全溶解，置于 60～90℃的水浴中加热，得水相；

② 将 B 组分物料置于 60～90℃的水浴中加热搅拌熔化至均匀，得油相；

③ 在油相中加入野大豆油，然后将油相加入水相中，快速搅拌，至均匀，即得基质；

④ 将基质冷至室温后加入 C 组分其余物料，搅拌均匀，出料。

配方4：孕妇用护肤乳

组分	质量分数/%	组分	质量分数/%
活性矿物质因子原液	25.8	干酪素	2.9
益母草	2.9	海胆黄	2.2
海藻	2.6	液态酵母抽提物	4.4
橄榄油	25.8	水	加至 100
章鱼胺	0.1		

制备工艺：

① 从白芍药、马齿苋、红石榴中萃取得活性矿物质因子原液；

② 将活性矿物质因子原液、益母草、海藻、海胆黄、液态酵母抽提物加入水中浸泡 3h，加至陶制砂锅内，煮 30min 后冷却；

③ 过滤，在滤液中加入橄榄油、章鱼胺、干酪素，搅拌均匀后，28℃下进行真空蒸发浓缩，使液体变成膏状即得。

配方5：孕妇专用的茶油护肤乳

组分	质量分数/%	组分	质量分数/%
茶油	加至100	烷基糖苷	1.4
超氧化物歧化酶	1.4	IIA	4.2
椰子油	14.1	蜂蜜	4.2
单硬脂酸甘油酯	4.2	水	14.1

制备工艺：

按照一般乳液的制备方法制备该护肤乳。

12.8.2 孕妇护肤油

配方1：孕妇护肤牡丹油

组分	质量分数/%	组分	质量分数/%
牡丹精油	加至100	HA	1.1
甘油	5.7	葡萄籽油	0.6
维生素E	28.7	柠檬草精油	0.6
牛奶	5.7		

制备工艺：

将牡丹精油、甘油、维生素E、牛奶、HA、葡萄籽油、柠檬草精油加入搅拌器内均匀搅拌20min，然后静置5min，得到孕妇护肤牡丹油。

配方2：孕妇护肤山茶油

组分	质量分数/%
山茶籽油	60~75
GTCC	0.5~1
维生素E乙酸酯	0.5~1
白池花籽油	5~7
霍霍巴油	5~7
大西洋胄胸鲷油	5~7
角鲨烷	0.5~1
牛油果树果脂油	2~3
母菊叶提取物	1~2
光果甘草根提取物	1~2
积雪草提取物	1~2
维生素E	0.5~1
黄芩根提取物	1~2
茶叶提取物	1~2
虎杖根提取物	1~2

制备工艺：

取各物料加热至80℃混匀后即得孕妇护肤山茶油。

配方 3：孕妇护肤橄榄油

组分	质量分数/%	组分	质量分数/%
化妆品用橄榄油	加至 100	IPM	15.0
维生素 E 醋酸酯	0.2	玫瑰精油	0.05
维生素 C 棕榈酸酯	0.2		

制备工艺：

取各物料加入不锈钢容器中，混匀后即得孕妇护肤橄榄油。

12.8.3 孕妇眼霜

配方：一种用于孕妇抗皱抗衰老的眼霜及其制备方法

	组分	质量分数/%
A 组分	水	30～90
	Stabileze®QM	0.1～1
	甘油	1～10
B 组分	Prolipid 141	0.5～7
	棕榈酸乙基己酯	1～10
	异硬脂醇新戊酸酯	1～10
	辛酸/癸酸三甘油酯	1～10
C 组分	水	1～10
	10%氢氧化钠水溶液	0.1～1
D 组分	Lubrajel Oil	0.1～5
	水和卤虫 Artemia 提取物	0.5～5
	己基癸醇和苹果 Pyrus Malus 籽提取物	0.5～5
	三肽胶原肽	0.5～5
	五胜肽	0.5～5
	Liquid Germall Plus	0.1～1

制备工艺：

① 在乳化锅中加入水和甘油，搅拌条件下加入 Stabileze®QM 粉末，搅拌均匀，并加热至 80℃，得到 A 组分；

② 在油相锅中将 B 组分物料加热至 80℃，搅拌使得物料完全熔化；

③ 均质条件下，将 B 组分加入 A 组分中，保持均质 3～5min；

④ 停止加热，搅拌降温至 70℃，将预分散的 C 组分加入乳化锅，继续搅拌至 45℃后，依次加入 D 组分，搅拌均匀，并搅拌冷却至室温即得。

12.8.4 孕妇面膜

配方 1：无添加孕妇护肤面膜

组分	质量分数/%	组分	质量分数/%
小分子透明质酸钠	0.1	甜菜碱	1.0
聚 γ-谷氨酸钠	0.1	甘油	4.0
甘草酸二钾	0.1	丙二醇	4.0

续表

组分	质量分数/%	组分	质量分数/%
对羟基苯乙酮	0.6	密罗木提取物	0.5
1,2-己二醇	0.6	稻米胚芽提取物	1.0
汉生胶	0.3	稻米胚芽油	1.0
聚丙烯酸钠	0.1	水	加至 100

制备工艺：

① 将水、小分子透明质酸钠、聚 γ-谷氨酸钠、甘草酸二钾、甜菜碱、甘油、丙二醇、对羟基苯乙酮、1,2-己二醇、汉生胶、聚丙烯酸钠，依次加入锅中搅拌，加热到 80℃，溶解均匀后，降温到 40℃时加入密罗木提取物、稻米胚芽提取物、稻米胚芽油，搅拌均匀后至 35℃过滤出料，即得面膜液。

② 将天丝膜布在无菌环境下折叠好塞入袋中，加入 25mL 制备好的面膜液，封袋，检验合格后可使用。

配方 2：孕妇用舒缓面膜

组分	质量分数/%	组分	质量分数/%
水	加至 100	舒缓剂（尿囊素、红没药醇）	4.0
EDTA-2Na	0.05	保湿剂（银耳提取物）	4.0
甘油	3.0	积雪草提取物	0.1
甘油聚醚-26	3.0	扭刺仙人掌茎提取物	0.5
1,3-丁二醇	4.0	黏度调节剂（卡波姆、汉生胶、HEC 和丙烯酸酯类共聚物中的一种）	0.25
HA	0.25	碱性 pH 调节剂（三乙醇胺、氢氧化钾、氢氧化钠、柠檬酸钠中的一种）	0.25
甘草酸二钾	0.1	对羟基苯乙酮	0.6

制备工艺：

① 将水加入反应釜中，加热到 70～75℃，将甘油、1,3-丁二醇、EDTA-2Na、甘油聚醚-26、黏度调节剂、HA、甘草酸二钾依次加入，真空 2700r/min 搅拌至透明；

② 将液体冷却到 55℃，加入对羟基苯乙酮，搅拌均匀；

③ 搅拌将体系冷却至 45℃，依次加入舒缓剂、保湿剂、扭刺仙人掌茎提取物、积雪草提取物至搅拌均匀；

④ 加入适量的 pH 调节剂调节 pH 值至 5.5～6.5。

配方 3：孕妇茶油面膜

	组分	质量分数/%
	水	加至 100
	霍霍巴油	5.3
	橄榄油	8.9
	茶油	5.4
A 组分	羟苯甲酯	0.7
	HA	0.5
	舒缓剂（尿囊素、红没药醇和甘草根提取物中的一种）	3.3
	稻糠甾醇	0.2

组分		质量分数/%
B 组分	珍珠粉（20 万目）	0.1
	维生素 E	0.2
	黏度调节剂（卡波姆、汉生胶、HEC 和丙烯酸酯类共聚物中的一种）	2.6
C 组分	碱性 pH 调节剂（三乙醇胺、氢氧化钾、氢氧化钠、柠檬酸钠和乳酸钠中的一种）	0.7
	酸性 pH 调节剂（柠檬酸和乳酸中的一种）	0.1

制备工艺：

① 将 A 组分中的水加入反应釜中，加热至 70～75℃，将 A 组分中其余物料依次加入水中，2700r/min 真空搅拌 10min 得乳液；

② 将①乳液冷却到 45℃，依次将 B 组分物料加入，1000r/min 真空搅拌 5min；

③ 依次加入碱性 pH 调节剂、酸性 pH 调节剂，1500r/min 真空搅拌 10min 得面膜液，面膜液的 pH 值为 7.2；

④ 将面膜布放入面膜液中浸透得到护肤面膜，面膜布为铜氨纤维面膜、果纤面膜和 384 蚕丝面膜中的一种。

配方 4：孕妇专用面膜液

组分	质量分数/%							
	1	2	3	4	5	6	7	8
尿囊素	0.2	0.3	0.4	0.2	0.2	—	0.3	0.4
聚谷氨酸	0.01	0.03	—	—	0.02	—	0.01	0.03
透明质酸钠	—	—	0.02	0.05	—	0.04	—	0.03
木糖醇	—	0.1	0.4	—	0.2	—	0.1	0.4
脱水木糖醇	—	0.2	0.6	—	0.2	—	0.2	0.6
木糖醇基葡糖苷	—	0.3	1.0	—	0.4	—	0.3	1.0
甘油聚甲基丙烯酸酯	1.0	1.0	0.5	1.5	1.0	2.5	—	2.0
羟乙基尿素	2.0	2.5	—	—	2.0	1.5	1.0	2.0
甘油	—	4.0	2.0	3.0	4.0	—	—	2.0
聚甘油-10	3.0	—	1.0	1.0	—	2.0	1.0	1.0
丁二醇	—	2.0	2.0	2.0	2.0	3.0	3.0	2.0
山梨（糖）醇	—	—	2.0	1.0	1.0	—	3.0	1.0
卡波姆	0.11	0.09	0.12	0.08	0.14	0.15	0.1	0.13
EDTA-2Na	0.03	0.01	0.02	0.01	0.04	0.05	0.01	0.02
三乙醇胺	0.11	—	0.12	0.08	—	0.15	0.1	—
氨甲基丙醇	—	0.08	—	—	0.12	—	—	0.11
白茅根发酵物	0.2	—	0.1	0.3	0.2	—	0.4	0.5
白果槲寄生发酵液	0.1	—	0.2	0.2	0.3	—	0.6	0.5
缺端胶原	0.1	0.2	0.1	0.1	0.2	0.1	—	—
脱乙酰壳多糖	0.1	0.3	0.2	—	0.3	0.2	0.1	—
燕麦麸皮提取物	—	0.5	0.5	1.0	2.0	1.0	1.0	1.5
银耳提取物	—	0.5	0.5	1.5	2.0	1.0	1.0	1.5
腰果提取物	—	—	—	—	—	0.3	—	—

组分	质量分数/%							
	1	2	3	4	5	6	7	8
留兰香叶提取物	—	—	—	—	—	0.2	0.1	—
晚香玉提取物	—	—	—	—	—	—	0.2	0.3
出芽短梗酶多糖	—	—	—	—	—	—	0.2	0.3
苦参根提取物	0.2	0.3	0.3	0.4	0.2	0.4	0.5	0.3
胀果甘草根提取物	0.2	0.4	0.2	0.3	0.4	0.32	0.5	0.2
黄芩根提取物	0.1	0.4	0.2	0.5	0.3	0.5	0.5	0.5
辛酰羟肟酸和 1,3-丙二醇	0.6	0.8	0.7	0.5	0.7	0.8	0.8	0.9
水	加至 100							

制备工艺：

① 在搅拌状态下，将卡波姆缓慢加入配方量 90%的水中，80～90℃加热搅拌至完全溶胀；

② 在搅拌条件下将透明质酸钠或（和）聚谷氨酸缓慢加入甘油中，充分搅拌至分散均匀，加入配方量 10%的水，充分搅拌均匀至溶液为透明状态；

③ 向步骤①中加入 EDTA-2Na、基础保湿组合物［尿囊素、丁二醇、山梨（糖）醇、聚谷氨酸、透明质酸钠、木糖醇、脱水木糖醇、木糖醇基葡糖苷、甘油聚甲基丙烯酸酯、羟乙基尿素、聚甘油-10］，继续保温搅拌至溶解完全后，均质 2～4min，保温 10～15min 至消泡完全，待温度降至 50～60℃时，加入 pH 调节剂（氨甲基丙醇或三乙醇胺）至 pH 值为 5.5～6.8，搅拌均匀；

④ 待③所得的物质温度降至 40～45℃时，加入温和补水组合物（白茅根发酵物、白果槲寄生发酵液、缺端胶原、脱乙酰壳多糖、燕麦款皮提取物、银耳提取物、腰果提取物、留兰香叶提取物、晚香玉提取物、出芽短梗酶多糖）、抗敏剂（苦参根提取物、胀果甘草根提取物、黄芩根提取物）和防腐剂（辛酰羟肟酸和 1,3-丙二醇的混合物），搅拌均匀，即得面膜液。

12.8.5 孕妇润肤洗面奶

配方 1：孕妇洗面奶

组分	质量分数/%	组分	质量分数/%
表面活性剂（月桂酰谷氨酸钠、卵磷脂和氟碳表面活性剂中的一种）	31.7	海藻糖	0.8
合成油脂	7.9	辛甘醇	0.32
壳聚糖亲和膜	1.6	山梨酸钾	0.48
何首乌提取物	3.2	HA	3.2
多瓜子提取物	4.0	氯化钠	1.6
柠檬精华液	6.3	C_{16} 醇	4.0
珍珠粉	11.9	淀粉胶	4.0
山梨醇	4.0	保湿剂	11.9
维生素 E	1.6	牛奶以及水	加至 100

制备工艺：

按照正常乳剂的方式制备该洗面奶。

配方 2：舒缓修复型孕期洗面奶

组分		质量分数/%
A 组分	透明质酸钠	0.01～5
	EDTA-2Na	0.01～3
	甘油	1～18
	丙二醇	1～10
B 组分	椰油酰甘氨酸钠	1～18
	甲基椰油酰基牛磺酸钠	2～18
	月桂酰羟乙磺酸钠	0.1～15
	椰油酰胺丙基甜菜碱	0.1～14
	癸基葡糖苷	0.1～12
	椰油酰谷氨酸钠	1～16
	千叶玫瑰花水	加至 100
C 组分	对羟基苯乙酮	0.01～8
	1,2-己二醇	0.1～8
D 组分	丙烯酸酯类共聚物	1～16
	苯乙烯/丙烯酸酯类共聚物	0.1～10
	积雪草提取物	0.1～5
	马齿苋提取物	0.1～5
	洋甘菊提取物	0.1～5
	虎杖根提取物	0.1～5

制备工艺：

① 混合 A 组分物料，并在 A 组分中依次加入 B 组分于 60～90℃中搅拌至完全溶解透明；

② 将 C 组分混合，在 50～60℃中溶解至完全透明，并将 C 组分加入体系中，搅拌均匀，降温到 45℃，依次加入 D 组分物料，搅拌均匀，得到成品。

12.8.6 去妊娠纹护肤品

配方 1：孕妇护肤山茶油

组分	质量分数/%	组分	质量分数/%
山茶籽油	加至 100	向日葵籽油	0.5
GTCC	20.0	纳米级茶多酚	1.0
大豆油	0.25	维生素 E	0.5

制备工艺：

① 将山茶籽油、GTCC、大豆油、向日葵籽油加入釜中，300r/min 搅拌混合 6min；

② 将纳米级茶多酚在 800r/min 的高速搅拌下，缓慢加入油相中，加入完成后，400r/min 均质 6min；

③ 将维生素 E 在 800r/min 的高速搅拌下，缓慢加到混合体系中，搅拌 3min 至完全混合均匀，即得孕妇护肤山茶油。

配方 2：去妊娠纹身体乳

组分	质量分数/%	组分	质量分数/%
甲壳素	14.8	润肤剂（GTCC、鲸蜡硬脂醇异壬酸酯、鲸蜡硬脂醇和鲸蜡醇棕榈酸酯）	7.4
琉璃苣油	加至 100	天胡荽提取物	2.2
乙二醇	1.5	氢化大豆卵磷脂	3.7
杏仁油	1.5	甘蔗酸	2.2
茯苓提取物	7.4	侧柏叶提取物	8.9
积雪草提取物	1.5	当归提取物	8.1
紫花苜蓿提取物	3.7	尿囊素	2.2
稳定剂（丁二醇、双丙甘醇、鲸蜡醇、丁羟甲苯中的一种或几种）	3.0	羊膜液	3.7
乳化剂（山梨坦倍半油酸酯、聚山梨醇酯-80、椰油基葡糖苷中的一种或几种）	2.2	燕麦多肽	3.7

制备工艺：

① 将所有组分置于反应器中，超声高速分散，超声波频率为 20～40kHz，分散速度 5000～6000r/min，分散时间为 30～60min；

② 搅拌完成后将物料转入预热（60～70℃）的均质乳化锅进行加热均质乳化，均质温度为 75～80℃，均质时长为 2～4min，随后自然冷却至常温，即得去妊娠纹身体乳。

配方 3：孕妇妊娠纹防护及产后修复舒缓精华乳

组分		质量分数/%
A 组分（油相）	$C_{12~20}$ 烷基葡糖苷、$C_{14~22}$ 醇	0.89
	PEG-100 硬脂酸酯	0.44
	油橄榄果油	2.66
	椰子油、塔希提栀子花、维生素 E	2.66
	山茶籽油	2.66
	可可籽脂	0.89
	红没药醇	0.04
	聚二甲基硅氧烷	0.89
B 组分（水相）	水	加至 100
	EDTA-2Na	0.09
	甘油	8.85
	丁二醇	8.85
	尿囊素	0.18
	海藻糖	2.66
	透明质酸钠	0.89
	卡波姆	0.44
C 组分	甲基硅烷醇羟脯氨酸酯天冬氨酸酯	0.89
	甲基硅烷醇甘露糖醛酸酯	0.89
	硅氧烷三醇藻酸酯、咖啡因	0.89
	积雪草提取物	0.89
	寡肽-1	0.44
	精氨酸	0.09
D 组分	辛酰羟肟酸、乙基己基甘油、1,2-己二醇	0.89

制备工艺：

① 将 A 组分各物料投入乳化锅中，加热升温至 80℃，搅拌溶解均匀，备用；

② 将 B 组分物料加热升温至 80℃，搅拌溶解均匀，备用；

③ 将油相组分加入水相组分中保温 80℃，搅拌混合 10min，3500r/min 高速均质乳化 8min 后，保温搅拌 10min，并抽真空脱泡（真空度为 60kPa）20min；

④ 降温至 45℃时加入 C 组分和 D 组分并搅拌混合 3min；

⑤ 检测合格，用 200 目滤网过滤出料，即可。

12.9 其他护肤化妆品

12.9.1 带颜色的润唇膏

配方1：含天然色素抑菌润唇膏

组分	质量分数/%	组分	质量分数/%
长花滇紫草色素	加至 100	维生素 E	0.5
甜杏仁油	26.7	胡萝卜色素	2.1
酥油	4.0	玫瑰精油	0.5
天然蜂蜡	9.4	维生素 B_1 与维生素 B_6 混合物	0.5
白凡士林	2.7		

制备工艺：

① 将胡萝卜色素加入含有长花滇紫草色素的甜杏仁油中搅拌直至完全溶解；

② 加入酥油和天然蜂蜡，于 65～75℃ 水浴加热混合均匀；

③ 自然冷却到 50℃，加入玫瑰精油、维生素 E、维生素 B_1 与维生素 B_6 混合物、白凡士林，搅拌均匀；

④ 倒入模具，将模具置于-20℃低温冷冻成型 5～10min；

⑤ 将成型的润唇膏插入润唇膏管中，真空脱离润唇膏与管，即得含天然色素抑菌润唇膏。

配方2：具有修复效果的变色润唇膏

组分		质量分数/%
A 组分	石蜡	0.2
	微晶蜡	1.0
	氢化聚异丁烯	14.0
	二异硬脂醇苹果酸酯	加至 100
	GTCC	5.0
	油橄榄果油	2.0
	苯氧乙醇	0.1
	聚甘油-2异硬脂酸酯/二聚亚油酸酯共聚物	0.1
B 组分	羟苯丁酯	0.15
	羟苯甲酯	0.15
	苯氧乙醇	0.1

续表

组分		质量分数/%
C 组分	二异硬脂醇苹果酸酯	5.0
	角鲨烷	4.0
	GTCC	2.0
	油橄榄果油	1.0
	硬脂醇甘草亭酸酯	0.4
	欧薯草提取物	0.3
	药鼠尾草叶提取物	0.3
D 组分	二异硬脂醇苹果酸酯	5.0
	季戊四醇四异硬脂酸酯	4.0
	油橄榄果油	3.0
	硬脂醇甘草亭酸酯	0.4
	光果甘草根提取物	0.4
	问荆提取物	0.3
	欧薯草提取物	0.3
	CI45410 着色剂	0.08
	CI73360 着色剂	0.02
E 组分	山金车花提取物	0.3
	葡萄籽油	0.4
	维生素 E	0.4
	棕榈酰三肽-1	0.2
	药鼠尾草叶提取物	0.3
	二异硬脂醇苹果酸酯	5.0
	异十三醇异壬酸酯	4.0
	GTCC	10.0
	油橄榄果油	11.0
	聚乙烯	3.0
	三山嵛精	0.8

制备工艺：

① 将 A 组分物料依次投入油浴中，加热至 70℃，保持 5min，200r/min 搅拌均匀；

② 将 B 组分混合均匀，B 组分投入 A 组分中，200r/min 的速度搅拌均匀；

③ 在体系中加入 C 组分物料，升温至 60℃，保持 10min，溶解均匀；

④ 混合 D 组分物料后，在三辊研磨机上研磨分散均匀；

⑤ 将预混合好的 D 组分加入体系中，200r/min 搅拌混合分散均匀；

⑥ 将 E 组按顺序依次投入体系中按照 200r/min 的速度搅拌均匀；

⑦ 将体系注入润唇膏填充设备，在-20℃下冷冻 1h，包装，即得具有修复效果的变色润唇膏。

配方 3：玫瑰花色苷润唇膏

组分	质量分数/%	组分	质量分数/%
玫瑰花色苷护肤混合粉	10.9	橄榄油	加至 100
天然蜂蜡	21.9	负离子粉	1.6
维生素 E	5.5		

制备工艺：

① 取玫瑰花色苷护肤混合粉、维生素 E、橄榄油、负离子粉依次加入容器研磨 10min；

② 将天然蜂蜡加热呈熔化状态，并将其逐步加入①体系中，边加边搅拌，加完后继续搅拌 10min；

③ 倒入模具，控制室温 10℃，冷却 20min 成型，拔模装管即得玫瑰花色苷润唇膏。

12.9.2 防水润唇膏

配方：魔芋葡甘聚糖润唇膏

组分	质量分数/%	组分	质量分数/%
橄榄油	加至 100	维生素 E	2.9
魔芋葡甘聚糖	0.3	番茄红素	0.6
蜂蜡	40.2	草莓香精	1.4
羊毛脂	14.4		

制备工艺：

① 取橄榄油 85℃水浴加热 3min，加入魔芋葡甘聚糖，边加边搅拌至稠状；

② 取蜂蜡中火微波加热 3min，趁热将液态蜂蜡倒入①中，搅拌 5min；

③ 取羊毛脂 80℃水浴加热 3min，趁热与体系混合，并搅拌混匀；

④ 将体系室温冷却 8min 后加入维生素 E、番茄红素以及草莓香精，充分混匀；

⑤ 将体系于 65℃真空干燥箱、210Pa 减压脱气泡 12min，灌装，置于 2℃凝固 1.5h 后即得魔芋葡甘聚糖润唇膏。

12.9.3 丰唇润唇膏

配方：丰唇润唇膏

组分		质量分数/%
A 组分	霍霍巴酯类	6.8
	$C_{10\sim30}$ 酸胆甾醇/羊毛甾醇混合酯	6.4
	氢化蓖麻油二聚亚油酸酯	6.4
	矿油	4.0
	霍霍巴油	4.0
	第一肌肤调理剂（由霍霍巴油、石榴皮提取物、石榴花提取物、聚甘油-3 二异硬脂酸酯按 1.5∶2∶2∶1.5 组成）	2.4
B 组分	植物甾醇/辛基十二醇月桂酰谷氨酸酯	4.0
	聚乙烯	3.2
	小烛树蜡	2.4
	聚甘油-2 三异硬脂酸酯	2.4
	蜂蜡	2.0
C 组分	橄榄角鲨烷	加至 100
	白池花籽油	4.0
	二异硬脂醇苹果酸酯	4.0

续表

组分		质量分数/%
C 组分	异壬酸异壬酯	4.0
	地蜡	2.0
	神经酰胺 3	25.5
	维生素 E	0.4
	第二肌肤调理剂（椰子油、栎根提取物、欧洲栓皮栎树皮提取物按 2∶3∶3 组成）	1.6
	第三肌肤调理剂［红花籽油、金纽扣花/叶/茎提取物、膜荚黄芪根提取物、泛醌、维生素 E 按 2∶2∶2∶0.8∶（0.5～1）组成］	1.6
	第四肌肤调理剂（向日葵籽油、蜂胶提取物按 1∶1 组成）	0.8
	抗氧化剂（向日葵籽油、棓酸、甘油硬脂酸酯、巴西棕榈树蜡、茶叶提取物按 1∶0.5∶0.5∶0.5∶1 组成）	0.4

制备工艺：

① 将 A 组分与 B 组分预混合后，加热至 100℃，保温搅拌 20min 至均匀；

② 待温度降至 70℃，再将 C 组分物料投入体系中，充分搅拌均匀，即得丰唇润唇膏。

12.9.4　减肥身体乳

配方：减肥滋润身体乳

组分		质量分数/%
A 组分	水	加至 100
	甘油	30.0
	卡波姆	0.1
	HEC	0.2
	尿囊素	0.2
	EDTA-2Na	0.05
B 组分	鲸蜡硬脂基葡糖苷	1.0
	甘油硬脂酸酯和 PEG-100 硬脂酸酯	1.0
	硬脂醇	1.0
	聚二甲基硅氧烷	1.0
	棕榈酸乙基己酯	1.0
C 组分	精氨酸	0.1
	聚丙烯酸钠、$C_{18～21}$ 烷和十三烷醇聚醚-6	0.4
D 组分	肉碱	0.5
	咖啡提取物	1.0
E 组分	烟酰胺	1.0
	川芎油	0.05
	罗勒油	0.02
	肉桂油	0.03
	薄荷醇乳酸酯	0.02

制备工艺：

① 将 A 组分物料加入水相锅，升温至 85℃溶解，得水相；

② 将 B 组分物料加入油相锅，升温至 85℃溶解，得油相；

③ 将水相和油相抽入乳化锅中，均质 5min，80℃保温 10min 后开始降温；

④ 降温至 70℃时，加入 C 组分，均质 1min 后继续降温；

⑤ 降温至 50℃，加入 D 组分，搅拌 15min 后继续降温；

⑥ 降温至 45℃，加入 E 组分，搅拌均匀后降温至 38℃，过滤得成品。

参考文献

[1] 李东光, 翟怀凤. 实用化妆品制造技术[M]. 北京: 金盾出版社, 1998.

[2] 陈玲. 化妆品化学[M]. 北京: 高等教育出版社, 2002.

[3] 王建新, 孙培冬. 化妆品植物原料大全[M]. 北京: 中国纺织出版社, 2012.

[4] 光井武夫, 张宝旭. 新化妆品学[M]. 北京: 中国轻工业出版社, 1996.

[5] 余丽丽, 赵婧, 张彦. 化妆品——配方、工艺及设备[M]. 北京: 化学工业出版社, 2018.

[6] 余丽丽, 姚琳. 天然化妆品原料与配方工艺手册[M]. 北京: 化学工业出版社, 2020.

[7] 黄荣. 化妆品制备基础[M]. 成都: 四川大学出版社, 2015.

[8] 李东光. 实用化妆品生产技术手册[M]. 北京: 化学工业出版社, 2001.

[9] 董银卯. 化妆品配方工艺手册[M]. 北京: 化学工业出版社, 2005.

[10] 刘玮. 皮肤科学与化妆品功效评价[M]. 北京: 化学工业出版社, 2005.

[11] 邹宗柏. 实用绿色精细化工产品配方[M]. 南昌: 江西科学技术出版社, 2001.

[12] 姚斌, 陈万生, 吴秋业. 熊果苷合成新工艺[J]. 中国现代应用药学, 2005, 22(005): 389-390.

[13] 张凤兰, 苏哲, 吴景, 等. β-熊果苷和氢醌安全性评价及化妆品法规管理现状[J]. 环境与健康杂志, 2017, 034(011): 1017-1021.

[14] 刘亚玲, 王青标, 易超宇, 等. 脱氧熊果苷的合成[J]. 精细化工, 2014, 31(11): 1412-1416.

[15] 张凤兰, 吴景, 王钢力, 等. α-熊果苷和脱氧熊果苷美白作用机制及安全性评价研究进展[J]. 环境与健康杂志, 2018, 274(04): 93-98.

[16] 赵守仁, 罗福顺, 王丽娜. 6-O-咖啡酰基熊果苷提取方法: CN101085792[P]. 2007-12-12.

[17] 张颖君, 李春月, 许敏, 等. 6'-O-咖啡酰基熊果苷及其衍生物和复方在制备化妆品或药物中的应用: CN103120624A[P]. 2013-05-29.

[18] 许敏. 曲酸衍生物的合成及其对酪氨酸酶活性的影响[D]. 广州: 华南理工大学, 2013.

[19] 芮斌, 蒋惠亮, 陶文沂. 曲酸衍生物的制备及在化妆品上的应用[J]. 广东化工, 2002(02): 31-33.

[20] 彭成周. 辅酶Q(10), 抗坏血酸, 胶原蛋白及其混合物美白和抗老化剂的研究[D]. 武汉: 湖北大学, 2012.

[21] 杨跃飞. 曲酸及其衍生物在美白化妆品中的应用[J]. 日用化学工业, 1995, 00(001): 28-32.

[22] 沈新安. 曲酸双棕榈酸酯的合成[J]. 化学试剂, 2015, 37(005): 478-480.

[23] 照那斯图, 吴卫平, 王宇, 等. 曲酸双棕榈酸酯的合成[J]. 精细与专用化学品, 2009, 17(18): 23-24, 2.

[24] 谷雪贤. 维生素C衍生物的制备及其在化妆品中的应用[J]. 化学试剂, 2011, 033(004): 325-328.

[25] 李诚让, 朱文元. 维生素C衍生物研究进展[J]. 临床皮肤科杂志, 2005, 34(007): 487-488.

[26] 杜亚威, 杨文玲, 刘红梅. 维生素C磷酸酯衍生物的制备及其在化妆品中的应用[J]. 香料香精化妆品, 2007(001): 26-29.

[27] 潘声龙, 陈晓, 吴刘芳, 等. 一种酸法制备维生素C的方法: CN111087373A[P]. 2020-05-01.

[28] 林金新, 郭小雷, 黄平. 一种维生素C葡萄糖苷的微通道连续合成方法: CN111073924A[P]. 2020-04-28.

[29] 裴双秀, 张霞. 一种美白剂原料的合成方法: CN106565646A[P]. 2017-04-19.

[30] 郭志成, 陶桂全, 李新如, 等. 维生素C磷酸酯镁的毒性试验[C]// 中国生理科学会第三届全国营养学术会议暨营养学会成立大会论文摘要汇编. 1981.

[31] 郁建兴. 一种维生素C磷酸酯镁的制备方法: CN103665040A[P]. 2014-03-26.

[32] 李鑫. 分析比较烟酰胺与维生素C的美白机制及效果[J]. 世界最新医学信息文摘, 2019, 19(66): 237.

[33] 杨驰, 郑咏秋, 戴敏. 烟酰胺药理作用研究进展[J]. 临床肺科杂志, 2011, 016(012): 1914-1916.

[34] 何轶. 烟酸的合成与应用[J]. 河南化工, 2002, 000(007): 8-10.

[35] 詹豪强. 酶促合成D-泛酸工艺[J]. 中国食品用化学品, 1998(2): 29-32, 11.

[36] 郝谜谜, 王艳, 刘园园, 等. 苯乙基间苯二酚抑制黑色素形成的机理研究[J]. 日用化学工业, 2018, 048(005): 293-298.

[37] 刘园园, 李欣, 靳佳慧, 等. 苯乙基间苯二酚对 UVB 诱导的人皮肤黑素细胞氧化模型损伤的保护作用及其机制[J]. 中国皮肤性病学杂志, 2018, 32(10): 1107-1112.

[38] 张克伦, 张太军. 一锅法制备 4-正丁基间苯二酚的方法: CN110803980A[P]. 2020-02-18.

[39] 王尊元, 马臻, 李强, 等. 白藜芦醇的合成[J]. 中国医药工业杂志, 2003(09): 6-7.

[40] 孙洪宜, 肖春芬, 魏文, 等. 氧化白藜芦醇的合成[J]. 有机化学, 2010, 30(10): 1574-1579.

[41] 杨博, 李健雄, 张进军. 一种 2,4-二甲氧基-甲苯基-4-丙基间苯二酚的合成方法: CN108530273A[P]. 2018-09-14.

[42] 简杰, 杨晖, 许文东, 等. 4-己基间苯二酚的合成工艺改进[J]. 中国医药工业杂志, 2016, 47(6): 685-686.

[43] 纪文华, 高乾善, 王晓, 等. 一种光甘草定的合成方法: CN103030647A[P]. 2013-04-10.

[44] 胡新华. 甘草中光甘草定的提取工艺及药理活性研究[D]. 汕头: 汕头大学, 2016.

[45] 车景俊, 李明, 金哲雄. 植物多酚作为护肤因子在化妆品领域的研究进展[J]. 黑龙江医药, 2006, 19(2): 97-99.

[46] Helal A, Tagliazuchi D, Verzelloni E. Gastro-pancreatic release of phenolic compounds incorporated in a polyphenols enriched cheese-curd[J]. LWT-Food Science and Technology, 2015, 60(2): 957-963.

[47] 宋立江, 狄莹, 石碧. 植物多酚研究与利用的意义及发展趋势[J]. 化学进展, 2000, 12(2): 161-170.

[48] 田旭坤. 植物多酚的提取工艺研究[D]. 哈尔滨: 哈尔滨理工大学, 2019.

[49] 范高福, 胥振国, 刘修树, 等. 植物提取物鞣花酸的药理作用及制剂研究进展[J]. 基因组学与应用生物学, 2016, 35(12): 3562-3568.

[50] 罗波, 罗志军. 一种鞣花酸的合成方法: CN106279199A[P]. 2017-01-04.

[51] 王颖, 陈文强, 邓百万, 等. 厚朴酚与和厚朴酚的药理作用及提取合成研究进展[J]. 陕西理工大学学报(自然科学版), 2018, 34(02): 58-64, 78.

[52] 奈克 R, 瓦利卡 S, 贾亚拉麦亚 R, 等. 制备厚朴酚及其衍生物的方法: CN103987684A[P]. 2014-08-13.

[53] 蒿飞, 朱文博, 陈贤情, 等. 一种利用蓝藻合成根皮素的方法: CN109913508A[P]. 2019-06-21.

[54] 冯甜, 王力彬, 周楠, 等. 根皮素的研究进展[J]. 转化医学杂志, 2017, 6(01): 42-46.

[55] 李穆琼, 范引科, 李晰, 等. 根皮苷及根皮素对小鼠的半数致死量测定[J]. 中国药师, 2013, 16(03): 466-468.

[56] 闵凡芹. 五倍子单宁酸的提取、降解菌株筛选及代谢产物研究[D]. 北京: 中国林业科学研究院, 2014.

[57] 石闪闪, 何国庆. 单宁酸及其应用研究进展[J]. 食品工业科技, 2012, 33(04): 410-412, 416.

[58] 刘德明. 单宁与化妆品[J]. 日用化学品科学, 2004(02): 45.

[59] 陈梦雨, 黄小丹, 王钊, 等. 植物原花青素的研究进展及其应用现状[J]. 中国食物与营养, 2018, 24(03): 54-58.

[60] 张妍, 吴秀香. 原花青素研究进展[J]. 中药药理与临床, 2011, 27(06): 112-116.

[61] 段玉清, 谢笔钧. 原花青素在化妆品领域的研究与开发现状[J]. 香料香精化妆品, 2002(06): 23-26.

[62] 孙传范. 原花青素的研究进展[J]. 食品与机械, 2010, 26(04): 146-148+152.

[63] 薄艳秋. 蓝莓花青素的提取和抗氧化活性研究[D]. 哈尔滨: 东北农业大学, 2012.

[64] 金文进. 植物花青素及其应用前景[J]. 畜禽业, 2020, 31(03): 11.

[65] 钟兰兰, 屠迪, 杨亚, 等. 花青素生理功能研究进展及其应用前景[J]. 生物技术进展, 2013, 3(05): 346-352.

[66] 乔廷廷, 郭玲. 花青素来源、结构特性和生理功能的研究进展[J]. 中成药, 2019, 41(02): 388-392.

[67] 袁超, 王学民, 谈益妹, 等. 氨甲环酸对损伤后皮肤纹理的修复作用[J]. 中国美容医学, 2013, 22(02): 267-271.

[68] 王强, 胡伟, 徐芳辉, 等. 氨甲环酸: 一种治疗黄褐斑的重要辅助药物[J]. 中南药学, 2014, 12(09): 889-895.

[69] 汪濛. 氨甲环酸到底有多神奇[J]. 中国化妆品, 2021(Z1): 98-102.

[70] 上海第二制药厂. 新凝血药——凝血酸的合成方法[J]. 中国医药工业杂志, 1972(03): 33-34.

[71] 赵培庆, 彭志光, 倪平, 等. 一种壬二酸的制备方法: CN1415593[P]. 2003-05-07.

[72] 李志伟, 李英春. 亚油酸臭氧化制备壬二酸[J]. 青岛科技大学学报(自然科学版), 2003, 24(4): 328-329.

[73] 宋欣. 壬二酸及其衍生物在护肤美容中的应用[J]. 河北化工, 2010, 33(03): 35-36.

[74] 陈烨璞, 史春薇, 陈欣. 壬二酸研究的进展[J]. 临床和实验医学杂志, 2006(01): 48-49.

[75] 皮士卿, 陈新志, 胡四平, 等. 虾青素的合成[J]. 有机化学, 2007, 27(009): 1126-1129.

[76] 焦雪峰. 虾青素在化妆品中的应用[J]. 广东化工, 2006(01): 13-15.

[77] 肖素荣, 李京东. 虾青素的特性及应用前景[J]. 中国食物与营养, 2011, 17(05): 33-35.

[78] 干昭波. 虾青素的性质、生产及发展前景[J]. 食品工业科技, 2014, 35(03): 38-40.

[79] 袁超, 文铭昕, 韩苗苗, 等. 虾青素生产及应用研究进展[J]. 粮食与油脂, 2014, 27(09): 14-16.

[80] 项光刚. 虾青素来自天然的超级抗氧化剂[J]. 中国化妆品, 2020(02): 73-75.

[81] 何璞, 闫少辉, 任泽焕. 虾青素的特性及其生产与应用研究[J]. 漯河职业技术学院学报, 2012, 11(02): 70-72.

[82] 林晓, 储小军, 周蒂, 等. 虾青素的来源、功能及应用[J]. 环境与职业医学, 2008, 25(06): 615-616, 620.

[83] 刘艳红, 杨子佳, 祝钧. 阿魏酸酯类衍生物的制备及其在化妆品中的应用[J]. 化学世界, 2014, 55(11): 700-704.

[84] 郭红. 阿魏酸提取工艺及应用前景[J]. 西部皮革, 2018, 40(08): 6-7.

[85] 梁盈, 袭晓娟, 刘巧丽, 等. 阿魏酸及其衍生物的生理活性及应用研究进展[J]. 食品与生物技术学报, 2018, 37(05): 449-454.

[86] 赵琳, 张英锋, 马子川. 阿魏酸的合成和应用[J]. 化学教育, 2009, 30(07): 5-7.

[87] 刘珂伟, 傅茂润. 阿魏酸的研究进展[J]. 江苏调味副食品, 2016(01): 7-10.

[88] 许仁溥, 许大申. 阿魏酸应用开发[J]. 粮食与油脂, 2000(06): 7-9.

[89] 辛嘉英, 郑妍, 赵冠里, 等. 阿魏酸衍生物的应用及合成[J]. 化学世界, 2006(05): 305-307, 315.

[90] 唐树民, 唐树和. α-硫辛酸合成新工艺的研究[J]. 广东化工, 2006.

[91] 王成林, 录驰冲. 维生素 E 和 α-硫辛酸的联合抗氧化活性研究[J]. 北京日化, 2019, 000(003): 10-17.

[92] 狄延鑫. (R)-α-硫辛酸的合成新工艺及杀菌活性研究[D]. 贵阳: 贵州大学, 2007.

[93] 廖德丰, 陈季武, 谢宗, 等. α-硫辛酸和二氢硫辛酸的抗氧化作用[J]. 华东师范大学学报(自然科学版), 2007, 2007(2): 87-92.

[94] 叶文锐, 仲伟鉴, 肖萍, 等. α-硫辛酸的延缓衰老作用研究进展[C]// 第四届第二次中国毒理学会食品毒理学专业委员会与营养食品所毒理室联合学术会议. 2008.

[95] 胡德甫, 汪文继, 袁沪宁. 一种高纯度 α-亚麻酸的制备方法: CN1317477[P]. 2001-10-17.

[96] 徐天才, 杨少华. 含亚油酸和亚麻酸的天然保健植物油及其制备方法和应用: CN104004583A[P]. 2014-08-27.

[97] 黄龙江, 吴燕天, 李铮铮, 等. 一种咖啡因的合成方法: CN104892611A[P]. 2015-09-09.

[98] 张东赫, 申和英, 朴昶埙, 等. 含有高浓度的咖啡因和烟酰胺的化妆品组合物: CN104039303A[P]. 2014-09-10.

[99] 杜雄健, 俞敏, 刘海棠, 等. 咖啡渣多糖及咖啡因、多酚协同抗氧化性分析[J]. 天津造纸, 2017, 039(002): 7-10.

[100] 杜希萍, 孙旭, 杨远帆, 等. 咖啡因作为酪氨酸酶抑制剂的用途: CN109288844A[P]. 2019-02-01.

[101] 段国梅. 一种含有海茴香的紧致抗皱组合物及其应用: CN111214410A[P]. 2020-06-02.

[102] 李卓才. 番茄红素化学合成的研究[D]. 杭州: 浙江大学, 2006.

[103] 包华音. 番茄红素药理作用的近五年研究进展[J]. 食品研究与开发, 2014(19): 145-147.

[104] 万逸枫, 蒋献. 皮肤光老化与番茄红素[J]. 中国皮肤性病学杂志, 2009, 23(011): 757-759.

[105] 李娜娜, 吴晓英, 吴振强. 番茄红素在化妆品中的应用展望[J]. 广东化工, 2014, 041(018): 87-88.

[106] 赵仕芝. 复合美白剂脂质纳米粒的制备及美白性能评估[D]. 南京: 东南大学, 2017.

[107] 张镇标. 姜黄素氢化物的抗炎、抗腹水瘤活性研究[D]. 广州: 广州中医药大学, 2017.

[108] 黄发勋, 张锐, 雷玉平, 等. 一种谷胱甘肽的合成方法: CN107573402A[P]. 2018-01-12.

[109] 谢雅清, 梁晓美, 叶伟霞. 还原型谷胱甘肽的药理作用与临床应用研究进展[J]. 中国药业, 2013(07): 130-133.

[110] 胡湘. 浅谈还原型谷胱甘肽的药理作用[J]. 健康必读旬刊, 2013, 12(009): 299.

[111] 陈世军, 李青. 冷去杂一步法提取高纯度橙皮苷制备工艺: CN101235062[P]. 2008-08-06.

[112] 张冬松, 高慧媛, 吴立军. 橙皮苷的药理活性研究进展[J]. 中国现代中药, 2006, 8(007): 25-27.

[113] 刘光荣, 赵俊钢, 邓文娟, 等. 橙皮苷的抗痤疮作用研究[J]. 日用化学品科学, 2020, 43(03): 54-58.

[114] 伏传久, 王珂, 乔树兵, 等. 一种维生素 C 棕榈酸酯的制备方法: CN112608954A[P]. 2021-04-06.

[115] 查建生, 徐金荣. 一种抗坏血酸四异棕榈酸酯的合成方法: CN108069926A[P]. 2018-05-25.

[116] 刘建华. TiO$_2$ 的制备方法及其应用[J]. 内蒙古民族大学学报(自然科学版), 2018, 033 (001): 19-22.

[117] 祖庸, 卫志贤, 张松梅. 一种纳米氧化锌的制备方法: CN1396117 A[P]. 2003-2-12.

[118] WTO 检验检疫信息网. 欧盟禁止在化妆品成份中使用 3-亚苄基樟脑[J]. 中国洗涤用品工业, 2015, 000(009): 84.

[119] 陈乐云. 紫外吸收剂 4-甲基苄亚基樟脑(4-MBC)对日本虎斑猛水蚤多世代毒性研究[D]. 厦门: 厦门大学, 2018.

[120] 李斌栋, 苏莉莉. 一种合成 3-(4-甲基苯亚基)樟脑的方法: CN105985228A[P]. 2016-10-05.

[121] 朱运涛, 林韦康, 高奇, 等. 一种亚苄基樟脑磺酸的制备方法: CN106831499A[P]. 2017-06-13.

[122] 朱小山, 黄静颖, 吕小慧, 等. 防晒剂的海洋环境行为与生物毒性[J]. 环境科学, 2018, 39(06): 2991-3002.

[123] 李能. 化妆品中防晒剂的国内外监管现状[J]. 日用化学品科学, 2018, 41(06): 8-21, 26.

[124] 王治国, 刘洋. 依莰舒的合成工艺研究[J]. 湖北理工学院学报, 2021, 37(01): 36-39.

[125] 胡伟, 孟巨光. 一种对苯二亚甲基二樟脑磺酸防晒剂的制备方法: CN106831503A[P]. 2017-06-13.

[126] 王亚龙, 李红燕, 闫山, 等. 一种防晒剂中间体对苯二亚甲基二樟脑磺酸的合成方法: CN110156642A[P]. 2019-08-23.

[127] 罗晓燕, 殷斌烈, 邹光, 等. 空气氧化法制备肉桂酸[J]. 精细化工中间体, 2001, 31(002): 23-24.

[128] 张红, 丁盈红, 李若琦. 对甲氧基肉桂酸乙酯的合成研究[J]. 广东药学院学报, 2005, 21(002): 117-119.

[129] 李青, 韩红梅, 孙永江, 等. 山奈提取物中对甲氧基肉桂酸乙酯的体外透皮吸收研究[J]. 香料香精化妆品, 2013, 000(005): 43-45.

[130] 张红, 丁盈红, 张精安, 等. 对甲氧基肉桂酸 2-乙基己酯的合成[J]. 香料香精化妆品, 2005(02): 8-10.

[131] Klammer H, Schlecht C, Wuttke W, et al. Multi-organic risk assessment of estrogenic properties of octyl-methoxycinnamate in vivo A 5-day sub-acute pharmacodynamic study withovariectomized rats[J]. Toxicology, 2005, 215: 90-96.

[132] Köllner V, Schauenburg H. Octyl-methoxycinnamate (OMC), an ultraviolet (UV) filter, alters LHRH and amino acid neurotransmitters release from hypothalamus of immature rats. [J]. Experimental and Clinical Endocrinology & Diabetes, 2008, 116(02): 94-98.

[133] 李贺, 曾庆友. 对甲氧基肉桂酸异戊酯的一锅法绿色合成[J]. 应用化工, 2013, 42(010): 1813-1815.

[134] 曾庆友, 张红, 许瑞安. 紫外线吸收剂对甲氧基肉桂酸异戊酯合成新工艺[C]//2008 年全国有机和精细化工中间体学术研讨会. 2008.

[135] 嵇跃武, 郭彦春, 蔡亚. 新型防晒剂——对甲氧基肉桂酸-2-乙氧基乙酯的合成研究[J]. 精细化工, 1989(06): 40-41.

[136] Shimoi K, Nakamura Y, Noro T, et al. Enhancing effects of cinoxate and methyl sinapate on the frequencies of sister-chromatid exchanges and chromosome aberrations in cultured mammalian cells[J]. Mutation Research - Fundamental and Molecular Mechanisms of Mutagenesis, 1989, 212(2): 213-221.

[137] 孙柏旺, 王燕, 徐冰, 等. 一种水杨酸异辛酯的制备方法: CN102775311A[P]. 2012-11-14.

[138] 李欣航, 杨盼盼, 毕永贤, 等. 10 种常用防晒剂的鸡胚绒毛尿囊膜试验和人体皮肤斑贴试验研究[J]. 日用化学品科学, 2018, 041(012): 26-29.

[139] 李春云. 水杨酸乙二醇单酯生产合成[J]. 浙江化工, 2001(01): 47.

[140] 黄伟, 毛春强, 崔伟. 二苯甲酮的合成研究[J]. 上海化工, 2008(03): 4-6.

[141] 邱仁华, 童舟, 唐智, 等. 一种 2-羟基二苯甲酮类化合物的高效催化合成方法: CN109534975A[P]. 2019-03-29.

[142] Nakagawa Y, Suzuki T, Tayama S. Metabolism and toxicity of benzophenone in isolated rat hepatocytes and estrogenic activity of its metabolites in MCF-7 cells[J]. Toxicology, 2000, 156(1): 27-36.

[143] Zhang Q, Ma X, Dzakpasu M, et al. Evaluation of ecotoxicological effects of benzophenone UV filters: Luminescent bacteria toxicity, genotoxicity and hormonal activity[J]. Ecotoxicology and Environmental Safety, 2017, 142: 338-347.

[144] 阮启蒙, 伍杰, 束怡, 等. 4,4′-二羟基二苯甲酮的合成[J]. 中国医药工业杂志, 2005(04): 197-198.

[145] 胡先明, 胡泉源, 周小波, 等. 2,3,4-三羟基二苯甲酮的合成方法: CN1313272A[P]. 2001-09-19.

[146] Aptula A O, Roberts D W, Cronin M, et al. Chemistry-toxicity relationships for the effects of di- and trihydroxybenzenes to Tetrahymena pyriformis. [J]. Chemical Research in Toxicology, 2005, 18(5): 844-854.

[147] Jeon H K. Comparative toxicity related to metabolisms of benzophenone-type UV filters, potentially harmful to the environment and humans[J]. Molecular & Cellular Toxicology, 2017, 13(3): 337-343.

[148] 孟波, 柳玉英, 周丽. 紫外线吸收剂 UV-9 生产工艺的改进[J]. 山东理工大学学报(自然科学版), 2003, 17(5): 61-62.

[149] 邢彦美. 防晒剂对甲氧基肉桂酸酯的合成研究[D]. 青岛: 青岛科技大学, 2010.

[150] Peng M, Du E, Li Z, et al. Transformation and toxicity assessment of two UV filters using UV/H$_2$O$_2$ process[J]. Science of the Total Environment, 2017, 603(15): 361-369.

[151] 赵立春, 覃华中, 鲜昊. 一种紫外线吸收剂二乙基己基丁酰胺基三嗪酮的生产方法: CN105130918A[P]. 2015-12-09.

[152] 周宏飞, 黄炯, 寿露, 等. 防晒剂的研究进展[J]. 浙江师范大学学报(自然科学版), 2017, 40(02): 206-213.

[153] 袁李梅, 邓丹琪. 防晒剂的特性及应用[J]. 皮肤病与性病, 2009, 31(02): 20-23.

[154] Gonzalez H, Farbrot A, Larko O, et al. Percutaneous absorption of the sunscreen benzophenone-3 after repeated whole body applieations with and without ultraviolet irradiation[J]. Br J Dermatol, 2006, 154(2): 337-340.

[155] Scalia S, Molinari A, Casolari A, et al. Complexatiota of the sunscreen agent, phenyl benzimidazole sulphonic acid with

cyclodextrins; effect on stability and photo-induced free radical formation[J]. Eur J Pharm Sci, 2004, 22(4): 241-249.

[156] Nash J F. Human safety and efficacy of ultraviolet filters and sunscreen products[J]. Dermatol Clin, 2006, 24(1): 35-51.

[157] 徐文立, 刘建军, 曹瑜, 等. 一种紫外线吸收剂2-苯基苯并咪唑-5-磺酸的制备方法: CN111333585A[P]. 2020-06-26.

[158] 沈青燕. 曼尼希法合成二聚的苯并三唑类紫外吸收剂[D]. 南京: 南京理工大学, 2010.

[159] Lucas J, Logeux V, Rodrigues A, et al. Exposure to four chemical UV filters through contaminated sediment: impact on survival, hatching success, cardiac frequency, and aerobic metabolic scope in embryo-larval stage of zebrafish[J]. Environmental Science and Pollution Research, 2021, 28: 29412-29420.

[160] 李永芳, 陈文, 王先文, 等. 对二甲氨基苯甲酸异辛酯(EHA)的合成方法: CN101863791A[P]. 2010-10-20.

[161] 丁成荣, 谢思泽, 张翼, 等. 紫外线吸收剂丁基甲氧基二苯甲酰甲烷(巴松1789)的合成[J]. 浙江工业大学学报, 2011, 39(01): 21-23.

[162] 沙乃怡, 王明召. 防晒霜中常用的两种化学防晒剂[J]. 化学教学, 2012(6): 72-73.

[163] 叶少玲. 化妆品用保湿剂的特点及应用[J]. 广东化工, 2019, 46(23): 59-60.

[164] 施昌松, 崔凤玲, 张洪广, 等. 化妆品常用保湿剂保湿吸湿性能研究[J]. 日用化学品科学, 2007, 30(1): 25-30.

[165] 贾艳梅. 保湿剂及其在化妆品中的应用[J]. 中国化妆品, 2003(2): 82-86.

[166] 袁仕扬, 何小平, 叶志虹. 常用皮肤保湿剂性能研究[J]. 广东化工, 2009, 36(11): 47-48.

[167] 冯光炫, 谢文磊, 姜延程. 化妆品用保湿剂的研究和应用[J]. 陕西化工, 1997 (03): 18-20.

[168] 黄光斗, 贾泽宝. 化妆品用保湿剂研究和应用[J]. 湖北工学院学报, 1998 (03): 11-14.

[169] 吴卫炜. 化妆品常用保湿剂保湿吸湿性能研究[J]. 化工管理, 2018 (5): 241-242.

[170] 姚云真. 几种天然保湿剂在化妆品应用中的研究进展[J]. 明胶科学与技术, 2016 (3): 125-130.

[171] 刘彤. 透明质酸及其在化妆品中的应用[J]. 广州化工, 2009, 37(8): 71-73.

[172] 李敬, 赵会玲, 张金良. 透明质酸在化妆品中的应用[J]. 衡水学院学报, 2005, 7(01): 29-31.

[173] 朱文骅, 邓小锋, 孟宏, 等. 透明质酸在化妆品中的应用[J]. 中国化妆品, 2016(03): 72-74.

[174] 宋磊, 王腾飞. 透明质酸的研究现状综述[J]. 山东轻工业学院学报(自然科学版), 2012, 26(02): 15-18.

[175] 刘敏, 张云, 崔岩. 多糖——一种新型的化妆品保湿剂[J]. 中国洗涤用品工业, 2010(01): 69-71.

[176] 王建新. 化妆品天然成分原料介绍(IX)[J]. 日用化学品科学, 2019, 42(04): 43-47.

[177] 王军, 党战胜. 透明质酸钠制备工艺的研究[J]. 化工管理, 2015(10): 179-179.

[178] 孔淑静. 透明质酸钠的制备工艺及功能研究[J]. 健康必读, 2018(34): 235-236.

[179] 陈春华. 甲壳素系列衍生物的制备及其在化妆品中的应用[J]. 科技创业月刊, 2000(10): 39-40.

[180] 王兆梅, 李琳, 郭祀远, 等. 生物活性多糖在化妆品中的应用[J]. 日用化学工业, 2004(04): 245-248.

[181] 康卓, 董哲. 甲壳素开发应用的新进展[J]. 辽宁化工, 2001, 30(5): 208-211.

[182] 缪宏良. 甲壳素及其衍生物在化妆品上的应用[J]. 上海轻工业, 1997, 27(2): 8-12.

[183] 王小红, 马建标. 甲壳素, 壳聚糖及其衍生物的应用[J]. 功能高分子学报, 1999, 12(2): 197-202.

[184] 刘德明. 甲壳素与化妆品[J]. 日用化学品科学, 2004, 27(8): 47-48.

[185] 张伟, 林红, 陈宇岳. 甲壳素和壳聚糖的应用及发展前景[J]. 南通大学学报(自然科学版), 2006, 5(1): 29-33.

[186] 李琳, 户献雷, 佟锐. 天然高分子及其衍生物在化妆品中的应用[J]. 广东化工, 2018, 45(1): 133-134.

[187] 张延坤, 刘国忠. 甲壳素与壳聚糖及其衍生物的制备和在日化工业中的应用[J]. 日用化学工业, 1998 (4): 36-40.

[188] 徐鑫, 王静. 甲壳质和壳聚糖的开发及应用[J]. 哈尔滨工业大学学报, 2002, 34(1): 95-100.

[189] 李青仁, 王月梅, 丁雪飞. 维生素的护肤功效与应用[J]. 日用化学品科学, 2007, 30(1): 16-17.

[190] 孔昱. 维生素在美容护肤的运用[J]. 中国民族民间医药杂志, 2009, 18(12): 101.

[191] 胡桂燕, 计东风, 费建明, 等. 丝胶蛋白液的护肤功能及应用研究[J]. 蚕桑通报, 2006, 37(4): 25-27.

[192] 刘美玲, 吕春晖. 维生素及其衍生物在化妆品中的应用[J]. 江西化工, 2015(2): 7-8.

[193] 贾艳梅. 天然丝素在化妆品中的护肤特性及应用[J]. 精细与专用化学品, 1999, 7(14): 13-14.

[194] 张云. 丝肽衍生物的制备及其应用[D]. 苏州: 苏州大学, 2012.

[195] 胡梅, 彭巍, 李海军. 蚕丝蛋白及其衍生物在化妆品中的应用[J]. 日用化学品科学, 2011, 34(6): 34-36.

[196] 中国科学院上海有机化学研究所. 丝肽、制备方法和应用: CN103897021A[P]. 2014-07-02.

[197] 赵林, 谢艳招, 郑贻德, 等. 蚕丝蛋白在化妆品中的应用研究进展[J]. 日用化学工业, 2012, 42(6): 452-456.

[198] 梁楣珍. 蛋白质在化妆品中的应用[J]. 广东化工, 2009, 36(12): 104-105.

[199] 徐映红, 黎昌健, 杨松, 等. 木糖醇在牙膏中的应用现状[J]. 牙膏工业, 2006(4): 37-38.

[200] 李惠萍, 徐杰, 王红梅, 等. 2-甲基-1, 3-丙二醇的应用研究进展[J]. 热固性树脂, 2005, 20(4): 23-26.

[201] 陈思, 徐铮, 李梁斐, 等. 甘油葡萄糖苷 αGG 抗氧化性能及其对 UV 致细胞损伤保护修复的研究[J]. 生物加工过程, 2021, 19(2): 162-167.

[202] 徐恺, 李丽, 付铭洋, 等. 甘油葡萄糖苷 αGG 的制备方法及其研究进展[J]. 工业微生物, 2020, 50(4): 59-66.

[203] 向晓丽, 陈天鄂. 木糖醇的制备方法及其应用[J]. 化学与生物工程, 2002, 19(002): 27-28.

[204] 高蕾蕾, 刘峰, 栾庆民, 等. 赤藓糖醇生产与应用研究进展[J]. 精细与专用化学品, 2020, 28(3): 1-4.

[205] 李俊霖, 郭传庄, 王松江, 等. 赤藓糖醇的特性及其应用研究进展[J]. 中国食品添加剂, 2019(10): 169-172.

[206] 王卫国. γ-聚谷氨酸的研究及应用进展[J]. 河南工业大学学报(自然科学版), 2016, 37(2): 117-122.

[207] 刘霞, 刘飞, 刘少英, 等. 聚谷氨酸的保湿功效及安全性评价[J]. 日用化学工业, 2019, 45(5): 275-278.

[208] 何宇, 吕卫光, 张娟琴, 等. γ-聚谷氨酸的研究进展[J]. 安徽农业科学, 2020, 48(18): 18-22.

[209] 彭亚锋, 周耀斌, 李勤, 等. 海藻糖的特性及其应用[J]. 中国食品添加剂, 2009 (1): 65-69.

[210] 靳文斌, 李克文, 胥九兵, 等. 海藻糖的特性、功能及应用[J]. 精细与专用化学品, 2015 (1): 30-33.

[211] 周冬丽, 宋伟光, 郭文峰, 等. 棉籽低聚糖——棉籽糖研究概况[J]. 粮食与油脂, 2010 (12): 39-41.

[212] 袁美兰, 温辉梁, 黄绍华. 功能性低聚糖——棉籽糖的开发应用现状[J]. 中国食品添加剂, 2002 (4): 54-57.

[213] 中国国家标准化管理委员会. 生活饮用水卫生标准: GB 5749—2006[S]. 北京: 中国标准出版社, 2006.

[214] 胡春丽, 沈文娟, 汪丽. 化妆品的定义和命名简析[J]. 香料香精化妆品, 2019, 01: 83-85.

[215] 肖子英. 中国化妆品的定义与分类研究[J]. 日用化学品科学, 2001, 06: 39-42, 44.

[216] 袁欢, 唐霖, 陈超, 等. 新旧化妆品监督管理条例对化妆品注册备案管理的对比研究[J]. 日用化学工业, 2020, 5012: 879-884, 895.

[217] 姚丽. 新《条例》推动化妆品行业向高质量发展转型[J]. 中国化妆品, 2020, 12: 44-47.

[218] 李硕, 李莉, 王海燕, 等. 我国化妆品标准及其效力研究[J]. 中国药事, 2021, 3501: 29-36.

[219] 任倩倩, 孙旭, 李楠, 等. 化妆品植物原料(Ⅰ)——在防晒化妆品中的研究与开发[J]. 日用化学工业, 2021, 5101: 10-16.

[220] 张茜, 曹力化, 赵华, 等. 新法规下化妆品安全与功效宣称评价[J]. 日用化学品科学, 2021, 4407: 1-4.

[221] 李亚男, 蒋丽刚. 国内外化妆品功效宣称法规的最新格局和进展[J]. 日用化学品科学, 2021, 4407: 5-10.

[222] 王领. 植物活性成分在化妆品护肤领域的应用和发展[J]. 中国化妆品, 2021, 08: 18-21.

[223] 张凤兰, 石钺, 苏哲, 等. 我国化妆品原料安全管理对策研究[J]. 中国药事, 2019, 3312: 1365-1370.

[224] 李琼, 李能, 陈博. 欧美化妆品法规要求概况[J]. 日用化学品科学, 2020, 4301: 58-60, 64.

[225] 佚名. 国家药监局发布《化妆品监督管理常见问题解答(二)》[J]. 中国化妆品, 2020, 04: 17-18.

[226] 佚名. 图解化妆品基本知识[J]. 中国食品药品监管, 2020, 05: 102-105.

[227] 李能, 陈博, 许玉旬, 等. 《化妆品监督管理条例》新旧对比[J]. 日用化学品科学, 2020, 4307: 15-21.

[228] 刘观峰. 化妆品原料的风险分析与质量控制[J]. 日用化学品科学, 2020, 4309: 50-53.

[229] 姚丽, 唐子安. 新规下, "特殊""非特殊"化妆品之变[J]. 中国化妆品, 2020, 11: 50-53.

[230] 中国食品药品检定研究院化妆品安全技术评价中心、中国医学科学院药用植物研究所. 我国化妆品原料管理规定简介[N]. 中国医药报, 2020-03-19(001).

[231] 刘恕. 以安全为考量规范进口化妆品宣称[N]. 中国医药报, 2020-05-07(001).

[232] 辜颖. 外延收窄化妆品新定义回归化妆本位[N]. 医药经济报, 2020-07-09(002).

[233] 许业莉, 陶伟正, 柯维国. 我国化妆品国家技术规范强制性要求中亟待理顺的若干问题[J]. 检验检疫学刊, 2016, 2605: 72-75.

[234] 佚名. 关于化妆品产品备案管理相关违禁词语通告[J]. 口腔护理用品工业, 2014, 2403: 57-59.

[235] 佚名. 化妆品定义[J]. 口腔护理用品工业, 2013, 2304: 64.

[236] Bermard I, 王萌. 护肤化妆品用聚合物[J]. 日用化学品科学, 1990, 02: 34-39.

[237] 赵露露, 邓乾春, 安杰, 等. 具有护肤功效的天然植物及其在化妆品中的应用[J]. 北京日化, 2016(2): 13-16.

[238] 牛东斌. 提升企业管理水平严把化妆品原料关[N]. 中国医药报, 2020-12-24(002).

[239] 蒋丽刚. 中国化妆品原料产业界的现状和使命[J]. 日用化学品科学, 2018, 4109: 1-5.

[240] 夏开元. 中草药与中草药化妆品原料[J]. 口腔护理用品工业, 2010, 2005: 30-33.

[241] 郑雨. 化妆品原料抗氧化剂[J]. 日用化学品科学, 2010, 3312: 52-54.

[242] PetersRit W, 吴姣莲. 用于化妆品配方的新蜂蜡衍生物[J]. 日用化学品科学, 1991, 02: 30-34.

[243] 薛允连. 蓖麻油化妆品配方[J]. 今日科技, 1993, 10: 12.

[244] 袁慧勇. 不溶性蚕丝蛋白超细粉的制备及应用[D]. 保定: 河北大学, 2010.

[245] 牛庆华, 蒋诚. 清洁类有机化妆品配方原料选择原则[J]. 香料香精化妆品, 2017, 02: 68-72.

[246] 佚名. 化妆品配方[J]. 日用化学品科学, 2017, 4005: 56.

[247] 王北明, 祝菁菁, 龚俊瑞. 常用油脂对化妆品保湿效果的影响研究[J]. 香料香精化妆品, 2017, 04: 28-32, 38.

[248] 岳娟, 蒋丽刚, 申奉受, 等. 常用增稠剂在化妆品配方中的应用研究[J]. 香料香精化妆品, 2017, 04: 49-55.

[249] 佚名. 化妆品配方[J]. 日用化学品科学, 2017, 4011: 55-56.

[250] 郑玉霞. 超临界 CO_2 萃取沙棘籽油的成分及其用作化妆品原料的安全性分析[D]. 无锡: 江南大学, 2007.

[251] 谢锋, 广丰. 美国个人护理品原料市场[J]. 中国化妆品, 2006, 05: 30-31.

[252] 李敏, 陈宇宇, 温文忠, 等. 儿童化妆品原料及其性能研究进展[J]. 精细与专用化学品, 2014, 2209: 16-19.

[253] 胡晓玲, 任晓晓, 刘强, 等. 蜂蜡的理化性质与应用[J]. 中国蜂业, 2018, 6912: 66-69.

[254] 张婉萍, 蒋诚. 《化妆品配方与工艺技术》第三讲护肤乳液、膏霜(续完)[J]. 日用化学品科学, 2019, 4202: 54-58.

[255] 董鑫. 护肤化妆品配方中脂质体种类的选择探讨[J]. 化工设计通讯, 2019, 4504: 158.

[256] 张婉萍. 《化妆品配方与工艺技术》第四讲毛发清洁类化妆品[J]. 日用化学品科学, 2019, 4205: 48-56.

[257] 佚名. 化妆品配方[J]. 日用化学品科学, 2019, 4208: 64.

[258] 王丽, 刘瑞学, 冷群英, 等. 神经酰胺Ⅱ脂质体的制备及在化妆品中的应用[J]. 日用化学工业, 2019, 4911: 742-747.

[259] AlanTyler. 个人护理原料市场[J]. 化工文摘, 2005, 03: 28, 30.

[260] 李鹏飞. 水酶法提取花生油及蛋白质[D]. 无锡: 江南大学, 2017.

[261] Farah Z. 花生油体的分离、理化特性研究[D]. 无锡: 江南大学, 2018.

[262] 内田崇志, 猿渡敬志, 西冈圭佑, 等. 基于皮肤渗透性能的化妆品配方[C]// 中国化妆品学术研讨会. 2010.

[263] 凌彦群. 美白化妆品配方设计[C]// 2002 年中国化妆品学术研讨会论文集. 2002.

[264] 刘本娜. 三种脂质体的制备及其在化妆品中的应用[D]. 无锡: 江南大学, 2015.

[265] 杜婧. 天然蜂蜡理化特性及其有效成分的提纯研究[D]. 长春: 长春工业大学, 2015.

[266] 吕方方, 陈华, 宋菲, 等. 椰子油脂质体保湿霜的制备和性能测试[J]. 日用化学工业, 2018, 4804: 227-230, 242.

[267] 张婉萍, 蒋诚. 《化妆品配方与工艺技术》系列讲座第二讲非皂基类洁肤产品[J]. 日用化学品科学, 2018, 4111: 54-60.

[268] 肖子英. 膏霜类化妆品配方设计原理[J]. 香料香精化妆品, 1997, 04: 1-7, 16.

[269] 孙圭兮. 化妆品用有机聚硅氧烷[J]. 精细化工信息, 1986, 12: 12-15.

[270] 佚名. 日本蓖麻油深加工考察[J]. 化工进展, 1987, 05: 29-28.

[271] 王利卿, 孟力凯. 化妆品用主要动物性特殊添加成分[J]. 当代化工, 2002, 01: 28-31.

[272] 刘美玲, 牛红军. 化妆品原料的选择[J]. 江西化工, 2015, 03: 123-124.

[273] 宋永波. 天然植物油脂在化妆品中的应用[J]. 日用化学品科学, 2009, 3208: 4-5, 9.

[274] 胡芳华. 化妆品原料的选择[J]. 日用化学品科学, 2009, 3208: 45-47.

[275] 黄海峰. 化妆品中的模拟天然物[J]. 日用化学工业译丛, 1994, 01: 34-36.

[276] 刘晓慧, 李琼, 陈良红, 等. 纳米固体脂质体及其在化妆品中的应用研究进展[J]. 日用化学工业, 2013, 4306: 469-473.

[277] 汤姆·克拉乌齐克, 周静怡, 邢英站. 化妆品中的脂质体(英)[J]. 日用化学品科学, 1998, 01: 12-14, 17.

[278] 王利卿, 阎绍峰. 麦芽油衍生物在化妆品中的应用[J]. 辽宁化工, 1999, 01: 57-58, 64.

[279] 穆筱梅. 脂质体在化妆品中的研究进展[J]. 日用化学工业, 2007, 01: 46-49, 70.

[280] 李姝静, 周自若, 邓小锋, 等. 环糊精在化妆品领域中的应用研究[J]. 应用化工, 2016, 4510: 1942-1945.

[281] 王璐, 刘立鹃, 严建业, 等. 卵黄油的药理作用及提取工艺研究进展[J]. 湖南中医药大学学报, 2012, 3203: 78-81.

[282] 覃发玠, 赖开平. 米糠的功能组分及其在化妆品中的应用[J]. 中国油脂, 2020, 4501: 111-114.

[283] 段岢君, 陈卫军, 宋菲, 等. 椰子油的精深加工与综合利用[J]. 热带农业科学, 2013, 3305: 67-72.

[284] Carmen S, Anja N, 夏博, 等. 由沙棘果实中类胡萝卜素-脂蛋白化合物研制新型化妆品[J]. 国际沙棘研究与开发, 2008, 03: 40-43.

[285] 钱崇濂. 致癌染料——芳香胺的致癌机理[J]. 染整技术, 1996, 02: 30-32, 5.

[286] 张丽君. 利用糖蜜生产焦糖色素[J]. 中国调味品, 1997, 10: 24-25.

[287] 严明强. β-胡萝卜素在化妆品中的应用[J]. 香料香精化妆品, 1997, 01: 24-25.

[288] 刘新民. 值得开发应用的化妆品植物色素——胭脂树橙色素[J]. 香料香精化妆品, 1995, 02: 49-53, 58.

[289] 李泉岑, 王佳奇, 伍子涵, 等. 天然植物色素稳定性及其应用研究进展[J]. 现代食品, 2020, 22: 59-62.

[290] 郭涵, 袁剑辉, 吴蓉蓉. 关注化妆品中的色素安全[J]. 中国海关, 2021, 02: 42.

[291] 陈燕飞, 尹诗欣, 杨家臣, 等. 紫甘蓝色素及其在化妆品中的应用[J]. 韶关学院学报, 2021, 4203: 65-69.

[292] 陈丹丹, 茹歌, 郑荣, 等. 化妆品中合成着色剂分析方法研究进展[J]. 化学试剂, 2018, 4007: 643-646, 657.

[293] 尹琳琳, 陈银玲, 刘萍. 苋菜红色素的超高压提取工艺及稳定性研究[J]. 食品科技, 2018, 4309: 314-320.

[294] 张亚琼, 李单单. 辣椒红色素的功能特性及应用[J]. 农产品加工, 2018, 19: 69-70.

[295] 刘乐, 展俊岭, 高子怡, 等. 万寿菊中叶黄素提取工艺研究现状[J]. 绿色科技, 2018, 20: 210-211.

[296] 程树军, 步犁, 潘芳. 基于黑色素形成机制的美白化妆品功效体外检测方法[J]. 中国卫生检验杂志, 2012, 2203: 665-668.

[297] 杨艳伟, 朱英, 刘思然, 等. 化妆品中着色剂使用情况的调查[J]. 环境与健康杂志, 2012, 2902: 170-172.

[298] 杨铃, 陈金伟. 叶黄素的提取及应用研究进展[J]. 食品科技, 2012, 3705: 199-203.

[299] 马艳凤, 李琼, 武晓剑. 化妆品中 5 种限用合成着色剂的分析方法研究进展[J]. 上海应用技术学院学报(自然科学版), 2012, 1201: 22-25, 37.

[300] 林森煜, 黄金凤, 白樱, 等. 高效液相色谱法同时测定部分化妆品中的酸性橙 7 和碱性嫩黄 O[J]. 顺德职业技术学院学报, 2012, 1003: 8-10.

[301] 钱晓燕. 化妆品中有机合成着色剂分析方法的研究[D]. 杭州: 浙江工业大学, 2014.

[302] 张笛. 氯氧化铋珠光颜料的制备及其性能研究[D]. 石家庄: 河北科技大学, 2014.

[303] 黄炯力, 安庆, 范菲. 原子吸收法测定化妆品中氧化锌的不确定度评定[J]. 香料香精化妆品, 2020, 02: 53-56.

[304] 顾宇翔, 薛峰, 郑翌. 化妆品中准用着色剂的检测方法和使用情况研究[J]. 日用化学工业, 2020, 5005: 343-348.

[305] 陈宏炬, 郭平, 林惠真, 等. 饮料中合成色素赤藓红的快速检测[J]. 生物加工过程, 2020, 1804: 457-461.

[306] 王建新. 化妆品天然成分原料介绍(ⅩⅧ)[J]. 日用化学品科学, 2020, 4308: 49-53.

[307] 邱楠. 维生素 E 和 β-胡萝卜素微乳液的制备[D]. 杭州: 浙江大学, 2008.

[308] 郭芳, 胡国胜, 奚朝晖, 等. 化妆品用原花青素脂质体的制备及应用性能研究[J]. 日用化学工业, 2014, 4403: 143-146, 150.

[309] 孙胜男. 天然植物色素的应用研究[J]. 黑龙江农业科学, 2014, 03: 142-144.

[310] 申桂英. 化妆品原料市场现状与发展趋势[J]. 精细与专用化学品, 2014, 2210: 16-20.

[311] 刘一萍, 卢明, 吴大洋. 植物靛蓝染色历史及其发展[J]. 丝绸, 2014, 5111: 67-72.

[312] 张莉萍, 蔡萍. 化妆品原料中有机色素盐类及色淀不溶性测定的方法探讨[J]. 中国卫生检验杂志, 2008, 1812: 2792-2793.

[313] 卢秉福, 耿贵, 周艳丽. 甜菜红素的加工与利用[J]. 中国甜菜糖业, 2008, 01: 40-42.

[314] 李晓霞, 蒋林, 王德友, 等. 辣椒红色素在化妆品中的稳定性研究[J]. 日用化学品科学, 2011, 3411: 21-25.

[315] 张咏, 陈国庆, 朱纯, 等. 胭脂红和苋菜红分子结构与光谱性质的对比研究[J]. 光谱学与光谱分析, 2015, 3511: 3017-3022.

[316] 刘志栋. 荧光法研究胭脂红、柠檬黄及日落黄与 BSA 相互作用机理[D]. 黑龙江: 黑龙江大学, 2014.

[317] 董孝元. 橡壳棕色素提取、纯化和性能研究[D]. 武汉: 湖北工业大学, 2013.

[318] 王俊. 食用合成色素日落黄和柠檬黄荧光光谱的研究[D]. 无锡: 江南大学, 2009.

[319] 马晓燕. 几种合成色素的同时检测及其对细胞毒性研究[D]. 杭州: 中国计量学院, 2012.

[320] 郭群, 杜艳红, 张李文, 等. 紫外分光光度法测定合成色素日落黄和柠檬黄[J]. 农技服务, 2016, 3314: 18-19.

[321] 赵金辰, 陈国庆, 朱纯, 等. 食品色素日落黄与诱惑红荧光特性的研究[J]. 光谱学与光谱分析, 2017, 3704: 1168-1173.

[322] 魏雅雯, 靳玲侠. 辣椒红色素的提取方法及应用的研究进展[J]. 中国调味品, 2017, 4208: 142-147.

[323] 李黎, 薛姣, 李小晶. 化妆品中原花青素相关专利技术综述[J]. 广东化工, 2017, 4416: 147-148.

[324] 姚绍明, 吴远明. 靛蓝染料的生产及应用技术进展[J]. 精细与专用化学品, 2013, 2104: 13-18.

[325] 周为明, 柯梅珍, 吴楠, 等. 珠光颜料的研究及应用进展[J]. 印染, 2013, 3913: 49-53.

[326] 马超群. 合成食品色素赤藓红、新红和靛蓝的光谱特性研究[D]. 无锡: 江南大学, 2011.

[327] 闫丽君. 靛蓝染料染色影响因素分析[D]. 石家庄: 河北科技大学, 2010.

[328] 卢艳民. 胭脂虫红色素提取与精制研究[D]. 昆明: 昆明理工大学, 2009.

[329] 郭元亨. 胭脂红酸检测方法及色素提取改善[D]. 北京: 中国林业科学研究院, 2011.

[330] 吴远双, 宋玉竹. 一种考马斯亮蓝 G-250 快速染色法在 SDS-PAGE 中的应用[J]. 光谱实验室, 2013, 3006: 3109-3113.

[331] 韩晓岚, 胡云峰, 赵学志, 等. 天然辣椒红色素的研究进展[J]. 中国食物与营养, 2010, 04: 20-24.

[332] 张建霞, 袁红波, 薛强, 等. 甜菜红色素的研究进展[J]. 农业工程技术(农产品加工业), 2010, 05: 48-51.

[333] 高彦祥, 刘璇. 甜菜红色素研究进展[J]. 中国食品添加剂, 2006, 01: 65-70.

[334] 佚名. 用含胡萝卜素类的棕榈油等的化妆品治疗皮炎、寻常痤疮等皮肤病[J]. 国外医药(植物药分册), 2006, 02: 84.

[335] 赵黎博, 廖杰. 化妆品中虾青素相关专利技术综述[J]. 科技风, 2019, 15: 200, 202.

[336] 马慧斌. 赢创扩充去角质白炭黑颗粒产品系列代替化妆品中的塑料微珠[J]. 无机盐工业, 2019, 5106: 92.

[337] 邝锦斌, 陈允卉, 褚观年, 等. 综述虾青素的提取工艺及其在化妆品中的应用[J]. 广东化工, 2019, 4612: 79-81.

[338] 王建新. 化妆品天然成分原料介绍(XI)[J]. 日用化学品科学, 2019, 4206: 50-54.

[339] 焦天慧, 芦宇, 叶琳琳, 等. 超声波辅助提取红树莓籽中原花青素及其抗紫外活性评价[J]. 中国食品学报, 2019, 1906: 98-105.

[340] 汤沈杨, 陈梦瑶, 肖花美, 等. 胭脂虫及胭脂虫红色素的应用研究进展[J]. 应用昆虫学报, 2019, 5605: 969-981.

[341] 胡金燕. 脂溶性胭脂虫红色素的制备及其理化性质研究[D]. 北京: 中国林业科学研究院, 2014.

[342] 王素芳, 俞超, 王忠华. 天然色素——胭脂虫红色素[J]. 药物生物技术, 2007, 02: 153-156.

[343] 高蓝, 李浩明. 胭脂虫红色素资源及其利用[J]. 中国食品添加剂, 2004, 04: 86-89.

[344] 佚名. 纯天然高稳定性红曲红色素[J]. 肉类工业, 1998, 10: 48.

[345] 蒋伟. 化妆品用氧化铁颜料的选用[J]. 香料香精化妆品, 1999, 01: 42-43.

[346] 朱亚新. 核桃多酚对酪氨酸酶活性和黑色素合成的影响及其化妆品的试制[D]. 昆明: 昆明理工大学, 2016.

[347] 马忠斌. 云母铁珠光颜料多功能特性的研究[D]. 广州: 华南理工大学, 2016.

[348] 周玲燕. 基于菊芋原料的红发夫酵母补料分批培养合成虾青素及其在化妆品中应用的研究[D]. 广州: 华南理工大学, 2016.

[349] 李艳梅, 王水泉, 李春生. 辣椒红色素的性质及其应用[J]. 农产品加工(学刊), 2009, 02: 52-54.

[350] 杜志云, 林丽, 邓玉川. 姜黄素的生物活性及其在化妆品中的应用[J]. 中国洗涤用品工业, 2005, 04: 64-66.

[351] 陈宣碧, 柯燕玲, 郑意钦, 等. 叶绿素美容霜的研制[J]. 广东化工, 2005, 11: 43-44.

[352] 郑深. 姜黄的提取和姜黄素的纯化研究[D]. 广州: 广东工业大学, 2016.

[353] 杨宗志. 化妆品用氧化铁[J]. 精细化工信息, 1986, 10: 22.

[354] 朱俭勋. 蚕沙提取叶绿素技术[J]. 农村实用工程技术(农业工程), 1988, 03: 27.

[355] 郭芳. 原花青素及其脂质体在化妆品中的应用研究[D]. 上海: 东华大学, 2015.

[356] 王斐. 化学液相沉积法制备云母基珠光颜料及机理探究[D]. 上海: 华东理工大学, 2015.

[357] 姚超, 吴凤芹, 林西平, 等. 纳米技术与纳米材料(VI)——纳米氧化锌在防晒化妆品中的应用[J]. 日用化学工业, 2003, 06: 393-397.

[358] 崔冬乐. 云母的解理断裂及其在珠光颜料中的应用[D]. 合肥: 合肥工业大学, 2010.

[359] 曹人玻. 以钛白副产物绿矾为原料低温制备纳米三氧化二铁的研究[D]. 广州: 华南理工大学, 2011.

[360] 李瑞. 水性光油中珠光颜料显色性的比较研究[D]. 郑州: 郑州大学, 2017.

[361] 刘春兰. 云母/复合氧化物珠光颜料的制备与性能研究[D]. 南京: 南京理工大学, 2015.

[362] 危自燕, 刘跃进, 张果龙. 云母氧化铁珠光颜料的研究进展[J]. 中国涂料, 2008, (06): 47-49, 55.

[363] Kirk O, Godtfredsen S E, Bjorkling F. Process for producing methyl glycoside esters: US5200328[P]. 1993.

[364] 姚志钢, 张越慧, 雷小平, 等. 氨基磺酸法合成十二烷基硫酸铵[J]. 日用化学工业, 1998(05): 3-5.

[365] 原根明, 常新锁. 双烷基二甲基氯化铵的合成和应用[J]. 山西化工, 1994, 000(004): 53-55.

[366] 唐冬雁, 吴思国, 闵春英, 等. 溴化双十二烷基季铵盐的合成及缓蚀、杀菌性能研究[J]. 哈尔滨工业大学学报, 2006(04): 538-540, 632.

[367] 谢文磊. 粮油化工产品化学与工艺学[M]. 北京: 科学出版社, 1998.

[368] 胡永涛, 刘钟栋, 杨菁, 等. 单甘酯、甘二酯高纯品的生产、理化性质及特殊用途[J]. 中国食品添加剂, 2009(01): 57-64.

[369] 殷晶莉, 徐怀义, 杨占红. 单甘酯的合成及在塑料工业中的应用[C]// 2011 年塑料助剂生产与应用技术信息交流会. 中国塑料加工工业协会, 2011.

[370] 刘书来, 毕艳兰, 杨天奎. 单甘酯合成及其应用[J]. 粮食与油脂, 2001(011): 30-31.

[371] 刘燕, 刘钟栋, 孙晓霞, 等. 单甘酯的研究进展[J]. 粮油加工, 2009(03): 56-59.

[372] 曾哲灵, 王林林, 郑菲, 等. 樟树籽仁油合成癸/月桂酰基谷氨酸钠工艺研究[J]. 中国油脂, 2013, 38(02): 69-72.

[373] 李文革, 陈海, 秦刚. 一种高稳定性十八烷基三甲基氯化铵的制备工艺: CN109053469A[P]. 2018-12-21.

[374] 曾平, 汤志球, 张岳花, 等. 直接法合成月桂酰基甲基牛磺酸钠[J]. 日用化学工业, 2012, 42(01): 27-29.

[375] 卢峰, 周侨发. N-月桂酰基-L-谷氨酸钠的合成及性能[J]. 广东化工, 2013, 40(06): 13-14.

[376] 陈同新, 刘宪俊, 张立威. 水溶剂法合成 N-月桂酰谷氨酸钠[J]. 口腔护理用品工业, 2011, 21(05): 29-32.

[377] 成采虹, 杜婷, 陈可泉, 等. 赖氨酸酰化酶的重组表达及其催化合成 ε-月桂酰-L-赖氨酸[J]. 中国生物工程杂志, 2016, 36(02): 62-67.

[378] 王致果, 李卫江. 新型化妆品用功能性粉体 N$^\varepsilon$-月桂酰基-L-赖氨酸的合成、性质及应用[J]. 日用化学工业, 1994(03): 9-12.

[379] 高鹏, 刘立柱, 詹传郎, 等. N-硬脂酰-L-谷氨酸及其乙酯衍生物的合成与成胶性质研究[J]. 化学学报, 2004(09): 895-900, 845.

[380] 杨晓珊. 甲基椰油酰基牛磺酸钠的性能研究及在洗发水中的应用[J]. 日用化学品科学, 2020, 43(08): 32-35, 38.

[381] 曾平, 陈岚, 谢维跃, 等. 椰油酰基甲基牛磺酸钠的合成与性能[J]. 日用化学品科学, 2009, 32(06): 34-37.

[382] 徐由江, 朱红军, 郭静波, 等. 椰油酰基 N-甲基牛磺酸钠半连续缩合制备工艺研究[J]. 日用化学品科学, 2018, 41(09): 17-20.

[383] 韩培丰, 王谋智, 韦荣, 等. 咪唑啉型两性表面活性剂合成中试研究[J]. 广州化工, 1992(01): 12-14.

[384] 徐长卿. 用椰子油直接合成咪唑啉及其衍生物[J]. 日用化学工业, 1985(02): 1-6.

[385] 谢妃军, 余培荣, 梁子钦, 等. 月桂酰胺丙基二甲基氧化胺的合成及性能研究[J]. 广东化工, 2016, 43(23): 54-55.

[386] 梁向晖, 毛秋平, 谭相文, 等. 十二烷基甜菜碱制备及表征[J]. 实验技术与管理, 2018, 35(09): 48-50, 58.

[387] 方奕文, 林培鹏, 卢峰. 月桂酰胺丙基甜菜碱的合成及其性能[J]. 精细化工, 2002(10): 559-561.

[388] 鞠洪斌, 耿涛, 姜亚洁, 等. 低含盐量月桂酰胺丙基甜菜碱的合成及性能研究[J]. 印染助剂, 2017, 34(04): 12-15.

[389] 吴海龙, 黄建帮, 罗啸秋. 椰油酰胺丙基甜菜碱的合成与表征[J]. 日用化学工业, 2014, 44(01): 23-25, 56.

[390] 方奕文, 林培鹏, 卢峰. N, N-二甲基-N'-月桂酰基-1, 3-丙二胺的合成[J]. 精细化工, 2001, 18(8): 438-439.

[391] 刘卫, 高正中. 用钙系催化剂合成月桂醇聚氧乙烯醚[J]. 石油化工, 1993(04): 252-256.

[392] 王茂林, 李仕林. 聚氧乙烯硬脂酸酯在霜剂中的应用[J]. 中国药业, 2001(11): 46-47.

[393] 许小初, 王世普. 聚氧乙烯硬脂酸酯及其在药物中的应用[J]. 日用化学工业, 1988(03): 13-14.

[394] 韩学军. 失水山梨醇倍半油酸酯的合成[J]. 爆破器材, 1996(03): 11-13.

[395] 毛连山, 王加国, 向昭旺, 等. 优质失水山梨醇单硬脂酸酯的合成[J]. 化学工业与工程技术, 2005(01): 19-22, 4.

[396] 傅挺进. 乙二醇硬脂酸酯的合成探讨[J]. 四川化工, 2015, 18(03): 14-17.

[397] 傅挺进, 蔡雅娟. 乙二醇硬脂酸酯的合成研究[J]. 广东化工, 2013, 40(17): 79-80.

[398] 傅挺进. 乙二醇硬脂酸酯的合成研究[J]. 泸天化科技, 2013(03): 213-215.

[399] 汪碧容, 任春华. 乙二醇硬脂酸酯合成技术进展[J]. 泸天化科技, 2010(04): 275-278.

[400] 解田, 段永华. 乙二醇硬脂酸酯的合成新工艺研究[J]. 广西轻工业, 2008(05): 12-13.

[401] 吕绍杰. 日本丙二醇脂肪酸酯生产简介[J]. 中国食品添加剂, 1996(03): 45-46.

[402] 吕成学, 李航杰, 盖希坤, 等. 丙酮保护法合成单硬脂酸甘油酯研究[J]. 浙江科技学院学报, 2016, 28(01): 43-47.

[403] 赖映标. 单硬脂酸甘油酯的合成研究[D]. 柳州: 广西工学院, 2011.

[404] 朱启思. 有机溶剂体系中酶法合成单油酸甘油酯的工艺研究[D]. 广州: 华南理工大学, 2010.

[405] 纪小峰, 李善建, 李丛妮, 等. 单油酸甘油酯的合成及对柴油润滑性能评价[J]. 应用化工, 2019, 48(03): 593-597.

[406] 韩欢, 贾丽华. 单油酸甘油酯的合成工艺研究[J]. 齐齐哈尔大学学报(自然科学版), 2012, 28(04): 13-16.

[407] 陈丹红. 高活性椰子油酸二乙醇酰胺合成新工艺研究[J]. 化学工程与装备, 2009(01): 22-26.

[408] 朱伟, 朱爱明, 吴启莲. 超级(1:1)型椰子油二乙醇酰胺的合成新工艺[J]. 厦门大学学报(自然科学版), 1999(S1): 3-5.

[409] 王利军, 孙安顺, 运连仲. 油酸二乙醇酰胺及其硼酸酯的性能研究[J]. 精细石油化工, 1992(05): 26-29.

[410] 刘振华, 王定培, 张涌. 椰油酸甲基单乙醇酰胺合成工艺研究[J]. 中国洗涤用品工业, 2019(02): 43-46.

[411] 王钰璠. 椰子油脂肪酸单乙醇酰胺类表面活性剂的合成与应用研究[D]. 杭州: 浙江大学, 2003.

[412] 张晓镭, 李金旗, 卿宁, 等. 硬脂酸单乙醇酰胺的二步法合成研究[J]. 精细化工, 2000(04): 191-193, 210.

[413] 郭祥峰, 贾丽华, 陈华群, 等. 单乙醇脂肪酰胺的合成及性能[J]. 日用化学工业, 2002(02): 26-29.

[414] 葛虹, 李和平, 阎庭华, 等. 癸基葡萄糖苷的合成与性能研究[J]. 郑州轻工业学院学报, 1996(02): 76-80.

[415] 肖翠玲, 丁伟, 荆国林, 等. 十二烷基葡萄糖苷的合成及其表面性能[J]. 精细石油化工, 2000(01): 18-20.

[416] 李和平, 王晓君, 付阳春, 等. 十二烷基葡萄糖苷的合成与性能研究[J]. 郑州粮食学院学报, 1998(02): 3-5.

[417] 马晓静. 槐糖脂合成的氮源代谢调控及槐糖脂的廉价底物生产和性质研究[D]. 济南: 山东大学, 2012.

[418] 刘冉, 刘跃文, 吕志飞, 等. 槐糖脂生物活性的研究进展[J]. 食品工业, 2016, 37(12): 224-228.

[419] 殷珉扬. N-酰化壳聚糖表面活性剂的合成与应用研究[D]. 苏州: 苏州大学, 2015.

[420] 范金石. 甲壳低聚糖类表面活性剂的制备及其性能研究[D]. 青岛: 青岛海洋大学, 2002.

[421] 裴立军, 蔡照胜, 商士斌, 等. 天然高分子表面活性剂的研究进展[J]. 化工科技, 2012, 20(06): 52-56.

[422] 卢先博, 雒香, 王学川, 等. 高分子表面活性剂研究进展[J]. 中国洗涤用品工业, 2016(08): 87-91.

[423] Harbison R D. Parathion-induced toxicity and phenobarbital-induced protection against parathion during prenatal development[J]. Economic & Political Weekly, 1972, 32(3): 482-493.

[424] Walker A I T, Brown V K H, Ferrigan L W, et al. Toxicity of sodium lauryl sulphate, sodium lauryl ethoxysulphate and corresponding surfactants derived from synthetic alcohols[J]. Food & Cosmetics Toxicology, 1967, 5(none): 763-769.

[425] Cascorbi H F, Rudo F G, Lu G G. Acute toxicity of intravenous sodium lauryl sulfate[J]. 1963, 52(8): 803-805.

[426] Ciuchta H P, Dodd K T. The determination of the irritancy potential of surfactants using various methods of assessment[J]. Drug & Chemical Toxicology, 1978, 1(3): 305-324.

[427] Gale L E, Scott P M. A pharmacological study of a homologous series of sodium alkyl sulfates[J]. Journal of the American Pharmaceutical Association (Scientific ed.), 1953, 42(5): 283-287.

[428] Ridout G, Hinz R S, Hostynek J J, et al. The effects of zwitterionic surfactants on skin barrier function[J]. Fundam Appl Toxicol, 1991, 16(1): 41-50.

[429] Berberian D A, Gorman W G, Drobeck H P, et al. The toxicology and biological properties of laureth 9 (a polyoxyethylene lauryl ether), a new spermicidal agent[J]. Toxicol Appl Pharmacol, 1965, 7(2): 206-214.

[430] Miller J P, Lambert G F, Frost D V. The evaluation of various emulsifiers including polyoxyethylene sorbitan monostearate (Tween 60) for parenteral fat emulsions [J]. Journal of Pharmaceutical Sciences, 2010, 45(10): 685-691.

[431] 张建斌, 查飞, 左国防, 等. 化妆品中香料的研究进展[J]. 日用化学品科学, 2011, 34(12): 27-30.

[432] 沈卓群, 王燕兰. 我国香料的发展[J]. 中国野生植物, 1990(01): 15-18.

[433] 苏晓云. 醇类化合物——合成香料的基础物质[J]. 价值工程, 2010, 29(03): 39.

[434] 吕恩雄. 合成香料新进展[J]. 精细石油化工, 1991(05): 8-13.

[435] 郝利平. 食品添加剂: 2版[M]. 北京: 中国农业大学出版社, 2009.

[436] 吕本莲, 尹卫平. 精细化工产品及工艺[M]. 上海: 华东理工大学出版社, 2009.

[437] 王有江. 天然香料市场现状及发展趋势分析[J]. 中国化妆品, 2019(04): 26-31.

[438] 李文, 姜先荣, 姚建铭. 香料生产的研究进展与展望[J]. 生物学杂志, 2007(02): 44-46.

[439] 彭安顺. 精细有机品化学[M]. 北京: 石油大学出版社, 1996.

[440] 王文君夏铮南. 香料与香精[M]. 北京: 中国物资出版社, 1998.

[441] 孙宝国. 香料与香精[M]. 北京: 中国石化出版社, 2000.

[442] 文瑞明. 香料香精手册[M]. 长沙: 湖南科学技术出版社, 2000.

[443] 赵虎山王艳萍. 化妆品微生物学[M]. 北京: 中国轻工业出版社, 2002.

[444] 张先亮, 陈新兰, 唐红定. 精细化学品化学[M]. 2版. 武汉: 武汉大学出版社, 2008.

[445] 蔡伦华, 康晓熙, 万莉, 等. 1134份化妆品中防腐剂使用现状[J]. 预防医学情报杂志, 2016, 32(11): 1198-1200.

[446] 肖树雄, 曾子君, 梁柱业, 等. 化妆品表外防腐剂使用现状及监管建议[J]. 香料香精化妆品, 2020(03): 77-81.

[447] 解华. 化妆品防腐剂的使用现状及进展探讨[J]. 中国农村卫生, 2019, 11(22): 81-82.

[448] 郭阳, 臧埔, 郜玉钢, 等. 化妆品防腐剂的使用现状及进展[J]. 中南药学, 2018, 16(09): 1258-1263.

[449] 姜丹丹. 化妆品中防腐剂使用及国内外法规现状[J]. 计量与测试技术, 2018, 45(08): 102-103, 108.

[450] 杨艳伟, 刘思然, 罗嵩, 等. 化妆品中防腐剂使用情况调查[J]. 环境卫生学杂志, 2012, 2(02): 56-59.

[451] 高立雪, 胡俊明, 白雪涛. 进口和国产化妆品中常用防腐剂的使用情况[J]. 环境与健康杂志, 2012, 29(03): 247-248.

[452] 刘奋, 戴京晶, 梁伟, 等. 气相色谱法测定化妆品防腐剂凯松[J]. 现代预防医学, 2004(06): 872-873, 876.

[453] 邹炳国, 章德宏. 异噻唑啉酮衍生物凯松 CG 系列产品及下游水处理剂产品的应用及前景[J]. 化工技术与开发, 2007(11): 49-50.

[454] 邹炳国, 章德宏. 异噻唑啉酮衍生物凯松 CG 系列产品应用及前景[J]. 广州化工, 2007(05): 22-24.

[455] 邹炳国, 章德宏. 凯松 CG 系列产品的机理、应用及安全与环境综述[J]. 中国洗涤用品工业, 2007(05): 66-67.

[456] 茹歌, 陈丹丹, 袁晓倩, 等. 化妆品中甲醛释放体类防腐剂咪唑烷基脲的含量测定方法[J]. 香料香精化妆品, 2019(03): 67-69, 79.

[457] 胡艾希, 古圳, 冯琼花. 高效广谱防腐剂咪唑烷基脲的制备[J]. 日用化学工业, 1998(05): 59-60.

[458] 胡艾希, 陈声宗. 重氮烷基脲的制备[J]. 现代化工, 1997(05): 39-40.

[459] 胡艾希, 陈声宗, 胡尚秀, 等. 高效广谱防腐剂重氮烷基脲的合成研究[J]. 精细化工, 1998(06): 16-18.

[460] 周宏伟. 乙内酰脲衍生物的合成与应用研究[D]. 长沙: 湖南大学, 2001.

[461] 刘天穗, 陈亿新, 谭载友. 新型防腐杀菌剂(Ⅱ)——二羟甲基二甲海因的合成[J]. 广东药学院学报, 1997(03): 9-11.

[462] 张楠. 海因及 5, 5-二甲基海因的合成及活性筛选研究[D]. 长春: 吉林大学, 2009.

[463] 范龙涛, 杨红瑾, 徐俐, 等. 辛酰氧肟酸的合成工艺[J]. 精细化工中间体, 2019, 49(01): 49-52.

[464] 李程碑, 窦杰, 杨杰. 化妆品用无添加防腐剂体系[J]. 工业微生物, 2016, 46(04): 41-48.

[465] 李程碑, 杨淑玮, 张存社. 乙基己基甘油的制备及应用[J]. 应用化工, 2017, 46(10): 1938-1941.

[466] 张建斌, 甄宏燔. 羟基香茅醛的合成化学[C]// 2002 年中国香料香精学术研讨会论文集. 2002.

[467] 林翔云. 天然芳樟醇与合成芳樟醇[J]. 化学工程与装备, 2008(07): 21-26.

[468] 王桂英, 黄科林, 韦杰龙. 乙酸异戊酯的性质、应用及发展前景[J]. 大众科技, 2020, 22(04): 38-41.

[469] 王孝华, 王洪, 刘亚娅. 乙酸丁酯制备实验方法的改进[J]. 重庆理工大学学报(自然科学), 2013, 27(03): 28-31, 55.

[470] 周景尧, 林国妹, 孙菁. 合成二氢茉莉酮的简便方法[J]. 化学世界, 1986(11): 490-493.

[471] 王颖, 欧阳本伟. 茉莉酮及二氢茉莉酮的新合成[J]. 化学学报, 1986(01): 84-88.

[472] 徐富杰. 自由基加成反应合成二氢茉莉酮[J]. 香料香精化妆品, 1988(02): 11-13.

[473] 白俊才, 丁宏勋, 张华琪. 合成二氢茉莉酮的一种新方法[J]. 有机化学, 1990(05): 471-472.

[474] 胡君一, 王龙龙, 徐英黔, 等. α-大马酮的制备工艺研究[J]. 辽宁科技大学学报, 2019, 42(03): 197-201.

[475] 于军, 和承尧. 大马酮类香料的合成方法[J]. 云南化工, 1991(Z1): 49-52, 37.

[476] 胡铁, 王烨, 皮少锋, 等. 柠檬醛合成紫罗兰酮的工艺优化[J]. 食品与机械, 2014, 30(01): 224-227, 247.

[477] 雷海洪. 香料紫罗兰酮系列化合物的合成工艺研究[D]. 济南: 山东大学, 2017.

[478] 胡铁, 皮少峰, 王烨, 等. 关环反应合成鸢尾酮[J]. 应用化学, 2014, 31(11): 1297-1301.

[479] 刘晓庚, 陈梅梅, 熊友发, 等. 鸢尾酮的合成研究[J]. 香料香精化妆品, 2001(02): 5-7.

[480] 徐卫国, 陈勇. 2-甲基-4-异噻唑啉-3-酮及其衍生物 5-氯-2-甲基-4-异噻唑啉-3-酮的合成[J]. 浙江化工, 2001(02): 57-59.

[481] 吴志洪, 谭波, 陈远霞. 5-氯-2-甲基-4-异噻唑啉-3-酮的合成[J]. 化工技术与开发, 2005(02): 5-6.

[482] 张金峰, 沈寒晰, 郑阿龙, 等. 一种合成氯苯甘醚的方法: CN111056928A[P]. 2020-04-24.

[483] 张志毅, 王若, 王围. 医药化合物氯苯甘油醚的制备方法: CN101445436[P]. 2009-06-03.

[484] 徐守林. 碘代丙炔基正丁氨基甲酸酯的合成研究[J]. 精细化工中间体, 2010, 40(05): 58-60.

[485] Jackson E M. Diazolidinyl urea: a toxicologic and dermatologic risk assessment as a preservative in consumer products[J]. Cutaneous & Ocular Toxicology, 1995, 4: 3-21.

[486] 化学物质毒性数据库[DB/OL]. https: //www. drugfuture. com/toxic/.

[487] Robinet A, Fahem A, Cauchard J H, et al. Elastin-derived peptides enhance angiogenesis by promoting endothelial cell migration and tubulogenesis through upregulation of MT1-MMP[J]. Journal of Cell Science, 2005, 118(2): 343-356.

[488] Wells J M, Gaggar A, Blalock J E. MMP generated Matrikines[J]. Matrix Biology, 2015, 44-46: 122-129.

[489] 张云飞. GHK-Cu 调节黑素细胞黑素合成的作用及其机制研究[D]. 大连: 大连医科大学, 2013.

[490] Kong R, Cui Y, Fisher G J, 等. 通过分子生物学、组织学及临床检测手段对比研究视黄醇和视黄酸作用在人体皮肤上的功效[C]// 第十一届中国化妆品学术研讨会论文集. 2016.

[491] 刘鹏. 酶法合成维生素 A 棕榈酸酯及其年产 200 吨的工厂工艺设计[D]. 杭州: 浙江工业大学, 2015.

[492] 苏晨灿. 棕榈酰三肽-5 在化妆品中的应用[J]. 广东化工, 2017(22): 106-107.

[493] 高雅倩, 唐健, 王志勇, 等. 棕榈酰三肽-5 皮肤美白功效及机制研究[J]. 日用化学工业, 2018, 048(003): 166-171.

[494] Griffiths C, Russman A N, Majmudar G, et al. Restoration of collagen formation in photodamaged human skin by tretinoin (retinoic acid)[J]. N Engl J Med, 1993, 329(8): 530-535.

[495] Peck G L, Elias P M, Wetzel B. Effects of retinoic acid on embryonic chick skin[J]. Journal of Investigative Dermatology, 1977, 69(5): 463.

[496] Varani J, Perone P, Griffiths C E, et al. All-trans retinoic acid (RA) stimulates events in organ-cultured human skin that underlie repair. Adult skin from sun-protected and sun-exposed sites responds in an identical manner to RA while neonatal foreskin responds differently[J]. The Journal of Clinical Investigation, 1994, 94(5): 1747-1756.

[497] Mohammad A, Rajesh A, Wang Z Y, et al. All-trans retinoic acid protects against conversion of chemically induced and ultraviolet B radiation-induced skin papillomas to carcinomas[J]. Carcinogenesis, 1991(12): 2325.

[498] Fisher G J, Talwar H S, Lin J, et al. Molecular mechanisms of photoaging in human skin in vivo and their prevention by all-trans retinoic acid[J]. Photochemistry & Photobiology, 2010, 69(2): 154-157.

[499] Fluhr J W, Vienne M P, Lauze C, et al. Tolerance profile of retinol, retinaldehyde and retinoic acid under maximized and long-term clinical conditions[J]. Dermatology, 1999, 199 (Suppl. 1): 57-60.

[500] Kligman, L H, Kligman E H. Re-emergence of topical retinol in dermatology[J]. Journal of Dermatological Treatment, 2000, 11(1): 47-52.

[501] Rossetti D, Kielmanowicz M G, Vigodman S, et al. A novel anti-ageing mechanism for retinol: induction of dermal elastin synthesis and elastin fibre formation[J]. International Journal of Cosmetic Science, 2011, 33(1): 62-69.

[502] Varani J, Warner R L, Gharaee-Kermani M, et al. Vitamin A antagonizes decreased cell growth and elevated collagen degrading matrix metalloproteinases and stimulates collagen accumulation in naturally aged human skin1[J]. Journal of Investigative Dermatology, 2000, 114(3): 480-486.

[503] Personelle J, Pinto E, Ruiz R O. Injection of Vitamin A acid, Vitamin E, and Vitamin C for treatment of tissue necrosis[J]. Aesthetic Plastic Surgery, 1998, 22(1): 58-64.

[504] Graf R M, Bernardes A, Auerswald A, et al. Full-face laser resurfacing and rhytidectomy[J]. Aesthetic Plastic Surgery, 1999, 23(2): 101.

[505] Roh Y S, Um S J, Jeong M S, et al. Method for the improvement of skin wrinkles using retinyl retinoate: US7173062 B2[P]. 2007.

[506] 周玲妹. 南极假丝酵母脂肪酶 B 的生产、固定化及其在维生素 A 棕榈酸酯制备中的应用[D]. 杭州: 浙江工业大学, 2015.

[507] 高泽鑫. 酶法合成维生素 A 棕榈酸酯[D]. 北京: 北京化工大学, 2015.

[508] 刘珊珊. 化学-酶法合成维生素 A 棕榈酸酯[D]. 杭州: 浙江工业大学, 2014.

[509] 刘园. 酶法制备维生素 A 棕榈酸酯的研究[D]. 厦门: 集美大学, 2011.

[510] 胡晶. 基于酶法合成的维生素 A 棕榈酸酯分离提纯工艺研究[D]. 北京: 北京化工大学, 2008.

[511] Hyo J K, Soo J U, Sung K A, et al. Retinyl retinoate as cosmetic anti-aging ingredients: new hybrid retinoid derivatives[J]. 韩国皮肤屏障学会杂志., 2008, 10(1): 26-23.

[512] Kim H, Kim N, Jung S, et al. Improvement in skin wrinkles from the use of photostable retinyl retinoate: A randomized controlled trial[J]. British Journal of Dermatology, 2009, 162(3): 497-502.

[513] Lee S J, Min S K, Yang Y H, et al. Longand short-term effects of Vitamin E administration along with stress on skin tissues of mice[J]. Journal of the Korean Society for Applied Biological Chemistry, 2012, 55(1): 105-109.

[514] Lee D H, Oh I Y, Koo K T, et al. Improvement in skin wrinkles using a preparation containing human growth factors and hyaluronic acid serum[J]. Journal of Cosmetic & Laser Therapy Official Publication of the European Society for Laser Dermatology, 2015, 17(1): 20-23.

[515] Jenkins G. Molecular mechanisms of skin ageing[J]. Mechanisms of Ageing & Development, 2002, 123(7): 801-810.

[516] 林广欣, 刘艳红, 闫继鹏, 等. 类视黄醇化合物在化妆品中的应用[J]. 日用化学品科学, 2020, 43(10): 35-38.

[517] 郭丽. 胜肽——斩获多个诺贝尔奖的明星抗衰成分[J]. 中国化妆品, 2020(10): 77-79.

[518] 赵冰怡, 丛琳, 李雪竹. 视黄醇及视黄醇酯类在化妆品中的应用研究[J]. 当代化工研究, 2020(18): 112-116.

[519] 于海园. 植物来源抗衰老化妆品添加剂的筛选及作用机制研究[D]. 上海: 华东理工大学, 2020.

[520] 杨琼利, 李颖怡, 孙红梅. 复合多肽抗皱眼霜的功效研究与分析[J]. 中国美容医学, 2019, 28(07): 37-40.

[521] 谭倩, 赵鑫, 陈贝, 等. 生长因子在创面愈合中的作用研究进展[J]. 山东医药, 2019, 59(04): 106-110.

[522] 邢立行. bFGF 在 MSCs 联合 EPCs 体外培养血管样组织过程中的作用研究[D]. 石河子: 石河子大学, 2018.

[523] 区梓聪. 中药玉竹的安全性评价及其在抗衰老化妆品中的应用研究[D]. 广州: 广东药科大学, 2017.

[524] 施跃英, 秦德志, 孟凡玲. 美容肽在化妆品中的功效[J]. 中国化妆品, 2016(Z4): 80-82.

[525] 李配配, 王敏. 化妆品抗皱原料研究进展[C]// 第十一届中国化妆品学术研讨会论文集. 2016.

[526] 刘仕艳. 水杨酸工业生产副产物的开发与利用研究[D]. 南京: 东南大学, 2016.

[527] 金鹿, 闫素梅, 史彬林, 等. 维生素 A 抗氧化功能的机制[J]. 动物营养学报, 2015, 27(12): 3671-3676.

[528] 万洁. 玛咖水提物在化妆品中的应用[D]. 北京: 北京化工大学, 2015.

[529] 宋乃建, 郝迪娜. 六胜肽的固相合成[J]. 化学工程师, 2014, 28(10): 73-76.

[530] 冯冶国. 利用转基因烟草和红花表达角质细胞生长因子 1(KGF-1)的研究[D]. 合肥: 安徽农业大学, 2014.

[531] 余永建. 镇江香醋有机酸组成及乳酸合成的生物强化[D]. 无锡: 江南大学, 2014.

[532] 董兴叶. 燕麦 β-葡聚糖的提取、纯化及性质研究[D]. 哈尔滨 : 东北农业大学, 2014.

[533] 杨静. VEGF 靶向抗体研制及其促肿瘤分子机制探讨[D]. 北京: 中国人民解放军军事医学科学院, 2014.

[534] 高雪莉. 乙醇酸的合成工艺研究[D]. 天津: 河北工业大学, 2014.

[535] 方彩云, 张晓勤, 陆豪杰. 蛋白质棕榈酰化修饰的分析方法进展[J]. 分析化学, 2014, 42(04): 616-622.

[536] 付会兵. 维生素 A 棕榈酸酯的酶法合成及其生产工艺设计[D]. 杭州: 浙江工业大学, 2014.

[537] 王洋. 水杨酸对不同耐寒型玉米种子和幼苗抗寒性的调控作用研究[D]. 杭州: 浙江大学, 2014.

[538] 刘薇, 陈庆生, 龚盛昭, 等. 表皮生长因子及其在化妆品中的应用研究进展[J]. 日用化学品科学, 2014, 37(01): 36-39.

[539] 赵红霞, 崔凤杰, 李云虹, 等. 维生素酯化衍生物的合成研究进展[J]. 中国食品添加剂, 2013(06): 176-183.

[540] 王小青, 赵红玲, 高杨, 等. 棕榈酰五肽-3 的固相合成[J]. 承德医学院学报, 2013, 30(05): 414-415.

[541] 郭建维, 钟星, 徐晓健. 药妆品胜肽的合成及作用机制研究进展[J]. 广东工业大学学报, 2013, 30(03): 1-8, 127.

[542] 陈日春. 鲢鱼鱼鳞胶原蛋白肽的制备及其抗氧化活性的研究[D]. 福州: 福建农林大学, 2013.

[543] 田康明. 途径工程改造大肠杆菌转化甘油合成乳酸[D]. 无锡: 江南大学, 2013.

[544] 刘雅南, 刘宁, 刘涛, 等. 维生素 E 酯类衍生物的合成研究及发展现状[J]. 食品工业科技, 2013, 34(18): 383-386, 390.

[545] 陶懂谊, 马文领. 维生素 A 的生物学作用及其缺乏的防治[J]. 中国医药导报, 2013, 10(01): 25-26, 29.

[546] 钟星, 郭建维, 成秋桂. 胜肽在化妆品中的应用和最新进展[J]. 日用化学品科学, 2012, 35(11): 35-38.

[547] 周丽. 高产高纯 D-乳酸的 E.coli 代谢工程菌的构建[D]. 无锡: 江南大学, 2012.

[548] 吴春霞. 维生素 E 醋酸酯的制备工艺研究[D]. 重庆: 重庆大学, 2012.

[549] 郑啸波. 生物催化法制备维生素 A 衍生物[D]. 杭州: 浙江工业大学, 2012.

[550] 刘创. 人类生长因子与抗衰老[J]. 日用化学品科学, 2010, 33(11): 48-49.

[551] 李专成. 维生素 A 合成工艺评述[J]. 化学工程与装备, 2009(02): 95-100.

[552] 颜辉. 抗衰老化妆品的配方开发及应用[D]. 无锡: 江南大学, 2008.

[553] 阮传良, 岳慧. 若干生化产品在功效化妆品开发中的应用[C]// 中国日用化学工业研究院. 2007（第六届）中国日用化学工业研讨会论文集, 2007.

[554] 李石. rbbFGF 凝胶剂的研制与开发及质量控制方法的探讨[D]. 长春: 吉林大学, 2007.

[555] 姜艳军. 脂肪酶催化合成维生素 A 乳酸酯的研究[D]. 天津: 河北工业大学, 2006.

[556] 吴珊珊. 相转移催化法合成扁桃酸的工艺研究[D]. 南京: 南京理工大学, 2003.

[557] 朱圣东, 吴迎. 天然维生素 E 的制备及其在化妆品中的应用[J]. 日用化学工业, 2001(06): 63-64.

[558] 查锡良, 艾兆伟, 陈惠黎. 视黄酸对皮肤上皮基底培养细胞表面膜糖蛋白 N-连接型糖链结构的影响[J]. 生物化学杂志, 1991(01): 67-73.

[559] 黄国滨, 周红艳, 李爱群, 等. KGF 蛋白外泌体的制备方法、KGF 蛋白外泌体干粉、应用及一种毛发护理剂: CN112175064A[P]. 2021-01-05.

[560] 王长斌, 陈建英, 孔霞. 玻色因的合成方法改进[J]. 食品与药品, 2020, 22(06): 498-499.

[561] 郭丽. 抗衰老成分玻色因是天然成分?[J]. 中国化妆品, 2020(10): 80-83.

[562] 何太波, 袁恺, 周卫强, 等. 出芽短梗霉发酵制备聚苹果酸研究[J]. 生物化工, 2020, 6(03): 133-139.

[563] 张银冰. 微生物发酵法生产超氧化物歧化酶在化妆品生产中的研究进展[J]. 化工管理, 2020(03): 164-165.

[564] 廖杰, 赵黎博. 辅酶 Q_{10} 在化妆品中应用的专利分析[J]. 河南科技, 2019(06): 56-58.

[565] 袁军辉. 辅酶 Q_{10} 提取新工艺的开发[D]. 杭州: 浙江工业大学, 2018.

[566] 赵倩芸, 张娜, 杨豆, 等. 超氧化物歧化酶在化妆品中应用的研究进展[J]. 中国洗涤用品工业, 2016(12): 70-73.

[567] 丁元, 张矗, 王锁刚. 积雪草苷的研究进展[J]. 时珍国医国药, 2016, 27(03): 697-699.

[568] 姜潮, 马吉胜, 田海山, 等. 一种重组人成纤维细胞生长因子(FGF)-18 的生产方法: CN105176908A[P]. 2015-12-23.

[569] 季丹丹, 刘艳红, 祝钧. 化妆品用水杨酸酯类衍生物的制备及应用进展[J]. 日用化学工业, 2015, 45(11): 648-652.

[570] 刘亚, 杨英, 孙婷, 等. 米根霉发酵产 L-苹果酸的工艺优化[J]. 食品科学, 2015, 36(11): 100-109.

[571] 张丽媛, 王丕武, 马红丹, 等. 超氧化物歧化酶的研究现状及在化妆品中的应用[J]. 农产品加工(学刊), 2014(15): 65-68.

[572] 陈俊, 张小龙, 杨时, 等. 高纯度积雪草总苷的制备工艺研究[J]. 中草药, 2014, 45(04): 504-508.

[573] 张晶, 祝钧, 李杨. 艾地苯醌在化妆品领域的研究进展[J]. 化学世界, 2013, 54(11): 693-697.

[574] 顾宇翔, 成姗, 周泽琳, 等. 鞣花酸的检测及其在化妆品中的应用[J]. 日用化学工业, 2013, 43(02): 144-147.

[575] 王昱琳. 胶原蛋白在化妆品中的应用研究进展[J]. 明胶科学与技术, 2012, 32(01): 8-12.

[576] 周文晓. 单核苷酸的制备及分离[D]. 济南: 山东轻工业学院, 2011.

[577] 蔡敏倩, 王晓杰, 李校堃. KGF-2 的性质及其在基因美容中的应用[J]. 医学信息(上旬刊), 2011, 24(06): 3627-3629.

[578] 吕丽. 麦系作物中尿囊素的提取与分析[D]. 大连: 辽宁师范大学, 2011.

[579] 吴铭, 徐珍珍, 孙旸, 等. 胶原蛋白在化妆品中的应用及研究进展[J]. 日用化学品科学, 2011, 34(02): 19-23.

[580] 吴慧昊. 乳酸及其衍生物国内外发展现状及应用研究[J]. 西北民族大学学报(自然科学版), 2010, 31(02): 67-70, 73.

[581] 叶朝辉, 余莉. 细胞因子及其在化妆品中的应用[J]. 中国生物美容, 2010(01): 47-52.

[582] 马宗魁, 郑伟. 尿囊素在日化产品中的应用[J]. 牙膏工业, 2009, 19(02): 29-30.

[583] 宗宪磊, 蔡景龙, 姜笃银, 等. 角质细胞生长因子研究进展[J]. 中国修复重建外科杂志, 2009, 23(02): 188-193.

[584] 田颖, 张云贤, 史雅荔. 益生菌营养素在化妆品中的应用[C]// 中国化妆品学术研讨会. 2008.

[585] 杨艳伟, 朱英, 董兵. 化妆品中 α-羟基酸的使用情况分析[J]. 中国卫生检验杂志, 2008(01): 133-134.

[586] 杨超文, 严云南, 雷泽, 等. 艾地苯醌的应用概况与合成进展[J]. 云南化工, 2007(01): 60-64, 68.

[587] 王学川, 任龙芳, 强涛涛, 等. 胶原蛋白的研究进展及其在化妆品中的应用[J]. 日用化学工业, 2005(06): 388-392.

[588] 孟琳, 白云平, 葛双启. 果酸在化妆品中的应用[J]. 化学与生物工程, 2005(04): 45-46.

[589] 靳丽敏. 树脂固体酸催化剂应用于尿囊素合成研究[D]. 杭州: 浙江大学, 2005.

[590] 吕九琢, 徐亚贤. 乳酸应用、生产及需求的现状与预测[J]. 北京石油化工学院学报, 2004(02): 32-38.

[591] 宋莉玲. 催化合成尿囊素[D]. 大连: 大连理工大学, 2002.

[592] 李小迪. 皮肤老化与抗衰老化妆品[J]. 香料香精化妆品, 2001(03): 23-26.

[593] 杜安 R, 鲁宾 S M, 希门尼斯 P, 等. 角质形成细胞生长因子-2(KGF-2 或成纤维细胞生长因子-12, FGF-12): CN1234071[P]. 1999-11-03.

[594] 曹光群. 8 种面膜的配方与制备工艺[J]. 日用化学品科学, 2015, 4(4): 50-52.

[595] 陈颖, 孙建菊. 白芷与薏苡仁美白面膜制备[J]. 商洛学院学报, 2017(06): 68-72.

[596] 刘艺, 郭俞辰, 蔡林军, 等. 枸杞多糖面膜的制备与性能评价[J]. 日用化学工业, 2018, 48(11): 637-642.

[597] 涂小艳, 余剑锋, 税林林, 等. 贵州特色绿茶面膜的研制[J]. 贵州工程应用技术学院学报, 2018, 36(03): 157-160.

[598] 邓明玉, 冯健如, 宋凤兰, 等. 金银花黄芪抗衰老面膜的制备[J]. 广东化工, 2018, 45(07): 96-97, 109.

[599] 张伊凡, 任帅, 李莎, 等. 柿果胶在面膜中应用的初步探究[J]. 农产品加工, 2018(03): 8-10.

[600] 倪志华, 李云凤, 徐陞梅, 等. 茶多酚功能性面膜的制备及其稳定性研究[J]. 山东化工, 2017, 46(20): 12-13.

[601] 王雪梅, 肖伟莉, 闫广义, 等. 美白面膜的制备及性能研究[J]. 香料香精化妆品, 2017(02): 59-63.

[602] 陈曦, 程爱平, 杨沛丽, 等. 葫芦巴提取物制备微乳液面膜[J]. 广州化工, 2016, 44(21): 99-101, 119.

[603] 李莎. 磨盘柿中果胶的提取及在面膜中初步应用的探究[D]. 保定: 河北农业大学, 2016.

[604] 李晓娇, 宋志姣, 韩家曦. 桃胶、皂荚豆胶舒缓嫩肤面膜的研制[J]. 化工管理, 2018(11): 93-94.

[605] 赵红建, 段转霞. 桃胶-银耳-米糠自制免洗面膜的研究[J]. 广东化工, 2016, 43(19): 17-18.

[606] 吉玉洁, 王月月, 殷军港. 天然成分水洗面膜的配方研究[J]. 农产品加工, 2015(4): 29-31.

[607] 杨亚云, 谢锋, 蔡春尔, 等. 条斑紫菜天然保水缓释材料开发及在面膜上的应用[J]. 应用化工, 2015(6): 1150-1153.

[608] 陈宸. 驼乳面膜的研制[D]. 呼和浩特: 内蒙古农业大学, 2013.

[609] 左小博, 孔俊豪, 苏小琴, 等. 响应面法优化抹茶凝胶面膜的开发[J]. 应用化工, 2017(7): 1-6.

[610] 胡璇, 王凯, 谢小丽, 等. 星点设计-效应面法优化艾纳香舒缓修护面膜配方[J]. 香料香精化妆品, 2017(6): 61-66.

[611] 张浩, 锁进猛, 滕美, 等. 一种新型箬叶黄酮低聚壳聚糖面膜研制[J]. 绿色科技, 2018(2): 162-165.

[612] 唐小华. 贻贝壳海藻多糖面膜的制备及性能研究[D]. 杭州: 浙江海洋大学, 2016.

[613] 吴映梅. 薏苡仁饮料及面膜的研究与开发[D]. 贵阳: 贵州大学, 2015.

[614] 崔龙生, 黄建珍, 李传茂, 等. 增稠剂刺云实胶在面膜中的应用研究[J]. 广东化工, 2017(22): 80-82.

[615] 蒋彩云, 李小华, 苏烁. 黑莓籽抗氧化面膜的制备[J]. 江苏调味副食品, 2013(3): 13-16, 28.

[616] 李娟, 宋旸, 聂华丽, 等. 含胶原蛋白/壳聚糖微球保湿面膜的制备及其性能研究[J]. 化学研究与应用, 2017, 29(11): 159-162.

[617] 徐晶, 管春梅, 王婷. 壳聚糖中药面膜的研制[J]. 中国美容医学, 2011, 20(4): 664-666.

[618] 李晓娇, 刘忆明, 段琴. 铁皮石斛抗氧化面膜的研制[J]. 保山学院学报, 2019, 38(2): 36-39.

[619] 李圆圆, 陈春雅, 高婷婷, 等. 中药抗氧化面膜的制备研究[J]. 浙江化工, 2018, 49(3): 5-7.

[620] 伍宇娟, 谭苑雯, 高瑞娇, 等. 补充皮肤水分的中药凝胶水洗面膜的研制[J]. 新中医, 2016, 48(4): 273-274.

[621] 曾晓君, 潘淑颐, 何庭玉. 中药免洗面膜的研制[J]. 广东化工, 2009, 36(3): 108-111, 128.

[622] 朱昌玲, 孙达锋. 白芨可溶性面膜的制备研究[J]. 中国野生植物资源, 2015, 34(2): 67-69.

[623] 锁进猛, 张浩, 滕美, 等. 箬叶缓释补水材料的开发及在面膜上的应用[J]. 湖北林业科技, 2019, 48(04): 24-30, 74.

[624] 延永, 李玉萌, 张亦琳, 等. 多功能苦丁茶面膜的开发及其性能研究[J]. 陕西农业科学, 2019, 65(01): 41-45.

[625] 延永, 张亦琳, 李玉萌, 等. 白芷与茯苓美白保湿面膜的制备及性能研究[J]. 香料香精化妆品, 2019(01): 65-68.

[626] 谭乾开, 李钰铃. 果胶对面膜性能的影响[J]. 云南化工, 2019, 46(05): 79-81.

[627] 邓金生, 邓明玉, 彭仲瑶, 等. 鸡蛋花总黄酮的提取及其面膜液的制备[J]. 广东化工, 2019, 46(14): 28-29, 20.

[628] 庞玉新, 张文晴, 王凯, 等. 艾纳香晒后修护睡眠面膜的工艺研究与优选[J]. 香料香精化妆品, 2014(4): 38-41.

[629] 王杨, 张莲姬, 金玉子. 伊利石美容面膜的研究[J]. 日用化学工业, 2015, 45(27): 632-634.

[630] 吴恙, 肖伟莉, 沈雪梅, 等. 抗污染霜的制备及性能研究[J]. 香料香精化妆品, 2019(04): 72-76.

[631] 王建超, 易国斌. 纳米银化妆品抗菌剂研制及应用[J]. 应用化工, 2018, 47(10): 2094-2096, 2102.

[632] 徐石朋, 陈洋东, 吴树朝, 等. 皂基洗面奶配方工艺设计[J]. 广东化工, 2018, 45(02): 73-74, 84.

[633] 龙德权. 无患子洗面奶的制备[J]. 广东化工, 2017, 44(13): 82-83, 96.

[634] 李燕春, 邝卫香, 叶志诚, 等. 含柚皮苷单宁成分收敛水的制备及相关性质研究[J]. 广东化工, 2017, 44(12): 4-6.

[635] 康代平. 纳米浓缩液在化妆水中的应用研究[J]. 广东化工, 2017, 44(12): 115-116, 114.

[636] 崔凤玲, 陈岱宜, 陈漫丽, 等. 金银花提取物在护肤品中抑菌作用的研究[J]. 香料香精化妆品, 2017(03): 54-58.

[637] 王艳波. 祛痘乳霜中乳化剂的优选研究[D]. 洛阳: 河南科技大学, 2017.

[638] 林翔云. 芳樟叶提取物在化妆品中的应用[J]. 中国化妆品, 2016(Z6): 92-95.

[639] 郑绍成, 梁刚锋, 沈巧莲, 等. 新颖雪花膏的配方和工艺优化研制[J]. 广州化工, 2016, 44(22): 65-67.

[640] 邢凯, 陈一萌, 徐明宇, 等. 控脂美白面膜的制备[J]. 石河子科技, 2020(04): 40-42.

[641] 祝媛媛, 曾卫娣, 王能, 等. 一种中药抗氧化保湿护肤水的配制与性能[J]. 化学世界, 2020, 61(08): 568-573.

[642] 陈思, 牛李臣, 王肖园, 等. 杏鲍菇贴式面膜精华液的研制[J]. 食用菌, 2020, 42(04): 65-67.

[643] 邹艳, 彭静, 杨丹. 一种白术可剥离粉状面膜的制备及评价[J]. 广东化工, 2020, 47(13): 58-60.

[644] 余述燕, 张田田, 金麒, 等. 一款祛痘调理精华乳的研制及其性能分析[J]. 轻工学报, 2020, 35(04): 54-60.

[645] 张珍林, 闵运江, 刘明宇, 等. 铁皮石斛花保湿柔肤水配方工艺优化[J]. 轻工学报, 2020, 35(04): 61-66.

[646] 司红岩, 陈妮风. 乳木果油护手霜配方与性能的实验探索[J]. 山东化工, 2020, 49(13): 22-23, 26.

[647] 李黎仙, 高鹰, 孔祥烨, 等. 舒缓修复面膜制备及效果观察[J]. 香料香精化妆品, 2020(03): 33-37.

[648] 钱文慧, 刘文雅, 龚光明, 等. 槲-芦美白防晒凝胶的制备及体外透皮行为考察[J]. 中国药师, 2020, 23(06): 97-101.

[649] 郭聪颖. 富硒绿豆发酵液面膜的研发和富硒黑茶的活性初探[D]. 上海: 上海师范大学, 2020.

[650] 张迪, 张娟利, 宋薇, 等. 松果菊苷防晒乳膏剂的制备工艺与质量评价[J]. 中南药学, 2020, 18(04): 558-561.

[651] 裴雪慧, 陈高升. 保湿化妆水配方的研究[J]. 农家参谋, 2020(08): 181-183.

[652] 朴秀演, 刘金凤, 孙志双, 等. 四君子汤护手霜的研制[J]. 延边大学学报(自然科学版), 2020, 46(01): 69-73.

[653] 向燕茹. 桃胶多糖的分离、质控方法及护手霜的研究[D]. 南京: 南京中医药大学, 2020.
[654] 张迪, 张菁, 谭笑, 等. 醇对微乳形成的影响以及无醇橄榄油润唇啫喱的研究[J]. 日用化学工业, 2020, 50(02): 98-106.
[655] 沈秋圆, 谢雨桐, 马洪霞. 珍珠红曲防晒润唇膏的制备[J]. 安徽化工, 2020, 46(01): 54-56.
[656] 李欣航, 毕永贤, 涂静平, 等. 聚氨丙基双胍和西吡氯铵在化妆水中的抑菌性能研究[J]. 日用化学品科学, 2020, 43(01): 49-53.
[657] 方振兴, 王希英, 吴婧, 等. 五大连池矿泉接骨木眼霜的制备工艺研究[J]. 香料香精化妆品, 2019(05): 52-54.
[658] 周婷婷, 蔡翾颖, 潘宇, 等. 中药美白保湿面膜的制备及性能评价[J]. 日用化学品科学, 2019, 42(09): 30-33.
[659] 王亚梅, 杨臻瑞, 彭真兰, 等. 橘子皮提取物护手霜制作工艺的优化研究[J]. 精细与专用化学品, 2019, 27(07): 33-39.
[660] 谭笑. 微乳形成无需醇的油的结构规律探讨及无醇橄榄油微乳作为化妆品载体的应用研究[D]. 太原: 山西医科大学, 2019.
[661] 杨娟, 赵洪木, 胡宗文. 蜂蜡润唇膏的制备及工艺研究[J]. 中国蜂业, 2019, 70(06): 46-47.
[662] 金媛媛. 人参类脂质体化妆品的制备工艺及应用性能研究[D]. 长春: 长春中医药大学, 2019.
[663] 汪应秀, 李雪竹, 陈晓朋. 木槿树皮提取物面霜的制备及其对苯并芘污染的抵抗作用[J]. 日用化学品科学, 2019, 42(05): 26-29.
[664] 林继辉, 郭秀玲. 鱼腥草提取物在洁面霜中的应用[J]. 云南民族大学学报(自然科学版), 2019, 28(03): 241-245.
[665] 黄雪秋, 韦有杰, 马璐, 等. 葡萄多酚在化妆品中的应用[J]. 云南化工, 2019, 46(03): 143-144, 147.
[666] 江海芳. 富硒豆类与黑色植物的活性成分分析及在面膜中的应用研究[D]. 上海: 上海师范大学, 2019.
[667] 丁一凡, 金莉莉, 张昌浩, 等. 一种含人参皂苷的中药润唇膏制备工艺研究[J]. 科技资讯, 2019, 17(03): 51, 53.
[668] 黄怡雯. 榆黄菇提取液在化妆品中的研究与应用[D]. 上海: 上海应用技术大学, 2018.
[669] 蔡梦婷. 灵芝多糖保湿能力研究及其应用[D]. 上海: 上海应用技术大学, 2018.
[670] 杨禄. 马乳脂的抗氧化活性及应用研究[D]. 呼和浩特: 内蒙古农业大学, 2018.
[671] 周施诗, 殷帅, 张献冲, 等. 抑菌润唇乳的制备及质量控制[J]. 中南药学, 2018, 16(02): 179-182.
[672] 范鹏举, 张春虎, 李珍. 黄芩石榴皮面霜的制备工艺研究[J]. 中药材, 2016, 39(08): 1836-1839.
[673] 王敏, 林茂, 许熙. 枇杷酒提取物护手霜的制备及其质量考察[J]. 广州化工, 2014, 42(22): 82-85.
[674] 吴培诚, 刘彩云, 罗欣茹, 等. 复配青刺果油在层状液晶型保湿乳中的应用[J]. 中国美容医学, 2018(7): 90-93.
[675] 孙莉明. 含 AQUAXYL 的化妆品配方优化和保湿机理研究[D]. 上海: 华东理工大学, 2015.
[676] 梁红冬, 葛雅莉. 含香蕉皮提取物的保湿护手霜的制备[J]. 精细与专用化学品, 2018, 26(11): 40-43.
[677] 刘春娟, 李军, 梁清, 等. 林蛙油保湿乳液的制备及其性能研究[J]. 食品工业, 2017(01): 111-114.
[678] 袁鑫佳, 唐洛琳, 张红萍. 双水相提取玉竹多糖制备保湿护肤品的研究[J]. 广州化工, 2018: 46(13): 61-63.
[679] 李婉莹. 松籽油的精制及在化妆品中的应用[D]. 长春: 吉林农业大学, 2016.
[680] 安杨, 柴玉超, 赵统德, 等. 羊栖菜多糖的提取及其在化妆品中的应用[J]. 香料香精化妆品, 2017(1): 58-61.
[681] 陈琳琳, 谢志新, 程晶, 等. 羊栖菜多糖提取物及其润肤霜的保湿和抗氧化活性[J]. 日用化学工业, 2018, 48(1): 31-36.
[682] 王雪梅, 刘洋, 陈利华, 等. 多效润肤霜的制备及其性能研究[J]. 香料香精化妆品, 2013(2): 36-40.
[683] 郑艳萍, 刘芳. 甘草、山药中提取美白成分研制美白保湿护肤霜[J]. 广东化工, 2016, 43(09): 60-61.
[684] 樊凯奇, 王晓波, 刘邦, 等. 高效保湿霜的制备及保湿性能研究[J]. 轻工学报, 2019, 34(04): 37-42.
[685] 孟潇, 冯小玲, 陈庆生, 等. 高效保湿霜配方设计及其保湿性能研究[J]. 香料香精化妆品, 2015(04): 63-67.
[686] 郑永军, 杜国丰, 刘辰锶, 等. 海蜇胶原蛋白保湿霜的研制[J]. 山东化工, 2017, 46(24): 15-18.
[687] 周鸿立, 孙亚萍, 常丹. 菌类多糖保湿凝胶剂的制备工艺研究[J]. 食品工业, 2015, 36(07): 143-145.
[688] 王雪梅, 王家恒, 吴汉平, 等. 抗氧化活肤霜的制备及性能研究[J]. 香料香精化妆品, 2015(04): 47-52.
[689] 杨沛丽, 郭丽梅. 抗氧化润肤霜的制备及其性能研究[J]. 天津科技大学学报, 2019, 34(02): 45-49.
[690] 马洪霞, 王玉, 陈超, 等. 紫草变色保湿润唇膏的制备[J]. 广东化工, 2019, 46(09): 126-127.
[691] 马金菊, 马李一, 张重权, 等. 油茶籽油与虫白蜡复配物在乳液化妆品中的应用研究[J]. 日用化学工业, 2015, 45(03): 161-165.
[692] 卞思静, 闻庆, 肖俊勇, 等. 银耳多糖液晶霜制备及其保湿功效评价[J]. 香料香精化妆品, 2019(04): 59-64.
[693] 于小聪, 李振华. 以芹菜素为抗氧化剂的抗氧化保湿霜的制备研究[J]. 山东化工, 2018, 47(22): 8-10.

[694] 曲敏, 王丽云, 李伟, 等. 贻贝多糖润肤霜的制备及性能评价[J]. 河北渔业, 2013(02): 5-7, 43.

[695] 李春蕾. 层状液晶型护肤乳液的研究与制备[D]. 广州: 华南理工大学, 2014.

[696] 卢秀霞, 潘婷婷, 洪于琦, 等. 茶树油微乳凝胶的制备及其质量评价[J]. 中草药, 2015, 46(13): 1892-1900.

[697] 牛丽娜, 那冬晨. 柑橘保湿霜的制作与保湿效果测试[J]. 广东化工, 2020, 47(09): 32-33, 78.

[698] 延永, 高园, 杨蓉蓉. 红薯叶面膜制备及其性能研究[J]. 商洛学院学报, 2019, 33(02): 29-34.

[699] 李影影. 几种天然提取物在功能性化妆品中的应用研究[D]. 开封: 河南大学, 2016.

[700] 陈海燕, 孙志双, 刘美含, 等. 林蛙皮银耳保湿霜的制备[J]. 延边大学学报(自然科学版), 2019, 45(01): 88-93.

[701] 李继城, 孔松芝, 李东东, 等. 罗非鱼皮胶原蛋白肽在润肤霜中的应用及性能评价[J]. 食品工业科技, 2018, 39(05): 23-29.

[702] 孙淑萍, 金钢, 张小平, 等. 美白保湿滋养凝胶的制备及初步效果考察[J]. 通化师范学院学报, 2015, 36(06): 39-42.

[703] 许东颖, 王婴, 廖正福. 柠檬酸单硬脂酸甘油酯保湿霜的制备及性能评价[J]. 广东化工, 2014, 41(15): 25-27.

[704] 王宇, 昝丽霞, 胡琳琳, 等. 天麻多糖润肤霜工艺配方研究[J]. 亚太传统医药, 2016, 12(17): 21-23.

[705] 郭惠玲, 李晨晨, 俞苓. 天然可可脂的抗氧化活性及其在护肤霜中的应用[J]. 日用化学工业, 2015, 45(10): 577-581.

[706] 门乘百, 周鸿立. 乌拉草乳液配方筛选及其保湿功能评价[J]. 大众标准化, 2019(18): 8-9.

[707] 吕慧, 夏云兰, 韩萍, 等. 香蕉皮多糖的提取及其在护手霜中的应用[J]. 食品与机械, 2015, 31(04): 191-193.

[708] 刘若楠, 那冬晨. 雪梨保湿霜成分筛选与效果评价[J]. 林业科技通讯, 2019(04): 62-64.

[709] 詹晓东, 张嘉仪, 苏曼. 一款茶油润肤霜的制备及性能评价[J]. 广东化工, 2018, 45(07): 98-100, 102.

[710] 翁晓芳, 刘德海, 张伟杰, 等. 一种天然液晶乳化剂在护肤乳液中的研究[J]. 广东化工, 2015, 42(16): 67-69, 4.

[711] 尚梦华. 一种保湿修复护手霜及其制备方法: CN109745282A[P]. 2019-05-14.

[712] 孙淑萍, 余芸, 董泽惠, 等. 一种草本滋养润白舒缓补水的护手霜及其制备方法: CN107569432B[P]. 2020-05-19.

[713] 唐雅园, 何雪梅, 孙健, 等. 一种复合果香型护手霜的制备方法: CN110151637A[P]. 2019-08-23.

[714] 张应贤. 一种含深层海水的滋润防护手霜及其制备方法: CN110934782A[P]. 2020-03-31.

[715] 易立鹏, 苏德辉, 覃发玢, 等. 一种含植物提取物的保湿护手霜及其制备方法: CN110882199A[P]. 2020-03-17.

[716] 施竟成, 张心愉, 程雪睿, 等. 一种具有保湿作用的护手霜及其制备方法: CN111110604A[P]. 2020-05-08.

[717] 吉日木图, 姜小仙, 海勒, 等. 一种具有润肤防裂功效的驼峰脂护手霜及其制备方法: CN108434021B[P]. 2020-03-31.

[718] 吴柳杏, 张娇, 韩志东, 等. 一种具有修护和保湿功效的护手霜及其制备方法: CN109718167A[P]. 2019-05-07.

[719] 穆楠. 一种山羊奶护手霜及其制备方法: CN111000788A[P]. 2020-04-14.

[720] 李磊, 谭小军, 王静. 一种液晶结构保湿修复护手霜及其制备方法: CN110974742A[P]. 2020-04-10.

[721] 周永强, 赵春丽, 周英, 等. 一种用于防治皮肤皲裂的白芨护手霜及其制备方法: CN110237012A[P]. 2019-09-17.

[722] 赵鑫, 黄静, 罗彪玉, 等. 一种中药发酵物及其制备的护手霜: CN110403880A[P]. 2019-11-05.

[723] 李晓君, 李会珍, 张志军, 等. 一种紫苏精华护手霜及其制备方法: CN110638702A[P]. 2020-01-03.

[724] 陆银娟, 徐洋玮. 一种长效滋润提亮美肌化妆水: CN111000786A[P]. 2020-04-14.

[725] 肖刚, 肖瑞彤. 一种收敛控油纯露爽肤水(化妆水)的制备: CN110840790A[P]. 2020-02-28.

[726] 汤红英. 一种保湿化妆水及其制备方法: CN110812286A[P]. 2020-02-21.

[727] 陈斌, 周亮, 贺玲红, 等. 一种化妆水及其制备方法: CN110507594A[P]. 2019-11-29.

[728] 康代平, 钱茜茜, 刘德海, 等. 一种透明化妆水及其制备方法: CN108294966B[P]. 2019-11-19.

[729] 章泽颖, 冷军程, 蔡波. 一种含油化妆水及其制备方法: CN110063905A[P]. 2019-07-30.

[730] 毛雨婷, 张春梅. 一种保湿柔肤液及其制备方法: CN108066203A[P]. 2018-05-25.

[731] 周丽. 一种具有保湿功能的化妆水: CN107773469A[P]. 2018-03-09.

[732] 王领, 原勤轩, 李萌月, 等. 含灵芝孢子粉提取物的精华霜及其制备方法: CN111228195A[P]. 2020-06-05.

[733] 何廷刚, 张玉银, 许显. 一种保湿精华及其制备方法: CN107693433B[P]. 2020-04-28.

[734] 李怡雯. 一种玻尿酸精华液及其制备方法: CN111228138A[P]. 2020-06-05.

[735] 刘海勇, 李雪竹, 章志强, 等. 一种具有长效保湿功效的精华液及其制备方法: CN108451892B[P]. 2020-05-12.

[736] 潘长亮. 一种双层保湿精华液及其制备方法: CN111214421A[P]. 2020-06-02.

[737] 兹维兹丁ＶＮ, 阿卡耶娃ＴＩ, 卡萨特金ＩＡ. 适用于皮肤的美容面膜及其使用方法: CN111093599A[P]. 2020-05-01.

[738] 徐仰丽, 苏来金, 张井. 一种海地瓜保湿面膜制备工艺: CN111150672A[P]. 2020-05-15.

[739] 曾德文, 莫亚琴, 陈秀森. 一种含活性多肽的保湿修复面膜及其制备方法: CN111067816A[P]. 2020-04-28.

[740] 董秋月，杨彩花. 一种芦荟魔芋葡甘聚糖面膜及其制备方法：CN111035601A[P]. 2020-04-21.

[741] 邹伟权，万利秀，辜英杰. 一种无防腐剂面膜的生产工艺：CN109602636B[P]. 2020-07-07.

[742] 郑丽丽，盛占武，冯浩源，等. 一种油茶面膜精华液及其油茶面膜：CN111265430A[P]. 2020-06-12.

[743] 张令，杜华. 一种保湿面霜：CN108635290A[P]. 2018-10-12.

[744] 何璇，叶勇，彭旗，等. 一种茶油高分子面霜剂及其制备方法：CN111053708A[P]. 2020-04-24.

[745] 张颐和，刘瑞学，冷群英. 一种高渗透性保湿面霜及其制备方法：CN108743499A[P]. 2018-11-06.

[746] 许明峰，廉争皓，王海，等. 一种含牛油果成分的保湿面霜及其制备方法：CN109549892A[P]. 2019-04-02.

[747] 李浩. 一种含有花旗松素的润活凝时面霜及制备方法：CN111150683A[P]. 2020-05-15.

[748] 林俊芳，郑倩望，王久莹，等. 一种含有银耳芽孢胞外多糖的保湿面霜：CN109953904A[P]. 2019-07-02.

[749] 金仲恩，全春兰，张帆，等. 一种黄瓜保湿面霜的制备方法：CN108578289A[P]. 2018-09-28.

[750] 何廷刚，任璐，许显，等. 一种男士保湿面霜及其制备方法：CN108553349A[P]. 2018-09-21.

[751] 张命龙，彭密军，杨秋玲，等. 一种植物精粹面霜及其制备方法：CN109288760A[P]. 2019-02-01.

[752] 王澍. 一种保湿修复面霜及其制备方法：CN110227052A[P]. 2019-09-13.

[753] 俞金蓉，任中锋，朱永红，等. 一种具有保湿功效的组合物以及保湿面霜的制备方法：CN108245463A[P]. 2018-07-06.

[754] 解勇，杜光劲，庞丽婷，等. 一种含白玉兰提取物的保湿美白面霜及其制备方法：CN108158931A[P]. 2018-06-15.

[755] 不公告发明人. 一种含紫菜头多糖的天然面霜：CN106727017A[P]. 2017-05-31.

[756] 姚黎，邵仕华，汪家建. 含有山茶籽油的护肤乳及其制备方法：CN108309829A[P]. 2018-07-24.

[757] 王晓燕. 三七多糖平衡保湿乳液：CN106361602A[P]. 2017-02-01.

[758] 张有林，张润光，刘星. 一种百里香精油护肤乳及其制备方法：CN108403476B[P]. 2019-05-14.

[759] 张英燕，林仲潘. 一种改善依赖性皮炎的护肤乳及其制备方法：CN110772469A[P]. 2020-02-11.

[760] 俞苓，薛儒康，黄怡雯，等. 一种含大秃马勃菌水溶性粗多糖和大秃马勃菌醇提物的护肤乳及制备方法：CN108743433A[P]. 2018-11-06.

[761] 王联民，贾瑞巧，何井亮，等. 一种维E护肤乳配方及制备工艺：CN108403467A[P]. 2018-08-17.

[762] 张国强，张家泽，张觅，等. 以文冠果油为基础油的护肤品：CN106726785A[P]. 2017-05-31.

[763] 胡爱生. 一种不含地蜡的润唇膏及其制备方法：CN110393678A[P]. 2019-11-01.

[764] 张炳燚，伍义行，徐瑶瑶. 一种纯天然可食用润唇膏及其制备方法：CN108042399A[P]. 2018-05-18.

[765] 练英铎，陈然，蔡志豪. 一种含芦荟多糖提取物的保湿润唇膏及其制备方法：CN109620753A[P]. 2019-04-16.

[766] 吉日木图，高杰，何静，等. 一种具有抗裂功效的修护润唇膏及其制备方法：CN108403610A[P]. 2018-08-17.

[767] 张继，刘京，赵保堂，等. 一种驴油润唇膏及其制备方法：CN107595680A[P]. 2018-01-19.

[768] 姜敏，李秋宝. 一种全天然润唇膏及其制备方法：CN110934779A[P]. 2020-03-31.

[769] 黄旭敏，邓伟健，林锦雄. 一种深层保湿功效的润唇膏及其制备方法：CN110478281A[P]. 2019-11-22.

[770] 黄旭敏，邓伟健，林锦雄. 一种食用级润唇啫喱及其制备方法：CN109125237A[P]. 2019-01-04.

[771] 黄惠先，陈诗颖，杨郑琪，等. 一种液晶型润唇膏及其制备方法：CN110075008A[P]. 2019-08-02.

[772] 林雪萍，李雪竹，罗嵘. 一种抑制润唇膏出汗及兼顾修复唇部损伤的组合物：CN106137795B[P]. 2020-04-17.

[773] 张凤娇，李嘉琪. 一种植物润肤组合物及其制备方法与润唇膏：CN111214397A[P]. 2020-06-02.

[774] 马晓伟. 一种滋润保湿润唇膏及其制备方法：CN109833288A[P]. 2019-06-04.

[775] 汪屹. 一种含丝素蛋白的身体乳及其制备方法：CN106491383A[P]. 2017-03-15.

[776] 张旻霞，罗秋兰，潘川，等. 一种基于天然丝胶蛋白的身体乳及其制备方法：CN110433103A[P]. 2019-11-12.

[777] 孙淑萍，李红星，杨梅，等. 一种紧致滋润柔滑肌肤的身体乳及其制备方法：CN106880551A[P]. 2017-06-23.

[778] 赵金虎，钟俊敏，彭美兴. 一种玫瑰香氛身体乳及制备工艺：CN110974766A[P]. 2020-04-10.

[779] 朱伟海，董明生，林锦雄. 一种喷雾型的保湿身体乳及其制备方法：CN109223669A[P]. 2019-01-18.

[780] 彭成，熊亮，戴鸥，等. 一种益母草精华身体乳及其制备方法：CN109481362A[P]. 2019-03-19.

[781] 朱亚文. 一种滋润保湿身体乳及其制备方法：CN110251426A[P]. 2019-09-20.

[782] 韦妹娟，王封，张俊宇，等. 一种滋润美肤身体乳及其制备方法：CN109998961A[P]. 2019-07-12.

[783] 杨远海，王昌明. 氨基酸泡泡洁面乳及其制备方法：CN110693748A[P]. 2020-01-17.

[784] 张云岭，李洪海，倪向梅，等. 一种氨基酸型洁面乳及其制备方法：CN106726698B[P]. 2020-04-03.

[785] 王乃龙, 林新文, 高臣臣. 一种高含油量的洗面奶及其制备方法: CN109966161A[P]. 2019-07-05.

[786] 黎妹. 一种含有富勒烯和沉香精油的洁面乳及其制备方法: CN110772451A[P]. 2020-02-11.

[787] 韦妹娟, 王封, 张俊宇, 等. 一种净润氨基酸洁面乳及其制备方法: CN109998935A[P]. 2019-07-12.

[788] 何梦蝶. 一种透明质酸温和保湿洁面乳及其制备方法: CN110652481A[P]. 2020-01-07.

[789] 王娟, 江煜祺. 一种保湿抗皱眼霜及其制备方法: CN110721110A[P]. 2020-01-24.

[790] 郝振平, 徐溧. 一种含美洲大蠊精提物的滋润修复霜: CN108175735A[P]. 2018-06-19.

[791] 王一飞, 利奕成, 黄焕荣, 等. 一种含有艾叶的保湿抗皱眼霜及其制备方法: CN107260597A[P]. 2017-10-20.

[792] 高旭华, 高仪, 王一飞, 等. 一种含有金莲花成分的保湿抗皱眼霜及其制备方法: CN110051565A[P]. 2019-07-26.

[793] 邝月红. 一种抗蓝光的多效修护眼霜及其制备方法: CN110638709A[P]. 2020-01-03.

[794] 张春松. 一种植物保湿抗皱眼霜及其制备方法: CN108524373A[P]. 2018-09-14.

[795] 张春松. 一种植物保湿消除眼袋和浮肿眼霜及其制备方法: CN108815069A[P]. 2018-11-16.

[796] 杨笑. 中药美白成分的筛选及美白霜的制备研究[J]. 中国处方药, 2017, 15(10): 37-38.

[797] 李馨恩. 中药黄芩在化妆品中的多功效研究及其安全性评价[D]. 广州: 广东药科大学, 2016.

[798] 汤翠, 王明力, 赵婕, 等. 薏苡仁油美白及保湿面膜的制备性能评价[J]. 贵州大学学报(自然科学版), 2016, 33(05): 51-57.

[799] 于玲. 薏仁美白润肤乳制备工艺的研究[J]. 福建轻纺, 2017(10): 47-50.

[800] 万禁禁, 刘瑞学, 冷群英, 等. 一种美白霜的研制及其美白功效评价[J]. 日用化学工业, 2017, 47(09): 512-516, 521.

[801] 舒鹏, 孔胜仲, 龚盛昭. 一种美白乳液的制备与稳定性研究[J]. 日用化学工业, 2014, 44(11): 620-623, 637.

[802] 陈丹, 魏天宝, 吴培诚, 等. 响应面法优化高效美白霜功效成分配比[J]. 香料香精化妆品, 2019(04): 65-71, 76.

[803] 方燕玉. 天然活性成分在化妆品中的应用研究[D]. 北京: 北京化工大学, 2008.

[804] 牛真真, 王沙沙, 金宏, 等. 沙棘维生素 P 粉系列美白化妆品的制备[J]. 首都师范大学学报(自然科学版), 2017, 38(05): 41-47.

[805] 贾朝, 杨娜娜. 桑枝美白霜的制备及效果评价[J]. 商洛学院学报, 2016, 30(02): 57-60.

[806] 刘金凤, 王亚如, 孙志双, 等. 人参丝瓜美白润肤霜的制备[J]. 山东化工, 2019, 48(02): 13-15.

[807] 罗丽娟, 王刚, 万玉军, 等. 曲酸美白护肤霜的研制[J]. 食品与发酵科技, 2019, 55(03): 73-75, 94.

[808] 李晓娇. 奇亚籽化学成分分析及美白保湿护肤产品开发[D]. 长春: 吉林农业大学, 2017.

[809] 刘光斌, 李宗鑫, 龚磊, 等. 栝楼籽油的提取、理化性质及其在化妆品中的应用[J]. 中国粮油学报, 2018, 33(10): 53-57.

[810] 罗新星. 金花茶美白功能研究及其产品制备[D]. 大连: 大连理工大学, 2015.

[811] 韩莉君, 黄丽丽, 隋明慧. 含光果甘草提取物的美白乳液的制备[J]. 发酵科技通讯, 2019, 48(02): 106-110.

[812] 袁阳明, 黎静雯, 宋凤兰, 等. 复方甘草美白保湿霜的制备[J]. 广州化工, 2017, 45(12): 71-74.

[813] 王益莉, 顾飞燕, 李晨晨, 等. 槐米提取液的抗氧化性能及在乳液化妆品中的应用研究[J]. 日用化学工业, 2017, 47(03): 159-163.

[814] 李晨晨. 槐米提取液在化妆品中的应用研究[D]. 上海: 上海应用技术学院, 2016.

[815] 李慕紫. 红葱提取物生物活性研究及其在食品化妆品中的应用[D]. 广州: 广东药科大学, 2017.

[816] 彭俊瑛. 多花黄精活性成分的提取、表征及其在护肤品中的应用[D]. 广州: 华南理工大学, 2017.

[817] 李苑, 宋凤兰, 方娆莹, 等. 复方当归美白淡斑霜的制备及评价[J]. 今日药学, 2016, 26(11): 770-774.

[818] 林捷鹏, 薛俊发, 陈绍芬, 等. 浮萍润肤霜的研制[J]. 河南化工, 2011, 28(08): 16-19.

[819] 臧皓, 战大钊, 张林深, 等. 一种中药护手霜及其制备方法和应用: CN111265466A[P]. 2020-06-12.

[820] 傅天甫, 傅天龙, 傅伟鸿, 等. 一种玫瑰护手霜及其制备方法: CN110559223A[P]. 2019-12-13.

[821] 刘友平, 陈鸿平, 陈林, 等. 一种白及护手霜及其制备方法和用途: CN110559244A[P]. 2019-12-13.

[822] 胡文忠, 龙娅, 李元政, 等. 一种含茶多酚的美白保湿护手霜及其制作方法: CN110025495A[P]. 2019-07-19.

[823] 张梦瑶, 张婷婷, 吴田田. 一种美白化妆水及其制备方法: CN110897981A[P]. 2020-03-24.

[824] 黄雅钦, 闫蕊, 刘秀芳, 等. 一种抗氧化组合物及其在化妆水中的应用: CN108635323B[P]. 2020-02-07.

[825] 肖刚, 肖瑞彤. 一种纯露酵母精华液爽肤水(化妆水)的制备: CN110693791A[P]. 2020-01-17.

[826] 吴竹平, 聂秋艳, 范正认, 等. 一种抗氧化保湿水及其制备方法和应用: CN110522681A[P]. 2019-12-03.

[827] 查琳, 曹志强, 郭畅冰, 等. 一种人参美白去皱保湿化妆水的配方及生产方法: CN110507585A[P]. 2019-11-29.

[828] 张金金, 林娜妹, 刘向前, 等. 一种自增稠珍珠化妆水及其制备方法: CN107485598B[P]. 2019-09-27.

[829] 陈吉祥, 陶树森, 李强. 一种美白保湿抗紫外线薄荷化妆水: CN108815089A[P]. 2018-11-16.

[830] 郭微. 一种光感美白精华液及其制备方法: CN111265445A[P]. 2020-06-12.

[831] 叶珉. 一种酵素水解珍珠粉精华液及其制备方法和用途: CN107126406B[P]. 2020-06-09.

[832] 郑立波, 赵迪, 王霞, 等. 一种具有美白功效的精华液及其制备方法: CN111265423A[P]. 2020-06-12.

[833] 罗利, 张树坤, 徐育满. 一种美白精华液及其制备方法: CN111067818A[P]. 2020-04-28.

[834] 包计贤. 一种美白祛斑精华组合物及其制备方法: CN111265457A[P]. 2020-06-12.

[835] 赵小蝶. 多肽美白修复免洗面膜: CN111067840A[P]. 2020-04-28.

[836] 赵小蝶. 纳米寡肽水溶免洗面膜: CN111096918A[P]. 2020-05-05.

[837] 王文斌. 一种纯天然美白嫩肌祛斑除痘印面膜及制备方法: CN111096945A[P]. 2020-05-05.

[838] 曾芳芳, 王泽智, 蒋旭文, 等. 一种含高山火绒草提取物的美白修护面膜及其制备方法: CN110974739A[P]. 2020-04-10.

[839] 杨大伟. 一种含益生菌发酵液的美白面膜液及其制备方法: CN107802522B[P]. 2020-06-19.

[840] 郑立波, 赵迪, 王霞, 等. 一种具有美白功效的面膜及其制备方法: CN111228188A[P]. 2020-06-05.

[841] 杨全红, 张科建. 一种亮肤美白中药组合物、亮肤美白中药制剂、亮肤美白面膜、制备方法: CN106039022B[P]. 2020-05-08.

[842] 范泽浩, 貌惠玲. 一种美白面膜及其制备方法: CN111096916A[P]. 2020-05-05.

[843] 王鹰凤. 一种美白祛黄面膜配方及其制备方法: CN110974762A[P]. 2020-04-10.

[844] 安全, 王昌涛, 霍彤, 等. 一种松茸美白面膜液的制备方法: CN111110616A[P]. 2020-05-08.

[845] 王舒怡. 一种天然美白面膜及其制备方法和应用: CN110974765A[P]. 2020-04-10.

[846] 莫毅, 梁红, 吴曼惠. 一种用于美白和淡化痘印的干细胞分泌因子面膜及其制备方法: CN111067860A[P]. 2020-04-28.

[847] 刘兰英, 曹有龙, 任怡莲, 等. 一种枸杞美白修护组合物及面霜: CN110433095A[P]. 2019-11-12.

[848] 解勇, 王雅琴, 刘裕娇, 等. 一种含灵芝提取物的面霜及其制备方法: CN109077956A[P]. 2018-12-25.

[849] 李俊. 一种含有茶多酚的抗氧化美白面霜: CN110664695A[P]. 2020-01-10.

[850] 傅天龙, 傅天甫, 傅伟鸿, 等. 一种具有美白功能的面霜配方及生产工艺: CN110787084A[P]. 2020-02-14.

[851] 许良珍, 秦雅. 一种抗初老美白保湿修护面霜及其制备方法: CN110917069A[P]. 2020-03-27.

[852] 张素中, 姚小丽, 魏洁书, 等. 一种辣木祛斑美白面霜及其制备方法: CN108852937A[P]. 2018-11-23.

[853] 周晶. 一种美白嫩肤面霜及其制备方法: CN110693790A[P]. 2020-01-17.

[854] 王国强, 陈美英, 何绍东. 一种绣球菌抗氧化美白面霜: CN111150682A[P]. 2020-05-15.

[855] 虞泓, 葛锋, 朱亚新, 等. 一种虫草美白保湿面霜: CN109288737A[P]. 2019-02-01.

[856] 畅绍念, 班育安, 张婉萍. 含特纳卡提取物的护肤乳霜及其制备方法: CN110433109A[P]. 2019-11-12.

[857] 邵仕华, 姚黎, 汪家建. 含有铁皮石斛提取物的护肤乳及其制备方法: CN108392454A[P]. 2018-08-14.

[858] 林学镁, 韦星船, 赵文忠, 等. 一种含姜黄素类似物的护肤乳: CN107320374A[P]. 2017-11-07.

[859] 朱雪梅, 吴冬梅, 赖婉静, 等. 一种含有葛根提取物的草本美白护肤乳及制备方法: CN106860087A[P]. 2017-06-20.

[860] 王秀芬, 施沈华. 使皮肤光滑亮泽的身体乳: CN106389160B[P]. 2019-04-19.

[861] 王业富, 李靖, 胡定邦, 等. 一种含溶栓酶 QK 的身体乳及其制备方法: CN110693774A[P]. 2020-01-17.

[862] 张腾飞. 一种含洋槐提取物的美白保湿身体乳: CN108938512A[P]. 2018-12-07.

[863] 谢佩明, 刘婧. 一种美白保湿抑菌防蚊身体乳及其制备方法: CN110840799A[P]. 2020-02-28.

[864] 张婷婷. 一种美白身体乳的制备方法: CN110448518A[P]. 2019-11-15.

[865] 喻君, 刘泳铭. 一种美白保湿氨基酸洁面乳及其制备方法: CN110840766A[P]. 2020-02-28.

[866] 刘婧, 谢佩明. 一种美白保湿敏感肌肤用洗面奶及其制备方法: CN110934785A[P]. 2020-03-31.

[867] 李小宝, 陈光英, 宋鑫明, 等. 一种诺丽精油洗面奶及其制备方法: CN109984960A[P]. 2019-07-09.

[868] 刘亚康. 一种葡萄籽弹力洁面乳及其制备方法: CN110237008A[P]. 2019-09-17.

[869] 徐燕, 丁可心, 虞强, 等. 一种去黑眼圈的眼霜及其制备方法: CN110711157A[P]. 2020-01-21.

[870] 张平. 复合抗衰老纳米乳液的制备及其应用评估[D]. 南京: 东南大学, 2017.

[871] 杨亚云. 四种大型海藻在化妆品上综合应用研究[D]. 上海: 上海海洋大学, 2016.

[872] 彭苗, 王雪梅, 燕奥林, 等. 抗皱紧致眼霜的研制及其性能研究[J]. 日用化学品科学, 2015, 38(07): 20-24, 33.

[873] 王凤楼. 多种天然产物的抗衰老研究及其在眼霜中的应用[D]. 上海: 上海应用技术学院, 2015.

[874] 唐仁寰, 王桂云. 大孔吸附树脂法提取绞股蓝皂甙及营养护肤霜[J]. 化工时刊, 1994(04): 24-25.

[875] 刘薇, 李早慧. 白芷薏米美容霜的制备工艺[J]. 吉林农业, 2018(18): 48-49.

[876] 朱敏. 基于茶油的抗衰老化妆品的研究开发[D]. 合肥: 合肥工业大学, 2017.

[877] 单承莺, 马世宏, 徐悦, 等. 丝瓜在天然化妆品中的应用研究[J]. 中国野生植物资源, 2016, 35(05): 74-77.

[878] 姜惠敏. 羊胎盘抗氧化肽的制备及其在抗衰老化妆品中的应用[D]. 无锡: 江南大学, 2016.

[879] 余欢, 贾桂燕, 高妍, 等. 正交试验优化抗衰老乳膏的制备工艺[J]. 化学工程师, 2015, 29(10): 55-57, 68.

[880] 余剑锋, 涂小艳, 陈青. 一种含刺梨种子油雪花膏的制取[J]. 广州化工, 2018, 46(21): 61-63.

[881] 陈宁宁, 卫功庆, 常雷, 等. 东北林蛙卵油脂肪酸化妆品的研制[J]. 经济动物学报, 2018, 22(03): 160-167.

[882] 蔡义文. 富番茄红素酵母提取物抗衰老眼霜及面膜研发[D]. 广州: 华南理工大学, 2018.

[883] 张美龄. 植物提取物作为化妆品防腐剂的研究[D]. 无锡: 江南大学, 2017.

[884] 单承莺, 马世宏, 季俊锋, 等. 互花米草在天然化妆品中的应用研究[J]. 中国野生植物资源, 2016, 35(03): 71-73.

[885] 吴丽娜. 运载辅酶 Q_{10} 的纳米结构脂质载体的制备及应用[D]. 无锡: 江南大学, 2016.

[886] 于佳. 月季花抗衰老化妆品的开发研究[D]. 天津: 天津大学, 2015.

[887] 董振浩, 刘光斌, 赵晓霞, 等. 阴香籽油合成单甘酯及其在润肤膏中的应用[J]. 日用化学工业, 2015, 45(01): 17-21.

[888] 张静. 葡萄籽油 O/W 型膏霜化妆品开发研究[D]. 银川: 宁夏大学, 2013.

[889] 马力. 茶籽油在润肤霜中的应用研究[D]. 长沙: 湖南农业大学, 2008.

[890] 胡翠霞, 苏学军, 关珊, 等. 一种滋润保湿护手霜及其制备方法: CN110755304A[P]. 2020-02-07.

[891] 谌智鑫. 一种含生物活性因子的化妆水及其制备方法: CN110638699A[P]. 2020-01-03.

[892] 姜辉. 一种抗衰老化妆水: CN109953911A[P]. 2019-07-02.

[893] 李建琼. 一种紧致抗皱的化妆水及其制备方法: CN108618996A[P]. 2018-10-09.

[894] 葛啸虎, 陈海佳, 王一飞, 等. 含铁皮石斛干细胞的抗衰老用化妆水及其制备方法: CN107802544A[P]. 2018-03-16.

[895] 吴澄彬. 一种深层抗衰化妆水: CN106361650A[P]. 2017-02-01.

[896] 王晓燕. 天然有机紧肤化妆水: CN106333889A[P]. 2017-01-18.

[897] 景金发. 普洱茶抗皱化妆水: CN106074295A[P]. 2016-11-09.

[898] 万静. 一种抗衰老和保湿化妆水: CN104042557A[P]. 2014-09-17.

[899] 金辉. 时光深处冻龄修护精华面膜: CN111265438A[P]. 2020-06-12.

[900] 莫远清, 廖声友. 修护精华及其制备方法: CN111214429A[P]. 2020-06-02.

[901] 张哲, 姜亚平, 薛圣鸽, 等. 一种党参提取物抗衰老精华护肤液及其制备方法: CN111265443A[P]. 2020-06-12.

[902] 李保健, 郝改霞. 一种含 NMN 抗衰老精华液及其制备方法: CN111184677A[P]. 2020-05-22.

[903] 张润琦, 张汉镜. 一种具有紧致抗皱功效的酵母精华液及其制备方法与应用: CN111214417A[P]. 2020-06-02.

[904] 胡国胜. 一种抗衰老精华液及其制备方法: CN111195214A[P]. 2020-05-26.

[905] 贺沛如, 齐建龙. 一种抗衰修复精华液及其制备方法: CN110960453A[P]. 2020-04-07.

[906] 金基洙, 安凤洛, 金恩锡, 等. 一种抗炎抗氧化抗皱稻糟精华液及其制备方法: CN110960474A[P]. 2020-04-07.

[907] 田贵丰, 蒋光芒. 一种抗皱精华液及其制备方法: CN107343866B[P]. 2020-05-22.

[908] 赵小蝶. 一种小分子多肽青春精华及其制备方法: CN111035590A[P]. 2020-04-21.

[909] 郎晓光, 马小墨, 孙乐栋, 等. 一种小分子肽肌底修护精华液: CN111184662A[P]. 2020-05-22.

[910] 喻敏, 王婷婷, 欧阳小文. 一种延缓皮肤老化的精华组合物及其制备方法: CN110742842A[P]. 2020-02-04.

[911] 王纯政, 朱伟海, 林锦雄. 一种多肽紧致提拉面霜: CN110538087A[P]. 2019-12-06.

[912] 魏鹏. 一种多肽修护面霜及其制备方法: CN111000748A[P]. 2020-04-14.

[913] 吉日木图, 杨禄, 伊丽, 等. 一种具有抗衰老功效的驼乳滋润面霜及其制备方法: CN108379212B[P]. 2020-03-31.

[914] 李书乾, 张目, 李继德, 等. 一种具有祛皱修复功效的镜面霜: CN110711171A[P]. 2020-01-21.

[915] 杨兰, 李雪竹, 陈晓朋. 一种抗衰老面霜组合物: CN107411997A[P]. 2017-12-01.

[916] 毛文证. 一种抗皱保湿面霜及其制备方法: CN111150685A[P]. 2020-05-15.

[917] 林建英, 杨娜, 陈亮. 一种灵芝面霜及其制备方法: CN110522662A[P]. 2019-12-03.

[918] 徐方方, 张杰, 程静. 一种人参鹿茸润肤面霜: CN110623910A[P]. 2019-12-31.

[919] 胡忠国, 张秋菊, 廖知恒, 等. 一种臻颜清润面霜及其制备方法: CN109453067A[P]. 2019-03-12.

[920] 李楚忠, 胡兴国, 吴知情. 一种皮肤美白抗老化组合物、包含其的美白抗衰老面霜及其制备方法: CN110742822A[P]. 2020-02-04.

[921] 刘玉珠, 丁坚. 一种抗皱淡斑面霜: CN109925213A[P]. 2019-06-25.

[922] 刘明荣. 一种抗皱的酒糟护肤乳膏及其制作方法: CN109512753A[P]. 2019-03-26.

[923] 陈努菊. 一种雪莲虫草抗皱乳: CN108324670A[P]. 2018-07-27.

[924] 周树立. 一种添加珍珠水解液脂质体的抗皱乳: CN101697954A[P]. 2010-04-28.

[925] 吴春元, 李桂珠. 一种复合胶原蛋白组合物及其护肤乳: CN108618995A[P]. 2018-10-09.

[926] 黄正强, 王鹏芳. 一种淡化肌肤橘皮纹及补水美白型身体乳的制备方法: CN108904393A[P]. 2018-11-30.

[927] 冯国弟. 一种紧致焕肤身体乳及其制备方法: CN108420741A[P]. 2018-08-21.

[928] 邵羽雄. 一种新型沉香身体乳的制备方法: CN109288759A[P]. 2019-02-01.

[929] 范贤文. 一种白芷洁面乳及其制备工艺: CN109846733A[P]. 2019-06-07.

[930] 张迪, 欧伦. 一种多肽抗皱紧致洁面乳及其制备工艺: CN111249171A[P]. 2020-06-09.

[931] 龙武, 丁鹏, 方加华. 一种红梨酵素洗面奶及其制备方法: CN110279591A[P]. 2019-09-27.

[932] 凌远有. 一种燕窝氨基酸洁面乳及其制备方法: CN110638671A[P]. 2020-01-03.

[933] 李电生, 李桂阳, 刘峻良, 等. 一种含龙牙百合多糖的抗衰老面膜及其制备方法: CN111249162A[P]. 2020-06-09.

[934] 裴丽娟, 吴杰, 宁德正. 一种紧肤面膜粉: CN111012706A[P]. 2020-04-17.

[935] 李保健, 郝改霞. 一种抗衰老美白功效的红酒面膜及其制备方法: CN111067846A[P]. 2020-04-28.

[936] 朱秀灵, 叶精勤, 戴清源, 等. 一种利用葡萄酒糟制备面膜的方法及根据此方法得到的一种面膜: CN106955250B[P]. 2020-06-23.

[937] 屈敏静. 一种天然抗衰老面膜及其制备方法和应用: CN110974755A[P]. 2020-04-10.

[938] 尚梦华. 一种多重植物菁萃润唇膏及其制备方法: CN109806197A[P]. 2019-05-28.

[939] 黄旭敏, 邓伟健, 林锦雄, 等. 一种具有淡化唇纹的润唇膏及其制备方法: CN109223692A[P]. 2019-01-18.

[940] 肖夏旭, 傅建斌, 刘亚琴. 一种可食用的水果润唇膏及其制备方法: CN109125130A[P]. 2019-01-04.

[941] 陆银娟, 徐洋玮. 一种快速祛皱眼霜: CN111000750A[P]. 2020-04-14.

[942] 林培芳, 林泽森, 莫贤东, 等. 一种祛眼袋眼霜及其制备方法: CN110974729A[P]. 2020-04-10.

[943] 杨延音, 朱照静, 杨治国, 等. 水飞蓟素纳米抗皱眼霜及其制备方法: CN110897908A[P]. 2020-03-24.

[944] 刘胜贵, 王钲霖, 薛红芬, 等. 一种抗衰老眼霜及其制备方法: CN110787113A[P]. 2020-02-14.

[945] 王领, 刘佳伟, 李萌月, 等. 一种抗皱修复眼霜及制备方法: CN110693793A[P]. 2020-01-17.

[946] 胡忠国, 张秋菊, 廖知恒, 等. 一种弹力紧致眼霜及其制备方法: CN109464307A[P]. 2019-03-15.

[947] 尚智伟, 夏丽晔. 一种含牡丹全株提取物的舒敏保湿抗衰护手霜及制备方法: CN110731933A[P]. 2020-01-31.

[948] 包伦恒, 梁宇. 一种含有油性桃叶提取物护手霜及其制备方法: CN109453080A[P]. 2019-03-12.

[949] 刘金凤. 一种防止过敏化妆水: CN106890127A[P]. 2017-06-27.

[950] 龚瑜, 焦扬, 杨亚玲. 一种玫瑰保湿抗菌化妆水及其制备方法: CN106726963A[P]. 2017-05-31.

[951] 田丽军, 张青, 汪丽, 等. 一种抗过敏化妆水和含有该化妆水的化妆品及其使用方法: CN105963174A[P]. 2016-09-28.

[952] 王晶怡. 一种过敏皮肤用的化妆水: CN105496904A[P]. 2016-04-20.

[953] 杨联琼. 一种天然植物抗过敏化妆水及其制备方法和应用: CN105232443A[P]. 2016-01-13.

[954] 俞捷, 顾雯, 赵荣华, 等. 一种抗过敏保湿护肤化妆品: CN104983639A[P]. 2015-10-21.

[955] 林山, 郭文. 一种抗皮肤过敏组合物及其用途: CN104784296A[P]. 2015-07-22.

[956] 鄢淑琴, 李雪竹. 一种具有保湿和舒缓功效的化妆水及其制备方法: CN109820769A[P]. 2019-05-31.

[957] 陈爽, 彭丽梅. 一种高保湿抗过敏化妆水及其制备方法: CN109453049A[P]. 2019-03-12.

[958] 莫嘉昕, 梁鹤敏, 肖挽, 等. 一种大麻叶提取物精华液及制备方法: CN111249190A[P]. 2020-06-09.

[959] 黄战捷, 冷军程, 蔡波. 一种抗过敏精华乳及其制备方法: CN109984972A[P]. 2019-07-09.

[960] 赖建雄, 单仕勇, 徐碧珊, 等. 一种毛孔收敛精华液及其制备方法: CN111084743A[P]. 2020-05-01.

[961] 姜敏, 李秋宝. 一种全天然植物抗敏修复精华液及其制备方法: CN110974763A[P]. 2020-04-10.

[962] 王楠. 一种新型祛痘抗敏修复精华素及其制备方法: CN110812311A[P]. 2020-02-21.

[963] 卜睿臻, 赵宇, 白玉香, 等. 一种植萃舒缓精华霜及其制备方法: CN111228164A[P]. 2020-06-05.

[964] 陈顺志, 高剑萍, 赵勇. 一种美容抗过敏面膜: CN111110603A[P]. 2020-05-08.

[965] 戴政平. 一种舒缓修护保湿面膜液及其制备方法: CN111166694A[P]. 2020-05-19.

[966] 曲明, 赵宇, 白玉香, 等. 一种植萃舒缓面膜及其制备方法: CN111166696A[P]. 2020-05-19.

[967] 黄穗, 肖挽, 梁敏敏, 等. 一种大麻叶焕颜祛痘面霜及制备方法: CN111184663A[P]. 2020-05-22.

[968] 张令, 杜华. 一种防过敏面霜: CN108524423A[P]. 2018-09-14.

[969] 吴克. 一种抗过敏清香霜及其制备方法: CN104306282A[P]. 2015-01-28.

[970] 陈爽, 彭丽梅. 一种抗过敏修复面霜及其制备方法: CN109674678A[P]. 2019-04-26.

[971] 郑来玲. 一种抗敏倍润面霜: CN110693752A[P]. 2020-01-17.

[972] 敖德平. 一种舒敏修复素配方及其应用: CN110613667A[P]. 2019-12-27.

[973] 范国刚, 李雄山. 一种不含化学防腐剂的舒缓抗敏护肤乳及其制备方法: CN108524386A[P]. 2018-09-14.

[974] 曲明, 赵宇, 白玉香, 等. 一种植萃舒缓身体乳及其制备方法: CN110787097A[P]. 2020-02-14.

[975] 俞沛杰, 严炳, 王宁, 等. 抗敏舒缓洁面乳及其制备方法: CN110787115A[P]. 2020-02-14.

[976] 谭书明, 陈小敏, 宋长军, 等. 一种刺梨花洁面乳及其制备方法: CN110420144A[P]. 2019-11-08.

[977] 罗财通, 崔英云, 李传茂, 等. 一种低刺激性的清洁组合物及其制备方法: CN110559203A[P]. 2019-12-13.

[978] 王胜男, 邵国强, 刘贺, 等. 一种富含大豆多糖氨基酸纳米洁面乳及其制备方法: CN110025558A[P]. 2019-07-19.

[979] 戴政平. 一种舒缓保湿化妆品组合物及氨基酸洁面乳: CN110812288A[P]. 2020-02-21.

[980] 雷胜, 朱洪, 杨霞卿, 等. 一种温和结晶型氨基酸洁面乳及其制备方法: CN110339090A[P]. 2019-10-18.

[981] 卜睿臻, 赵宇, 白玉香, 等. 一种植萃舒缓氨基酸洁面乳及其制备方法: CN111000768A[P]. 2020-04-14.

[982] 曲明, 赵宇, 白玉香, 等. 一种植萃舒缓眼霜及其制备方法: CN111035588A[P]. 2020-04-21.

[983] 姜敏, 吴保林. 一种补水舒缓眼霜配方及其制备工艺: CN105640829A[P]. 2016-06-08.

[984] 谢小丽, 胡璇, 陈振夏, 等. 艾纳香晒后修护霜制备工艺优选及其质量评价[J]. 香料香精化妆品, 2018(1): 53-57, 62.

[985] 孙安霞, 张临康, 纪桢, 等. 蚕丝蛋白防晒霜的制备与评价[J]. 广东化工, 2018, 45(18): 44-46.

[986] 林娜妹, 毛勇进, 向琼彪, 等. 防晒BB霜的配方研究[J]. 广东微量元素科学, 2013, 20(4): 63-66.

[987] 高夏南. 防晒化妆品的制备研究[J]. 化工管理, 2018, 498(27): 27-28.

[988] 刘苗. 负载白藜芦醇纳米结构脂质载体防晒凝胶的制备及其防晒效果评价[D]. 西安: 中国人民解放军空军军医大学, 2018.

[989] 陈晓, 崔耀军. 复配式防晒霜的配制研究[J]. 科学技术创新, 2018(05): 147-149.

[990] 王丹菊, 林洁, 梁敏斯. 海藻中活性成分的提取及防晒霜的制备[J]. 香料香精化妆品, 2019(03): 40-44.

[991] 胡永狮, 洪佳妮, 杜青云, 等. 含镰形棘豆黄酮化合物及纳米 TiO₂ 防晒霜的配方研究[J]. 解放军药学学报, 2010, 26(04): 335-338.

[992] 章苏宁, 张健, 宋晓秋, 等. 含芦荟天然防晒成分防晒霜的制备及防晒效果评价[J]. 上海应用技术学院学报(自然科学版), 2010, 10(02): 83-86.

[993] 许锐林, 孟潇, 陈庆生, 等. 一种稳定体系的乳液型防晒喷雾的制备[J]. 香料香精化妆品, 2019(02): 56-60, 64.

[994] 赵兰霞, 童张法, 韦藤幼. 碱性抗炎防晒霜的制备[J]. 应用化工, 2018, 47(12): 2613-2615.

[995] 李晓娇, 刘莉, 周明杰. 红花油茶籽油的精制及其防晒产品开发[J]. 保山学院学报, 2018, 37(05): 30-34.

[996] 王雪梅, 叶凤, 文国锦, 等. 天然色素BB霜的制备及性能研究[J]. 香料香精化妆品, 2018(02): 63-68.

[997] 杨沛丽, 郭丽梅. 葫芦巴护肤品配制及性能测试[J]. 精细化工, 2018, 35(06): 1009-1014.

[998] 郭立云. 汉麻籽油的成分分析和乳化应用研究[D]. 杭州: 浙江理工大学, 2018.

[999] 陈永录. 液晶型多功能防晒乳液的制备与性能研究[D]. 广州: 华南理工大学, 2018.

[1000] 王碧婷, 赵龙梅, 刘燕, 等. 一种含葡萄茋类物质的新型防晒霜制备与性能评价[J]. 时珍国医国药, 2017, 28(11): 2659-2661.

[1001] 张毅, 张睿, 张昊, 等. 兔毛角蛋白的制备及其在防晒化妆品中的应用[J]. 天然产物研究与开发, 2018, 30(01): 120-126, 14.

[1002] 麻培培, 毕海燕, 张琦, 等. 基于固体脂质纳米粒的UVA/UVB防晒凝胶研究[J]. 中国现代应用药学, 2017, 34(08): 1073-1077.

[1003] 于淑池, 周稳平, 陈文, 等. 苦丁茶防晒乳的研制及防晒效果评价[J]. 海南热带海洋学院学报, 2017, 24(02): 74-79.

[1004] 刘培, 李传茂, 林盛杰, 等. 微藻提取物的制备及在防晒化妆品中的应用[J]. 广东化工, 2016, 43(09): 101-102, 106.

[1005] 马洪霞. 芦荟防晒保湿乳液的制备[J]. 四川化工, 2015, 18(03): 1-3.

[1006] 杨婷, 廖美德, 贺玉广, 等. 虾青素防晒霜稳定性及配方研究初探[J]. 日用化学品科学, 2015, 38(04): 29-32.

[1007] 王玉林. 汉麻植物成分防晒性能研究及其在军用防晒护肤品中的应用[D]. 湛江: 广东海洋大学, 2013.

[1008] 欧珠朗杰, 达瓦次仁, 罗布, 等. 基于西藏民间防晒膏配方的一种防晒护肤品的研制[J]. 西藏大学学报(自然科学版), 2011, 26(01): 36-38, 51.

[1009] 胡礼鸣, 杨亚玲, 胡瑜, 等. 含天然三七总皂苷及纳米 TiO$_2$ 防晒霜的配方研究[J]. 日用化学品科学, 2008(07): 34-37.

[1010] 龚盛昭, 揭育科, 袁水明. 黄芩苷在功能性化妆品中的应用研究[J]. 日用化学工业, 2003(03): 200-203.

[1011] 张海丽, 吴蕾, 钱礼尧, 等. 一种含丹皮酚多效修复防晒唇膏及其制备方法: CN110772441A[P]. 2020-02-11.

[1012] 张凤娇, 李嘉琪. 一种保湿隔离乳及其制备方法: CN111184657A[P]. 2020-05-22.

[1013] 林宇祺, 赵洁. 一种防晒化妆品及其制备方法: CN111150677A[P]. 2020-05-15.

[1014] 王钲霖, 刘胜贵, 薛红芬, 等. 一种含大麻二酚脂质体的防晒霜及制备: CN110711152A[P]. 2020-01-21.

[1015] 董村, 赵宇, 王景文. 一种具有双重隔离和晒后修复作用的防晒霜: CN106176259B[P]. 2020-05-08.

[1016] 严润南, 范新雨, 余超雄, 等. 一种能提高防晒效果的组合物及其应用: CN108186478B[P]. 2020-05-12.

[1017] 许锐林, 孟潇, 陈庆生, 等. 一种醇基防晒油及其制备方法: CN107233220B[P]. 2020-06-05.

[1018] 黄妙珊. 一种大枣晒黑化妆液: CN109419658A[P]. 2019-03-05.

[1019] 罗霞, 许晓燕, 江南, 等. 具有晒后修护、抗氧化、美白功效的组合物及其制备方法: CN107822948B[P]. 2020-06-23.

[1020] 王晶, 张全斌, 张虹, 等. 一种高硫酸化的海藻多糖在晒后修复面膜中的应用: CN106038355B[P]. 2019-11-12.

[1021] 陈允斌. 一种苦参晒后修复护理原液及其在护肤品中的应用: CN111214405A[P]. 2020-06-02.

[1022] 李伟. 一种晒后修复精华及制备方法: CN109984978A[P]. 2019-07-09.

[1023] 胡忠国, 陈永健, 张秋菊, 等. 一种晒后修复面膜及其制备方法: CN110680789A[P]. 2020-01-14.

[1024] 林淑娴. 一种晒后修复乳及其制备方法: CN111150696A[P]. 2020-05-15.

[1025] 蔡勇竞. 一种黄蜀葵花晒后修护凝胶睡眠面膜及其制备方法: CN110946797A[P]. 2020-04-03.

[1026] 苟小军, 何钢, 颜军, 等. 一种藤椒精油抗菌护手膏及其制备方法: CN110025511A[P]. 2019-07-19.

[1027] 金京勋, 崔红, 易梅仙. 抗菌抗病毒护手霜及其制备方法: CN107260591B[P]. 2020-06-23.

[1028] 许明峰, 廉争皓, 李林峰, 等. 一种含天然车厘子提取物的润唇膏及其制备方法: CN109602629A[P]. 2019-04-12.

[1029] 李玉洁, 李寒冰, 龚曼, 等. 一种含有中药提取物的夜用润唇膏及其制备方法: CN109528547A[P]. 2019-03-29.

[1030] 沈珺, 戎筱卿, 陆丹玉. 一种紫草抗炎润唇膏及其制备方法: CN109260077A[P]. 2019-01-25.

[1031] 董智慧, 鲁秀春, 朱丽, 等. 含有谷物和苦碟子发酵物的皮肤清洁产品及其制备方法: CN106176358B[P]. 2020-04-24.

[1032] 毕凡星, 梁开. 一种氨基酸洁面乳及其制备方法: CN110339150A[P]. 2019-10-18.

[1033] 唐礼荣, 董全喜, 李晓霞. 一种干湿两用洗面奶及其制备方法: CN111184654A[P]. 2020-05-22.

[1034] 刘胜贵, 王钲霖, 薛红芬, 等. 一种含水溶性大麻二酚的洁面乳及其制备方法: CN110314106A[P]. 2019-10-11.

[1035] 龚有成. 一种具有控油和祛痘功效的洗面奶及其制备方法: CN110354059A[P]. 2019-10-22.

[1036] 韩卫星. 一种具有细胞修复功能的面部护理洁面乳: CN110840798A[P]. 2020-02-28.

[1037] 孙淑萍, 金鑫, 李红星, 等. 一种控油焕肤祛痘修复洗面奶及其制备方法: CN106473996B[P]. 2019-05-28.

[1038] 胡国胜. 一种控油祛痘洗面奶及其制备方法: CN111195226A[P]. 2020-05-26.

[1039] 夏胜成. 一种纳米微乳化卸妆乳及其制备方法: CN110755283A[P]. 2020-02-07.

[1040] 吴永祥, 张昌宏, 章鹬, 等. 一种松针纯露氨基酸洗面奶的制备方法: CN110693794A[P]. 2020-01-17.

[1041] 都宏霞, 刘宴秀, 缪玲珍. 一种天然洁面乳: CN111053713A[P]. 2020-04-24.

[1042] 都宏霞, 缪领珍, 董雪, 等. 一种天然洁面乳的制备方法: CN111053712A[P]. 2020-04-24.

[1043] 田贵丰, 张肖枫. 一种温和、高效除螨的酵素洗面奶的制备方法: CN110974772A[P]. 2020-04-10.

[1044] 庞智方. 一种卸妆、洁面及抑菌三效合一的洗面奶及其制备方法: CN110075013A[P]. 2019-08-02.

[1045] 王秀. 祛痘修复面膜液及制备方法和祛痘修复面膜: CN111265424A[P]. 2020-06-12.

[1046] 蒋剑豪, 梁鹤敏, 张秀娜, 等. 一种大麻叶净颜平衡面膜及其制作方法: CN111096914A[P]. 2020-05-05.

[1047] 李晓君, 渠志灿, 冯国宝, 等. 一种牡丹清洗毛孔面膜及其制备方法: CN110840777A[P]. 2020-02-28.

[1048] 于寒, 董明生, 林锦雄. 一种亚马逊白泥面膜及其制备方法: CN110812259A[P]. 2020-02-21.

[1049] 徐阳, 王国强, 鲍慧玮, 等. 一种人参囊泡清洁面膜及其制备方法: CN110179717A[P]. 2019-08-30.

[1050] 陆银娟. 竹炭深层清洁面膜及其制备方法: CN109288751A[P]. 2019-02-01.

[1051] 胡伟, 赵静. 一种深层清洁面膜配方及制备方法: CN107998063A[P]. 2018-05-08.

[1052] 李培耀, 王明, 刘健, 等. 一种抗菌护肤乳: CN105997726B[P]. 2019-05-14.

[1053] 徐立, 刘欣瑾, 逯海鹏, 等. 一种抗菌祛痘、治疗疱疹的中药提取液及其应用与其制备的护肤乳: CN106511473A[P]. 2017-03-22.

[1054] 陈岗宁. 一种山茶油护肤乳及其制备方法: CN107638314A[P]. 2018-01-30.

[1055] 刘胜贵, 王钲霖, 付彬彬, 等. 一种含大麻提取物的祛痘身体乳及其制备方法: CN110897909A[P]. 2020-03-24.

[1056] 顾浩川, 夏明. 一种具有抗菌消炎作用的纳米级身体乳及其生产方法: CN109662916A[P]. 2019-04-23.

[1057] 吴克. 一种长效滋润止痒身体乳及其制备方法: CN105055268A[P]. 2015-11-18.

[1058] 鲍芳丽, 孙冬梅, 范彩云, 等. 一种止痒护肤乳膏及其制备方法: CN110882201A[P]. 2020-03-17.

[1059] 刘春雨, 孙永, 潘美红, 等. 一种儿童防晒乳及其制备方法: CN111265459A[P]. 2020-06-12.

[1060] 不公告发明人. 一种儿童防晒玫瑰护肤品及其制备方法: CN105616210A[P]. 2016-06-01.

[1061] 胡建强, 彭俊瑛. 一种天然防腐儿童植物防晒乳及其制备方法: CN105078830A[P]. 2015-11-25.

[1062] 袁君, 张敏, 钱丽颖, 等. 儿童洗面奶及其制备方法: CN110090163A[P]. 2019-08-06.

[1063] 尤国忠, 毛建林. 一种婴儿护肤凝露及其制作方法: CN110974759A[P]. 2020-04-10.

[1064] 沈海涛. 一种婴儿护肤凝露及其制作方法: CN103976911A[P]. 2014-08-13.

[1065] 张琦. 一种儿童润肤护肤霜: CN103655401A[P]. 2014-03-26.

[1066] 丘北泳. 一种天然的婴儿护肤霜及其制备方法: CN109260085A[P]. 2019-01-25.

[1067] 郭齐创. 一种婴儿护肤山茶油面霜及其制备方法: CN108904330A[P]. 2018-11-30.

[1068] 蔡凯生. 一种婴童舒缓保湿滋润护肤乳霜及其制备方法: CN107951771A[P]. 2018-04-24.

[1069] 李海. 婴儿滋润护肤霜: CN106727020A[P]. 2017-05-31.

[1070] 王胜地. 一种保湿、抗敏型的婴儿身体乳及其制备方法: CN110623896A[P]. 2019-12-31.

[1071] 陈伟阶, 孙永, 潘美红, 等. 一种基于小麦胚芽提取液的组合物、舒缓婴童面霜及其制备方法: CN111228196A[P]. 2020-06-05.

[1072] 刘培, 李雪竹, 陈晓朋. 一种温和舒缓婴幼儿面霜: CN108542870A[P]. 2018-09-18.

[1073] 黄贤生. 一种婴儿护肤品及其制备方法: CN109820777A[P]. 2019-05-31.

[1074] 不公告发明人. 一种婴儿护肤乳: CN106361681A[P]. 2017-02-01.

[1075] 田中荣. 一种婴儿湿疹护肤品及其制备方法: CN108451814A[P]. 2018-08-28.

[1076] 黄瑜, 顾红健, 顾晴华, 等. 一种婴儿用多效修护面霜: CN109288729A[P]. 2019-02-01.

[1077] 汪惠丽, 陶晗, 王赢, 等. 一种富含牡丹籽油的天然儿童润唇膏及其制备方法: CN109431875A[P]. 2019-03-08.

[1078] 杜蕾, 张光杰, 路志芳, 等. 一种富含花生衣原花青素的儿童润唇膏及其制备方法: CN109394667A[P]. 2019-03-01.

[1079] 张敏娟, 冷婧. 婴幼儿润唇膏及其制备方法: CN105853326A[P]. 2016-08-17.

[1080] 彭诗琴. 一种籽研山茶油婴儿护肤液及其制备方法: CN110354026A[P]. 2019-10-22.

[1081] 杨林. 婴宝护肤霜: CN106692024A[P]. 2017-05-24.

[1082] 柳建菲. 一种大米来源的护肤组合物及其制备方法: CN110623899A[P]. 2019-12-31.

[1083] 赵婕, 彭诗琴, 等. 一种含纯天然山茶油的婴儿护肤油: CN106420413A[P]. 2017-02-22.

[1084] 黄友艳. 一种具有抗刺激和修复功效的婴儿护肤油及制备方法与应用: CN109364001A[P]. 2019-02-22.

[1085] 伍育军. 一种山茶油婴儿护肤组合物及其制备方法: CN110812281A[P]. 2020-02-21.

[1086] 李小娟. 一种婴儿护肤油的配方及其制作方法: CN107375187A[P]. 2017-11-24.

[1087] 吴玉初, 郭茂军. 一种婴儿护肤油脂组合物及其制备方法: CN110638694A[P]. 2020-01-03.

[1088] 孙剑. 一种抗菌防糜烂婴儿臀部护肤油: CN109010143A[P]. 2018-12-18.

[1089] 孙剑. 一种天然防冻婴儿臀部护肤油制备方法: CN109010141A[P]. 2018-12-18.

[1090] 郭伟基托夫, 郭章发, 张永俊, 等. 一种婴儿护臀膏的配制方法: CN103385834A[P]. 2013-11-13.

[1091] 唐方琪, 董鑫. 一种具有改善妊娠纹效果的孕妇护肤山茶油: CN106551822A[P]. 2017-04-05.

[1092] 金仲恩, 全春兰, 张帆, 等. 一种去妊娠纹身体乳的制备方法: CN108451876A[P]. 2018-08-28.

[1093] 郑生华, 陈家绍. 一种孕妇妊娠纹防护及产后修复舒缓精华乳及其制备方法: CN109363992A[P]. 2019-02-22.

[1094] 陆文秀. 一种适用于孕妇使用的洗面奶: CN109419759A[P]. 2019-03-05.

[1095] 黄晓珊, 黄惠先, 李艾洁, 等. 一种舒缓修复型孕期洗面奶及其制备方法: CN110051579A[P]. 2019-07-26.

[1096] 李小娟. 一种孕妇用的护肤油的配方: CN107519120A[P]. 2017-12-29.

[1097] 郭齐创. 一种孕妇护肤山茶油及其制备方法: CN108685806A[P]. 2018-10-23.

[1098] 佚名. 一种孕妇护肤用的橄榄油: CN111067819A[P]. 2020-04-28.

[1099] 王秀芬, 施沈华. 无添加的安全的孕妇可使用的护肤面膜及其制备方法: CN106726743A[P]. 2017-05-31.

[1100] 江华初, 李艾洁, 黄惠先, 等. 一种孕妇舒缓面膜及其制备方法: CN110101616A[P]. 2019-08-09.

[1101] 李小娟. 一种孕妇用的茶油面膜配方及其制作方法: CN107440924A[P]. 2017-12-08.

[1102] 黄彩秒, 刘瑞学, 冷群英. 一种孕妇专用面膜液及其制备方法: CN106309271A[P]. 2017-01-11.

[1103] 董燕敏. 一种孕妇专用天然面膜的制备方法: CN105456162A[P]. 2016-04-06.

[1104] 陈争兴. 一种含有油茶籽油的面霜: CN103893095A[P]. 2014-07-02.

[1105] 卢健伟, 黄惠先, 李艾洁, 等. 一种水润紧致身体乳及其制备方法: CN110075001A[P]. 2019-08-02.

[1106] 周彧峰. 一种孕妇湿质健肤乳液及其制备方法: CN109925202A[P]. 2019-06-25.

[1107] 佚名. 一种孕妇用护肤品及其制备方法: CN108379209A[P]. 2018-08-10.

[1108] 王艳妹. 一种孕妇用护肤乳: CN102935057A[P]. 2013-02-20.

[1109] 杨挺. 孕妇专用的茶油护肤乳: CN105326750A[P]. 2016-02-17.

[1110] 唐永红, 钱博. 一种用于孕妇抗皱抗衰老的眼霜及其制备方法: CN103006524A[P]. 2013-04-03.

[1111] 李启恩, 郭肖, 赵成周, 等. 一种含天然色素抑菌润唇膏的制备方法: CN108096116A[P]. 2018-06-01.

[1112] 晏璟, 王建平, 周连萍, 等. 一种具有修复效果的变色润唇膏及其制备方法: CN110123693A[P]. 2019-08-16.

[1113] 张广忠, 李林, 赵军伟. 一种玫瑰花色苷润唇膏及其制备方法: CN109674736A[P]. 2019-04-26.

[1114] 赵青梅. 一种魔芋葡甘聚糖润唇膏及其制备方法: CN110478278A[P]. 2019-11-22.

[1115] 尚梦华. 一种丰唇润唇膏及其制备方法: CN109875928A[P]. 2019-06-14.

[1116] 张娇. 一种促进皮下脂肪代谢的减肥滋润身体乳: CN110812300A[P]. 2020-02-21.

[1117] 袁泉, 梁少敏. 一种纤体瘦身化妆品组合物及其制作方法: CN110974751A[P]. 2020-04-10.

[1118] 陈冬恩. 艾地苯醌的合成研究[D]. 北京: 北京化工大学, 2007.

[1119] 姜小天, 孙志双, 施溯筼. 中草药保湿成分在肤用化妆品中的应用和研究进展[J]. 香料香精化妆品, 2020(02): 66-69.

[1120] 姜锐, 孙立伟, 赵大庆. 人参美容护肤作用机制及应用研究进展[J]. 世界科学技术-中医药现代化, 2016, 18(11): 1988-1992.

[1121] 谢艳君, 孔维军, 杨美华, 等. 化妆品中常用中草药原料研究进展[J]. 中国中药杂志, 2015, 40(20): 3925-3931.

[1122] 张黎君, 牛玉芝. 天然提取物在保湿性化妆品中的应用研究[J]. 化工管理, 2019(02): 94-95.

[1123] 孙维维. 天然动植物提取物在化妆品中的应用现状和发展趋势[J]. 牙膏工业, 2009, 19(3): 47-50.

[1124] 王利卿, 孟力凯. 化妆品用主要动物性特殊添加成分[J]. 当代化工, 2002, 31(1): 28-31.

[1125] 龚盛昭. 天然活性化妆品的概况和发展前景[J]. 香料香精化妆品, 2002 (2): 16-19.

[1126] 齐若冰, 张黎君. 防晒类化妆品中3种天然成分提取方法研究[J]. 现代盐化工, 2019, 46(05): 42-43.

[1127] 孙世琦. 芦荟的生物活性成分及其作用研究进展[J]. 当代化工研究, 2019(01): 166-167.

[1128] 孙凉爽, 莫春源. 芦荟在化妆品中的应用[J]. 中国化妆品, 2018(10): 62-67.

[1129] 刘宏群, 曲正义. 人参化妆品研究进展[J]. 人参研究, 2017(3): 45-47.

[1130] 高健, 吕邵娃. 人参化学成分及药理作用研究进展[J]. 中医药导报, 2021, 27(01): 127-130, 137.

[1131] 黎阳, 张铁军, 刘素香, 等. 人参化学成分和药理研究进展[J]. 中草药, 2009 (1): 164-164.

[1132] 于天浩, 陈萍, 周敬, 等. 天然植物原料在化妆品中的应用与展望[J]. 日用化学品科学, 2015(6): 37-39.

[1133] 赵露露, 邓乾春, 安杰, 等. 天然植物及其护肤功效[J]. 当代化工, 2016, 45(7): 1540-1542.

[1134] 赵静, 夏晓培. 当归的化学成分及药理作用研究现状[J]. 临床合理用药, 2020, 13(2C): 172-174.

[1135] 纪换平. 当归在现代化妆品中的应用[J]. 甘肃中医, 2003, 16(6): 37-38.

[1136] 赵雅欣, 高文远, 张连学, 等. 甘草在化妆品中的应用[J]. 香料香精化妆品, 2010(4): 45-48.

[1137] 王建国, 周忠, 刘海峰, 等. 甘草的活性成分及其在化妆品中的应用[J]. 日用化学工业, 2004, 34(4): 249-251.

[1138] 李泽锋. 枸杞营养成分及综合利用[J]. 辽宁农业职业技术学院学报, 2010, 12(3): 24.

[1139] 如克亚·加帕尔, 孙玉敬, 等. 枸杞植物化学成分及其生物活性的研究进展[J]. 中国食品学报, 2013 (8): 161-172.

[1140] 蒋兰, 杨毅, 江荣高. 枸杞的药理作用及其加工现状[J]. 食品工业科技, 2018, 39(14): 330-334.

[1141] 李国秀, 刘小宁. 石榴的生物活性成分和活性作用[J]. 农产品加工(学刊), 2013 (6): 40-42.

[1142] 贾晓辉, 张鑫楠, 刘艳, 等. 石榴的营养、功效及应用[J]. 果树实用技术与信息, 2021(04): 46-47.

[1143] 杨嘉萌. 植物提取物在化妆品中的应用及展望[J]. 日用化学工业, 2013, 43(4): 313-316.

[1144] 左媛, 王晓闻. 葡萄籽提取物研究进展综述[J]. 山西科技, 2010(3): 138-139.

[1145] 蒲艳. 葡萄籽提取物的提取及其在化妆品中的应用[D]. 广州: 暨南大学, 2017.

[1146] 杨建华, 刘丹赤, 邵长明. 沙棘研究与开发的进展[J]. 沙棘, 2007 (3): 19-21.

[1147] 邹妍, 鄢海燕. 中药木瓜的化学成分和药理活性研究进展[J]. 国际药学研究杂志, 2019, 46(07): 507-515.

[1148] 李峰, 王涛. 用于化妆品中的常见天然中草药及其功效[J]. 日用化学品科学, 2012, 35(1): 45-47.

[1149] 马梅芳, 张丹丹, 张波. 石榴籽化学成分及药理作用研究进展[J]. 食品与药品, 2020, 22(05): 434-437.

[1150] 王秋霞, 贾美艳, 唐荣平, 等. 石榴籽化学成分及应用研究进展[J]. 特产研究, 2006(01): 53-56.

[1151] 吕辰鹏, 何泉泉, 董文雪, 等. 常用花类中药在美白化妆品中的应用前景[J]. 香料香精化妆品, 2014 (2): 62-65.

[1152] 聂园进泽, 罗元, 李欣洋, 等. 红花活性成分的提取及其改善皮肤微循环的功效评价[J]. 日用化学工业, 2019, 49(5): 304-309.

[1153] 何美莲, 陈家宽, 周铜水. 番红花化学成分及生物活性研究进展[J]. 中草药, 2006, 37(3): 466-470.

[1154] 刘琳, 程伟. 槐花化学成分及现代药理研究新进展[J]. 中医药信息, 2019, 36(4): 125-128.

[1155] 孙曼, 赵兵, 姚默, 等. 金盏花药学研究概况[J]. 安徽农业科学, 2011, 39(34): 20982-20983.

[1156] 胡晓丹, 谢笔钧. 金盏菊花的营养成分分析[J]. 食品研究与开发, 2000, 21(6): 37-39.

[1157] 杨子佳, 祝钧. 金银花的功效成分及其在化妆品中的应用[J]. 日用化学品科学, 2013 (11): 28-31.

[1158] 梁芸, 南蓬. 金银花提取物在乳液化妆品中的抑菌活性及应用[J]. 广东化工, 2016, 43(23): 1-4.

[1159] 严明强, 任娟. 积雪草提取物在个人护理品中的应用[J]. 香料香精化妆品, 2009(6): 44-46.

[1160] 祖士高, 索邦丞, 李萌, 等. 积雪草活性成分及在化妆品中的应用[J]. 日用化学品科学, 2020, 43(10): 29-33.

[1161] 向智男, 宁正祥. 动物性原料成分在护肤品中的应用[J]. 日用化学工业, 2006, 36(1): 38-41.

[1162] 张淑二, 陶勇, 张运海, 等. 胎盘的有效成分及其应用[J]. 动物医学进展, 2007, 28(9): 103-107.

[1163] 王远洋, 赵泽民. 蜜蜂产品在化妆品中的功能及应用[J]. 蜜蜂杂志, 2016, 36(08): 18-20.

[1164] 张巧鸣. 蜂蜜提取物在化妆品中的应用[J]. 日用化学品科学, 2006, 29(3): 28-30.

[1165] 伊作林, 杨柳, 席芳贵, 等. 蜂蜜成分及功能活性的研究进展[J]. 中国蜂业, 2018, 69(4): 51-54.

[1166] 杨跃飞. 蜂胶在日化产品中的应用[J]. 中国蜂业, 2008, 59(9): 30-31.

[1167] 李芳怀. 珍珠在化妆品中的应用[J]. 日用化学品科学, 2002, 25(5): 45-46.

[1168] 郑全英, 毛叶盟. 海水珍珠与淡水珍珠的成分、药理作用及功效[J]. 上海中医药杂志, 2004, 38(3): 54-55.

[1169] 宋丹丹, 陈娟, 杨亮. 酵素的研究现状[J]. 现代食品, 2020(08): 52-55.

[1170] 钱垂文, 孙怀庆, 裴运林, 等. 一种芦荟提取物及其制备方法和应用: CN113134053A[P]. 2021-07-20.

[1171] 章雪锋, 洪祖灿, 叶仲力, 等. 一种人参提取物及其制备方法和应用: CN111449274A[P]. 2020-07-28.

[1172] 杨成东. 一种枸杞提取物的制备方法: CN110548082A[P]. 2019-12-10.

[1173] 吴国忠. 枸杞提取物及其制备方法: CN102924617A[P]. 2013-02-13.

[1174] 黄先刚. 一种柑橘提取物及其制备方法和应用: CN112293718A[P]. 2021-02-02.

[1175] 李晓旭. 一种黄瓜提取物及其在制备抗心血管药物中的应用: CN109172628A[P]. 2019-01-11.

[1176] 胡露, 孙怀庆, 郭朝万, 等. 一种牛油果提取物及其制备方法和在抗衰老化妆品中的应用: CN112438918A[P]. 2021-03-05.

[1177] 白乃生, 刘庆超, 白璐, 等. 一种标准化苹果提取物及其制备和分析方法: CN104730174A[P]. 2015-06-24.

[1178] 季进军. 一种葡萄籽提取物及其制备方法: CN110960459A[P]. 2020-04-07.

[1179] 刘巍, 石华强, 吕传智. 一种富含总黄酮和天然维生素C的沙棘提取物的制备方法: CN110548053A[P]. 2019-12-10.

[1180] 高文远, 李霞, 苗静. 木瓜提取物在制备解酒剂中的应用: CN107890105A[P]. 2018-04-10.

[1181] 张金芳, 杨存. 一种红花提取物的制备方法及其应用: CN104208116A[P]. 2014-12-17.

[1182] 万浩宇, 石文钦, 李畅, 等. 一种利用低共熔溶剂制备红花提取物的方法: CN110151810A[P]. 2019-08-23.

[1183] 姚雷, 王文翠, 刘斌, 等. 藏红花提取物的制备方法及含有藏红花提取物的老白酒: CN110055149A[P]. 2019-07-26.

[1184] 禹志领, 符秀琼, 李俊葵. 槐花散提取物及其制备和应用: CN110538231A[P]. 2019-12-06.

[1185] 练英铎, 舒均中, 邓艾. 一种金盏花提取物的制备方法及其应用: CN104224635A[P]. 2014-12-24.

[1186] 胡力飞, 徐浪, 陈志元, 等. 一种高溶解性全成分金银花提取物的制备方法: CN112315992A[P]. 2021-02-05.

[1187] 张楚东, 谢云波. 一种积雪草提取物及其在制备抗炎症化妆品中的应用: CN113171321A[P]. 2021-07-27.

[1188] 王伽伯, 鞠振宇, 肖小河, 等. 何首乌提取物的制备方法及其制剂和应用: CN107441182B[P]. 2021-08-10.

[1189] 陈静娴, 胡忠国, 张向飞, 等. 一种羊胚胎或羊胎盘提取物、制备方法以及在化妆品中的应用: CN109939062A[P]. 2019-06-28.

[1190] 李海瑞. 一种蜂蜜提取物及其制备方法和应用: CN109674730A[P]. 2019-04-26.

[1191] 季进军. 一种蜂胶提取物及其制备方法: CN110898083A[P]. 2020-03-24.

[1192] 王生俊, 等. 一种结构化马油及其制备方法: CN110974713A[P]. 2020-04-10.

[1193] 刘常青, 宋力飞, 刘乡乡, 等. 一种灵芝提取物及其制备方法和应用: CN112048024A[P]. 2020-12-08.

[1194] 吴定华. 一种茯苓提取物的制备方法: CN109512846A[P]. 2019-03-26.

[1195] 邓明玉, 邓金生. 一种银耳提取物及其在制备化妆品中的应用: CN109260051A[P]. 2019-01-25.

[1196] 倪辉, 刘芯如, 姜泽东, 等. 一种复合果蔬酵素及其制备方法: CN112075624A[P]. 2020-12-15.

[1197] 董妍. 一种从甘草中提取甘草提取物的制备方法: CN111214535A[P]. 2020-06-02.

[1198] 郑丹丹. 一种槐花提取物的提取方法: CN105521011A[P]. 2016-04-27.

[1199] 王成忠. 精制水貂油的生产方法: CN1050740[P]. 1991-04-17.

[1200] 任美玲. 金银花有效成分提取技术研究[D]. 新乡: 河南师范大学, 2017.